基幹物理学

改訂版

栗焼久夫・副島雄児・鴇田昌之
原田恒司・本庄春雄・矢山英樹
共著

JN199180

培風館

本書の無断複写は，著作権法上での例外を除き，禁じられています。
本書を複写される場合は，その都度当社の許諾を得てください。

改訂にあたって

初版から5年を経て，今回，改訂版を出版することとなった。読者からいただいた多くのご指摘やご意見をふまえ，内容レベルの再検討も含めた議論の結実である。具体的には，よりわかりやすい文章表現への変更，いくつかの図やグラフの入れ替え，高校数学で扱われなくなった行列についての必要最低限の補充説明，数表の更新，新しいSI単位についての説明などである。さらに，限られた枚数ではあるが，興味ある最近の話題も追加した。

物理学は，観測や実験事実から新しい概念や法則を発見して現象の因果関係のより本質的な理解をめざす。同じ現象に対してもその作業は繰り返し行われて深化してきた。自然を理解する学問の典型例でもある。

昨今の急激な科学・技術の進展を理解するためには，新しい概念や言葉を必要とする。それらを体系的に理解する訓練としても大学初年次の物理教育が重要であると痛感する。また，膨大なデータを扱うAIは我々の社会を新しいステージに突入させている。AIが行うデータサイエンスなどの統計的なアプローチでは現象が相関関係で理解されるため，その背後にある因果関係の解明は必ずしも鮮明ではない。因果関係での理解と相関関係での理解との調和のとれた進展のためにも，因果律に基づく物理学の学習はこれからも重要な役割を果たしていくと確信する。本書がその一翼を担うことができれば望外の喜びである。

改訂版を出版するにあたり培風館の岩田誠司氏には大変，お世話になった。謝意を表したい。

2018年 歳晩

執筆者一同

はじめに

自然界はその切り口に応じた特有の現象を示すが，物理学はその現象をより普遍的な原理・原則で理解しようとする学問である。その切り口から見えるあまたの現象がほんの数個の法則から理解されることの素晴らしさに気づいてほしい。また，学ぶという行為が自分の知らなかった概念を獲得する作業だということに気づいてほしい。その獲得した概念を用いて，さらなる新たな概念を創出することが学問をすることであり科学することである。物理学はそのような知的営みが実感できる学問でもある。

九州大学は 2014 年度から大学初年次学生に対して基幹教育を実施する。従来のカリキュラムを大胆に変更し，学生の自律性・主体性を重視した教育をめざす。それにともない，従来の物理学の講義内容の改訂検討が行われ，力学，電磁気学，熱力学の三分野を基幹物理学として位置づけた。本学の多くの理系学生は大学院に進み，より高度の専門を修得することになるが，その基礎はまさに基幹教育・基幹物理学で培われることになる。

基幹物理学を自律的・主体的に学ぶ学生が目標とするレベルまで到達できるようにするためには適切な教科書が必要となる。そこで，教育経験豊富な 6 人で教科書を執筆することを企画し，教科書に盛り込む内容や難易度の議論を重ね，度重なる編集会議で内容の推敲を行い，基幹物理学に相応しいレベルの教科書をめざした。その意味で，通常の教科書の執筆とは異なり，執筆者はある意味で“公的”な責任を感じながらの執筆となった。実際，本学からは教科書作成への準備として資金援助を受けていることをお礼の気持ちを込めて記しておく。

力学，電磁気学，熱力学は対象とする現象が異なるにもかかわらず，概念や理解する数学的手法に共通性がある。そのことが自覚されるように，三分野を 1 冊の教科書としてまとめた。また，[注意]，[Advanced]，[研究]，[例題]，[問い]，[質問] を適度に挿入し，自覚的に学び，学習意欲が持続できるように配慮した。章末の演習問題は，各章の内容を補充する意味ももたせたので，解答を見ながらでもどんどん中味を吸収していってほしい。

各分野の執筆担当者は，力学が原田恒司教授と副島雄児教授，電磁気学が栗焼久夫准教授と矢山英樹教授，熱力学が鴇田昌之教授と私，本庄である。本教科書が学生の学習意欲を刺激し，基幹教育の充実に貢献することを期待する。

2014 年 1 月

本庄 春雄

＊ ＊ ＊ ＊ ＊

力 学

力学パートは，大学に入って初めて接する物理学ということを意識して，よい意味でショックを受けてもらいたいと思って執筆した。力学では特に高校で学んだ内容をもう一度なぞるところが多いので，学生はもう知っていることばかりだと思い油断しがちである。概念的には確かに大きな違いはないが，内容的にはレベルが一段階上がり，かなり一般的になっている。その「差」を強調したいと思った。いままでの物理の理解じゃだめだ，もう一度，自分の頭の中で再構成しなければ，と思ってもらえれば成功である。

基幹教育では，自律的に学び続けるアクティブラーナーの育成を目標としている。基幹物理学は，「これでおしまい」という内容であってはならない。もっと深く，もっと拡がりのある勉強をしてもらいたいと思う。そのために，基礎的な事柄に十分留意しながらも，従来の力学の枠では取り扱わないような話題を積極的に取り入れた。

もう一つ心がけたのは，物理学で用いる数学をできるだけ丁寧に説明することである。高校の物理と比べると，大学の物理学はずっと抽象的である。数学はそのための重要な道具である。数学を，ただ数学として学ぶのではなく，物理学の中でどう使うのかをよくみてほしい。そして，早い時期からそれらに習熟し，使いこなしてほしい。式が多いのも，式変形を丁寧に示したからにほかならない。

いくつかの話題や例題，章末問題には，大学 1 年生には難しいものもある。全部わからなくてもいい。でもすぐにはあきらめないでほしい。物理学は流し読みでわかるほど簡単でも陳腐でもない。時間をかけてじっくり学び，習得するだけの価値と魅力をもっている学問である。

原田 恒司

電磁気学

基幹物理学を受講する学生の専門分野は多岐にわたっている。電磁気学パートは，それを専門とする学生も直接専門とはしない学生も興味がもてるように，電磁気学の基本を説明した後にできるだけ応用についても含めるように留意した。物理の基礎的学問と思って電磁気学を学んでいるだけだと無味乾燥になるが，電気機器や産業界でも非常に多く応用され，家電品や携帯電話，スマートフォン，パソコンなど毎日生活の中で使っている学問でもあることを想像しながら学習するとより理解が深まると思う。

電磁気学における重要な概念である電場と磁場は目に見えないものであるため，直観的に理解するのが難しいと思うかもしれない。しかし，頭の中で状況を想像し理解できるようになるのは，計算できるようになるのと同じくらい重要なことである。電磁気学のみならず力学や熱力学でも，計算による「定量的」理解ばかりでなく，図やグラフなどを用いて直観的に理解し「定性的」に説明できることも必要である。この点にも慣れてもらいたい。

学生諸君は，自分の専門の研究を夢見て大学に入学してきている。しかし，机上の勉強が初年度から長く続くために，やる気や意欲が次第に薄れていく学生をしばしば見受ける。また，いま自分が学習している内容は，将来いったい何の役に立つのだろうかという疑問が心の中にあると思う。初志を維持し，何のために勉強するのかを理解してもらうには，大学内の先端研究を身近に感じてもらうのが有効だと思い，研究がどのようになされているのか，どのように電磁気学が応用されているのかを写真を添えて［研究］として紹介した。これを読むことにより，研究自体に興味をもつことはもちろん，その基礎となる電磁気学がいかに役立っているかも理解できるはずである。本書の内容は，諸君が将来専門課程に進学したときあるいは就職して社会に出たときに，理系ならばどの分野でも必ず役に立つものであることを忘れないでほしい。

矢山 英樹

熱力学

熱力学は，論理学的な色彩の強い学問である。したがって，これまで行ってきた受験勉強的な「A」は「B」であるという 1 対 1 の暗記的学習でその本質を理解することは到底できない。この「A」と「B」の間をつなぐ論理を理解することが重要である。つまり，根本的な学習方法の転換が望まれる学問なのである。しかしながら，このような状況は，熱力学や物理学という狭い領域に限らず，科学のすべての領域においてもいえることであろうと思われる。

熱力学が基幹物理学の 1 パートとして採用されるにあたり，最初に考えたのはこの点である。つまり，義務教育から高校そして大学受験に至るまで，営々と培われてきた「学習方法」の転換を，大学入学後の早い時期に行うことをひとつの大きな目的として執筆した。このような目論見があったため，式の導出や論理展開はしっかりと書いたつもりである。このために，6 回程度の授業回数に対する解説としては，かなりの分量になってしまった。また，同様の理由により，可逆過程を中心とした記述にせざるをえなかった。熱力学第 2 法則の重要な帰結である不可逆過程の熱力学については，例題や発展的議論として記載することにしたため，十分なものとはいえない。しかし，意欲ある学生は独学できるものと信ずる。力学パートと同様に，かなり進んだ話題や章末問題も記載してある。このような話題については，より進んだ書物も参考にして学習し，理解を深めてもらいたい。

大学での学習は「自学自習」である。教員が教えることができる分量などたかが知れている。講義で不足の部分は学生自らが学習することにより補完し，体得してゆくものである。この教科書が，このような「本質的な学習」の入り口となることを祈っている。

鴇田 昌之

目　次

第 I 部

力 学

1

運動の記述

この章では，3 次元空間を運動する小物体を記述するベクトルによる表記と，ベクトルの内積，外積について学ぶ。ベクトルを用いて表すと，座標系の選び方によらない記述が可能になり，また，表記上の仕方もコンパクトで便利なものである。ベクトル記法にはやく慣れて，その威力を十分に活用してほしい。

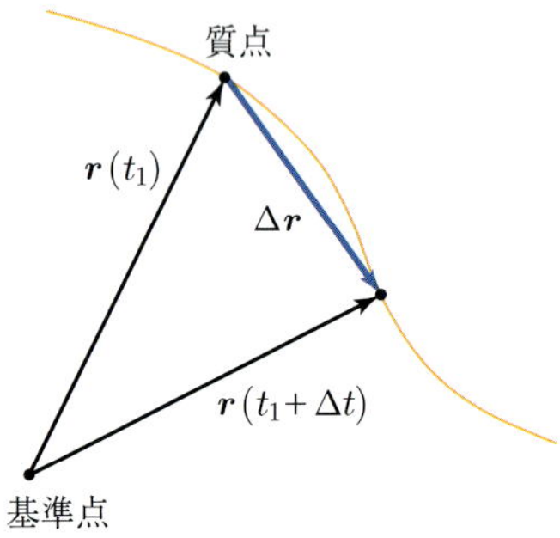

図 1.1　位置ベクトルと変位ベクトル

1.1　位置ベクトル，速度ベクトル，加速度ベクトル

小物体の大きさがあまり重要でない場合，その大きさを無視して「点」として扱うと便利である。このような小物体を質点とよぶ。質点というのは，質量と，点としての位置だけで記述される理想化された小物体である。大きさが無視できない場合というのは，その物体の変形や回転が重要な場合である。変形の効果を無視して回転の効果を取り扱うことは，後の章で行う。変形の効果をきちんと扱うのはこの教科書の範囲を超えるので，以下では特別な場合以外は考えない。

質点の位置を表すのに，普通，固定された基準点からの位置ベクトルを用いる。ベクトルは大きさと方向をもつ。質点が時間とともに運動する場合を考えるので，このベクトルは時間とともに変化する。時刻 t における位置ベクトルを $\boldsymbol{r}(t)$ と表すことにしよう。

質点が運動をしていると，ある時刻 t_1 における位置ベクトル $\boldsymbol{r}(t_1)$ と，それから時間 Δt だけ経った時刻 $t_1+\Delta t$ における位置ベクトル $\boldsymbol{r}(t_1+\Delta t)$ とは一般に異なる。これら 2 つのベクトルの差 $\Delta\boldsymbol{r}(t_1) \equiv \boldsymbol{r}(t_1+\Delta t)-\boldsymbol{r}(t_1)$ は*)，時間 Δt の間の質点の位置の変化 (これを変位という) を表すベクトル (変位ベクトル) である (図 1.1)。その比

$$\frac{\Delta\boldsymbol{r}(t_1)}{\Delta t}=\frac{\boldsymbol{r}(t_1+\Delta t)-\boldsymbol{r}(t_1)}{\Delta t} \tag{1.1}$$

は，時間 Δt の間の平均の速度を表している。

Δt をゼロに近づける極限は，時刻 t_1 における瞬間の速度 $\boldsymbol{v}(t_1)$ を与える。

＊　高校まででは用いられなかったが，大学の教科書でよく用いられる記号についてまとめておこう。これらの記号の意味は，著者によって少しずつ違う意味に用いられるが，おおよそ次のようなものである。

- $\equiv$：恒等的に等しい，定義される。
- $A \ll B$, $A \gg B$：B に比べて A はずっと小さい，大きい。
- $A \leq B$, $A \geq B$：A は B 以下，以上。
- $A \lesssim B$, $A \gtrsim B$：A は B に比べてだいたい等しいか小さい，大きい。
- $\sim$：だいたい等しい，...のように振る舞う。(もちろん $A \sim B$ で「A から B」の意味でも使う。)
- $\simeq$：だいたい等しい。
- $\approx$：近似的に等しい。

$$\boldsymbol{v}(t_1) = \lim_{\Delta t \to 0} \frac{\Delta \boldsymbol{r}(t_1)}{\Delta t} \tag{1.2}$$

［質問］　極限値が存在しないのはどういう場合だろうか。実際にそのようなことが起こるだろうか。

各時刻 t に対する瞬間の速度 $\boldsymbol{v}(t)$ を速度ベクトルという。

$$\boldsymbol{v}(t) = \frac{d\boldsymbol{r}(t)}{dt} \tag{1.3}$$

この表記からわかるように，速度ベクトルは位置ベクトルの時間微分である。

注意!　高校の数学では関数に対する微分を学んだが，上にあるように，ベクトルの微分はその自然な拡張になっている。

位置ベクトルから速度ベクトルを定義した手順を繰り返せば，速度ベクトルから平均の加速度 $\Delta \boldsymbol{v}(t_1)/\Delta t$ および加速度ベクトル $\boldsymbol{a}(t)$ を定義することができる。

$$\boldsymbol{a}(t) = \frac{d\boldsymbol{v}(t)}{dt} = \lim_{\Delta t \to 0} \frac{\Delta \boldsymbol{v}(t)}{\Delta t} = \lim_{\Delta t \to 0} \frac{\boldsymbol{v}(t+\Delta t) - \boldsymbol{v}(t)}{\Delta t} \tag{1.4}$$

位置ベクトルの大きさを $|\boldsymbol{r}(t)|$ と表す。これは基準点からの距離であり，スカラー量である。同様に，速度ベクトルの大きさを $|\boldsymbol{v}(t)|$，加速度ベクトルの大きさを $|\boldsymbol{a}(t)|$ と表す。簡単のため，$r(t) = |\boldsymbol{r}(t)|$，$v(t) = |\boldsymbol{v}(t)|$，および $a(t) = |\boldsymbol{a}(t)|$ のように表すことがある*)。また，速度ベクトルは単に速度ともよばれ，速度ベクトルの大きさは速さともよばれる。

*　ベクトルとその大きさはまったく別物である。それゆえ，ベクトルを区別して表す記法をきちんと用いることは非常に重要である。この教科書ではベクトルは $\boldsymbol{r}(t)$ のように太字で表すが，$\vec{r}(t)$ のように矢印を付けて表す場合もある。いずれにせよ，その大きさ $r(t) = |\boldsymbol{r}(t)|$ とは明確に区別しなければならない。

Advanced

時刻 t_1 から t_2 までの質点の変位ベクトルは

$$\int_{t_1}^{t_2} \boldsymbol{v}(t)\,dt = \int_{t_1}^{t_2} \frac{d\boldsymbol{r}(t)}{dt}\,dt = \boldsymbol{r}(t_2) - \boldsymbol{r}(t_1) \tag{1.5}$$

で与えられるが，総移動距離は

$$\int_{t_1}^{t_2} v(t)\,dt \tag{1.6}$$

で与えられる。前者はベクトルであるが，後者はスカラーである。

いままでの話では，座標系や座標は導入されていないことに注意してほしい。

1.2 座標系と成分表示

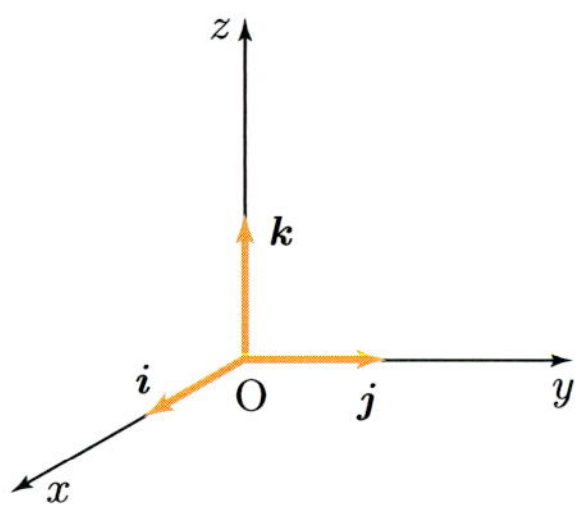

図1.2　デカルト座標系と基底ベクトル

位置ベクトル，速度ベクトル，加速度ベクトルなどを基底ベクトルの線形結合として表すと便利なことが多い。特定の基底ベクトルを導入することは，特定の座標系を導入することと同じことである。

もっともよく用いられるのはデカルト (R. Descartes) 座標系である。時間的に変化しない，互いに直交する3つの単位ベクトル (長さが1のベクトル) $\boldsymbol{i}, \boldsymbol{j}$，および $\boldsymbol{k}$ を基底ベクトルとして導入しよう。これらの単位ベクトルは，デカルト座標系の3つの座標軸の方向を与える。すなわち，$\boldsymbol{i}, \boldsymbol{j}, \boldsymbol{k}$ はそれぞれ x 軸，y 軸，z 軸方向の単位ベクトルである (図1.2)。任意の3次元ベクトルはこの3つの単位ベクトルの線形結合として表すことができる。たとえば，位置ベクトル $\boldsymbol{r}(t)$ は

$$\boldsymbol{r}(t) = x(t)\boldsymbol{i} + y(t)\boldsymbol{j} + z(t)\boldsymbol{k} \tag{1.7}$$

と表すことができる。ここで $x(t), y(t)$，および $z(t)$ はデカルト座標での位置ベクトルの成分とよばれる。基底ベクトルが明らかな場合には，式 (1.7) を

$$\boldsymbol{r}(t) = (x(t), y(t), z(t)) \tag{1.8}$$

と表すこともある。これをベクトルの成分表示とよぶ。ベクトルの成分表示では，基底ベクトルは

$$\boldsymbol{i} = (1, 0, 0), \quad \boldsymbol{j} = (0, 1, 0), \quad \boldsymbol{k} = (0, 0, 1) \tag{1.9}$$

と表される。

速度ベクトルも

$$\begin{aligned}\boldsymbol{v}(t) &= \frac{d}{dt}\left(x(t)\boldsymbol{i} + y(t)\boldsymbol{j} + z(t)\boldsymbol{k}\right) \\ &= v_x(t)\boldsymbol{i} + v_y(t)\boldsymbol{j} + v_z(t)\boldsymbol{k}\end{aligned} \tag{1.10}$$

のように表すことができる。ただし，

$$v_x(t) = \frac{dx(t)}{dt}, \quad v_y(t) = \frac{dy(t)}{dt}, \quad v_z(t) = \frac{dz(t)}{dt} \tag{1.11}$$

である。ここで，基底ベクトルが時間に依存しないことを用いた。加速度ベクトルも同様に

$$\begin{aligned}\boldsymbol{a}(t) &= \frac{d}{dt}\boldsymbol{v}(t) = \frac{d^2}{dt^2}\boldsymbol{r}(t) \\ &= a_x(t)\boldsymbol{i} + a_y(t)\boldsymbol{j} + a_z(t)\boldsymbol{k}\end{aligned} \tag{1.12}$$

となる。ただし，

$$\begin{aligned}a_x(t) &= \frac{dv_x(t)}{dt} = \frac{d^2x(t)}{dt^2}, \\ a_y(t) &= \frac{dv_y(t)}{dt} = \frac{d^2y(t)}{dt^2}, \\ a_z(t) &= \frac{dv_z(t)}{dt} = \frac{d^2z(t)}{dt^2}\end{aligned} \tag{1.13}$$

で与えられる。デカルト座標系でベクトルを成分で表すと，ベクトルの微分はそれぞれの成分 (関数) の微分を成分とするベクトルにほかならないことに注意しよう。後の章でみるように，基底ベクトルが時間に依存する場合には，ベクトルの微分はそれぞれの成分の微分にはならない。しかし，しばらくは基底ベクトルが時間によらないデカルト座標系に限って考える。

注意! 高校で学ぶ物理では 1 次元の運動を取り扱うことが多いので，ベクトル，ベクトルの成分，ベクトルの大きさについての区別がかえってわかりにくくなっている。たとえば，質点が原点を含む直線上を運動しているとき，位置ベクトル $\boldsymbol{r}(t)$ は $\boldsymbol{r}(t) = x(t)\boldsymbol{i}$ のように表される。成分 $x(t)$ は正にも負にもゼロにもなるが，大きさ $r(t) \equiv |\boldsymbol{r}(t)| = |x(t)|$ は原点からの距離を表し，非負 (負でない) の実数となる。

［例題 1.1］ 位置ベクトルが

$$\boldsymbol{r}(t) = a\cos\omega t\,\boldsymbol{i} + a\sin\omega t\,\boldsymbol{j} + v_z t\,\boldsymbol{k}$$

で与えられているとき，速度ベクトル，加速度ベクトルを求めよ。ただし，a，ω，および v_z は定数である。

［解］ 位置ベクトル $\boldsymbol{r}(t)$ を時間で 1 回，2 回と微分して

$$\begin{aligned}\boldsymbol{v}(t) &= \frac{d}{dt}\boldsymbol{r}(t)\\ &= -a\omega\sin\omega t\,\boldsymbol{i} + a\omega\cos\omega t\,\boldsymbol{j} + v_z\,\boldsymbol{k}\\ \boldsymbol{a}(t) &= \frac{d}{dt}\boldsymbol{v}(t)\\ &= -a\omega^2\cos\omega t\,\boldsymbol{i} - a\omega^2\sin\omega t\,\boldsymbol{j}\end{aligned}$$

を得る。図 1.3 に示すように，この運動はらせん運動である。

物理学では，時間微分を表すのに「ドット」を用いることが多い。たとえば，速度ベクトル $\boldsymbol{v}(t)$ は位置ベクトル $\boldsymbol{r}(t)$ の時間微分で与えられるが，これを

$$\boldsymbol{v}(t) = \dot{\boldsymbol{r}}(t) \tag{1.14}$$

と書く。同様に時間についての 2 階微分は「ダブルドット」で表される。加速度ベクトル $\boldsymbol{a}(t)$ は

$$\boldsymbol{a}(t) = \dot{\boldsymbol{v}}(t) = \ddot{\boldsymbol{r}}(t) \tag{1.15}$$

と表される。

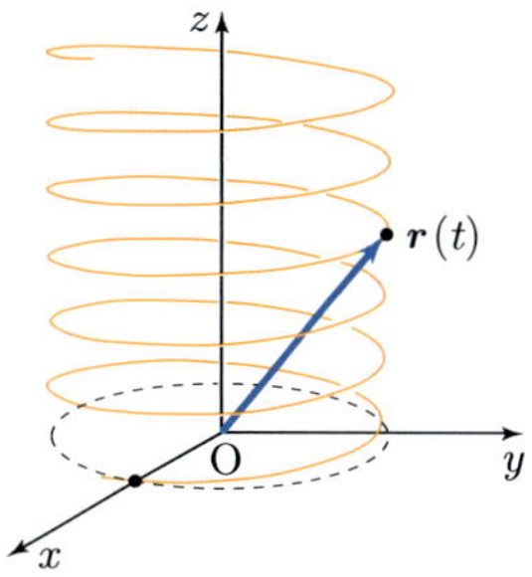

図 1.3　らせん運動

1.3 ベクトルの内積，外積

2 つのベクトル $\boldsymbol{A}$ と $\boldsymbol{B}$ の内積 (スカラー積ともいう) $\boldsymbol{A}\cdot\boldsymbol{B}$ は

$$\boldsymbol{A}\cdot\boldsymbol{B} = |\boldsymbol{A}|\,|\boldsymbol{B}|\cos\theta \tag{1.16}$$

で与えられる。ただし，θ は 2 つのベクトルのなす角度である。内積では順序は重要ではない。実際，定義から $\boldsymbol{A}\cdot\boldsymbol{B} = \boldsymbol{B}\cdot\boldsymbol{A}$ が成り立つ。もし $\boldsymbol{A}$ と $\boldsymbol{B}$ が直交するならば $\boldsymbol{A}\cdot\boldsymbol{B} = 0$ となる。

内積は線形な操作である。すなわち，3 つのベクトル $\boldsymbol{A}, \boldsymbol{B}, \boldsymbol{C}$ と実数 b, c に対して

$$\boldsymbol{A}\cdot(b\boldsymbol{B}+c\boldsymbol{C})=b(\boldsymbol{A}\cdot\boldsymbol{B})+c(\boldsymbol{A}\cdot\boldsymbol{C}) \tag{1.17}$$

が成り立つ。

［質問］ 内積の線形性については高校の数学で学んだはず。どうやって証明した？

デカルト座標系の基底ベクトルは互いに直交する単位ベクトルなので

$$\boldsymbol{i}\cdot\boldsymbol{i}=\boldsymbol{j}\cdot\boldsymbol{j}=\boldsymbol{k}\cdot\boldsymbol{k}=1,\quad \boldsymbol{i}\cdot\boldsymbol{j}=\boldsymbol{j}\cdot\boldsymbol{k}=\boldsymbol{k}\cdot\boldsymbol{i}=0 \tag{1.18}$$

が成り立つ。それゆえ，

$$\boldsymbol{A}=A_x\boldsymbol{i}+A_y\boldsymbol{j}+A_z\boldsymbol{k},\quad \boldsymbol{B}=B_x\boldsymbol{i}+B_y\boldsymbol{j}+B_z\boldsymbol{k} \tag{1.19}$$

と表すと，内積 $\boldsymbol{A}\cdot\boldsymbol{B}$ は

$$\boldsymbol{A}\cdot\boldsymbol{B}=A_xB_x+A_yB_y+A_zB_z \tag{1.20}$$

と表されることがわかる。特に

$$\boldsymbol{A}\cdot\boldsymbol{A}=|\boldsymbol{A}|^2={A_x}^2+{A_y}^2+{A_z}^2 \tag{1.21}$$

であるから

$$|\boldsymbol{A}|=\sqrt{{A_x}^2+{A_y}^2+{A_z}^2} \tag{1.22}$$

を得る。したがって，

$$\begin{aligned} r(t)&=|\boldsymbol{r}(t)| \\ &=\sqrt{x^2(t)+y^2(t)+z^2(t)} \end{aligned} \tag{1.23}$$

などを得る。

Advanced

時刻 t_1 から t_2 までの総移動距離は

$$\begin{aligned} \int_{t_1}^{t_2} v(t)\,dt &= \int_{t_1}^{t_2}\sqrt{{v_x}^2(t)+{v_y}^2(t)+{v_z}^2(t)}\,dt \\ &= \int_{t_1}^{t_2}\sqrt{\left(\frac{dx(t)}{dt}\right)^2+\left(\frac{dy(t)}{dt}\right)^2+\left(\frac{dz(t)}{dt}\right)^2}\,dt \end{aligned} \tag{1.24}$$

と表される。

Advanced

例題 1.1 で，時刻 $t=0$ から $t=2\pi/\omega$ までの変位ベクトルは

$$\int_0^{\frac{2\pi}{\omega}}(-a\omega\sin\omega t\,\boldsymbol{i}+a\omega\cos\omega t\,\boldsymbol{j}+v_z\,\boldsymbol{k})\,dt=\frac{2\pi}{\omega}v_z\,\boldsymbol{k} \tag{1.25}$$

で与えられる。(z 軸まわりの回転については 1 周期 $T=2\pi/\omega$ なので，z 軸方向の変位のみになる。) 一方，総移動距離は

$$\int_0^{\frac{2\pi}{\omega}}\sqrt{(-a\omega\sin\omega t)^2+(a\omega\cos\omega t)^2+{v_z}^2}\,dt$$

$$= \int_0^{\frac{2\pi}{\omega}} \sqrt{a^2\omega^2 + {v_z}^2}\, dt = \frac{2\pi}{\omega}\sqrt{a^2\omega^2 + {v_z}^2} \qquad (1.26)$$

で与えられる。

内積は 2 つのベクトルから 1 つのスカラーを定義する操作であった。これとは別に，2 つのベクトルから 1 つのベクトルを定義する操作として外積 (ベクトル積ともいう) とよばれるものがある。

2 つのベクトル $\boldsymbol{A}, \boldsymbol{B}$ に対して，外積 $\boldsymbol{A} \times \boldsymbol{B}$ は，大きさが

$$|\boldsymbol{A} \times \boldsymbol{B}| = |\boldsymbol{A}|\,|\boldsymbol{B}| \sin\theta \qquad (1.27)$$

で与えられ，方向が $\boldsymbol{A}$ と $\boldsymbol{B}$ の両方に垂直で，ベクトル $\boldsymbol{A}$ から $\boldsymbol{B}$ の方向に回転したとき，その右ねじの進む方向のベクトルである (図 1.4)。定義から

$$\boldsymbol{B} \times \boldsymbol{A} = -\boldsymbol{A} \times \boldsymbol{B} \qquad (1.28)$$

である。内積とは異なり，外積では 2 つのベクトルのかける順序が重要である。

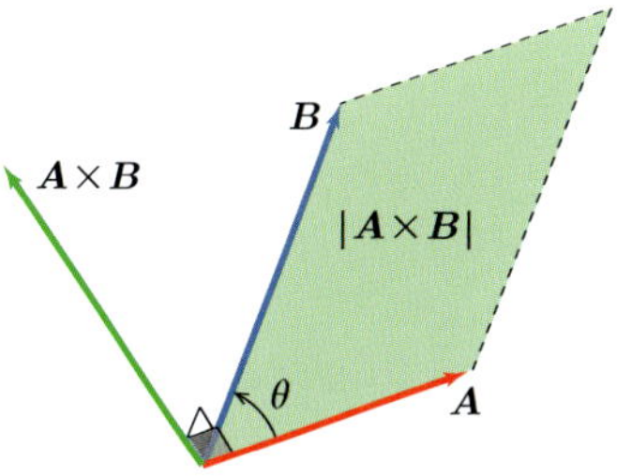

図 1.4 ベクトルの外積

外積 $\boldsymbol{A} \times \boldsymbol{B}$ の大きさ $|\boldsymbol{A} \times \boldsymbol{B}|$ は，2 つのベクトル $\boldsymbol{A}$ と $\boldsymbol{B}$ とが作る平行四辺形の面積に等しい。

ベクトルの外積もまた線形な操作である。すなわち，3 つのベクトル $\boldsymbol{A}$, $\boldsymbol{B}$, $\boldsymbol{C}$ と実数 b, c に対して

$$\boldsymbol{A} \times (b\boldsymbol{B} + c\boldsymbol{C}) = b(\boldsymbol{A} \times \boldsymbol{B}) + c(\boldsymbol{A} \times \boldsymbol{C}) \qquad (1.29)$$

が成り立つ。

［質問］ 外積の線形性は (成分を用いずに) どうやって証明できるだろうか。付録 A 参照。

デカルト座標系の (右手系の) 基底ベクトルに対しては

$$\boldsymbol{i} \times \boldsymbol{i} = \boldsymbol{j} \times \boldsymbol{j} = \boldsymbol{k} \times \boldsymbol{k} = \boldsymbol{0}, \qquad (1.30)$$

$$\boldsymbol{i} \times \boldsymbol{j} = \boldsymbol{k}, \quad \boldsymbol{j} \times \boldsymbol{k} = \boldsymbol{i}, \quad \boldsymbol{k} \times \boldsymbol{i} = \boldsymbol{j} \qquad (1.31)$$

が成り立つ。したがって，

$$\boldsymbol{A} = A_x\boldsymbol{i} + A_y\boldsymbol{j} + A_z\boldsymbol{k}, \quad \boldsymbol{B} = B_x\boldsymbol{i} + B_y\boldsymbol{j} + B_z\boldsymbol{k} \qquad (1.32)$$

と表すと，外積 $\boldsymbol{A} \times \boldsymbol{B}$ は，式 (1.29) から

$$\boldsymbol{A} \times \boldsymbol{B} = (A_yB_z - A_zB_y)\boldsymbol{i} + (A_zB_x - A_xB_z)\boldsymbol{j} + (A_xB_y - A_yB_x)\boldsymbol{k} \qquad (1.33)$$

となる。式 (1.33) は，3×3 の行列の行列式を用いて

$$\boldsymbol{A} \times \boldsymbol{B} = \begin{vmatrix} \boldsymbol{i} & \boldsymbol{j} & \boldsymbol{k} \\ A_x & A_y & A_z \\ B_x & B_y & B_z \end{vmatrix} \qquad (1.34)$$

と表すこともできる。行列および行列式については付録 1 の「入門 ベク

トルと行列」を参照せよ。

ベクトルの外積について，有用な公式

$$\boldsymbol{A}\cdot(\boldsymbol{B}\times\boldsymbol{C})=\boldsymbol{B}\cdot(\boldsymbol{C}\times\boldsymbol{A})=\boldsymbol{C}\cdot(\boldsymbol{A}\times\boldsymbol{B}) \tag{1.35}$$

および

$$\boldsymbol{A}\times(\boldsymbol{B}\times\boldsymbol{C})=\boldsymbol{B}(\boldsymbol{A}\cdot\boldsymbol{C})-\boldsymbol{C}(\boldsymbol{A}\cdot\boldsymbol{B}) \tag{1.36}$$

が成り立つ。これらは成分表示 (1.20)，(1.33) を用いて容易に証明することができる。式 (1.35) に現れる $\boldsymbol{A}\cdot(\boldsymbol{B}\times\boldsymbol{C})$ など 3 つの表式は，どれも幾何学的には 3 つのベクトル $\boldsymbol{A}$，$\boldsymbol{B}$，および $\boldsymbol{C}$ が作る平行 6 面体の体積を表している。また，付録 B.2 には，式 (1.36) の成分表示によらない証明を与えた。

注意!　ベクトルの外積は高校の物理ではあらわには現れてこなかったが，基本的な概念は力のモーメント，「フレミング (J.A. Fleming) の左手の法則」やローレンツ (H.A. Lorentz) 力ですでに現れていた。磁束密度 $\boldsymbol{B}$ の磁場中を速度 $\boldsymbol{v}$ で運動する電荷 q の質点は，磁束密度 $\boldsymbol{B}$ にも速度ベクトル $\boldsymbol{v}$ にも垂直な方向に力 (ローレンツ力) を受ける。それを外積を用いて表すと

$$q\boldsymbol{v}\times\boldsymbol{B} \tag{1.37}$$

となる。外積を用いて表すと，力の大きさばかりでなく，その向きの情報まで含まれていることに注意しよう。

[例題 1.2]　磁束密度が $\boldsymbol{B}=B\boldsymbol{k}$ で与えられる一定の磁場中を，電荷 q をもった粒子が速度 $\boldsymbol{v}=v_x\boldsymbol{i}+v_y\boldsymbol{j}$ で運動しているときに受けるローレンツ力を求めよ。

[解]　ローレンツ力は $q\boldsymbol{v}\times\boldsymbol{B}$ で与えられるので，式 (1.33) より，

$$q\boldsymbol{v}\times\boldsymbol{B}=q\left[(v_yB-0)\boldsymbol{i}+(0-v_xB)\boldsymbol{j}+(0-0)\boldsymbol{k}\right]$$
$$=qv_yB\boldsymbol{i}-qv_xB\boldsymbol{j}$$

と計算される。あるいは式 (1.34) を用いて

$$q\boldsymbol{v}\times\boldsymbol{B}=q\begin{vmatrix}\boldsymbol{i}&\boldsymbol{j}&\boldsymbol{k}\\v_x&v_y&v_z\\0&0&B\end{vmatrix}$$

によっても計算できる。

この章でのポイント

- 大きさが無視できる小物体は質点として記述される。
- 質点の位置は位置ベクトル $\boldsymbol{r}(t)$ で，速度は速度ベクトル $\boldsymbol{v}(t)$ で，加速度は加速度ベクトル $\boldsymbol{a}(t)$ で表される。
- 速度ベクトルは位置ベクトルの時間微分 ($\boldsymbol{v}(t)=d\boldsymbol{r}(t)/dt$) で，加速度ベクトルは速度ベクトルの時間微分 ($\boldsymbol{a}(t)=d\boldsymbol{v}(t)/dt$) で与えられる。
- 任意のベクトルは基底ベクトルの線形結合で表される。その係数を成分とよぶ。

- 2 つのベクトルからスカラーをつくる演算である内積と，2 つのベクトルからベクトルをつくる演算である外積がある。

第 1 章　章末問題

1. 位置ベクトルが

$$\boldsymbol{r}(t) = (x_0 + v_{x0}t)\boldsymbol{i} + (y_0 + v_{y0}t)\boldsymbol{j} + (z_0 + v_{z0}t - \frac{1}{2}gt^2)\boldsymbol{k}$$

で与えられるとき，速度ベクトル，加速度ベクトルを求めよ。

2. 水平方向と角度 θ をなす平らな斜面を考えよう。質点がこの斜面上を運動するとき，その位置ベクトル $\boldsymbol{r}(t)$ を水平方向の基底ベクトル $\boldsymbol{i}$ と鉛直上向きの基底ベクトル $\boldsymbol{k}$ を用いて表したとき $\boldsymbol{r}(t) = x(t)\boldsymbol{i} + z(t)\boldsymbol{k}$ と書けるとする。(ただし斜面は x 軸の正方向に下っているとし，また原点を通るとしよう。) 斜面に垂直な単位ベクトル $\boldsymbol{e}_\perp$ と斜面に沿って下向きの単位ベクトル $\boldsymbol{e}_\parallel$ を $\boldsymbol{i}$ と $\boldsymbol{k}$ を用いて表し，$\boldsymbol{r}(t)$ を $\boldsymbol{e}_\parallel$ と $\boldsymbol{e}_\perp$ を用いて表せ。物体が斜面上にあるためには，$x(t)$ と $z(t)$ はどのような関係を満足しなくてはならないか。

3. ベクトル $\boldsymbol{A}$ を，ベクトル $\boldsymbol{B}$ 方向の成分 $\boldsymbol{A}_{B\parallel}$ とベクトル $\boldsymbol{B}$ に直交する成分 $\boldsymbol{A}_{B\perp}$ の和に分解して $\boldsymbol{A} = \boldsymbol{A}_{B\parallel} + \boldsymbol{A}_{B\perp}$ と表すとき，$\boldsymbol{A}_{B\parallel}$ および $\boldsymbol{A}_{B\perp}$ を内積 $\boldsymbol{A} \cdot \boldsymbol{B}$ を用いて表せ。

4. **⟨Advanced⟩** 位置ベクトルが問題 1 のように与えられているとき，時刻 $t = 0$ から $t = v_{z0}/g$ (このとき $v_z(t) = 0$ となる) までの変位ベクトルと総移動距離を求めよ。ただし $v_{z0} > 0$ であるとする。

2

運動の法則

この章では，力学の基礎となるニュートンの 3 法則について学ぶ。運動の法則を表現する運動方程式については高校でも学んだが，ここでは 2 階の微分方程式として表される。微分方程式の一般論と，その簡単な例を扱う。

2.1 古典力学の対象

この教科書で学ぶ力学は古典力学とよばれるものである。古典力学の対象は，きわめて広範囲であり，我々の日常的な経験と深く結びついている。

原子レベルのミクロな世界では，日常的な物理法則とはまったく異なる物理法則が成立していることを，人類は 20 世紀の初めに知った。その法則は量子力学とよばれ，原子よりも微細な世界を解明するとともに，超伝導のようなマクロな現象として現れるものも見事に説明してくれる。物質の性質のほとんどは量子力学によって説明されるのである。

しかし，マクロな現象に限ると，量子力学に比べてずっと簡単な法則がきわめて広範囲の現象を説明することが知られている。この力学を量子力学と対比して，「古典」力学とよぶ。古典力学は，基本的にニュートン (I. Newton) の 3 法則によって規定されている。

Advanced

ミクロな系であるか否かの目安は，プランク (M. Planck) 定数とよばれる，作用の次元 (質量 M)(長さ L)^2(時間 T)$^{-1}$ をもつ定数 $h = 6.6 \times 10^{-34}$ J·s によって与えられる。系の典型的な作用の大きさが h と比べて十分に大きい場合には，マクロな系と考えてよく，量子力学を必要としない。たとえば，質量 1 g の物体が，速さ 1 cm/s で時間 1 s 運動すると，その作用の大きさは (質量 M)×(速さ L/T)^2×(時間 T) で与えられ，$10^{-3} \times (10^{-2})^2 \times 1$ J·s $= 10^{-7}$ J·s である。これはプランク定数に比べてきわめて大きいので明らかにマクロな系といえる。一方，電子 (質量 9.1×10^{-31} kg) が速さ 10^8 m/s (光の速さの 1/3) で 10^{-18} s (距離にして 10^{-10} m，つまり，およその原子のサイズ) 運動する場合，$9.1 \times 10^{-31} \times (10^8)^2 \times 10^{-18}$ J·s $= 9.1 \times 10^{-33}$ J·s となり，これはプランク定数と同程度である。それゆえこの系はミクロな系で量子力学による記述が必要である。

20 世紀の初めにわかったもうひとつの事実は，ニュートンの力学が成り立つのは，物体の運動する速さが光の速さに比べて十分小さいときのみであるということである。そして，物体の速さは，原理的に光の速さを超えることはできないということもわかった。光の速さが「限界速度」であることを考慮した理論を (特殊) 相対性理論という。光の速さはおよそ $c = 3 \times 10^8$ m/s であるので，日常的に出会う物体の速さは，これに比べて非常に小さい。しかし，物体の速さが光の速さに対して無視できない大きさになると，相対論的効果が顕著に現れてくる。

相対性理論は量子論ではないという意味で古典力学であるが，この教科書では扱わない。

このように，量子力学，相対性理論が重要であるような状況は，日常的に経験するものからはかけ離れている。逆にいえば，我々が日常的に経験するほとんどの現象は，これから学ぶ古典力学が成立する範囲，すなわち，マクロな系で，物体の速さが光の速さに比べて十分小さい範囲に含まれている。

2.2 ニュートンの 3 法則

ニュートンの運動の 3 法則は古典力学の要(かなめ)である。すでに高校で学んではいるが，もう一度復習し，その意味を考えてみよう。

第 1 法則は慣性の法則とよばれる。

> 物体に力がはたらかないとき，物体は静止したままでいるか，等速度運動をする。

これが日常的な素朴な観察とは相容れないことに注意すべきである。ボールを転がせばいつかは静止してしまう。物体を空中に静止させたまま手を離せば落下してしまう。こうした運動が，じつは摩擦力や重力という力の効果であると理解し，その上でそれらを取り除いた，いわば理想的な状態を想定することで初めて慣性の法則を理解することができる。たとえば，平面上の運動において，摩擦力がきわめて小さくなる状況を作り出すことは可能である。滑らかな氷の上の物体の運動を考えてみよう。物体は氷の上で静止したままであるか，あるいは速度をもっている場合にはそのまま (近似的に) 等速度運動をするだろう。面と物体との摩擦を減らせば減らすほどこの近似は良くなる。その極限として力がはたらかない状況を想像することはできるだろう。

注意! 現実には，摩擦力のはたらかない状況などはほとんどないが，摩擦力のない理想的な状況を考えることによって，慣性の法則のような本質を見抜くことができるということは注目に値する。

鉛直方向の運動に関しては，落下を物体の「自然な」あるいは「固有な」運動とみなすと慣性の法則を見抜くことはできない。落下の原因である重力を (地上では実際には分離できないが) 分離して考えることによってはじめて自由な運動を想像することができる。

慣性の法則が成立する座標系を慣性系とよぶ。慣性の法則は，慣性系が存在することを積極的に主張したものだと考えることもできる。

第 2 法則は運動の法則とよばれる。

> 物体に力がはたらくとき，物体にはその力の向きに，力の大きさに比例し，質量に反比例する加速度が生じる。

位置ベクトル，速度ベクトル，加速度ベクトルばかりでなく，力もまたベクトルである。物体にはたらく力を $\boldsymbol{F}$ とすると，運動の法則は，次の運動方程式の形に書き表すことができる。

$$m\boldsymbol{a} = \boldsymbol{F} \tag{2.1}$$

ただし，m は物体の質量，$\boldsymbol{a}$ は物体に生じる加速度ベクトルである。

質量を kg で，加速度を $\mathrm{m/s^2}$ で測るとき，式 (2.1) のように比例係数が 1 となる力の単位が **N** (ニュートン) である：$\mathrm{N} = \mathrm{kg\ m/s^2}$.

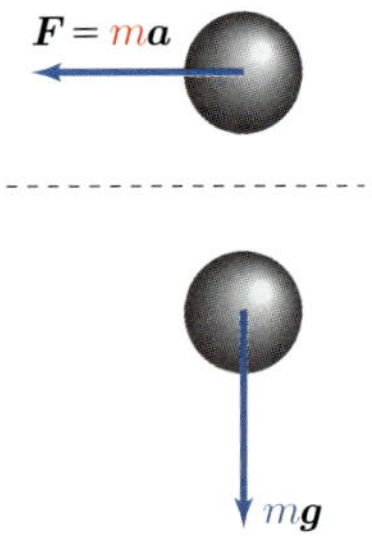

図 2.1　慣性質量と重力質量

前章でみたように，加速度ベクトルは運動の原因とは無関係に定義される概念である。一方，質量と力は，この運動方程式を通じて同時に定義されると考えてよい。物体に加速度を生じさせる原因が力であり，同じ力が異なる物体にはたらいたとき，生じる加速度の違いによって質量が定義される。質量は「動かしにくさ」を表している。つまり，質量が大きいほどその物体の運動状態を加速・減速などによって変更することが難しい。(このことを「慣性が大きい」ともいう。)　その意味で運動方程式に現れる質量を慣性質量とよぶ。この質量の定義には，重力は現れてこないことに注意しよう。

一方，物体にはたらく重力の大きさによって質量を定義することもできる。(ばね秤による重さの測定を思い出そう。)　このように，重力を通じて定義された質量を重力質量という (図 2.1)。実験によると，慣性質量と重力質量はきわめて高い精度で一致している。(第 12 章の章末問題 2 参照。)　それゆえ，以下では単に質量として，この 2 つを区別しない。

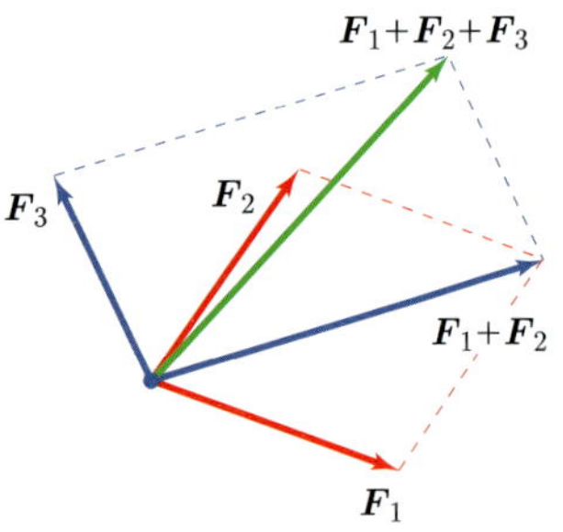

図 2.2　力のベクトル和

質点にいくつもの力 $\boldsymbol{F}_1, \ldots, \boldsymbol{F}_n$ がはたらいているときには，式 (2.1) の右辺はそれらの力のベクトル和で表される (図 2.2)。

$$\boldsymbol{F} = \sum_{i=1}^{n} \boldsymbol{F}_i \tag{2.2}$$

この和がゼロベクトルとなるとき，力はつりあっているという。慣性の法則で「力がはたらかない」というのは，正確には「いくつかの力がはたらいているがつりあっている」場合も含まれる。

質点の位置ベクトルを $\boldsymbol{r}(t)$ とすると，運動方程式は

$$m\frac{d^2\boldsymbol{r}(t)}{dt^2} = \boldsymbol{F} \tag{2.3}$$

と表される。これは微分方程式とよばれる方程式の一種である。

注意! 微分方程式というのは，関数の微分を含む方程式で，ある特定の関数に対してのみ成り立つものである。2 次方程式 $ax^2+bx+c=0$ $(a \neq 0)$ は，ある特定の x の値に対して成立する式であった。微分方程式の解は関数である。それゆえ，微分方程式を解くということは，その関数を求めることである。運動方程式を解くと，各時刻での位置ベクトルが得られる。つまり，各時刻で質点がどこにいるのかがわかることになる。微分方程式は高校では学ばなかったが，力学 (ばかりでなく物理学全般) を学ぶうえでは非常に重要である。それゆえこの教科書では，単に数学的なことがらとして読者の自習に任せるのではなく，この章と次章で微分方程式の基礎的なことを学ぶ。

運動方程式には 2 つの側面がある。ひとつは力が与えられたとき，微分方程式 (2.3) を積分することによって，運動を決定する，つまり，質点の位置ベクトルを時間の関数として確定することができるということである。もうひとつは，実験や観測によって質点の運動を知る，つまり位置ベクトルを時間の関数として知ることによって，式 (2.3) からその質点にはたらている力を求めることができるということである。第 11 章では，惑星の運動に関する観測事実から，惑星の間にはたらく力がどのように求まるかを学ぶ。

運動の法則が成り立つのは慣性系のみである。第 12 章では，非慣性系でどのように運動の法則が変更されるかを学ぶ。

第 3 法則は作用・反作用の法則とよばれる。

2 つの物体が力を及ぼし合うとき，一方が他方に及ぼす力は，他方がその物体に及ぼす力と同一直線上にあり，逆向きで大きさが同じである。

これは，物体が互いに相互作用するときのしかたを規定している。

物体にはたらく力を考えるとき，基本的に接触によって力を及ぼしあうということに注意をする必要がある。その例外は重力と電磁気力である。(これらも場の概念を導入することによって，直接的に力がはたらくと考えることができる。) そして重力や電磁気力であっても，例外なく作用・反作用の法則は成立している。このことは，運動方程式をたてる際に，個々の物体にはたらく力を数え上げるときに重要である。

たとえば，水平な床に物体が静止して置かれている場合を考えよう。物体にはたらく力は重力と床からの抗力である。これらはつりあっていて，

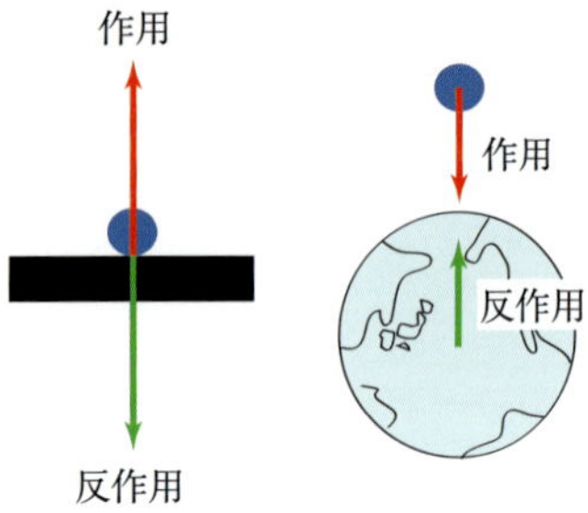

図 2.3　作用と反作用

それゆえ物体には加速度が生じないで初めの静止状態が保たれている。床からの抗力の反作用は物体が床を押す力で，これは床にはたらく力である。物体にはたらく重力の反作用は，地球にはたらく物体からの万有引力である (図 2.3)。

［質問］ 飛行機が落下しないのは，空気から揚力を受けるからである。揚力の反作用はどうなっているのだろうか。

2.3 微分方程式とその一般解

この節では，微分方程式の基本的な性質について説明しよう。

まず次の簡単な例を考えてみよう。x のある関数 $y(x)$ が次の微分方程式を満足するとする。

$$\frac{dy}{dx} = c \tag{2.4}$$

ただし，c は定数である。これはどんな関数に対しても成り立つ式ではない。それでは，どんな関数 $y(x)$ に対してこの方程式が成り立つのだろうか。つまり，微分すると定数 c となる関数はなにか，という問題である。よく知っているように，解は

$$y(x) = cx + C \tag{2.5}$$

で与えられ，この形以外にはない。ただし，C は積分定数とよばれる任意定数である。つまり，微分方程式 (2.4) の一般解 (もっとも一般的な解) は 1 つの任意定数を含み，一意的には決まらない。dy/dx は曲線の傾きを表すので，式 (2.4) は傾きが (x によらず) 一定 (c) である曲線を求めよ，ということであるから，傾き c の直線であれば y 切片は何でもよい。このように，微分方程式は関数が満たすべき性質を表したもので，その一般解は任意定数を含んでいる。

形式的にこの方程式を解くには，式 (2.4) の両辺を x で (不定) 積分する。

$$\int \frac{dy}{dx}\, dx = c \int dx \tag{2.6}$$

左辺は $y +$ (定数) となる。右辺も $cx +$ (定数) となる。この両辺に現れる定数をまとめて式 (2.5) を得る。

この手順は，次のような形式的な変形で表すこともできる。式 (2.4) の「分母を払って」

$$dy = c\, dx \tag{2.7}$$

の形に書き，その両辺にインテグラルの記号 ($\int$) をつけて

$$\int dy = c \int dx \tag{2.8}$$

とする。

微分方程式 (2.4) は dy/dx のみを含んでいるので，**1 階**の常微分方程式とよばれる。

注意! 「常」微分方程式とよばれるのは，偏微分方程式と区別するためである。偏微分方程式は，偏微分 (5.2 節参照) を含む微分方程式である。

次の例として，d^2y/dx^2 を含むもの (**2 階**の常微分方程式) を考えよう。

$$\frac{d^2y}{dx^2} = g \tag{2.9}$$

ただし，g は定数である。2 階の微分方程式は新しい変数を導入することによって 1 階の連立微分方程式に書き直すことができる。いまの例では，新しい変数 $z(x)$ を導入して

$$\frac{dy}{dx} = z, \quad \frac{dz}{dx} = g \tag{2.10}$$

と書き直される。実際，第 1 の式を x で微分したものに第 2 の式を代入すれば，式 (2.9) が得られる。

注意! 式 (2.7) で行ったような $d^2y = g\,dx^2$ の変形はできない。dy/dx はその定義から明らかなように，微小な y の増分 Δy と，微小な x の増分 Δx の比 $\Delta y/\Delta x$ の極限である。2 階微分 d^2y/dx^2 は 微小な $z = dy/dx$ の増分 $\Delta z = \Delta(dy/dx)$ と，微小な x の増分 Δx の比 $\Delta z/\Delta x = \Delta(dy/dx)/\Delta x$ の極限である。

これらを順番に積分すれば解を求めることができる。第 2 の式は最初の例 (式 (2.4)) と同じ形であることに注意しよう。それゆえ一般解は

$$z(x) = gx + c_1 \tag{2.11}$$

と表される。ただし，c_1 は積分定数である。これを第 1 の式に代入して

$$\frac{dy}{dx} = gx + c_1 \tag{2.12}$$

となる。つまり，微分すると 1 次式になるのはどんな関数か，という問題である。答えは 2 次関数で，

$$y(x) = \frac{1}{2}gx^2 + c_1x + c_2 \tag{2.13}$$

となることはすぐにわかるだろう。c_2 は第 2 の積分定数である。1 階の微分方程式の場合とは異なり，2 つの任意定数 (積分定数) が現れることに注意しよう。この問題は形式的には

$$\int dy = \int (gx + c_1)\,dx \tag{2.14}$$

と変形して解けばよい。

さらに次の例として

$$\frac{dy}{dx} = -\lambda y \quad (\lambda: 定数) \tag{2.15}$$

という微分方程式を考えよう。これは，微分するともとの関数に比例するような関数はなにか，という問題である。形式的には

$$\frac{dy}{y} = -\lambda\, dx \tag{2.16}$$

と変形して

$$\int \frac{dy}{y} = -\lambda \int dx \tag{2.17}$$

を計算すればよい。左辺は

$$\ln|y| + (定数) \tag{2.18}$$

となり，右辺は

$$-\lambda x + (定数) \tag{2.19}$$

となるので，これらから

$$\ln|y| = -\lambda x + C \tag{2.20}$$

という解が求まる。ただし，C は式 (2.18) と式 (2.19) の 2 つの定数をまとめた積分定数である。

注意!　対数関数 ln は e を底とする自然対数 $\log_e$ を表す。

ここで式 (2.20) の両辺の指数をとると

$$|y| = e^C e^{-\lambda x} \tag{2.21}$$

となり，

$$y = Ae^{-\lambda x} \tag{2.22}$$

という解が求まる。ここで $A = \pm e^C$ を導入した。e^C は常に正であるが，A は正にも負にもなる任意定数であることに注意。

一般に，

$$\frac{dy}{dx} = f(x)g(y) \tag{2.23}$$

の形をしている微分方程式を**変数分離型**とよぶ。この方程式は

$$\int \frac{dy}{g(y)} = \int f(x)\, dx \tag{2.24}$$

と変形することによって，右辺と左辺をそれぞれ普通の (1 変数の) 不定積分の問題として解くことができる。

［例題 2.1］　微分方程式

$$\frac{dy}{dx} = -\frac{x}{y}$$

を解け。

［解］　この微分方程式は変数分離型である：$f(x) = -x$，$g(y) = 1/y$．これを式 (2.24) のように変形して，

$$\int y\,dy = -\int x\,dx$$

から，

$$\frac{1}{2}y^2 = -\frac{1}{2}x^2 + C$$

または

$$x^2 + y^2 = 2C$$

を得る。ただし，C は積分定数である。左辺は非負であるので，$C < 0$ とするとこの式を満足させることはできない。$C \geq 0$ として，$2C = r^2$ $(r \geq 0)$ とおくと，

$$x^2 + y^2 = r^2$$

となり，これは半径 r の円を表している。

［質問］　例題 2.1 の微分方程式を幾何学的に解釈して，答えが円になることがわかるだろうか。

1 階の微分方程式の一般解は 1 つの任意定数を含むというのは，一般的な性質である。この任意定数は，適当な条件，たとえば $x = 0$ における y の値を与えることによって決めることができる。(このような条件を特に初期条件ということがある。)

また，2 階の微分方程式は 2 つの 1 階微分方程式の連立方程式として表されることからわかるように，その一般解は，2 つの任意定数を含む。これらは 2 つの条件を与えることによって決めることができる。

Advanced

1 階の微分方程式の解で，同じ条件を満足するものは 2 つ以上存在しないかという問題を，一般的に議論するのは数学的に込み入っている。ここでは簡単な場合，すなわち微分方程式が

$$\frac{dy}{dx} = a(x)y + b(x) \tag{2.25}$$

で与えられる場合に限って議論しよう。ただし，$a(x)$ および $b(x)$ は x の関数であるとする。この微分方程式が，同じ初期条件「$x = x_0$ における y の値が y_0 である」を満足する 2 つの解 $y_1(x)$, $y_2(x)$ をもつと仮定しよう。我々が示したいのは，この条件を満足する微分方程式 (2.25) の解は実際は 1 つに限られ，$y_1(x) = y_2(x)$ であることである。

$z(x) \equiv y_1(x) - y_2(x)$ を導入しよう。$y_1(x)$, $y_2(x)$ はともに微分方程式 (2.25) の解であるから

$$\frac{dy_1}{dx} = a(x)y_1 + b(x) \tag{2.26}$$

$$\frac{dy_2}{dx} = a(x)y_2 + b(x) \tag{2.27}$$

を満足するので，$z(x)$ が満足する方程式は

$$\begin{aligned}\frac{dz}{dx} &= \frac{dy_1}{dx} - \frac{dy_2}{dx}\\ &= a(x)(y_1 - y_2)\\ &= a(x)z\end{aligned} \tag{2.28}$$

となる。これは変数分離型の微分方程式であり，

$$\int \frac{dz}{z} = \int a(x)\,dx \tag{2.29}$$

と変形して，解は

$$\ln|z| = \int_{x_0}^{x} a(x')\,dx' + C \tag{2.30}$$

と表すことができる。ただし，積分の上限と区別するために積分変数を x' と書き換えている。両辺の指数をとり

$$z(x) = A\exp\left(\int_{x_0}^{x} a(x')\,dx'\right) \tag{2.31}$$

を得る。定数 A は初期条件から決められるべきものである。ここで $x = x_0$ とおくと指数部分がゼロとなるので，$A = z(x_0)$ であることがわかる。それゆえ，解は

$$z(x) = z(x_0)\exp\left(\int_{x_0}^{x} a(x')\,dx'\right) \tag{2.32}$$

で与えられることがわかる。仮定より，$z(x_0) = y_1(x_0) - y_2(x_0) = 0$ であるから，これを式 (2.32) に代入して，すべての x に対して $z(x) = 0$ であることがわかる。すなわち，すべての x に対して $y_1(x) = y_2(x)$ が示され，微分方程式 (2.25) の解はただ一つであることが示された。

運動方程式 (2.1) は 2 階の微分方程式である。

$$m\frac{d^2\boldsymbol{r}(t)}{dt^2} = \boldsymbol{F} \tag{2.33}$$

デカルト座標系では，これは 3 つの 2 階微分方程式として表される。つまり，

$$\boldsymbol{F} = F_x\boldsymbol{i} + F_y\boldsymbol{j} + F_z\boldsymbol{k} \tag{2.34}$$

として，

$$m\ddot{x}(t) = F_x \tag{2.35}$$

$$m\ddot{y}(t) = F_y \tag{2.36}$$

$$m\ddot{z}(t) = F_z \tag{2.37}$$

となる。ただし，$\ddot{x}$ は x の時間についての 2 階微分を表す。物体にはたらく力 $\boldsymbol{F}$ が与えられたとき，この微分方程式を解くと，それぞれ 2 つの任意定数 (全部で 6 個) を含む解が得られる。これらの任意定数を決定すると実際の運動が決定される。

これらの任意定数は，初期条件を与えることによって決定することができる。すなわち，ある時刻 t_0 での位置 $\boldsymbol{r}(t_0)$ と速度 $\boldsymbol{v}(t_0)$ が与えられれば 6 個の任意定数を決めることができる。

Advanced

解析的に解けない場合でも，数値的に微分方程式を解くことができる。例として

$$\frac{dy}{dx} = F(x, y) \tag{2.38}$$

という微分方程式を，(x_0, y_0) という初期条件の下で解くことを考えよう。もっとも簡単な解法はオイラー (L. Euler) 法で，これは微分を次のように1階差分に置き換えるものである。

$$\frac{dy}{dx} \to \frac{y_{n+1} - y_n}{\Delta x} \tag{2.39}$$

ただし，Δx は微小な x の区間であり，y_n は Δx ずつ離れた点 $x_n = x_0 + n\Delta x$ $(n = 0, 1, 2, \ldots)$ での y の値である。

$$y_n = y(x_n) \tag{2.40}$$

置き換え (2.39) は Δx が十分小さければ良い近似である。(ただ小さくしすぎると計算量が増大するだけでなく，計算機が有限桁数しか表現できないことからくる誤差が蓄積し，かえって精度が悪くなる。)

微分方程式 (2.38) は

$$y_{n+1} = y_n + F(x_n, y_n)\Delta x, \quad x_{n+1} = x_n + \Delta x \tag{2.41}$$

という漸化式で近似される。実際にプログラムを書いてみて，解析的な解が知られている場合と比較してみよう。(オイラー法は誤差が大きいので，応用上はふつうもっと精度の良い方法が使われる。)

この章でのポイント

- 古典力学の対象はマクロな系で，物体の速さが光の速さに比べて十分に小さい場合である。
- 古典力学はニュートンの3法則によって規定されている。
- 運動方程式は2階の常微分方程式であり，運動を求めることは微分方程式を解くことである。
- 微分方程式は力学のみならず物理学全般にわたって重要である。
- 微分方程式は，関数とその導関数の間の関係を表し，微分方程式を解くことは，その関係を満足する関数を求めることである。
- 微分方程式の解は一意的ではない。1階の微分方程式は1つの，2階の微分方程式は2つの任意定数を含んでいる。
- 初期条件を与えることにより，微分方程式の解に現れる任意定数を決定することができる。

第 2 章　章末問題

1. 質量 m の質点の位置ベクトルが $\boldsymbol{r}(t) = a\cos\omega t\,\boldsymbol{i} + a\sin\omega t\,\boldsymbol{j}$ で与えられる運動 (半径 a，角速度 ω での等速円運動) をしているとする。(ただし，$a > 0$ は定数である。)　この質点にはたらく力 $\boldsymbol{F}$ を $\boldsymbol{r}$ の関数として求めよ。

2. 図 2.4 のように，水平な床の上に，体積 V の水の入った容器が置かれ，その中に体積 v の鉄球が，細い糸につるされて水中にある。この鉄球にはたらく力を列挙せよ。また，容器が床に及ぼす力を求めよ。ただし，糸の張力の大きさを T，水の密度を ρ_w，鉄球の密度を ρ_i，容器の質量を M とする。

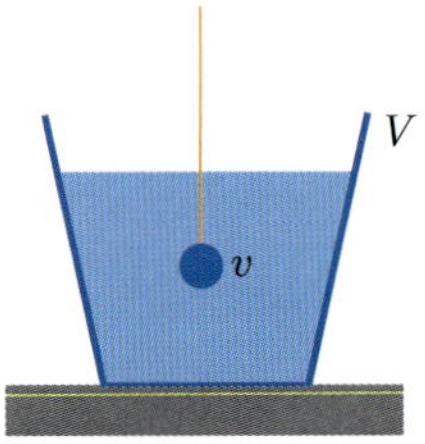

図 2.4

3. 放射性壊変物質の量は，時間とともに減少していく。物質量 $N(t)$ の単位時間当たりの減少分は，その量に比例する。その比例係数を k として，$N(t)$ が満足する微分方程式を求めよ。もとの物質が半分の量になるのにかかる時間 τ を半減期とよぶ。これは物質ごとに決まった定数である。時刻 $t = 0$ での物質量 $N(0)$ と τ を用いて，微分方程式の解を表せ。^{60}Co (コバルト-60) の半減期は 5.27 年である。この量が 10 分の 1 になるのにかかる時間はどれほどか。

4. 関数 $f(x)$ が任意の実数 x と y に対して

$$f(x)f(y) = f(x+y) \tag{2.42}$$

を満足するとき，関数 $f(x)$ を求めよ。ただし，$f(x)$ はすべての実数 x に対して $f(x) > 0$ であるとする。

5. **⟨Advanced⟩**　微分方程式

$$\frac{d^2y(x)}{dx^2} = -\sin y \tag{2.43}$$

を数値的に積分してみよう。まず，この方程式を 2 つの 1 階の微分方程式の形に書く。

$$\frac{dy(x)}{dx} = v(x), \quad \frac{dv(x)}{dx} = -\sin y \tag{2.44}$$

そしてそれぞれの微分方程式の微分を差分に置き換え，

$$\frac{y_{n+1} - y_n}{\Delta x} = v_n, \quad \frac{v_{n+1} - v_n}{\Delta x} = -\sin y_n, \quad x_n = n\Delta x \tag{2.45}$$

と近似する。つまり，$n = 0, 1, 2, \ldots, N$ に対して $x_n = n\Delta x$ とし，漸化式

$$v_{n+1} = v_n - \sin y_n\,\Delta x \tag{2.46}$$

$$y_{n+1} = y_n + v_n\,\Delta x \tag{2.47}$$

によって順次 v_n, y_n を求めていけば微分方程式 (2.43) の近似解を求めることができる (オイラー法)。$\Delta x = 0.001$, $N = 10000$, $v_0 = 0$, $y_0 = 0.4$ として計算機を用いて y_n を求め，横軸に $x_n = n\Delta x$，縦軸に y_n をとってグラフに表せ。また，微分方程式 (2.43) の右辺の $\sin y$ を y で置き換えた微分方程式

$$\frac{d^2y(x)}{dx^2} = -y \tag{2.48}$$

の解と比べよ。

3

運動方程式の積分

前章では，物体の運動を決める運動方程式が，微分方程式という方程式で与えられることを学んだ。この章では，はじめに簡単な運動方程式を実際に積分しながら，微分方程式の考え方，解き方に慣れていく。その後，微分方程式についてさらに学び，重要な例題として調和振動とローレンツ力の下での荷電粒子の運動を議論する。

3.1 簡単な運動方程式の積分

いくつかの簡単な例に対して，運動方程式を積分して解を求めてみよう。

［例題 3.1］ 自由な質点の運動：力がはたらいていないとき ($\boldsymbol{F}=\boldsymbol{0}$)，質量 m の質点の運動方程式の解を求めよ。

［解］ 運動方程式は

$$m\frac{d^2\boldsymbol{r}(t)}{dt^2}=m\frac{d\boldsymbol{v}(t)}{dt}=\boldsymbol{0}$$

である。まず 1 回積分しよう。不定積分で表す代わりに，定積分の上限を t，下限をある適当な時刻 t_0 として求めてもよい。

$$\int_{t_0}^{t}\frac{d\boldsymbol{v}(t')}{dt'}\,dt'=\boldsymbol{v}(t)-\boldsymbol{v}(t_0)=\boldsymbol{0}$$

から

$$\boldsymbol{v}(t)=\boldsymbol{v}(t_0) \tag{3.1}$$

を得る。$\boldsymbol{v}(t_0)$ は積分定数の役割を果している。これは (任意の) 時刻 t での質点の速度がある時刻 t_0 での速度に等しいということを示している。つまり，等速度運動をすることを意味する。

次に式 (3.1) を

$$\frac{d\boldsymbol{r}(t)}{dt}=\boldsymbol{v}(t_0) \tag{3.2}$$

の形に書き直し，この微分方程式を解こう。$\boldsymbol{v}(t_0)$ は定数であるから，式 (3.2) の両辺を t_0 から t まで積分して

$$(\text{左辺})=\int_{t_0}^{t}\frac{d\boldsymbol{r}(t')}{dt'}\,dt'=\boldsymbol{r}(t)-\boldsymbol{r}(t_0)$$

$$(\text{右辺})=\int_{t_0}^{t}\boldsymbol{v}(t_0)\,dt'=\boldsymbol{v}(t_0)\,(t-t_0)$$

から，

$$\boldsymbol{r}(t)=\boldsymbol{r}(t_0)+\boldsymbol{v}(t_0)\,(t-t_0)$$

を得る。$\boldsymbol{r}(t_0)$ は積分定数の役割をはたしている。

この例題を，デカルト座標系で成分ごとに解くこともできる。いずれにせよ，運動は t_0 での位置ベクトル $\boldsymbol{r}(t_0)$ (成分 3 個) と速度ベクトル $\boldsymbol{v}(t_0)$ (成分 3 個) を与えることによって完全に決定される。

注意!　運動を決定するのに，ある 1 つの時刻での位置ベクトルと速度ベクトルを与えるのではなく，異なる 2 つの時刻での位置ベクトルを与えてもよい。(これも 6 個の条件になる。) 他にもいろいろな決め方がある。

［例題 3.2］　重力場中の質点の運動方程式

$$m\frac{d^2\boldsymbol{r}(t)}{dt^2}=m\boldsymbol{g}$$

を解け。ただし，$\boldsymbol{g}$ は大きさが重力加速度 g で与えられる定ベクトル (大きさと向きが時間によらない一定なベクトル) で，デカルト座標系の基底ベクトル $\boldsymbol{k}$ を鉛直上向きにとるとすると，$\boldsymbol{g}=-g\boldsymbol{k}$ と表される。

［解］　運動方程式は

$$\frac{d\boldsymbol{v}(t)}{dt}=\boldsymbol{g}$$

と書き直すことができる。これを積分して

$$(\text{左辺})=\int_{t_0}^{t}\frac{d\boldsymbol{v}(t')}{dt'}\,dt'=\boldsymbol{v}(t)-\boldsymbol{v}(t_0)$$

$$(\text{右辺})=\int_{t_0}^{t}\boldsymbol{g}\,dt'=\boldsymbol{g}(t-t_0)$$

から

$$\boldsymbol{v}(t)=\frac{d\boldsymbol{r}(t)}{dt}=\boldsymbol{v}(t_0)+\boldsymbol{g}(t-t_0)$$

を得る。さらに

$$\int_{t_0}^{t}\frac{d\boldsymbol{r}(t')}{dt'}\,dt'=\boldsymbol{r}(t)-\boldsymbol{r}(t_0)=\int_{t_0}^{t}\left[\boldsymbol{v}(t_0)+\boldsymbol{g}(t'-t_0)\right]dt'$$

から，一般解

$$\boldsymbol{r}(t)=\boldsymbol{r}(t_0)+\boldsymbol{v}(t_0)(t-t_0)+\frac{1}{2}\boldsymbol{g}(t-t_0)^2$$

を得る。

この例題の解も $\boldsymbol{v}(t_0)$ と $\boldsymbol{r}(t_0)$ という 2 つの任意ベクトルを含んでいるが，これらを初期条件として与えると，各時刻での質点の位置ベクトルが完全に決まる。

問い　デカルト座標系では，この解はどのように表されるだろうか。

3.2　2 階線形微分方程式

前章では運動方程式が微分方程式であることを説明し，微分方程式の基本的な事柄について学んだ。この章でも引き続き微分方程式について学んでいこう。

応用上重要なのは 2 階の線形微分方程式である。

$$\frac{d^2y(x)}{dx^2}+p(x)\frac{dy(x)}{dx}+q(x)y(x)=f(x) \tag{3.3}$$

「線形」というのは，(左辺の) 各項が y および y の微分 (dy/dx, d^2y/dx^2) について 1 次であることを意味する。$f(x)$ を非斉次項（せいじ）とよぶ。

はじめに非斉次項がゼロである場合を考えよう。(これを斉次方程式という。) 線形性から，この方程式の独立な解が 2 つみつかったとすると，その線形結合もまた解であることがわかる。すなわち，2 つの解を $y_1(x)$, $y_2(x)$ とすると，任意の定数 c_1, c_2 に対して，

$$y(x)=c_1y_1(x)+c_2y_2(x) \tag{3.4}$$

も解である。

注意!　2 つの関数 $y_1(x)$ と $y_2(x)$ が独立であるとは，

$$c_1y_1(x) + c_2y_2(x) = 0 \tag{3.5}$$

がすべての x について成り立つのが $c_1 = c_2 = 0$ の場合に限られることをいう。ベクトルの線形独立性の議論を思い出そう。

2 階の微分方程式の一般解は 2 つの積分定数を含むことを前章で説明したが，式 (3.4) の c_1, c_2 がそれにあたる。

［質問］　独立な解が 2 つだというのはどうやってわかるのだろうか。

非斉次項があるときには，とにかく非斉次の方程式の解を 1 つ見いだすことが必要になる。これを特解とよぶ。特解を $y_{特}(x)$ とすると，非斉次方程式の一般解は，斉次方程式の一般解と特解の和

$$y(x) = c_1y_1(x) + c_2y_2(x) + y_{特}(x) \tag{3.6}$$

で与えられる。

［質問］　A 君は特解 $y_A(x)$ をみつけてそれを用いて一般解を求めた。B 君は $y_{\mathrm{A}}(x)$ とは異なる特解 $y_{\mathrm{B}}(x)$ をみつけてそれを用いて一般解を求めた。A 君の一般解と B 君の一般解は一致しているといえるだろうか。

Advanced

非線形な微分方程式は解くのが難しいばかりでなく，その解の振舞いも容易には想像できないものである。3 つの質点の間に万有引力 (第 11 章参照) がはたらいている系の運動方程式も，直観的にはわからない複雑なカオスとよばれる現象を引き起こす。カオスというのは，初期値の小さな差が拡大していき，解がまったく異なった振舞いをすることをいう。微分方程式に解がないということでもないし，解き方の問題 (誤差の集積のような) によるものでもない。図 3.1 は，2 つの「太陽」がおよそ楕円運動している「太陽系」における惑星のある条件での運動の軌跡を描いたものである。2 つの図は，惑星の初期位置が相対的に 1000 分の 1 ほどずれている以外はまったく同じ系，同じ方程式の数値解である。楕円は 2 つの太陽が互いの強い引力によって描く軌道を表している。これは惑星の運動によってほとんど影響を受けない。青い曲線は惑星の軌道を表す。惑星は図の右端から運動を始め，2 つの軌道は最初は似たような軌道をたどるが，次第にずれ始めてついにはまったく異なった軌道を描く。このように，解は初期条件に非常に鋭敏に反応し，結果として (決定論的であるにもかかわらず) 実質的には予測不可能になってしまう。

このようなカオス現象はけっして特殊な状況のみに現れるのではなく，むしろ我々の周囲にはそのような現象がたくさんある。天気予報が難しいのはその一例である。

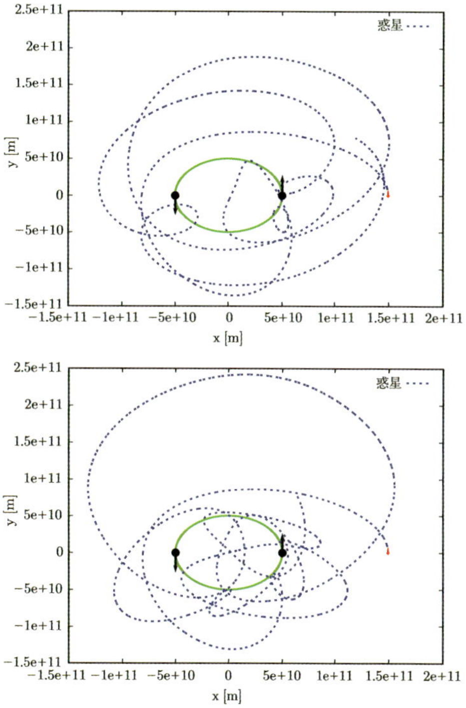

図 3.1　2 つの「太陽」をもつ「太陽系」での惑星の運動

［例題 3.3］　微分方程式

$$\frac{d^2y}{dx^2}-\lambda^2 y=0 \quad (\lambda：定数) \qquad (3.7)$$

を解け。

［解］　この方程式を

$$\left(\frac{d}{dx}-\lambda\right)\left(\frac{d}{dx}+\lambda\right)y=0$$

の形に「因数分解」して書いてみよう。そうすると

$$\left(\frac{d}{dx}-\lambda\right)y=0 \quad または \quad \left(\frac{d}{dx}+\lambda\right)y=0$$

であれば解になっていることがわかる。それゆえ

$$y_1(x)=e^{\lambda x},\quad y_2(x)=e^{-\lambda x}$$

は 2 つの独立な解である。よって一般解は

$$y(x)=c_1y_1(x)+c_2y_2(x)=c_1e^{\lambda x}+c_2e^{-\lambda x}$$

と求まる。

注意!　(方法は問わずに) 2 つの独立な解を見いだせば一般解を求めることができるので，解として e^{Cx} (ただし C は定数) の形を仮定し，微分方程式 (3.7) に代入すると，$C=\pm\lambda$ であれば解になることがわかる。このようにして 2 つの独立な解をみつけることができる場合がある。

また，この問題では λ は複素数であってもよいことに注意しよう。

［例題 3.4］　微分方程式

$$\frac{d^2y}{dx^2}-\lambda^2 y=Ae^{-ax} \qquad (a\neq\pm\lambda,\ a,\lambda：定数)$$

を解け。

［解］　これは非斉次の線形微分方程式であるので，前の例題 3.3 で求めた斉次方程式の一般解に，非斉次方程式の特解を加えたものが一般解となる。特解の求め方は何でもよい。いまの場合，非斉次項が指数関数であり，指数関数は微分しても指数関数のままであるという性質を考えると，

$$y_{特}(x)=Xe^{-ax}$$

という形の特解を探すのがよい。ただし X はこれから決定される定数である。これを方程式に代入すると，

$$(a^2-\lambda^2)Xe^{-ax}=Ae^{-ax}$$

となり，$X=A/(a^2-\lambda^2)$ であれば解になることがわかる。それゆえ一般解は

$$y(x)=c_1e^{\lambda x}+c_2e^{-\lambda x}+\frac{A}{a^2-\lambda^2}e^{-ax}$$

であることがわかる。

［質問］　〈**Advanced**〉　上の例題で $a=\lambda$ のときにはどうしたらよいだろうか。

3.3 調和振動

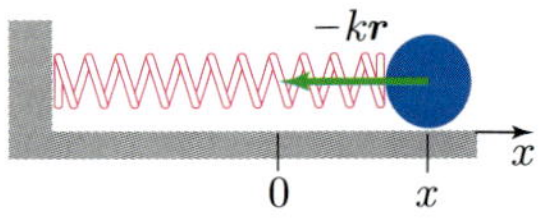

図 3.2　ばねの振動

図 3.2 のように，一端が固定されたばねの他端に質量 m の質点を取り付け，滑らかな平面上を一方向に運動できるようにしたものを考えよう。ばねの伸び (あるいは縮み) があまり大きくないときには，フック (R. Hooke) の法則が成り立つ。すなわち，ばねの伸びよう (あるいは縮もう) とする力 (復元力) は，ばねの縮み (あるいは伸び) に比例する。(この領域を弾性領域とよぶ。弾性領域を超えて変形すると，もはやもとに戻らなくなる。)　ばねの伸びを x で表そう。ただし，$x>0$ であれば伸びを，

$x < 0$ であれば実際には縮みを表す。ばねの力を F とすると，フックの法則は

$$F = -kx \tag{3.8}$$

と表される。ただし，k をばね定数とよぶ。負号は力が伸びとは逆方向にはたらくことを表している。

注意! これは 1 次元の運動であるが，ベクトルを用いた書き方で書けば，運動方向の単位ベクトルを $\boldsymbol{i}$ として，$\boldsymbol{F} = F\boldsymbol{i}$, $\boldsymbol{r} = x\boldsymbol{i}$ としたときに

$$\boldsymbol{F} = -k\boldsymbol{r} \tag{3.9}$$

が成り立つということである。ここでは F も x もベクトルの大きさではなく，(正にも負にもなる) ベクトルの成分であることに注意しよう。

質点の運動方程式は

$$m\frac{d^2x}{dt^2} = -kx \tag{3.10}$$

と書かれる。

$$\omega = \sqrt{\frac{k}{m}} \tag{3.11}$$

を導入して，

$$\ddot{x} + \omega^2 x = 0 \tag{3.12}$$

の形に書こう。ω は角振動数とよばれる。この形の微分方程式はさまざまなところで現れてくる非常に重要なもので，調和振動 (あるいは単振動) の微分方程式とよばれる。

この微分方程式の一般解は，例題 3.3 で $\lambda = i\omega$ とおけばすぐに求まる。

$$x(t) = c_1 e^{i\omega t} + c_2 e^{-i\omega t} \tag{3.13}$$

しかし，x が伸びであって実数でなければならないことに注意すると，$x^* = x$ より $c_2 = c_1^*$ でなければならない。(x^* は x の複素共役を表す。) また，オイラーの関係式

$$e^{i\theta} = \cos\theta + i\sin\theta \tag{3.14}$$

を用いると，$c_1 = Ce^{i\phi}$ (ただし $C \geq 0$ および ϕ は実数) とおいて，

$$\begin{aligned} x(t) &= C\left(\cos(\omega t + \phi) + i\sin(\omega t + \phi)\right) \\ &\quad + C\left(\cos(\omega t + \phi) - i\sin(\omega t + \phi)\right) \\ &= 2C\cos(\omega t + \phi) \end{aligned} \tag{3.15}$$

と書き換えることができる。式 (3.15) は，C および ϕ を 2 つの積分定数とする一般解である。あるいは，$A = 2C$, $\alpha = \phi + \pi/2$ を導入して

$$x(t) = A\sin(\omega t + \alpha) \tag{3.16}$$

の形や，$C_1 = A\cos\alpha$, $C_2 = A\sin\alpha$ を導入して

$$x(t) = C_1 \sin \omega t + C_2 \cos \omega t \tag{3.17}$$

の形を用いることが多い。積分定数 A と α，あるいは C_1 と C_2 は初期条件によって決定される。

振動についての詳しい議論は第 8 章と第 9 章で扱う。

［例題 **3.5**］ $A = 2.0$ cm, $\omega = 0.5\pi$ rad/s, $\alpha = \pi/3.0$ rad として式 (3.16) で与えられる調和振動に対して，$x(t)$, $v(t) = \dot{x}(t)$, および $a(t) = \ddot{x}(t)$ のグラフを描け。

［解］ 式 (3.16) を微分して

$$v(t) = A\omega \cos(\omega t + \alpha)$$

$$a(t) = -A\omega^2 \sin(\omega t + \alpha)$$

を得る。これらをグラフで表すと図 3.3 のようになる。$x(t)$ の絶対値が最大となるところで $v(t)$ がゼロとなり，$a(t)$ の絶対値が最大で $x(t)$ とは逆符号になっていることに注意しよう。

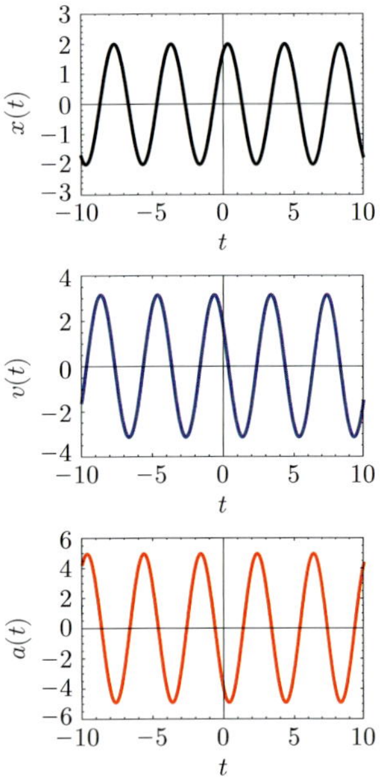

図 **3.3**　例題 3.5 の解

3.4 ローレンツ力の下での運動

z 軸方向の一定の磁場 (磁束密度 $\boldsymbol{B} = B\boldsymbol{k}$ $(B > 0)$) の中で運動する質量 m，電荷 q (> 0) の荷電粒子の運動を考えよう。粒子の位置ベクトルを $\boldsymbol{r}(t)$ とすると，荷電粒子はローレンツ力を受けるので，運動方程式は

$$m\frac{d^2\boldsymbol{r}(t)}{dt^2} = q\boldsymbol{v}(t) \times \boldsymbol{B} \tag{3.18}$$

で与えられる (図 3.4)。ただし，$\boldsymbol{v}(t) = d\boldsymbol{r}(t)/dt$ は粒子の速度ベクトルである。この運動方程式を積分して荷電粒子の運動を決定しよう。

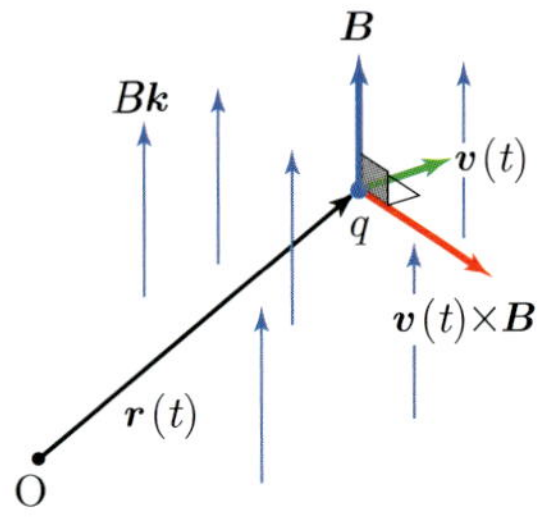

図 **3.4**　磁場中の荷電粒子

まず，運動方程式を $\boldsymbol{v}(t)$ を用いて表すと 1 階の微分方程式になることに注意しよう。

$$m\frac{d\boldsymbol{v}(t)}{dt} = q\boldsymbol{v}(t) \times \boldsymbol{B} \tag{3.19}$$

速度ベクトル $\boldsymbol{v}(t)$ を $\boldsymbol{v}(t) = v_x(t)\boldsymbol{i} + v_y(t)\boldsymbol{j} + v_z(t)\boldsymbol{k}$ とデカルト座標で表すと，

$$\boldsymbol{v}(t) \times \boldsymbol{B} = \begin{vmatrix} \boldsymbol{i} & \boldsymbol{j} & \boldsymbol{k} \\ v_x(t) & v_y(t) & v_z(t) \\ 0 & 0 & B \end{vmatrix} = v_y(t)B\boldsymbol{i} - v_x(t)B\boldsymbol{j} \tag{3.20}$$

であるから，成分ごとに運動方程式を表すと，

$$m\frac{dv_x(t)}{dt} = qBv_y(t) \tag{3.21}$$

$$m\frac{dv_y(t)}{dt} = -qBv_x(t) \tag{3.22}$$

$$m\frac{dv_z(t)}{dt} = 0 \tag{3.23}$$

となる。式 (3.21) をもう一度 t で微分して式 (3.22) を用いると，

$$\frac{d^2 v_x(t)}{dt^2} = \left(\frac{qB}{m}\right) \frac{dv_y(t)}{dt} = -\left(\frac{qB}{m}\right)^2 v_x(t) \qquad (3.24)$$

を得る。これは調和振動の微分方程式である。それゆえ，角振動数

$$\omega = \frac{qB}{m} \qquad (3.25)$$

を用いて，その一般解は式 (3.16) の形で

$$v_x(t) = v_{0\perp} \sin(\omega t + \alpha) \qquad (3.26)$$

と表される。ただし，$v_{0\perp}$ および α は積分定数である。この解を方程式 (3.21) に代入すれば

$$v_y(t) = v_{0\perp} \cos(\omega t + \alpha) \qquad (3.27)$$

を得る。このことから，

$$\sqrt{{v_x}^2(t) + {v_y}^2(t)} = v_{0\perp} \qquad (3.28)$$

であることがわかる。また，運動方程式 (3.23) は簡単に

$$v_z(t) = v_{0z} \quad (\text{一定}) \qquad (3.29)$$

と解ける。これは z 軸方向に力がはたらいていないため，z 軸方向には等速度運動をすることを表している。

以上より

$$\frac{d\boldsymbol{r}(t)}{dt} = \boldsymbol{v}(t) = \begin{pmatrix} v_{0\perp} \sin(\omega t + \alpha) \\ v_{0\perp} \cos(\omega t + \alpha) \\ v_{0z} \end{pmatrix} \qquad (3.30)$$

を得る。速度の大きさ $v(t) = \sqrt{{v_x}^2(t) + {v_y}^2(t) + {v_z}^2(t)}$ は任意の時刻で

$$v \equiv \sqrt{v_{0\perp}^2 + v_{0z}^2} \qquad (3.31)$$

で与えられ，時間的に一定である。

これらをさらに積分すると，

$$\boldsymbol{r}(t) = \boldsymbol{r}_0 + \begin{pmatrix} -\frac{v_{0\perp}}{\omega} \cos(\omega t + \alpha) \\ \frac{v_{0\perp}}{\omega} \sin(\omega t + \alpha) \\ v_{0z} t \end{pmatrix} \qquad (3.32)$$

を得る。ただし，$\boldsymbol{r}_0$ は時間によらない一定のベクトルである。これは $\boldsymbol{r}_0$ をとおり z 軸に平行な直線を軸とした，半径 $v_{0\perp}/\omega$ のらせん軌道を表す。すなわち，1 周期 $T = 2\pi/\omega$ だけ進むと x 座標と y 座標は同じ値にもどるが，z 座標は $v_{0z}T$ だけ変化している。(例題 1.1 と式 (3.32) との類似を確認せよ。)

3 つの 2 階の微分方程式を積分したので，一般解には 6 個の積分定数 ($\boldsymbol{r}_0$ で 3 個，$v_{0\perp}$, α, および v_{0z}) が含まれていることに注意しよう。

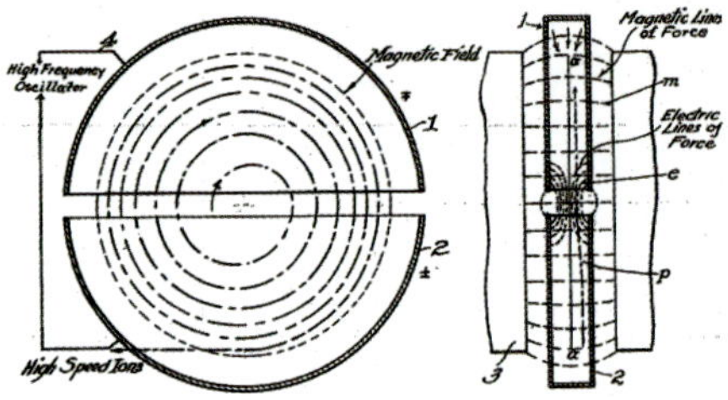

図 3.5　サイクロトロンの発明者であるローレンス (E.O. Laurence) の特許にある図

特に $v_z = 0$ の場合，荷電粒子は磁場に垂直な平面内で円運動を行う。この運動はサイクロトロン運動とよばれる。サイクロトロンはこのような (一定) 磁場中で荷電粒子が回転運動をする性質を用いて，加速電極と組み合わせて粒子を加速させる装置 (加速器) の名称である (図 11.6)。サイクロトロンでは回転半径が $v_{0\perp}/\omega$ で与えられることから，荷電粒子が加速されるにしたがって，半径がだんだん大きくなっていく。そこで，角振動数 ω が式 (3.25) で与えられることから，磁場の大きさ B もだんだん大きくすることによって，同じ半径で回転させるようにした加速器がシンクロトロンである。

Advanced

複素変数 $V(t) \equiv v_x(t) + iv_y(t)$ を用いると，式 (3.21) と式 (3.22) とから

$$\frac{dV(t)}{dt} = -i\omega V(t) \tag{3.33}$$

という微分方程式を得る。これは簡単に積分できて

$$V(t) = V(0)e^{-i\omega t} \tag{3.34}$$

を得る。実数 $v_{0\perp}$ および β を用いて

$$V(0) = v_{0\perp}e^{i\beta} \tag{3.35}$$

とおき，オイラーの関係式を用いると，

$$V(t) = v_{0\perp}\left\{\cos(\omega t - \beta) - i\sin(\omega t - \beta)\right\} \tag{3.36}$$

を得る。それゆえその実部と虚部とを比べて，

$$v_x(t) = v_{0\perp}\cos(\omega t - \beta), \quad v_y(t) = -v_{0\perp}\sin(\omega t - \beta) \tag{3.37}$$

であることがわかる。これは $\beta = -\alpha - \frac{\pi}{2}$ とおけば，式 (3.26) と式 (3.27) と一致する。

このように，問題自体は複素数とは関係がないが，複素数を用いて計算することによって実数のみで計算を行うのに比べてずっと見通しよく計算が実行できることに注意。その理由は，実数で計算をすると，閉じた微分方程式は式 (3.24) のように 2 階の微分方程式にならざるをえないが，複素数では式 (3.33) のように，1 階の微分方程式で表されるからである。このことは，三角関数は微分しても自分自身には比例しないが，指数関数 e^{ix} は微分するとそれ自身に比例することによる。

この章でのポイント

- 運動方程式である微分方程式を実際に積分することによって，運動を実際に求めることができる。
- 応用上，線形 2 階微分方程式は特に重要である。
- 斉次線形 2 階微分方程式の一般解は 2 つの独立な解の線形結合で表され，2 つの任意定数はその係数である。
- 非斉次方程式の一般解は斉次方程式の一般解に特解を加えたものである。

第 3 章　章末問題

1. 傾きが θ の摩擦のある斜面上を，質量 m の質点が滑り落ちている。斜面下方向きに座標 x をとり，斜面方向の運動方程式をたてよ。ただし重力加速度の大きさを g，動摩擦係数を μ' とする。また，質点は $t = 0$ には座標系の原点を速さ v_0 で通過したとして，運動方程式を積分して質点の位置 $x(t)$ を求めよ。

2. 電場と磁場の両方がある場合，電荷 $q\ (> 0)$ をもつ荷電粒子が受ける力は

$$\boldsymbol{F} = q\left(\boldsymbol{E} + \boldsymbol{v}(t) \times \boldsymbol{B}\right) \tag{3.38}$$

で与えられる。いま一定の電場 $\boldsymbol{E} = E\boldsymbol{i}$ と一定の磁場 $\boldsymbol{B} = B\boldsymbol{k}$ の両方の場の中にある質量 m，電荷 q の荷電粒子の運動を決定せよ。ただし $E > 0$, $B > 0$ とし，荷電粒子は時刻 $t = 0$ で原点に静止していたとする。

3. 関数 $a(t)\ (> 0)$ が満たす微分方程式

$$\frac{da(t)}{dt} = \frac{C}{a^{\frac{n}{2}}(t)} \quad (C > 0) \tag{3.39}$$

を，$n = 1$ の場合と $n = 2$ の場合に解け。この方程式は (宇宙定数ゼロの) 平坦な一様等方宇宙のビッグバン宇宙膨張を記述する方程式である。$n = 1$ は物質優勢フリードマン (A.A. Friedmann) モデルの場合，$n = 2$ は輻射優勢フリードマンモデルの場合に相当する。関数 $a(t)$ はスケール因子とよばれ，時刻 t での宇宙の大きさを表している。$t = 0$ におけるスケール因子の値を $a(0) = 0$ とおいて解を求めよ。

⟨Advanced⟩　また，真空のエネルギーを表す宇宙項がゼロでない場合には，微分方程式は

$$\frac{da(t)}{dt} = \sqrt{\frac{C^2}{a^n(t)} + La^2(t)} \quad (C > 0) \tag{3.40}$$

の形になる。この方程式を $n = 1$, $L > 0$ として積分せよ。(ヒント：$b(t) = a^{\frac{3}{2}}(t)$ を用いて微分方程式を書き直せ。)

4

運動量と力積

この章では，運動量と力積というベクトル量の概念を導入する。より進んだ力学では，運動量は速度よりも重要な役割をはたす。いくつかの質点が相互作用する際に，外力の和がゼロであれば，作用・反作用の法則から，全運動量が保存する。

4.1 運動量

質量が m の質点の速度ベクトルを $\boldsymbol{v}$ とするとき，質点の運動量 $\boldsymbol{p}$ は

$$\boldsymbol{p} = m\boldsymbol{v} \tag{4.1}$$

と定義される。運動量を用いてニュートンの運動方程式を表すと，

$$\frac{d\boldsymbol{p}(t)}{dt} = \boldsymbol{F} \tag{4.2}$$

となる。

運動量の重要性は，作用・反作用の法則と結びついている。いま，簡単のため，位置ベクトルが $\boldsymbol{r}_1(t)$ で与えられる質量 m_1 の質点 1 と，位置ベクトルが $\boldsymbol{r}_2(t)$ で与えられる質量 m_2 の質点 2 からなる系を考えよう。これらの質点が外力 (系の外からの力) を受けずに，内力 (系の内部の物体が互いに及ぼしあう力) のみを受けるとき，運動方程式は

$$\frac{d\boldsymbol{p}_1(t)}{dt} = \boldsymbol{F}_{1\leftarrow 2} \tag{4.3}$$

$$\frac{d\boldsymbol{p}_2(t)}{dt} = \boldsymbol{F}_{2\leftarrow 1} \tag{4.4}$$

と表される (図 4.1)。ただし，$\boldsymbol{p}_1 \equiv m_1(d\boldsymbol{r}_1/dt)$, $\boldsymbol{p}_2 \equiv m_2(d\boldsymbol{r}_2/dt)$ はそれぞれの質点の運動量を表し，$\boldsymbol{F}_{i\leftarrow j}$ は，質点 j が質点 i に及ぼす内力を表している。

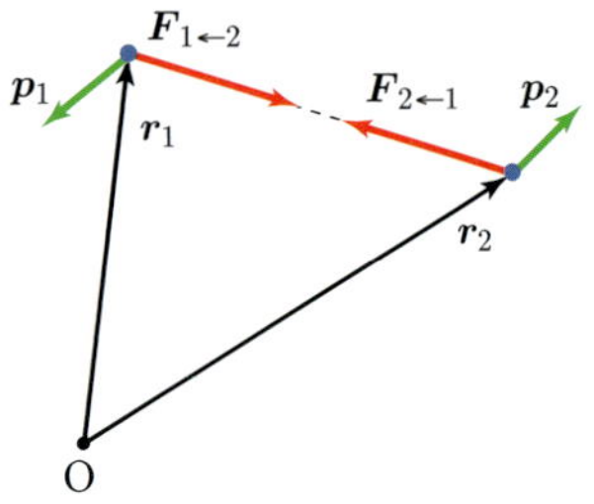

図 4.1　2 つの質点間にはたらく力

問い　2 つの質点がばねで結び付けられている場合や，2 つの質点が電荷をもっていて，クーロン (C.-A. de Coulomb) 力がはたらく場合に，$\boldsymbol{F}_{i\leftarrow j}$ は具体的にはどのように表されるだろうか。

作用・反作用の法則より，

$$\boldsymbol{F}_{1\leftarrow 2} + \boldsymbol{F}_{2\leftarrow 1} = \boldsymbol{0} \tag{4.5}$$

が成り立つ。したがって，式 (6.11) と式 (6.12) を辺々足し合わせると

$$\frac{d}{dt}\left(\boldsymbol{p}_1(t) + \boldsymbol{p}_2(t)\right) = \boldsymbol{0} \tag{4.6}$$

となる。すなわち，この系の全運動量 $\boldsymbol{P}$ (いまの場合，2 つの質点の運動量の和) は時間に依存しない一定のベクトルである。

$$\boldsymbol{p}_1(t) + \boldsymbol{p}_2(t) = \boldsymbol{P} \quad (\text{一定}) \tag{4.7}$$

注意! 和は一定であっても，個々の運動量は一定であるとは限らない。

Advanced

このことは N 個の質点からなる系に対しても同様に成立する。すなわち，k 番目の質点の運動量を $\boldsymbol{p}_k(t)$ とすると，運動方程式は

$$\frac{d\boldsymbol{p}_k(t)}{dt} = \sum_{j=1\,(j\neq k)}^{N} \boldsymbol{F}_{k\leftarrow j} \qquad (k = 1, \ldots, N) \tag{4.8}$$

と書かれる。ただし，和は $j = k$ を除くすべての j についてとるものとする。作用・反作用の法則より

$$\boldsymbol{F}_{k\leftarrow j} + \boldsymbol{F}_{j\leftarrow k} = \boldsymbol{0} \tag{4.9}$$

が任意の組 (k, j) に対して成り立つので，

$$\frac{d}{dt}\left(\sum_{k=1}^{N} \boldsymbol{p}_k(t)\right) = \boldsymbol{0} \tag{4.10}$$

が成り立つ。つまり，全運動量 $\boldsymbol{P} \equiv \sum_{k=1}^{N} \boldsymbol{p}_k(t)$ は時間に依存しない一定のベクトルである。

このように，外力を受けない質点からなる系の全運動量は保存する。このことを運動量保存則という。

問い じつは個々の質点は外力を受けていても，その総和がゼロであれば全運動量は保存する。2 つの質点の場合，それぞれにはたらく外力を $\boldsymbol{F}_1$, $\boldsymbol{F}_2$ とすると，運動方程式は

$$\frac{d\boldsymbol{p}_1(t)}{dt} = \boldsymbol{F}_{1\leftarrow 2} + \boldsymbol{F}_1 \tag{4.11}$$

$$\frac{d\boldsymbol{p}_2(t)}{dt} = \boldsymbol{F}_{2\leftarrow 1} + \boldsymbol{F}_2 \tag{4.12}$$

と書かれる。$\boldsymbol{F}_1 + \boldsymbol{F}_2 = \boldsymbol{0}$ であれば全運動量が保存することを確かめよ。

［例題 4.1］ 重力の効果が無視できる宇宙空間を，一定の速度 $\boldsymbol{v}$ で運動している質量 M の宇宙船を考えよう。この宇宙船が微小な質量 δM のガスを短かい時間 δt の間 宇宙船に対して一定の速度 $\boldsymbol{V}$ で噴出して，その結果，宇宙船の速度は $\boldsymbol{v}+\delta\boldsymbol{v}$ になった。宇宙船の速度の増分 $\delta\boldsymbol{v}$ を $\boldsymbol{V}$ を用いて表せ。

［解］ 宇宙船，および噴出されるガスに対して外力ははたらかないので，系の全運動量は保存する。運動量保存則より

$$M\boldsymbol{v} = (M-\delta M)(\boldsymbol{v}+\delta\boldsymbol{v})+\delta M(\boldsymbol{V}+\boldsymbol{v})$$

が成り立つ。ただし，$\boldsymbol{V}+\boldsymbol{v}$ はガスの慣性系に対する速度である。これより (2 次の微小量を無視して)

$$\delta\boldsymbol{v} = -\frac{\delta M}{M}\boldsymbol{V}$$

を得る。

4.2 重心運動と相対運動

位置ベクトルが $\boldsymbol{r}_1(t)$ で与えられる質量 m_1 の質点 1 と，位置ベクトルが $\boldsymbol{r}_2(t)$ で与えられる質量 m_2 の質点 2 の 2 つの質点からなる系の重心の位置ベクトル $\boldsymbol{G}(t)$ は

$$\boldsymbol{G}(t) = \frac{m_1\boldsymbol{r}_1(t)+m_2\boldsymbol{r}_2(t)}{m_1+m_2} \tag{4.13}$$

で与えられる。

注意! 系が N 個の質点からなるとき，系の重心は

$$\boldsymbol{G}(t) = \frac{1}{M}\sum_{i=1}^{N} m_i\boldsymbol{r}_i(t), \quad M = \sum_{i=1}^{N} m_i \tag{4.14}$$

で与えられる。ただし，m_i と $\boldsymbol{r}_i(t)$ は i 番目の質点の質量と位置ベクトルを表し，M は系の全質量である。

重心の速度ベクトルは，系の全運動量と結びついている。実際，

$$\begin{aligned}\frac{d}{dt}\boldsymbol{G}(t) &= \frac{1}{M}\left(m_1\frac{d\boldsymbol{r}_1(t)}{dt}+m_2\frac{d\boldsymbol{r}_2(t)}{dt}\right)\\ &= \frac{\boldsymbol{P}}{M} = (\text{一定})\end{aligned} \tag{4.15}$$

と表される。ここで，$\boldsymbol{P}$ は式 (4.7) で導入した系の全運動量，$M = m_1+m_2$ は系の全質量である。これから，重心の位置ベクトルは

$$\boldsymbol{G}(t) = \frac{\boldsymbol{P}}{M}t+\boldsymbol{G}_0 \tag{4.16}$$

となることがわかる。ただし，$\boldsymbol{G}_0$ は時刻 $t=0$ での重心の位置ベクトルである：$\boldsymbol{G}_0 = \boldsymbol{G}(0)$．全運動量が保存しているとき，式 (4.16) は重心が速度 $\boldsymbol{P}/M$ で等速度運動することを表している。

重心が静止しているような慣性系を重心系とよぶ。

Advanced

慣性系は，慣性の法則が成立するような座標系であった。そのような座標系は唯一ではない。1 つの慣性系に対して等速度で運動しているような座標系は慣性系である。第 2 の座標系の原点の位置ベクトルが，第 1 の座標系から見て速度 $\boldsymbol{V}$ で運動しているとき，その座標系での位置ベクトル $\boldsymbol{r}'(t')$ は

$$\boldsymbol{r}'(t') = \boldsymbol{r}(t) - \boldsymbol{r}_0 - \boldsymbol{V}t \tag{4.17}$$

$$t' = t \tag{4.18}$$

と表される (図 4.2)。ここで $\boldsymbol{r}_0$ は，$t = 0$ での第 1 の座標系から見た第 2 の座標系の原点の位置ベクトルである。時間 t' は第 2 の慣性系での時間を表す。式 (4.17) と式 (4.18) の変換をガリレイ (G. Galilei) 変換とよぶ。ガリレイ変換では，すべての慣性系に対して時間は共通であるので，わざわざ t と t' を区別するのは無駄に思えるかもしれない。しかし，特殊相対性理論において慣性系を結びつける変換 (ローレンツ (H.A. Lorentz) 変換とよばれる) では，時間座標もまた変換されるのである。

ガリレイ変換 (4.17), (4.18) のもとで，速度は $\boldsymbol{V}$ だけ変わる。

$$\frac{d\boldsymbol{r}'(t)}{dt'} = \frac{d}{dt}(\boldsymbol{r}(t) - \boldsymbol{r}_0 - \boldsymbol{V}t) = \frac{d\boldsymbol{r}(t)}{dt} - \boldsymbol{V} \tag{4.19}$$

$\boldsymbol{V} = \boldsymbol{P}/M$ と選ぶことによって，任意の慣性系から，ガリレイ変換によって，重心が静止している座標系に移ることができる。これが重心系である。一方，ニュートンの運動方程式はその形を変えない。実際，加速度は同じになる。

$$\frac{d^2\boldsymbol{r}'(t')}{dt'^2} = \frac{d^2}{dt^2}(\boldsymbol{r}(t) - \boldsymbol{r}_0 - \boldsymbol{V}t) = \frac{d^2\boldsymbol{r}(t)}{dt^2} \tag{4.20}$$

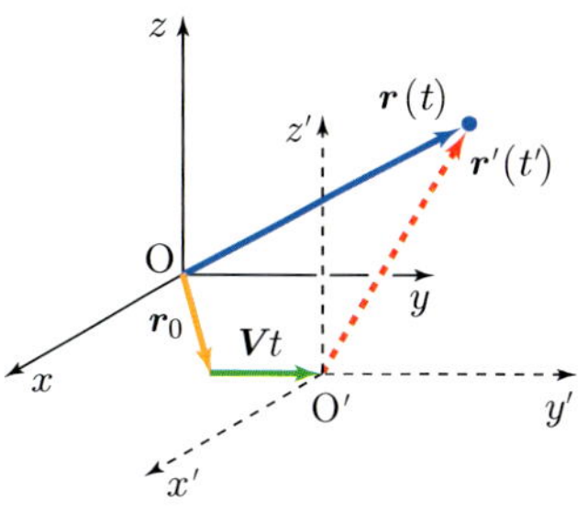

図 4.2 ガリレイ変換

質点 1 から見た質点 2 の位置ベクトル $\boldsymbol{r}(t)$ を導入しよう。

$$\boldsymbol{r}(t) \equiv \boldsymbol{r}_2(t) - \boldsymbol{r}_1(t) \tag{4.21}$$

この位置ベクトルを時間について 2 回微分して，運動方程式を用いると，

$$\begin{aligned}\frac{d^2\boldsymbol{r}(t)}{dt^2} &= \frac{d^2\boldsymbol{r}_2(t)}{dt^2} - \frac{d^2\boldsymbol{r}_1(t)}{dt^2} \\ &= \frac{1}{m_2}\boldsymbol{F}_{2\leftarrow 1} - \frac{1}{m_1}\boldsymbol{F}_{1\leftarrow 2} = \frac{m_1 + m_2}{m_1 m_2}\boldsymbol{F}\end{aligned} \tag{4.22}$$

と書き直すことができる。ただしここで $\boldsymbol{F} \equiv \boldsymbol{F}_{2\leftarrow 1} = -\boldsymbol{F}_{1\leftarrow 2}$ を導入した。この運動方程式は

$$\mu\frac{d^2\boldsymbol{r}(t)}{dt^2} = \boldsymbol{F} \tag{4.23}$$

と書くことができる。ここで

$$\mu \equiv \frac{m_1 m_2}{m_1 + m_2} \tag{4.24}$$

を換算質量とよぶ。

［質問］ m_1 と m_2 がほとんど同じとき，μ はどうなるだろうか。また，$m_1 \gg m_2$ のとき，μ はどうなるだろうか。

重心運動と相対運動に注目すると，運動方程式 (6.11) と (6.12) は

$$M\frac{d^2\boldsymbol{G}(t)}{dt^2} = \boldsymbol{0} \tag{4.25}$$

$$\mu\frac{d^2\boldsymbol{r}(t)}{dt^2} = \boldsymbol{F} \tag{4.26}$$

と書き直すことができる。このように，等速度運動をする重心運動と相対運動とに分離することができる。

[例題 4.2]　質量がそれぞれ m_1, m_2 の 2 つの質点が，ばね定数 k，自然長 l のばねで結び付けられている。これらの質点の運動方程式を重心運動，相対運動の運動方程式に分離せよ。

[解]　それぞれの位置ベクトルを $\boldsymbol{r}_1(t)$, $\boldsymbol{r}_2(t)$ とすると，運動方程式は

$$m_1\ddot{\boldsymbol{r}}_1(t) = k\frac{\boldsymbol{r}_2(t)-\boldsymbol{r}_1(t)}{|\boldsymbol{r}_2(t)-\boldsymbol{r}_1(t)|}(|\boldsymbol{r}_2(t)-\boldsymbol{r}_1(t)|-l) \tag{4.27}$$

$$m_2\ddot{\boldsymbol{r}}_2(t) = -k\frac{\boldsymbol{r}_2(t)-\boldsymbol{r}_1(t)}{|\boldsymbol{r}_2(t)-\boldsymbol{r}_1(t)|}(|\boldsymbol{r}_2(t)-\boldsymbol{r}_1(t)|-l) \tag{4.28}$$

である。$(\boldsymbol{r}_2-\boldsymbol{r}_1)/|\boldsymbol{r}_2-\boldsymbol{r}_1|$ は質点 1 の位置から質点 2 の位置へ向かう向きの単位ベクトルであることに注意せよ。この 2 式の和をとると，重心の位置ベクトルを $\boldsymbol{G}(t)$ として

$$M\ddot{\boldsymbol{G}}(t) = \boldsymbol{0} \qquad (M = m_1+m_2)$$

を得る。次に，$(4.28)\times 1/m_2-(4.27)\times 1/m_1$ を計算することによって，相対位置ベクトル $\boldsymbol{r}(t) = \boldsymbol{r}_2(t)-\boldsymbol{r}_1(t)$ に対する方程式

$$\mu\ddot{\boldsymbol{r}}(t) = -k\frac{\boldsymbol{r}(t)}{|\boldsymbol{r}(t)|}(|\boldsymbol{r}(t)|-l)$$

を得る。ただし，$\mu = m_1m_2/(m_1+m_2)$ は換算質量である。

問い　例題 4.2 の系が一様な重力場中にあるとして，同様の解析をせよ。結果はどのように変更されるだろうか。

4.3 力　　積

運動方程式 (4.2) を積分すると，時刻 t_1 から t_2 までの間の運動量の変化を計算することができる。

$$\boldsymbol{p}(t_2) - \boldsymbol{p}(t_1) = \int_{t_1}^{t_2} \boldsymbol{F}\,dt \tag{4.29}$$

この右辺を力積とよぶ。力積は運動量の変化に等しい。

たとえば，2 つの物体が衝突によってその運動状態を変化させる場合，2 つの物体は衝突しているきわめて短い時間においてのみ力を及ぼしあう。その時間内にどのような大きさの力が互いにはたらいているかを知ることは難しいが，その力積は運動量の変化として，(力がはたらいていない) 衝突後と衝突前の運動量を比べることによって知ることができる。

バットでボールを打つとき，ボールの運動量は打撃前と打撃後では大きく変化する。これはバットがボールと接触しているときに，バットがボールに力を及ぼしているからである。その力は時間的に複雑に変化し，力積 (4.29) の右辺を計算することは難しいが，左辺はボールの衝突前後の運動量によって計算可能である。

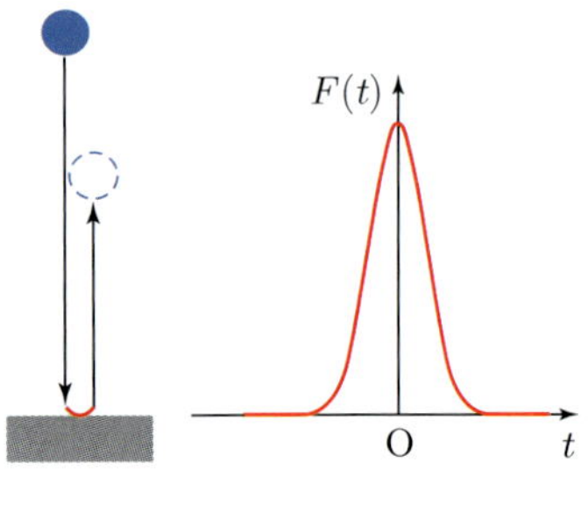

図 4.3　床がボールに与える力

[例題 4.3] ボールが床に落下し，跳ね返ってくるとき，床がボールに与える力が時間の関数として

$$\boldsymbol{F}(t) = F_0 e^{-t^2/\tau^2}\boldsymbol{k}$$

で良く近似されるとして，床がボールに与える力積を計算せよ (図 4.3)。ただし，$\boldsymbol{k}$ は鉛直上向きの単位ベクトル，$F_0 > 0, \tau > 0$ は定数である。ボールが床に接触している時間は有限で，およそ 2τ 程度の時間であるが，関数 e^{-t^2/τ^2} は $|t| \gg \tau$ に対して非常に小さいので，積分区間を $(-\infty, \infty)$ としてもその差は十分に小さい。

[解] 力積は

$$\int_{-\infty}^{\infty} \boldsymbol{F}(t)\,dt = F_0\boldsymbol{k}\int_{-\infty}^{\infty} e^{-t^2/\tau^2}\,dt$$

と近似される。この積分はガウス (C.F. Gauss) 積分とよばれるもので，

$$\int_{-\infty}^{\infty} e^{-t^2/\tau^2}\,dt = \sqrt{\pi}\tau$$

と計算される。したがって，求める力積は

$$\sqrt{\pi}F_0\tau\boldsymbol{k}$$

である。この力積の大きさは，力の大きさの最大値 F_0 と力がはたらくおよその時間 2τ の積である $2F_0\tau$ とあまり変わらない。

[例題 4.4] 水平面上を力を受けずに運動する質量 m の小物体が，速さ v で粗い面の上に入り，時間 T 後に停止した。小物体にはたらく動摩擦力を求めよ。ただし物体はその進行方向を変えず，また動摩擦力の大きさは速度によらず一定であるとする。

[解] 進行方向の単位ベクトルを $\boldsymbol{i}$ とすると，小物体の初めの運動量は $mv\boldsymbol{i}$，停止したときの運動量は $0\boldsymbol{i}$ である。この間に，一定の動摩擦力 $\boldsymbol{f} = -f\boldsymbol{i}$ $(f > 0)$ が時間 T の間はたらくので，力積は $-fT\boldsymbol{i}$ で与えられる。それゆえ式 (4.29) は

$$0\boldsymbol{i} - mv\boldsymbol{i} = -fT\boldsymbol{i}$$

となり，これから $f = mv/T$ を得る。

4.4 気体の分子運動と圧力

あらゆる物質は原子または分子からなる。物質の性質をその原子または分子の性質から説明することは，科学の重要な目標のひとつである。

気体もまたきわめて多数の分子からなる。しかし，気体の性質は，ある程度高温で，ある程度密度が小さければ，どの気体に対しても近似的に同じになることが知られている。この場合の気体の性質を単純化し，粒子間の相互作用を無視した理想化したモデルを理想気体とよぶ。(詳しくは第 III 部を参照。) 理想気体は気体分子 (または原子) の種類によらないおおまかな性質を表していると考えてよい。このような性質を微視的な立場で説明しようとするのが気体分子運動論である。

気体の大まかな性質を導くために，気体分子を単純化して考える。気体分子は十分小さく，質点として扱えると仮定しよう。気体分子は互いに，そしてまた容器の壁面と弾性衝突すると仮定しよう (図 4.4)。このモデルに基づいて，以下では気体の圧力を分子の運動の観点から考えることにする。

気体をきわめて多数の同じ質量 m をもった質点の集まりだと考えよう。簡単のため，この気体が 1 辺の長さが L の立方体に閉じ込められている

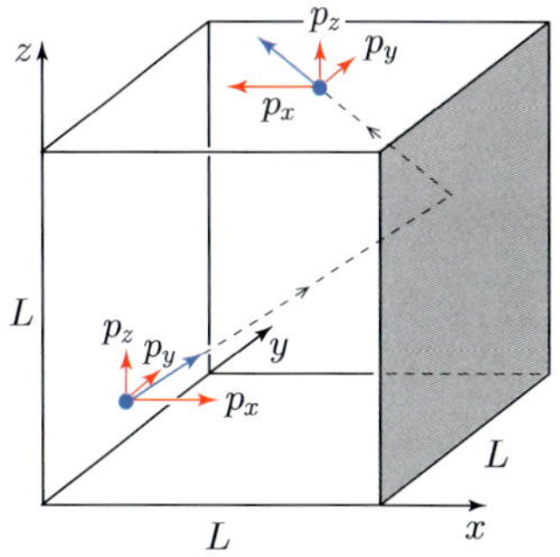

図 4.4 質点の壁面との衝突

とする。質点は互いに完全弾性衝突をするが，その際には運動量は保存する。しかし，容器の壁面と完全弾性衝突をする際には運動量が変化する。これは壁面からの力による力積のためである。

いま，一つの壁面に注目し，その壁面に垂直な方向を x 方向とする。質点はこの壁面に衝突すると，運動量の x 成分 p_x の符号を変え，その他の成分は変わらない。それゆえ，1 回の衝突で壁面が質点に与える力積は，大きさが $2p_x$ で方向は壁面に垂直で内向きである。逆に，壁面は 1 個の質点から同じ大きさで壁面に垂直外向きの力積を受ける。

質点どうしが衝突せずに x 方向に垂直な 2 枚の壁の間を往復するとすると，時間 $2L/v_x = 2mL/p_x$ ごとにこの壁面に衝突することになる。それゆえ，質点が単位時間に壁面に与える力積の大きさは，

$$\frac{2p_x}{2mL/p_x} = \frac{{p_x}^2}{mL} \tag{4.30}$$

となる。

きわめて多数 (N 個) の質点を考えると，単位時間に壁面に与える力積の大きさは

$$N\frac{\langle {p_x}^2\rangle}{mL} \tag{4.31}$$

と書かれる。ここで $\langle p_x^2\rangle$ は，p_x^2 のすべての質点についての平均を表している。単位時間当たりの力積は，力の時間平均と考えることができるので，壁面は平均的にこの力を受けていることになる。それゆえ，壁面が受ける圧力 p は，壁面の面積でこの力を割り，

$$p = N\frac{\langle {p_x}^2\rangle}{mV} \tag{4.32}$$

で与えられることがわかる*)。ただし，$V = L^3$ は容器の体積である。

* 圧力に対して文字 p を用いるが，運動量と混同しないように。

空間的等方性 (つまり，どの方向も特別ではない) から，

$$\langle {p_x}^2\rangle = \langle {p_y}^2\rangle = \langle {p_z}^2\rangle \tag{4.33}$$

が成立する。それゆえ

$$\langle |\boldsymbol{p}|^2\rangle = \langle {p_x}^2 + {p_y}^2 + {p_z}^2\rangle = 3\langle {p_x}^2\rangle \tag{4.34}$$

となるので，圧力の式 (4.32) は

$$p = \frac{N}{3}\frac{\langle |\boldsymbol{p}|^2\rangle}{mV} = \frac{N}{3}m\frac{\langle |\boldsymbol{v}|^2\rangle}{V} \tag{4.35}$$

で与えられる。これは気体の圧力という巨視的な物理量を，微視的な観点から表したものと考えることができる。この結果は，気体分子のモデルの質点の質量や個数，運動量という力学的な量を表しているが，同時に運動量 (または速度) の 2 乗の「平均」という，気体の統計的な情報が含まれていることに注意せよ。

式 (4.35) から，

$$pV = \frac{N}{3}m\langle|\boldsymbol{v}|^2\rangle = n\frac{2}{3}N_{\mathrm{A}}\left[\frac{1}{2}m\langle|\boldsymbol{v}|^2\rangle\right] \tag{4.36}$$

を得る。ただし，アボガドロ定数 $N_{\mathrm{A}} = 6.02 \times 10^{23}\ \mathrm{mol}^{-1}$ を用いて

$$N = nN_{\mathrm{A}} \tag{4.37}$$

とした。n は気体のモル数である。$m\langle|\boldsymbol{v}|^2\rangle/2$ は 1 粒子の平均の運動エネルギーなので，それに N_{A} をかけたものは，1 モル当たりの気体の運動エネルギーである。これを U と書き，理想気体の状態方程式

$$pV = nRT \tag{4.38}$$

と比較すると，

$$U = \frac{3}{2}RT \tag{4.39}$$

なる関係があることがわかる。ただし，$R = 8.31\ \mathrm{J{\cdot}mol^{-1}{\cdot}K^{-1}}$ は気体定数で，T [K] は気体の温度である。この式はボルツマン (L.E. Boltzmann) 定数 $k_{\mathrm{B}} = R/N_{\mathrm{A}} = 1.38 \times 10^{-23}\ \mathrm{J{\cdot}K^{-1}}$ を用いて

$$\frac{1}{2}m\langle|\boldsymbol{v}|^2\rangle = \frac{3}{2}k_{\mathrm{B}}T \tag{4.40}$$

とも表せる。

［質問］ 上の議論では質点どうしの衝突を無視したが，質点どうしの弾性衝突を考えると上の議論はどう変更されるだろうか。ただし，衝突時以外では質点どうしに力ははたらかないとする。

この章でのポイント

- 質量 m の質点の運動量は $\boldsymbol{p} = m\boldsymbol{v}$ と定義される。ただし $\boldsymbol{v}$ は質点の速度ベクトルである。いくつかの質点からなる系の全運動量は，それぞれの質点の運動量のベクトル和によって与えられる。
- 外力の和がゼロであるような系に対して，作用・反作用の法則から，系の全運動量は保存する。
- 全運動量の保存則は，系の重心が等速度運動をすることだと言い換えることができる。
- 重心運動と相対運動に分離すると，問題を簡単化することができる場合がある。
- 力積は，物体にはたらく力の時間積分で定義されるベクトル量である。力積はその時間での運動量の変化に等しい。
- 気体を多数の質点 (分子) の集まりとみたとき，気体が壁に及ぼす圧力は，気体は質点が壁に衝突したときに与える力積の平均から計算される。

第 4 章　章末問題

1. 2 つの恒星が，万有引力によって互いに引き合い，軌道運動している系を連星という。いま，2 つの恒星の質量を m_1, m_2，位置ベクトルを $\boldsymbol{r}_1(t)$, $\boldsymbol{r}_2(t)$ の質点として，それぞれの恒星の運動方程式を書き，重心運動と相対運動に分離せよ。ただし，質量 m_1 の質点が質量 m_2 の質点に及ぼす万有引力は

$$\boldsymbol{F}_{2\leftarrow 1} = G\frac{m_1 m_2}{|\boldsymbol{r}_1 - \boldsymbol{r}_2|^2}\frac{\boldsymbol{r}_1 - \boldsymbol{r}_2}{|\boldsymbol{r}_1 - \boldsymbol{r}_2|} \tag{4.41}$$

で与えられる。(第 11 章参照。)

2. x 軸方向に垂直で，一定の速度 $\boldsymbol{V} = V\boldsymbol{i}$ $(V > 0)$ で移動する壁に，質量 m の質点が速度 $\boldsymbol{v} = v_x\boldsymbol{i} + v_y\boldsymbol{j} + v_z\boldsymbol{k}$ $(v_x > V)$ で弾性衝突した。質点が壁に与える力積を求めよ。ただし，壁の速度は衝突の前後で変化しないものとする。

3. 一様な数密度 ν で質量 m の静止した質点が多数分布しているところを，半径 R の球が速さ v で運動している場合を考えよう。球は質点と弾性衝突するとする。この弾性衝突によって，球は平均として進行方向に対して反対向きの力積を受け，それは球の運動に対する抗力となる。どのような抗力がはたらくか計算せよ。(これは流体中で運動する物体が受ける抗力をニュートンが計算した方法である。7.3 節参照。)

5

仕事とエネルギー I

この章では，力がする仕事について学び，保存力とは何であるかを学ぶ。また，線積分，面積分，偏微分，およびベクトル解析の勾配，回転のなど，物理学を学ぶうえで重要な数学的手法についても学ぶ。

5.1 力がする仕事

物体に力 $\boldsymbol{F}$ がはたらき，物体が微小な変位 $\Delta\boldsymbol{r}$ だけ移動したとき，その力がする仕事 ΔW は

$$\Delta W = \boldsymbol{F}\cdot\Delta\boldsymbol{r} \tag{5.1}$$

で与えられる。仕事の単位は J (ジュール) である：J = N·m.

注意! 高校物理では，力 (大きさ F) と変位 (大きさ l) が同じ向きのとき，仕事 W が $W = Fl$ であること，また，力と変位が一定の角度 θ をなす場合には $W = Fl\cos\theta$ となることを学んだ。これらは式 (5.1) の具体的な例とみなせる。

物体の移動は必ずしも直線的でなくてよい。図 5.1 に示すように，一般に任意の曲線 Γ(ガンマ) に沿って点 A から点 B まで移動する場合，力のする仕事は

$$W_\Gamma(\mathrm{A}\to\mathrm{B}) = \int_\Gamma \boldsymbol{F}\cdot d\boldsymbol{r} \tag{5.2}$$

で与えられる。右辺の積分は，曲線 Γ に沿った積分で，線積分とよばれる。

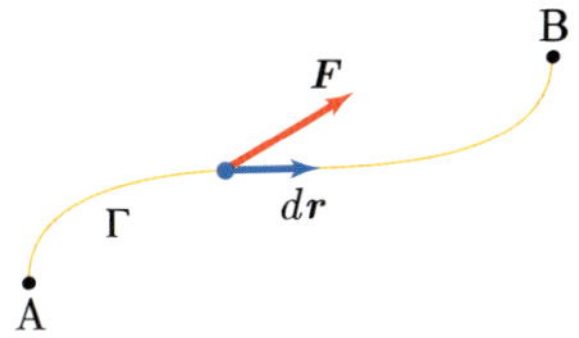

図 5.1 線積分

線積分は高校では学ばなかった新しい概念なので，少し詳しく説明しよう。任意の曲線は，十分多く (N 個) の微小区間に分割すると，それぞれの微小区間は直線で良く近似できる。また，その微小区間を移動する間にはたらく力は一定であるとみなせるほど区間は短かいとすることができる。この (i 番目の) 微小区間に力がなす仕事は，式 (5.1) から

$$\Delta W_i = \boldsymbol{F}_i\cdot\Delta\boldsymbol{r}_i \tag{5.3}$$

と表せる。ただし，$\Delta\boldsymbol{r}_i$ は i 番目の区間を表す変位ベクトル，$\boldsymbol{F}_i$ はその

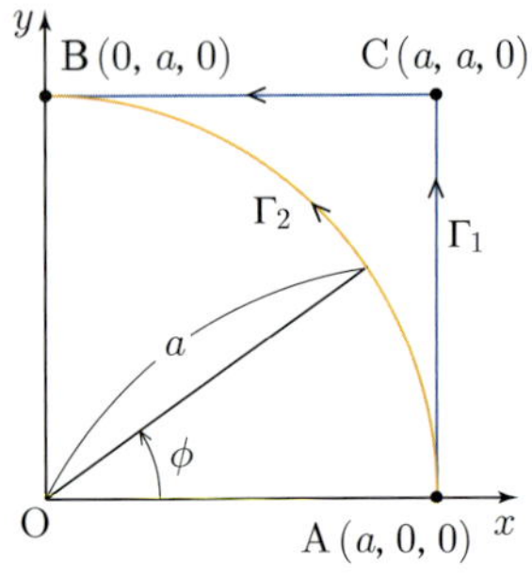

図 5.2　2 つの積分経路

区間で物体にはたらく力である。この微小区間での仕事の全区間にわたっての和

$$\sum_{i=1}^{N} \Delta W_i = \sum_{i=1}^{N} \boldsymbol{F}_i \cdot \Delta \boldsymbol{r}_i \tag{5.4}$$

は曲線 Γ に沿っての仕事を良く近似し，区間を無限小にする極限 (したがって $N \to \infty$) での極限値が式 (5.2) である。

$$\int_\Gamma \boldsymbol{F} \cdot d\boldsymbol{r} = \lim_{N\to\infty} \sum_{i=1}^{N} \boldsymbol{F}_i \cdot \Delta \boldsymbol{r}_i \tag{5.5}$$

例題 5.1 に具体的に示すように，一般に線積分の結果はその積分経路に依存する。

［例題 5.1］　力 $\boldsymbol{F}$ が位置ベクトル $\boldsymbol{r} = (x, y, z)$ の関数として

$$\boldsymbol{F}(\boldsymbol{r}) = f\left(\frac{z}{a}\,\boldsymbol{i} + \frac{x}{a}\,\boldsymbol{j} + \frac{y}{a}\,\boldsymbol{k}\right)$$

で与えられているとする。ただし，f は力の次元をもったある定数，a は長さの次元をもったある正数であるとする。物体が点 $\mathrm{A}(a, 0, 0)$ から点 $\mathrm{B}(0, a, 0)$ まで次の 2 つの経路 Γ_1 と Γ_2 に沿って移動するときの力のする仕事を求めよ (図 5.2)。

Γ_1：点 A から点 $\mathrm{C}(a, a, 0)$ まで直線的に進み，さらに点 C から点 B まで直線的に進む。

Γ_2：xy 平面内の原点を中心とする半径 a の円に沿って点 A から点 B まで進む。

［解］　Γ_1：点 A から点 C までは

$$\boldsymbol{r} = a\,\boldsymbol{i} + y\,\boldsymbol{j}\ (0 \le y \le a), \quad d\boldsymbol{r} = dy\,\boldsymbol{j}$$

なので

$$\int_{\mathrm{A}}^{\mathrm{C}} \boldsymbol{F} \cdot d\boldsymbol{r} = f\int_0^a \left(0\boldsymbol{i} + 1\boldsymbol{j} + \frac{y}{a}\boldsymbol{k}\right) \cdot (dy\,\boldsymbol{j})$$

$$= f\int_0^a dy = fa$$

となる。また，点 C から点 B までは $x = a - t$ とおいて

$$\boldsymbol{r} = (a-t)\,\boldsymbol{i} + a\,\boldsymbol{j}\ (0 \le t \le a), \quad d\boldsymbol{r} = -dt\,\boldsymbol{i}$$

であるから

$$\int_{\mathrm{C}}^{\mathrm{B}} \boldsymbol{F} \cdot d\boldsymbol{r} = f\int_0^a \left(0\boldsymbol{i} + \frac{a-t}{a}\boldsymbol{j} + 1\boldsymbol{k}\right) \cdot (-dt\,\boldsymbol{i}) = 0$$

を得る。それゆえ

$$\int_{\Gamma_1} \boldsymbol{F} \cdot d\boldsymbol{r} = fa$$

となる。

Γ_2：経路上の x および y はパラメータ $\phi\ (0 \le \phi \le \pi/2)$ を用いて $x = a\cos\phi$, $y = a\sin\phi$ と表されることに注意せよ。それゆえ

$$d\boldsymbol{r} = dx\,\boldsymbol{i} + dy\,\boldsymbol{j} = a(-\sin\phi\,\boldsymbol{i} + \cos\phi\,\boldsymbol{j})\,d\phi$$

と書かれる。$z = 0$ なので

$$\int_{\Gamma_2} \boldsymbol{F} \cdot d\boldsymbol{r} = f\int_0^{\frac{\pi}{2}} (0\boldsymbol{i} + \cos\phi\,\boldsymbol{j} + \sin\phi\,\boldsymbol{k}) \cdot a(-\sin\phi\,\boldsymbol{i} + \cos\phi\,\boldsymbol{j})\,d\phi$$

$$= fa\int_0^{\frac{\pi}{2}} \cos^2\phi\,d\phi$$

$$= \frac{fa}{2}\int_0^{\frac{\pi}{2}} (1 + \cos 2\phi)\,d\phi = \frac{\pi}{4}fa$$

となる。

つまり，2 つの積分路 Γ_1 と Γ_2 に対して，線積分の結果は異なる。

5.2 保存力とポテンシャルエネルギー

任意の 2 点 A および B に対し，力のする仕事 $W_\Gamma(\mathrm{A} \to \mathrm{B})$ が端点 A および B のみに依存し，その経路 Γ に依存しない場合，この力 $\boldsymbol{F}$ を**保存力**という。保存力という名前は，後で学ぶ力学的エネルギー保存則が成立するような力という意味である。

このことは，任意の 2 点 A および B を結ぶ任意の 2 つの経路 Γ_1 および Γ_2 に対し，

$$\int_{\Gamma_1} \boldsymbol{F} \cdot d\boldsymbol{r} = \int_{\Gamma_2} \boldsymbol{F} \cdot d\boldsymbol{r} \tag{5.6}$$

が成り立つことであると言い換えることができる。

保存力 $\boldsymbol{F}$ に対し，ある基準点 O (位置ベクトル $\boldsymbol{r}_0$) から点 P (位置ベクトル $\boldsymbol{r}$) までの線積分 (に負号を付けたもの)

$$V(\boldsymbol{r}) = -\int_{\boldsymbol{r}_0}^{\boldsymbol{r}} \boldsymbol{F}(\boldsymbol{r}') \cdot d\boldsymbol{r}' \tag{5.7}$$

をポテンシャルエネルギーとよぶ。保存力の性質から $V(\boldsymbol{r})$ は積分経路によらず，$\boldsymbol{r}$ のみで決まるスカラー関数である (図 5.3)。$V(\boldsymbol{r})$ が仕事の次元をもつことに注意しよう。

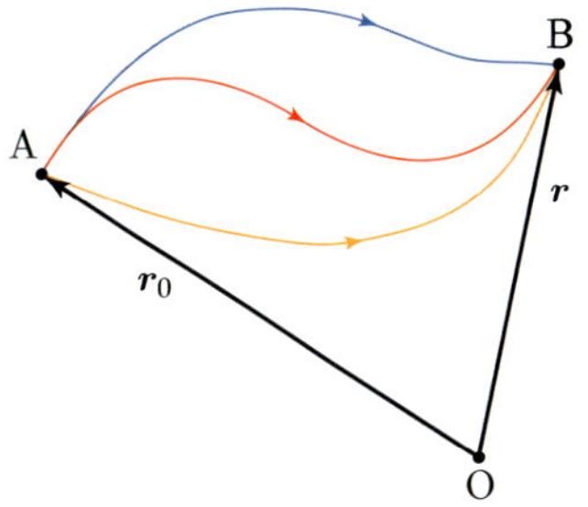

図 5.3　点 A から点 B までのさまざまな経路

位置ベクトル $\boldsymbol{r}$ で表される点からデカルト座標系の x 方向にほんの少しだけ離れた点 (位置ベクトル $\boldsymbol{r} + \Delta x\, \boldsymbol{i}$) でのポテンシャルエネルギー $V(\boldsymbol{r} + \Delta x\, \boldsymbol{i})$ を $V(\boldsymbol{r})$ と比べてみよう。ポテンシャルエネルギーの差 $V(\boldsymbol{r} + \Delta x \boldsymbol{i}) - V(\boldsymbol{r})$ は

$$\begin{aligned} V(\boldsymbol{r} + \Delta x\, \boldsymbol{i}) - V(\boldsymbol{r}) &= -\int_{\boldsymbol{r}_0}^{\boldsymbol{r}+\Delta x\, \boldsymbol{i}} \boldsymbol{F}(\boldsymbol{r}') \cdot d\boldsymbol{r}' + \int_{\boldsymbol{r}_0}^{\boldsymbol{r}} \boldsymbol{F}(\boldsymbol{r}') \cdot d\boldsymbol{r}' \\ &= -\int_{\boldsymbol{r}}^{\boldsymbol{r}+\Delta x\, \boldsymbol{i}} \boldsymbol{F}(\boldsymbol{r}') \cdot d\boldsymbol{r}' \end{aligned} \tag{5.8}$$

と書かれる。これは非常に短い区間での線積分である。ここで，$\boldsymbol{F} = F_x\boldsymbol{i} + F_y\boldsymbol{j} + F_z\boldsymbol{k}$ とおこう。Δx を小さくしていくと，この区間で被積分関数の $\boldsymbol{F}(\boldsymbol{r}')$ は一定値 $\boldsymbol{F}(\boldsymbol{r})$ で置き換えてよく，式 (5.8) の右辺は $-\Delta x F_x(\boldsymbol{r})$ で良く近似される。それゆえ，

$$\lim_{\Delta x \to 0} \frac{V(\boldsymbol{r} + \Delta x\, \boldsymbol{i}) - V(\boldsymbol{r})}{\Delta x} = -F_x(\boldsymbol{r}) \tag{5.9}$$

であることがわかる。位置ベクトル $\boldsymbol{r}$ を $\boldsymbol{r} = (x, y, z)$ とデカルト座標系で表すと，ポテンシャルエネルギー $V(\boldsymbol{r})$ は 3 変数関数 $V(x, y, z)$ と表される。このとき，式 (5.9) の左辺

$$\lim_{\Delta x \to 0} \frac{V(x + \Delta x, y, z) - V(x, y, z)}{\Delta x} \tag{5.10}$$

を $V(x, y, z)$ の x についての偏微分とよび，$\partial V(x, y, z)/\partial x$ で表す。

$$\frac{\partial}{\partial x} V(x, y, z) = \lim_{\Delta x \to 0} \frac{V(x + \Delta x, y, z) - V(x, y, z)}{\Delta x} \tag{5.11}$$

注意!　x について偏微分をするには，他の変数 (y と z) については定数だと思って，単に x の関数とみなして微分すればよい。

結局，式 (5.9) は

$$\frac{\partial V(\boldsymbol{r})}{\partial x} = -F_x(\boldsymbol{r}) \tag{5.12}$$

を表している。y や z についての微分も同様である。

以上より，保存力 $\boldsymbol{F}$ はポテンシャルエネルギーの微分で表されることがわかった。

$$\boldsymbol{F}(\boldsymbol{r}) = \left(-\frac{\partial V(\boldsymbol{r})}{\partial x}, -\frac{\partial V(\boldsymbol{r})}{\partial y}, -\frac{\partial V(\boldsymbol{r})}{\partial z}\right) \tag{5.13}$$

スカラー関数 $\phi(x,y,z)$ に対して，その x についての偏微分を x 成分，y についての偏微分を y 成分，z についての偏微分を z 成分とするようなベクトル関数をつくる**微分演算子**を**勾配** (gradient) とよび，grad ϕ と表す。

$$\mathrm{grad}\,\phi = \frac{\partial\phi}{\partial x}\boldsymbol{i} + \frac{\partial\phi}{\partial y}\boldsymbol{j} + \frac{\partial\phi}{\partial z}\boldsymbol{k} \tag{5.14}$$

これは**ナブラ**とよばれる微分演算子

$$\nabla = \boldsymbol{i}\frac{\partial}{\partial x} + \boldsymbol{j}\frac{\partial}{\partial y} + \boldsymbol{k}\frac{\partial}{\partial z} = \left(\frac{\partial}{\partial x}, \frac{\partial}{\partial y}, \frac{\partial}{\partial z}\right) \tag{5.15}$$

を用いて $\nabla\phi$ とも表される*)。これらを用いると，保存力 $\boldsymbol{F}$ とポテンシャルエネルギー $\boldsymbol{V}$ の関係は

$$\boldsymbol{F}(\boldsymbol{r}) = -\mathrm{grad}\,V(\boldsymbol{r}) \quad \text{または} \quad \boldsymbol{F} = -\nabla V(\boldsymbol{r}) \tag{5.16}$$

と表される。

＊ 両方の表記ともよく用いられるが，「勾配」だけでなく，後にでてくる「回転」や「発散」という演算もナブラを用いて表せる点で，ナブラを用いた表記は便利である。

注意! 勾配はその名のとおりスカラー関数の「傾き」を表している。イメージしやすいように 2 変数関数 $\phi(x,y)$ を考えよう。xy 平面を水平面とすると，ϕ はそれぞれの「地点」における「高さ」を表していると考えることができる。$\phi=$ (一定) となる曲線が「等高線」を表す。$\partial\phi/\partial x$ は各地点で x (の正) 方向に進むときの「傾き」を，$\partial\phi/\partial y$ は y (の正) 方向に進むときの「傾き」を表す (図 5.4)。明らかに，曲線 $y=f(x)$ の x における傾きが $y'(x)=dy/dx$ によって与えられることの高次元への拡張になっている。

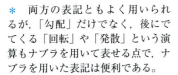

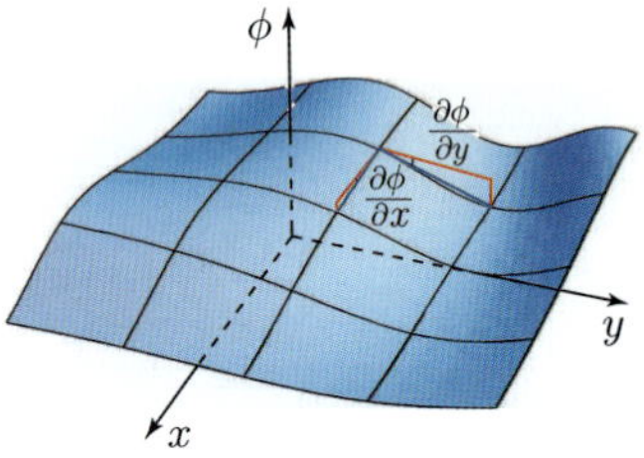

図 5.4　勾配の幾何学的意味

[例題 5.2]　grad V は**等ポテンシャル面** $V=$ (一定) に垂直であることを示せ。

[解]　位置ベクトルが $\boldsymbol{r}$ で与えられる点 P から，ポテンシャルエネルギーの値が変わらないような微小変位 $\delta\boldsymbol{r}$ を考える。(つまり，$\delta\boldsymbol{r}$ は「等ポテンシャル面」の点 P における接平面内のベクトルである。) すなわち，

$$V(\boldsymbol{r}+\delta\boldsymbol{r}) = V(\boldsymbol{r})$$

となる $\delta\boldsymbol{r}$ を考える。一方，$\delta\boldsymbol{r}$ は微小なので，

$$V(\boldsymbol{r}+\delta\boldsymbol{r}) = V(\boldsymbol{r}) + \delta\boldsymbol{r}\cdot\mathrm{grad}\,V(\boldsymbol{r})$$

で良く近似できる。(これは $f(x+\Delta x)$ が $f(x+\Delta x) = f(x)+\Delta x f'(x)$ と近似できることの高次元版である。) それゆえ

$$\delta\boldsymbol{r}\cdot\mathrm{grad}\,V(\boldsymbol{r}) = 0$$

が成り立つ。これは「等ポテンシャル面」に沿った任意の変位 $\delta\boldsymbol{r}$ が勾配 grad V と直交していることを示している。

Advanced

もし力 $\boldsymbol{F}$ が $\boldsymbol{F} = -\nabla V$ で与えられるならば，仕事 (5.2) は経路に依存しないことを示そう。経路 Γ を位置ベクトルのパラメータ表示 $\boldsymbol{r}(s)$ で表そう。ここでパラメータ s は $0 \leq s \leq 1$ の範囲にあるとし，$s=0$ が点 A に，$s=1$ が点 B に対応するとする。そうすると，

$$W_\Gamma(\mathrm{A} \to \mathrm{B}) = \int_0^1 \boldsymbol{F}(\boldsymbol{r}(s)) \cdot \frac{d\boldsymbol{r}(s)}{ds}\, ds$$
$$= -\int_0^1 \nabla V(\boldsymbol{r}(s)) \cdot \frac{d\boldsymbol{r}(s)}{ds}\, ds \qquad (5.17)$$

と書き直されるが，被積分関数は $dV(\boldsymbol{r}(s))/ds$ にほかならない。

$$\nabla V(\boldsymbol{r}(s)) \cdot \frac{d\boldsymbol{r}(s)}{ds} = \frac{dV(\boldsymbol{r}(s))}{ds} \qquad (5.18)$$

左辺はデカルト座標系では

$$\frac{\partial V(x,y,z)}{\partial x}\frac{dx(s)}{ds} + \frac{\partial V(x,y,z)}{\partial y}\frac{dy(s)}{ds} + \frac{\partial V(x,y,z)}{\partial z}\frac{dz(s)}{ds} \qquad (5.19)$$

となることに注意。これはよく知っている 1 変数の合成関数の微分公式

$$\frac{d}{ds} f(x(s)) = \frac{df(x)}{dx}\frac{dx}{ds} \qquad (5.20)$$

の拡張である。それゆえ

$$W_\Gamma(\mathrm{A} \to \mathrm{B}) = -\int_0^1 \frac{dV(\boldsymbol{r}(s))}{ds}\, ds$$
$$= -V(\boldsymbol{r}(1)) + V(\boldsymbol{r}(0))$$
$$= V_\mathrm{A} - V_\mathrm{B} \qquad (5.21)$$

を得る。すなわち，$W_\Gamma(\mathrm{A} \to \mathrm{B})$ は経路 Γ によらず，ポテンシャルエネルギーの点 A における値 $V_\mathrm{A} \equiv V(\boldsymbol{r}(0))$ と点 B における値 $V_\mathrm{B} \equiv V(\boldsymbol{r}(1))$ の差によって与えられる。

5.3 保存力の判定とストークスの定理

任意の 2 点を結ぶ経路によらずに，力がする仕事が決まるということ (式 (5.6)) は，任意の閉じた経路 Γ_c に対し，

$$\oint_{\Gamma_c} \boldsymbol{F} \cdot d\boldsymbol{r} = 0 \qquad (5.22)$$

が成り立つことであると言い換えることができる*) (図 5.5)。

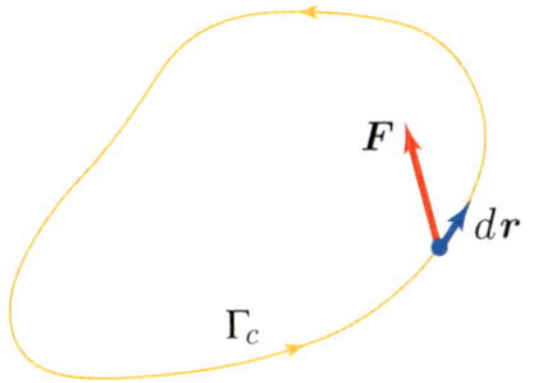

図 5.5 閉じた積分路

* 記号 $\oint$ は閉じた経路についての積分であることを強調するために，$\int$ と区別して使った。

Advanced

付録 C において，条件 (5.22) の左辺は経路 Γ_c を境界とする面 S_{Γ_c} にわたる面積分を用いて書き表せることを示した。

$$\oint_{\Gamma_c} \boldsymbol{F} \cdot d\boldsymbol{r} = \iint_{S_{\Gamma_c}} d\boldsymbol{S} \cdot \mathrm{rot}\,\boldsymbol{F} \qquad (5.23)$$

これをストークス (G.G. Stokes) の定理という。ただし，$\mathrm{rot}\,\boldsymbol{F}$ はベクトル

$\boldsymbol{F}$ の回転とよばれ，

$$\mathrm{rot}\,\boldsymbol{F} = \left(\frac{\partial}{\partial y}F_z - \frac{\partial}{\partial z}F_y\right)\boldsymbol{i} + \left(\frac{\partial}{\partial z}F_x - \frac{\partial}{\partial x}F_z\right)\boldsymbol{j} + \left(\frac{\partial}{\partial x}F_y - \frac{\partial}{\partial y}F_x\right)\boldsymbol{k}$$

$$= \begin{vmatrix} \boldsymbol{i} & \boldsymbol{j} & \boldsymbol{k} \\ \frac{\partial}{\partial x} & \frac{\partial}{\partial y} & \frac{\partial}{\partial z} \\ F_x & F_y & F_z \end{vmatrix} \tag{5.24}$$

と定義される。(ナブラ ∇ を用いると，$\mathrm{rot}\,\boldsymbol{F} = \nabla \times \boldsymbol{F}$ と外積を用いて表される。) これが任意の経路 Γ_c を境界とする面 S_{Γ_c} に対してゼロになるということから，保存力は

$$\mathrm{rot}\,\boldsymbol{F} = \boldsymbol{0} \tag{5.25}$$

を満足しなければならないことがわかる。

以上より，次の重要な関係が得られる。

$$\boldsymbol{F}\text{ が保存力} \iff \boldsymbol{F} = -\mathrm{grad}\,V \iff \mathrm{rot}\,\boldsymbol{F} = \boldsymbol{0}$$

［例題 5.3 〈Advanced〉］　力 $\boldsymbol{F}$ が $\boldsymbol{F} = -\mathrm{grad}\,V$ で与えられているとき，$\mathrm{rot}\,\boldsymbol{F} = \boldsymbol{0}$ を示せ。

［解］　$\boldsymbol{F} = -\mathrm{grad}\,V$ のとき，

$$F_x = -\frac{\partial V}{\partial x}, \quad F_y = -\frac{\partial V}{\partial y}, \quad F_z = -\frac{\partial V}{\partial z}$$

から，

$$(\mathrm{rot}\,\boldsymbol{F})_x = \frac{\partial}{\partial y}F_z - \frac{\partial}{\partial z}F_y$$

$$= -\frac{\partial^2 V}{\partial y \partial z} + \frac{\partial^2 V}{\partial z \partial y} = 0$$

を得る。他の成分も同様である。これらより $\mathrm{rot}\,\boldsymbol{F} = \boldsymbol{0}$ が成り立つことが示される。

この章でのポイント

- 物体に力 $\boldsymbol{F}$ がはたらいているとき，その力がする仕事 W は，一般に物体がその力を受けながら移動するその道筋 Γ に依存し，線積分

$$\int_\Gamma \boldsymbol{F} \cdot d\boldsymbol{r}$$

で与えられる。
- 力がする仕事がその道筋によらず，端点のみによって決まる場合，その力を保存力という。
- 保存力 $\boldsymbol{F}$ に対して，基準点 $\boldsymbol{r}_0$ からの積分

$$V(\boldsymbol{r}) = -\int_{\boldsymbol{r}_0}^{\boldsymbol{r}} \boldsymbol{F}(\boldsymbol{r}') \cdot d\boldsymbol{r}'$$

をポテンシャルエネルギーとよぶ。
- ポテンシャルエネルギーの勾配によって，保存力が得られる。

$$\boldsymbol{F}(\boldsymbol{r}) = -\mathrm{grad}\,\boldsymbol{V}(\boldsymbol{r})$$

- 〈**Advanced**〉 力 $\boldsymbol{F}$ が保存力であるか否かの判定条件としてベクトルの回転を計算すればよい。すなわち,

$$\mathrm{rot}\,\boldsymbol{F} = \boldsymbol{0}$$

が成り立てば $\boldsymbol{F}$ は保存力である。

第 5 章　章末問題

1. 静電場中で, 位置ベクトルが $\boldsymbol{r}$ のところにある電荷 q の質点は, 力 $\boldsymbol{F}(\boldsymbol{r}) = q\boldsymbol{E}(\boldsymbol{r})$ を受ける。いま, 2 つの無限に広い平行な極板 (1 枚目は $x = 0$ に, 2 枚目は $x = d$ にある) 間に一様な静電場 $\boldsymbol{E} = E\boldsymbol{i}$ があるとしよう。この静電場が電荷 q の質点に及ぼす力が保存力であることを示せ。また, 定義にしたがって, この力のポテンシャルエネルギー $V(\boldsymbol{r})$ を極板間の任意の位置 $\boldsymbol{r}$ に対して計算せよ。ただし, 原点をポテンシャルエネルギーの基準点とする。

2. 力がする仕事の式 (5.2) には移動にかかる時間は含まれていないが,

$$W_\Gamma(\mathrm{A} \to \mathrm{B}) = \int_\Gamma \boldsymbol{F} \cdot d\boldsymbol{r} = \int_{t_\mathrm{A}}^{t_\mathrm{B}} \boldsymbol{F} \cdot \frac{d\boldsymbol{r}}{dt}\, dt \tag{5.26}$$

と変形することによって, 質点が位置ベクトル $\boldsymbol{r}(t)$ で与えられる運動をする際に, 時刻 $t = t_\mathrm{A}$ から $t = t_\mathrm{B}$ の間にする仕事を計算することもできる。質点がローレンツ力を受けて運動しているとき, ローレンツ力のする仕事を計算せよ。

3. 力 $\boldsymbol{F}$ が $\boldsymbol{r} = (x, y, z)$ に対して,

$$\boldsymbol{F}(\boldsymbol{r}) = F_0 a \left(\frac{-y}{x^2 + y^2}, \frac{x}{x^2 + y^2}, 0 \right) \tag{5.27}$$

で与えられているとき, xy 平面内の原点を中心とする単位円 C に沿って

$$\oint_\mathrm{C} \boldsymbol{F}(\boldsymbol{r}) \cdot d\boldsymbol{r} \tag{5.28}$$

を計算せよ。ただし, F_0 および a はゼロでない定数である。また, 点 $(2, 0, 0)$ を中心とする xy 平面内の単位円 C$'$ に沿っての積分も計算せよ。この力は保存力だろうか。

6

仕事とエネルギー II

保存力のみがはたらく系に対して，力学的エネルギーの保存則が成立する。また，変位の方向に対して垂直にはたらく力は仕事をしない。力学的エネルギーの保存則は，古典力学全体でもっとも重要な保存則のひとつである。多くの場合，力学の問題を解く際の出発点となる。

6.1 力学的エネルギーの保存則

質量 m の質点に保存力 $\boldsymbol{F}$ のみがはたらく場合を考えよう。運動方程式は，力 $\boldsymbol{F}$ がポテンシャルエネルギー $V(\boldsymbol{r})$ を用いて $\boldsymbol{F}(\boldsymbol{r}) = -\nabla V(\boldsymbol{r})$ と表されることから

$$m\frac{d}{dt}\boldsymbol{v}(t) = -\nabla V(\boldsymbol{r}(t)) \tag{6.1}$$

と表される。この両辺と $\boldsymbol{v}(t)$ との内積をとると，

$$m\boldsymbol{v}(t)\cdot\frac{d}{dt}\boldsymbol{v}(t) = -\frac{d\boldsymbol{r}(t)}{dt}\cdot\nabla V(\boldsymbol{r}(t)) \tag{6.2}$$

を得るが，

$$\boldsymbol{v}(t)\cdot\frac{d}{dt}\boldsymbol{v}(t) = \frac{1}{2}\frac{d}{dt}(\boldsymbol{v}(t)\cdot\boldsymbol{v}(t)) = \frac{d}{dt}\left[\frac{1}{2}|\boldsymbol{v}(t)|^2\right] \tag{6.3}$$

および

$$\frac{d\boldsymbol{r}(t)}{dt}\cdot\nabla V(\boldsymbol{r}(t)) = \frac{d}{dt}V(\boldsymbol{r}(t)) \tag{6.4}$$

から*)，

$$\frac{d}{dt}\left[\frac{1}{2}m|\boldsymbol{v}(t)|^2 + V(\boldsymbol{r}(t))\right] = 0 \tag{6.5}$$

を得る。すなわち，括弧の中は時間によらない定数である。

$$\frac{1}{2}m|\boldsymbol{v}(t)|^2 + V(\boldsymbol{r}(t)) = E \quad (一定) \tag{6.6}$$

この式の左辺の第 1 項は運動エネルギーを表す。運動エネルギーとポテンシャルエネルギーの和である E は，この質点の力学的エネルギーを表す。

* ここの変形は基本的に合成関数の微分を用いる。

$$\frac{d}{dt}f(g(t)) = g'(t)f'(g(t))$$

であったことを思い出そう。いまの場合，$f \to V$，$g \to \boldsymbol{r}$ と対応している。g に対応するものがベクトルなので，$f' \to \nabla V$ と変更される。

つまり，この式は力学的エネルギー保存則を表している。運動エネルギーも仕事の次元をもっている。

注意!　ポテンシャルエネルギーは，運動エネルギーのように「目に見える」エネルギーとは異なった形態の「潜在的な」エネルギーを表している。

運動方程式を積分するという立場からエネルギー保存則をみると，式 (6.6) は 1 階微分のみを含んでいる微分方程式とみなせる。

$$\left|\frac{d\boldsymbol{r}(t)}{dt}\right|^2 = \frac{2(E - V(\boldsymbol{r}(t)))}{m} \tag{6.7}$$

すなわち，エネルギー保存則を用いることは，2 階微分を含む運動方程式を 1 回積分したことに相当している。エネルギー E は積分定数である。

力学的エネルギーの保存則は，保存力がする仕事の観点から導くこともできる。保存力 $\boldsymbol{F}$ を受けながら質点が点 A から点 B まで運動したとしよう。このときの力のする仕事は

$$\int_{\mathrm{A}}^{\mathrm{B}} \boldsymbol{F}\cdot d\boldsymbol{r} = V_{\mathrm{A}} - V_{\mathrm{B}} \tag{6.8}$$

で与えられる (式 (5.21) 参照)。また，運動方程式から

$$\begin{aligned}\int_{\mathrm{A}}^{\mathrm{B}} \boldsymbol{F}\cdot d\boldsymbol{r} &= \int_{t_{\mathrm{A}}}^{t_{\mathrm{B}}} m\frac{d\boldsymbol{v}}{dt}\cdot\boldsymbol{v}\,dt \\ &= \int_{t_{\mathrm{A}}}^{t_{\mathrm{B}}} \frac{d}{dt}\left[\frac{1}{2}m|\boldsymbol{v}|^2\right]dt \\ &= \frac{1}{2}m|\boldsymbol{v}_{\mathrm{B}}|^2 - \frac{1}{2}m|\boldsymbol{v}_{\mathrm{A}}|^2 \end{aligned} \tag{6.9}$$

であるから，

$$\frac{1}{2}m|\boldsymbol{v}_{\mathrm{B}}|^2 + V_{\mathrm{B}} = \frac{1}{2}m|\boldsymbol{v}_{\mathrm{A}}|^2 + V_{\mathrm{A}} \tag{6.10}$$

が成り立つ。

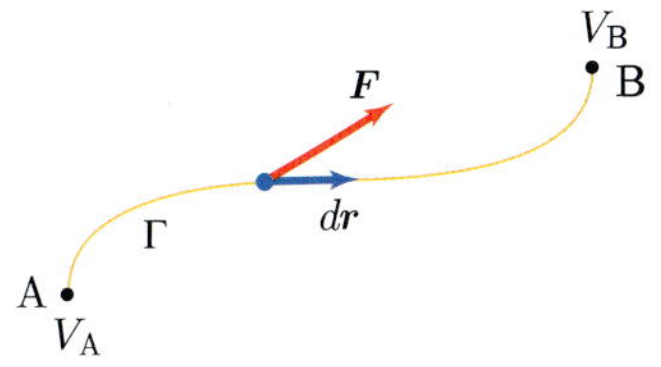

図 6.1　保存力がする仕事とポテンシャルエネルギー

次に，2 つの質点がポテンシャルエネルギー $V(\boldsymbol{r}_2(t) - \boldsymbol{r}_1(t))$ から導かれる力によって相互作用している場合を考えよう。(ポテンシャルエネルギーは $\boldsymbol{r}_1(t)$, $\boldsymbol{r}_2(t)$ に別々に依存しているのではなく，その差にのみ依存していることに注意。)　運動方程式は

$$m_1\frac{d\boldsymbol{v}_1(t)}{dt} = -\nabla_1 V(\boldsymbol{r}_2(t) - \boldsymbol{r}_1(t)) \tag{6.11}$$

$$m_2\frac{d\boldsymbol{v}_2(t)}{dt} = -\nabla_2 V(\boldsymbol{r}_2(t) - \boldsymbol{r}_1(t)) \tag{6.12}$$

で与えられる。ただし，∇_1 は $\boldsymbol{r}_1$ に関する微分，∇_2 は $\boldsymbol{r}_2$ に関する微分を表す。右辺はポテンシャルエネルギーの引数についての微分で表すと，

$$\begin{aligned}\nabla_1 V(\boldsymbol{r}_2(t) - \boldsymbol{r}_1(t)) &= -\nabla V(\boldsymbol{r}_2(t) - \boldsymbol{r}_1(t)), \\ \nabla_2 V(\boldsymbol{r}_2(t) - \boldsymbol{r}_1(t)) &= \nabla V(\boldsymbol{r}_2(t) - \boldsymbol{r}_1(t))\end{aligned} \tag{6.13}$$

と表され，式 (6.11) の右辺の力と式 (6.12) の右辺の力の間には作用・反作用の法則が成り立つことに注意しよう。ここで $\nabla V(\boldsymbol{r}_2(t)-\boldsymbol{r}_1(t))$ は

$$\nabla V(\boldsymbol{r}_2(t)-\boldsymbol{r}_1(t)) = \nabla V(\boldsymbol{r})\big|_{\boldsymbol{r}=\boldsymbol{r}_2(t)-\boldsymbol{r}_1(t)} \tag{6.14}$$

を表している。つまり，$V(\boldsymbol{r})$ を引数 $\boldsymbol{r}$ について微分して，その後で $\boldsymbol{r}$ に $\boldsymbol{r}_2(t)-\boldsymbol{r}_1(t)$ を代入したものである。式 (6.11) と $\boldsymbol{v}_1(t)$ との内積，式 (6.12) と $\boldsymbol{v}_2(t)$ との内積を考えると，

$$\frac{d}{dt}\left[\frac{1}{2}m_1|\boldsymbol{v}_1(t)|^2\right] = \boldsymbol{v}_1(t)\cdot\nabla V(\boldsymbol{r}_2(t)-\boldsymbol{r}_1(t)) \tag{6.15}$$

$$\frac{d}{dt}\left[\frac{1}{2}m_2|\boldsymbol{v}_2(t)|^2\right] = -\boldsymbol{v}_2(t)\cdot\nabla V(\boldsymbol{r}_2(t)-\boldsymbol{r}_1(t)) \tag{6.16}$$

となる。それゆえ，その和は

$$\begin{aligned}\frac{d}{dt}&\left[\frac{1}{2}m_1|\boldsymbol{v}_1(t)|^2+\frac{1}{2}m_2|\boldsymbol{v}_2(t)|^2\right]\\ &= -\frac{d}{dt}(\boldsymbol{r}_2(t)-\boldsymbol{r}_1(t))\cdot\nabla V(\boldsymbol{r}_2(t)-\boldsymbol{r}_1(t))\\ &= -\frac{d}{dt}V(\boldsymbol{r}_2(t)-\boldsymbol{r}_1(t))\end{aligned} \tag{6.17}$$

と書かれる。すなわち

$$\frac{1}{2}m_1|\boldsymbol{v}_1(t)|^2+\frac{1}{2}m_2|\boldsymbol{v}_2(t)|^2+V(\boldsymbol{r}_2(t)-\boldsymbol{r}_1(t)) \tag{6.18}$$

は時間に依存しない定数である。このように，2 個以上の質点からなる系に対しても，エネルギー保存則は拡張される。

Advanced

いまの場合，重心運動と相対運動に分離するとそれぞれのエネルギーが独立に保存する。

6.2 いくつかの例

よく出会ういくつかの力の例を，力学的エネルギー保存則の観点から考えよう。

6.2.1 一様な重力場

地表面近くでは，物体は鉛直方向の一様な重力を受ける。質量 m の物体にはたらく重力は $\boldsymbol{F}=m\boldsymbol{g}$ で与えられる。ただし，$\boldsymbol{g}$ は鉛直下向きの大きさが g の定ベクトルである。いま，質点が点 A (位置ベクトル $\boldsymbol{r}_{\mathrm{A}}$) から点 B (位置ベクトル $\boldsymbol{r}_{\mathrm{B}}$) まで移動するとき，重力がする仕事は

$$\int_{\mathrm{A}}^{\mathrm{B}}(m\boldsymbol{g})\cdot d\boldsymbol{r} = m\boldsymbol{g}\cdot\int_{\mathrm{A}}^{\mathrm{B}}d\boldsymbol{r} = m\boldsymbol{g}\cdot(\boldsymbol{r}_{\mathrm{B}}-\boldsymbol{r}_{\mathrm{A}}) \tag{6.19}$$

となり，経路によらず始点と終点の位置のみによって決まる。すなわち，

重力は保存力である。

基準点を点 O (位置ベクトル $\boldsymbol{r}_0$) にとり，重力によるポテンシャルエネルギー $V_{\mathrm{gr}}(\boldsymbol{r})$ を求めると，

$$V_{\mathrm{gr}}(\boldsymbol{r}) = -\int_{\boldsymbol{r}_0}^{\boldsymbol{r}} (m\boldsymbol{g}) \cdot d\boldsymbol{r}' = -m\boldsymbol{g} \cdot (\boldsymbol{r} - \boldsymbol{r}_0) \qquad (6.20)$$

となる。

デカルト座標系をとり，z 軸方向を鉛直上向きとしよう。このとき $\boldsymbol{g} = (0, 0, -g)$ と表される。$\boldsymbol{r}_0 = (0, 0, 0)$, $\boldsymbol{r} = (x, y, z)$ とおくと，V_{gr} は z のみに依存し，

$$V_{\mathrm{gr}}(z) = mgz \qquad (6.21)$$

で与えられる (図 6.2)。保存する質点の力学的エネルギーは

$$E = \frac{1}{2}m(\dot{x}^2 + \dot{y}^2 + \dot{z}^2) + mgz \qquad (6.22)$$

と表される。

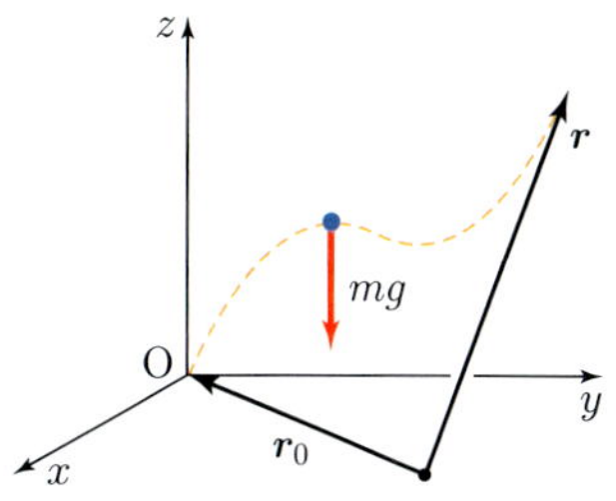

図 6.2 一様な重力場のポテンシャルエネルギー

6.2.2 滑らかな拘束を与える力

質点の運動が，その運動方向とは垂直な拘束力によって制限されている場合，その拘束力は仕事をしない。例として，滑らかな斜面上の質点の運動を考えよう (図 6.3)。質点は重力の他に，斜面から斜面に垂直な力 $\boldsymbol{N}$ を受ける。しかし，

$$\int \boldsymbol{N} \cdot d\boldsymbol{r} = 0 \qquad (6.23)$$

を満足するので，この拘束力は仕事をしない。それゆえ，エネルギー保存則を考えるときは重力によるポテンシャルエネルギーのみを考慮すればよい。

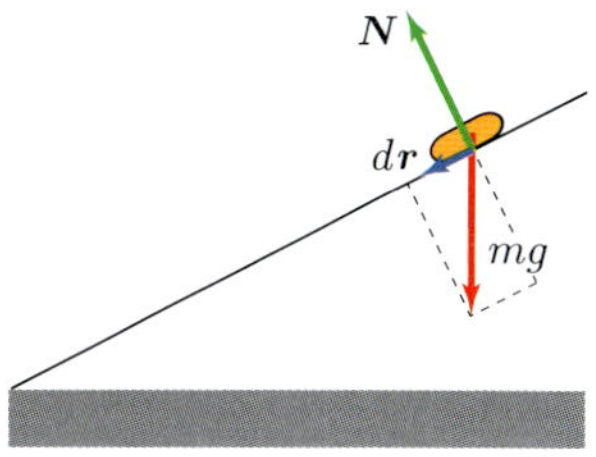

図 6.3 斜面上の運動

同様に，振り子の糸の張力 $\boldsymbol{T}$ も，おもりの運動方向と垂直なので仕事をしない (図 6.4)。それゆえ，振り子のおもりの運動は重力によるポテンシャルエネルギーのみを考慮してエネルギー保存則を考えればよい。

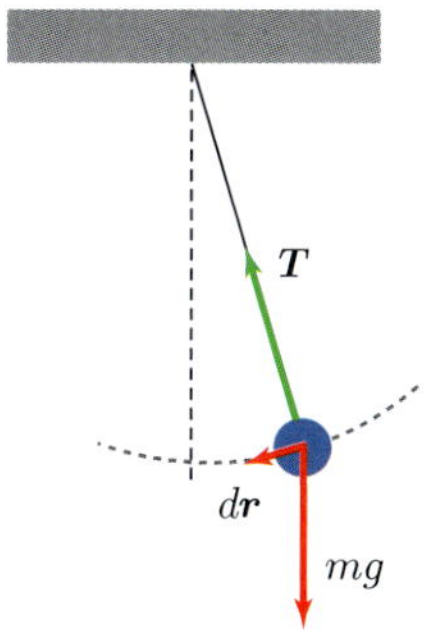

図 6.4 振り子の運動

粗い拘束面から受ける摩擦力は進行方向とは逆向きにはたらく。それゆえ，摩擦力がする仕事は常に負である。また，摩擦力は物体の移動する経路に依存する。それゆえ保存力ではない。質点が点 A から点 B まで経路 Γ に沿って運動するとき，式 (6.9) から

$$\frac{1}{2}m|\boldsymbol{v}_{\mathrm{B}}|^2 - \frac{1}{2}m|\boldsymbol{v}_{\mathrm{A}}|^2 = \int_{\Gamma} \boldsymbol{F}_{\text{摩擦}} \cdot d\boldsymbol{r} < 0 \qquad (6.24)$$

となり，摩擦力 $\boldsymbol{F}_{\text{摩擦}}$ がはたらくと運動エネルギーは減少する。(摩擦力については第 7 章を参照せよ。)

[例題 6.1]　例題 4.4 の場合に，小物体が静止するまでに動摩擦力のする仕事を計算せよ。

[解]　動摩擦力は $\boldsymbol{f} = -f\boldsymbol{i} = -(mv/T)\boldsymbol{i}$ であることを求めた。これがはたらくとき，小物体は一定の加速度 $-(v/T)\boldsymbol{i}$ で運動する。初速度 $v\boldsymbol{i}$ で小物体が静止するまでには，距離

$$vT - (v/T)T^2/2 = vT/2$$

だけ進む。つまり，変位は $\Delta\boldsymbol{r} = (vT/2)\boldsymbol{i}$ である。それゆえ，動摩擦力のする仕事は

$$\int_{\text{直線}} \boldsymbol{f}\cdot d\boldsymbol{r} = \boldsymbol{f}\cdot\Delta\boldsymbol{r} = -\frac{1}{2}mv^2$$

である。小物体が初めにもっていた運動エネルギー $mv^2/2$ は，この (負の) 仕事によって相殺され，小物体の運動エネルギーはゼロになる。この失われたエネルギーは床の分子の振動エネルギー (熱エネルギー) として拡散し，床を温めるのに使われる。

6.2.3　ばねによる弾性力

フックの法則が成り立つばねの伸びに対して，弾性力は伸びの方向とは逆向きに，ばねの伸びに比例した力がはたらく。ばねの伸びをベクトル $\boldsymbol{x}$ で表すと，弾性力は $\boldsymbol{F}_{\text{弾性}} = -k\boldsymbol{x}$ $(k > 0)$ である (図 6.5)。ばねが自然長 $(\boldsymbol{x} = \boldsymbol{0})$ である状態を基準点として，$\boldsymbol{x}$ だけ伸ばすとき，弾性力によるポテンシャルエネルギー $V_{\text{弾性}}$ は

$$V_{\text{弾性}}(\boldsymbol{x}) = -\int_{\boldsymbol{0}}^{\boldsymbol{x}} (-k\boldsymbol{x}')\cdot d\boldsymbol{x}' = \frac{1}{2}k|\boldsymbol{x}|^2 \qquad (6.25)$$

で与えられる。

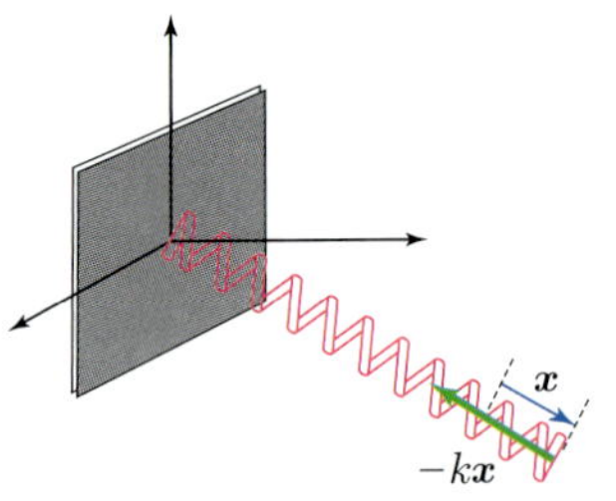

図 6.5　ばねによる弾性力

[例題 6.2]　図 6.6 のように，自然長 l のばねの一端が固定され，他端に質量 m の質点が付けられて，一様な重力場の中に吊り下げられている。(質点は鉛直方向ばかりでなく，3 次元的に自由に動けるとする。) 固定点から質点への位置ベクトルを $\boldsymbol{r}$ として，この質点の運動方程式を書け。また，保存する力学的エネルギーを求めよ。

[解]　この質点にはたらく力は，重力とばねの弾性力である。ばねの伸びを表すベクトルは

$$\frac{\boldsymbol{r}}{|\boldsymbol{r}|}(|\boldsymbol{r}| - l)$$

と書かれるので，運動方程式は

$$m\frac{d^2\boldsymbol{r}}{dt^2} = m\boldsymbol{g} - k\frac{\boldsymbol{r}}{|\boldsymbol{r}|}(|\boldsymbol{r}| - l)$$

で与えられる。

$$\nabla|\boldsymbol{r}| = \frac{\boldsymbol{r}}{|\boldsymbol{r}|} \qquad (6.26)$$

であることに注意する (すぐ下の [注意!] を参照せよ) と，右辺は

$$-\nabla\left[-m\boldsymbol{g}\cdot\boldsymbol{r} + \frac{1}{2}k\,(|\boldsymbol{r}| - l)^2\right] \qquad (6.27)$$

と表されることがわかる。たとえば $\boldsymbol{r} = (x, y, z)$ とデカルト座標をとると，式 (6.27) の x 成分は

$$-\frac{\partial}{\partial x}\left[mgz + \frac{1}{2}k\,(|\boldsymbol{r}| - l)^2\right] = -k\frac{\partial|\boldsymbol{r}|}{\partial x}(|\boldsymbol{r}| - l)$$
$$= -k\frac{x}{|\boldsymbol{r}|}(|\boldsymbol{r}| - l)$$

となる。y 成分，z 成分も同様に計算できる。

式 (6.27) の括弧内は重力によるポテンシャルエネルギー (基準点を固定点にとったもの) と弾性力によるポテンシャルエネルギーの和である。それゆえ，力学的エネルギー保存則は

$$\frac{1}{2}m\left|\frac{d\boldsymbol{r}}{dt}\right|^2 - m\boldsymbol{g}\cdot\boldsymbol{r} + \frac{1}{2}k\,(|\boldsymbol{r}| - l)^2 = (\text{一定})$$

と表される。

注意! 式 (6.26) の証明はもちろん

$$\frac{\partial}{\partial x}\sqrt{x^2+y^2+z^2}=\frac{x}{\sqrt{x^2+y^2+z^2}} \tag{6.28}$$

などのように直接計算すればできるが，次のようにして行うこともできる。まず，デカルト座標系では $|\boldsymbol{r}|^2=x^2+y^2+z^2$ となるので

$$\nabla|\boldsymbol{r}|^2=2(x\boldsymbol{i}+y\boldsymbol{j}+z\boldsymbol{k})=2\boldsymbol{r} \tag{6.29}$$

である。(これは例題 5.2 で示したことと一致する。すなわち $\nabla|\boldsymbol{r}|^2$ は $|\boldsymbol{r}|^2=$ (一定) の面 (原点を中心とする球面) に垂直であり，それゆえ動径方向のベクトルである。) 一方，

$$\nabla|\boldsymbol{r}|^2=2|\boldsymbol{r}|\nabla|\boldsymbol{r}| \tag{6.30}$$

であるから，式 (6.29) と式 (6.30) の右辺どうしを等しいとおくと，式 (6.26) が示される。

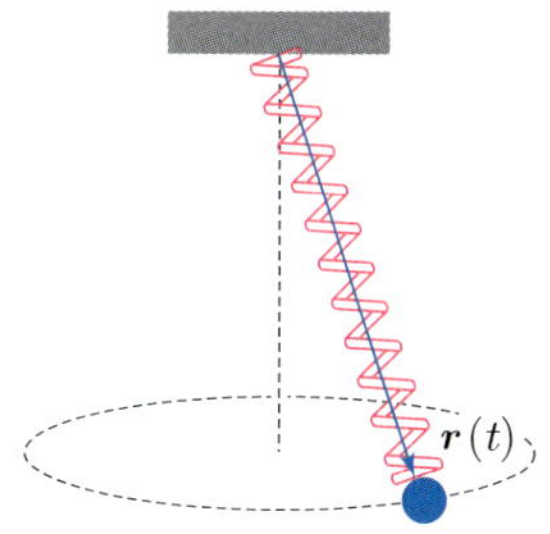

図 6.6 ばねで吊り下げられた質点

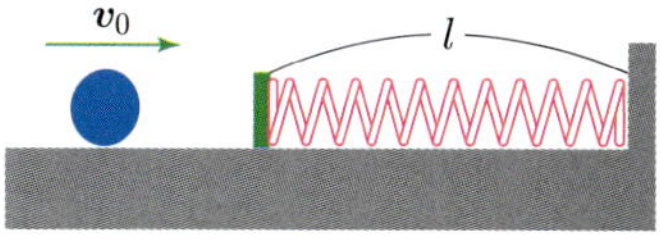

図 6.7 小物体とばねとからなる系

[例題 6.3] 図 6.7 のように，質量 m の小物体が，速さ v_0 で滑らかな面上を運動し，一端が固定された長さ l，ばね定数 k のばねの他端にある (質量の無視できる) 板に正面衝突した。衝突後，ばねが縮み，小物体の速さはだんだん小さくなり，いったん静止した後，今度はばねはしだいに伸び，小物体は速さを増してはじめの運動方向とは逆に進んでいった。小物体と板との衝突が弾性衝突であるとして，運動量の変化と力積とをそれぞれ別々に具体的に計算して比べよ。

[解] はじめの小物体の運動方向を x の正方向としよう。小物体と板との衝突が弾性的であるので，力学的エネルギーは保存する。衝突前では，力学的エネルギーは小物体の運動エネルギーのみであるから，$\frac{1}{2}mv_0^2$ である。衝突後，ばねが自然長から長さ x だけ縮んだときの小物体の速さを v とすると，このときの力学的エネルギーは，小物体の運動エネルギー $\frac{1}{2}mv^2$ と弾性力によるポテンシャルエネルギー $\frac{1}{2}kx^2$ の和で与えられる。それゆえ，力学的エネルギー保存の法則から

$$\frac{1}{2}mv_0^2=\frac{1}{2}mv^2+\frac{1}{2}kx^2$$

が成り立つ。小物体が静止するのは $v=0$ のときであるから，そのときの縮みを x_0 とすると，

$$x_0=\sqrt{\frac{m}{k}}\,v_0$$

であることがわかる。

力学的エネルギーが保存するので，小物体が逆方向に進んでいくときの速さは v_0 である。それゆえ，小物体の (x 成分のみもつ) 運動量の変化分 Δp_x は

$$\Delta p_x=-mv_0-mv_0=-2mv_0$$

で与えられる。

小物体が衝突した位置を原点とすると，小物体の位置はばねの縮み x で表される。小物体の運動方程式は

$$m\ddot{x}(t)=-kx(t)$$

で与えられる。右辺はばねが小物体に及ぼす力を表しているので，これを積分することによって，ばねが小物体に及ぼす力積を計算することができる。小物体が板に衝突したときの時刻を $t=0$ とし，静止する時刻を $t=t_0$ とすると，条件 $x(0)=0,\ x(t_0)=x_0,\ \dot{x}(t_0)=0$ から，

$$x(t)=x_0\sin\omega t,\quad \omega=\sqrt{\frac{k}{m}},\quad t_0=\frac{\pi}{2\omega}=\frac{\pi}{2}\sqrt{\frac{m}{k}}$$

を得る。これより，ばねが小物体に及ぼす力積 (の x 成分) は，

$$\int_0^{2t_0}(-kx(t))\,dt=-kx_0\int_0^{\frac{\pi}{\omega}}\sin\omega t\,dt$$
$$=-2\frac{k}{\omega}x_0=-2mv_0$$

で与えられる。以上より，小物体の運動量の変化が，ばねが小物体に及ぼす力積に等しいことが示された。

6.2.4 中 心 力

ある固定点から質点に及ぼす力が，常にその固定点と質点の位置とを結ぶ直線の方向にあり，その大きさが固定点からの距離のみに依存する場合，その力を中心力という。2 つの質点の間にはたらく力に対しても，その力が常に 2 つの質点を結ぶ直線の方向にあり，その大きさが 2 つの質点の距離のみに依存する場合を中心力とよぶ。中心力は保存力である。

固定点を原点とし，質点の位置ベクトルを $\boldsymbol{r}$ とすると，中心力 $\boldsymbol{F}$ は

$$\boldsymbol{F}(\boldsymbol{r}) = \frac{\boldsymbol{r}}{|\boldsymbol{r}|} f(r) \qquad (r = |\boldsymbol{r}|) \tag{6.31}$$

と表すことができる。ただし，ここで $f(r)$ は r のみの関数である。

注意!　例題 6.2 のばねによる力も中心力とみなせることに注意。

［例題 6.4］　中心力は保存力であることを示せ。

［解］　質点が位置ベクトル $\boldsymbol{r}$ で与えられる点から，微小な距離だけ離れた点 (位置ベクトル $\boldsymbol{r}+\Delta\boldsymbol{r}$) まで移動するときの仕事を考えよう。中心力 (6.31) に対して

$$\boldsymbol{F}\cdot\Delta\boldsymbol{r} = f(r)\Delta r$$

を得る。ここで Δr は，変位 $\Delta\boldsymbol{r}$ の動径方向の成分の大きさを表している。つまり，中心力がする仕事は，動径方向にどれだけ移動したかにのみ依存し，それと垂直な方向への変位に依存しない。よって，任意の点 A から任意の点 B へ移動する際に中心力がする仕事はその経路によらず，固定点から A までの距離 r_{A} と，固定点から B までの距離 r_{B} のみに依存する。

$$\int_{\mathrm{A}}^{\mathrm{B}} \boldsymbol{F}\cdot d\boldsymbol{r} = \int_{r_{\mathrm{A}}}^{r_{\mathrm{B}}} f(r)\,dr$$

問い　〈Advanced〉 中心力 (6.31) に対して，$\nabla \times \boldsymbol{F} = \boldsymbol{0}$ であることを示せ。

固定点から基準点までの距離を r_0 とすると，中心力 (6.31) に対するポテンシャルエネルギーは

$$V(r) = -\int_{r_0}^{r} f(r')\,dr' \tag{6.32}$$

で与えられる。

［例題 6.5］　原点に電荷 Q が固定されている。このまわりに電荷 q の荷電粒子があるときの，クーロン力によるポテンシャルエネルギーを求めよ。

［解］　荷電粒子の位置ベクトルを $\boldsymbol{r}$ とするとき，この荷電粒子が受けるクーロン力は

$$\boldsymbol{F}_{\mathrm{Coulomb}}(\boldsymbol{r}) = k\frac{Qq}{|\boldsymbol{r}|^2}\frac{\boldsymbol{r}}{|\boldsymbol{r}|}$$

で与えられる。クーロン力は中心力である。したがって式 (6.32) から，ポテンシャルエネルギーは

$$V_{\mathrm{Coulomb}}(|\boldsymbol{r}|) = -\int_{r_0}^{|\boldsymbol{r}|} k\frac{Qq}{r^2}\,dr = kQq\left(\frac{1}{|\boldsymbol{r}|} - \frac{1}{r_0}\right)$$

となる。通常，無限遠方をポテンシャルエネルギーの基準点にとるので ($r_0 = \infty$)，

$$V_{\mathrm{Coulomb}}(|\boldsymbol{r}|) = k\frac{Qq}{|\boldsymbol{r}|}$$

である。

6.2.5 ローレンツ力

ローレンツ力 (例題 1.2 および 3.4 節参照) は荷電粒子の運動方向に対して垂直であり，したがって仕事をしない (図 6.8)。荷電粒子の質量を m, 電荷を q とすると，運動方程式

$$m\frac{d\boldsymbol{v}}{dt} = q\boldsymbol{v} \times \boldsymbol{B} \tag{6.33}$$

の両辺と $\boldsymbol{v}$ との内積をとり，$\boldsymbol{v} \cdot (\boldsymbol{v} \times \boldsymbol{B}) = 0$ に注意すると

$$m\boldsymbol{v} \cdot \frac{d\boldsymbol{v}}{dt} = \frac{d}{dt}\left[\frac{1}{2}m|\boldsymbol{v}|^2\right] = 0 \tag{6.34}$$

を得る。すなわち，ローレンツ力のみを受けて運動する荷電粒子の運動エネルギーは保存する。

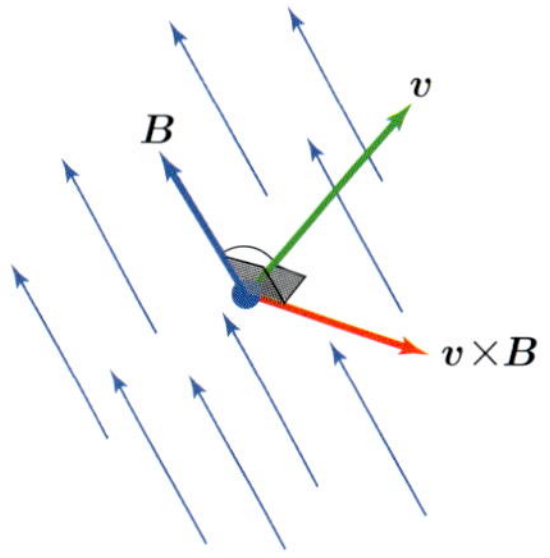

図 6.8　ローレンツ力

この章でのポイント

- 保存力のみを受けて運動する物体の，運動エネルギーとポテンシャルエネルギーの和は保存する。これを力学的エネルギー保存則という。
- 力学的エネルギー保存則は，運動方程式を解くという立場で考えると，2 階の微分方程式を 1 回分積分したことに相当している。
- 滑らかな拘束や，ローレンツ力など，物体の運動方向に対して常に垂直にはたらく力は仕事をせず，力学的エネルギー保存則に関与しない。
- 中心力は保存力である。

第 6 章　章末問題

1. 質量の無視できる自然長 l, ばね定数 k のばねの両端に，質量 m_1 と m_2 $(m_1 > m_2)$ のおもり 1 と 2 を付けた物体を考えよう。図 6.9 の左図のように床の上に置き，ばねをつりあいの位置から Δx だけ縮めてから時刻 $t = 0$ に静かに手を離すと，物体は運動して床から飛び上った。この物体の運動について以下の問いに答えよ。ただし，おもり 1 の床からの距離を x とし，おもり 2 の床からの距離を y とする。

(a) 物体を床に置いて静止させたときの，おもり 1 の床からの高さ x_0 (つりあいの位置) を求めよ。

(b) 手を離してから物体が床から離れるまでの 2 つのおもりの運動方程式を書け。おもり 2 にはたらく床からの抗力の大きさを T とせよ。

(c) 物体が床から飛び上がるためには，Δx はどのような条件を満足しなければならないか。

(d) 物体が床から離れるときの時刻を $t = \bar{t}$ とする。このときのおもり 1 の速度 v_1 を求めよ。

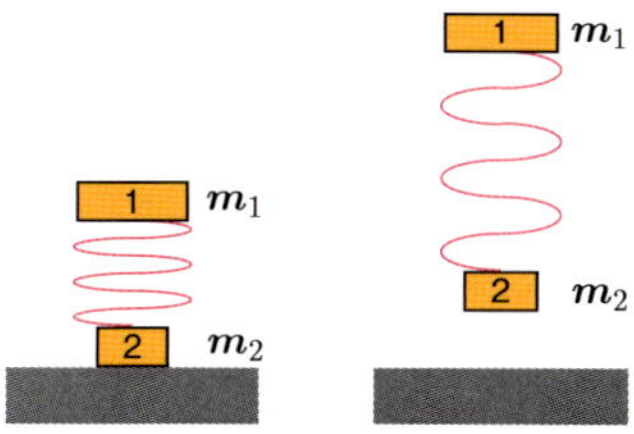

図 6.9　左図はばねを縮めて静止させた状態。右図は手を離した後，床から飛び上った状態。

(e)　物体が床から離れてからのおもり 1 とおもり 2 の運動方程式の解を求めよ。

(f)　図 6.9 のときとは上下をひっくり返し，おもり 1 を床につける。(新しい) つりあいの位置から Δx だけばねを縮めて手を離したとき，飛び上がる高さに違いがあった。どちらが高く飛び上るだろうか。

2. 粘性のない，縮まない流体 (7.3 節参照) の定常的な流れに対して成り立つベルヌーイ (D. Bernoulli) の定理を，エネルギー保存則を用いて証明しよう。ベルヌーイの定理は流れ (流線) に沿って

$$\frac{1}{2}u^2 + gz + \frac{p}{\rho} = (\text{一定}) \tag{6.35}$$

が成り立つことをいう。ただし，u は流体の速度，g は重力加速度の大きさ，z はその位置における鉛直方向の高さ，p はその位置における圧力，そして ρ は流体の密度 (一定) である。

(a)　図 6.10 のように，流管 (流線によって囲まれた管) の一部が微小な時間 δt の間に行う運動を考える。面 A と面 B における断面積をそれぞれ S_A, S_B とするとき，圧力がこの部分にする仕事を求めよ。ただし，流体の面 A における流速と圧力をそれぞれ u_A, p_A, 面 B における流速と圧力をそれぞれ u_B, p_B とする。

(b)　この部分のもつ流体の運動エネルギーの増加分を求めよ。

(c)　この部分のもつ流体の重力による位置エネルギーの増加分を求めよ。ただし，面 A の高さを z_A，面 B の高さを z_B とする。

(d)　流体が縮まないことから得られる関係式を用いて，ベルヌーイの定理を証明せよ。

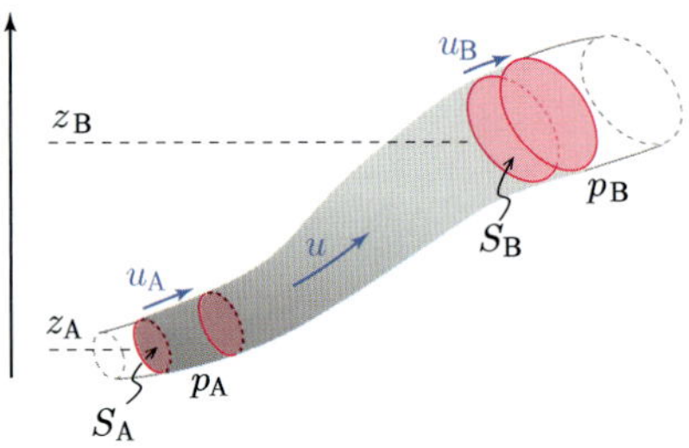

図 6.10

7 摩擦と空気抵抗

力学系のエネルギーが保存するのは，摩擦や空気抵抗といった非保存力がはたらかない場合に限る。しかし，現実的にはたとえ小さくても摩擦や空気抵抗があり，それらは物体の運動に影響を与える。摩擦や空気抵抗も物理学の重要な対象である。この章では，摩擦と空気抵抗についての基本的な事柄を学ぶ。

7.1 単純化と詳細化

現実的な力学の問題では，摩擦力や空気抵抗があり，そのために力学的エネルギーは厳密には保存しない。それでは保存力について我々が学んできたことは無駄だったのだろうか。

重要なことは，摩擦力や空気抵抗も物理学の対象であるということである。ただ，摩擦力や空気抵抗の効果が小さく無視できるような状況が実際にあるので，摩擦や空気抵抗がまったくないという理想的で単純な状況をまず最初によく理解し，そのうえで摩擦力や空気抵抗の効果を考えるのである。このようにだんだんと記述を詳細にすることを物理学はめざすのである。そうすることによって，本質的な事柄と，副次的な事柄を区別することができる。摩擦力や空気抵抗をまず度外視して考察することなしに，慣性の法則や落体の法則を理解することはできないだろう。

この章では，このような物理学の方法の例として，摩擦や空気抵抗の物理について初等的なレベルで理解しよう。摩擦や空気抵抗を減らしたり制御することは工学的な応用において非常に重要である。

7.2 アモントン–クーロンの法則

固体間の摩擦についての基本的な事柄は，アモントン (G. Amontons)–クーロンの法則として知られている次の 3 つの経験則によってまとめられる。

1. 摩擦力はみかけの接触面積の大きさには依存しない。
2. 摩擦力は接触面にかかる荷重の大きさに比例する。
3. 動摩擦力は最大静摩擦力より小さく，すべり速度には依存しない。

摩擦力のこのような性質は，凝着説によって説明される。すなわち，通常の固体は見た目は滑らかであっても微視的に見れば十分でこぼこしているので，見かけ上接触していても実際には全面的に接触しているのではなく，2 つの固体の (ミクロに) でっぱっている部分のみが接触している。このようすを図 7.1 に模式的に示す。(この接触部分を真実接触点といい，真実接触点の面積の総和を真実接触面積という。) 真実接触点では 2 つの固体を構成する分子あるいは原子の間に結合が生じ，その結合を切り離して物体を移動させるのに必要な力が摩擦力であるという考えである。

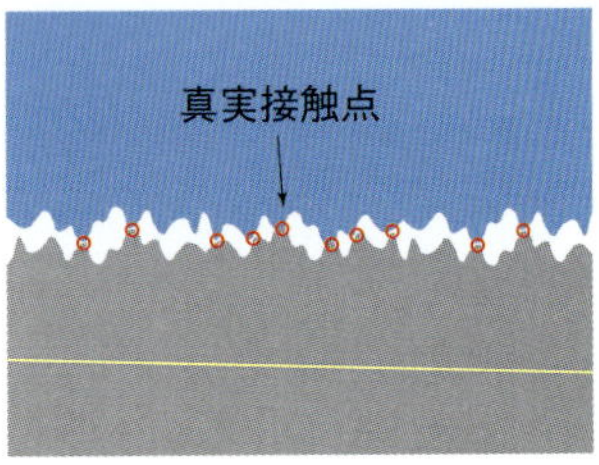

図 7.1　真実接触点

固体表面を磨いて滑らかにすると摩擦が減少するのはよく知られているが，じつはある程度以上滑らかにするとかえって摩擦が増大することが実験的に知られている。凝着説によれば，それは微視的にでこぼこがなくなり，真実接触面積が増大したからであると説明することができる。

真実接触面積は見かけの接触面積には依存しない。そして接触面にかかる荷重が大きくなればそれに比例して増える。同じ物体を縦にして置いたときと横にして置いたときでは見かけ上の接触面積は異なるが，同じ荷重がかかる。したがって圧力 (単位面積当たりの荷重) が異なり，単位面積当たりの真実接触点が異なる (図 7.2)。

図 7.2　単位面積当たりの真実接触点は圧力によって変わる。

真実接触面積の大きさは，通常，見かけの接触面積の 100 分の 1 以下程度であることが知られている。

表面の突起は，さまざまな高さのものが分布していると考えられる。詳しい理論によると，ひとつの突起の弾性的変形による真実接触面積は荷重に比例しないが，このようにさまざまな高さの突起があると考えると，真実接触面積は荷重に比例することが示される。また，真実接触点では大きな圧力がかかり，変形はフックの法則が成り立つ範囲を超えて，もはや弾性的でなく塑性的である場合も考えられる。この場合も真実接触面積は荷重に比例することが示される。摩擦力の大きさは真実接触面積に比例するので，アモントン–クーロンの法則の第 1，第 2 の点が説明される。

動摩擦力もまた，微視的には固体表面の突起による真実接触点によると考えられる。静止状態においては 2 つの物体の突起が真実接触点をつくるが，物体に外力を加えると，突起は変形し，ついには突起間の凝着が破れて真実接触点が消失し，また別の場所に新たな真実接触点をつくるという過程を繰り返しながら，物体が滑っていく。このとき，変形された突起に蓄えられた弾性エネルギーは，突起が振動する際に原子・分子の運動としてまわりに広がっていき，振動はやんで，熱エネルギーとなる。各々の突起の変形，凝着の破れ，振動，そして振動の停止はきわめて短時間に起こり，したがって，それぞれの突起について独立に起こると考えられる。それぞれの突起の振動の緩和によって失なうエネルギーは，滑り速度に依存しない。一方，真実接触点の消失の回数は，滑り速度に比例する。したがって，滑り摩擦によって単位時間に失う力学的エネルギーは滑り速度に比例することになる。滑り摩擦によって失う力学的エネルギーは，滑り摩擦力がした仕事に等しい。時間 Δt の間に滑り摩擦力 (大きさ F) がした仕事は，この時間での移動距離を Δx とすると $F\Delta x$ であるから，単位時間当たりの仕事は

$$\frac{F\Delta x}{\Delta t} = F\,\frac{\Delta x}{\Delta t} \tag{7.1}$$

のように，F と滑り速度の積で与えられる。したがって，F は速度によらず一定であることがわかる。このように，局所的な微細な突起の変形，凝着の破れ，振動，そして振動の停止というメカニズムから，アモントン–クーロンの法則の第 3 の点が説明される。

注意! 動摩擦がある場合，物体の運動エネルギーは物体の接触面にある突起の振動エネルギーとなり，それが周囲に広がっていったり，塑性変形のエネルギーとなることによって，回収不可能な形に変換されてしまう。このことを熱エネルギーに変わったということがある。熱現象については第 III 部で詳しく学ぶ。

注意! アモントン–クーロンの法則は広い範囲にわたって成立するが，厳密な法則ではない。たとえば，動摩擦力は広い速度範囲でみた場合には，明かな速度依存性を示す。また，滑りと静止を繰り返す実験によって，最大静止摩擦力は，静止してからの時間に依存することがわかっている。

7.3 流体中の物体の抗力

空気は主に窒素分子 (N_2) と酸素分子 (O_2) とからなる混合気体である。水は水分子 (H_2O) からなる液体である。いずれもその構成要素は分子であるが，気体や液体の連続体としての巨視的な性質は，その構成要素の詳細に立ち入らずに議論することができる。気体や液体のように，自由にその形を変える物体を流体とよぶ。流体の運動に関する学問を流体力学という。

現実的な流体は，粘性とよばれる性質をもつ。粘性は，運動する流体の変形に対する一種の抵抗を表すものと考えることができる。粘性をもたない仮想的な流体を完全流体または理想流体とよび，それと対比して粘性をもつ流体を粘性流体とよぶ。以下では，非圧縮性 (密度が一定) 粘性流体について考えよう。

流体力学のもっとも重要な性質のひとつに，力学的相似がある。流体の特徴的な速度の大きさを U [m/s]，流れを特徴づける長さを L [m]，流体の密度を ρ [kg/m^3]，流体の粘性を特徴づける量である粘性率を μ [Pa·s] とすると，レイノルズ (O. Reynolds) 数とよばれる無次元量

$$\mathrm{Re} = \frac{\rho UL}{\mu} \tag{7.2}$$

が同じ (幾何学的に相似な) 流れのようすは相似である。すなわち，スケールの違いを除いて同じ振舞いを示す。

流体の特徴的な速度の大きさとは，物体と流体の相対的な速度の大きさである。物体が流体中に静止している場合には流速の大きさに等しい。逆に，静止流体中を物体が運動しているときは，物体の速度の大きさに等しい。

運動する粘性流体中に物体が置かれると，物体には力がはたらく。流体が静止して見える観測者 (流体の速度と同じ速度で移動する観測者) からこれを見ると，静止している粘性流体中を運動する物体に力がはたらいていることと同じである。この力を抗力とよぶ。

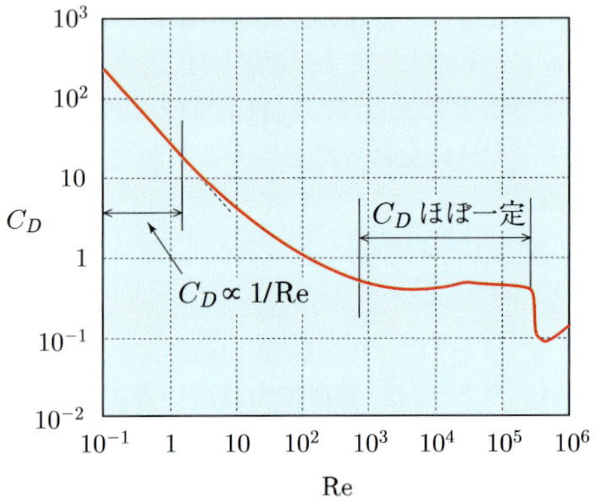

図 7.3　球に対する抗力係数 C_D. レイノルズ数 Re が小さいところでは 1/Re のように振る舞い，それから比較的広い範囲にわたっておおよそ一定値をとる。$\mathrm{Re} \approx 3 \times 10^5$ あたりで急激に C_D は減少する。

物体の代表面積 (球の場合には断面積) を S とすると，抗力の大きさ D は

$$D = \frac{1}{2} C_D \rho S U^2 \tag{7.3}$$

で与えられる。係数 C_D は抗力係数とよばれ，物体の形状とレイノルズ数の関数である。図 7.3 に，球に対する抗力係数をレイノルズ数の関数として概形を示した。Re が 1 の程度以下に対しては $C_D \propto 1/\mathrm{Re}$ となり，抗力は全体として速さの 1 乗に比例する (ストークスの法則) が，$\mathrm{Re} \gg 1$ では C_D は広い範囲にわたってほぼ一定 ($\approx 0.4 \sim 0.5$) となり，抗力は速さの 2 乗に比例する。それゆえ，抗力が速さの 2 乗に比例するか 1 乗に比例するかは，レイノルズ数を調べればわかる。

[例題 7.1]　144 km/h の硬式野球のボールが受ける空気からの抗力 (空気抵抗) は速度の 1 乗に比例するだろうか，2 乗に比例するだろうか。

[解]　速さは

$$U = 1.44 \times 10^5\ \mathrm{m}/(3.6 \times 10^3\ \mathrm{s}) = 4.0 \times 10^1\ \mathrm{m/s}$$

である。ボールの直径は 7.3×10^{-2} m，室温での空気の密度は $\rho = 1.2\ \mathrm{kg/m^3}$，粘度は $\mu = 1.8 \times 10^{-5}$ Pa·s であることから

$$\mathrm{Re} = \frac{1.2 \times (4.0 \times 10^1) \times (7.3 \times 10^{-2})}{1.8 \times 10^{-5}} = 1.9 \times 10^5$$

を得る。したがって，このボールが受ける抗力は速度の 2 乗に比例する。

例題 7.1 から，野球のボールの抗力が速度の 1 乗に比例するような速さ (つまり，レイノルズ数が 1 の程度になるまでの速さ) は $U \leq 2\times10^{-4}$ m/s 程度であり，静止しているのと区別がつかないほどの低速である。レイノルズ数が 10^3 になるのは $U \sim 2\times10^{-1}$ m/s であるから，日常的に経験する野球のボールの速度に対して，抗力は常に速さの 2 乗に比例すると考えてよい。

［質問］ (比較的大きな) 雨粒の大きさは，地上ではおよそ直径 5 mm 程度であり，落下速度は 9 m/s 程度である。雨粒にはたらく抗力は速さの 2 乗に比例するだろうか，1 乗に比例するだろうか。

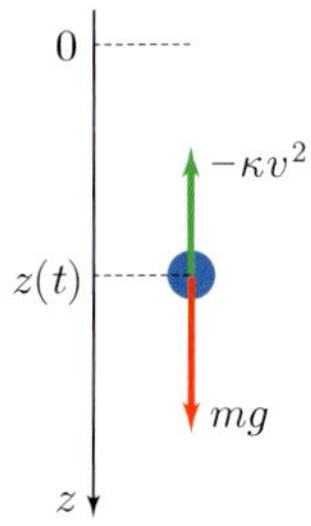

図 7.4　速度の 2 乗に比例する抗力を受けて落下する小物体

抗力係数 C_D は物体の形状や表面の状態に依存する。工学的には抵抗の少ない形状を研究することは，飛行機や自動車の設計など，さまざまな場面において重要となる。

図 7.3 にみられるように，球の抗力係数が $\mathrm{Re} \sim 3\times10^5$ で急激に小さくなるのは，それまでの層流 (不規則さをもたない定常的な層状の流れ) から乱流 (時間的空間的に不規則な流れ) への遷移が起こり，後流 (物体の後ろ側にできる流れ) の領域が小さくなることによる。この遷移が起こる臨界レイノルズ数は表面の形状によって大きく変化する。ゴルフボールのディンプル (凹み) は，この臨界レイノルズ数を小さくし，抗力を小さくするための工夫である。

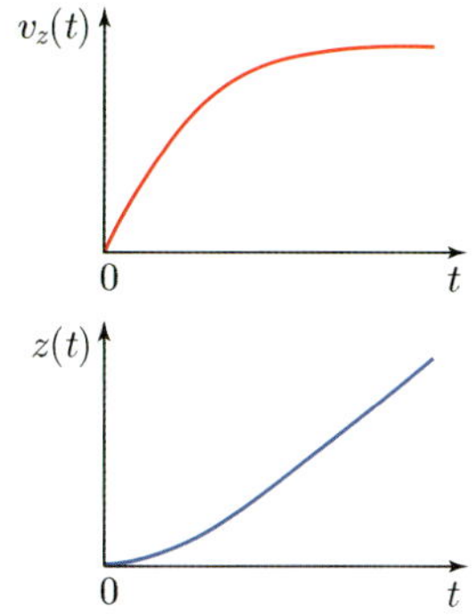

図 7.5　終端速度と落下距離

［例題 7.2］　質量 m の小物体が初速度ゼロで一様な重力場中で落下した。小物体は速度の 2 乗に比例する抗力 (空気抵抗) $-\kappa v^2$ ($\kappa > 0$) を受けるとして，運動を決定せよ。(κ は式 (7.3) の $C_D\rho S/2$ に対応し，いまは定数であると近似している。) ただし，重力加速度の大きさを g とする。

［解］　時刻 $t=0$ での位置を座標の原点とし，鉛直下向きに z 軸をとる。そして小物体の位置座標を $z(t)$ とする (図 7.4)。小物体は落下していくのであるから $z(t) \geq 0$ である。運動方程式は

$$m\frac{dv}{dt} = mg - \kappa v^2 \tag{7.4}$$

と書かれる。ただし，$v(t) = \dot{z}(t)$ は小物体の速度である。これは変数分離型の微分方程式であり，初期条件に注意すると

$$\int_0^{v_z} \frac{dv}{\left(\frac{mg}{\kappa}\right) - v^2} = \frac{\kappa}{m}t$$

と変形できる。左辺の積分は変数変換 $v = \sqrt{mg/\kappa}\tanh\chi$ によって容易に実行することができる。

その結果，

$$\sqrt{\frac{\kappa}{mg}}\tanh^{-1}\left(\sqrt{\frac{\kappa}{mg}}v_z\right) = \frac{\kappa}{m}t$$

となる。ただし，$\tanh^{-1} = \mathrm{arctanh}$ は逆双曲線関数である：$y = \tanh^{-1}x \leftrightarrow x = \tanh y$. したがって，

$$v_z(t) = \sqrt{\frac{mg}{\kappa}}\tanh\left(\sqrt{\frac{\kappa g}{m}}\,t\right)$$

を得る。さらにこれを積分して

$$z(t) = \sqrt{\frac{mg}{\kappa}}\int_0^t dt' \tanh\left(\sqrt{\frac{\kappa g}{m}}\,t'\right) = \frac{m}{\kappa}\ln\left[\cosh\left(\sqrt{\frac{\kappa g}{m}}\,t\right)\right]$$

を得る。$\kappa \to 0$ の極限で

$$\cosh\left(\sqrt{\frac{\kappa g}{m}}\,t\right) \sim 1 + \frac{\kappa g}{2m}t^2$$

のように振る舞うので，$z(t) \to (1/2)gt^2$ となることを確認しよう。また，$t \gg \sqrt{m/(\kappa g)}$ に対しては，$z(t) \sim \sqrt{mg/\kappa}\,t$ のように振る舞うことがわかる。これは小物体の速さが終端速度 $\sqrt{mg/\kappa}$ に漸近することを表している (図 7.5)。終端速度は運動方程式 (7.4) で $dv/dt = 0$ とおいて求めることができる。

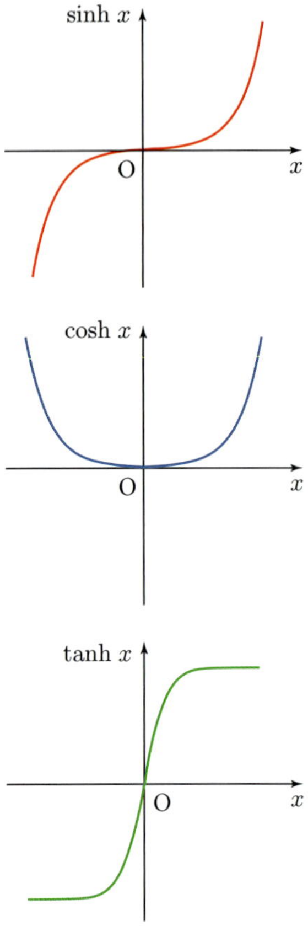

図 7.6 双曲線関数の概形

注意! 双曲線関数について簡単にまとめておこう (図 7.6)。

$$\sinh x \equiv \frac{1}{2}(e^x - e^{-x}) \tag{7.5}$$

$$\cosh x \equiv \frac{1}{2}(e^x + e^{-x}) \tag{7.6}$$

$$\tanh x \equiv \frac{\sinh x}{\cosh x} \tag{7.7}$$

これらより

$$\cosh^2 x - \sinh^2 x = 1, \quad 1 - \tanh^2 x = \frac{1}{\cosh^2 x} \tag{7.8}$$

および

$$\frac{d}{dx}\sinh x = \cosh x, \quad \frac{d}{dx}\cosh x = \sinh x, \quad \frac{d}{dx}\tanh x = \frac{1}{\cosh^2 x} \tag{7.9}$$

を容易に示すことができる。

Advanced

空気の粘性の効果として，マグヌス (H.G. Magnus) 効果がある。これは流体中で回転する円柱や球に，流れと垂直な方向の力がはたらくことをさす。回転するボールが曲がるのは，この効果による (図 7.7)。

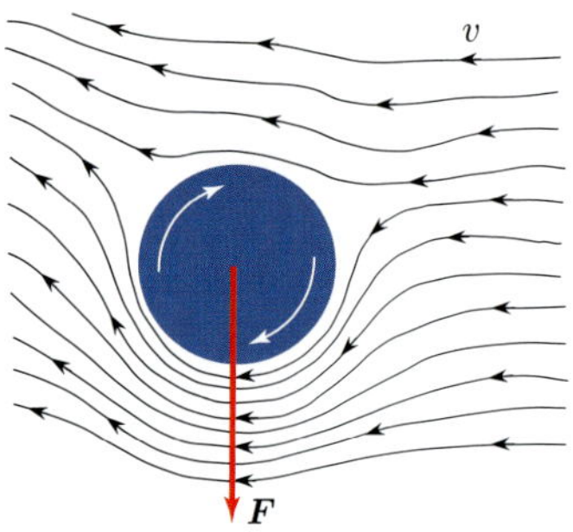

図 7.7 マグヌス効果

この章でのポイント

- 固体間の摩擦に関する基本的なことがらは，3 つのアモントン–クーロンの法則にまとめられる。
- アモントン–クーロンの法則は，摩擦の凝着説によって説明される。
- 凝着説によると，固体が接触しているとき，実際に接触している真実接触点の面積の大きさは，見かけの接触面積に依存せず，荷重に比例して増大する。
- 摩擦力がする仕事によって失なわれた力学的エネルギーは，固体の分子運動や塑性変形のエネルギーとして回収不可能な形に転換される。
- 粘性流体中の物体の運動は，レイノルズ数が等しい場合には相似となる。
- 粘性流体中で物体が受ける抗力の大きさ D は，

  $$D = \frac{1}{2}C_D \rho S U^2$$

  で与えられる。抗力係数 C_D は物体の形状とレイノルズ数の関数である無次元量であり，$10^3 \sim 10^5$ くらいまでの広い範囲でほぼ一定である。

- 物体の表面を加工することによって，抗力係数を大きく変化させ，抗力を小さくさせることができる。

第 7 章　章末問題

1. 車の駆動力は (エンジンとタイヤが同じなら) 摩擦力の大きさによって決まっているので，車重を増すほうが大きな駆動力が得られるはずである。しかし，レーシングカーなどでは，大きなグリップ力 (摩擦力) を得るためウィングをつけたりして工夫をしている。ウィングはどういう役割を果しているのだろうか。このような工夫が単に車重を大きくするより有効なのはなぜだろうか。

2. 急ブレーキを踏んで車が停止するまでの距離 (停止距離) は，空走距離と制動距離の和で与えられる。空走距離はドライバーが危険を感じてからブレーキがかかるまでの時間 (およそ 0.75 秒) の間に進む距離であり，制動距離はドライバーがブレーキを踏んでから停止するまでの距離である。空走距離は車の速さに比例するが，制動距離はおよそ速さの 2 乗に比例する。なぜだろうか。また，制動距離は車の重量に依存するだろうか。乾いたアスファルトとタイヤの間の動摩擦係数を 0.7 として，速度 60 km/h で走る車輌重量 1300 kg の車の停止距離を求めよ。ただし，ABS (アンチロック・ブレーキング・システム) は考えない。氷上 (動摩擦係数は 0.07) の場合はどうか。

3. 〈**Advanced**〉 速度の 2 乗に比例する抗力を受ける質量 m の質点の落下運動に対して，一般に運動方程式は

$$m\frac{d\boldsymbol{v}(t)}{dt} = m\boldsymbol{g} - \kappa|\boldsymbol{v}(t)|\boldsymbol{v}(t) \tag{7.10}$$

と書かれる (ただし，$\boldsymbol{g}$ は重力加速度ベクトル，κ は正の数係数) が，この微分方程式は，例題 7.2 で考えた 1 次元の場合以外は解析的に積分できない。そこで，数値的に運動方程式を積分することによって運動を求めてみよう。

質点の位置ベクトルを $\boldsymbol{r}(t) = x(t)\boldsymbol{i} + z(t)\boldsymbol{k}$，速度ベクトルを $\boldsymbol{v}(t) = v_x(t)\boldsymbol{i} + v_z(t)\boldsymbol{k}$ とすると，運動方程式は

$$\dot{x}(t) = v_x(t) \tag{7.11}$$

$$\dot{z}(t) = v_z(t) \tag{7.12}$$

$$\dot{v}_x(t) = -\tilde{\kappa}v_x(t)\sqrt{{v_x}^2(t) + {v_z}^2(t)} \tag{7.13}$$

$$\dot{v}_z(t) = -g - \tilde{\kappa}v_z(t)\sqrt{{v_x}^2(t) + {v_z}^2(t)} \tag{7.14}$$

と表される。(例題 7.2 では鉛直下向きを z 軸の正の方向としたが，ここでは斜方投射を考えるので鉛直上向きを正の方向とした。) ただし $\tilde{\kappa} = \kappa/m$ である。$\tilde{\kappa} = 9 \times 10^{-3}$ m^{-1} として，初速度 40 m/s (時速 144 km) で仰角 30° で打ち上げるとき，水平方向にどれだけ飛ぶだろうか。また，抗力がないとき (放物線) と比べて，軌道にはどのような特徴があるか。第 2 章の章末問題 5 を参考に，数値積分によって求めよ。

8

微小振動 I

この章では，振動現象の基本的な事柄について学ぶ。振動現象は，物理学のさまざまな分野で現れてくる。この章では，単振り子と，いくつもの振動子が連結されてできた連成振動子の運動を取り上げる。

8.1 微小振動の普遍性

この教科書では物体の変形については学ばないと述べたが，微小振動はその例外である。さまざまな物体は，その微小な変形に対してもとに戻そうとする力がはたらき，振動をする。また，振動現象は力学ばかりでなく，さまざまな分野の物理現象について広くみられる。

力学系は，そのポテンシャルエネルギーの極小点においては力を受けず，定常的な状態をとる。それゆえ，極小点は平衡点ともよばれる。簡単のため，1 つの変数 X のみに依存するポテンシャルエネルギー $V(X)$ を考えよう。このポテンシャルエネルギーが，$X = X_0$ で平衡であるとする。すなわち，

$$V'(X_0) = \left.\frac{dV(X)}{dX}\right|_{X=X_0} = 0 \tag{8.1}$$

が成り立つ。このとき，ポテンシャルエネルギーはこの平衡点のまわりで

$$V(X) = V(X_0) + \frac{1}{2}(X - X_0)^2 V''(X_0) + \mathcal{O}\left((X - X_0)^3\right) \tag{8.2}$$

とテイラー (B. Taylor) 展開される。(1 次の項がないのは平衡点であるという性質 (式 (8.1)) による。) ここで $\mathcal{O}\left((X - X_0)^3\right)$ と書いたのは $X - X_0$ について 3 次以上の項を表す。この平衡点が安定 (極小) であるためには，$k \equiv V''(X_0) > 0$ である必要がある。

したがって，平衡点のまわりの振動の変位 $X - X_0$ が十分小さければ，$X - X_0$ について 3 次以上の項は無視でき，

$$V(X) = V_0 + \frac{1}{2}kx^2 \tag{8.3}$$

と近似できる (図 8.1)。ただし，$V_0 = V(X_0)$ および $x = X - X_0$ を導

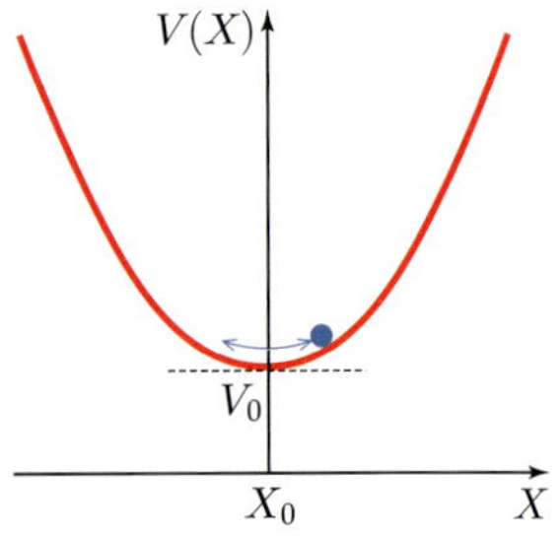

図 8.1　平衡点のまわりでのポテンシャルエネルギーの様子

入した。これは定数を除いて弾性力によるポテンシャルエネルギーの形である。もし質点がこのポテンシャルの平衡点のごく近傍で運動するのであれば，それは単振動を行う。このように，ポテンシャルの詳細な形によらず，平衡点からの微小な変位に対して単振動が現れるのは，きわめて一般的なことであることがわかる。

Advanced

以上の考察は多くの自由度をもつ系にただちに一般化される。いま，系を記述する n 個の座標を $\boldsymbol{X} = (X_1, \ldots, X_n)$ で表すことにしよう。ポテンシャルエネルギー $V(\boldsymbol{X})$ の平衡点 (極小点) を $\boldsymbol{X} = \boldsymbol{X}_0$ とする。すなわち，

$$\left.\frac{\partial V(\boldsymbol{X})}{\partial X_i}\right|_{\boldsymbol{X}=\boldsymbol{X}_0} = 0 \qquad (i = 1, \ldots, n) \tag{8.4}$$

が成り立つとする。このとき，ポテンシャルエネルギーは平衡点の近傍で

$$V(\boldsymbol{X}) = V(\boldsymbol{X}_0) + \frac{1}{2}\sum_{i,j=1}^{n}(X - X_0)_i (X - X_0)_j V_{ij}(\boldsymbol{X}_0) + \mathcal{O}\left((X - X_0)^3\right) \tag{8.5}$$

と展開される。ただし $V_{ij}(\boldsymbol{X}_0)$ は

$$V_{ij}(\boldsymbol{X}_0) = \left.\frac{\partial^2 V(\boldsymbol{X})}{\partial X_i \partial X_j}\right|_{\boldsymbol{X}=\boldsymbol{X}_0} \tag{8.6}$$

を表す。線形代数学によると (付録 1 の「入門：ベクトルと行列」を参照せよ)，対称行列 $V = (V_{ij}(\boldsymbol{X}_0))$ は，適当な $n \times n$ 直交行列 R によって，

$$RVR^T = D = \begin{pmatrix} k_1 & 0 & \cdots & 0 \\ 0 & k_2 & \cdots & 0 \\ \vdots & \vdots & \ddots & \vdots \\ 0 & 0 & \cdots & k_n \end{pmatrix} \tag{8.7}$$

と対角化される。ここで，R^T は行列 R の転置行列を表す。$\boldsymbol{X} = \boldsymbol{X}_0$ がどの方向の変位にも安定な点であるとすると，固有値 k_i $(i = 1, \ldots, n)$ はすべて正である。つまり，$\boldsymbol{X} = \boldsymbol{X}_0$ は極小点であり，その点からどの方向に進んでも，ポテンシャルは増大する。

このとき

$$\boldsymbol{x} = R(\boldsymbol{X} - \boldsymbol{X}_0) \tag{8.8}$$

として新しい変数 $\boldsymbol{x}$ を導入すると

$$V(\boldsymbol{x}) = V_0 + \frac{1}{2}\sum_{i=1}^{n} k_i x_i^2 + \mathcal{O}(x^3) \tag{8.9}$$

と表される ($V_0 = V(\boldsymbol{x} = \boldsymbol{0})$)。第 2 項は弾性力によるポテンシャルエネルギーの和の形に書かれていることに注意せよ。

3.3 節で考察した調和振動の微分方程式 (3.12)

$$\ddot{x} + \omega^2 x = 0 \tag{8.10}$$

とその一般解が，式 (3.16)

$$x(t) = A\sin(\omega t + \alpha) \tag{8.11}$$

または式 (3.17)

$$x(t) = C_1 \sin\omega t + C_2 \cos\omega t \tag{8.12}$$

で与えられることを思い出そう。

注意!　調和振動子の微分方程式は，エネルギー保存則の観点から次のように解くことができる。式 (8.10) に $\dot{x}$ をかけて $\dot{x}\ddot{x} = \frac{1}{2}d(\dot{x})^2/dt$, $\dot{x}x = \frac{1}{2}d(x^2)/dt$ に注意すると，

$$\frac{d}{dt}\left[\frac{1}{2}\dot{x}^2 + \frac{1}{2}\omega^2 x^2\right] = 0 \tag{8.13}$$

を得る。それゆえ

$$\dot{x}^2 + \omega^2 x^2 = c^2 \quad (\text{一定}) \tag{8.14}$$

を得る。ここで左辺が非負であることから，右辺の積分定数を c^2 $(c > 0)$ とおいた。($c = 0$ はすべての t に対して $x(t) = 0$ となる解に対応する。) このとき

$$\dot{x} = \pm\sqrt{c^2 - \omega^2 x^2} \tag{8.15}$$

を得る。これは変数分離型の微分方程式であり，

$$\int \frac{dx}{\sqrt{c^2 - \omega^2 x^2}} = \pm t + (\text{定数}) \tag{8.16}$$

となる。左辺は $x = (c/\omega)\sin\theta$ と x から θ へ積分変数の変換をすれば容易に積分できる。よって，

$$\frac{1}{\omega}\theta = \pm t + (\text{定数}) \tag{8.17}$$

を得る。これは逆三角関数 $\sin^{-1} = \arcsin$ を用いて $\sin\theta = \omega x/c$ から

$$\sin^{-1}\left(\frac{\omega x}{c}\right) = \pm\omega t + (\text{定数}) \tag{8.18}$$

と書かれる。それゆえ，定数 α を適当に導入して

$$x(t) = \pm\frac{c}{\omega}\sin(\omega t + \alpha) \tag{8.19}$$

を得る。$A = \pm c/\omega$ とおくことによって (正にも負にもなりうる) 定数 A を導入すると式 (8.11) を得る。

8.2 単振り子

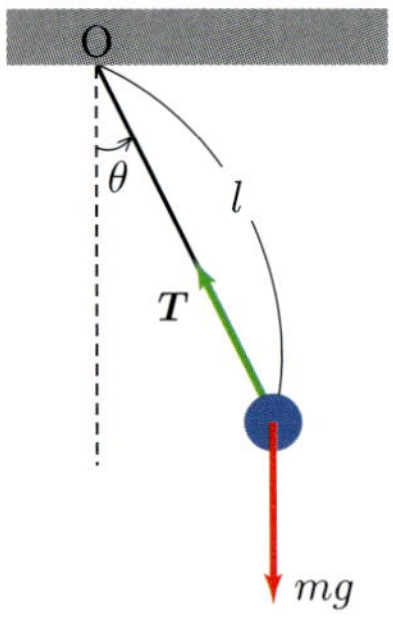

図 8.2　単振り子

重さの無視できる長さ l の棒の一端が空間の点 O に固定され，その他端には質量 m の質点が固定されて，一様な重力場中に吊り下げられている場合を考えよう (図 8.2)。質点には重力が鉛直下向きに，拘束力 $\boldsymbol{T}$ が棒に沿ってはたらく。棒からの拘束力は質点の位置を点 O から一定の距離 l の位置にあるようにはたらき，質点の運動方向に垂直である。質点の運動が点 O を含む鉛直面内で起こるとして鉛直下向きからの棒の角度を θ とすると，質点の運動方程式は

$$ml\ddot{\theta} = -mg\sin\theta \tag{8.20}$$

で与えられる。ただし g は重力加速度である。これは単振り子の運動方程式である。

この運動方程式を導くために，まず一般的な平面運動を記述するための平面極座標を導入しよう。図 8.3 のように，点 O を原点とし，まずデカルト座標系を鉛直下向きを x 軸方向，考えている鉛直平面内に x 軸方向と垂直な方向を y 軸方向として導入する。位置ベクトル $\boldsymbol{r}(t)$ はデカルト座標系で

$$\boldsymbol{r}(t) = x(t)\boldsymbol{i} + y(t)\boldsymbol{j} \tag{8.21}$$

と表される。

$$\tan\theta(t) = \frac{y(t)}{x(t)} \tag{8.22}$$

によって角度 $\theta(t)$ を，

$$r(t) = \sqrt{x^2(t) + y^2(t)} \tag{8.23}$$

によって原点からの距離を導入すると

$$x(t) = r(t)\cos\theta(t), \qquad y(t) = r(t)\sin\theta(t) \tag{8.24}$$

と表され，平面極座標の基底ベクトル $\boldsymbol{e}_r(t)$ および $\boldsymbol{e}_\theta(t)$ は，

$$\boldsymbol{e}_r(t) = \cos\theta(t)\boldsymbol{i} + \sin\theta(t)\boldsymbol{j} \tag{8.25}$$

$$\boldsymbol{e}_\theta(t) = -\sin\theta(t)\boldsymbol{i} + \cos\theta(t)\boldsymbol{j} \tag{8.26}$$

と表される。位置ベクトルが時間的に運動するにしたがって，平面極座標の基底ベクトルも時間的に運動することに注意しよう。

平面極座標の基底ベクトルを用いると，位置ベクトル $\boldsymbol{r}(t)$ は

$$\boldsymbol{r}(t) = r(t)\boldsymbol{e}_r(t) \tag{8.27}$$

と表される。ここで式 (8.25) を微分して

$$\dot{\boldsymbol{e}}_r(t) = -\dot{\theta}(t)\sin\theta(t)\boldsymbol{i} + \dot{\theta}(t)\cos\theta(t)\boldsymbol{j} = \dot{\theta}(t)\boldsymbol{e}_\theta(t) \tag{8.28}$$

となるので，これを用いると式 (8.27) から

$$\boldsymbol{v}(t) = \frac{d\boldsymbol{r}(t)}{dt} = \dot{r}(t)\boldsymbol{e}_r(t) + r(t)\dot{\theta}(t)\boldsymbol{e}_\theta(t) \tag{8.29}$$

を得る。さらに式 (8.26) から，

$$\dot{\boldsymbol{e}}_\theta(t) = -\dot{\theta}(t)\cos\theta(t)\boldsymbol{i} - \dot{\theta}(t)\sin\theta(t)\boldsymbol{j} = -\dot{\theta}(t)\boldsymbol{e}_r(t) \tag{8.30}$$

であることを用いて

$$\frac{d\boldsymbol{v}(t)}{dt} = \Big(\ddot{r}(t) - r(t)\dot{\theta}^2(t)\Big)\boldsymbol{e}_r(t) + \Big(2\dot{r}(t)\dot{\theta}(t) + r(t)\ddot{\theta}(t)\Big)\boldsymbol{e}_\theta(t) \tag{8.31}$$

を得る。質点にはたらく力 $\boldsymbol{F}$ も平面極座標の基底ベクトルで展開して

$$\boldsymbol{F} = F_r\boldsymbol{e}_r + F_\theta\boldsymbol{e}_\theta \tag{8.32}$$

と表すと，運動方程式は成分ごとに

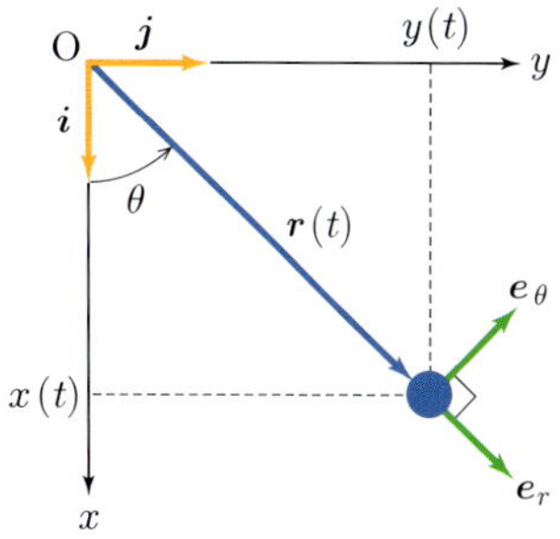

図 8.3 平面極座標

$$m\left(\ddot{r}(t) - r(t)\dot{\theta}^2(t)\right) = F_r \tag{8.33}$$

$$m\left(2\dot{r}(t)\dot{\theta}(t) + r(t)\ddot{\theta}(t)\right) = F_\theta \tag{8.34}$$

と表される。

単振り子の問題にもどろう。鉛直下向きを x 軸の正方向にとると，質点にはたらく重力は

$$mg\boldsymbol{i} = mg\left(\cos\theta(t)\boldsymbol{e}_r(t) - \sin\theta(t)\boldsymbol{e}_\theta(t)\right) \tag{8.35}$$

と表され，また棒からの拘束力 $\boldsymbol{T}$ は

$$\boldsymbol{T} = -T(t)\boldsymbol{e}_r(t) \tag{8.36}$$

と表される。これらより運動方程式は

$$m\left(\ddot{r}(t) - r(t)\dot{\theta}^2(t)\right) = mg\cos\theta(t) - T(t) \tag{8.37}$$

$$m\left(2\dot{r}(t)\dot{\theta}(t) + r(t)\ddot{\theta}(t)\right) = -mg\sin\theta(t) \tag{8.38}$$

となる。

棒の拘束力は $r(t) = l$ (一定) となるようにはたらく。それゆえ $\ddot{r}(t) = \dot{r}(t) = 0$ とおいて

$$-ml\dot{\theta}^2(t) = mg\cos\theta(t) - T(t) \tag{8.39}$$

$$ml\ddot{\theta}(t) = -mg\sin\theta(t) \tag{8.40}$$

と書かれる。この 2 番目の方程式が単振り子の運動方程式であり，1 番目の方程式は拘束力の大きさ $T(t)$ を決める方程式になっている。

単振り子の運動方程式 (8.40) は (以下の ⟨**Advanced**⟩ で説明する) 楕円関数を用いて厳密に解くことができるが，ここでは角度 θ が十分小さいとして，テイラー展開

$$\sin\theta = \theta - \frac{1}{6}\theta^3 + \cdots \tag{8.41}$$

の最初の項のみをとる近似で解を求めよう。

［質問］ この近似 $\sin\theta \approx \theta$ が 10 % の精度で成り立つのは角度 θ の大きさがどのくらいまでだろうか。

この近似の下で運動方程式は

$$\ddot{\theta}(t) = -\frac{g}{l}\theta(t) = -\omega^2\theta(t) \tag{8.42}$$

と書かれ，これは調和振動の微分方程式にほかならない。ただし，

$$\omega = \sqrt{\frac{g}{l}} \tag{8.43}$$

である。それゆえ，その一般解は

$$\theta(t) = A\sin(\omega t + \alpha) \tag{8.44}$$

となり，周期 T は

$$T = \frac{2\pi}{\omega} = 2\pi\sqrt{\frac{l}{g}} \tag{8.45}$$

で与えられる。

注意! 拘束力は運動方向に常に垂直であり，仕事をしない。それゆえ，この系の運動エネルギーと重力によるポテンシャルエネルギーの和は保存する。$r(t) = l$ (一定) と式 (8.29) とから運動エネルギーは

$$\frac{1}{2}m|\boldsymbol{v}|^2 = \frac{1}{2}ml^2\dot{\theta}^2 \tag{8.46}$$

である。一方，重力によるポテンシャルエネルギーは原点を基準点として

$$-m\boldsymbol{g}\cdot\boldsymbol{r}(t) = -mgl\cos\theta(t) \tag{8.47}$$

であるから，その和は一定である。

$$\frac{1}{2}ml^2\dot{\theta}^2(t) - mgl\cos\theta(t) = E\ (\text{一定}) \tag{8.48}$$

これは微小振動に限らず大きな振幅の振動に対しても成立することに注意せよ。

Advanced

振幅が小さくないときの単振り子の解を考えよう。最大の振れ角を θ_0 $(0 \leq \theta_0 < \pi/2)$ とする。そこでは $\dot{\theta} = 0$ であるから，エネルギー保存の式 (8.48) から

$$0 - mgl\cos\theta_0 = E \tag{8.49}$$

を得る。したがって，式 (8.48) は

$$\dot{\theta}^2(t) = -2\omega^2(\cos\theta_0 - \cos\theta(t)) \tag{8.50}$$

と書き直せる。これは変数分離型の微分方程式であることに注意しよう。

$$\frac{d\theta}{\sqrt{\cos\theta - \cos\theta_0}} = \pm\sqrt{2}\,\omega\,dt \tag{8.51}$$

ここで $k = \sin(\theta_0/2)$ とし，新しい変数 z を

$$kz = \sin\frac{\theta}{2} \tag{8.52}$$

によって導入すると，

$$\sqrt{\cos\theta - \cos\theta_0} = \sqrt{2}k\sqrt{1 - z^2}, \quad k\,dz = \frac{d\theta}{2}\cos\frac{\theta}{2} = \frac{d\theta}{2}\sqrt{1 - k^2z^2} \tag{8.53}$$

などから式 (8.52) は

$$\int_0^z \frac{dx}{\sqrt{1 - x^2}\sqrt{1 - k^2x^2}} = \pm\omega t \tag{8.54}$$

となる。ただし，$z = 0$ $(\theta = 0)$ となる時刻を $t = 0$ とした。

$$u = \int_0^z \frac{dx}{\sqrt{1 - x^2}\sqrt{1 - k^2x^2}} \tag{8.55}$$

の逆関数を $z = \mathrm{sn}\ u = \mathrm{sn}(u, k)$ とおき，これをヤコビ (K.G.J. Jacobi)

の楕円関数という。(楕円関数には他の種類もある。) 楕円関数を用いると，式 (8.54) は

$$z(t) = \pm\,\mathrm{sn}(\omega t, k) \tag{8.56}$$

と書かれる。ただし，sn が奇関数であることを用いた。結局，

$$\theta(t) = \pm\, 2\sin^{-1}(k\,\mathrm{sn}(\omega t, k)) \tag{8.57}$$

が，振れ角が小さいという近似を用いないときの厳密解である。また，その周期 T は，式 (8.51) を振れ角 θ について 0 から θ_0 まで積分したものを 4 倍することによって得られるので，

$$4\int_0^{\theta_0} \frac{d\theta}{\sqrt{\cos\theta - \cos\theta_0}} = \sqrt{2}\,\omega T \tag{8.58}$$

となる。同じ変数変換 (8.52) を行うと

$$T = \frac{4}{\omega}K(k) \tag{8.59}$$

を得る。ただし，$K(k)$ は第 1 種完全楕円積分とよばれる量で

$$K(k) = \int_0^1 \frac{dx}{\sqrt{1-x^2}\sqrt{1-k^2x^2}} \tag{8.60}$$

で定義される。$k \ll 1$ のとき，すなわち振れ角が小さいとき，

$$K(k) \approx \frac{\pi}{2}\left(1 + \frac{k^2}{4}\right) \tag{8.61}$$

であるから，

$$T \approx \frac{2\pi}{\omega}\left(1 + \frac{\theta_0^2}{16}\right) \tag{8.62}$$

を得る。

問い　近似式 (8.61) を導け。

8.3 連成振動と基準座標

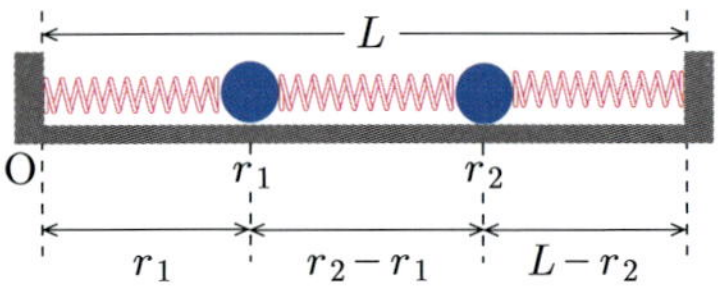

図 8.4　連成振動子

図 8.4 のように，ばね定数 k の 3 つのばねに結び付けられた質量 m の 2 つの質点の 1 次元的運動を考えよう。ばねの自然長を l とし，3 つのばねの全長は L に固定されているとする。この方向の基底ベクトルを $\boldsymbol{i}$ とし，原点 O を固定点の一方とする。2 つの質点の位置座標をそれぞれ $r_1(t)$, $r_2(t)$ としよう。この 2 つの質点の運動方程式は

$$m\frac{d^2}{dt^2}r_1(t) = -k(r_1(t) - l) + k(r_2(t) - r_1(t) - l) \tag{8.63}$$

$$m\frac{d^2}{dt^2}r_2(t) = -k(r_2(t) - r_1(t) - l) + k(L - r_2(t) - l) \tag{8.64}$$

である。平衡点 ($\ddot{r}_1(t) = \ddot{r}_2(t) = 0$) は $r_1 = L/3$, $r_2 = 2L/3$ であることがわかるので，この平衡点からのずれ $x_1(t)$, $x_2(t)$ を

$$r_1(t) = \frac{L}{3} + x_1(t) \tag{8.65}$$

$$r_2(t) = \frac{2L}{3} + x_2(t) \tag{8.66}$$

により導入すると，運動方程式は

$$m\ddot{x}_1(t) = -k(2x_1(t) - x_2(t)) \tag{8.67}$$

$$m\ddot{x}_2(t) = -k(2x_2(t) - x_1(t)) \tag{8.68}$$

と書き直すことができる。このように，いくつかのばねが結び付いている系を連成振動子とよぶ。また，連成振動子が行う振動を連成振動という。

注意!　平衡点からのずれに対する方程式には，ばねの自然長 l，およびばねの全長 L は現れない。

この運動方程式は連立方程式であって，単純に一方の変数を消去することはできないが，以下で述べるように，適当な線形結合を考えることにより，2 つの独立な方程式に書き換えることができて，それによって容易に一般解を求めることができる。

$\omega = \sqrt{k/m}$ とおいて，この方程式を

$$\frac{d^2}{dt^2}\begin{pmatrix} x_1(t) \\ x_2(t) \end{pmatrix} = -\,\omega^2 \begin{pmatrix} 2 & -1 \\ -1 & 2 \end{pmatrix}\begin{pmatrix} x_1(t) \\ x_2(t) \end{pmatrix} \tag{8.69}$$

と書く。(以下の行列を使った書き方については，付録 1 の「入門：ベクトルと行列」を参照せよ。) ここで，重心座標 $X(t) = (x_1(t) + x_2(t))/2$ と相対座標 $r(t) = x_2(t) - x_1(t)$ を導入しよう。

$$\begin{pmatrix} x_1(t) \\ x_2(t) \end{pmatrix} = \begin{pmatrix} 1 & -\frac{1}{2} \\ 1 & \frac{1}{2} \end{pmatrix}\begin{pmatrix} X(t) \\ r(t) \end{pmatrix} \tag{8.70}$$

式 (8.70) を式 (8.69) に代入し，両辺に

$$\begin{pmatrix} 1 & -\frac{1}{2} \\ 1 & \frac{1}{2} \end{pmatrix}^{-1} = \begin{pmatrix} \frac{1}{2} & \frac{1}{2} \\ -1 & 1 \end{pmatrix} \tag{8.71}$$

を左からかけると

$$\begin{aligned} \frac{d^2}{dt^2}\begin{pmatrix} X(t) \\ r(t) \end{pmatrix} &= -\,\omega^2 \begin{pmatrix} \frac{1}{2} & \frac{1}{2} \\ -1 & 1 \end{pmatrix}\begin{pmatrix} 2 & -1 \\ -1 & 2 \end{pmatrix}\begin{pmatrix} 1 & -\frac{1}{2} \\ 1 & \frac{1}{2} \end{pmatrix}\begin{pmatrix} X(t) \\ r(t) \end{pmatrix} \\ &= -\,\omega^2 \begin{pmatrix} 1 & 0 \\ 0 & 3 \end{pmatrix}\begin{pmatrix} X(t) \\ r(t) \end{pmatrix} \end{aligned} \tag{8.72}$$

となって，2 つの独立な方程式に分離される。これらの一般解は容易に求まり，

$$X(t) = X_0 \sin(\omega t + \alpha) \tag{8.73}$$

$$r(t) = r_0 \sin(\sqrt{3}\,\omega t + \beta) \tag{8.74}$$

となる。ただし，X_0, r_0, α および β は積分定数である。もとの変数で表すと

$$x_1(t) = X_0 \sin(\omega t + \alpha) - \frac{1}{2} r_0 \sin(\sqrt{3}\,\omega t + \beta) \tag{8.75}$$

$$x_2(t) = X_0 \sin(\omega t + \alpha) + \frac{1}{2} r_0 \sin(\sqrt{3}\,\omega t + \beta) \tag{8.76}$$

となる。このように，一般解は振動数の異なる 2 つの独立な調和振動の重ね合わせとして表される。式 (8.73) と式 (8.74) で表される独立な調和振動を基準振動とよぶ。

基準振動のひとつは 2 つの質点の相対的な位置を変更せず $(r(t) = 0)$，その重心が調和振動するもので，もう一つは 2 つの質点の重心の位置は動かないまま $(X(t) = 0)$，相対的な位置について調和振動するものである (図 8.5)。

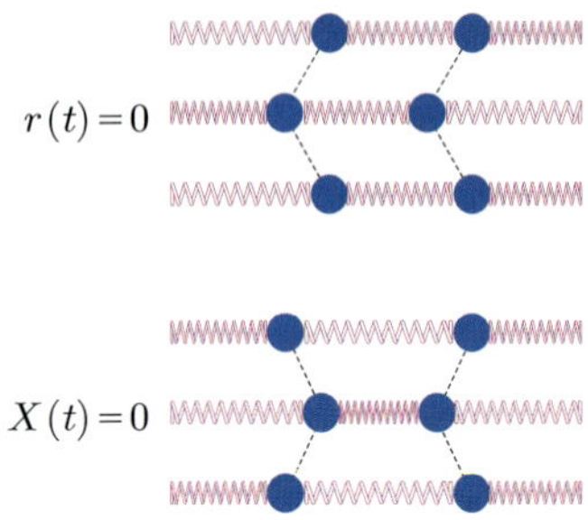

図 8.5　2 つの基準振動

Advanced

いまの例では，重心座標と相対座標を選ぶことが運動方程式 (8.69) に現れる対称行列を対角化するものとなっている。一般に，運動方程式が

$$\frac{d^2}{dt^2}\begin{pmatrix} x_1 \\ x_2 \\ \vdots \\ x_n \end{pmatrix} = -\omega^2 A \begin{pmatrix} x_1 \\ x_2 \\ \vdots \\ x_n \end{pmatrix} \tag{8.77}$$

の形で与えられる場合を考えよう。ここで A は $n \times n$ の対称行列であるとする。線形代数学によると，適当な $n \times n$ の直交行列 R を用いて，行列 A を対角化することができる。

$$RAR^T = \begin{pmatrix} \lambda_1 & 0 & \cdots & 0 \\ 0 & \lambda_2 & \cdots & 0 \\ \vdots & \vdots & \ddots & \vdots \\ 0 & 0 & \cdots & \lambda_n \end{pmatrix} \equiv D \tag{8.78}$$

ここで λ_i $(i = 1, \ldots, n)$ は行列 A の固有値である。この直交行列 R を用いて，新しい変数 y_i $(i = 1, \ldots, n)$ を

$$\begin{pmatrix} y_1 \\ y_2 \\ \vdots \\ y_n \end{pmatrix} = R \begin{pmatrix} x_1 \\ x_2 \\ \vdots \\ x_n \end{pmatrix} \tag{8.79}$$

によって導入すると，運動方程式 (8.77) は

$$\frac{d^2}{dt^2}\begin{pmatrix} y_1 \\ y_2 \\ \vdots \\ y_n \end{pmatrix} = -\omega^2 D \begin{pmatrix} y_1 \\ y_2 \\ \vdots \\ y_n \end{pmatrix} \tag{8.80}$$

と，n 個の独立な調和振動の方程式に書き直される。

このように，線形代数で学ぶ行列の対角化，固有値問題は，物理学や工学への応用が豊富にあり，重要な数学的技術となっている。

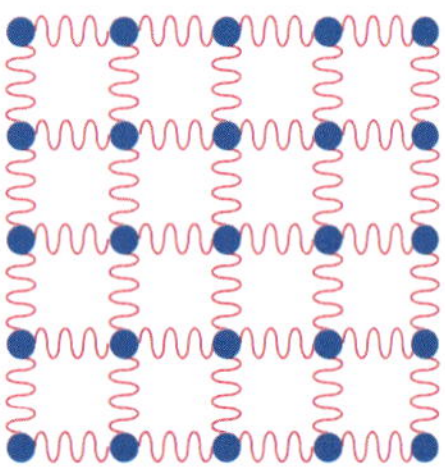

図 8.6　固体結晶の振動

ここで学んだ連成振動は単純なものであるが，現実の固体結晶の振動のモデルになっている。固体結晶では，原子が規則正しく並び，その各々の原子は，平衡点のまわりで微小振動を行う (図 8.6)。固体結晶のように，数多くの振動子が連結していると，振動は空間的に伝播する。微小振動の基準振動を取り出すことによって，固体結晶中にどのような波が伝わるかがわかる。

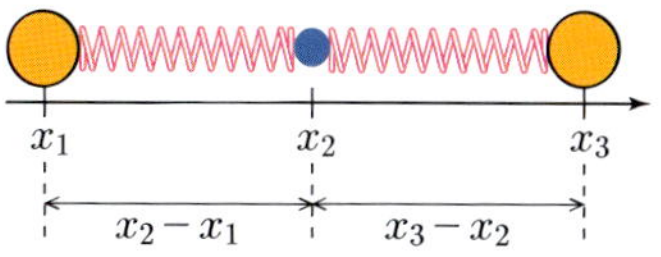

図 8.7 2 つのばねに結び付けられた 3 つの質点

[例題 8.1] 図 8.7 のように，質量が M の質点 2 つが，質量が m の質点とばね定数 k のばねで結び付けられ，これら 3 つの質点は 1 次元的にのみ運動できるとする。ばねの自然長を l として，基準振動を求めよ。

[解] 考えている 1 次元方向のどこかに基準点をとり，各質点の座標を $x_1(t)$, $x_2(t)$, および $x_3(t)$ とすると，運動方程式は

$$\begin{aligned} M\ddot{x}_1(t) &= +k(x_2(t)-x_1(t)-l) \\ m\ddot{x}_2(t) &= -k(x_2(t)-x_1(t)-l) \\ &\quad +k(x_3(t)-x_2(t)-l) \\ M\ddot{x}_3(t) &= -k(x_3(t)-x_2(t)-l) \end{aligned}$$

で与えられる。

まず，重心

$$R(t) = \frac{Mx_1(t)+mx_2(t)+Mx_3(t)}{2M+m}$$

が等速直線運動をすることを確認しよう。(全運動量が保存している。) 重心の運動は基準振動とは関係がないので，重心が静止している座標系 (重心系) で考えることにしよう。すなわち，重心を座標系の原点にとり

$$Mx_1(t)+mx_2(t)+Mx_3(t) = 0 \qquad (8.81)$$

が成立していると仮定する。新しい変数 $r_1(t)$, $r_2(t)$ を

$$\begin{aligned} r_1(t) &= x_2(t)-x_1(t)-l \\ r_2(t) &= x_3(t)-x_2(t)-l \end{aligned}$$

によって定義すると，式 (8.81) の条件の下で運動方程式は

$$\frac{d^2}{dt^2}\begin{pmatrix} r_1(t) \\ r_2(t) \end{pmatrix} = -\omega^2 \begin{pmatrix} 1 & -\frac{\mu}{m} \\ -\frac{\mu}{m} & 1 \end{pmatrix}\begin{pmatrix} r_1(t) \\ r_2(t) \end{pmatrix}$$

と書き直される。ただし，$\omega = \sqrt{k/\mu}$, $\mu = mM/(M+m)$ を導入した。ここで $r_+(t) = (r_1(t)+r_2(t))/\sqrt{2}$ および $r_-(t) = (r_1(t)-r_2(t))/\sqrt{2}$ を導入しよう。

$$\begin{pmatrix} r_1(t) \\ r_2(t) \end{pmatrix} = \frac{1}{\sqrt{2}}\begin{pmatrix} 1 & 1 \\ 1 & -1 \end{pmatrix}\begin{pmatrix} r_+(t) \\ r_-(t) \end{pmatrix}$$

この新しい座標 $r_+(t)$ と $r_-(t)$ を用いて運動方程式を書くと，2 つの独立な運動方程式に分離される。

$$\frac{d^2}{dt^2}\begin{pmatrix} r_+(t) \\ r_-(t) \end{pmatrix} = -\omega^2 \begin{pmatrix} 1-\frac{\mu}{m} & 0 \\ 0 & 1+\frac{\mu}{m} \end{pmatrix}\begin{pmatrix} r_+(t) \\ r_-(t) \end{pmatrix}$$

それゆえ，基準振動の角振動数は

$$\omega_+ = \omega\sqrt{1-\frac{\mu}{m}} = \omega\sqrt{\frac{m}{M+m}} = \sqrt{\frac{k}{M}}$$

$$\omega_- = \omega\sqrt{1+\frac{\mu}{m}} = \omega\sqrt{\frac{2M+m}{M+m}} = \sqrt{\frac{k(2M+m)}{Mm}}$$

であり，運動方程式の解は

$$\begin{aligned} r_+(t) &= r_{+0}\sin(\omega_+ t+\alpha) \\ r_-(t) &= r_{-0}\sin(\omega_- t+\beta) \end{aligned}$$

で与えられる。ただし，r_{+0}, r_{-0}, α, および β は積分定数である。

$r_{+0} \neq 0$, $r_{-0} = 0$ の場合を考えよう。このとき

$$r_1(t) = r_2(t) = \frac{r_{+0}}{\sqrt{2}}\sin(\omega_+ t+\alpha)$$

となり，真ん中の質点は静止したまま ($x_2(t) = 0$)，2 つのばねが同時に伸縮する振動を表している ($x_1(t)+x_3(t) = 0$)。

$r_{-0} \neq 0$, $r_{+0} = 0$ の場合を考えよう。このとき

$$r_1(t) = -r_2(t) = \frac{r_{-0}}{\sqrt{2}}\sin(\omega_- t+\beta)$$

となり，2 つのばねが長さの和を変えずに ($x_3(t) - x_1(t) = 2l$)，互い違いに伸縮する振動を表している。

これは 1 次元的な分子 (たとえば CO_2) の振動のモデルと考えることができる。

この章でのポイント

- 微小振動は系の平衡点の近くで現れる非常に一般的な現象である。
- 単振り子の振れ角が小さいときには，運動方程式は調和振動の微分方程式になる。
- いくつものばねで結び付けられた質点からなる連成振動子は，基準座標を用いることによって，独立な調和振動子の集まりとして独立に解くことができる。

第 8 章　章末問題

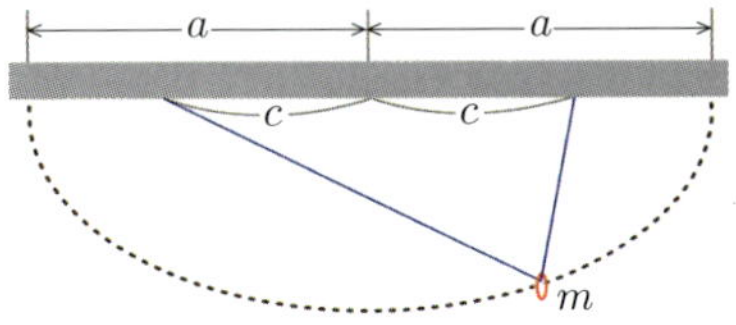

図 8.8

1. 図 8.8 のように，長さ $2a$ の滑らかな糸に質量 m の小さな輪を通し，水平方向に距離 $2c$ $(c < a)$ だけ離れた 2 点に糸の両端を固定した。糸に通した輪は鉛直面内のみ運動できるとして，輪が平衡点のまわりで微小振動するときの周期を求めよ。ただし，糸はたるまないとし，重力加速度の大きさを g とする。(ヒント：輪はひとつの楕円上を運動する。11.2.3 項を参考にせよ。)

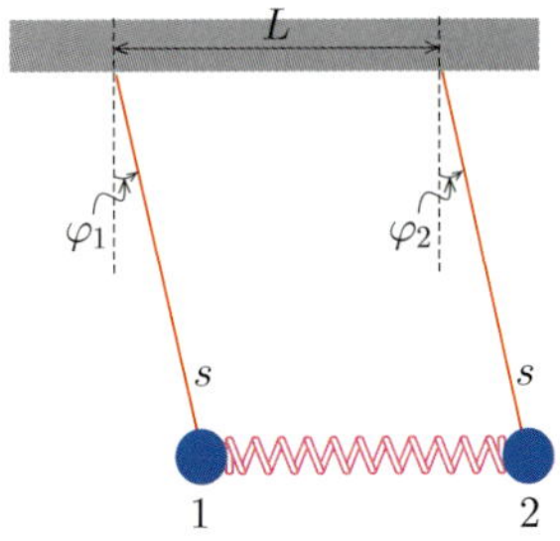

図 8.9

2. 図 8.9 のように，質量 m の質点 1 と質点 2 が，長さ s の糸に結び付けられ天井から距離 L だけ離れて吊り下げられている。また，2 つの質点は自然長 L，ばね定数 k のばねで連結されている。2 つの質点は同一鉛直面内でのみ運動するとし，重力加速度の大きさを g として以下の問いに答えよ。

(a)　糸が鉛直下方となす角をそれぞれ φ_1, φ_2 とするとき，ばねの伸びはいくらか。ただし φ_1, φ_2 は十分小さいとする。

(b)　2 つの質点の運動方程式を書け。ただし，$\omega = \sqrt{g/s}$, $\lambda = k/m$ を用いて，φ_1 および φ_2 に対する微分方程式として求めよ。

(c)　$\varphi_+ \equiv (\varphi_1 + \varphi_2)/2$ および $\varphi_- \equiv (\varphi_1 - \varphi_2)/2$ が満足する微分方程式を求めよ。

(d)　前問で求めた微分方程式の一般解を求めよ。これらは基準振動を表しているが，それぞれどのような質点の運動に対応しているか説明せよ。

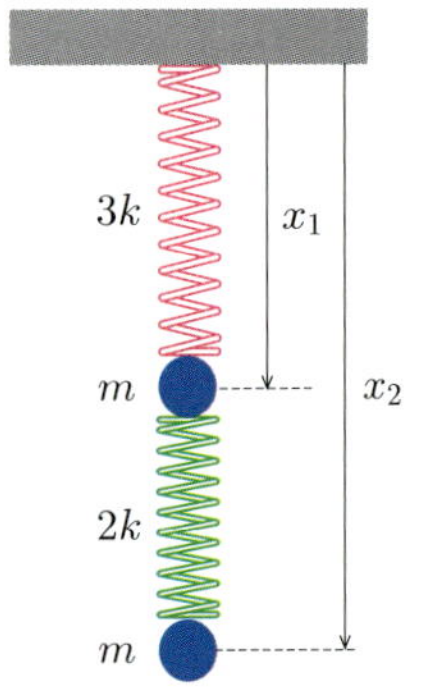

図 8.10

3. 〈**Advanced**〉　図 8.10 のように，質量 m の 2 つの質点を自然長 l の 2 つの質量の無視できるばねを用いて天井から吊るし，鉛直方向に微小振動をさせた。ただし，1 つめの (上側の) ばねのばね定数は $3k$，2 つめの (下側の) ばねのばね定数は $2k$ であるとする。重力加速度の大きさを g として以下の問いに答えよ。

(a)　1 つめの質点の天井からの距離を $x_1(t)$，2 つめの質点の天井からの距離を $x_2(t)$ として，それぞれの質点の運動方程式を書け。

(b)　それぞれの質点のつりあいの位置 x_{10}, x_{20} を求めよ。

(c)　新しい変数 $r_1(t) = x_1(t) - x_{10}$, $r_2(t) = x_2(t) - x_{20}$ を用いて運動方程式を書き直せ。

(d)　初期条件 $x_1(0) = l$, $x_2(0) = 2l$, $\dot{x}_1(0) = \dot{x}_2(0) = 0$ の下で運動方程式を積分し，それぞれの質点の運動を決定せよ。

9

微小振動 II

この章では，系の外部と結合した振動子の問題を考える。振動が他の系と独立して行われることはむしろまれで，抗力のようなエネルギーを失う相互作用をもつ場合や，系の外部から力がはたらく場合がある。このような場合の一般解を求めよう。

9.1 減衰項をもつ振動子

運動方程式が

$$\ddot{x}(t) + 2\gamma\dot{x}(t) + \omega^2 x(t) = 0 \qquad (\gamma > 0) \tag{9.1}$$

で表される場合を考えよう。第 2 項は，たとえばレイノルズ数が小さい場合に流体中で物体が受ける抗力のように，速度に比例し速度の向きとは逆向きにはたらく力を表している。第 3 項は，変位の大きさに比例した復元力がはたらくことを示している。この方程式は，たとえば，比較的粘性の大きな流体中で抗力を受けながら振動する振動子の運動方程式であると考えてよい。

両辺に $\dot{x}$ をかけて時刻 t_1 から t_2 まで $(t_2 > t_1)$ 積分すると $\frac{d}{dt}\dot{x}^2 = 2\dot{x}\ddot{x}$，$\frac{d}{dt}x^2 = 2x\dot{x}$ から

$$\left[\frac{1}{2}\dot{x}^2(t) + \frac{1}{2}\omega^2 x^2(t)\right]_{t_1}^{t_2} = -2\gamma\int_{t_1}^{t_2} \dot{x}^2(t)\,dt < 0 \tag{9.2}$$

を得る。左辺は系の運動エネルギーと弾性力によるポテンシャルエネルギーの和の変化分に比例するので，右辺がその減少分に比例していることがわかる。

式 (9.1) は 3.2 節で考察した 2 階の線形微分方程式の形 (定数係数) をしている。2 次方程式 (固有方程式)

$$\lambda^2 + 2\gamma\lambda + \omega^2 = 0 \tag{9.3}$$

の 2 つの解 λ_1 と λ_2 を用いて，

$$\left(\frac{d}{dt} - \lambda_1\right)\left(\frac{d}{dt} - \lambda_2\right)x(t) = 0 \tag{9.4}$$

と書き直せることに注意しよう。その一般解は，2 次方程式 (9.3) の判別式 D

$$\frac{D}{4} = \gamma^2 - \omega^2 \tag{9.5}$$

の符号によって分類される。

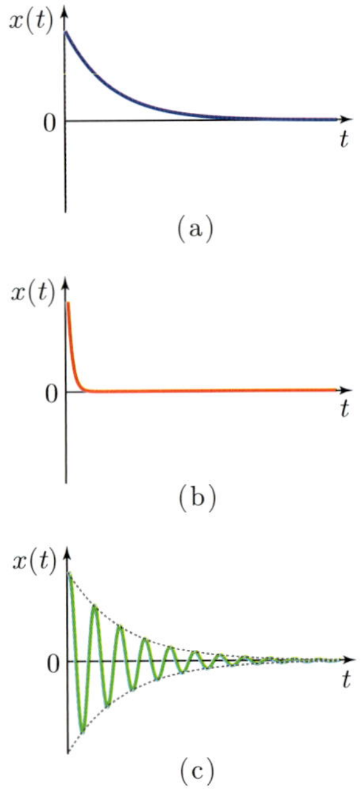

図 9.1　減衰をともなう振動子の 3 つの場合：(a) $D > 0$, (b) $D = 0$, (c) $D < 0$

9.1.1　$D > 0$ の場合 (過減衰)

$D > 0$，つまり $\gamma > \omega$ で，復元力による振動をさせようとする力より，抵抗によって静止させようとする力のほうが強い場合である。

2 次方程式 (9.3) は 2 つの異なる実根をもつ。

$$\lambda_\pm = -\gamma \pm \sqrt{\gamma^2 - \omega^2} \tag{9.6}$$

2 つとも負であることに注意。この場合，

$$\left(\frac{d}{dt} - \lambda_+\right) x(t) = 0 \quad \text{または} \quad \left(\frac{d}{dt} - \lambda_-\right) x(t) = 0 \tag{9.7}$$

であれば解となるので，一般解は $e^{\lambda_+ t}$ と $e^{\lambda_- t}$ の線形結合で与えられる。すなわち，

$$x(t) = e^{-\gamma t}\left(c_+ e^{\sqrt{\gamma^2-\omega^2}t} + c_- e^{-\sqrt{\gamma^2-\omega^2}t}\right) \tag{9.8}$$

となる。ただし，$c_\pm$ は積分定数 (実数) である。

振幅 $x(t)$ は振動することなく，時間とともに指数関数的に減衰する。この場合を過減衰という。このようすを図 9.1(a) に示した。

9.1.2　$D = 0$ の場合 (臨界制動)

$D = 0$，つまり $\gamma = \omega$ で，復元力と抵抗力の効果が拮抗している場合である。

2 次方程式 (9.3) は重根 $\lambda_0 = -\gamma$ をもつ。このとき，

$$\left(\frac{d}{dt} - \lambda_0\right)^2 x(t) = 0 \tag{9.9}$$

と書かれるが，

$$\left(\frac{d}{dt} - \lambda_0\right)\left(e^{\lambda_0 t} f(t)\right) = e^{\lambda_0 t}\frac{d}{dt}f(t) \tag{9.10}$$

が成り立つことに注目して，$x(t) = e^{\lambda_0 t} f(t)$ とおくと，式 (9.9) は

$$e^{\lambda_0 t}\frac{d^2}{dt^2}f(t) = 0 \tag{9.11}$$

と書き換えられ，解

$$f(t) = at + b \tag{9.12}$$

を得る。ただし，a, b は積分定数 (実数) である。それゆえ一般解は

$$x(t) = e^{-\gamma t}(at + b) \tag{9.13}$$

となる。この場合を臨界制動という。このようすを図 9.1(b) に示した。

この場合が臨界制動とよばれるのは，同じ ω の値に対してもっともすばやく減衰するからである。(式 (9.8) に与えられた過減衰の一般解で，$c_+ = 0$ であればもっと速く減衰するが，一般にそのような初期状態を実現するのは難しい。) このもっともすばやく減衰する性質から，ドアクローザーなどに応用されている。

9.1.3 $D < 0$ の場合 (減衰振動)

$D < 0$，つまり $\gamma < \omega$ で，抵抗力が弱く，復元力が支配的である場合である。

2 次方程式 (9.3) は互いに複素共役な 2 つの複素数解をもつ。

$$\lambda_\pm = -\gamma \pm i\sqrt{\omega^2 - \gamma^2} \tag{9.14}$$

この場合，一般解は $e^{\lambda_+ t}$ と $e^{\lambda_- t}$ の線形結合で表されるが，振幅 $x(t)$ が実数であることを考慮する必要がある。複素数である積分定数 C を用いて，一般解は

$$x(t) = e^{-\gamma t}\left[Ce^{i\sqrt{\omega^2-\gamma^2}t} + C^* e^{-i\sqrt{\omega^2-\gamma^2}t}\right] \tag{9.15}$$

と書かれる。括弧内の 2 つの項が互いに複素共役になっているので，その和は実数であることに注意せよ。あるいは，2 つの実数 C_c と C_s を用いて

$$C = \frac{1}{2}(C_\mathrm{c} - iC_\mathrm{s}) \tag{9.16}$$

とすると，

$$x(t) = e^{-\gamma t}\left[C_\mathrm{c}\cos\left(\sqrt{\omega^2 - \gamma^2}\, t\right) + C_\mathrm{s}\sin\left(\sqrt{\omega^2 - \gamma^2}\, t\right)\right] \tag{9.17}$$

と表すこともできる。

この解は，振幅が $e^{-\gamma t}$ にしたがって減少しながら振動する解を表している。この場合を減衰振動という。このようすを図 9.1(c) に示した。図中の点線は $\pm e^{-\gamma t}$ を示している。

9.2 強制振動

減衰をともなう振動子が，外力の影響を受けている場合を考えよう。運動方程式は

$$\ddot{x}(t) + 2\gamma\dot{x}(t) + \omega^2 x(t) = f(t) \tag{9.18}$$

の形であるとしよう。これは 3.2 節で考察した，非斉次の 2 階線形微分方程式 (定数係数) である。その一般解は，斉次方程式の一般解と，非斉次方程式の特解の和で与えられることを説明した。斉次方程式の一般解は前章で求めたので，あとは非斉次方程式の特解を求めればよい。

興味深い例として，

$$f(t) = F_0 \cos\Omega t \tag{9.19}$$

のように，外力が角振動数 Ω で周期的に変化する場合を考えよう。この問題を考えるのに，実部を $x(t)$ とする複素数 $z(t)$ を導入し，

$$\ddot{z}(t) + 2\gamma\dot{z}(t) + \omega^2 z(t) = F_0 e^{i\Omega t} \tag{9.20}$$

を考えると便利である。この方程式の両辺の実部をとると，

$$\ddot{x}(t) + 2\gamma\dot{x}(t) + \omega^2 x(t) = F_0 \cos\Omega t \tag{9.21}$$

となることに注意しよう。

例題 3.4 のときと同様に

$$z(t) = Xe^{i\Omega t} \tag{9.22}$$

の形の特解を考えるとよい。物理的には，外力が角振動数 Ω で振動しているので，その解も同じ角振動数で振動すると考えるのが自然である。実際，この形を代入することにより，

$$(-\Omega^2 + 2i\gamma\Omega + \omega^2)X = F_0 \tag{9.23}$$

すなわち，

$$\begin{aligned} X &= \frac{F_0}{\omega^2 - \Omega^2 + 2i\gamma\Omega} \\ &= \frac{F_0}{(\omega^2-\Omega^2)^2 + 4\gamma^2\Omega^2}\left\{(\omega^2-\Omega^2) - 2i\gamma\Omega\right\} \end{aligned} \tag{9.24}$$

であれば解であることがわかる。したがって，

$$\begin{aligned} z(t) &= \frac{F_0}{(\omega^2-\Omega^2)^2 + 4\gamma^2\Omega^2}\left\{(\omega^2-\Omega^2) - 2i\gamma\Omega\right\}(\cos\Omega t + i\sin\Omega t) \\ &= \frac{F_0}{(\omega^2-\Omega^2)^2 + 4\gamma^2\Omega^2}\Big[(\omega^2-\Omega^2)\cos\Omega t + 2\gamma\Omega\sin\Omega t \\ &\qquad + i\left\{(\omega^2-\Omega^2)\sin\Omega t - 2\gamma\Omega\cos\Omega t\right\}\Big] \end{aligned} \tag{9.25}$$

となる。この実部をとって，求める特解は

$$\begin{aligned} x_{特}(t) &= \frac{F_0}{(\omega^2-\Omega^2)^2 + 4\gamma^2\Omega^2}\left\{(\omega^2-\Omega^2)\cos\Omega t + 2\gamma\Omega\sin\Omega t\right\} \\ &= \frac{F_0}{\sqrt{(\omega^2-\Omega^2)^2 + 4\gamma^2\Omega^2}}\cos(\Omega t - \phi) \end{aligned} \tag{9.26}$$

となる。ただし，位相 ϕ は

$$\tan\phi = \frac{2\gamma\Omega}{\omega^2 - \Omega^2} \tag{9.27}$$

によって与えられる。式 (9.26) の最後の等式では，

$$\omega^2 - \Omega^2 = \sqrt{(\omega^2-\Omega^2)^2 + 4\gamma^2\Omega^2}\ \cos\phi \tag{9.28}$$

$$2\gamma\Omega = \sqrt{(\omega^2-\Omega^2)^2 + 4\gamma^2\Omega^2}\ \sin\phi \tag{9.29}$$

とおいて，

$$
\begin{aligned}
&(\omega^2 - \Omega^2)\cos\Omega t + 2\gamma\Omega\sin\Omega t \\
&\quad = \sqrt{(\omega^2 - \Omega^2)^2 + 4\gamma^2\Omega^2}\,(\cos\phi\cos\Omega t + \sin\phi\sin\Omega t) \qquad (9.30)
\end{aligned}
$$

と変形した。

以下では，$\gamma \ll \omega$ の場合についてのみ考えよう。このとき，非斉次方程式の一般解は

$$
\begin{aligned}
x(t) &= e^{-\gamma t}\left[C_c\cos\left(\sqrt{\omega^2 - \gamma^2}\,t\right) + C_s\sin\left(\sqrt{\omega^2 - \gamma^2}\,t\right)\right] \\
&\quad + \frac{F_0}{\sqrt{(\omega^2 - \Omega^2)^2 + 4\gamma^2\Omega^2}}\cos(\Omega t - \phi) \qquad (9.31)
\end{aligned}
$$

で与えられる。

斉次方程式の一般解は，$e^{-\gamma t}$ の因子のために時間とともに減衰し，十分に時間が経つ ($t \gg 1/\gamma$) と無視できるほど小さくなる。それゆえ，十分時間が経ったときの非斉次方程式の一般解は，特解によって与えられることに注意しよう。

特解は次の 2 つの特徴がある。

- その振幅は Ω に依存し，$\Omega \approx \omega$ で極大となる。そのピークの幅 (半値幅。例題 9.1 をみよ。) はおよそ 2γ で与えられる。このように，振動子の固有の角振動数 ω に近い角振動数をもつ外力がはたらくとき，振幅が大きくなる現象を共鳴とか共振とよぶ。図 9.2 にそのようすをいくつかの $2\gamma/\omega$ の値に対して示した。
- 特解の振動は，外力の振動に対して位相の遅れ ϕ がある。特に共鳴が起こるときの位相の遅れは式 (9.27) より $\pi/2$ である。いくつかの $2\gamma/\omega$ について，Ω に対する ϕ の振舞いを図 9.3 に示した。$\Omega \ll \omega$ では $\phi \approx 0$ で，外力とほぼ同位相で振動するが，$\Omega \gg \omega$ では $\phi \approx \pi$ となり，特解の振動は外力の振動と逆位相となる。

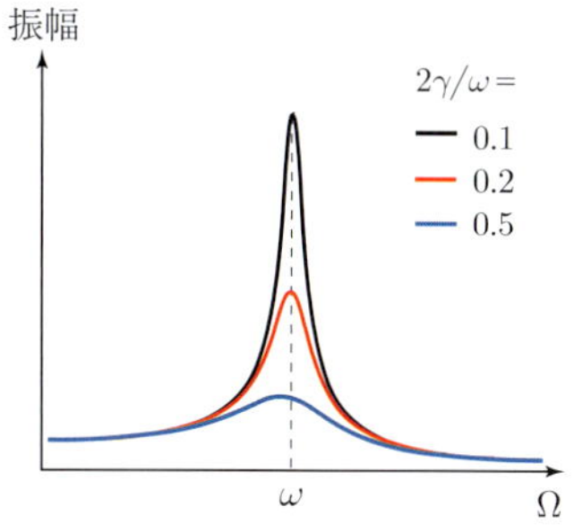

図 9.2 $2\gamma/\omega$ の値を変えたときの特解の絶対値の振舞い

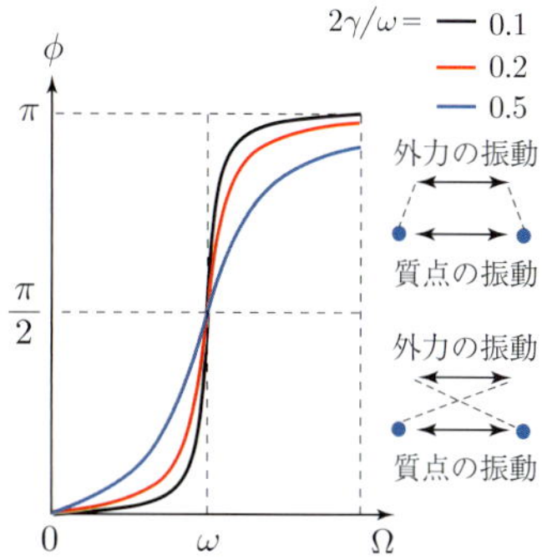

図 9.3 $2\gamma/\omega$ の値を変えたときの特解の位相 ϕ の振舞い

[例題 9.1] 振幅の 2 乗の共鳴のピークにおける高さの半分のところの幅を半値幅とよぶ。式 (9.26) の半値幅を求めよ。

[解] 特解のピークは $(\omega^2-\Omega^2)^2+4\gamma^2\Omega^2$ が最小のところにある。それは $\Omega = \sqrt{\omega^2-2\gamma^2}$ のところであるが，$\gamma \ll \omega$ の仮定から $\Omega \approx \omega$ と近似できる。このときの振幅の 2 乗のピークの高さは $F_0^2/4\gamma^2\omega^2$ である。半値幅を求めるには，この高さが半分となる Ω の値，すなわち，

$$
(\omega^2-\Omega^2)^2+4\gamma^2\Omega^2 = 8\gamma^2\omega^2
$$

となる Ω の値を求めればよい。この方程式の解は

$$
\begin{aligned}
\Omega^2 &= \omega^2 - 2\gamma^2 \pm \sqrt{4\gamma^2\omega^2 + 4\gamma^4} \\
&\approx \omega^2 \pm 2\omega\gamma \\
&\approx (\omega \pm \gamma)^2
\end{aligned}
$$

と求まる。それゆえ，半値幅は $(\omega+\gamma)-(\omega-\gamma) = 2\gamma$ と求まる。

共鳴 (共振) 現象はさまざまなところで見られる非常に一般的な現象である。すべての物体には，その固有の振動数がある。上の振動子の例では ω に相当する。この振動数に近い振動数で外部からその物体に外力を加えると，このような共鳴現象が起こるのである。たとえばラジオやテレビの

同調は，装置内の固有振動数を変化させることによって外部からの電波に共鳴させている。また，高層ビルも固有の振動数をもっているが，これが地震の振動数に共鳴すると振幅が増大し倒壊するおそれもある。免震装置はこの固有振動数を小さくして地震のゆれの振動数から大きくずらし，共鳴を避けるものである。

古典力学の範囲からははなれるが，共鳴現象はミクロな世界でも現れる。磁場中に置かれた原子核がもつ固有振動数と同じ振動数の時間変動する磁場がかかると，原子核が共鳴を起こす。この固有振動数は原子核ごとに異なるので，共鳴が起こる振動数によって原子核の種類，さらには原子や分子の状態を知ることができる。これを核磁気共鳴 (NMR) とよぶ。核磁気共鳴を応用した核磁気共鳴画像法 (MRI) は医療用に広く用いられている。

Advanced

外力 $f(t)$ が

$$f(t) = F_{01}\cos\Omega_1 t + F_{02}\cos\Omega_2 t \tag{9.32}$$

のように，異なる振動数をもつ 2 つの成分からなる場合，$z_{特}(t)$ として

$$z_{特}(t) = X_1 e^{i\Omega_1 t} + X_2 e^{i\Omega_2 t} \tag{9.33}$$

という形を考えることによって特解を求めることができる。一般的に，$f(t)$ をこのような正弦振動の和の形に表すことができれば，分解された振動数ごとに考えることができ，その和が求める特解になる。この技術を一般化したものが，フーリエ (J.B.J. Fourier) 変換という手法である。

この章でのポイント

- 速度に比例する減衰がある場合の振動の運動方程式は，微分方程式
$$\ddot{x}(t) + 2\gamma\dot{x}(t) + \omega^2 x(t) = 0$$
の形で書かれる。この一般解は $\gamma\ (>0)$ と $\omega\ (>0)$ の大小によって 3 つの場合に分かれる。
    1. $\gamma > \omega$ (過減衰) の場合は時間とともに指数関数的に減少する。
    2. $\gamma < \omega$ (減衰振動) の場合は振幅を指数関数的に減少させながら振動する。
    3. $\gamma = \omega$ (臨界制動) の場合は振動せず，時間とともに指数関数的に減少するが，同じ ω に対してもっともすばやく減衰する。
- 周期的に変化する外力を受ける (減衰項をもつ) 振動子の運動は，非斉次の微分方程式
$$\ddot{x}(t) + 2\gamma\dot{x}(t) + \omega^2 x(t) = f(t)$$
で記述される。その一般解の振舞いは，十分時間が経った後には

特解の振舞いによって決まる。$f(t)$ のもつ振動数 Ω が，振動子の固有振動数 ω に近いときに共鳴を生じる。

第 9 章　章末問題

1. 大気中の気体分子によって光が散乱されるようすを，簡単な模型を用いて計算してみよう。大気分子の原子核に弾性的な力で結び付けられている電子を考えよう。原子核は電子 (質量 m，電荷 q) に比べて十分重いので，電子の運動によって原子核は影響を受けないと近似してよい。原子核を原点とする重心系で考え，電子の位置ベクトル を $\boldsymbol{r}(t)$ とする。電子の運動方程式は

$$m\ddot{\boldsymbol{r}}(t) = -m\omega^2 \boldsymbol{r}(t) \tag{9.34}$$

と表される。いまここに

$$\boldsymbol{E}(t) = \boldsymbol{e}E_0 \cos \Omega t \tag{9.35}$$

という時間的に変動する電場がかかったとする。ただし $\boldsymbol{e}$ は一定の単位ベクトルである。電子はこの電場によって周期的な外力を受ける。

(a)　電子の運動方程式を書け。

(b)　電子の運動方程式の特解を求めよ。

(c)　電子の加速度運動は，電磁波 (光) の放射を引き起こす。その強度 P は $|\ddot{\boldsymbol{r}}(t)|^2$ の時間平均に比例し，

$$P = \frac{c}{T}\int_0^T dt\, |\ddot{\boldsymbol{r}}(t)|^2 \tag{9.36}$$

という形で与えられる。ただし，$T = 2\pi/\Omega$ は振動の周期であり，c はある決まった定数である。積分を実行して，$\Omega^2 \ll \omega^2$ のとき，強度 P が Ω^4 に比例することを示せ。これは振動数が大きいほど散乱されやすいことを示している。つまり，赤色の光よりも青色の光のほうが散乱されやすい。これが空が青い理由である。(レイリー (Lord Rayleigh) 散乱)

(d)　上の計算では $\Omega^2 \ll \omega^2$ という近似を用いた。原子の固有角振動数 ω はどのくらいの大きさだと考えるべきか。それを可視光の角振動数 Ω と比較して，上の近似が正当化されるかを議論せよ。ただし，電子の質量 $m = 9.1 \times 10^{-31}$ kg，電荷 $q = -1.6 \times 10^{-19}$ C，原子のおよその大きさ $a = 5.3 \times 10^{-11}$ m，可視光の波長はおよそ $(4 \sim 7) \times 10^2$ nm である。

2. ブランコを漕ぐときには，ブランコが 1 往復する間に 2 回体重を移動して，重心の位置を上下させている。この運動を単振り子の棒の長さが

$$l(t) = l_0(1 - \epsilon \sin\ 2\omega t) \tag{9.37}$$

と時間変化している振り子の運動と考えることができる。ただしここで

$$\omega = \sqrt{\frac{g}{l_0}} \tag{9.38}$$

は棒の長さが変らないときの角振動数であり，ϵ はブランコを漕ぐ振幅を表している。微小振動であると仮定して，系の運動方程式は $x(t) = l(t)\theta(t)$ を用いて

$$\ddot{x}(t) = -\frac{1}{l(t)}\left(g - \frac{d^2 l(t)}{dt^2}\right) x(t) \tag{9.39}$$

と表されることを示せ。これは結局

$$\Omega^2(t) = \frac{1}{l(t)}\left(g - \frac{d^2 l(t)}{dt^2}\right) \tag{9.40}$$

を満足する時間に依存する角振動数 $\Omega(t)$ をもった振動子とみなすことができる。

⟨Advanced⟩ この微分方程式を数値的に積分して，振幅がだんだんと大きくなることを確かめよ。(この現象をパラメータ励振という。) ただし，$l_0 = 2.0$ m，$\epsilon = 1.0 \times 10^{-1}$ m とし，$x(0) = 1.0 \times 10^{-2}$ m, $\dot{x}(0) = 0.0$ m/s の初期条件のもとで 30 s 程度計算せよ。

10
中心力と角運動量

さまざまな力のなかで，特に中心力は重要である。クーロン力もばねによる弾性力も，次章で学ぶ万有引力もすべて中心力である。中心力の場合，角運動量とよばれる保存量が存在する。保存量の存在は，運動を解くうえで非常に重要である。この章では，中心力と角運動量について学ぶ。

10.1 角運動量

運動方程式は微分方程式であるから，運動方程式を解くことは微分方程式を積分することである。その際に保存量，すなわち，運動が行われている間ずっと一定の値をとって変化しない量があることは，運動方程式が部分的に積分されたことを意味し，保存量はその積分定数であると考えることができる。実際，2 粒子の運動の際に運動量保存則を用いると，その重心運動が簡単に積分できるし，エネルギー保存則は，加速度を含まない式で書かれるので，2 階の微分方程式を 1 階の微分方程式まで積分したものと考えることができた (第 6 章参照)。

この章で学ぶ角運動量は，中心力という力の性質のために存在する保存量である。系の対称性と保存則との間の密接な関係を表す重要な例である。

運動方程式

$$\frac{d}{dt}\boldsymbol{p}(t) = \boldsymbol{F} \tag{10.1}$$

と，位置ベクトル $\boldsymbol{r}(t)$ との外積を考えよう。

$$\boldsymbol{r}(t) \times \frac{d}{dt}\boldsymbol{p}(t) = \boldsymbol{r}(t) \times \boldsymbol{F} \tag{10.2}$$

ここで，

$$\frac{d}{dt}\boldsymbol{r}(t) = \frac{1}{m}\boldsymbol{p}(t) \tag{10.3}$$

であることに注意すると，

$$\frac{d}{dt}(\boldsymbol{r}(t)\times\boldsymbol{p}(t)) = \left(\frac{d}{dt}\boldsymbol{r}(t)\right)\times\boldsymbol{p}(t) + \boldsymbol{r}(t)\times\left(\frac{d}{dt}\boldsymbol{p}(t)\right)$$
$$= \boldsymbol{r}(t)\times\frac{d}{dt}\boldsymbol{p}(t) \tag{10.4}$$

を得る。ここで，同じベクトルどうしの外積はゼロになることを用いた。したがって，

$$\frac{d}{dt}(\boldsymbol{r}(t)\times\boldsymbol{p}(t)) = \boldsymbol{r}(t)\times\boldsymbol{F} \tag{10.5}$$

が成り立つ。ベクトル

$$\boldsymbol{L}(t) \equiv \boldsymbol{r}(t)\times\boldsymbol{p}(t) \tag{10.6}$$

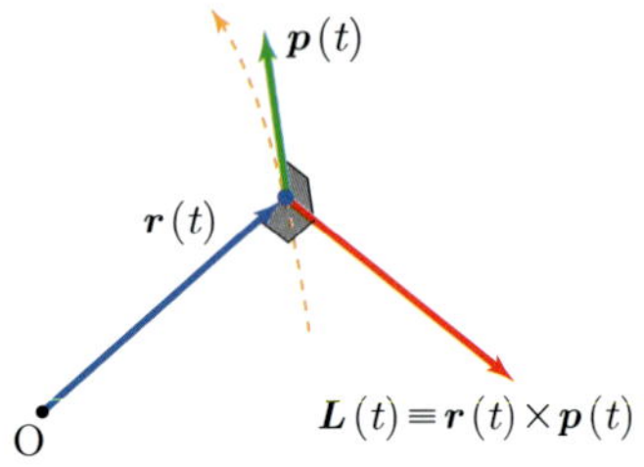

図 10.1　角運動量

を原点に関する**角運動量**とよぶ (図 10.1)。式 (10.5) の右辺は原点に関する**力のモーメント**あるいは**トルク**とよばれる。

> **注意!**　角運動量の定義には位置ベクトルが現れるので，基準点がどこであるかに依存している。それゆえ，「○○○に関する角運動量」のように基準点を指定する必要がある。

力が (原点に関する) 中心力である場合，$\boldsymbol{F}$ は $\boldsymbol{r}(t)$ に平行なので，$\boldsymbol{r}(t)\times\boldsymbol{F} = \boldsymbol{0}$ となり，角運動量は保存する (**角運動量保存則**)。

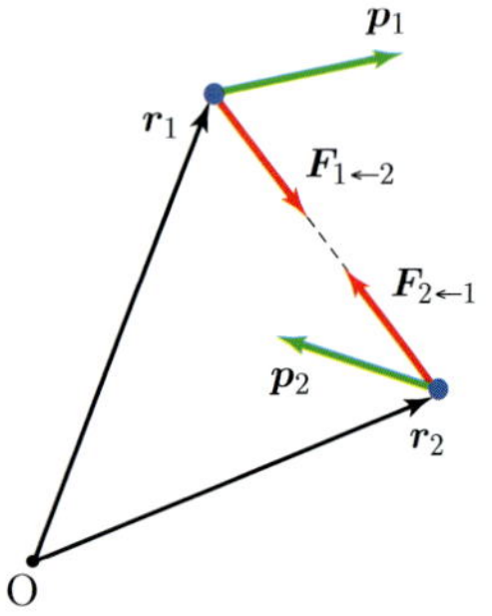

図 10.2　2 つの質点にはたらく中心力

図 10.2 に示すように，2 つの質点が，互いに中心力を及ぼし合って運動している場合，それぞれの質点の運動量を $\boldsymbol{p}_1(t), \boldsymbol{p}_2(t)$ とすると，運動方程式

$$\frac{d}{dt}\boldsymbol{p}_1(t) = \boldsymbol{F}_{1\leftarrow 2} \tag{10.7}$$
$$\frac{d}{dt}\boldsymbol{p}_2(t) = \boldsymbol{F}_{2\leftarrow 1} \tag{10.8}$$

のそれぞれと $\boldsymbol{r}_1(t), \boldsymbol{r}_2(t)$ との外積をとり，加え合わせると，

$$\frac{d}{dt}(\boldsymbol{r}_1(t)\times\boldsymbol{p}_1(t) + \boldsymbol{r}_2(t)\times\boldsymbol{p}_2(t)) = \boldsymbol{r}_1(t)\times\boldsymbol{F}_{1\leftarrow 2} + \boldsymbol{r}_2(t)\times\boldsymbol{F}_{2\leftarrow 1}$$
$$= (\boldsymbol{r}_1(t) - \boldsymbol{r}_2(t))\times\boldsymbol{F}_{1\leftarrow 2}$$
$$= \boldsymbol{0} \tag{10.9}$$

を得る。ここで作用・反作用の法則 ($\boldsymbol{F}_{2\leftarrow 1} = -\boldsymbol{F}_{1\leftarrow 2}$) および中心力の性質 ($\boldsymbol{F}_{1\leftarrow 2}$ は $\boldsymbol{r}_1(t) - \boldsymbol{r}_2(t)$ と平行) を用いた。この式は，それぞれの質点の原点に関する角運動量 $\boldsymbol{L}_1(t) = \boldsymbol{r}_1(t)\times\boldsymbol{p}_1(t)$, $\boldsymbol{L}_2(t) = \boldsymbol{r}_2(t)\times\boldsymbol{p}_2(t)$ の和が，内力が中心力の場合には保存することを表している。

$$\frac{d}{dt}(\boldsymbol{L}_1(t) + \boldsymbol{L}_2(t)) = \boldsymbol{0} \tag{10.10}$$

角運動量が保存していると，運動は角運動量ベクトルに垂直な平面内で行われる。 実際，定義から位置ベクトルと運動量ベクトルは常に角運動量ベクトルに垂直なので，角運動量ベクトルに平行な成分をもつことができず，はじめに運動していた平面から出ることはできない。

注意!　質点に力がはたらいていない場合も角運動量は保存する。

Advanced

角運動量の保存則はより多くの質点を含む系に対しても成り立つ。いま，中心力によって相互作用している N 個の質点からなる系を考えよう。k 番目の質点の位置ベクトルを $\boldsymbol{r}_k(t)$，運動量ベクトルを $\boldsymbol{p}_k(t)$ とする。k 番目の質点の運動方程式は

$$\frac{d\boldsymbol{p}_k(t)}{dt} = \sum_{j=1\,(\neq k)}^{N} \boldsymbol{F}_{k\leftarrow j} \qquad (k = 1, \ldots, N) \tag{10.11}$$

と書かれる。ただし，和は $j = k$ を除くすべての j についてとるものとする。系の全角運動量 $\boldsymbol{L}(t)$ を

$$\boldsymbol{L}(t) = \sum_{k=1}^{N} \boldsymbol{L}_k(t), \quad \boldsymbol{L}_k(t) = \boldsymbol{r}_k(t) \times \boldsymbol{p}_k(t) \tag{10.12}$$

とすると，式 (10.11) を用いて

$$\begin{aligned} \frac{d}{dt}\boldsymbol{L}_k(t) &= \boldsymbol{r}_k(t) \times \frac{d\boldsymbol{p}_k(t)}{dt} \\ &= \sum_{j=1\,(\neq k)}^{N} \boldsymbol{r}_k(t) \times \boldsymbol{F}_{k\leftarrow j} \quad (k = 1, \ldots, N) \end{aligned} \tag{10.13}$$

が成り立つので，作用・反作用の法則 $\boldsymbol{F}_{k\leftarrow j} = -\boldsymbol{F}_{j\leftarrow k}$ を用いて

$$\begin{aligned} \frac{d}{dt}\boldsymbol{L}(t) &= \sum_{k=1}^{N} \sum_{j=1\,(\neq k)}^{N} \boldsymbol{r}_k(t) \times \boldsymbol{F}_{k\leftarrow j} \\ &= \sum_{k=1}^{N} \sum_{j<k}^{N} (\boldsymbol{r}_k(t) - \boldsymbol{r}_j(t)) \times \boldsymbol{F}_{k\leftarrow j} \end{aligned} \tag{10.14}$$

を得る。ここで，$\boldsymbol{F}_{k\leftarrow j}$ は中心力で，$\boldsymbol{r}_k(t) - \boldsymbol{r}_j(t)$ に平行であることを用いると，右辺はゼロベクトルに等しい。このようにして全角運動量の保存則

$$\frac{d}{dt}\boldsymbol{L}(t) = \boldsymbol{0} \tag{10.15}$$

を得る。

10.2 中心力と平面極座標

8.2 節で導入した平面極座標は，中心力の場合に特に重要である。すでに述べたように，中心力に対しては角運動量が保存し，それゆえに運動は一つの平面内で起こる。この平面内に平面極座標を導入すると，式 (8.29) と式 (8.31) に示したように，

$$\dot{\boldsymbol{r}}(t) = \dot{r}(t)\boldsymbol{e}_r(t) + r(t)\dot{\theta}(t)\boldsymbol{e}_\theta(t) \tag{10.16}$$

$$\ddot{\boldsymbol{r}}(t) = \Big(\ddot{r}(t) - r(t)\dot{\theta}^2(t)\Big)\boldsymbol{e}_r(t) + \Big(2\dot{r}(t)\dot{\theta}(t) + r(t)\ddot{\theta}(t)\Big)\boldsymbol{e}_\theta(t) \tag{10.17}$$

と書かれる。式 (6.31) で与えられる中心力は，$\boldsymbol{e}_r$ を用いて

$$\boldsymbol{F}(\boldsymbol{r}) = f(r)\boldsymbol{e}_r \quad (r = |\boldsymbol{r}|) \tag{10.18}$$

と表すことができるので，運動方程式は

$$m\ddot{\boldsymbol{r}}(t) = f(r(t))\boldsymbol{e}_r(t) \tag{10.19}$$

となる。これを $\boldsymbol{e}_r$ 方向と $\boldsymbol{e}_\theta$ 方向に分離して

$$m\left(\ddot{r}(t) - r(t)\dot{\theta}^2(t)\right) = f(r) \tag{10.20}$$

$$m\left(2\dot{r}(t)\dot{\theta}(t) + r(t)\ddot{\theta}(t)\right) = 0 \tag{10.21}$$

と表すことができる。式 (10.21) は

$$\frac{d}{dt}\left(mr^2(t)\dot{\theta}(t)\right) = 0 \tag{10.22}$$

と同等である。以下に示すように，これは角運動量保存則を表している。

速度ベクトルが式 (10.16) で表されるので，運動量ベクトルは

$$\boldsymbol{p}(t) = m\dot{r}(t)\boldsymbol{e}_r(t) + mr(t)\dot{\theta}(t)\boldsymbol{e}_\theta(t) \tag{10.23}$$

と書かれる。それゆえ，この質点の角運動量は

$$\boldsymbol{L}(t) = \boldsymbol{r}(t) \times \boldsymbol{p}(t) = mr^2(t)\dot{\theta}(t)(\boldsymbol{e}_r(t) \times \boldsymbol{e}_\theta(t)) \tag{10.24}$$

を得る。ここで $\boldsymbol{e}_r \times \boldsymbol{e}_\theta$ はこの面に垂直な単位ベクトルである (図 10.3)。

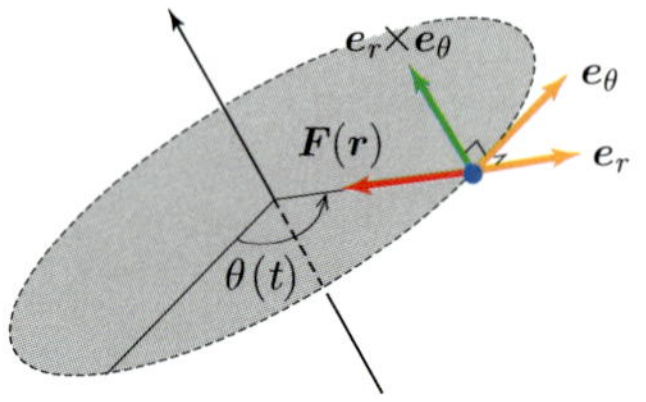

図 10.3　平面極座標の基底ベクトルとそれらの外積

問い　$\boldsymbol{e}_r(t) \times \boldsymbol{e}_\theta(t)$ は時間に依存しない単位ベクトルであることを示せ。

すなわち，質点の角運動量は，この面に垂直であり，その大きさが $mr^2(t)\dot{\theta}(t)$ である。角運動量保存則は，角運動量の大きさと方向の両方が時間的に変わらないことをいう。それゆえ，質点はその平面内で運動し，式 (10.22) は角運動量の大きさが時間的に変わらないことを意味している。

式 (10.22) より，

$$mr^2(t)\dot{\theta}(t) = L \quad (\text{一定}) \tag{10.25}$$

とおこう。そうすると，$\dot{\theta}(t)$ を $r(t)$ の関数として表すことができる。

$$\dot{\theta}(t) = \frac{L}{mr^2(t)} \tag{10.26}$$

これを式 (10.20) に代入して

$$m\ddot{r}(t) = \frac{L^2}{mr^3(t)} + f(r) \tag{10.27}$$

を得る。2 変数 $(r(t), \theta(t))$ の連立微分方程式が，角運動量保存則を用いることによって，1 変数の微分方程式になったことに注目してほしい。このように，保存量を用いることは運動方程式を積分することに対応している。(保存量は積分定数に対応する。)

式 (10.27) の右辺の第 1 項は遠心力を表している。(第 12 章を参照せよ。)

［例題 10.1］ 例題 4.2 で考えた，ばねで結び付けられた 2 つの質点が，互いの距離を変えることなく，一定の角速度 ω で回転しているとする。このときのばねの伸びを求めよ。

［解］ 相対運動の運動方程式は

$$\mu\ddot{\boldsymbol{r}}(t) = -k\frac{\boldsymbol{r}(t)}{|\boldsymbol{r}(t)|}(|\boldsymbol{r}(t)|-l)$$

で与えられていた。ただし，$\mu = m_1m_2/(m_1+m_2)$ は換算質量である。このばねの力は中心力であるので，2 つの質点は平面内で運動し，この平面に平面極座標を導入することによって，運動方程式は

$$\dot{\theta}(t) = \frac{L}{\mu r^2(t)}$$

$$\mu\ddot{r}(t) = \frac{L^2}{\mu r^3(t)} - k(r-l)$$

と書き換えることができる。題意より，$\dot{\theta}(t) = \omega$（一定），$r(t) = r$（一定）であるので，$L = \mu r^2\omega$, $\ddot{r}(t) = 0$ であるから

$$\mu r\omega^2 = k(r-l)$$

を得る。これを解いて，ばねの伸びは

$$r - l = \frac{\mu\omega^2 l}{k-\mu\omega^2}$$

であることがわかる。

10.2.1 軌道を決定する式

補助変数 $u = 1/r$ を導入することによって，運動方程式を書き直すことを考えよう。

$$\dot{u} = -\frac{\dot{r}}{r^2} = -\frac{m}{L}\dot{\theta}\dot{r} \tag{10.28}$$

ここで，式 (10.26) を用いて分母の $r^2(t)$ を書き換えた。これより，

$$\frac{du}{d\theta} = \frac{\left(\frac{du}{dt}\right)}{\left(\frac{d\theta}{dt}\right)} = -\frac{m}{L}\dot{r} \tag{10.29}$$

を得る。したがって

$$\frac{d^2u}{d\theta^2} = \frac{d}{d\theta}\frac{du}{d\theta} = \frac{1}{\dot{\theta}}\frac{d}{dt}\left(\frac{du}{d\theta}\right) = -\frac{m^2r^2}{L^2}\ddot{r} \tag{10.30}$$

となり，これに式 (10.27) を代入すると，

$$\frac{d^2u}{d\theta^2} + u = -\frac{m}{L^2u^2}f(u^{-1}) \tag{10.31}$$

を得る。この微分方程式を解くと r を θ の関数として表すことができる。これは質点の位置を時間的に追跡するのではなく，どのような軌道に沿って運動するのかを与える。第 11 章では，惑星の運動に関してこの方程式を解くことにより軌道を決定する。

注意！ 軌道は運動方程式の解から時間を消去して，座標の間の関係として表されたものである。例として放物運動を考えよう。その一般解は式 (3.3) で与えられる。初期条件を $\boldsymbol{r}(t_0) = \boldsymbol{0}$, $\boldsymbol{v}(t_0) = v_{0x}\boldsymbol{i} + v_{0z}\boldsymbol{k}$ とすると，その解 $\boldsymbol{r}(t) = x(t)\boldsymbol{i} + z(t)\boldsymbol{k}$ は

$$x(t) = v_{0x}(t-t_0) \tag{10.32}$$

$$z(t) = v_{0z}(t-t_0) - \frac{1}{2}g(t-t_0)^2 \tag{10.33}$$

である。軌道の式 $z = z(x)$ は，これから t を消去して

$$z = \frac{v_{0z}}{v_{0x}}x - \frac{g}{2}\left(\frac{x}{v_{0x}}\right)^2 = -\frac{g}{2v_{0x}^2}\left(x - \frac{v_{0x}v_{0z}}{g}\right)^2 + \frac{v_{0z}^2}{2g} \tag{10.34}$$

という放物線で与えられる。

［質問］ 力がはたらかないとき ($f = 0$)，軌道は直線となるはずである。実際そうなっていることを式 (10.31) を積分して確認せよ。

［例題 10.2］ 中心力ポテンシャルが $V(r) = \frac{1}{2}kr^2$ $(k > 0)$ で与えられるとき，軌道を決める方程式 (10.31) を積分して，軌道を決定せよ。

［解］ 軌道を決める方程式 (10.31) は，いまの場合，$f(r) = -kr$ (つまり $f(u^{-1}) = -k/u$) であるから

$$\frac{d^2u}{d\theta^2} + u = \frac{mk}{L^2u^3}$$

となる。この両辺に $du/d\theta$ をかけると

$$\frac{du}{d\theta}\left[\frac{d^2u}{d\theta^2} + u\right] = \frac{1}{2}\frac{d}{d\theta}\left[\left(\frac{du}{d\theta}\right)^2 + u^2\right]$$

$$\frac{du}{d\theta}\left[\frac{mk}{L^2u^3}\right] = \frac{1}{2}\frac{d}{d\theta}\left[-\frac{mk}{L^2u^2}\right]$$

となる。これらから，

$$\left(\frac{du}{d\theta}\right)^2 = -u^2 - \frac{mk}{L^2u^2} + C$$

を得る。ただし，C は正の定数である。運動は右辺がゼロ以上となる u の範囲で行われる。ここで $s = u^2$ と変数変換すると，$du = ds/2\sqrt{s}$ なので

$$\frac{ds}{d\theta} = \pm 2\sqrt{-s^2 + Cs - \frac{mk}{L^2}}$$

となる。これは変数分離型の微分方程式である。

右辺の平方根は，2 つの定数 L と C の代わりに $\alpha < \beta$ である 2 つの正の実数 α と β を導入して $\sqrt{(s-\alpha)(\beta-s)}$ と表すことができることに注意しよう。そうすると

$$\int \frac{ds}{\sqrt{(s-\alpha)(\beta-s)}} = \pm 2\int d\theta$$

のように変形できる。左辺の積分は，変数変換 $s = \alpha + (\beta-\alpha)\sin^2\varphi$ によって，

$$\int \frac{ds}{\sqrt{(s-\alpha)(\beta-s)}} = 2\varphi + C'$$

と積分できる。ただし C' は積分定数である。よって，定数 θ_0 を導入して，微分方程式の解は $\varphi = \pm(\theta - \theta_0)$ と書くことができる。すなわち，

$$s = \alpha + (\beta-\alpha)\sin^2(\theta-\theta_0) = \alpha\cos^2(\theta-\theta_0) + \beta\sin^2(\theta-\theta_0)$$

を得る。$\alpha = 1/a^2$, $\beta = 1/b^2$ とおき，$x = r\cos(\theta-\theta_0)$, $y = r\sin(\theta-\theta_0)$ とおくと，

$$\frac{x^2}{a^2} + \frac{y^2}{b^2} = 1$$

と表すことができる。すなわち，この軌道は楕円である。

10.2.2 運動の積分

エネルギー保存則に注目すれば，運動方程式を 1 回積分することができる。実際，式 (10.27) の両辺に $\dot{r}(t)$ をかけて

$$\dot{r}(t)\ddot{r}(t) = \frac{d}{dt}\left(\frac{1}{2}\dot{r}^2(t)\right) \tag{10.35}$$

$$\dot{r}(t)\frac{1}{r^3(t)} = \frac{d}{dt}\left(-\frac{1}{2r^2(t)}\right) \tag{10.36}$$

$$\dot{r}(t)f(r(t)) = \frac{dr}{dt}\left(-\frac{dV(r)}{dr}\right) = \frac{d}{dt}\left(-V(r(t))\right) \tag{10.37}$$

と書けることに注意すると

$$\frac{d}{dt}\left[\frac{m}{2}\dot{r}^2(t) + \frac{L^2}{2mr^2(t)} + V(r(t))\right] = 0 \tag{10.38}$$

を得る。ただし，$V(r)$ は中心力 $\boldsymbol{F} = f(r)\boldsymbol{e}_r$ に対するポテンシャルエネルギーで

$$V(r) = -\int_{r_0}^{r} f(r')\,dr' \tag{10.39}$$

である。それゆえ，

$$\frac{m}{2}\dot{r}^2(t) + \frac{L^2}{2mr^2(t)} + V(r(t)) = E \quad (\text{一定}) \tag{10.40}$$

を得る。これは力学的エネルギー保存則にほかならない。実際，式 (10.16) と式 (10.26) とから

$$\begin{aligned}\frac{1}{2}m|\dot{\boldsymbol{r}}(t)|^2 &= \frac{1}{2}m|\dot{r}(t)\boldsymbol{e}_r(t) + r(t)\dot{\theta}(t)\boldsymbol{e}_\theta(t)|^2 \\ &= \frac{1}{2}m\left(\dot{r}^2(t) + r^2(t)\dot{\theta}^2(t)\right) \\ &= \frac{1}{2}m\left[\dot{r}^2(t) + r^2(t)\left(\frac{L}{mr^2(t)}\right)^2\right]\end{aligned} \tag{10.41}$$

は，式 (10.40) の左辺のはじめの 2 項を与える。運動方程式 (10.27) は 2 階の微分方程式であったが，エネルギー保存則の式 (10.40) は 1 階の微分しか含んでいないことに注意しよう。

式 (10.40) は ($r \geq 0$ という制限はあるが) 1 次元の運動の力学的エネルギーの式とみることができる。このとき，第 1 項は通常の運動エネルギーの式に対応しているが，ポテンシャルエネルギーは $V(r)$ だけでなく，

$$V_{\text{eff}}(r) = \frac{L^2}{2mr^2} + V(r) \tag{10.42}$$

と余分な寄与を含んでいる。$V_{\text{eff}}(r)$ を有効ポテンシャルエネルギーとよぶ。右辺の第 1 項は遠心力ポテンシャルエネルギーとよばれる。この項は ($L \neq 0$ の場合) 原点近傍で ($1/r^3$ に比例する) 強い斥力 (式 (10.27) の右辺第 1 項) を与え，粒子が原点に近づくのを妨げようとする。実際，$V(r)$ が $1/r^\alpha$ ($\alpha < 2$) に比例するならば，$L \neq 0$ である粒子は原点に達することができない。

与えられたエネルギー E に対して，式 (10.40) のエネルギー保存則は，運動が

$$V_{\text{eff}}(r) \leq E \tag{10.43}$$

を満足する r の範囲でのみ行われることを示している。

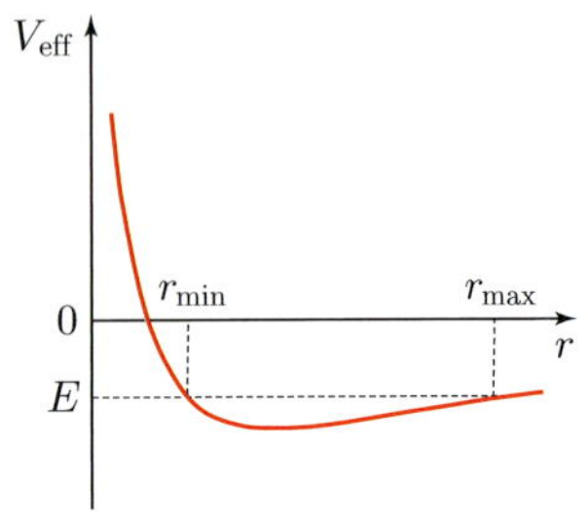

図 10.4 有効ポテンシャルエネルギー

図 10.4 のように，この範囲が $0 < r_{\rm min} \leq r \leq r_{\rm max}$ で与えられる場合を考えよう。ただし，$r_{\rm min}, r_{\rm max}$ はともに $V_{\rm eff}(r) = E$ の解である。質点はこの有限の区間を往復する。

この範囲にある r に対して，式 (10.40) から

$$\frac{d}{dt}r(t) = \pm\sqrt{\frac{2\left(E - V_{\rm eff}(r(t))\right)}{m}} \tag{10.44}$$

という微分方程式を得る。ここで複号 $\pm$ の $+$ は範囲 $0 < r_{\rm min} \leq r \leq r_{\rm max}$ を r が大きくなる向きに運動する場合であり，$-$ は逆に r が小さくなる向きに運動する場合に対応している。

微分方程式 (10.44) は変数分離型なので，

$$\int \frac{dr}{\sqrt{E - V_{\rm eff}(r)}} = \pm\sqrt{\frac{2}{m}}t + C \tag{10.45}$$

と変形できる。ただし C は積分定数である。これを積分すると，r を時間の関数として決定することができる。その解を式 (10.26) に代入し，θ についての微分方程式を積分すれば，θ を時間の関数として決定することができる。このようにして，運動方程式を積分することができる。

ポテンシャルエネルギー $V(r)$ が遠方で定数 c (普通はゼロにとる) に近づく場合，$E > c$ を満足するエネルギーの質点は無限遠方まで運動することができる。このような状況は散乱 (または衝突) の場合に起こる。質点は無限遠方より近づき，力の作用によって散乱され，再び無限遠方へと去っていく。$L \neq 0$ の場合，遠心力ポテンシャルによって，質点は $E = V_{\rm eff}(r_{\rm min})$ を満足する $r_{\rm min}$ よりも近づくことはできない。この場合も運動は微分方程式 (10.44) によって与えられる。$-$ は質点が近づく運動に，$+$ は遠ざかる運動に対応している。

この章でのポイント

- 位置ベクトル $\boldsymbol{r}(t)$，運動量ベクトル $\boldsymbol{p}(t)$ の質点の，原点に関する角運動量 $\boldsymbol{L}(t)$ は
$$\boldsymbol{L}(t) = \boldsymbol{r}(t) \times \boldsymbol{p}(t)$$
で与えられる。質点系の全角運動量は，各質点の角運動量のベクトル和で与えられる。
- 質点 (系) に中心力がはたらいている場合，(全) 角運動量は保存する。
- 質点に中心力がはたらいている場合，角運動量保存則より，1 つの平面内で運動が行われる。
- 平面極座標を用いると，問題が簡単になる場合がある。
- エネルギー保存則と角運動量保存則を用いると，3 次元の問題が 1 次元の問題にまで簡単化される。

第 10 章　章末問題

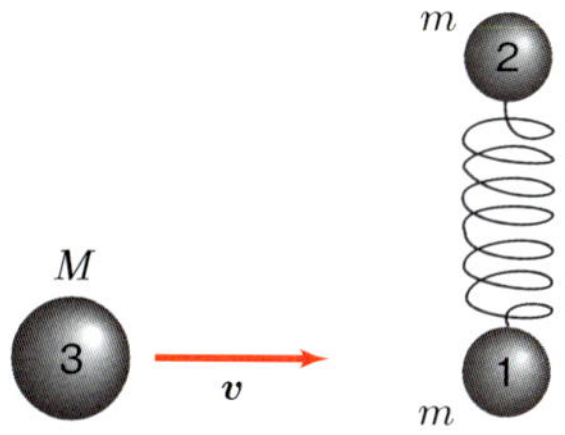

図 10.5

1. 図 10.5 のように，重さの無視できる自然長 l，ばね定数 k の両端に質量 m の小物体 1 および 2 が付けられ，滑らかな平面上に静止している。この小物体 1 に，ばねの方向とは垂直に速度 $\boldsymbol{v}$ で質量 M の小物体 3 が完全非弾性衝突し，その後，小物体 1 と 3 は一体となって運動した。衝突後の小物体 $(1+3)$ の位置ベクトルを $\boldsymbol{r}_1(t)$，小物体 2 の位置ベクトルを $\boldsymbol{r}_2(t)$ として，運動量，角運動量，および力学的エネルギーは保存するだろうか。衝突の前後でのこれらの値を比べよ。また，衝突後における保存則から導かれる関係式を書け。

2. 質量 m の質点が，中心力 $\boldsymbol{F}(\boldsymbol{r}) = -\nabla V(r)$ を受けて，大きさ L の角運動量をもって運動している。以下の問いに答えよ。

(a)　この質点が半径 R の円軌道の解をもつためには

$$V'(R) = \frac{L^2}{mR^3} \tag{10.46}$$

を満足しなければならないことを示せ。

(b)　半径 R の円軌道が安定であるための条件が

$$V''(R) + \frac{3}{R}V'(R) > 0 \tag{10.47}$$

であることを示せ。

(c)　これらの条件が満足されているとき，円軌道から少しずれた半径 $r = R + x$ $(|x| \ll R)$ から始まる軌道は，

$$\omega_0^2 = \frac{3V'(R)}{mR} + \frac{V''(R)}{m} \tag{10.48}$$

を満足する角振動数 ω_0 で動径方向に振動することを示せ。

(d)　前問のような，円軌道から少しずれて運動する軌道の，r が最小となるところ $(r = r_{\min})$ から r が最大となるところ $(r = r_{\max})$ に達し，再び最小になるまでの角度 $\Delta\theta$ は

$$\Delta\theta = 2\pi\sqrt{\frac{V'(R)}{3V'(R) + RV''(R)}} \tag{10.49}$$

で与えられることを示せ。

(e)　前問で求めた $\Delta\theta$ が R によらないのはポテンシャルが $V(r) = \kappa/r^{\alpha}$ $(\alpha < 2, \alpha \neq 0)$ であるか $V(r) = \lambda \ln r$ であるかのどちらかであることを示せ。

(f)　前問の 2 つの場合に対して，$\Delta\theta = 2\pi/\sqrt{2-\alpha}$ となることを示せ。対数関数は $\alpha = 0$ に対応する。

(g)　ポテンシャル $V(r)$ が $\lim_{r\to\infty} V(r) = \infty$ を満足するならば，

$$\lim_{E\to\infty} \Delta\theta = \pi \tag{10.50}$$

であることを示せ。(ヒント：角運動量保存則 (10.26) と力学的エネルギー保存則 (10.40) とから

$$\frac{d\theta}{dr} = \frac{\dot{\theta}}{\dot{r}} = \pm\frac{L}{mr^2}\frac{1}{\sqrt{\frac{2}{m}\left(E - V(r) - \frac{L^2}{2mr^2}\right)}} \tag{10.51}$$

と書かれるので

$$\Delta\theta = 2\int_{r_{\min}}^{r_{\max}} \frac{(L/mr^2)\,dr}{\sqrt{\frac{2}{m}(E - V(r) - \frac{L^2}{2mr^2})}} \tag{10.52}$$

と表される。変数変換 $x = L/\sqrt{2mE}r$ を考えよ。)

(h) ポテンシャル $V(r)$ が $V(r) = -\kappa/r^\alpha$ $(0 \leq \alpha < 2)$ $(\kappa > 0)$ で与えられているとき,

$$\lim_{E\to-0} \Delta\theta = \frac{2\pi}{2-\alpha} \tag{10.53}$$

であることを示せ。ただし, $E \to -0$ は E を負の値からゼロに近づける極限を意味している。

(i) 有界な軌道が存在して，そのどれもが閉じるような中心力のポテンシャルエネルギーは $V(r) = -\kappa/r$ $(\kappa > 0)$ と $V(r) = \frac{1}{2}kr^2$ $(k > 0)$ に限られることを示せ。(これはベルトラン (J. Bertrand) の定理とよばれる。)

11 万有引力

万有引力の法則は，古典力学におけるもっとも重要な法則のひとつである。それは歴史的には天体の運動の観測をまとめたケプラーの 3 法則から導かれた。この章では，ケプラーの 3 法則の意義を整理し，その帰結として，ニュートンの万有引力の法則が導かれることを学ぶ。

11.1 ケプラーの法則

ケプラー (J. Kepler) は，ブラーエ (T. Brahe) の精密な観測に基づき，惑星の運動に関して，次の 3 法則を導いた。

第 1 法則 惑星の軌道は，太陽の位置を焦点のひとつとする楕円軌道である。

第 2 法則 惑星運動の面積速度は一定である。

第 3 法則 惑星の公転周期の 2 乗は，惑星の楕円軌道の長半径の 3 乗に比例する。

ここで，面積速度というのは，太陽と惑星とを結ぶ線分が，単位時間に掃く面積をいう。

ケプラーの法則の重要性のひとつは，惑星の運動が円軌道ではなく楕円軌道であると主張した点にある。ケプラー以前には天体の運動は完全であり，それゆえに (完全性をもつ) 円軌道であることが当然のこととされていた。ケプラーが観測事実に基づいて円軌道を否定したことは，経験科学としての物理学の重要な一歩であったといえるだろう。

ケプラーの法則が意味することが何であるかは，ニュートンによる万有引力の法則によって明らかにされた。以下ではケプラーの法則から，どのように万有引力の法則が導かれるかをみていこう。

11.2 万有引力の法則の導出

11.2.1 面 積 速 度

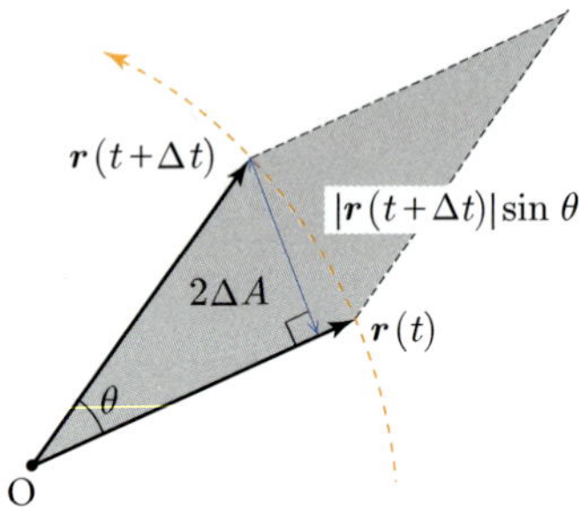

図 11.1　面 積 速 度

図 11.1 のように，太陽の位置を原点として，時刻 t における惑星の位置ベクトルを $\boldsymbol{r}(t)$，時刻 t から微小な時間 Δt だけ経ったときの位置ベクトルを $\boldsymbol{r}(t+\Delta t)$ とする。$\boldsymbol{r}(t)$ と $\boldsymbol{r}(t+\Delta t)$ のなす角度を θ とすると，図の平行四辺形の面積は $|\boldsymbol{r}(t)|\,|\boldsymbol{r}(t+\Delta t)|\sin\theta$ で与えられるので，外積の大きさについての定義式 (1.27) を用いると，時間 Δt に太陽と惑星とを結ぶ線分が掃く面積 ΔA は

$$\Delta A = \frac{1}{2}\,|\boldsymbol{r}(t) \times \boldsymbol{r}(t+\Delta t)| \tag{11.1}$$

で良く近似される。そして，この近似は Δt が小さいほど良い。ここで $\boldsymbol{r}(t) \times \boldsymbol{r}(t) = \boldsymbol{0}$ であることを用いると

$$\Delta A = \frac{1}{2}\,|\boldsymbol{r}(t) \times (\boldsymbol{r}(t+\Delta t) - \boldsymbol{r}(t))| \tag{11.2}$$

と書くことができる。面積速度 dA/dt は

$$\frac{dA}{dt} = \lim_{\Delta t \to 0} \frac{\Delta A}{\Delta t} = \frac{1}{2}\,|\boldsymbol{r}(t) \times \dot{\boldsymbol{r}}(t)| = \frac{1}{2m}|\boldsymbol{L}(t)| \tag{11.3}$$

となり，角運動量の大きさに比例する。それゆえ，ケプラーの第 2 法則は，惑星の運動が 1 つの平面 (公転面) 内で起こることを考慮に入れると，角運動量の保存則を表し，太陽と惑星の間にはたらく力が中心力であることを強く示唆する。

11.2.2 太陽と惑星

太陽の質量を M_{s}，惑星の質量を M_{p} としよう。まず，太陽も惑星も質点であると考える。太陽にしろ，惑星にしろ，明らかに大きさを無視できるようなものではないが，まず単純化された状況を考察して，それから順々に複雑さを加味していくのがよい。

注意!　後でみるように，太陽と惑星が有限の大きさをもつことが，運動に及ぼす効果は小さい。(例題 11.1 参照。)

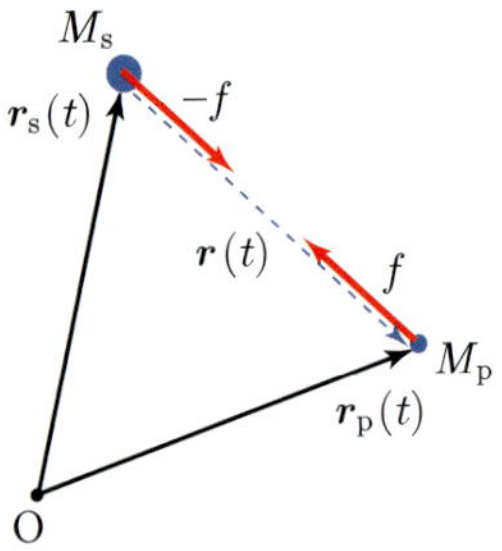

図 11.2　太陽と惑星

適当な基準点をとり，その基準点からの太陽の位置ベクトルを $\boldsymbol{r}_{\mathrm{s}}(t)$ とし，惑星の位置ベクトルを $\boldsymbol{r}_{\mathrm{p}}(t)$ としよう (図 11.2)。運動方程式は，太陽と惑星の間にはたらく力が中心力であるとして

$$M_{\mathrm{s}}\frac{d^2}{dt^2}\boldsymbol{r}_{\mathrm{s}}(t) = -f\left(|\boldsymbol{r}_{\mathrm{p}}(t) - \boldsymbol{r}_{\mathrm{s}}(t)|\right)\frac{\boldsymbol{r}_{\mathrm{p}}(t) - \boldsymbol{r}_{\mathrm{s}}(t)}{|\boldsymbol{r}_{\mathrm{p}}(t) - \boldsymbol{r}_{\mathrm{s}}(t)|} \tag{11.4}$$

$$M_{\mathrm{p}}\frac{d^2}{dt^2}\boldsymbol{r}_{\mathrm{p}}(t) = f\left(|\boldsymbol{r}_{\mathrm{p}}(t) - \boldsymbol{r}_{\mathrm{s}}(t)|\right)\frac{\boldsymbol{r}_{\mathrm{p}}(t) - \boldsymbol{r}_{\mathrm{s}}(t)}{|\boldsymbol{r}_{\mathrm{p}}(t) - \boldsymbol{r}_{\mathrm{s}}(t)|} \tag{11.5}$$

と表される。ここで

$$\frac{\boldsymbol{r}_{\mathrm{p}}(t) - \boldsymbol{r}_{\mathrm{s}}(t)}{|\boldsymbol{r}_{\mathrm{p}}(t) - \boldsymbol{r}_{\mathrm{s}}(t)|} \tag{11.6}$$

は太陽から惑星に向かう方向の単位ベクトルである。引力は $f < 0$ に対応している。太陽が惑星に及ぼす力と，惑星が太陽の及ぼす力は，作用反作用の法則から大きさが等しく逆向きである。

式 (11.4) と式 (11.5) の和をとると

$$\frac{d^2}{dt^2}\left(M_{\rm s}\boldsymbol{r}_{\rm s}(t) + M_{\rm p}\boldsymbol{r}_{\rm p}(t)\right) = \boldsymbol{0} \tag{11.7}$$

を得る。これは太陽と惑星の重心

$$\boldsymbol{G}(t) = \frac{M_{\rm s}\boldsymbol{r}_{\rm s}(t) + M_{\rm p}\boldsymbol{r}_{\rm p}(t)}{M_{\rm s} + M_{\rm p}} \tag{11.8}$$

が等速直線運動をすることを意味している。以下では，$\boldsymbol{G}(t) = \boldsymbol{0}$ となるような慣性系を選んで議論することにしよう。

惑星と太陽との相対運動を表すため，

$$\boldsymbol{r}(t) = \boldsymbol{r}_{\rm p}(t) - \boldsymbol{r}_{\rm s}(t) \tag{11.9}$$

を導入しよう (図 11.2 参照)。式 (11.4) と式 (11.5) から

$$m\frac{d^2}{dt^2}\boldsymbol{r}(t) = f(r(t))\boldsymbol{e}_r(t), \quad r(t) = |\boldsymbol{r}(t)| \tag{11.10}$$

を得る。$\boldsymbol{e}_r(t) \equiv \boldsymbol{r}(t)/|\boldsymbol{r}(t)|$ は $\boldsymbol{r}$ 方向の単位ベクトルで，式 (11.6) と同じものである。m は換算質量で

$$m = \frac{M_{\rm s}M_{\rm p}}{M_{\rm s} + M_{\rm p}} \tag{11.11}$$

である。運動方程式 (11.10) は前章の式 (10.19) と同じ形であることに注意してほしい。よって，前章の結果をそのまま用いることができる。

太陽の質量は，惑星の質量に比較して非常に大きい ($M_{\rm s} \gg M_{\rm p}$)。それゆえ，重心の位置はほぼ太陽の位置に等しく，また，換算質量はほぼ惑星の質量に等しい。実際，式 (11.8) は

$$\boldsymbol{G}(t) \approx \boldsymbol{r}_{\rm s}(t) + \frac{M_{\rm p}}{M_{\rm s}}\boldsymbol{r}(t) \tag{11.12}$$

と近似され，また，式 (11.11) は

$$m \approx M_{\rm p}\left(1 - \frac{M_{\rm p}}{M_{\rm s}}\right) \tag{11.13}$$

と近似される。いずれの場合も因子 $M_{\rm p}/M_{\rm s}$ のために，第 2 項は第 1 項に比べて十分小さい。

11.2.3　楕円軌道と逆 2 乗則

この節では，まず楕円についての数学をまとめ，その後に楕円軌道が $f(r)$ の関数形を決めることをみよう。楕円は円錐曲線とよばれるものの一つである。円錐曲線については付録 D に簡単にまとめてある。

2 次元デカルト座標で楕円の方程式は

$$\frac{x^2}{a^2} + \frac{y^2}{b^2} = 1 \tag{11.14}$$

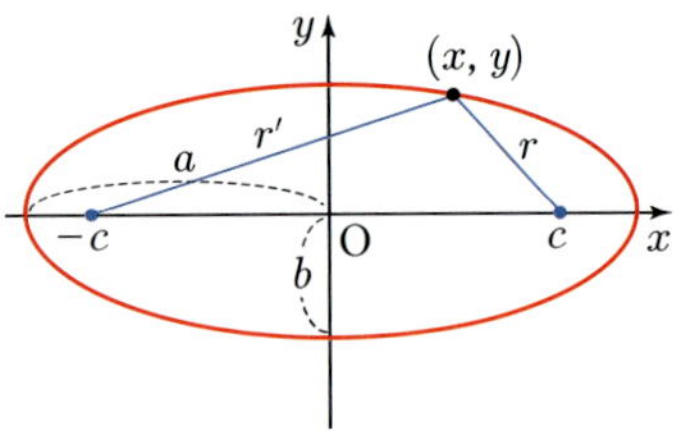

図 11.3　楕　円

で与えられる (図 11.3)。図のように $a > b$ を仮定しよう。a を長半径，b を短半径という。楕円の焦点の位置を $(c, 0)$, $(-c, 0)$ とすると，

$$c = \sqrt{a^2 - b^2} \tag{11.15}$$

で与えられる。楕円上の任意の点 (x, y) は焦点 $(c, 0)$ からの距離 r と焦点 $(-c, 0)$ からの距離 r' の和が一定値 $2a$ の点である。

$$r + r' = 2a \tag{11.16}$$

実際，

$$r = \sqrt{(x-c)^2 + y^2}, \quad r' = \sqrt{(x+c)^2 + y^2} \tag{11.17}$$

であるから，

$$\begin{aligned}(r')^2 &= (x+c)^2 + y^2 \\ &= (2a - r)^2 = 4a^2 - 4ar + (x-c)^2 + y^2\end{aligned} \tag{11.18}$$

となり

$$r = a - \frac{c}{a}x \tag{11.19}$$

を得る。この両辺を 2 乗して

$$\begin{aligned}r^2 &= (x-c)^2 + y^2 \\ &= a^2 - 2cx + \frac{c^2}{a^2}x^2 = a^2 - 2cx + \left(1 - \frac{b^2}{a^2}\right)x^2\end{aligned} \tag{11.20}$$

となる。これから楕円の方程式 (11.14) が得られる。

焦点 $(c, 0)$ を中心とする平面極座標 (r, θ) を導入しよう (図 11.4)。ただし r は楕円上の点への位置ベクトル $\boldsymbol{r}$ の大きさであり，θ は x 軸と $\boldsymbol{r}$ とのなす角である。余弦定理より

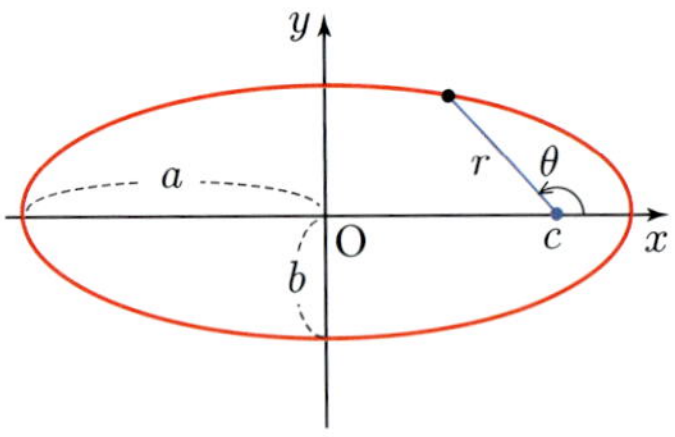

図 11.4　楕円と (r, θ) の定義

$$r' = \sqrt{r^2 + (2c)^2 - 2r(2c)\cos(\pi - \theta)} \tag{11.21}$$

と書かれるので，式 (11.16) と式 (11.21) とから

$$\begin{aligned}(r')^2 &= r^2 + 4(a^2 - b^2) + 4cr\cos\theta \\ &= (2a - r)^2 = 4a^2 - 4ar + r^2\end{aligned} \tag{11.22}$$

が得られ，これを整理して

$$\frac{l}{r} = 1 + \epsilon\cos\theta \tag{11.23}$$

を得る。ただし，$l = b^2/a$, $\epsilon = c/a$ を導入した。ϵ は楕円の離心率とよばれる。$\epsilon = 0$ の場合，半径 l の円を表す。

前章で導入した $u = 1/r$ を用いて表すと，軌道の方程式は

$$u(\theta) = \frac{1}{l}(1 + \epsilon\cos\theta) \tag{11.24}$$

と書かれるので，これを微分して，運動方程式は

$$\frac{d^2u}{d\theta^2} + u = \frac{1}{l} \tag{11.25}$$

となることがわかる。これを式 (10.31) と比べると，

$$f(r) = f(u^{-1}) = -\frac{L^2u^2}{ml} = -\frac{L^2}{ml}\frac{1}{r^2} \tag{11.26}$$

となって，惑星と太陽の間にはたらく中心力が，距離の 2 乗に反比例する引力であることがわかる。

表 11.1 に惑星の離心率を示す。離心率はほとんどの惑星で非常に小さく円軌道に非常に近い。実際，短半径と長半径の比 $\sqrt{1-\epsilon^2}$ を表の離心率から計算すると，離心率が最大の水星でも 0.979 程度，火星では 0.996 である。

表 11.1 惑星の離心率 (平成 30 年度版「理科年表」より)

惑 星	水星	金星	地球	火星	木星	土星	天王星	海王星
離心率	0.2056	0.0068	0.0167	0.0934	0.0485	0.0554	0.0463	0.0090

11.2.4 ケプラーの第 3 法則と運動の相似性

次に，ケプラーの第 3 法則が意味することを考えよう。まず，惑星の周期 T が角運動量の大きさ L とどのように関係しているか知る必要がある。そのために面積速度 dA/dt が L で書かれることを思い出そう。

$$\frac{dA}{dt} = \frac{L}{2m} \tag{11.27}$$

これを 1 周期で積分すると，楕円の面積が得られる。

$$A = \pi ab = \int_0^T \frac{dA}{dt}\,dt = \frac{L}{2m}T \tag{11.28}$$

$b=\sqrt{al}$ であるから，

$$T = \frac{2\pi m\sqrt{l}}{L}a^{3/2} \tag{11.29}$$

を得る。ケプラーの第 3 法則は，a^3T^{-2} が惑星によらない定数であることを主張する。

$$a^3T^{-2} = \frac{L^2}{(2\pi)^2m^2l} = \frac{C}{(2\pi)^2}\ (\text{定数}) \tag{11.30}$$

それゆえ，式 (11.26) は

$$f(r) = -Cm\frac{1}{r^2(t)} \tag{11.31}$$

と書かれる。

以上から，太陽と惑星の相対運動の方程式は

$$m\frac{d^2}{dt^2}\boldsymbol{r}(t) = -C\frac{m}{r^2(t)}\boldsymbol{e}_r(t) \tag{11.32}$$

で与えられることがわかった。太陽が惑星に対して十分重いことを考慮すると，中心力 $f(r)\boldsymbol{e}_r$ の $f(r)$ に現れる質量 m は惑星の質量 M_{p} にほぼ等しい。むしろ，ケプラーの第 3 法則は，その差が無視できる範囲で成立していると考えられる。それゆえ，太陽と惑星の間にはたらく中心力は

$$f(r)\boldsymbol{e}_r = -C\frac{M_{\rm p}}{r^2}\boldsymbol{e}_r \tag{11.33}$$

で与えられる。係数 C はすべての惑星に対して共通な定数である。太陽が惑星に及ぼす力と，惑星が太陽に及ぼす力の大きさは，作用反作用の法則から等しいので，その力が惑星の質量に比例するのであれば，太陽の質量にも比例すると考えるのが自然である。(太陽の質量 $M_{\rm s}$ は惑星の質量に比べて圧倒的に大きいので，全質量 $M = M_{\rm s} + M_{\rm p}$ にほぼ等しい。また，$mM = M_{\rm s}M_{\rm p}$ に注意。) つまり，惑星と太陽の間にはたらく引力の強さは，それぞれの質量に比例すると考えられる。このようにして，我々は万有引力の法則に到達する。

質量 m_1 をもつ，位置ベクトル $\boldsymbol{r}_1$ にある質点と，質量 m_2 をもつ，位置ベクトル $\boldsymbol{r}_2$ にある質点とには，それぞれの質量に比例し，距離の 2 乗に反比例する引力が，2 つの質点を結ぶ直線に沿ってはたらく。

$$\boldsymbol{F}_{1\leftarrow 2} = -\boldsymbol{F}_{2\leftarrow 1} = -G\,\frac{m_1 m_2}{|\boldsymbol{r}_1 - \boldsymbol{r}_2|^2}\,\frac{\boldsymbol{r}_1 - \boldsymbol{r}_2}{|\boldsymbol{r}_1 - \boldsymbol{r}_2|} \tag{11.34}$$

ここで比例係数 G は万有引力定数あるいはニュートン定数とよばれる普遍的な物理定数である：$G = 6.67408(31) \times 10^{-11}\ {\rm N{\cdot}m^2/kg^2}$.

ここにはあざやかな論理の飛躍がある。ニュートンはケプラーの 3 法則に導かれて，太陽と惑星の間にはたらく力について考えてきたのであったが，その力が 2 つの物体の質量に比例することから，質量をもつすべての物体の間に同様な力がはたらくのではないか，と考えたのである。このような考えが本当に正しいかどうかは，実験と観測によって確かめられるべきである。この飛躍によって，万有引力の法則が単に惑星の運動を説明するだけでなく，地上の物体の落下も含めてすべての質量をもつ物体にはたらく力の法則として，きわめて普遍的な性格をもったことは注目に値する。

運動方程式

$$m\frac{d^2}{dt^2}\boldsymbol{r}(t) = -G\frac{Mm}{r^2(t)}\boldsymbol{e}_r(t) \tag{11.35}$$

のひとつの解 $\boldsymbol{r}_1(t)$ に対して，$\boldsymbol{r}_2(t) = \alpha\boldsymbol{r}_1(\beta^{-1}t)$ で定義される $\boldsymbol{r}_2(t)$ も，もし $\beta^2 = \alpha^3$ であるならば解になっていることを示すことができる。実際，

$$\begin{aligned}\frac{d^2}{dt^2}\boldsymbol{r}_2(t) &= \alpha\frac{d^2}{dt^2}\boldsymbol{r}_1(\beta^{-1}t)\\ &= \alpha\beta^{-2}\frac{d^2}{dt'^2}\boldsymbol{r}_1(t')\\ &= \alpha\beta^{-2}\left(-\frac{GM}{r_1^2(t')}\boldsymbol{e}_{r_1}(t')\right)\end{aligned}$$

$$= -\alpha^3\beta^{-2}\frac{GM}{r_2^2(t)}\boldsymbol{e}_{r_2}(t)$$

$$= -\frac{GM}{r_2^2(t)}\boldsymbol{e}_{r_2}(t) \tag{11.36}$$

を得る。ただし途中で $t' = \beta^{-1}t$ を導入し，$\boldsymbol{e}_{r_1}(t') = \boldsymbol{e}_{r_2}(t)$ を用いた。解 $\boldsymbol{r}_2(t)$ は，解 $\boldsymbol{r}_1(t)$ の時間スケールを β 倍，空間スケールを α 倍した運動を表す。この変換により，周期は β 倍に，長軸半径は α 倍になるので，$\beta^2 = \alpha^3$ は周期の 2 乗が長軸半径の 3 乗に比例することを示している。この変換では離心率は変化しないので，同じ離心率をもった相似な楕円軌道が無数に可能であることを意味している。ただし，空間スケールだけでなく，時間スケールも $\beta^2 = \alpha^3$ を満足するように変えないと解にはならない。

このような性質が現れたのは，力が位置座標の同次関数であるからである。

問い　もし $f(r)$ が r^k に比例するとしたら，α と β の関係がどうであったら $\boldsymbol{r}_2(t)$ も解になるだろうか。

このように，同じ離心率をもった軌道に対して，周期の 2 乗が長軸半径の 3 乗に比例することは，力が距離の 2 乗に反比例するという性質から示される。ケプラーの第 3 法則の意義は，離心率の異なる軌道に対してもこのことが成立していることを主張する点にある。

11.3 万有引力のポテンシャルエネルギー

中心力は保存力である。万有引力に対するポテンシャルエネルギーは，無限遠点を基準点として，式 (6.32) から

$$V(r) = -\int_\infty^r \left(-G\frac{m_1m_2}{r'^2}\right)dr' = -G\frac{m_1m_2}{r} \tag{11.37}$$

を得る。

万有引力では重ね合わせの原理が成り立つ。すなわち，ある質点 1 が質点 2 と質点 3 から受ける万有引力は，質点 2 のみがあるとしたときの万有引力と，質点 3 のみがあるとしたときの万有引力の和で与えられる。すなわち，

$$\boldsymbol{F}_{1\leftarrow 2,3}(\boldsymbol{r}_1) = -G\frac{m_1m_2}{|\boldsymbol{r}_1-\boldsymbol{r}_2|^2}\frac{\boldsymbol{r}_1-\boldsymbol{r}_2}{|\boldsymbol{r}_1-\boldsymbol{r}_2|} - G\frac{m_1m_3}{|\boldsymbol{r}_1-\boldsymbol{r}_3|^2}\frac{\boldsymbol{r}_1-\boldsymbol{r}_3}{|\boldsymbol{r}_1-\boldsymbol{r}_3|} \tag{11.38}$$

が成り立つ。

重ね合せの原理は，ポテンシャルエネルギーについても成立する。このことが，さまざまな質量分布をもつ物体の万有引力を計算する基礎を与える。

［例題 11.1］ 球対称な質量分布をもつ物体と質点との万有引力のポテンシャルエネルギーを計算してみよう。球対称な質量分布をもつ物体の中心を原点とし，質量分布は質量密度 $\rho(r)$ で与えられるとする。ただし，r は原点からの距離を表し，$r > r_{\max}$ に対して $\rho(r) = 0$ であり，質点は原点からの距離が $R > r_{\max}$ にあるとせよ。

［解］ この問題を考えるのに，**3 次元極座標**（あるいは**球座標**ともいう）(r, θ, ϕ) を導入すると便利である。デカルト座標 (x, y, z) とは

$$r = \sqrt{x^2+y^2+z^2}, \quad \tan\theta = \frac{\sqrt{x^2+y^2}}{z}, \quad \tan\phi = \frac{y}{x}$$

$$x = r\sin\theta\cos\phi, \quad y = r\sin\theta\sin\phi, \quad z = r\cos\theta$$

と結びつけられている。

距離が r と $r+\Delta r$ の間の球殻上で，角度が θ と $\theta+\Delta\theta$ の間，ϕ と $\phi+\Delta\phi$ の間にある微小な体積要素 Δv を考えよう（図 11.5）。この体積要素の体積は

$$\Delta v = (\Delta r)(r\Delta\theta)(r\sin\theta\Delta\phi) = r^2\Delta r\sin\theta\Delta\theta\Delta\phi$$

で良く近似される。近似は Δr, $\Delta\theta$, $\Delta\phi$ が小さいほど良い。この微小体積に含まれる質量は，$\rho(r)\Delta v$ で与えられる。質量分布全体での質量 M は，積分

$$M = \int_0^\infty r^2\,dr \int_0^\pi \sin\theta\,d\theta \int_0^{2\pi} d\phi\,\rho(r) \tag{11.39}$$

という 3 重積分で与えられる（以下の［注意!］を参照）。

式 (11.39) の被積分関数は θ にも ϕ にも依存しないので，

$$M = 4\pi\int_0^\infty r^2\rho(r)\,dr$$

となる。

質量 m の質点が $\boldsymbol{r} = R\boldsymbol{k}$ ($R > r_{\max}$ と仮定する) にあるとし，(r, θ, ϕ) にある微小体積要素 Δv (Δv が十分小さければこれを質量 $\rho\Delta v$ の質点とみなしてよいだろう) との間のポテンシャルエネルギー ΔV は

$$\Delta V = -G\frac{m(\rho\Delta v)}{\sqrt{R^2+r^2-2Rr\cos\theta}}$$

で与えられる。それゆえ，すべての質量分布によるポテンシャルエネルギー $V(R)$ は

$$\begin{aligned} V(R) &= -Gm\int_0^\infty r^2\,dr\int_0^\pi \sin\theta\,d\theta\int_0^{2\pi} d\phi \\ &\quad\times\frac{\rho(r)}{\sqrt{R^2+r^2-2Rr\cos\theta}} \\ &= -2\pi Gm\int_0^{r_{\max}} dr\,r^2\rho(r) \\ &\quad\times\int_0^\pi \frac{\sin\theta\,d\theta}{\sqrt{R^2+r^2-2Rr\cos\theta}} \end{aligned}$$

と表される。r の積分領域は $\rho(r)$ がゼロでない領域に制限した。ここで，$\cos\theta = t$ と変数変換すると，

$$\begin{aligned} \int_0^\pi \frac{\sin\theta\,d\theta}{\sqrt{R^2+r^2-2Rr\cos\theta}} &= \int_{-1}^1 \frac{dt}{\sqrt{R^2+r^2-2Rrt}} \\ &= \frac{-1}{Rr}\sqrt{R^2+r^2-2Rrt}\,\Big|_{-1}^1 \\ &= \frac{-1}{Rr}\left[|R-r|-(R+r)\right] = \frac{2}{R} \end{aligned} \tag{11.40}$$

を得る。ただし $r < r_{\max}$ であるから $R > r$ とした。よって，

$$V(R) = -G\frac{m}{R}\left[4\pi\int_0^\infty dr\,r^2\rho(r)\right] = -G\frac{mM}{R}$$

となり，原点に質量 M の質点が置かれている場合と同じ結果を得る。

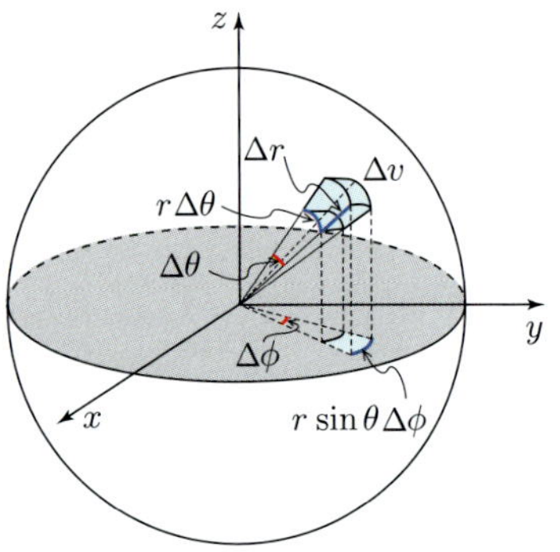

図 11.5

注意! 積分

$$\int_0^\infty r^2\,dr\int_0^\pi \sin\theta\,d\theta\int_0^{2\pi} d\phi\,F(r,\theta,\phi) \tag{11.41}$$

は

$$\int_0^\infty \left[\int_0^\pi \left\{\int_0^{2\pi} F(r,\theta,\phi)\,r^2\sin\theta\,d\phi\right\} d\theta\right] dr \tag{11.42}$$

の意味であるが，物理では積分区間と積分変数の対応関係をはっきりさせるために，式 (11.39) のような書き方を好んで用いる。

つまり，質量分布が球対称であるかぎり，質点とみなした計算は正しいことになる。実際の太陽や惑星の質量分布も，およそ球対称であるとみなしてよいだろう。それゆえ，太陽や惑星を質点とみなした計算はかなり良い近似であるといえる。

［質問］ 2 つの球対称な質量分布の間の万有引力のポテンシャルエネルギーはどうなるだろうか。

［例題 **11.2**］ 例題 11.1 で，質量密度が $r_{\min} \le r \le r_{\max}$ でのみゼロでなく，また，$R < r_{\min}$ であるとしたときの万有引力ポテンシャルエネルギーを求めよ。

［解］ 例題 11.1 と同様の計算で，ポテンシャルエネルギーが

$$V(R) = -2\pi Gm \int_{r_{\min}}^{r_{\max}} dr\, r^2 \rho(r) \times \int_0^{\pi} \frac{\sin\theta\, d\theta}{\sqrt{R^2 + r^2 - 2Rr\cos\theta}}$$

と求まるところまでは同じである。式 (11.40) の積分で，$R < r$ としなければならないところが異なる。それゆえ

$$\int_0^{\pi} \frac{\sin\theta\, d\theta}{\sqrt{R^2 + r^2 - 2Rr\cos\theta}} = \frac{2}{r}$$

となり，

$$V(R) = -4\pi Gm \int_{r_{\min}}^{r_{\max}} dr\, r\rho(r)$$

を得る。これは R に依存しない定数である。それゆえ，質点には力がはたらかない！ これは，内部の空洞の任意の点で，ある方向の微小立体角 $d\Omega$ 内にある質量による万有引力は，その反対方向の同じ大きさの立体角 $d\Omega$ 内にある質量による万有引力と正確に相殺していることを示している。同じ立体角に対して，含まれる質量は距離の 2 乗に比例して増えるが，万有引力は距離に 2 乗に反比例するので，その和は距離によらないことに注意してほしい。

例題 11.1 および例題 11.2 で得られた結果は，ガウスの法則とよばれるものを用いて対称性の議論から簡単に示すことができる。(ガウスの法則については付録 E をみよ。) ガウスの法則は，いまの場合，単位質量にはたらく万有引力 $\widetilde{\boldsymbol{F}}$ の，任意の閉曲面 S にわたる面積分が，その閉曲面に含まれる質量 M によって

$$\oiint_{S} d\boldsymbol{S} \cdot \widetilde{\boldsymbol{F}} = -4\pi GM \tag{11.43}$$

と与えられることをいう。閉曲面内に質量がなければ右辺はゼロになる。この結果は，閉曲面内の質量がどのように分布しているかによらない，非常に一般的な内容をもっている。

ガウスの法則が特に有用なのは球対称な質量分布の場合である。球対称な質量分布では，系の対称性から，その質量分布による万有引力も球対称である。そこで $\widetilde{\boldsymbol{F}}$ の大きさは対称点からの距離 r にのみ依存し，その方向は $\boldsymbol{r}/|\boldsymbol{r}|$ 方向である。

$$\widetilde{\boldsymbol{F}}(\boldsymbol{r}) = \widetilde{F}(r)\frac{\boldsymbol{r}}{|\boldsymbol{r}|} \tag{11.44}$$

閉曲面 S を半径 r の球面ととると

$$\oiint_{S} d\boldsymbol{S} \cdot \widetilde{\boldsymbol{F}} = 4\pi r^2 \widetilde{F}(r) \tag{11.45}$$

を得るので，式 (11.43) から

$$\widetilde{F}(r) = -G\frac{M}{r^2} \tag{11.46}$$

を得る。

例題 11.1 では $r > r_{\max}$ に対して，半径 r の球面内には全質量 M (式 (11.39) 参照) があるので，単位質量当たりの万有引力の大きさは式 (11.46) で与えられる。一方，例題 11.2 では $r < r_{\min}$ に対して，半径 r の球面内には質量はないので $\widetilde{F}(r) = 0$ となる。

この章でのポイント

- ケプラーの法則は，惑星の運動に関する観測から導かれた経験則である。
- ケプラーの第 2 法則は，太陽と惑星の間にはたらく力が中心力であることを意味する。
- ケプラーの第 1 法則は，太陽と惑星の間にはたらく力が，距離の 2 乗に反比例することを意味する。
- ケプラーの第 3 法則は，太陽と惑星の間にはたらく力が惑星の質量に比例することを意味する。
- 太陽と惑星の間の力の大きさは惑星の質量に比例するだけでなく，太陽の質量にも比例するはずである。
- 太陽と惑星の間にはたらく力は，すべての質量をもつ物体の間にはたらくはずである。これが万有引力である。
- 球対称な質量分布をもつ物体からの万有引力は，その中心から距離 r の球面内にある質量が，その中心にすべてあるとしたときの万有引力に等しい。

第 11 章　章末問題

1. 離心率が ϵ である場合，惑星の近日点での速さは遠日点での速さの何倍であるか。

2. 本文中では，惑星が楕円軌道をもつことから万有引力の法則を導いた。この問題では，万有引力を受ける惑星が実際に楕円軌道の解をもつことを示そう。

(a) 力学的エネルギー保存則の式 (10.40) のエネルギー E が負である場合を考えよう。中心力ポテンシャルエネルギー $V(r)$ に対するに，万有引力のポテンシャルエネルギー $V(r) = -GmM/r$ を代入して，$u = 1/r$ を用いて書き直すと

$$\frac{du}{d\theta} = \pm\sqrt{\frac{2mE}{L^2} + \frac{2GMm^2}{L^2}u - u^2} \tag{11.47}$$

と書き表されることを示せ。ただし，この平方根のなかが正になる領域がある

ようなエネルギー E の範囲のみを考えることとする。(ヒント：第 10 章の章末問題 2 (g) のヒントにある式 (10.51) を参照せよ。)

(b)　$l = L^2/GMm^2$, $\epsilon = \sqrt{1 + \dfrac{2EL^2}{G^2M^2m^3}}$ (< 1) とおいて，$du/d\theta$ を l と ϵ を用いて表せ。

(c)　$du/d\theta$ を積分して，楕円軌道が得られることを示せ。

(d)　得られた楕円軌道の長軸半径 a，短軸半径 b を，G, M，m, E，および L を用いて表せ。

3. 本文中では，惑星の運動のみに注目したので，力学的エネルギー保存則の式 (10.40) のエネルギー E が負である場合のみを考えた。ここでは E が正のときの運動を考えよう。このとき，小天体が無限遠方より太陽に近づき，また再び無限遠方へ遠ざかる運動に対応する解が存在する。太陽の質量に比べて小天体の質量は十分小さいとして，全質量 M は太陽の質量 M_{s} に等しく，また換算質量 m は小天体の質量に等しいとして以下の問いに答えよ。

(a)　問題 2 と同様の計算によって，軌道の方程式は平面極座標を用いて

$$\frac{l}{r} = 1 + \epsilon\cos\theta \tag{11.48}$$

と表されることを示せ。ただし，l および ϵ は前問と同様に定義されている。いまは離心率 ϵ が 1 よりも大きな数であることに注意。(付録 E を参照せよ。)

(b)　前問で求めた軌道の方程式は，デカルト座標系では

$$\frac{(x - x_0)^2}{a^2} - \frac{y^2}{b^2} = 1 \tag{11.49}$$

という形の双曲線の方程式になることを示せ。また，この式に現れる x_0, a，および b を l と ϵ で表せ。

(c)　図 11.6 のように，遠方での運動方向に漸近する線と太陽を通る平行な線との距離を ρ とし，初期速度の大きさ v_0 で小天体が太陽に近づいてきたとき，その進行方向を角度 β だけ変えて離れ去っていったとする。このとき $\tan(\beta/2)$ を ρ, v_0 などを用いて表せ。

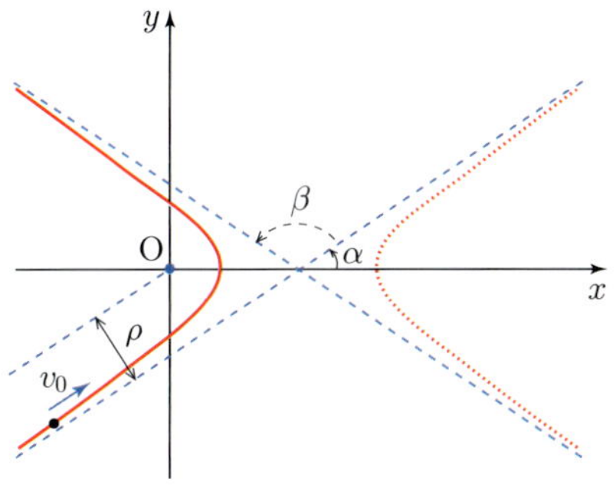

図 11.6

4. 地表近くの落体の運動であっても，万有引力の観点からは，その軌道は楕円 (の一部) になるはずである。いま，地表から高さ h のところから水平方向に速さ v で投げ出された質点を考える。この質点の描く楕円軌道の離心率 ϵ を求めよ。ただし，地球の質量を M，半径を R とし，$h \ll R$ としてよい。その軌跡を放物線と比べよ。

5. 一様な密度をもった，赤道半径を a，極半径を b とする回転楕円体が，遠方 $(r \gg \max(a, b))$ につくる (単位質量の質点に対する) 万有引力ポテンシャル $V(\boldsymbol{r})$ を求めよ。ただし，回転楕円体の質量を M とする。

12

非慣性系での運動の記述

運動の法則は慣性系に対して成立し，力がはたらかないと物体は等速直線運動を行う。しかし同じ物体の運動を，慣性系に対して加速度運動をしている観測者から見ると，(力ははたらいていないにもかかわらず) 加速度運動をすることになる。このように，慣性系以外の座標系 (非慣性系) で運動を記述すると，運動の法則はそのままの形では成り立たない。この章では，慣性系以外の座標系における運動の記述を一般的に考え，非慣性系での運動の記述で現れる「みかけの力」について学ぶ。

12.1 運動する座標系とみかけの力

慣性系での基準点 O を考え，この基準点からの位置ベクトル が $\boldsymbol{r}(t)$ である質点を考えよう。そして，基準点 O からの位置ベクトルが $\boldsymbol{R}(t)$ で表される点を新しい基準点 O′ とし，この基準点から質点への位置ベクトル $\boldsymbol{x}(t)$ を導入しよう。位置ベクトル $\boldsymbol{r}(t)$ は

$$\boldsymbol{r}(t) = \boldsymbol{R}(t) + \boldsymbol{x}(t) \tag{12.1}$$

と表される。

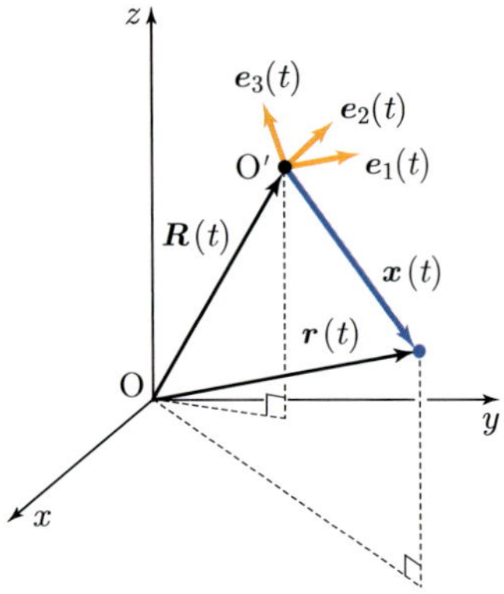

図 12.1 運動する座標系と基底ベクトル

新しい基準点 O′ を原点とするデカルト座標系を導入し，その基底ベクトルを $\boldsymbol{e}_1(t)$, $\boldsymbol{e}_2(t)$, $\boldsymbol{e}_3(t)$ としよう (図 12.1)。ただしこれらの基底ベクトルは，時間とともにその方向が変わってもよいとする。これらの間には

$$\boldsymbol{e}_a(t) \cdot \boldsymbol{e}_b(t) = \delta_{ab} \tag{12.2}$$

$$\boldsymbol{e}_1(t) \times \boldsymbol{e}_2(t) = \boldsymbol{e}_3(t),\ \boldsymbol{e}_2(t) \times \boldsymbol{e}_3(t) = \boldsymbol{e}_1(t),\ \boldsymbol{e}_3(t) \times \boldsymbol{e}_1(t) = \boldsymbol{e}_2(t) \tag{12.3}$$

がすべての t について成り立つ。ただしここで，δ_{ab} はクロネッカー (L. Kronecker) のデルタとよばれるもので，

$$\delta_{ab} = \begin{cases} 1 & (a = b) \\ 0 & (a \neq b) \end{cases} \tag{12.4}$$

を表す。

位置ベクトル $\boldsymbol{x}(t)$ は

$$\boldsymbol{x}(t) = \sum_{a=1}^{3} x_a(t)\boldsymbol{e}_a(t) \tag{12.5}$$

と表すことができる。$(x_1(t), x_2(t), x_3(t))$ は運動する座標系での質点の新しい座標である。

基底ベクトル $\boldsymbol{e}_a(t)$ の時間微分は，(各時刻で) ベクトル $\boldsymbol{\omega}(t)$ を指定することで

$$\frac{d}{dt}\boldsymbol{e}_a(t) = \boldsymbol{\omega}(t) \times \boldsymbol{e}_a(t) \tag{12.6}$$

と表されることを示そう。式 (12.2) から

$$\frac{d}{dt}(\boldsymbol{e}_1(t) \cdot \boldsymbol{e}_1(t)) = 2\boldsymbol{e}_1(t) \cdot \dot{\boldsymbol{e}}_1(t) = 0 \tag{12.7}$$

を得る。これは $\dot{\boldsymbol{e}}_1(t)$ は $\boldsymbol{e}_1(t)$ に直交していることを示している。それゆえ，$\dot{\boldsymbol{e}}_1(t)$ は $\boldsymbol{e}_2(t)$ と $\boldsymbol{e}_3(t)$ の線形結合で表される。

$$\dot{\boldsymbol{e}}_1(t) = \alpha(t)\boldsymbol{e}_2(t) + \beta(t)\boldsymbol{e}_3(t) \tag{12.8}$$

ここで，$\alpha(t)$ および $\beta(t)$ は t の関数である。同様に $\dot{\boldsymbol{e}}_2(t) = \rho(t)\boldsymbol{e}_1(t) + \gamma(t)\boldsymbol{e}_3(t)$ と表されるが，式 (12.8) の結果を用いて

$$\begin{aligned}\frac{d}{dt}(\boldsymbol{e}_1(t) \cdot \boldsymbol{e}_2(t)) &= \dot{\boldsymbol{e}}_1(t) \cdot \boldsymbol{e}_2(t) + \boldsymbol{e}_1(t) \cdot \dot{\boldsymbol{e}}_2(t) = \alpha(t) + \boldsymbol{e}_1(t) \cdot \dot{\boldsymbol{e}}_2(t) \\ &= \alpha(t) + \rho(t) = 0 \end{aligned} \tag{12.9}$$

から $\rho(t) = -\alpha(t)$ であることがわかり，

$$\dot{\boldsymbol{e}}_2(t) = -\alpha(t)\boldsymbol{e}_1(t) + \gamma(t)\boldsymbol{e}_3(t) \tag{12.10}$$

となる。同様にして

$$\dot{\boldsymbol{e}}_3(t) = -\beta(t)\boldsymbol{e}_1(t) - \gamma(t)\boldsymbol{e}_2(t) \tag{12.11}$$

を得る。つまり，3 つの t の関数 $\alpha(t), \beta(t), \gamma(t)$ を与えると，$\dot{\boldsymbol{e}}_a(t)$ $(a = 1, 2, 3)$ が決まることがわかる。ここで

$$\boldsymbol{\omega}(t) = \gamma(t)\boldsymbol{e}_1(t) - \beta(t)\boldsymbol{e}_2(t) + \alpha(t)\boldsymbol{e}_3(t) \tag{12.12}$$

によってベクトル $\boldsymbol{\omega}(t)$ を導入すると，式 (12.8), (12.10), (12.11) は式 (12.6) にまとめられることがわかる。

互いに直交する 3 つの基底ベクトルの組の時間変化は，必ず何らかの回転として表される。式 (12.6) は，微小な時間 Δt の間のベクトル $\boldsymbol{e}_a(t)$ の微小な変化分 $\Delta\boldsymbol{e}_a(t) \equiv \boldsymbol{e}_a(t + \Delta t) - \boldsymbol{e}_a(t)$ が，ベクトル $\boldsymbol{e}_a(t)$ とベクトル $\boldsymbol{\omega}(t)$ の両方に直交し，その大きさが $\boldsymbol{\omega}(t)$ の大きさに比例することを示している。このことから，ベクトル $\boldsymbol{\omega}(t)$ の方向は，(各時刻での) 座標軸の回転軸の方向を表し，その大きさは回転の角速度の大きさを表すことがわかる。$\boldsymbol{\omega}(t)$ を角速度ベクトルとよぶ。

問い 基底ベクトル $\boldsymbol{e}_3$ を一定にしたまま，$\boldsymbol{e}_1$ と $\boldsymbol{e}_2$ を一定の角速度で回転させるとき，式 (12.6) が成り立っていることを具体的に確かめよ。

以上の準備のもとで，まず $d\boldsymbol{r}(t)/dt$ を計算してみよう。

$$
\begin{aligned}
\frac{d\boldsymbol{r}(t)}{dt} &= \dot{\boldsymbol{R}}(t) + \dot{\boldsymbol{x}}(t) \\
&= \dot{\boldsymbol{R}}(t) + \sum_{a=1}^{3} \bigl(\dot{x}_a(t)\boldsymbol{e}_a(t) + x_a(t)\dot{\boldsymbol{e}}_a(t)\bigr) \\
&= \dot{\boldsymbol{R}}(t) + \sum_{a=1}^{3} \bigl(\dot{x}_a(t)\boldsymbol{e}_a(t) + x_a(t)\left(\boldsymbol{\omega}(t) \times \boldsymbol{e}_a(t)\right)\bigr) \\
&= \dot{\boldsymbol{R}}(t) + \frac{\delta \boldsymbol{x}(t)}{\delta t} + \boldsymbol{\omega}(t) \times \boldsymbol{x}(t)
\end{aligned} \tag{12.13}
$$

ただし,

$$
\frac{\delta \boldsymbol{x}(t)}{\delta t} = \sum_{a=1}^{3} \dot{x}_a(t)\boldsymbol{e}_a(t) \tag{12.14}
$$

を導入した。これは運動している座標系から見た (つまり, 座標軸が回転しているとは考えない人から見た場合の) 質点の速度ベクトルである。

さらに時間で微分して, 式 (12.6) と式 (12.14) を用いて

$$
\begin{aligned}
\frac{d^2\boldsymbol{r}(t)}{dt^2} &= \ddot{\boldsymbol{R}}(t) + \sum_{a=1}^{3} \biggl(\ddot{x}_a(t)\boldsymbol{e}_a(t) + 2\dot{x}_a(t)\left(\boldsymbol{\omega}(t) \times \boldsymbol{e}_a(t)\right) \\
&\qquad + x_a(t)\dot{\boldsymbol{\omega}}(t) \times \boldsymbol{e}_a(t) + x_a(t)\boldsymbol{\omega}(t) \times \left(\boldsymbol{\omega}(t) \times \boldsymbol{e}_a(t)\right)\biggr) \\
&= \ddot{\boldsymbol{R}}(t) + \frac{\delta^2 \boldsymbol{x}(t)}{\delta t^2} + 2\boldsymbol{\omega}(t) \times \frac{\delta \boldsymbol{x}(t)}{\delta t} + \dot{\boldsymbol{\omega}}(t) \times \boldsymbol{x}(t) \\
&\quad + \boldsymbol{\omega}(t) \times \left(\boldsymbol{\omega}(t) \times \boldsymbol{x}(t)\right)
\end{aligned} \tag{12.15}
$$

を得る。ここで式 (12.14) と同様に

$$
\frac{\delta^2 \boldsymbol{x}(t)}{\delta t^2} = \sum_{a=1}^{3} \ddot{x}_a(t)\boldsymbol{e}_a(t) \tag{12.16}
$$

を導入した。これは運動している座標系から見た質点の加速度ベクトルである。

これより, 慣性系での運動方程式 $m\, d^2\boldsymbol{r}(t)/dt^2 = \boldsymbol{F}$ は, 運動している座標系 (非慣性系) では

$$
\begin{aligned}
m\frac{\delta^2 \boldsymbol{x}(t)}{\delta t^2} = \boldsymbol{F} - m\biggl[&\ddot{\boldsymbol{R}}(t) + 2\boldsymbol{\omega}(t) \times \frac{\delta \boldsymbol{x}(t)}{\delta t} + \dot{\boldsymbol{\omega}}(t) \times \boldsymbol{x}(t) \\
&+ \boldsymbol{\omega}(t) \times \left(\boldsymbol{\omega}(t) \times \boldsymbol{x}(t)\right)\biggr]
\end{aligned} \tag{12.17}
$$

と書かれることがわかる。第 2 項以降は, 非慣性系で現れるみかけの力, あるいは慣性力を表している。これらはすべて質点の質量に比例していることに注意しよう。

みかけの力を一つひとつみていこう。

- 基準点の加速度運動によるみかけの力：

$$
-m\ddot{\boldsymbol{R}}(t) \tag{12.18}
$$

　これは運動している座標系の原点が慣性系に対して加速度運動しているために生ずる力で, $\boldsymbol{\omega}(t) = \mathbf{0}$ であっても生ずる。

- コリオリ (G.-G. Coriolis) の力

$$-2m\boldsymbol{\omega}(t)\times\frac{\delta\boldsymbol{x}(t)}{\delta t} \tag{12.19}$$

回転している座標系から見て，運動している物体 ($\delta\boldsymbol{x}(t)/\delta t\neq\mathbf{0}$) にはたらく力である。回転の角速度および (運動している座標系での) 速度に比例し，それらに直交していることに注意。つまり，運動する物体は，運動方向とは垂直なみかけの力を受ける。

- 回転の加速による力：

$$-m\dot{\boldsymbol{\omega}}(t)\times\boldsymbol{x}(t) \tag{12.20}$$

回転の角速度が時間的に変化することによって生じる力。動径ベクトル $\boldsymbol{x}(t)$ に垂直であることに注意せよ。

- 遠心力：

$$-m\boldsymbol{\omega}\times(\boldsymbol{\omega}\times\boldsymbol{x}) \tag{12.21}$$

回転の角速度の 2 乗に比例し，角速度ベクトルに直交する。回転軸からの距離に比例して大きくなる。

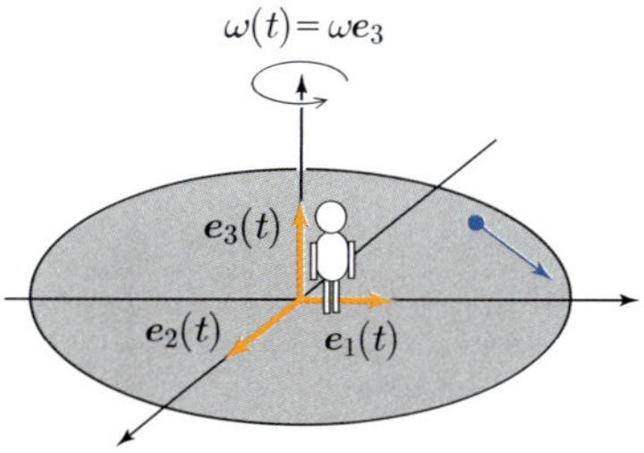

図 12.2　回転する円板上の観測者

[例題 12.1]　一定の角速度 ω で，固定された軸のまわりを回転している滑らかな円板を考えよう。この円板上の自由な質点の 2 次元運動は，回転軸のすぐ近くにいる人から見てどのように見えるだろうか (図 12.2)。

[解]　式 (12.17) において，$\boldsymbol{F}=\mathbf{0}$, $\boldsymbol{R}(t)=\mathbf{0}$, $\boldsymbol{e}_3=$ (一定), $\boldsymbol{\omega}=\omega\boldsymbol{e}_3$ (一定) とする。$\boldsymbol{e}_3$ が回転軸の方向である。

この回転座標系での質点の運動方程式は

$$m\frac{\delta^2\boldsymbol{x}(t)}{\delta t^2}=-m\left[2\boldsymbol{\omega}\times\frac{\delta\boldsymbol{x}(t)}{\delta t}+\boldsymbol{\omega}\times(\boldsymbol{\omega}\times\boldsymbol{x}(t))\right]$$

と書かれる。円板上の質点の位置ベクトル $\boldsymbol{x}(t)=x_1(t)\boldsymbol{e}_1(t)+x_2(t)\boldsymbol{e}_2(t)$ に対して，

$$\boldsymbol{\omega}\times\frac{\delta\boldsymbol{x}(t)}{\delta t}=-\omega\dot{x}_2(t)\boldsymbol{e}_1(t)+\omega\dot{x}_1(t)\boldsymbol{e}_2(t)$$

$$\begin{aligned}\boldsymbol{\omega}\times(\boldsymbol{\omega}\times\boldsymbol{x}(t))&=\omega^2\boldsymbol{e}_3\times(-x_2(t)\boldsymbol{e}_1(t)+x_1(t)\boldsymbol{e}_2(t))\\&=-\omega^2x_1(t)\boldsymbol{e}_1(t)-\omega^2x_2(t)\boldsymbol{e}_2(t)\\&=-\omega^2\boldsymbol{x}(t)\end{aligned}$$

であるから，この運動方程式は成分で

$$m\ddot{x}_1(t)=+2m\omega\dot{x}_2(t)+m\omega^2x_1(t) \tag{12.22}$$

$$m\ddot{x}_2(t)=-2m\omega\dot{x}_1(t)+m\omega^2x_2(t) \tag{12.23}$$

となる。右辺の第 1 項がコリオリ力で，第 2 項が遠心力を表している。

問い　運動方程式 (12.22) および (12.23) の一般解は，

$$x_1(t)=(x_{01}+v_1t)\cos\omega t-(x_{02}+v_2t)\sin\omega t \tag{12.24}$$

$$x_2(t)=(x_{01}+v_1t)\sin\omega t+(x_{02}+v_2t)\cos\omega t \tag{12.25}$$

で与えられる。ただし，x_{01}, x_{02}, v_1，および v_2 は積分定数である。どうやったら簡単にこれらの運動方程式を解くことができるだろうか。

(ヒント：$\xi\equiv x_1+ix_2$ が満足する方程式を考えよ。あるいは，慣性系で考えよ。)

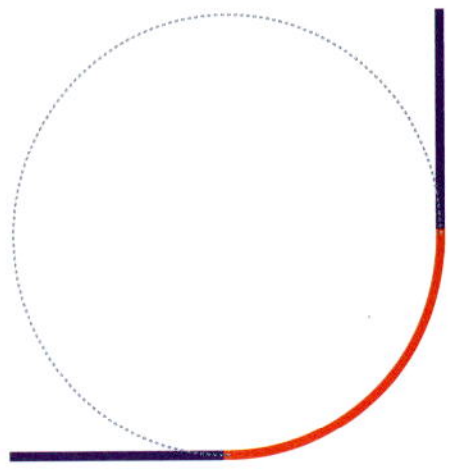

図 12.3　直線と円弧を直接つなげる場合

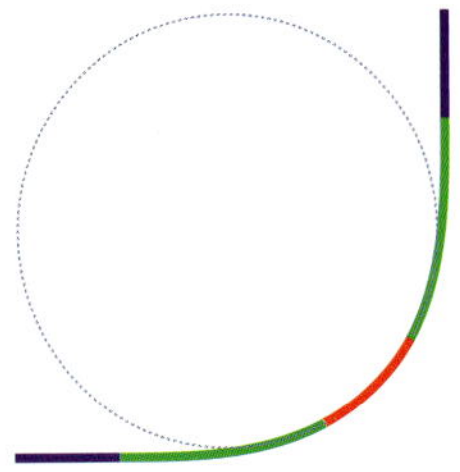

図 12.4　直線と円弧の間にクロソイド曲線をはさむ場合

Advanced: クロソイド曲線

半径 R の円弧に沿って自動車を走らせると，自動車の中は非慣性系であって，乗っている人は慣性力を受ける。一定の速さ $v = R\omega$ で走らせるとき，質量 m の物体にはたらく遠心力の大きさは $mR\omega^2 = mv^2/R$ で与えられる。それゆえ，図 12.3 のようにカーブが直線からいきなり円弧に変わると，滑らかにつながっているように見えても，そのつなぎ目で車の中にいる人は突然大きな遠心力を感じることになる。

それを緩和するために，図 12.4 のように直線から徐々に円弧につながる曲線を間にはさむのが普通である。このような曲線を緩和曲線とよぶ。その代表的なものがクロソイド (clothoid) 曲線とよばれるものである。

クロソイド曲線に沿って等速で運動する物体を考えよう。その位置座標は，

$$x(t) = \int_0^{vt} ds \sin\left(\frac{s^2}{2A^2}\right) \tag{12.26}$$

$$y(t) = \int_0^{vt} ds \cos\left(\frac{s^2}{2A^2}\right) \tag{12.27}$$

で表される。ただし v と A は定数である。$v_x = \dot{x} = v\sin(v^2t^2/2A^2)$, $v_y = \dot{y} = v\cos(v^2t^2/2A^2)$ であるから，この物体の速さは v (一定) である。また，加速度の大きさは $a = v^3t/A^2 = v^2L/A^2$ である。ここで $L = vt$ は時刻 $t = 0$ から時刻 t までに進んだ距離である。これを等速円運動の加速度の大きさ v^2/R と比較することで，この点における曲率半径 R が $R = A^2/L$ で与えられることがわかる。つまり，クロソイド曲線の曲率半径は，無限大 (直線) から，進んだ距離に反比例して小さくなることがわかる。

クロソイド曲線は，ローラーコースターの軌道にも使われている。

12.2 フーコーの振り子

回転する座標系のもっとも重要な例は，自転する地球上の運動である。地球の重心を原点とする座標系は近似的に慣性系であるとしてよい。地球の表面に立つ観測者は，この慣性系に対して回転している非慣性系である。それゆえ，地表に立つ観測者はみかけの力を観測することになる。

［質問］　公転の影響は本当に無視できるのだろうか。自転は周期 1 日，半径 6.4×10^6 m，公転は周期 365.25 日，半径 1.5×10^{11} m としてその効果の大きさ考えよ。

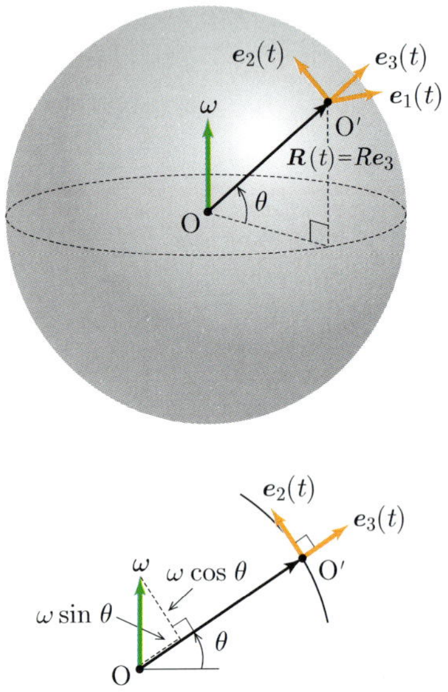

図 12.5　自転する地球上の座標系

地球の中心を基準点 O とし，北緯 θ の (北半球) 地表上の点を，運動する座標系の基準点 O′ としよう。地球は半径 R の球形であり，地軸に関して一定の角速度 ω で回転しているとする (図 12.5)。

基準点 O′ に直交座標系を設定しよう。基底ベクトルを $\boldsymbol{e}_3(t)$ が天頂方向に，$\boldsymbol{e}_1(t)$ を東向きに，$\boldsymbol{e}_2(t)$ を北向きになるように選ぼう：$\boldsymbol{R}(t) = R\boldsymbol{e}_3(t)$. 角速度ベクトル $\boldsymbol{\omega}$ は

$$\boldsymbol{\omega} = \omega\cos\theta\,\boldsymbol{e}_2(t) + \omega\sin\theta\,\boldsymbol{e}_3(t) \tag{12.28}$$

と表される。

質量 m の質点の運動方程式は

$$m\frac{\delta^2 \boldsymbol{x}(t)}{\delta t^2} = \boldsymbol{f} + m\boldsymbol{g} - m\left[\ddot{\boldsymbol{R}}(t) + 2\boldsymbol{\omega} \times \frac{\delta \boldsymbol{x}(t)}{\delta t} + \boldsymbol{\omega} \times (\boldsymbol{\omega} \times \boldsymbol{x}(t))\right] \tag{12.29}$$

と書かれる。$\boldsymbol{f}$ は重力以外の力を表す。$\boldsymbol{g}$ は鉛直下方向きの重力加速度を表すベクトルで,

$$\boldsymbol{g} = -g\boldsymbol{e}_3(t) \tag{12.30}$$

で与えられる。

位置ベクトル $\boldsymbol{R}(t)$ の時間依存性はすべて自転によるものなので,

$$\dot{\boldsymbol{R}}(t) = \boldsymbol{\omega} \times \boldsymbol{R}(t), \qquad \ddot{\boldsymbol{R}}(t) = \boldsymbol{\omega} \times (\boldsymbol{\omega} \times \boldsymbol{R}(t)) \tag{12.31}$$

であることに注意しよう。ただし，地球の自転の角速度は一定であるとみなし，$\dot{\boldsymbol{\omega}} = \boldsymbol{0}$ とした。また，地上の運動では $|\boldsymbol{x}(t)| \ll |\boldsymbol{R}(t)| = R$ であるから，$\boldsymbol{\omega} \times (\boldsymbol{\omega} \times \boldsymbol{R}(t))$ に比べて $\boldsymbol{\omega} \times (\boldsymbol{\omega} \times \boldsymbol{x}(t))$ は十分小さく無視してよい。さらに，公式 (1.36) を用いて変形すると

$$\begin{aligned}\ddot{\boldsymbol{R}}(t) &= \boldsymbol{\omega} \times (\boldsymbol{\omega} \times \boldsymbol{R}(t)) = \boldsymbol{\omega}(\boldsymbol{\omega} \cdot \boldsymbol{R}(t)) - \omega^2 \boldsymbol{R}(t) \\ &= \omega^2 R \cos\theta\,(\sin\theta\,\boldsymbol{e}_2(t) - \cos\theta\,\boldsymbol{e}_3(t))\end{aligned} \tag{12.32}$$

であるから,

$$\boldsymbol{g}_{\text{eff}} = -g\boldsymbol{e}_3(t) - \omega^2 R\cos\theta(\sin\theta\,\boldsymbol{e}_2(t) - \cos\theta\,\boldsymbol{e}_3(t)) \tag{12.33}$$

を導入すると，運動方程式は

$$m\frac{\delta^2 \boldsymbol{x}(t)}{\delta t^2} = \boldsymbol{f} + m\boldsymbol{g}_{\text{eff}} - 2m\boldsymbol{\omega} \times \frac{\delta \boldsymbol{x}(t)}{\delta t} \tag{12.34}$$

と表される。$m\boldsymbol{g}_{\text{eff}}$ は地球の重力の効果と，自転による遠心力の効果を足したもので，$\boldsymbol{g}_{\text{eff}}$ は有効重力加速度ベクトルとでもよばれるべきものである。しかし，遠心力が最大の赤道上で見積もっても $R\omega^2 \approx 3.4 \times 10^{-2}$ m/s^2 は $g \approx 9.8\ \text{m/s}^2$ に比べて十分小さいので，$\boldsymbol{g}$ と $\boldsymbol{g}_{\text{eff}}$ の差は無視してよいだろう。

結局，地上の座標系が慣性系でない効果は，コリオリの力と，遠心力によって重力の有効的加速度が変更されることに現れるが，遠心力の効果は重力に比べて十分小さく，コリオリの力のみを考慮すればよいことがわかる。

質点の位置ベクトル $\boldsymbol{x}(t)$ を

$$\boldsymbol{x}(t) = \sum_{a=1}^{3} x_a(t)\boldsymbol{e}_a(t) \tag{12.35}$$

とすると,

$$\begin{aligned}\boldsymbol{\omega} \times \frac{\delta \boldsymbol{x}(t)}{\delta t} &= \omega(-\dot{x}_2(t)\sin\theta + \dot{x}_3(t)\cos\theta)\boldsymbol{e}_1(t) \\ &\quad + \omega\dot{x}_1 \sin\theta\,\boldsymbol{e}_2(t) - \omega\dot{x}_1\cos\theta\,\boldsymbol{e}_3(t)\end{aligned} \tag{12.36}$$

となる。それゆえ，質点の運動方程式を地上の座標系で成分ごとに表すと，

$$m\ddot{x}_1(t) = f_1 - 2m\omega(-\dot{x}_2(t)\sin\theta + \dot{x}_3(t)\cos\theta) \tag{12.37a}$$

$$m\ddot{x}_2(t) = f_2 - 2m\omega\dot{x}_1(t)\sin\theta \tag{12.37b}$$

$$m\ddot{x}_3(t) = f_3 - mg + 2m\omega\dot{x}_1(t)\cos\theta \tag{12.37c}$$

となる。

［例題 12.2］ 外力 $\boldsymbol{f}$ がゼロの場合に，初期条件 $x_1(0) = x_2(0) = 0$，$x_3(0) = h$，$\dot{x}_a(0) = 0$ $(a = 1, 2, 3)$ の下で落体の運動を議論せよ。

［解］ 落体の運動はコリオリの力によって影響を受けるが，コリオリの力は重力に対して十分小さいので，まったく影響を受けないで落下したものからの差は十分小さいと考えられる。そこで，コリオリの力を無視して計算したものを第 0 近似とし，少しずつコリオリ力の効果を取り入れて近似的に計算していくのがよい。コリオリの力の効果は ω をともなっているので，ω のべき展開 (正確には ωt のべき展開) で解を求めると考えてもよい。

$$x_a(t) = x_a^{(0)}(t) + x_a^{(1)}(t) + \cdots \quad (a = 1, 2, 3)$$

ただし，$x_a^{(n)}(t)$ は ω の n 次の寄与である。

まず最初に，ω の 0 次では式 (12.37) で $\boldsymbol{f} = \boldsymbol{0}$ および $\omega = 0$ とおいた式を，与えられた初期条件の下で解いて

$$x_1^{(0)}(t) = x_2^{(0)}(t) = 0,\ x_3^{(0)}(t) = h - \frac{1}{2}gt^2 \tag{12.38}$$

を得る。次に ω の 1 次の寄与を考えよう。このとき，式 (12.37a–c) の右辺で ω がかかっている項には 0 次の解 (12.38) を代入する。すると $\dot{x}_3^{(0)}(t)$ $(= -gt)$ だけがゼロでないので，1 次の寄与があるのは $x_1(t)$ だけである。すなわち，$x_2^{(1)}(t) = x_3^{(1)}(t) = 0$．$x_1^{(1)}(t)$ に対する方程式は

$$\ddot{x}_1^{(1)}(t) = 2\omega gt\cos\theta$$

となる。これを初期条件を考慮しつつ積分して

$$x_1^{(1)}(t) = \frac{1}{3}\omega gt^3\cos\theta$$

を得る。以上より，この近似の範囲で

$$x_1(t) = \frac{1}{3}\omega gt^3\cos\theta \tag{12.39}$$

$$x_2(t) = 0 \tag{12.40}$$

$$x_3(t) = h - \frac{1}{2}gt^2 \tag{12.41}$$

を得る。すなわち，落体はコリオリの力の影響で，北半球では東にずれて落下する。

［質問］ 式 (12.39) と式 (12.41) から t を消去すると軌道の式が得られる。軌道にはどんな特徴があるか。

問い 福岡タワー (北緯 33 度 59 分) のてっぺん (高さ 234 m) から物体を自由落下させたとき，東方向にどれだけずれて落下するだろうか。ただし，空気抵抗，風の影響は考えないとする。

Advanced

例題 12.2 の計算をさらに高次まで進めることができる。ω の 2 次の寄与を考えると，$x_1^{(2)}(t) = 0$ と

$$\ddot{x}_2^{(2)}(t) = -2\omega^2 gt^2\cos\theta\sin\theta \tag{12.42}$$

$$\ddot{x}_3^{(2)}(t) = 2\omega^2 gt^2\cos^2\theta \tag{12.43}$$

を得る。これらを初期条件を考慮しつつ積分すると，$x_2^{(2)}(t) = -\frac{1}{6}\omega^2 gt^4\cos\theta\sin\theta$, $x_3^{(2)}(t) = \frac{1}{6}\omega^2 gt^4\cos^2\theta$ を得る。

フーコー (J.B.L. Foucault) はコリオリの力を観測することによって，地球の自転を地上に居ながらにして証明した。地上での振り子の微小振動を考えよう。振り子のおもりの質量を m とし，振り子のひもの長さを l とする。おもりの平衡の位置を $x_1 = x_2 = 0$ であるとする。微小振動であるので，おもりは水平面でのみ運動する ($x_3 = 0$) と近似しよう (図 12.6)。$\boldsymbol{f}$ はいまの場合，ひもの張力を表す。

$$\boldsymbol{f} \approx -\frac{mgx_1}{l}\boldsymbol{e}_1(t) - \frac{mgx_2}{l}\boldsymbol{e}_2(t) + mg\boldsymbol{e}_3(t) \qquad (12.44)$$

運動方程式は，式 (12.37a) と式 (12.37b) から

$$\ddot{x}_1(t) = -\frac{g}{l}x_1(t) + 2\omega\dot{x}_2(t)\sin\theta \qquad (12.45)$$

$$\ddot{x}_2(t) = -\frac{g}{l}x_2(t) - 2\omega\dot{x}_1(t)\sin\theta \qquad (12.46)$$

となる。

［質問］　この系の力学的エネルギーは保存しているだろうか。

式 (12.45) に $-x_2(t)$ を，式 (12.46) に $x_1(t)$ をかけて足すと

$$x_1(t)\ddot{x}_2(t) - \ddot{x}_1(t)x_2(t) = -2\omega(x_1(t)\dot{x}_1(t) + x_2(t)\dot{x}_2(t))\sin\theta \qquad (12.47)$$

となるが，

$$\frac{d}{dt}(x_1(t)\dot{x}_2(t) - \dot{x}_1(t)x_2(t)) = x_1(t)\ddot{x}_2(t) - \ddot{x}_1(t)x_2(t) \qquad (12.48)$$

$$\frac{d}{dt}(x_1^2(t) + x_2^2(t)) = 2(x_1(t)\dot{x}_1(t) + x_2(t)\dot{x}_2(t)) \qquad (12.49)$$

に注意すると，

$$x_1(t)\dot{x}_2(t) - \dot{x}_1(t)x_2(t) + \omega\sin\theta(x_1^2(t) + x_2^2(t)) = (\text{一定}) \qquad (12.50)$$

を得る。$x_1(0) = x_2(0) = 0$ であるとすると，右辺はゼロになる。極座標 $(r(t), \varphi(t))$ を導入して

$$\begin{aligned} x_1(t) &= r(t)\cos\varphi(t) \\ x_2(t) &= r(t)\sin\varphi(t) \end{aligned} \qquad (12.51)$$

と書くと，

$$\frac{d}{dt}\varphi(t) = -\omega\sin\theta \qquad (12.52)$$

と書き換えることができ，解

$$\varphi(t) = \varphi(0) - (\omega\sin\theta)t \qquad (12.53)$$

を得る。これは振り子の振動面が角速度 $\omega\sin\theta$ で (上から見て時計まわりに) 回転していることを表している。

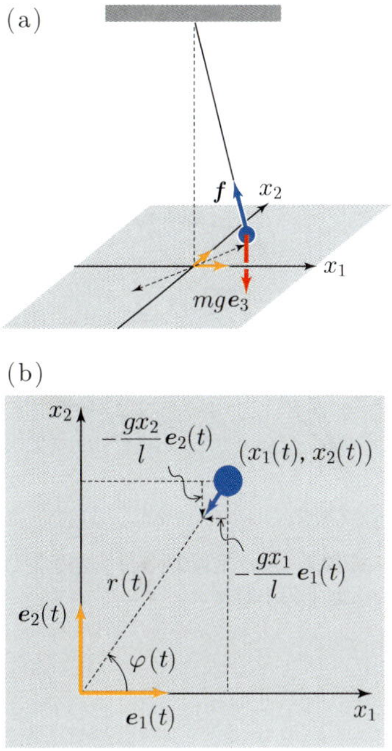

図 12.6　フーコーの振り子にはたらく力

12.3 潮の満ち干

海水がおよそ 12 時間周期で満潮と干潮を繰り返すことはよく知られている。この現象は主に月や太陽から受ける万有引力によって，地球の中心が加速度運動をしていることによる。ここでは，月と地球から万有引力を受ける地上の小物体の運動を考える。なお，小物体の質量は月や地球の質量に比べて十分小さく，月や地球の運動に影響を与えないという近似を用いる。

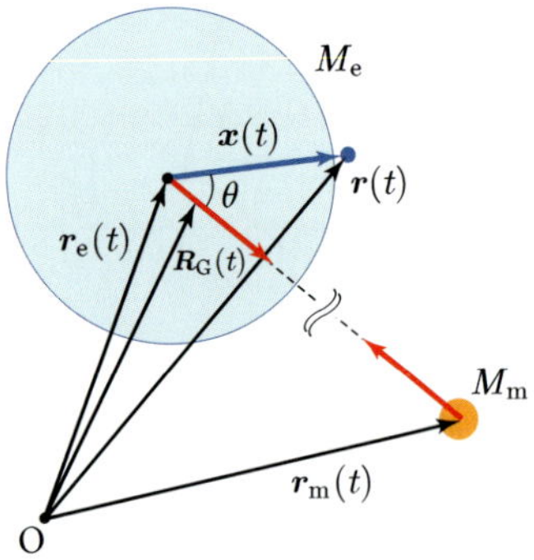

図 12.7　月と地球の万有引力を受ける地上の小物体

地球の質量を M_e，月の質量を M_m とし，慣性系での位置ベクトルをそれぞれ $\boldsymbol{r}_e(t), \boldsymbol{r}_m(t)$ としよう。それぞれの運動方程式は

$$M_e\ddot{\boldsymbol{r}}_e(t) = -G\frac{M_eM_m}{|\boldsymbol{r}_e(t)-\boldsymbol{r}_m(t)|^3}(\boldsymbol{r}_e(t)-\boldsymbol{r}_m(t)) \qquad (12.54)$$

$$M_m\ddot{\boldsymbol{r}}_m(t) = -G\frac{M_eM_m}{|\boldsymbol{r}_m(t)-\boldsymbol{r}_e(t)|^3}(\boldsymbol{r}_m(t)-\boldsymbol{r}_e(t)) \qquad (12.55)$$

となる。重心

$$\boldsymbol{R}_G(t) \equiv \frac{M_e\boldsymbol{r}_e(t)+M_m\boldsymbol{r}_m(t)}{M}, \quad M = M_e + M_m \qquad (12.56)$$

は $\ddot{\boldsymbol{R}}_G(t) = \boldsymbol{0}$ を満足するので，$\boldsymbol{R}_G = \boldsymbol{0}$ という慣性系をとることができる。以下，この慣性系を考える。このとき，地球から見た月の相対位置ベクトル $\boldsymbol{D}(t) \equiv \boldsymbol{r}_m(t) - \boldsymbol{r}_e(t)$ は方程式

$$\ddot{\boldsymbol{D}}(t) = -G\frac{M}{|\boldsymbol{D}(t)|^3}\boldsymbol{D}(t) \qquad (12.57)$$

を満足する。月の平均離心率は 0.0548799 と小さいので，円軌道であるとしてよい ($|\boldsymbol{D}(t)| = D$ (一定))。このとき，ベクトル $\boldsymbol{D}(t)$ は一定の角速度

$$\omega = \sqrt{\frac{GM}{D^3}} \qquad (12.58)$$

で回転する。

地上の質量 m の小物体の位置ベクトルを $\boldsymbol{r}(t)$ とすると，運動方程式は

$$m\ddot{\boldsymbol{r}}(t) = -G\frac{M_em}{|\boldsymbol{r}(t)-\boldsymbol{r}_e(t)|^3}(\boldsymbol{r}(t)-\boldsymbol{r}_e(t)) - G\frac{M_mm}{|\boldsymbol{r}(t)-\boldsymbol{r}_m(t)|^3}(\boldsymbol{r}(t)-\boldsymbol{r}_m(t)) \qquad (12.59)$$

で与えられる。地球の中心を原点とする位置ベクトル $\boldsymbol{x}(t)$ を導入しよう。

$$\boldsymbol{r}(t) = \boldsymbol{r}_e(t) + \boldsymbol{x}(t) \qquad (12.60)$$

地球の中心への位置ベクトルは

$$\boldsymbol{r}_e(t) = -\frac{M_m}{M}\boldsymbol{D}(t) \qquad (12.61)$$

で与えられるので，運動方程式 (12.59) は，式 (12.60) と式 (12.61) を代入して式 (12.57) を用いると，

$$
\begin{aligned}
\ddot{\boldsymbol{x}}(t) = & -G\frac{M_{\mathrm{e}}}{|\boldsymbol{x}(t)|^3}\boldsymbol{x}(t) - G\frac{M_{\mathrm{m}}}{|\boldsymbol{x}(t)-\boldsymbol{D}(t)|^3}(\boldsymbol{x}(t)-\boldsymbol{D}(t)) \\
& -G\frac{M_{\mathrm{m}}}{D^3}\boldsymbol{D}(t)
\end{aligned} \tag{12.62}
$$

を得る。第 1 項は地球の重力，第 2 項は月の重力，そして第 3 項は基準点 (地球の中心) が加速度運動をしていることによるみかけの力である。

注意! 基準点が加速度運動しているだけで，回転している座標系は導入していない。

地上の小物体は，地上からあまり変わらないところを運動するとすれば，$|\boldsymbol{x}(t)|$ は地球の半径 R と考えてよい。$D \approx 60.27R$ であるから $|\boldsymbol{x}(t)| \ll D$ としてよい。このとき

$$
\begin{aligned}
\frac{1}{|\boldsymbol{x}(t)-\boldsymbol{D}(t)|^3} &= \frac{1}{[D^2 - 2\boldsymbol{x}(t)\cdot\boldsymbol{D}(t) + |\boldsymbol{x}(t)|^2]^{\frac{3}{2}}} \\
&\approx \frac{1}{D^3\left[1-\frac{2\boldsymbol{x}(t)\cdot\boldsymbol{D}(t)}{D^2}\right]^{\frac{3}{2}}} \\
&\approx \frac{1}{D^3}\left(1+3\frac{\boldsymbol{x}(t)\cdot\boldsymbol{D}(t)}{D^2}\right)
\end{aligned} \tag{12.63}
$$

と近似することができるので，運動方程式 (12.62) は

$$
\ddot{\boldsymbol{x}}(t) = -G\frac{M_{\mathrm{e}}}{|\boldsymbol{x}(t)|^3}\boldsymbol{x}(t) + G\frac{M_{\mathrm{m}}}{D^3}\left(3\frac{(\boldsymbol{x}(t)\cdot\boldsymbol{D}(t))\boldsymbol{D}(t)}{D^2} - \boldsymbol{x}(t)\right) \tag{12.64}
$$

となる。地球の中心から月に向う方向 ($\boldsymbol{D}(t)$ 方向) に対して，小物体が角度 θ の方向にあるとすると，$\theta = 0$ と $\theta = \pi$ の場合，第 2 項は

$$
2G\frac{M_{\mathrm{m}}}{D^3}\boldsymbol{x}(t) \tag{12.65}
$$

となり，$\theta = \pi/2$ のときには

$$
-G\frac{M_{\mathrm{m}}}{D^3}\boldsymbol{x}(t) \tag{12.66}
$$

となる。この力が海水にはたらき，月側と月と反対側では満ち潮となり，月に向って垂直な方向では引き潮となる。

月による潮汐力の大きさは M_{m}/D^3 に比例することがわかった。このことから，太陽による潮汐力の大きさは，月による潮汐力に比べて $(M_{\mathrm{s}}/M_{\mathrm{m}})(D/D_s)^3$ 倍であることがわかる。ただし，M_{s} は太陽の質量，D_s は地球から太陽までの距離である。$M_{\mathrm{s}}/M_{\mathrm{m}} = 2.7 \times 10^7$, $D/D_s = 1.6 \times 10^{-3}$ から，$(M_{\mathrm{s}}/M_{\mathrm{m}})(D/D_s)^3 = 0.46$ を得る。つまり，太陽の影響は月のそれのほぼ半分であることがわかる。満月または新月のときには太陽と地球と月とが 1 直線上に並ぶので，このとき月による潮汐力と太陽による潮汐力は強めあう。これを大潮という。

Advanced

小物体が受ける力に対するポテンシャルエネルギーは，単位質量当たり

$$V(\boldsymbol{x}) = -G\frac{M_\mathrm{e}}{|\boldsymbol{x}|} - G\frac{M_\mathrm{m}}{2D^3}\left(3\frac{(\boldsymbol{x}\cdot\boldsymbol{D})^2}{D^2} - |\boldsymbol{x}|^2\right)$$
$$= -G\frac{M_\mathrm{e}}{|\boldsymbol{x}|} - G\frac{M_\mathrm{m}}{2D^3}|\boldsymbol{x}|^2\left(3\cos^2\theta - 1\right) \qquad (12.67)$$

で与えられる。海水面は等ポテンシャル面となるので，月の影響がないときの海水面を $|\boldsymbol{x}|_{\mathrm{eq0}} = R$ として，$|\boldsymbol{x}|_{\mathrm{eq}}(\theta) = R + h(\theta)$ とおこう。ただし $|h| \ll R$ である。

$$V(\boldsymbol{x}_{\mathrm{eq}}) \approx -G\frac{M_\mathrm{e}}{R}\left(1 - \frac{h}{R}\right) - G\frac{M_\mathrm{m}}{2D^3}R^2(3\cos^2\theta - 1) = (\text{定数}) \qquad (12.68)$$

を得る。ただし，第 2 項は第 1 項に比べて $(M_\mathrm{m}/M_\mathrm{e})(R/D)^2$ だけ小さいので，単に $|\boldsymbol{x}| = R$ とおいた。この (定数) は月の影響がないときには $h(\theta) = 0$ となることから，$-GM_\mathrm{e}/R$ であることがわかる。これより

$$h(\theta) = \left(\frac{M_\mathrm{m}}{M_\mathrm{e}}\right)\left(\frac{R}{D}\right)^3 R\,\frac{3\cos^2\theta - 1}{2} \qquad (12.69)$$

を得る。

具体的な数値 $M_\mathrm{m}/M_\mathrm{e} = 1.2\times10^{-2}$, $R/D = 1/60$, $R = 6.4\times10^6$ m を代入して，

$$h(\theta) = 0.36\ [\mathrm{m}] \times \frac{3\cos^2\theta - 1}{2} \qquad (12.70)$$

を得る。すなわち，満ち潮のとき $(\theta = 0, \pi)$ には海面は平均水位より 36 cm 上昇し，引き潮のとき $(\theta = \pi/2)$ には 18 cm 下降する。

この章でのポイント

- 運動する座標系では一般にみかけの力が現れる。
- 回転する座標系では遠心力とコリオリ力がはたらく。
- フーコーの振り子は，コリオリ力によって地球の自転を地上にいながらにして証明する。
- 潮の満ち干が起こるのは，月や太陽からの万有引力によって，地球の中心が慣性系に対して回転しているためである。

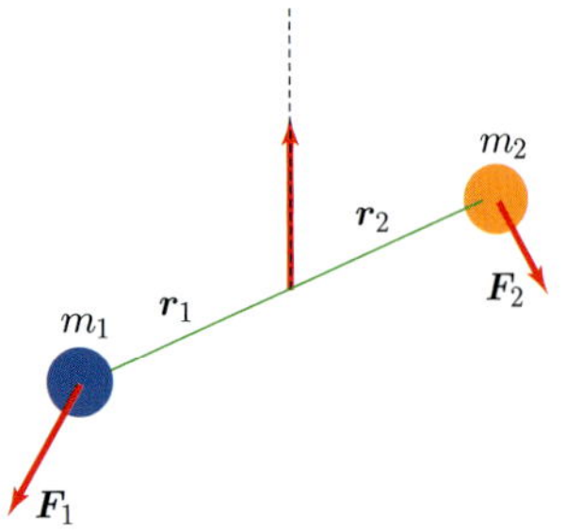

図 12.8　エトヴェシュの実験

第 12 章　章末問題

1. 風呂の栓を抜いたときに流れ出る水流でコリオリ力の効果をみることができるだろうか。水流をいくつもの質点の集まりのように考え，その速度 (流速) のおよその値からコリオリ力の大きさを評価してみよ。

2. 慣性力が慣性質量に比例することを用いて，慣性質量と重力質量の関係を調べることができる。図 12.8 のように，質量がそれぞれ m_1, m_2 で与えられ

る，異なる物質からなる 2 つの物体を，重さの無視できる棒の両端に付け，その棒を糸で吊るしてつりあわせる。この 2 つの物体にはたらく力 $\boldsymbol{F}_1$ と $\boldsymbol{F}_2$ が平行でないなら，系には糸のまわりにトルクがはたらくことを示せ。また，この 2 つの物体にはたらく力が重力と (地球の自転による) 遠心力であるとして，$\boldsymbol{F}_1$ と $\boldsymbol{F}_2$ が平行ならば慣性質量と重力質量は物質によらない比例係数で比例していることを示せ。この実験はエトヴェシュ (L. Eötvös) の実験とよばれ，慣性質量と重力質量が等価であることを高い精度で示した歴史的実験である。

3. 図 12.9 のように，O を中心として一定の角速度 ω で反時計まわりに回転している円板上に O から a だけ離れた場所で常に O のほうを向いている観測者を考えよう。この観測者は時刻 $t=0$ に図の A を通過するものとする。いま，質量 m の質点が $t=0$ において慣性系から見て速さ v_0 で，A における接線方向 (x 方向とする) と角度 θ ($0 \leq \theta < \frac{\pi}{2}$) をなす方向に投げ出され，その後まったく力を受けないものとする。ただし，$a\omega \leq v_0$ であるとする。

(a)　AO 方向を y 方向としたとき，慣性系で見た質点の初速度の x 成分，y 成分を求めよ。

(b)　O を慣性系の原点とするとき，慣性系で見た観測者の位置ベクトル $\boldsymbol{R}(t)$ の x 成分，y 成分を求めよ。

(c)　観測者に固定した基底ベクトル $\boldsymbol{e}_1, \boldsymbol{e}_2$ を図 12.9 のようにとるとき，$\boldsymbol{e}_1, \boldsymbol{e}_2$ を慣性系での基底ベクトル $\boldsymbol{i}, \boldsymbol{j}$ で表せ。

(d)　観測者から見て $t=0$ で物体がちょうど $\boldsymbol{e}_2$ 方向 (すなわち中心 O に向かって) に投げ出されたように見えるためには θ はどのようにしなければならないか。

(e)　この質点の，円板上の観測者から見た位置座標を (ξ, η) とするとき (すなわち，位置ベクトルを $\xi\boldsymbol{e}_1 + \eta\boldsymbol{e}_2$ とするとき)，この質点の運動方程式を ξ と η を用いて表せ。

(f)　質点が半径 a の円周上の点 B に達したとき，観測者がちょうど B にいるためには，角速度 ω の大きさはどれほどでなければならないか。

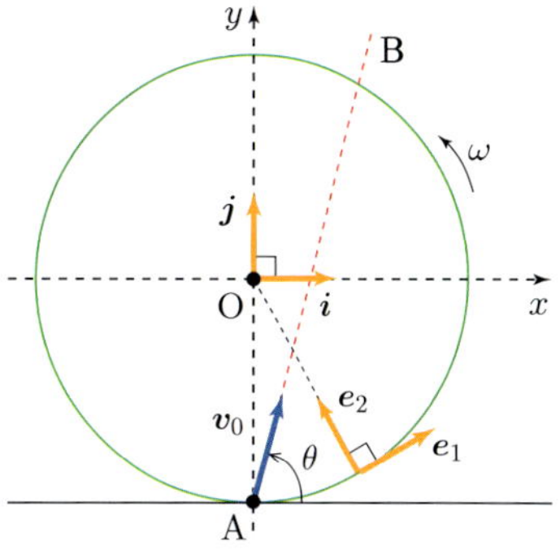

図 12.9

13

剛体の慣性モーメント

いままで扱ってきたのは大きさの無視できる，質点として扱うことが可能な物体であった。質点は質量とその位置だけで記述される，抽象化された小物体である。実際の物体は多くの場合，大きさを無視することができないし，その大きさが運動に影響を与えることがある。端的にいって，大きさの効果とは，主にその物体の回転運動によるものである。この章では，大きさをもつ理想的な物体，すなわち変形しない物体を考察する。このような物体を剛体とよぶ。すべての物体は多かれ少なかれ変形するので，このような物体は現実的ではないが，それでも多くの場合に良い近似を与え，よりよい記述の出発点になる。剛体の回転のしにくさの尺度である慣性モーメントを導入し，簡単な場合についてその計算を行う。

13.1 剛体の重心

剛体を記述するのに，その重心を考えると便利である。剛体が互いの距離が変わらない N 個の質点からなるとき，その重心の位置ベクトル $\boldsymbol{r}_\mathrm{G}$ は

$$\boldsymbol{r}_\mathrm{G} = \frac{1}{M}\sum_{i=1}^{N} m_i \boldsymbol{r}_i \tag{13.1}$$

で与えられる。ただし，i 番目の質点の質量を m_i，位置ベクトルを $\boldsymbol{r}_i$ とする。M は剛体の全質量である。

$$M = \sum_{i=1}^{N} m_i \tag{13.2}$$

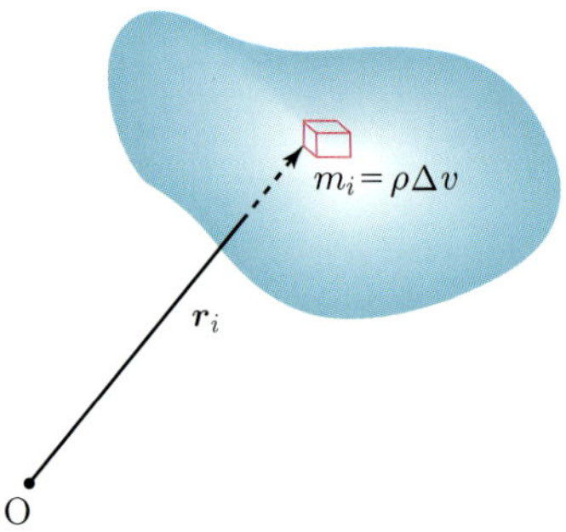

図 13.1　連続的な物体

剛体が連続的な物体の場合，その微小な体積要素 (体積 Δv) を質点とみなす近似で式 (13.1) によって重心の位置ベクトルは良く近似される。ただし，この体積要素の質量は，その位置 ($\boldsymbol{r}$) における密度 $\rho(\boldsymbol{r})$ によって $\rho(\boldsymbol{r})\Delta v$ と与えられる (図 13.1)。この近似は微小な体積 Δv が小さくなればなるほど精密になる。それゆえ，全質量 M は

$$M = \lim_{\Delta v \to 0}\sum_i (\rho(\boldsymbol{r}_i)\Delta v) = \iiint dv\, \rho(\boldsymbol{r}) \tag{13.3}$$

で与えられ，重心の位置ベクトル $\boldsymbol{r}_{\mathrm{G}}$ は

$$\boldsymbol{r}_{\mathrm{G}} = \frac{1}{M}\lim_{\Delta v\to 0}\sum_i(\rho(\boldsymbol{r}_i)\Delta v)\,\boldsymbol{r}_i = \frac{1}{M}\iiint dv\,\rho(\boldsymbol{r})\,\boldsymbol{r} \tag{13.4}$$

で与えられる。ただし，積分は剛体の形によってその積分範囲が決まる。また，$dxdydz$ を dv と記述した。

［例題 13.1］ 図 13.2 のような高さ h，底面の円の半径が a の一様な直円錐の重心の位置を求めよ。

［解］ 直円錐の頂点に座標の原点をとり，対称軸方向に $\boldsymbol{k}$ をとる (図 13.2)。この直円錐の体積は $V=\pi a^2h/3$ である。密度 ρ は $\rho = M/V$ で与えられる。

円柱座標 (r,ϕ,z) を用いて計算をしよう。円柱座標 r と ϕ と，デカルト座標 x と y の間の関係は

$$r=\sqrt{x^2+y^2},\quad \tan\phi=\frac{y}{x} \iff x=r\cos\phi,\quad y=r\sin\phi$$

で与えられる。円柱座標での微小体積要素 dv は

$$dv = r\,drd\phi dz$$

と表される。

これから重心の位置ベクトルは

$$\boldsymbol{r}_{\mathrm{G}} = \frac{\rho}{M}\int_0^h dz\int_0^{2\pi}d\phi \int_0^{az/h} r\,dr(r\cos\phi\,\boldsymbol{i}+r\sin\phi\,\boldsymbol{j}+z\,\boldsymbol{k})$$

によって計算される。(以下の [注意!] を参照。)

$$\int_0^{2\pi}d\phi\cos\phi = \int_0^{2\pi}d\phi\sin\phi = 0$$

であるから

$$\boldsymbol{r}_{\mathrm{G}} = \frac{2\pi}{V}\int_0^h dz\,z\frac{1}{2}\left(\frac{az}{h}\right)^2\boldsymbol{k} = \frac{\pi}{V}\left(\frac{a}{h}\right)^2\frac{1}{4}h^4\boldsymbol{k} = \frac{3}{4}h\boldsymbol{k}$$

を得る。

注意! ここで r の積分範囲の上限が z に依存していることに注意する。

$$dz\int_0^{2\pi}d\phi\int_0^{az/h} r\,dr \tag{13.5}$$

は，中心軸に垂直に切り取られた，z の位置にある厚さ dz，半径 az/h の円板についての積分を表している。このような (半径の異なる無限小の厚みの) 円板を重ねて直円錐全体について積分しているのである。

［質問］ 円柱座標を用いずに，デカルト座標で計算することもできる。このとき積分範囲はどうなるだろうか。

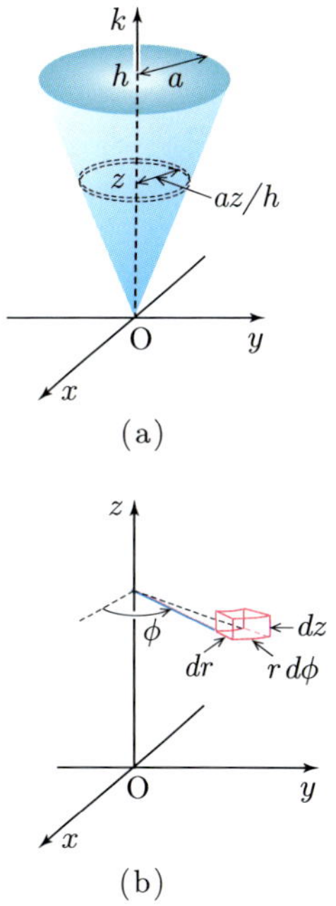

図 13.2 (a) 円錐と (b) 円柱座標での微小体積

13.2 剛体の回転と慣性モーメント

剛体がある固定された軸のまわりに回転する場合を考えよう。このときの運動エネルギーは，剛体が質点の集まりであるとした場合には，

$$K = \frac{1}{2}\sum_{i=1}^{N} m_i|\dot{\boldsymbol{r}}_i(t)|^2 \tag{13.6}$$

であるが，図 13.3 のように回転軸上の点を基準点とすると，$\dot{\boldsymbol{r}}_i(t)$ は角速

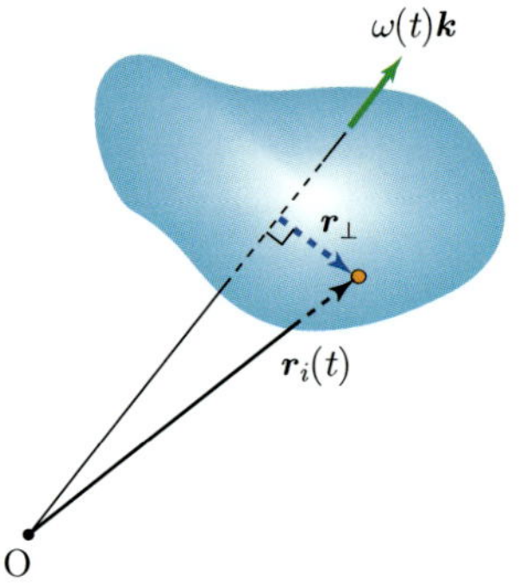

図 13.3　角速度ベクトルと $\boldsymbol{r}_{i\perp}$ の定義

度ベクトル $\boldsymbol{\omega}(t)$ を用いて

$$\dot{\boldsymbol{r}}_i(t) = \boldsymbol{\omega}(t) \times \boldsymbol{r}_i(t) \tag{13.7}$$

と表すことができる。実際，式 (12.13) において，$\boldsymbol{R}(t) = 0$ として $\boldsymbol{r}(t) = \boldsymbol{x}(t)$，さらに $\delta\boldsymbol{x}(t)/\delta t = 0$ とおけば式 (13.7) が求まる。ただし，固定軸のまわりの回転を考えているので，$\boldsymbol{\omega}(t)$ の方向は変化しない。そこで，この軸方向に $\boldsymbol{k}$ をとり，$\boldsymbol{\omega}(t) = \omega(t)\boldsymbol{k}$ としよう。$\boldsymbol{r}_i(t)$ を $\boldsymbol{k}$ 方向の成分 $(\boldsymbol{r}_i(t)\cdot\boldsymbol{k})\boldsymbol{k}$ と，それに垂直な成分 $\boldsymbol{r}_{i\perp}(t)$ の和に分解しよう。

$$\boldsymbol{r}_i(t) = \boldsymbol{r}_{i\perp}(t) + (\boldsymbol{r}_i(t)\cdot\boldsymbol{k})\boldsymbol{k} \tag{13.8}$$

そうすると，

$$|\dot{\boldsymbol{r}}_i(t)| = |\boldsymbol{\omega}(t) \times \boldsymbol{r}_{i\perp}(t)| = |\omega(t)||\boldsymbol{r}_{i\perp}(t)| = |\omega(t)|r_{i\perp} \tag{13.9}$$

となる。ここで $|\boldsymbol{r}_{i\perp}(t)|$ は回転軸から i 番目の質点への距離であり，剛体の定義から

$$r_{i\perp} \equiv |\boldsymbol{r}_{i\perp}(t)| \tag{13.10}$$

は時間によらない定数である。剛体の運動エネルギー K は

$$K = \frac{1}{2}\left(\sum_{i=1}^{N} m_i r_{i\perp}^2\right)\omega^2(t) \tag{13.11}$$

と表される。この式に現れる

$$I \equiv \sum_{i=1}^{N} m_i r_{i\perp}^2 \tag{13.12}$$

を剛体の，その軸に関する慣性モーメントとよぶ。慣性モーメントは時間によらない定数である。ベクトル $\boldsymbol{r}_{i\perp}(t)$ は基準点の位置にかかわりなく決まるので，慣性モーメントは，剛体の形と回転軸が決まれば決まる量である。

注意!　慣性モーメントは ML^2 という次元をもつ。

質量 M の剛体の慣性モーメント I に対して

$$I = M\kappa^2 \tag{13.13}$$

で定義される長さ κ を回転半径とよぶことがある。

慣性モーメントを用いると，剛体の運動エネルギーは

$$K = \frac{1}{2}I\omega^2(t) \tag{13.14}$$

と表される*)。

*　式 (13.14) を質量 m の質点が 1 次元運動する際の運動エネルギー $K = \frac{1}{2}mv^2(t)$ と比べると，速さ $v(t)$ が角速度 $\omega(t)$ に，質量 m が慣性モーメント I に対応しているのがわかる。質量は動きにくさ (慣性) の尺度であるから，慣性モーメントは回転のしにくさの尺度ということができる。

剛体の回転軸に関する全角運動量は

$$\boldsymbol{L}_{軸}(t) = \sum_{i=1}^{N} m_i \boldsymbol{r}_{i\perp}(t) \times \dot{\boldsymbol{r}}_{i\perp}(t) \tag{13.15}$$

で与えられる。式 (13.7) を代入して，式 (1.36) と $\boldsymbol{\omega}(t)\cdot\boldsymbol{r}_{i\perp}(t) = 0$ を用いると

$$\boldsymbol{r}_{i\perp}(t) \times (\boldsymbol{\omega}(t) \times \boldsymbol{r}_{i\perp}(t)) = \boldsymbol{\omega}(t)|\boldsymbol{r}_{i\perp}(t)|^2 = \boldsymbol{\omega}(t) r_{i\perp}^2 \tag{13.16}$$

と書ける。これから

$$\boldsymbol{L}_{軸}(t) = \left(\sum_{i=1}^{N} m_i r_{i\perp}^2 \right) \boldsymbol{\omega}(t) \tag{13.17}$$

を得る。すなわち，慣性モーメントを用いて

$$\boldsymbol{L}_{軸}(t) = I\boldsymbol{\omega}(t) \tag{13.18}$$

と表される。これを 1 次元運動する質点の運動量 $\boldsymbol{p}(t) = m\boldsymbol{v}(t)$ と比べると，運動量 $\boldsymbol{p}(t)$ が角運動量 $\boldsymbol{L}_{軸}(t)$ に対応し，上記の欄外注釈の対応関係がここでも成立していることがわかる。

［質問］ 以前に導入した，原点に関する角運動量の表式は $\boldsymbol{L}(t) = \sum_{i=1}^{N} m_i \boldsymbol{r}_i(t) \times \dot{\boldsymbol{r}}_i(t)$ であった。これは式 (13.15) の $\boldsymbol{L}_{軸}(t)$ とどういう関係にあるのだろうか。

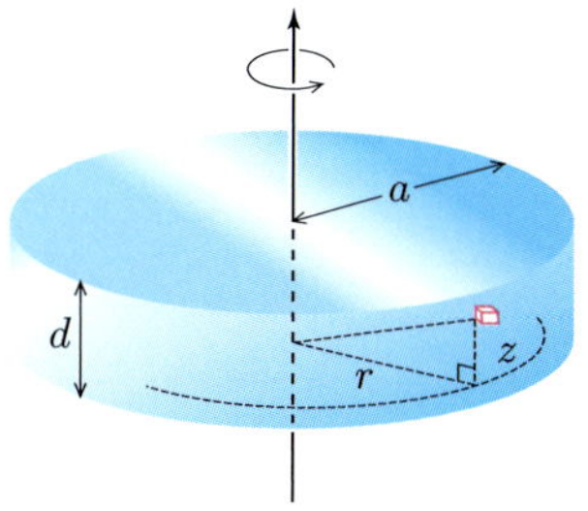

図 13.4 円板の慣性モーメント

［例題 13.2］ 質量 M，半径 a，厚さ d の一様な円板の，中心軸に関する慣性モーメントを求めよ。

［解］ 円柱座標を用いて計算するのが便利である (図 13.4)。位置 (r, ϕ, z) にある微小体積要素 $dv = r\,dr d\phi dz$ に対して，$|\boldsymbol{r}_\perp| = r$，$\rho = M/(\pi a^2 d)$ に注意すると，

$$I = \iiint (\rho\, dv)\, |\boldsymbol{r}_\perp|^2$$

$$= \int_0^a r\,dr \int_0^{2\pi} d\phi \int_0^d dz \left(\frac{M}{\pi a^2 d} \right) r^2$$

となる。また，ϕ および z についての積分は簡単に実行できる。以上より，

$$I = 2\pi d \left(\frac{M}{\pi a^2 d} \right) \int_0^a dr\, r^3 = \frac{1}{2} M a^2$$

を得る。

［質問］ なぜ例題 13.2 の結果が厚さ d によらないのだろうか。

13.3 慣性モーメントの計算

13.3.1 いろいろな剛体の慣性モーメント

いろいろな剛体の慣性モーメントを求めてみよう。

［例題 13.3］ 断面が一辺の長さ a の正方形で，長さが l の一様な角柱の，中心軸に関する慣性モーメントを求めよ。ただし，角柱の質量を M とする。

［解］ 図 13.5 のように重心を原点とするデカルト座標を導入すると，慣性モーメントは

$$I = \frac{M}{a^2 l} \int_{-l/2}^{l/2} dz \int_{-a/2}^{a/2} dy \int_{-a/2}^{a/2} dx\, (x^2 + y^2)$$

で与えられる。対称性から x^2 を積分するのと y^2 を積分するのは同じ寄与を与えることに注意しよう。

$$I = \frac{2M}{a^2 l} \int_{-l/2}^{l/2} dz \int_{-a/2}^{a/2} dy \int_{-a/2}^{a/2} dx\, x^2$$

$$= \frac{2M}{a} \int_{-a/2}^{a/2} dx\, x^2$$

$$= \frac{4M}{a} \left[\frac{x^3}{3} \right]_0^{a/2} = \frac{1}{6} M a^2$$

を得る。

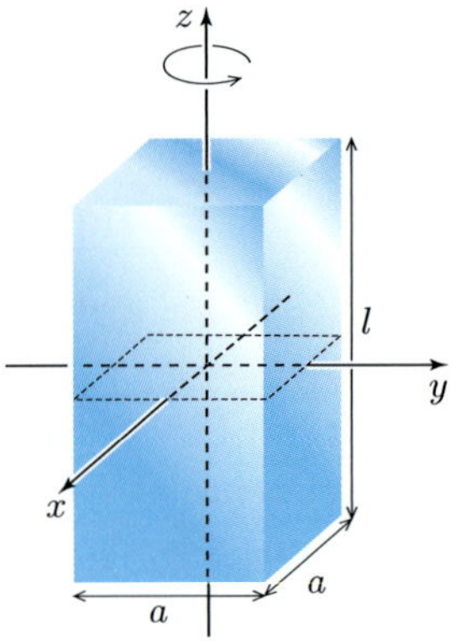

図 13.5　角柱の慣性モーメント

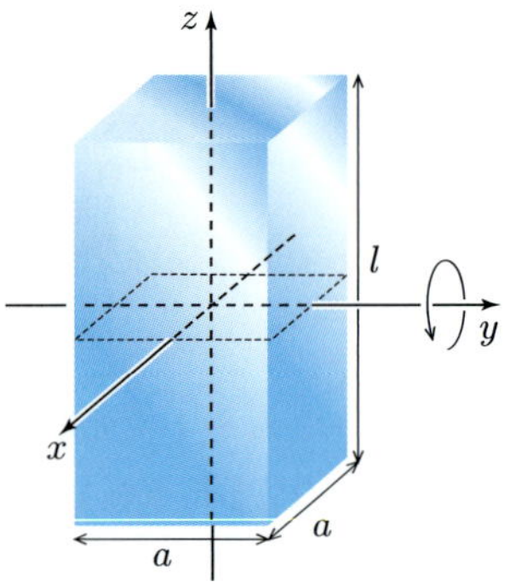

図 13.6　角柱を異なった軸で回転する場合の慣性モーメント

［例題 13.4］　上の例題 13.3 の角柱を，重心を通り中心軸に垂直な軸に関する慣性モーメントを求めよ。
［解］　回転軸を y 軸にとろう (図 13.6)。慣性モーメントは

$$I = \frac{M}{a^2 l}\int_{-l/2}^{l/2} dz \int_{-a/2}^{a/2} dy \int_{-a/2}^{a/2} dx\,(x^2+z^2)$$

で与えられる。積分は容易に実行できて

$$I = \frac{M}{a^2 l}\left[al\frac{2}{3}\left(\frac{a}{2}\right)^3 + a^2\frac{2}{3}\left(\frac{l}{2}\right)^3\right] = \frac{1}{12}M\left(a^2+l^2\right) \qquad (13.19)$$

を得る。(回転軸を x 軸としても結果は同じ。)　$l > a$ のとき，慣性モーメントは例題 13.3 の場合より大きくなっている。

注意！　このように，同じ剛体であっても，回転軸が異なれば慣性モーメントも異なる。

［例題 13.5］　半径 a の，厚さの無視できる一様な球殻の，中心を通る軸に関する慣性モーメントを求めよ。ただし球殻の質量を M とする。
［解］　球殻の中心を原点とする極座標を導入しよう (図 13.7)。球対称性からどの軸についての慣性モーメントも同じになるので，z 軸に関する慣性モーメントを求めよう。球殻の単位面積の質量 (面密度) は $M/4\pi a^2$ で与えられるので，座標 $(r = a, \theta, \phi)$ にある面積要素 $dS = a^2 \sin\theta\, d\theta d\phi$ までの z 軸から距離が $a\sin\theta$ であることに注意して，

$$I = \frac{M}{4\pi a^2}\int_0^{2\pi} d\phi \int_0^{\pi} \sin\theta\, d\theta\, a^2 (a\sin\theta)^2 = \frac{2}{3}Ma^2$$

を得る。

慣性モーメントの定義から明らかなように，剛体が 2 つの部分からなる場合には，その慣性モーメントはそれぞれの部分の慣性モーメントの和になる。

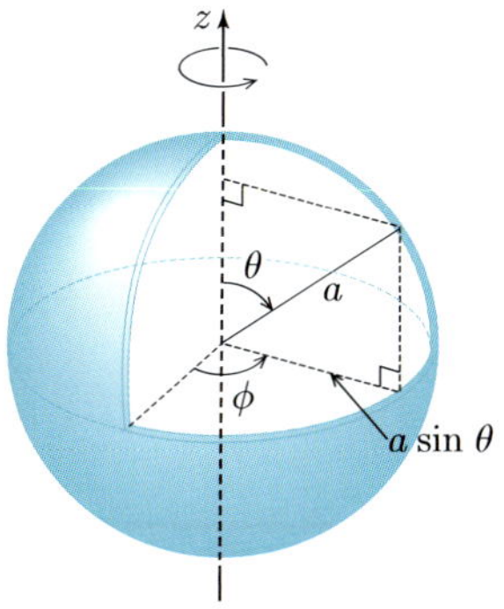

図 **13.7** 球殻の慣性モーメント

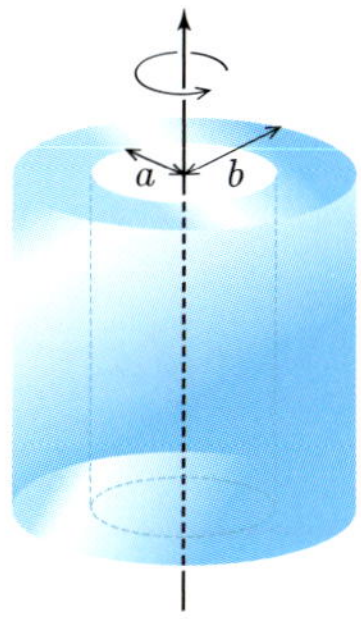

図 **13.8** 円筒管の慣性モーメント

［例題 **13.6**］ 図 13.8 に示すような，内径が a，外径が b の一様な円筒管の，中心軸に関する慣性モーメントを質量 M を用いて表せ。

［解］ 例題 13.2 で，半径 a の円板の，中心軸に関する慣性モーメントを求めた。この計算で，厚さ d が長ければ円柱の慣性モーメントを求めることになる。結果は密度を ρ とすると

$$I_a = \frac{\pi d\rho}{2}a^4$$

であった。求める慣性モーメント I は $I = I_b - I_a$ で与えられる。この管の体積は

$$V = \pi(b^2 - a^2)d$$

で与えられるので，密度 ρ は

$$\rho = \frac{M}{V} = \frac{M}{\pi(b^2 - a^2)d}$$

である。それゆえ

$$I = \frac{\pi d\rho}{2}(b^4 - a^2) = \frac{1}{2}M\frac{b^4 - a^4}{b^2 - a^2} = \frac{1}{2}M(b^2 + a^2)$$

を得る。

［質問］ 質量 M を固定したまま，$a \to 0$ の極限と $a \to b$ の極限を考えよ。結果は期待どおりだろうか。

13.3.2 平行軸の定理

慣性モーメントは，どの軸のまわりについて回転するかによって同じ剛体でも異なる。しかし，平行な 2 つの回転軸に関する慣性モーメントのあいだには簡単な関係がある。

いま，剛体の重心を通る，ある軸 α に関する慣性モーメントを I_{G} とする。軸 α に平行な軸 α' に関する慣性モーメントを I' としよう。軸 α と α' の間の距離を s とすると，

$$I' = I_{\mathrm{G}} + Ms^2 \tag{13.20}$$

が成り立つ。ただし，M は剛体の質量である (図 13.9)。

これを示すために，軸 α から α' へのベクトル $\boldsymbol{s}$ を導入しよう。これは，軸方向 ($\boldsymbol{k}$ 方向とする) に垂直なベクトルである。慣性モーメント I' は

$$I' = \sum_{i=1}^{N} m_i |\boldsymbol{r}'_{i\perp}|^2 \tag{13.21}$$

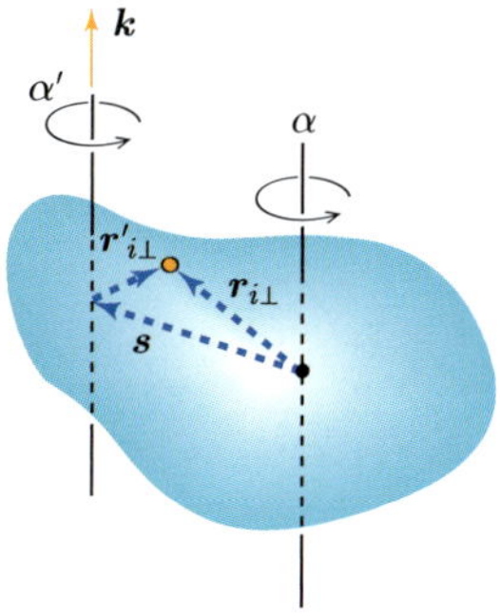

図 **13.9** 重心を通る軸 α と，α に平行な軸 α'

で与えられる。ただし，$\boldsymbol{r}'_{i\perp}$ は軸 α' から質点 i への軸に垂直な位置ベクトルである。これは，軸 α からの軸 α に垂直な位置ベクトル $\boldsymbol{r}_{i\perp}$ とは

$$\boldsymbol{r}'_{i\perp} = \boldsymbol{r}_{i\perp} - \boldsymbol{s} \tag{13.22}$$

という関係にある。それゆえ，

$$\begin{aligned} I' &= \sum_{i=1}^{N} m_i |\boldsymbol{r}_{i\perp} - \boldsymbol{s}|^2 \\ &= \sum_{i=1}^{N} m_i \left(|\boldsymbol{r}_{i\perp}|^2 - 2\boldsymbol{s}\cdot\boldsymbol{r}_{i\perp} + |\boldsymbol{s}|^2 \right) \end{aligned} \tag{13.23}$$

となるが，この第 2 項は軸 α が重心を通ることから

$$\sum_{i=1}^{N} m_i \boldsymbol{r}_{i\perp} = \boldsymbol{0} \tag{13.24}$$

が成り立つ。第 1 項が I_{G} に等しいこと，第 3 項では $|\boldsymbol{s}|^2 = s^2$ は和の外にくくり出されること，および $\sum_{i=1}^{N} m_i = M$ を用いると，式 (13.20) が得られる。

［質問］ 式 (13.20) の右辺の各項の意味を物理的に説明できるだろうか。

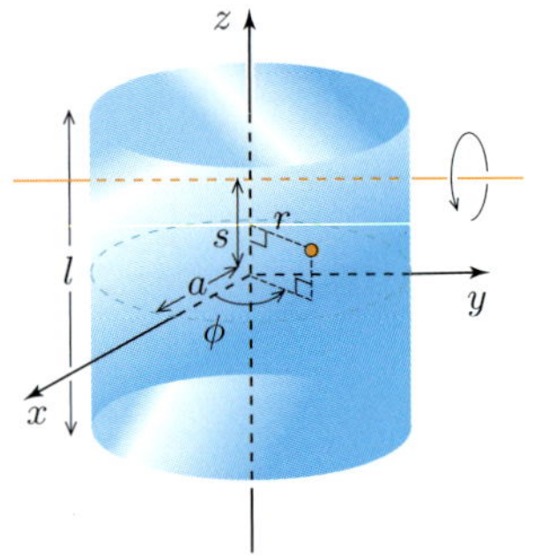

図 13.10　円柱を中心軸に垂直で重心から s だけ離れた軸のまわりに回転する場合の慣性モーメント

［例題 13.7］ 半径 a，長さ l，質量 M の一様な円柱の，対称軸に垂直で，重心から s だけ離れた軸に関する慣性モーメントを求めよ。

［解］ まず，対称軸に垂直で重心を通る軸を y 軸として，これに関する慣性モーメント I を求めよう (図 13.10)。密度は $M/(\pi a^2 l)$ であるので，円柱座標を用いて

$$\begin{aligned} I &= \frac{M}{\pi a^2 l}\int_{-l/2}^{l/2} dz \int_0^a r\,dr \int_0^{2\pi} d\phi \left(z^2 + (r\cos\phi)^2\right) \\ &= \frac{M}{\pi a^2 l}\int_{-l/2}^{l/2} dz \int_0^a r\,dr \left(2\pi z^2 + \pi r^2\right) \\ &= \frac{M}{a^2 l}\int_{-l/2}^{l/2} dz \left(a^2 z^2 + \frac{1}{4}a^4\right) \\ &= \frac{M}{l}\left(\frac{2}{3}\left(\frac{l}{2}\right)^3 + \frac{1}{4}a^2 l\right) \\ &= \frac{1}{12}M\left(l^2 + 3a^2\right) \end{aligned} \tag{13.25}$$

を得る。

次に，公式 (13.20) を用いて，

$$I' = I + Ms^2 = \frac{1}{12}M\left(l^2 + 3a^2 + 12s^2\right)$$

を得る。

注意! 式 (13.25) の $a \to 0$ の極限は，例題 13.4 で得た式 (13.19) の $a \to 0$ の極限と一致する。

13.3.3 質量分布が平面上にある場合 (直交軸の定理)

剛体の質量分布が平面上にある場合，その平面内の 1 つの点を通る平面に垂直な軸に関する慣性モーメントと，平面内にある直交する 2 つの軸に関する慣性モーメントのあいだには簡単な関係がある。

注意! 質量分布が平面上にあるとは，十分に薄い一様な厚さの剛体を考えればよい。

具体的に，剛体が平面的であるとして，その平面を xy 平面としよう。その平面内の点を O とし，平面に垂直で O を通る軸を z 軸，これに垂直な，互いに直交する軸を x 軸，y 軸とする (図 13.11)。剛体を構成する i 番目の質点の，この座標系での成分を $(x_i, y_i, 0)$ とすると，z 軸に関する慣性モーメント I_z は

$$I_z = \sum_{i=1}^{N} m_i(x_i^2 + y_i^2) \tag{13.26}$$

で与えられる。同様に，x 軸に関する慣性モーメントを I_x，y 軸に関する慣性モーメントを I_y とすると，

$$I_x = \sum_{i=1}^{N} m_i y_i^2, \qquad I_y = \sum_{i=1}^{N} m_i x_i^2 \tag{13.27}$$

であるから，

$$I_z = I_x + I_y \tag{13.28}$$

が成り立つ。

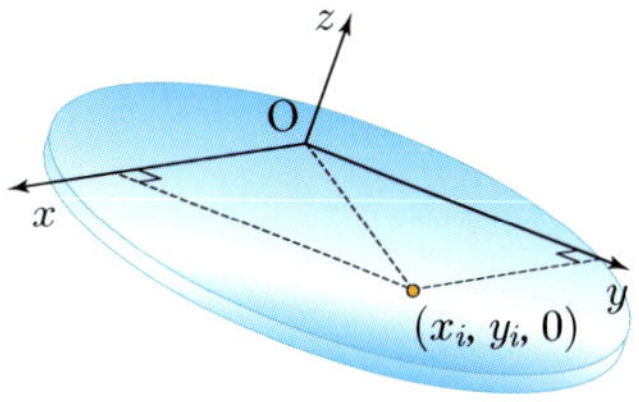

図 13.11 質量が平面的に分布している場合

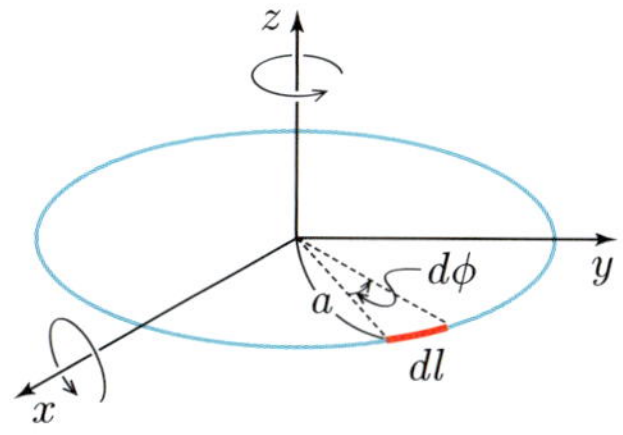

図 13.12 一様な輪の慣性モーメント

［例題 13.8］ 太さの無視できる半径 a の一様な輪の，対称軸に関する慣性モーメントと，その軸に垂直で輪の中心を通る軸に関する慣性モーメントを求めよ。ただし，輪の質量を M とする。

［解］ 対称軸に関する慣性モーメントは慣性モーメントの定義から $I_z = Ma^2$ で与えられる。これに垂直な 2 つの軸についての慣性モーメント I_x および I_y は対称性から等しい。それゆえ，上に説明したことから

$$I_z = I_x + I_y = 2I_x \tag{13.29}$$

となって，$I_x = I_y = \frac{1}{2}Ma^2$ を得る。

もちろん具体的に計算して求めることもできる。輪の中心を原点とする極座標を考えよう (図 13.12)。単位長さ当たりの質量 (線密度) は $M/2\pi a$ であるから，座標 $(r = a, \theta = 0, \phi)$ にある輪の微小線素 $dl = a\,d\phi$ の x 軸までの距離は $a|\sin\phi|$ で与えられるので，

$$I_x = \frac{M}{2\pi a}\int_0^{2\pi} a\,d\phi\,(a|\sin\phi|)^2 = \frac{1}{2}Ma^2$$

と計算できる。

［例題 13.9］ 厚みの無視できる半径 a の一様な円板の，対称軸に垂直で円板の中心を通る軸に関する慣性モーメントを求めよ。

［解］ 例題 13.2 で求めた慣性モーメントは円板に対しても正しい：$I_z = \frac{1}{2}Ma^2$. 対称性から $I_x = I_y$ であり，公式 (13.29) より

$$I_x = I_y = \frac{1}{2}I_z = \frac{1}{4}Ma^2 \tag{13.30}$$

を得る。

注意! 式 (13.25) で，質量 M を固定したまま $l \to 0$ とした極限値は，式 (13.30) に一致する。

この章でのポイント

- 剛体は変形しない理想化された物体である。
- 剛体の重心の位置ベクトル $\boldsymbol{r}_{\mathrm{G}}$ は，密度を $\rho(\boldsymbol{r})$ とすると

$$\boldsymbol{r}_{\mathrm{G}} = \frac{1}{M}\iiint dv\,\rho(\boldsymbol{r})\boldsymbol{r}, \qquad M = \iiint dv\,\rho(\boldsymbol{r})$$

　で与えられる。
- 慣性モーメントは，剛体の回転のしにくさを表す尺度であり，剛体と，特定の軸を指定することによって決まる。
- N 個の質点からなる剛体に対して，慣性モーメントは

$$I = \sum_{i=1}^{N} m_i r_{i\perp}^2$$

　で与えられる。ここで $r_{i\perp}$ は考えている i 番目の質点の回転軸からの距離を表す。連続的な剛体に対しては

$$I = \iiint dv\,\rho(\boldsymbol{r}) r_{\perp}^2$$

　である。
- 質量 M の剛体の重心を通る軸に関する慣性モーメントを I_{G} とすると，その軸に平行で距離 s だけ離れた軸に関する慣性モーメント I' は

$$I' = I_{\mathrm{G}} + Ms^2$$

　で与えられる。
- 質量が平面的に分布している場合，その平面を xy 平面とすると

$$I_z = I_x + I_y$$

　が成り立つ。

第 13 章　章末問題

1. なぜ綱渡りをする人は長い棒を持つのだろうか。

2. 密度が一様な，質量 M，半径 a の球の，中心を通る軸に関する慣性モーメントを求めよ。

3. 地球を一様な密度をもった球であると近似して，地球の自転による運動エネルギーを，公転の (重心移動による) 運動エネルギーと比べよ。ただし，地球の質量は 6.0×10^{24} kg，半径は 6.4×10^{6} m，公転周期を 365.25 日，公転半径を 1.5×10^{11} m とする。

4. 図 13.13 に示したような，半径 R の一様な密度をもった球を，断面が半径 a の円になるように平面で切り取った剛体を考える。この剛体の質量を M として以下の問いに答えよ。

(a)　中心軸に関する慣性モーメントを求めよ。

(b)　球の中心を通り，中心軸に垂直な軸に関する慣性モーメントを求めよ。

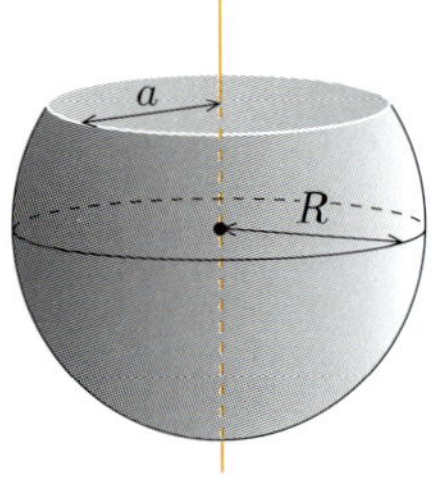

図 13.13

14 剛体の運動

剛体の運動は非常に複雑であるが，固定された軸のまわりの回転や，回転軸の方向が変わらないような運動は比較的簡単に取り扱うことができる。一般に，剛体の運動は角運動量の変化と重心の並進運動によって決定される。ここで考えるような運動では，回転軸に関する角運動量の成分のみを考えればよいので簡単になるのである。この章では固定された軸をもつ場合と，回転軸の平行移動を許すような剛体の運動について学ぶ。

14.1 固定軸をもつ剛体の運動

剛体が固定された軸のまわりに回転することしかできない場合の運動を考えよう。この軸に関する角運動量 (13.15) の時間変化を考えよう。

$$\frac{d}{dt}\boldsymbol{L}_{\text{軸}}(t) = \sum_{i=1}^{N} m_i \left[\dot{\boldsymbol{r}}_{i\perp}(t) \times \dot{\boldsymbol{r}}_{i\perp}(t) + \boldsymbol{r}_{i\perp}(t) \times \ddot{\boldsymbol{r}}_{i\perp}(t)\right]$$
$$= \sum_{i=1}^{N} \boldsymbol{r}_{i\perp}(t) \times \boldsymbol{F}_{i\perp} \equiv \boldsymbol{N} \qquad (14.1)$$

ただし，第 1 項は外積の性質からゼロになり，第 2 項では i 番目の質点の運動方程式を用いた。$\boldsymbol{F}_{i\perp}$ は i 番目の質点にはたらく外力の，回転軸に垂直な成分である。右辺 $\boldsymbol{N}$ は力のモーメントあるいはトルクとよばれる (第 10 章参照)。

角運動量 $\boldsymbol{L}_{\text{軸}}(t)$ は式 (13.18) と表されるので，式 (14.1) は

$$I\frac{d}{dt}\boldsymbol{\omega}(t) = \boldsymbol{N} \qquad (14.2)$$

と表される。この式は，質点の運動方程式 $m(d\boldsymbol{v}/dt) = \boldsymbol{F}$ に対応するもので，剛体の回転運動に関する運動方程式とみなすことができる。

14.1.1 剛体振り子

このような運動の重要な例として，剛体振り子または物理振り子とよばれる，重力場の下での振動がある。水平方向の固定された軸のまわりにのみ自由に回転できる剛体が一様な重力の下にあるとき (図 14.1)，外力 $\boldsymbol{F}_i$

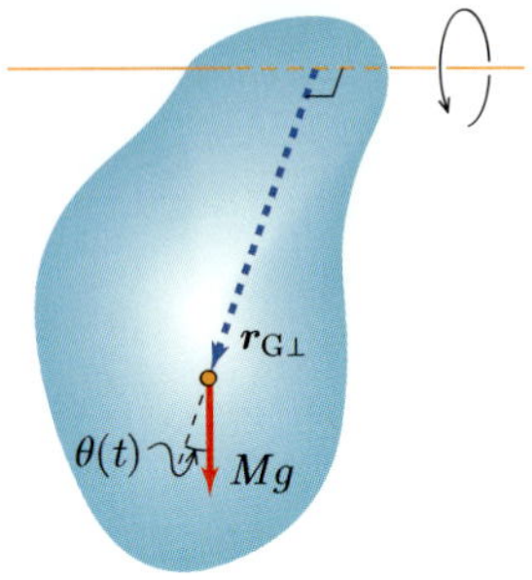

図 14.1　剛体振り子

はこの軸に垂直であり，

$$\boldsymbol{F}_i = \boldsymbol{F}_{i\perp} = m_i\boldsymbol{g} \tag{14.3}$$

で与えられる。それゆえ，トルクは

$$\boldsymbol{N} = \sum_{i=1}^{N} \boldsymbol{r}_{i\perp}(t) \times (m_i\boldsymbol{g}) = M\boldsymbol{r}_{G\perp}(t) \times \boldsymbol{g} \tag{14.4}$$

を得る。ただし，$M = \sum_{i=1}^{N} m_i$ は剛体の質量，$\boldsymbol{r}_{G\perp}(t)$ は軸から剛体の重心への位置ベクトルである：$\boldsymbol{r}_{G\perp}(t) = \frac{1}{M}\sum_{i=1}^{N} m_i\boldsymbol{r}_{i\perp}(t)$．それゆえ，剛体振り子の回転の運動方程式は

$$I\frac{d}{dt}\boldsymbol{\omega}(t) = M\boldsymbol{r}_{G\perp}(t) \times \boldsymbol{g} \tag{14.5}$$

となる。成分で表すと，

$$I\frac{d}{dt}\omega(t) = -Mr_{G\perp}g\sin\theta(t) \tag{14.6}$$

と表される。ここで $r_{G\perp} = |\boldsymbol{r}_{G\perp}(t)|$ は軸から重心までの距離であり，$\theta(t)$ は $\boldsymbol{r}_G(t)$ と鉛直下方とのなす角である (図 14.1)。外積の定義から負号が現れることに注意しよう。

$\omega(t) = \dot{\theta}(t)$ であるから，

$$\ddot{\theta}(t) = -\frac{Mr_{G\perp}g}{I}\sin\theta(t) \tag{14.7}$$

を得る。これは単振り子の運動方程式

$$\ddot{\theta}(t) = -\frac{g}{l}\sin\theta(t) \tag{14.8}$$

と比べられるべきものである。微小振動を行うときには $\sin\theta(t) \approx \theta(t)$ と近似され，運動方程式は角振動数

$$\Omega = \sqrt{\frac{Mr_{G\perp}g}{I}} \tag{14.9}$$

の調和振動の方程式となり，振動の周期は

$$T = \frac{2\pi}{\Omega} = 2\pi\sqrt{\frac{I}{Mr_{G\perp}g}} \tag{14.10}$$

で与えられる。

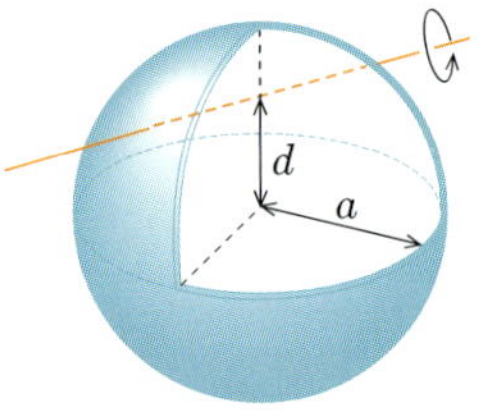

図 14.2　球殻の振動

［例題 14.1］　質量 M，半径 a の，厚さの無視できる一様な球殻を考えよう。この球殻が，その中心点から d だけ離れた固定された軸のまわりにのみ回転できるとして (図 14.2)，この剛体振り子が微小振動するときの周期を求めよ。

［解］　例題 13.5 から，重心を通る軸に関する慣性モーメントは $(2/3)Ma^2$ で与えられる。平行軸の定理より，回転軸に関する慣性モーメント I は

$$I = \frac{2}{3}Ma^2 + Md^2$$

で与えられる。それゆえ，求める周期は式 (14.10) から

$$T = 2\pi\sqrt{\frac{\frac{2}{3}a^2 + d^2}{dg}}$$

となる。

14.1.2 打撃の中心

バットでボールを打つときに「真芯」をとらえると，バットを持つ手には衝撃を受けないで打てることを知っているだろう。同じようなことはテニスラケットの「スイートスポット」などにも起こる。このことはどのように物理的に説明されるのだろうか。

固定した回転軸をもつ，静止している剛体に撃力を加えたときの運動について考えてみよう。図 14.3 のように，剛体の重心が固定された回転軸から位置ベクトル $\boldsymbol{r}_{\mathrm{G}\perp}$ のところにあるとして，回転軸から位置ベクトル $\boldsymbol{d}_{\perp}$ のところに回転軸に垂直な撃力 $\boldsymbol{F}_{\perp}(t)$ が短時間 Δt の間だけ加えられたとする。(バットの例では，これがバットにボールが与える撃力である。) この撃力により，回転軸に関する角運動量ベクトル $\boldsymbol{L}_{軸}(t)$ の時間変化は

$$\frac{d}{dt}\boldsymbol{L}_{軸}(t) = I\frac{d}{dt}\boldsymbol{\omega}(t) = \boldsymbol{d}_{\perp} \times \boldsymbol{F}_{\perp}(t) \tag{14.11}$$

で与えられる。ただし，撃力がはたらく時間はきわめて短かいので，作用点の位置ベクトル $\boldsymbol{d}_{\perp}$ は力積の計算において一定のベクトルであると近似できる。撃力のはたらいた後，バットは等速で回転するが，そのときの角速度ベクトル $\boldsymbol{\omega}$ は，式 (14.11) を積分して

$$I\boldsymbol{\omega} = \boldsymbol{d}_{\perp} \times \int_{\Delta t} dt\, \boldsymbol{F}_{\perp}(t) \tag{14.12}$$

で与えられる。

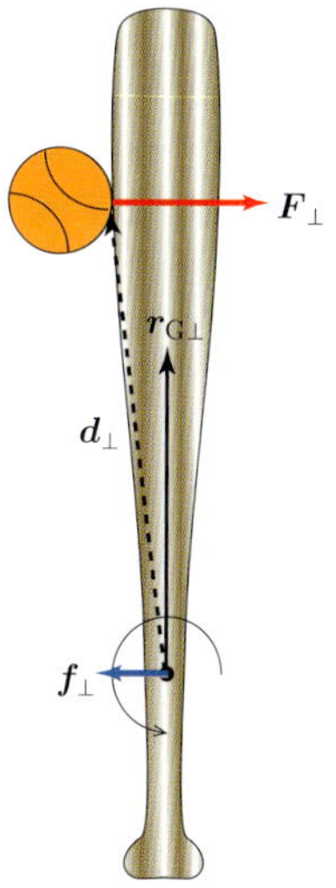

図 14.3 バットでの打撃

剛体はこの撃力の他に，回転軸からも力 $\boldsymbol{f}_{\perp}(t)$ を受ける。バットの例でいえば，回転軸は打者のグリップであり，この力は打者がバットに与える力である。重心の (回転軸に垂直な面内での) 運動方程式は

$$M\frac{d^2}{dt^2}\boldsymbol{r}_{\mathrm{G}\perp}(t) = M\frac{d}{dt}\boldsymbol{v}_{\mathrm{G}\perp}(t) = \boldsymbol{F}_{\perp}(t) + \boldsymbol{f}_{\perp}(t) \tag{14.13}$$

と与えられる。撃力のはたらいた後の速度ベクトルを $\boldsymbol{v}_{\mathrm{G}\perp}$ とすると，

$$M\boldsymbol{v}_{G\perp} = \int_{\Delta t} dt\,(\boldsymbol{F}_{\perp}(t) + \boldsymbol{f}_{\perp}(t)) \tag{14.14}$$

が成り立つ。

撃力がはたらく時間 Δt がきわめて短かいので，(速度 $\dot{\boldsymbol{r}}_{\mathrm{G}\perp}(t)$ はゼロではないが) $\boldsymbol{r}_{\mathrm{G}\perp}(t)$ のこの時間内での変化 $\Delta\boldsymbol{r}_{\mathrm{G}\perp} \approx \dot{\boldsymbol{r}}_{\mathrm{G}\perp}\Delta t$ は小さく一定のベクトルのように扱ってよい。重心の速度ベクトル $\boldsymbol{v}_{\mathrm{G}\perp}$ は $\boldsymbol{v}_{\mathrm{G}\perp} = \boldsymbol{\omega} \times \boldsymbol{r}_{\mathrm{G}\perp}$ を満足する。これを式 (14.14) に代入して

$$M(\boldsymbol{\omega} \times \boldsymbol{r}_{\mathrm{G}\perp}) = \int_{\Delta t} dt\,(\boldsymbol{F}_{\perp}(t) + \boldsymbol{f}_{\perp}(t)) \tag{14.15}$$

を得る。一方，式 (14.12) と $\boldsymbol{r}_{\mathrm{G}\perp}$ との外積をとり，公式 (1.36) を用いて

$$I(\boldsymbol{\omega} \times \boldsymbol{r}_{\mathrm{G}\perp}) = -\boldsymbol{d}_{\perp}\left(\boldsymbol{r}_{\mathrm{G}\perp}\cdot\int_{\Delta t} dt\, \boldsymbol{F}_{\perp}(t)\right) + (\boldsymbol{r}_{\mathrm{G}\perp}\cdot\boldsymbol{d}_{\perp})\int_{\Delta t} dt\, \boldsymbol{F}_{\perp}(t) \tag{14.16}$$

を得る。式 (14.15) と式 (14.16) から $\boldsymbol{\omega} \times \boldsymbol{r}_{\mathrm{G}\perp}$ を消去して

$$\int_{\Delta t} dt\, \boldsymbol{f}_\perp(t) = \left(\frac{M}{I}(\boldsymbol{r}_{\mathrm{G}\perp}\cdot\boldsymbol{d}_\perp) - 1\right)\int_{\Delta t} dt\, \boldsymbol{F}_\perp(t)$$
$$-\frac{M}{I}\boldsymbol{d}_\perp\left(\boldsymbol{r}_{\mathrm{G}\perp}\cdot\int_{\Delta t} dt\, \boldsymbol{F}_\perp(t)\right) \quad (14.17)$$

を得る。バットの例では，左辺がバットを握る手が感じる衝撃 (力積) を表している。ここで，撃力 $\boldsymbol{F}_\perp(t)$ がバットに垂直にはたらくと仮定 ($\boldsymbol{r}_{\mathrm{G}\perp}\cdot\boldsymbol{F}_\perp(t) = 0$) すると，右辺の第 2 項はゼロとなる。このとき，ボールが

$$(\boldsymbol{r}_{\mathrm{G}\perp}\cdot\boldsymbol{d}_\perp) = \frac{I}{M} \quad (14.18)$$

を満足する $\boldsymbol{d}_\perp$ の位置に当たると，その衝撃はゼロになることがわかる。$\boldsymbol{r}_{\mathrm{G}\perp}$ と $\boldsymbol{d}_\perp$ が平行であると近似すると，「真芯」の位置は，グリップから距離

$$d_\perp = \frac{I}{Mr_{\mathrm{G}\perp}} \quad (14.19)$$

のところにある。

14.2 回転軸の平行移動を許す剛体の運動

いままでは，剛体は固定された軸のまわりにのみ回転できるとしたが，この節では，回転軸が軸に平行に移動できる場合を考えよう。このとき，剛体の運動エネルギーは回転の運動エネルギーばかりでなく，平行移動の運動エネルギーも加わることになる。

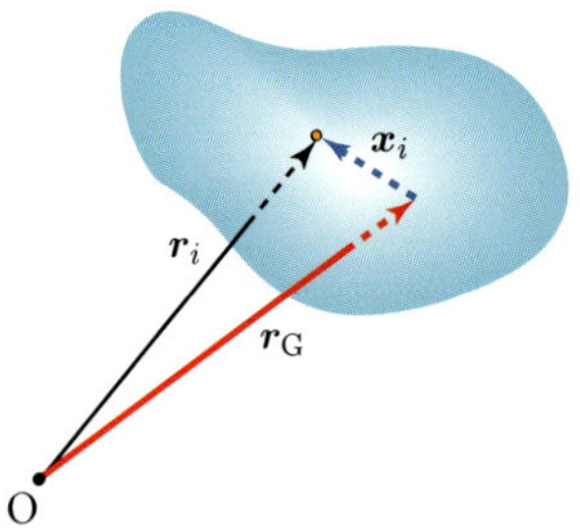

図 14.4　$\boldsymbol{x}_i$ の定義

剛体を構成している i 番目の質点の，慣性系からみた位置ベクトル $\boldsymbol{r}_i(t)$ を，剛体の重心の位置ベクトル $\boldsymbol{r}_\mathrm{G}(t)$ と重心からの位置ベクトル $\boldsymbol{x}_i(t)$ を用いて表すと

$$\boldsymbol{r}_i(t) = \boldsymbol{r}_\mathrm{G}(t) + \boldsymbol{x}_i(t) \quad (14.20)$$

と表すことができるので (図 14.4)，剛体の運動エネルギーは

$$\begin{aligned}K &= \frac{1}{2}\sum_{i=1}^{N} m_i|\dot{\boldsymbol{r}}_i(t)|^2 \\ &= \frac{1}{2}\sum_{i=1}^{N} m_i\left(|\dot{\boldsymbol{r}}_\mathrm{G}(t)|^2 + 2\dot{\boldsymbol{r}}_\mathrm{G}(t)\cdot\dot{\boldsymbol{x}}_i(t) + |\dot{\boldsymbol{x}}_i(t)|^2\right) \\ &= \frac{1}{2}M|\dot{\boldsymbol{r}}_\mathrm{G}|^2 + \dot{\boldsymbol{r}}_\mathrm{G}(t)\cdot\left(\sum_{i=1}^{N} m_i\dot{\boldsymbol{x}}_i(t)\right) + \frac{1}{2}\sum_{i=1}^{N} m_i|\dot{\boldsymbol{x}}_i(t)|^2\end{aligned} \quad (14.21)$$

と書かれる。ただし $\sum_{i=1}^{N} m_i = M$ である。ここで，

$$\begin{aligned}\sum_{i=1}^{N} m_i\boldsymbol{x}_i(t) &= \sum_{i=1}^{N} m_i\left(\boldsymbol{r}_i(t) - \boldsymbol{r}_\mathrm{G}(t)\right) \\ &= M\boldsymbol{r}_\mathrm{G}(t) - M\boldsymbol{r}_\mathrm{G}(t) = \boldsymbol{0}\end{aligned} \quad (14.22)$$

が任意の時刻に対して成り立つので，第 2 項はゼロになる。また，剛体の回転を表す角速度ベクトルを $\boldsymbol{\omega}(t)$ とすると，

$$\dot{\boldsymbol{x}}_i(t) = \boldsymbol{\omega} \times \boldsymbol{x}_i(t) \tag{14.23}$$

と表されるので，

$$K = \frac{1}{2}M|\dot{\boldsymbol{r}}_{\mathrm{G}}(t)|^2 + \frac{1}{2}\sum_{i=1}^{N} m_i|\boldsymbol{\omega}(t) \times \boldsymbol{x}_i(t)|^2 \tag{14.24}$$

を得る。第 1 項は重心の位置に全質量 M が集中しているとした質点の運動エネルギーであり，第 2 項は重心のまわりの回転の運動エネルギーである。

注意!　このように，剛体の運動エネルギーが，並進の運動エネルギーと回転の運動エネルギーに分離できたのは，重心のまわりの回転を考えたからである。式 (14.22) に注意せよ。

剛体の回転軸の方向が変わらない場合，重心のまわりの回転のエネルギーは，前章のように，重心を通る軸に関する慣性モーメント

$$I = \sum_{i=1}^{N} m_i \left(x_{i\perp}\right)^2, \quad x_{i\perp} = |\boldsymbol{x}_{i\perp}(t)| \tag{14.25}$$

を用いて

$$K_{\text{回転}} = \frac{1}{2}I\omega^2(t), \quad \omega(t) = |\boldsymbol{\omega}(t)| \tag{14.26}$$

と表される。

一般に，剛体の運動はその重心の運動と，重心のまわりの回転運動に分離することができる。

例として，質量 M，半径 a の一様な円柱が，角度 θ の斜面を滑ることなく (回転しながら) 落下する運動を考えよう。円柱はその対称軸のまわりに回転するが，その (重心を含む) 対称軸は斜面方向に落下していく。円柱の慣性モーメントは例題 13.2 で求めたように $I = Ma^2/2$ である。鉛直上向きに z 軸をとり，円柱が転がる水平方向に x 軸をとる。回転軸は y 軸方向で，角速度ベクトルは $\boldsymbol{\omega}(t) = \omega(t)\boldsymbol{j}$ と表される (図 14.5)。

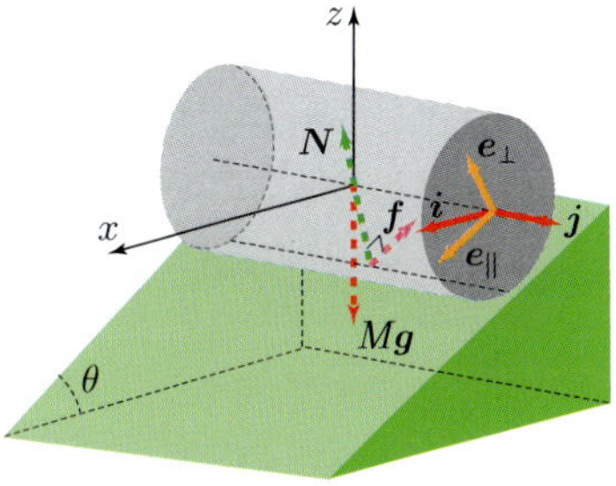

図 14.5　斜面上の円柱

剛体にはたらく力は重力 $M\boldsymbol{g}$ と，斜面からの抗力 $\boldsymbol{N}$ と，斜面からの摩擦力 $\boldsymbol{f}$ である。斜面に沿って下向きの基底ベクトル $\boldsymbol{e}_{\parallel}$ と，斜面に垂直な基底ベクトル $\boldsymbol{e}_{\perp}$ を導入しよう。

$$\boldsymbol{e}_{\parallel} = \cos\theta\,\boldsymbol{i} - \sin\theta\,\boldsymbol{k} \tag{14.27}$$

$$\boldsymbol{e}_{\perp} = \sin\theta\,\boldsymbol{i} + \cos\theta\,\boldsymbol{k} \tag{14.28}$$

これらを用いて，

$$M\boldsymbol{g} = -Mg\boldsymbol{k} = Mg(\sin\theta\,\boldsymbol{e}_{\parallel} - \cos\theta\,\boldsymbol{e}_{\perp}) \tag{14.29}$$

$$\boldsymbol{N} = N\boldsymbol{e}_{\perp} \tag{14.30}$$

$$\boldsymbol{f} = -f\boldsymbol{e}_{\parallel} \tag{14.31}$$

と表される。また，円柱の重心の速度ベクトル $\boldsymbol{v}(t)$ は $\boldsymbol{v}(t) = v(t)\boldsymbol{e}_{\parallel}$ と表される。

円柱の重心運動の運動方程式は

$$M\frac{d}{dt}\boldsymbol{v}(t) = M\boldsymbol{g} + \boldsymbol{f} + \boldsymbol{N} \tag{14.32}$$

で与えられる。この式の両辺を基底ベクトル $\boldsymbol{e}_{\parallel}$, $\boldsymbol{e}_{\perp}$ で展開し，その成分を比べることにより，

$$0 = -Mg\cos\theta + N \tag{14.33}$$

$$M\frac{d}{dt}v(t) = Mg\sin\theta - f \tag{14.34}$$

を得る。

円柱は対称軸のまわりに回転するので，角速度ベクトル方向に角運動量をもつ。

$$\boldsymbol{L}_{\text{軸}}(t) = I\boldsymbol{\omega}(t) = I\omega(t)\,\boldsymbol{j} \tag{14.35}$$

剛体にはたらく力のうち，回転軸に関する力のモーメントを与えるのは摩擦力 $\boldsymbol{f}$ のみである。その力のモーメントは，軸から摩擦力の作用点への位置ベクトルが $-a\boldsymbol{e}_{\perp}$ で与えられることに注意して

$$(-a\boldsymbol{e}_{\perp}) \times \boldsymbol{f} = af(\boldsymbol{e}_{\perp} \times \boldsymbol{e}_{\parallel}) = af\boldsymbol{j} \tag{14.36}$$

を得る。したがって，重心のまわりの回転運動に関する運動方程式 (14.2) は

$$I\frac{d\omega}{dt} = fa \tag{14.37}$$

となる。

円柱は斜面を滑らないのであるから，中心軸の斜面方向の速さ v と角速度の大きさ ω のあいだには

$$v = a\omega \tag{14.38}$$

の関係がある。式 (14.37) に式 (14.38) を代入すると

$$I\frac{dv}{dt} = fa^2 \tag{14.39}$$

を得るので，これを用いて式 (14.34) から f を消去すると，

$$\frac{dv}{dt} = \frac{1}{M + I/a^2}Mg\sin\theta \tag{14.40}$$

を得る。$I = Ma^2/2$ を代入すると，

$$\frac{dv}{dt} = \frac{2}{3}g\sin\theta \tag{14.41}$$

を得る。回転を考慮しない質点の場合の $dv/dt = g\sin\theta$ と比較すると，加速度が小さくなっていることがわかる。

問い　円柱が滑らずに回転するための条件を求めよ。ただし，円柱と斜面の間の静止摩擦係数を μ とする。

円柱が滑らない場合，摩擦力は仕事をしない。そのため，この系の力学的エネルギーは保存する。

$$\frac{1}{2}Mv^2 + \frac{1}{2}I\omega^2 + Mgz = (一定) \tag{14.42}$$

ただし，z は円柱の鉛直方向の高さを表す。斜面に沿った距離を s で表すと $z = s\sin\theta$ である。式 (14.38) を代入して

$$\frac{1}{2}\left(M + \frac{I}{a^2}\right)v^2 + Mgs\sin\theta = (一定) \tag{14.43}$$

となる。この両辺を時間で微分し，$v = -ds/dt$ を用いると

$$\left(M + \frac{I}{a^2}\right)v\frac{dv}{dt} - Mgv\sin\theta = 0 \tag{14.44}$$

となる。これから運動方程式 (14.40) を得る。

重力による位置エネルギーは，重心の運動エネルギーと回転の運動エネルギーに分配される。質点の場合と比べて重心の運動エネルギーに分配される分が減り，加速度が小さくなる。

Advanced

この章では剛体の簡単な運動のみを考えたが，一般には非常に複雑な運動をする。そのような場合，剛体は常に一定の軸のまわりに回転するのではなく，運動しながら回転軸も変化する。それゆえ，教科書で扱った，特定の軸のまわりの回転のしにくさの尺度である慣性モーメントを一般化し，特定の点のまわりの (任意の軸のまわりの) 回転のしにくさを表す慣性モーメントテンソルという量が導入される。

この章でのポイント

- 一般に剛体の運動は，角運動量の時間変化と，重心の並進運動によって決定される。
- 剛体が固定した回転軸をもつ場合，その軸のまわりの回転の角運動量の変化のみによって運動が決定される。
- バットの「真芯」，テニスラケットの「スイートスポット」の位置は，回転軸 (グリップ) が与える力がゼロとなるという条件から求めることができる。
- 回転軸が平行移動する場合，回転軸のまわりの角運動量の時間変化と，並進運動の運動方程式を解くことによって運動を決定することができる。

第 14 章　章末問題

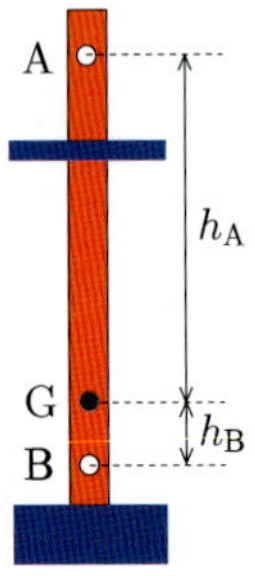

図 14.6

1. 缶ジュースの中身を凍らせてから坂を (滑らずに) 転がしたときと，凍らせずに転がしたときでは，どちらが速く転がるだろうか。

2. 図 14.6 のように，重心の位置 G から h_A だけ離れた点 A を通る軸を固定して物理振り子を振動させたときの周期を T_A とする。この振り子を逆転させ，こんどは重心から h_B だけ離れた点 B を通り，A を通る軸と平行な軸に関して振動させたときの周期を T_B とする。おもりの位置を調節して $T_A = T_B \equiv T$ としたとき，重力加速度の大きさ g は，2 つの支点の間の距離 $L_{AB} \equiv h_A + h_B$ を用いて

$$g = \left(\frac{2\pi}{T}\right)^2 L_{AB} \tag{14.45}$$

で与えられることを示せ。この表式には振り子の質量や慣性モーメントが現れていないことに注意せよ。このような振り子はケーター (H. Kater) の振り子とよばれ，重力加速度の大きさを精度良く測るのに用いられた。

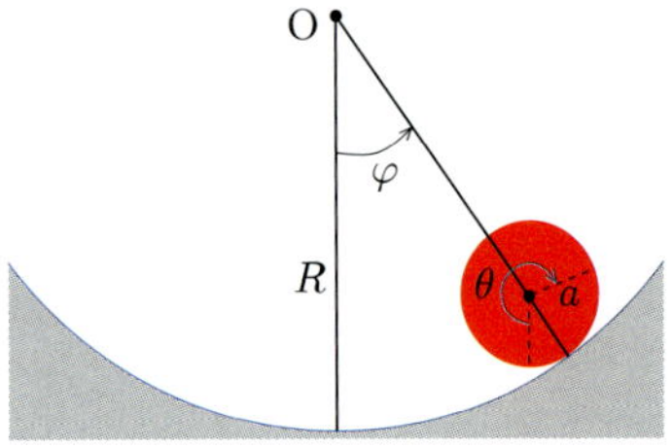

図 14.7

3. 図 14.7 のように，半径 R の固定された粗い面の円筒の内部に，半径 a，質量 M の一様な円柱を置いて滑らないように運動させた。円柱にはたらく静摩擦力の大きさを F として以下の問いに答えよ。

(a) 円柱の重心の運動方程式を φ に対する方程式として求めよ。

(b) 円柱の回転運動に対する運動方程式を θ に対する方程式として求めよ。

(c) 円柱が円筒面上を滑らないという条件を用いて，F を含まない φ に対する運動方程式を求めよ。また，F を φ の関数として表せ。

(d) 円柱が円筒内を滑らずに，$-\varphi_0 \leq \varphi \leq \varphi_0$ の範囲で振動運動をするとき，静止摩擦係数 μ が満足する関係式を導け。

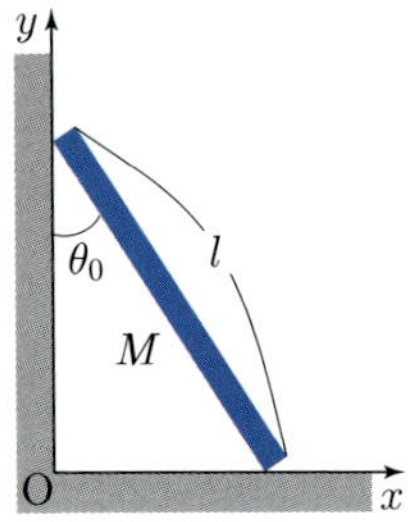

図 14.8

4. 図 14.8 のように，滑らかな水平な床と，床に垂直に立っている滑らかな壁に，質量 M，長さ l の細い棒を鉛直方向から角度 θ_0 で時刻 $t = 0$ に静かに立て掛けたが，すぐに滑りだした。この棒の運動について以下の問いに答えよ。ただし棒は一つの鉛直面内でのみ運動するとする。

(a) 図のように水平方向に x 軸，鉛直上向きに y 軸をとり，壁からの抗力を N，床からの抗力を N' として，棒が壁と床を滑って運動しているときの重心の運動と，回転運動の運動方程式を書け。

(b) それらから，棒の鉛直方向からの角度 $\theta(t)$ が満たす微分方程式を求めよ。

(c) エネルギー保存則より，$\dot{\theta}(t)$ を求めよ。

(d) 棒が壁から離れるときの角度 θ_c を求めよ。

(e) 棒が壁から離れるときの重心の位置，速度および回転の角速度を θ_0 を用いて表せ。

(f) 棒が壁から離れた後の運動を求めよ。さらに，棒が床に接するときの回転の角速度を求めよ。

第 II 部

電磁気学

1

電荷と電場

本章では，電荷の間にはたらく力についてのクーロンの法則を学ぶ。近接作用に基づき電場の概念を導入し，重ね合わせの原理について理解する。また，電気力線を用いて空間における電場の強さや方向について視覚的に理解できるようになる。

1.1 電　荷

古代ギリシアの時代から，異なった材質でできた物質をこすり合わせると，お互いに引っ張りあう引力の生じる場合のあることが知られていた。このとき物質は電気を帯びており，帯電したという。また，帯電した物体を帯電体とよぶ。帯電した物体を 2 つに割ると，お互いに反発しあう斥力が生じる。このように，帯電体間に生じる力を静電気力とよぶ。また，帯電体がもつ電気を電荷 (または電気量) という。電荷の単位は C (クーロン) を用いる。一般に，物質は原子で構成されており，原子に含まれるいくつかの電子が原子から離れて自由に物質内を動いている。電子は負の電荷 ($e = -1.602 \times 10^{-19}$ C：電気素量) をもっているので，2 つの物体間で電子が移動することで帯電が生じる。

注意! 単位のクーロンは，第 5 章で述べる電流の単位であるアンペア (A) を用いて，1 秒間に 1 A の電流で運ばれる電荷を 1 C と定義する。つまり，1 A = 1 C/s である。

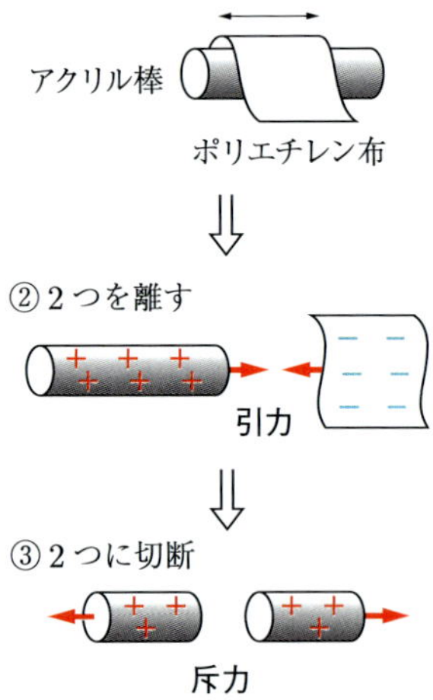

図 1.1　アクリル棒をポリエチレン布でこすったときに発生する静電気

図 1.1 のように，たとえばアクリル棒をポリエチレン布でこすると，ポリエチレンのほうが電子を受け取りやすい性質をもつので，ポリエチレン布が負に，アクリル棒が正に帯電することになる。正と負に帯電した物体間には引力が生じる。このように帯電したアクリル棒を，2 つに切断すると，正に帯電した 2 本のアクリル棒間には斥力がはたらくことになる。

Advanced

実際に 2 種類の物質をこすり合わせて，正に帯電しやすい物質から負に帯電しやすい物質の順番に並べたものを帯電列とよぶ。帯電列における物質の順番は，物質の表面から電子を無限遠まで取り出すのに必要な最小エネルギーである仕事関数や，物質を構成している分子の極性など，複数の要因が関係しているようであるが明確にはわかっていない。また，物質の形態や環境の湿度などに大きく影響される。たとえばアクリル棒は正に帯電しやすいが，アクリル繊維は負に帯電しやすくなる。帯電列の例を表 1.1 に示す。

表 1.1 帯電列の例

正に帯電しやすい ↑	人毛・毛皮
	ガラス
	ナイロン
	木綿
	人の皮膚
	紙
	エボナイト
	鉄
	鋼
	ゴム
	アクリル
	ポリエチレン
	セロファン
↓ 負に帯電しやすい	塩化ビニル

1.2 クーロンの法則

1785 年，クーロン (C.-A. de Coulomb) は，小さな帯電体間に生じる静電気力について実験を行った。以下では，大きさの無視できるほど小さな帯電体を点電荷とよぶ。

注意! 点電荷は力学の第 1 章で学んだ「質点」と同様で，物体の大きさを無視して，その位置と電荷だけで記述される理想化された小物体である。

クーロンが見いだした法則は以下のとおりである。

i) 2 つの点電荷の間にはたらく静電気力は，2 つの点電荷を結ぶ直線上にはたらく。

ii) 静電気力の大きさ F はそれぞれの電荷 Q_1, Q_2 の積に比例して，2 つの点電荷間の距離 r の 2 乗に反比例する。

iii) 2 つの点電荷の電荷が同符号ならば斥力が，異符号ならば引力がはたらく。

したがって，図 1.2 に示すように，電荷 Q_1 をもつ点電荷 1 と電荷 Q_2 をもつ点電荷 2 がそれぞれ位置ベクトル $\boldsymbol{r}_1$, $\boldsymbol{r}_2$ で示される点にあるとき，点電荷 1 が点電荷 2 より受ける力 $\boldsymbol{F}_{1\leftarrow 2}$ は，

$$\boldsymbol{F}_{1\leftarrow 2}(\boldsymbol{r}_1) = k\frac{Q_1Q_2}{|\boldsymbol{r}_1-\boldsymbol{r}_2|^2}\boldsymbol{e}_{12} = \frac{1}{4\pi\varepsilon_0}\frac{Q_1Q_2}{|\boldsymbol{r}_1-\boldsymbol{r}_2|^2}\boldsymbol{e}_{12} = \frac{Q_1Q_2}{4\pi\varepsilon_0}\frac{(\boldsymbol{r}_1-\boldsymbol{r}_2)}{|\boldsymbol{r}_1-\boldsymbol{r}_2|^3} \quad (1.1)$$

と表せる。ここで $\boldsymbol{e}_{12}$ は点電荷 2 から点電荷 1 に向かう方向を示す単位ベクトルで，

$$\boldsymbol{e}_{12} = \frac{\boldsymbol{r}_1-\boldsymbol{r}_2}{|\boldsymbol{r}_1-\boldsymbol{r}_2|} \quad (1.2)$$

と表せる。このようなベクトルを方向ベクトルとよぶ。また実験から，真空中に電荷がある場合の比例定数 k はクーロン定数とよばれて，

$$k = \frac{1}{4\pi\varepsilon_0} \cong 8.9875\times 10^9\ \mathrm{N{\cdot}m^2/C^2} \quad (1.3)$$

の値をもつ。ここで ε_0 は真空の誘電率とよばれ，

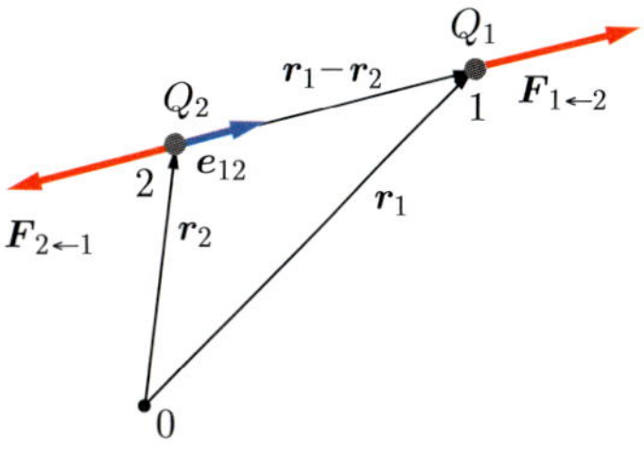

図 1.2 2 つの点電荷にはたらくクーロン力 (図は Q_1 と Q_2 が同符号の場合)

$$\varepsilon_0 \cong 8.8542 \times 10^{-12}\ \mathrm{C^2/N{\cdot}m^2} \tag{1.4}$$

の値をもつ*)。

* 本書では国際単位系 (SI) を用いる。

式 (1.1) をクーロンの法則とよび，また，この発見に因んで，静電気力をクーロン力ともよぶ。力学で学んだニュートンの第 3 法則から，クーロンの法則においても

$$\boldsymbol{F}_{1\leftarrow 2} = -\boldsymbol{F}_{2\leftarrow 1} \tag{1.5}$$

の関係が満たされる作用反作用の法則が成り立っている。

1.3 重ね合わせの原理

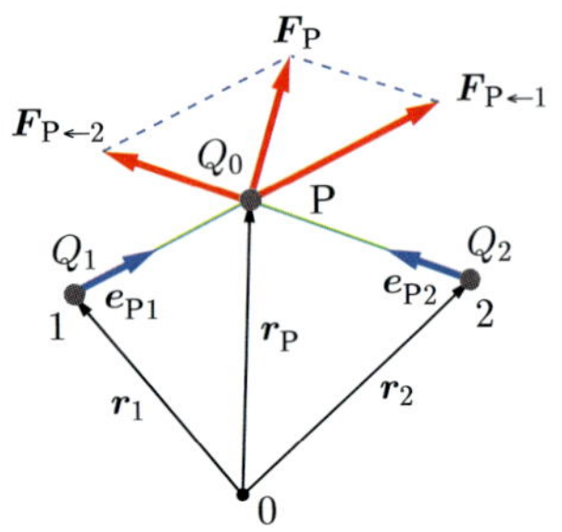

図 1.3　クーロン力の重ね合わせの原理

図 1.3 のように，電荷 Q_0 をもつ点電荷 P のまわりに，それぞれの電荷が Q_1, Q_2 をもつ点電荷 1, 2 があるとする。点電荷 P にはたらく力 $\boldsymbol{F}_\mathrm{P}$ は，点電荷 1 のみがあるときに点電荷 P にはたらく力 $\boldsymbol{F}_{\mathrm{P}\leftarrow 1}$ と，点電荷 2 のみがあるときに点電荷 P にはたらく力 $\boldsymbol{F}_{\mathrm{P}\leftarrow 2}$ のベクトル和で与えられることが実験的に確かめられている。これをクーロン力の重ね合わせの原理という。つまり，

$$\begin{aligned}\boldsymbol{F}_\mathrm{P}(\boldsymbol{r}_\mathrm{P}) &= \boldsymbol{F}_{\mathrm{P}\leftarrow 1}(\boldsymbol{r}_\mathrm{P}) + \boldsymbol{F}_{\mathrm{P}\leftarrow 2}(\boldsymbol{r}_\mathrm{P}) \\ &= \frac{1}{4\pi\varepsilon_0}\frac{Q_1 Q_0}{|\boldsymbol{r}_\mathrm{P} - \boldsymbol{r}_1|^2}\boldsymbol{e}_{\mathrm{P}1} + \frac{1}{4\pi\varepsilon_0}\frac{Q_2 Q_0}{|\boldsymbol{r}_\mathrm{P} - \boldsymbol{r}_2|^2}\boldsymbol{e}_{\mathrm{P}2}\end{aligned} \tag{1.6}$$

と表せる。

注意!　重ね合わせの原理は，電磁気学全体を通じて成り立つ重要な性質である。これは電磁気学の基礎方程式が線形の方程式であることを意味する。

Advanced

写像関数 $f(x)$ が次の加法性と斉次性を満たす場合，$f(x)$ は線形であるという。ここで，x は実数，複素数，ベクトルなどであり，a, b は定数である。

$$\begin{aligned} f(ax+by) &= f(ax) + f(by) \quad &\text{(加法性)} \\ &= af(x) + bf(y) \quad &\text{(斉次性)} \end{aligned}$$

たとえば，$f(x) = cx$ (c は定数) は線形である。ところが，$f(x)$ が x^2 などの高次の項をもつと，かけ算の項が現れるためこの線形性が破れる。線形でない場合を非線形という。重ね合わせの原理とは解の和が解となることをいうので，線形性が成り立てばこの原理は成立する。力学で学んだ万有引力も重ね合わせの原理が成り立つ。また第 4 章で学ぶ電気抵抗などの線形素子と複数の電源で構成される電気回路でも，ある電気抵抗に流れる電流は，個々の電源だけがある場合の電流の総和で求めることができ，この原理が成立している。一方，力学のところで紹介されているカオス運動は非線形なのでこの原理は成り立たない。また，振幅があまり大きくない波はこの原理が成り立って干渉などを示すが，ソリトン (孤立波) などの非線形波動はこの原理が成り立たない。

［質問］ 2 個の電子間にはクーロン力による斥力と万有引力がはたらいている。2 つの力の大きさはどの程度違うのか，2 つの力の比を求めてみよう。電子の質量は 9.11×10^{-31} kg，万有引力定数は 6.67×10^{-11} $\mathrm{N{\cdot}m^2/kg^2}$ である。

一般に，電荷 Q_0 をもつ点電荷 P のまわりに n 個の点電荷 $1, 2, \ldots, n$ がそれぞれ電荷 $Q_1, Q_2, \ldots, Q_n$ をもって分布しているとき，点電荷 P が受ける力 $\boldsymbol{F}_{\mathrm{P}}(\boldsymbol{r}_{\mathrm{P}})$ は

$$\boldsymbol{F}_{\mathrm{P}}(\boldsymbol{r}_{\mathrm{P}}) = \sum_{i=1}^{n} \boldsymbol{F}_{\mathrm{P}\leftarrow i} = \sum_{i=1}^{n} \frac{Q_0 Q_i}{4\pi\varepsilon_0 |\boldsymbol{r}_{\mathrm{P}} - \boldsymbol{r}_i|^2} \boldsymbol{e}_{\mathrm{P}i} \qquad (1.7)$$

と表せる。

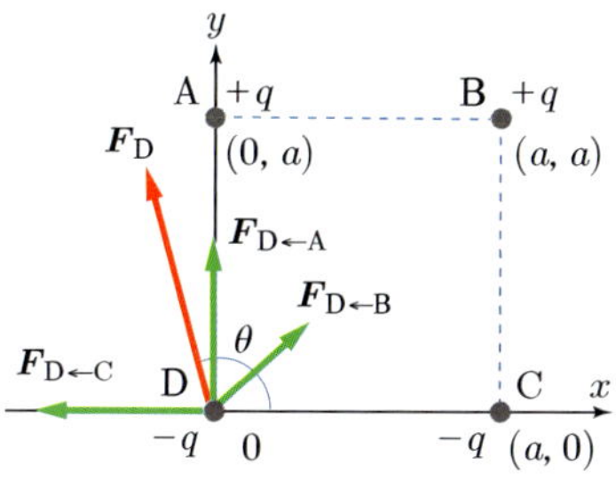

図 1.4　正方形の 3 つの角に配置された点電荷から残りの角にある点電荷にはたらくクーロン力

［例題 1.1］ 図 1.4 のように，$+q$ (ただし q は正の値とする) の電荷もつ点電荷 A, B，および，$-q$ の電荷をもつ点電荷 C, D が 1 辺が a の正方形の角に配置されている。点電荷 A, B, C から点電荷 D にはたらくクーロン力を求めよ。

［解］ 各点電荷 A, B, C から点電荷 D にはたらくクーロン力をそれぞれ $\boldsymbol{F}_{\mathrm{D}\leftarrow\mathrm{A}}$, $\boldsymbol{F}_{\mathrm{D}\leftarrow\mathrm{B}}$, $\boldsymbol{F}_{\mathrm{D}\leftarrow\mathrm{C}}$ とすると，

$$\boldsymbol{F}_{\mathrm{D}\leftarrow\mathrm{A}} = k\frac{q^2}{a^3}(0\boldsymbol{i} + a\boldsymbol{j}) \qquad (1.8)$$

$$\boldsymbol{F}_{\mathrm{D}\leftarrow\mathrm{B}} = k\frac{q^2}{(\sqrt{2}a)^3}(a\boldsymbol{i} + a\boldsymbol{j}) \qquad (1.9)$$

$$\boldsymbol{F}_{\mathrm{D}\leftarrow\mathrm{C}} = -k\frac{q^2}{a^3}(a\boldsymbol{i} + 0\boldsymbol{j}) \qquad (1.10)$$

である。ここで $\boldsymbol{i}, \boldsymbol{j}$ は 2 次元デカルト座標における x 方向，y 方向の単位ベクトルである。よって，求める点電荷 D にはたらくクーロン力 $\boldsymbol{F}_{\mathrm{D}}$ は

$$\begin{aligned}\boldsymbol{F}_{\mathrm{D}} &= \boldsymbol{F}_{\mathrm{D}\leftarrow\mathrm{A}} + \boldsymbol{F}_{\mathrm{D}\leftarrow\mathrm{B}} + \boldsymbol{F}_{\mathrm{D}\leftarrow\mathrm{C}} \\ &= k\frac{q^2}{a^2}\left\{\left(\frac{1}{2\sqrt{2}} - 1\right)\boldsymbol{i} + \left(\frac{1}{2\sqrt{2}} + 1\right)\boldsymbol{j}\right\}\end{aligned} \qquad (1.11)$$

となる。したがって，クーロン力の大きさは

$$\begin{aligned}|\boldsymbol{F}_{\mathrm{D}}| &= k\frac{q^2}{a^2}\sqrt{\left(\frac{1}{2\sqrt{2}} - 1\right)^2 + \left(\frac{1}{2\sqrt{2}} + 1\right)^2} \\ &= k\frac{3q^2}{2a^2}\end{aligned} \qquad (1.12)$$

となる。クーロン力の方向と x 軸の間の角度を θ，また $\boldsymbol{F}_{\mathrm{D}} = (F_x, F_y)$ とすると

$$\tan\theta = \frac{F_y}{F_x} = \frac{k\frac{q^2}{a^2}\left(\frac{1}{2\sqrt{2}} + 1\right)}{k\frac{q^2}{a^2}\left(\frac{1}{2\sqrt{2}} - 1\right)} = -2.09 \qquad (1.13)$$

となる。この関係を満たす θ は，$\theta = -64.5^\circ + 180^\circ \times n$ (n は整数) であるが，図 1.4 から $\theta = 115.5^\circ$ である。

1.4 電　場

1.4.1 電場の近接作用

電荷をもつ 2 つの物体が空間に離れて存在すると，その物体間には直接，かつ瞬間的にクーロン力が作用すると考える。これを遠隔作用とよぶ。しかしファラデー (M. Faraday) は電荷をもつ物体が空間に存在するだけで，その周囲の空間になんらかの影響を及ぼすと考えた。このため，影響を及ぼされた空間に別の電荷をもつ物体が新たに置かれると，すでに影響を及ぼされた空間を介して間接的にその物体にクーロン力がはたらくと考えたのである。これを近接作用とよぶ。このように，電荷の存在で影響を及ぼされた空間を電場 (または電界) とよぶ。現在では，さまざまな電磁気現象を説明できる考え方として，近接作用が広く受け入れられている。電磁波が真空中を瞬時ではなく有限の光速で伝わることを考えれば納得が

いくだろう。なお，時間的に変動しない電場のことを特に静電場とよぶ。以下，第 6 章までは特に断らない限り，静電場について述べる。時間的に変動する電場によって生じる電磁波などの現象については第 7 章および第 8 章で述べる。

注意! 質量があるとその周囲に重力場ができるのと同様に，電荷があるとその周囲に電場が作られる。一般に，電場は空間の各点においてベクトル量が定義されているので，このような場をベクトル場とよぶ。

電場が存在しているときに，位置ベクトル $\boldsymbol{r}$ で示される点での電場を $\boldsymbol{E}(\boldsymbol{r})$ で表す。電場は，位置 $\boldsymbol{r}$ に正の単位電荷 (+1 C) を置いたときに，その単位電荷に生じるクーロン力 $\boldsymbol{F}(\boldsymbol{r})$ と同じ大きさ，同じ方向であると定義する。すると，電場 $\boldsymbol{E}(\boldsymbol{r})$ 中の位置 $\boldsymbol{r}$ にある電荷の大きさ Q をもつ点電荷には，

$$\boldsymbol{F}(\boldsymbol{r}) = Q\boldsymbol{E}(\boldsymbol{r}) \tag{1.14}$$

のクーロン力がはたらくことになる。この関係式から電場の単位は [N/C] であるが，第 2 章で示すように通常，[V/m] で表すことが多い。

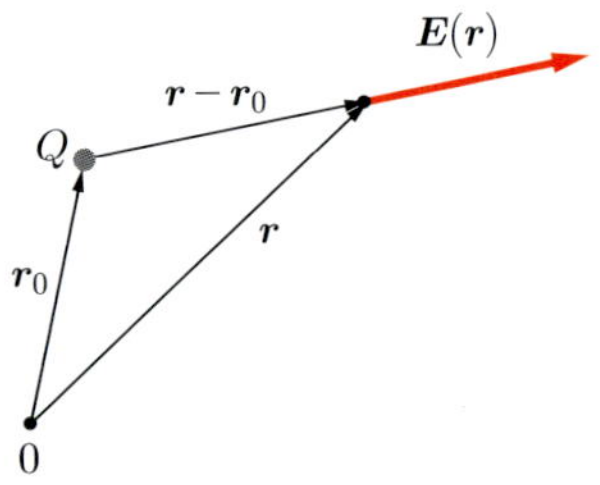

図 1.5　点電荷による電場 (図は Q が正の場合)

式 (1.1) と式 (1.14) より，図 1.5 のように位置 $\boldsymbol{r}_0$ に点電荷 Q があるとき，位置 $\boldsymbol{r}$ での電場 $\boldsymbol{E}(\boldsymbol{r})$ は

$$\boldsymbol{E}(\boldsymbol{r}) = \frac{Q}{4\pi\varepsilon_0}\frac{1}{|\boldsymbol{r}-\boldsymbol{r}_0|^2}\boldsymbol{e}_{\boldsymbol{r}-\boldsymbol{r}_0} = \frac{Q}{4\pi\varepsilon_0}\frac{\boldsymbol{r}-\boldsymbol{r}_0}{|\boldsymbol{r}-\boldsymbol{r}_0|^3} \tag{1.15}$$

となる。ここで $\boldsymbol{e}_{\boldsymbol{r}-\boldsymbol{r}_0}$ は，位置 $\boldsymbol{r}_0$ から位置 $\boldsymbol{r}$ への方向を示す方向ベクトルである。

さて，ここで電場が保存力の場であることを示そう。(保存力については力学の 5.2 節で説明されている。) 図 1.6 のように，原点に点電荷 Q がある場合を考えよう。

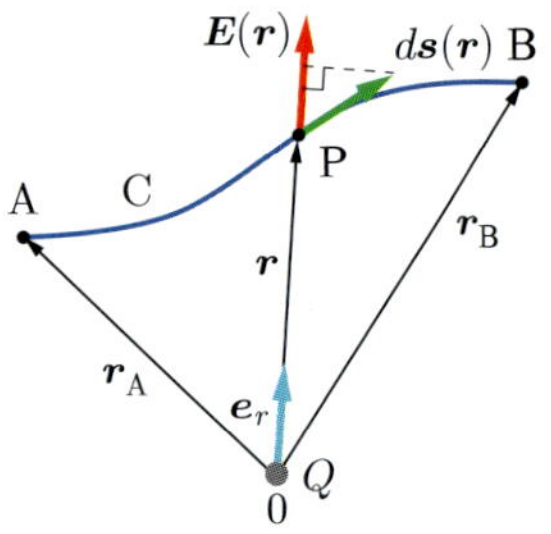

図 1.6　点電荷により生じた電場中における電場の経路上での線積分

点電荷によって周囲に生じた電場 $\boldsymbol{E}(\boldsymbol{r})$ の，点 A から点 B までの経路 C 上での線積分は，式 (1.15) を用いて，

$$\begin{aligned}\int_{\boldsymbol{r}_{\mathrm{A}}}^{\boldsymbol{r}_{\mathrm{B}}} \boldsymbol{E}(\boldsymbol{r})\cdot d\boldsymbol{s} &= \int_{\boldsymbol{r}_{\mathrm{A}}}^{\boldsymbol{r}_{\mathrm{B}}} \frac{Q}{4\pi\varepsilon_0 r^2}\boldsymbol{e}_r\cdot d\boldsymbol{s} \\ &= -\frac{Q}{4\pi\varepsilon_0}\left(\frac{1}{r_{\mathrm{B}}}-\frac{1}{r_{\mathrm{A}}}\right)\end{aligned} \tag{1.16}$$

である。なお，$d\boldsymbol{s}(\boldsymbol{r})$ は線素ベクトルで，曲線上の点 $\boldsymbol{r}$ における接線方向を向く。ここで $\boldsymbol{e}_r\cdot d\boldsymbol{s} = dr$ となる。また，$r_{\mathrm{A}} = |\boldsymbol{r}_{\mathrm{A}}|$, $r_{\mathrm{B}} = |\boldsymbol{r}_{\mathrm{B}}|$ とおいた。右辺から，電場の線積分はそれぞれ始点 A と終点 B への原点からの距離で決まり，途中の経路によらないことがわかる。したがって，力学の 5.2 節で述べたように，電場 $\boldsymbol{E}$ は保存力の場である。当然，電場に電荷をかけた静電気力 $\boldsymbol{F}$ (クーロン力) は保存力である。よって，$\boldsymbol{E} = -\nabla V$ を満たす単位電荷当たりのポテンシャルエネルギー V を考えることができる。第 2 章で詳述するように，この V を電磁気学では電位とよぶ。

1.4.2 電場の重ね合わせの原理

クーロン力は重ね合わせの原理が成り立つことから，電場も同様に重ね合わせの原理が成り立つ。

n 個の点電荷 $1, 2, 3, \ldots, n$ がそれぞれ位置 $\boldsymbol{r}_1, \boldsymbol{r}_2, \boldsymbol{r}_3, \ldots, \boldsymbol{r}_n$ に，電荷 $Q_1, Q_2, Q_3, \cdots, Q_n$ をもって分布しているとき，位置 $\boldsymbol{r}$ に生じる電場 $\boldsymbol{E}(\boldsymbol{r})$ は

$$\begin{aligned} \boldsymbol{E}(\boldsymbol{r}) &= \sum_{i=1}^{n} \boldsymbol{E}_i(\boldsymbol{r}) \\ &= \sum_{i=1}^{n} \frac{Q_i}{4\pi\varepsilon_0} \frac{\boldsymbol{r} - \boldsymbol{r}_i}{|\boldsymbol{r} - \boldsymbol{r}_i|^3} = \sum_{i=1}^{n} \frac{Q_i}{4\pi\varepsilon_0 |\boldsymbol{r} - \boldsymbol{r}_i|^2} \boldsymbol{e}_{\boldsymbol{r}-\boldsymbol{r}_i} \end{aligned} \tag{1.17}$$

と表せる。ここで $\boldsymbol{e}_{\boldsymbol{r}-\boldsymbol{r}_i}$ は位置 $\boldsymbol{r}_i$ から位置 $\boldsymbol{r}$ への方向を示す方向ベクトルである。その電場の様子を図 1.7 に示す。

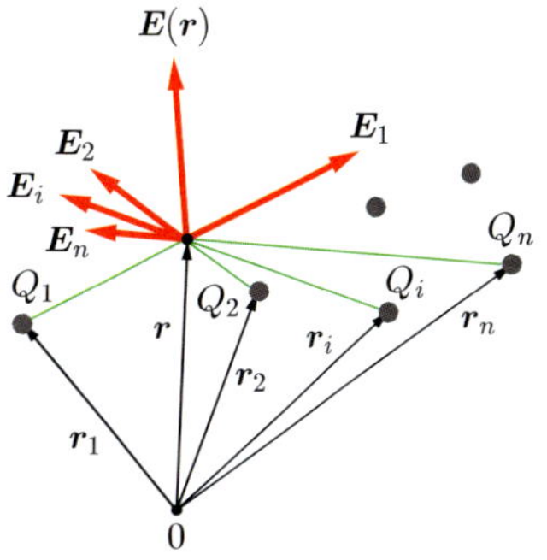

図 1.7　分布している点電荷によって生じる電場

式 (1.16) で示したように，点電荷により生じる静電場は保存場であるので，式 (1.17) に示される各電場の重ね合わせで表せる静電場 $\boldsymbol{E}(\boldsymbol{r})$ も保存場である。したがって，力学の 5.3 節で示したように，任意の閉じた経路 C における電場の周回積分はゼロである (図 1.8)。つまり，

$$\oint_{\mathrm{C}} \boldsymbol{E}(\boldsymbol{r}) \cdot d\boldsymbol{s} = 0 \tag{1.18}$$

が成り立つ。

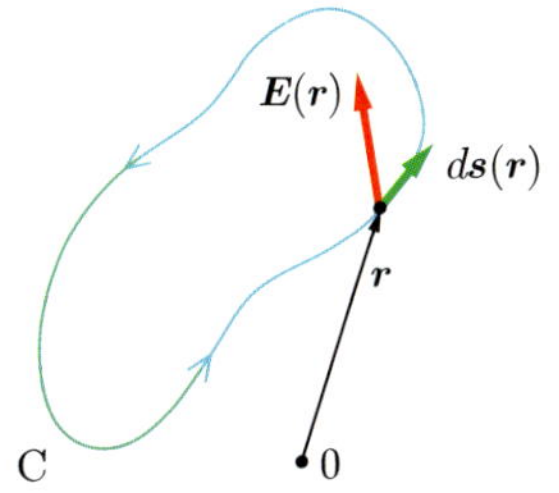

図 1.8　電場の周回積分

1.4.3 分布した電荷によって生じる電場

図 1.9 のように，領域 V に電荷が連続的に分布していることで点 P に生じる電場を考えよう。領域 V 中にある任意の点 $\boldsymbol{r}$ での体積電荷密度 ρ $\left[\mathrm{C/m^3}\right]$ は，微小体積 Δv に微小電荷 ΔQ が分布しているとして

$$\rho(\boldsymbol{r}) = \lim_{\Delta v \to 0} \frac{\Delta Q}{\Delta v} = \frac{dQ}{dv} \tag{1.19}$$

と表せる。微小体積から点 P に向かうベクトルを $\boldsymbol{R}$ として，微小電荷 ΔQ によって点 P に生じる電場を $\Delta \boldsymbol{E}$ とすれば，

$$\Delta \boldsymbol{E} = \frac{\Delta Q}{4\pi\varepsilon_0 R^2} \boldsymbol{e}_{\boldsymbol{R}} \tag{1.20}$$

となる。ここで $\boldsymbol{e}_{\boldsymbol{R}}$ は，$\boldsymbol{e}_{\boldsymbol{R}} = \boldsymbol{R}/|\boldsymbol{R}|$ で定義される方向ベクトルである。したがって，領域 V に分布している電荷によって生じる点 P での電場 $\boldsymbol{E}_{\mathrm{P}}$ は，電荷が分布している領域 V について体積分を行えばよいので，

$$\boldsymbol{E}_{\mathrm{P}} = \int_{\mathrm{V}} \frac{\rho \boldsymbol{e}_{\boldsymbol{R}}}{4\pi\varepsilon_0 R^2} \, dv \tag{1.21}$$

と表せる。

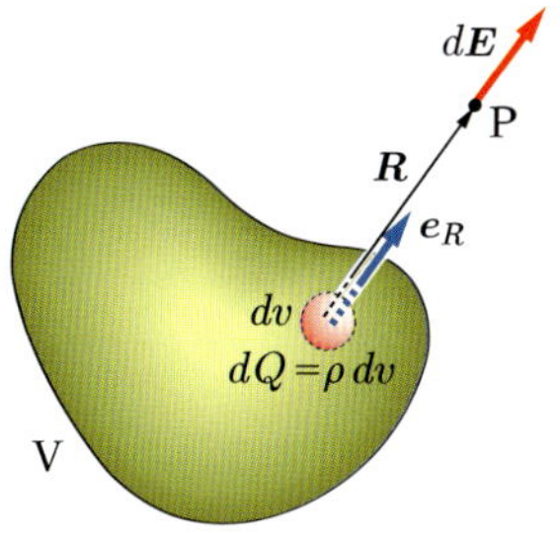

図 1.9　空間に分布した電荷によって生じる電場

次に，図 1.10 のように，面状に電荷が連続的に分布していることで面外の点 P に生じる電場を考えよう。面 S の任意の点 (位置ベクトル $\boldsymbol{r}$ で示される) での面電荷密度 ρ_{s} $\left[\mathrm{C/m^2}\right]$ は，微小な面積を示す面素片 ΔS に

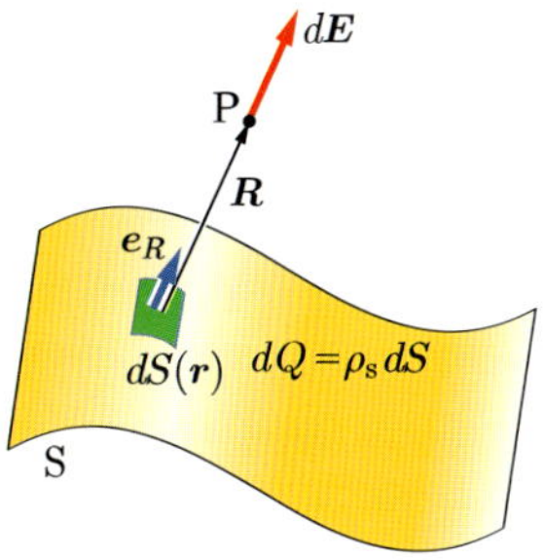

図 1.10　面状に分布した電荷によって生じる電場

微小電荷 ΔQ が分布しているとして

$$\rho_{\mathrm{s}}(\boldsymbol{r}) = \lim_{\Delta S \to 0} \frac{\Delta Q}{\Delta S} = \frac{dQ}{dS} \tag{1.22}$$

と表せる。面素片から点 P に向かうベクトルを $\boldsymbol{R}$ として，微小電荷 ΔQ によって点 P に生じる電場を $\Delta \boldsymbol{E}$ とすれば，

$$\Delta \boldsymbol{E} = \frac{\Delta Q}{4\pi\varepsilon_0 R^2}\boldsymbol{e_R} \tag{1.23}$$

となる。ここで $\boldsymbol{e_R}$ は $\boldsymbol{e_R} = \boldsymbol{R}/|\boldsymbol{R}|$ で定義される方向ベクトルである。したがって，面 S に分布している電荷によって生じる点 P での電場 $\boldsymbol{E}_{\mathrm{P}}$ は，電荷が分布している面 S について面積分を行えばよいので，

$$\boldsymbol{E}_{\mathrm{P}} = \int_{\mathrm{S}} \frac{\rho_{\mathrm{s}}\boldsymbol{e_R}}{4\pi\varepsilon_0 R^2}\, dS \tag{1.24}$$

と表せる。

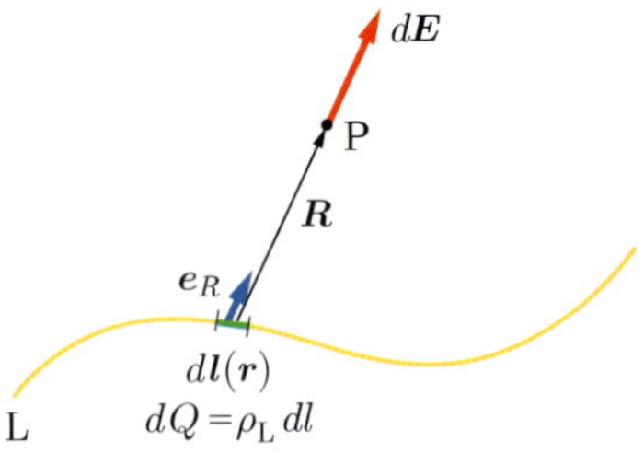

図 1.11　線状に分布した電荷によって生じる電場

最後に，図 1.11 のように，線状に電荷が連続的に分布していることで点 P に生じる電場を考えよう。線 L の任意の点での線電荷密度 ρ_{L} [C/m] は，微小な長さを示す線素片 Δl に微小電荷 ΔQ が分布しているとして

$$\rho_{\mathrm{L}} = \lim_{\Delta l \to 0} \frac{\Delta Q}{\Delta l} = \frac{dQ}{dl} \tag{1.25}$$

と表せる。線素片から点 P に向かうベクトルを $\boldsymbol{R}$ として，微小電荷 ΔQ によって点 P に生じる電場を $\Delta \boldsymbol{E}$ とすれば，

$$\Delta \boldsymbol{E} = \frac{\Delta Q}{4\pi\varepsilon_0 R^2}\boldsymbol{e_R} \tag{1.26}$$

となる。ここで $\boldsymbol{e_R}$ は $\boldsymbol{e_R} = \boldsymbol{R}/|\boldsymbol{R}|$ で定義される方向ベクトルである。したがって，線 L に分布している電荷によって生じる点 P での電場 $\boldsymbol{E}_{\mathrm{P}}$ は，電荷が分布している線 L について線積分を行えばよいので，

$$\boldsymbol{E}_{\mathrm{P}} = \int_{\mathrm{L}} \frac{\rho_{\mathrm{L}}\boldsymbol{e_R}}{4\pi\varepsilon_0 R^2}\, dl \tag{1.27}$$

と表せる。

注意!　本教科書の第 I 部の力学では，面積分は $\iint d^2\boldsymbol{r}$，体積分は $\iiint d^3\boldsymbol{r}$ で表されているが，電磁気学では面積分や体積分が頻繁に用いられるので，面積分は $\int_{\mathrm{S}} dS$，体積分は $\int_{\mathrm{V}} dv$ と表すことが多い。この第 II 部 電磁気学でもそれに従って積分を表している。

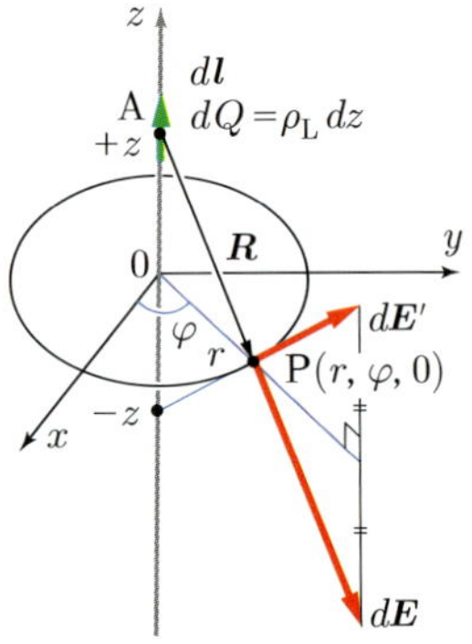

図 1.12　直線電荷のまわりに生じる電場

[例題 1.2] 線電荷密度 ρ_{L} [C/m] の一様に正に帯電した無限に長い直線がある。この直線から距離 r [m] だけ離れた点 P での電場を求めよ。

[解] 電荷分布の対称性から円筒座標系 (円柱座標系) を導入する。図 1.12 のように帯電した直線を z 軸にとり，原点から xy 面内で r だけ離れた点 P に生じる電場を考える。原点から $+z$ だけ離れて z 軸上にある線素片 $d\boldsymbol{l}$ から点 P に向かうベクトル $\boldsymbol{R}$ は，

$$\boldsymbol{R} = \boldsymbol{r}_{\mathrm{P}} - \boldsymbol{r}_{\mathrm{A}} = r\boldsymbol{e}_r - z\boldsymbol{e}_z \qquad (1.28)$$

となる。ここで $\boldsymbol{e}_r$, $\boldsymbol{e}_z$ はそれぞれ円筒座標における r 方向，z 方向の単位ベクトルである。よって，点 A にある線素片により点 P に生じる電場 $d\boldsymbol{E}$ は，式 (1.26) より，

$$d\boldsymbol{E} = \frac{dQ}{4\pi\varepsilon_0 R^2}\boldsymbol{e}_{\boldsymbol{R}} = \frac{dQ}{4\pi\varepsilon_0 R^2}\frac{\boldsymbol{R}}{|\boldsymbol{R}|} = \frac{dQ}{4\pi\varepsilon_0}\frac{r\boldsymbol{e}_r - z\boldsymbol{e}_z}{(r^2+z^2)^{3/2}} \qquad (1.29)$$

となる。図に示すように z 軸上の $+z$ と $-z$ にある線素片から生じる電場 $d\boldsymbol{E}$ と $d\boldsymbol{E}'$ の z 成分は打ち消し合うため，r 成分のみを積分すればよい。したがって点 P での電場 $\boldsymbol{E}$ は，$dQ = \rho_{\mathrm{L}}\,dl = \rho_{\mathrm{L}}\,dz$ を考慮して，また $z = r\tan\theta$ の変数変換により，

$$\boldsymbol{E} = \int d\boldsymbol{E} = \int_{-\infty}^{+\infty}\frac{dz}{4\pi\varepsilon_0}\frac{\rho_{\mathrm{L}} r\boldsymbol{e}_r}{(r^2+z^2)^{3/2}} = \frac{\rho_{\mathrm{L}}}{2\pi\varepsilon_0 r}\boldsymbol{e}_r \qquad (1.30)$$

となる。

1.5 電気力線

ファラデーが考えた概念をもとにして電気力線を導入すると，空間における電場 $\boldsymbol{E}(\boldsymbol{r})$ の各点での強さや方向がわかりやすくなる。この電気力線は次の性質をもつとする。

(1) 電気力線は正電荷を始点として，負電荷を終点とする向きでつながる曲線で表す。

(2) 電気力線は途中で交差したり，枝分かれしたりしない。

(3) 電気力線は伸びたゴムのように短くなろうとする性質がある。また，隣り合う電気力線の間には斥力がはたらいて，お互いに離れようとする。

(4) ある点 (位置ベクトル $\boldsymbol{r}$) での電場 $\boldsymbol{E}(\boldsymbol{r})$ の方向と向きは，その点を通過する電気力線の接線方向の方向と向きに一致する。また，その接線方向を法線とする微小面積 ΔS を貫く電気力線の本数を ΔN とすると，電場の強さは単位面積当たりの電気力線の本数 $\Delta N/\Delta S$ に比例する。

電荷が存在するときの電気力線と各点での電場の典型的な例を図 1.13 に示す。

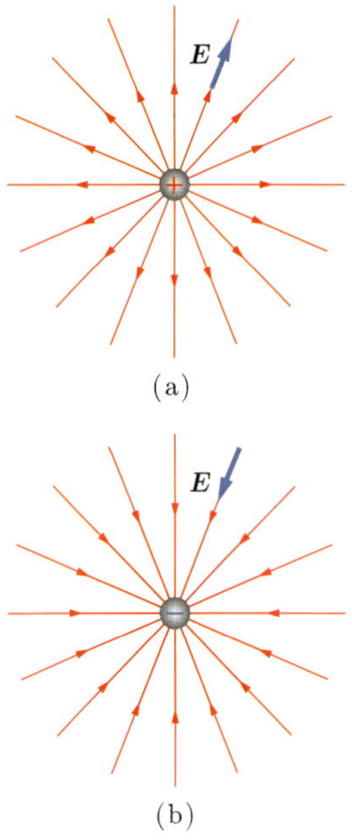

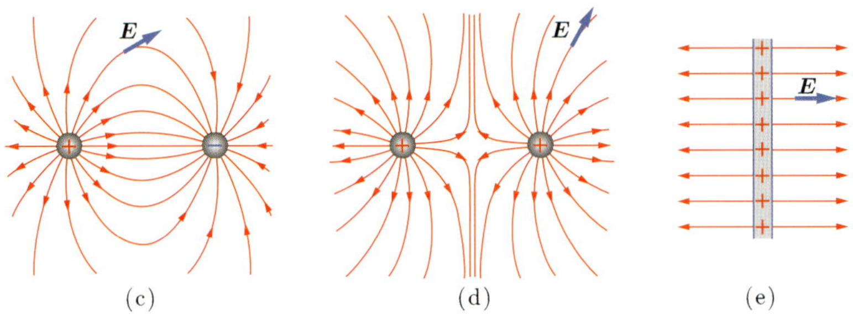

図 1.13 電気力線と電場の様子：(a) 正の点電荷，(b) 負の点電荷，(c) 正負等量電荷をもつ 2 つの点電荷，(d) 正の等量電荷をもつ 2 つの点電荷，(e) 正に一様に帯電した無限平板

この章でのポイント

- 同符号の電荷の間には斥力が，異符号の電荷の間には引力がはたらく。これをクーロン力または静電気力という。
- クーロン力の大きさは電荷の積に比例し，距離の 2 乗に反比例する。これをクーロンの法則という。
- 電磁気学の基礎方程式は線形であり，重ね合わせの原理が成り立つ。
- 空間に電荷を置くと，そのまわりに電気的な影響を及ぼす。その空間に別の電荷を置くと，その電荷に力が働く。この力を及ぼすものを電場とよぶ。
- 電気力線を用いると，空間における電場の強さや方向がわかりやすくなる。電気力線の密度は電場の強さを表す。

第 1 章　章末問題

1. ファインマン (R.P. Feynman) は，体の中の電子の数が陽子の数よりもほんの 1% ほど多いだけで，他の人と腕の長さくらいの距離で離れて立ったとき，地球をまるごと持ち上げるのに十分なほどの斥力が 2 人の間にはたらくと述べている。これは本当だろうか？　以下の設問にそって考えてみよう。

(a)　通常，人の体重の約 2/3 は水であるが，仮にすべて水でできているとして，体重が 60 kg の人の体の中にある電子数を算出せよ。ただし，水の分子量は 18.0 g/mol，アボガドロ定数は 6.02×10^{23} 個である。

(b)　体の中の電子数が 1.0% 増えたなら，人のもつ電荷はいくらか。

(c)　腕の長さくらい離れた距離を 0.50 m として，2 人の間にはたらく静電気力 (クーロン力) を求めよ。

(d)　比較のために，地球をまるごと持ち上げるのにはどれくらいの力が必要か調べてみよ。ただし，地球の質量は 5.97×10^{24} kg である。

2. 真空中の点 A (a_1, a_2, a_3) [m] に電荷 Q_1 [C] をもつ点電荷 1 と，点 B (b_1, b_2, b_3) [m] に電荷 Q_2 [C] をもつ点電荷 2 がある場合，2 つの間にはたらくクーロン力をデカルト座標で求めよ。

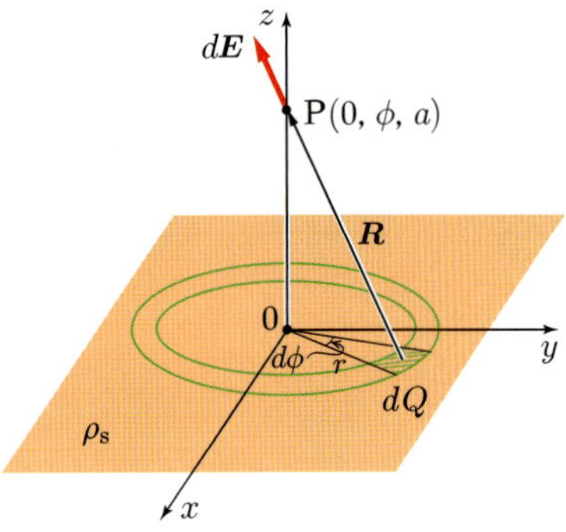

図 1.14

3. 電荷が一様な面電荷密度 ρ_s で，無限に広い平面に分布している。平面から距離 a だけ離れた点 P での電場を求めよ。図 1.14 のように円筒座標で考えよ。

4. xy 平面上に，原点を中心とした半径 a の円板があり，その円板上に一様に電荷 Q が分布している。重ね合せの原理を用いて，z 軸上での電場 $\boldsymbol{E}(z)$ を求めよ。

2

ガウスの法則と電位

本章では，電荷のまわりの電場を計算する場合に有用なガウスの法則について学び，電場が存在する空間のポテンシャル，等電位面，電気力線等の概念を理解する。また，正負の電荷を近い距離に置いたときのまわりの電場やポテンシャルについても考察する。

2.1 ガウスの法則

正の点電荷 Q をある閉曲面で取り囲むと，図 2.1 のように，点電荷から出た電気力線は閉曲面を貫いて外に出ていく。曲面上の任意の位置にある微小面積 $\Delta S(\boldsymbol{r})$ を外向きに貫く電気力線の本数を ΔN として，1.5 節の電気力線の定義 (4) より，比例定数を k_{G} とすれば，電場の強さ E は

$$E = k_{\mathrm{G}} \frac{\Delta N}{\Delta S \cos\theta} \tag{2.1}$$

と表すことができる。ただし θ は面 $\Delta S(\boldsymbol{r})$ の法線方向と電場 $\boldsymbol{E}$ のなす角度である。また，注目する面積は微小であることから，この曲面を平面とみなして，その法線方向，外向きで，大きさ 1 のベクトルを法線ベクトルとよび，これを $\boldsymbol{n}$ で表せば，

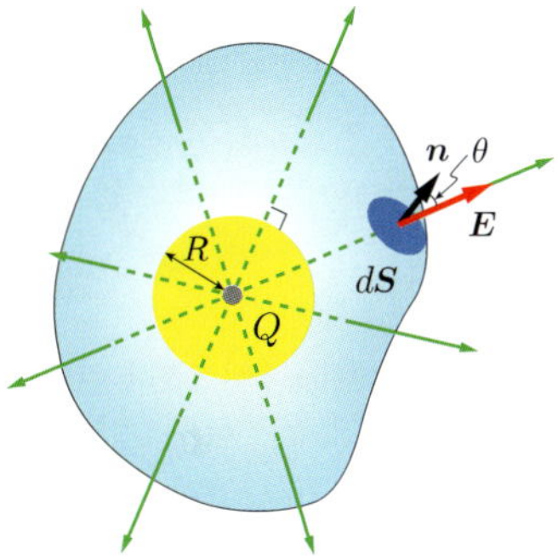

図 2.1　閉曲面に取り囲まれた電荷と，曲面を貫く電気力線

$$\Delta N = \frac{1}{k_{\mathrm{G}}} \boldsymbol{E} \cdot \boldsymbol{n} \Delta S = \frac{1}{k_{\mathrm{G}}} \boldsymbol{E} \cdot \Delta \boldsymbol{S} \tag{2.2}$$

となる。ここで $\Delta\boldsymbol{S}$ を面素片ベクトルとよび，その大きさは ΔS に等しく，方向は法線ベクトルと同じ方向をもち，

$$\Delta\boldsymbol{S} = \boldsymbol{n}\Delta S \tag{2.3}$$

となる。

そこで式 (2.2) について，閉曲面上で面積分を行うと，外に出ていく電気力線の総本数 N は，

$$\begin{aligned} N &= \frac{1}{k_{\mathrm{G}}} \lim_{\Delta S \to 0} \sum_{\Delta S} \boldsymbol{E} \cdot \boldsymbol{n} \Delta S \\ &= \frac{1}{k_{\mathrm{G}}} \int \boldsymbol{E} \cdot \boldsymbol{n}\, dS = \frac{1}{k_{\mathrm{G}}} \int \boldsymbol{E} \cdot d\boldsymbol{S} \end{aligned} \tag{2.4}$$

となる。

ここで，電荷 Q をもつ点電荷を中心として閉曲面内に含まれる半径 R の球を考える。図 2.1 からわかるように，球面を貫く電気力線の総本数は閉曲面を貫く電気力線の総本数 N と同じなので，球面上での面積分で総本数 N を求めることにする。この球面上の任意の点での電場は式 (1.15) より，

$$\boldsymbol{E} = \frac{Q}{4\pi\varepsilon_0 R^2}\boldsymbol{n} \tag{2.5}$$

なので，式 (2.4) に代入すると，

$$\begin{aligned} N &= \frac{1}{k_{\mathrm{G}}}\int \frac{Q}{4\pi\varepsilon_0 R^2}\,dS = \frac{1}{k_{\mathrm{G}}}\frac{Q}{4\pi\varepsilon_0 R^2}\int dS \\ &= \frac{1}{k_{\mathrm{G}}}\frac{Q}{4\pi\varepsilon_0 R^2}4\pi R^2 = \frac{Q}{k_{\mathrm{G}}\varepsilon_0} \end{aligned} \tag{2.6}$$

となる。この結果を式 (2.4) に代入すると，

$$\int \boldsymbol{E}\cdot\boldsymbol{n}\,dS = \int \boldsymbol{E}\cdot d\boldsymbol{S} = \frac{Q}{\varepsilon_0} \tag{2.7}$$

となる。このことは，任意の閉曲面上で電場を面積分することで得られる値が，閉曲面内の電荷を真空の誘電率で割った値に等しいことを示している。これをガウス (C.F. Gauss) の法則という。

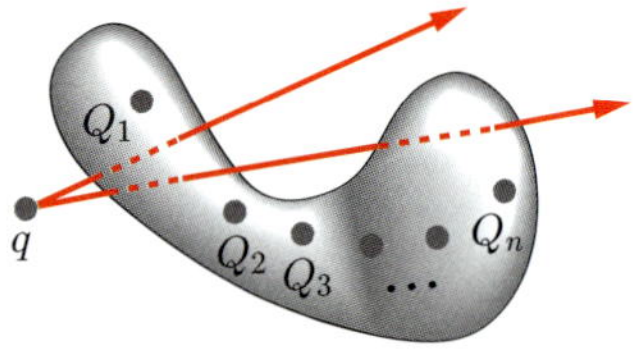

図 2.2　閉曲面の外部にある点電荷から出る電気力線

注意!　ガウスの法則については，付録 F の「ベクトル場の発散とガウスの定理」を参照のこと。

なお，図 2.2 のように，閉曲面内に複数の電荷 $Q_1, Q_2, \ldots, Q_n$ をもつ点電荷があった場合，その総和を式 (2.7) の Q として計算する。また，閉曲面の外にある電荷 q から出る電気力線は，外側から内側へと貫き，さらに，内側から外側に貫くので，法線ベクトルと電場の内積は閉曲面への入口と出口で符号が逆になるため打ち消し合う (付録 H「立体角」を参照)。結局，閉曲面の外部の点電荷は，閉曲面全体を貫く総本数 N に影響しない。このため

$$\int \boldsymbol{E}\cdot\boldsymbol{n}\,dS = \int \boldsymbol{E}\cdot d\boldsymbol{S} = \frac{1}{\varepsilon_0}\sum_{i=1}^{n} Q_i \tag{2.8}$$

と表せる。

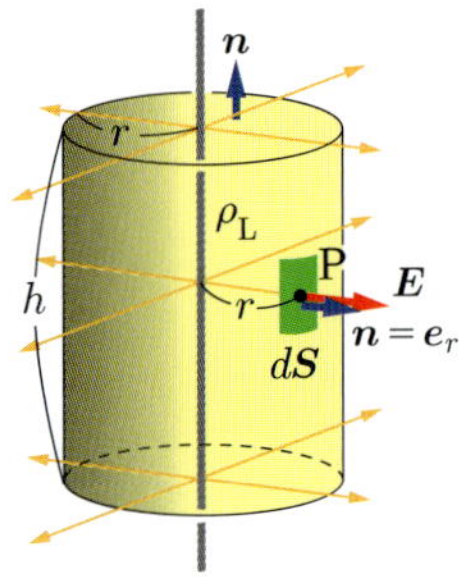

図 2.3　一様に正に帯電した直線のまわりの電場

さらに，電荷が連続的に分布している場合，微小体積 $dv(\boldsymbol{r})$ での電荷密度を $\rho(\boldsymbol{r})$ とすれば，式 (2.7) は，

$$\int \boldsymbol{E}\cdot\boldsymbol{n}\,dS = \int \boldsymbol{E}\cdot d\boldsymbol{S} = \frac{1}{\varepsilon_0}\int \rho\,(\boldsymbol{r})\,dv \tag{2.9}$$

となる。ここで右辺は閉曲面内における体積分を意味する。

[例題 **2.1**]　例題 1.2 の，線電荷密度 ρ_{L} [C/m] の一様に正に帯電した無限に長い直線から距離 r [m] 離れた点 P での電場を，今度はガウスの法則を用いて求めよ。

[解]　電荷分布の対称性を考慮すれば，直線に関して軸対称な電場が生じていると考えられる。また，図 2.3 で，上下に反転しても同じである。つまり，電気力線は直線に対して垂直方向に放射状に出ている。図 2.3 のように円筒座標系をとり，直線を中心軸とした高さ h，半径 r の円筒閉曲面についてガウスの法則を適用する。各面での法線ベクトル $\boldsymbol{n}$ は，側面において電場 $\boldsymbol{E}$ に平行であるから $\boldsymbol{E}\cdot\boldsymbol{n}=E$，一方，上面と底面においては，電場に垂直であるから $\boldsymbol{E}\cdot\boldsymbol{n}=0$ である。また，閉曲面に含まれる電荷 Q は $\rho_{\mathrm{L}}h$ である。したがって，

$$\int \boldsymbol{E}\cdot\boldsymbol{n}\,dS = E\int_{側面} dS + \int_{上面} 0\,dS + \int_{底面} 0\,dS = \frac{\rho_{\mathrm{L}}h}{\varepsilon_0} \qquad (2.10)$$

なので，

$$E\,2\pi rh + 0 + 0 = \frac{\rho_{\mathrm{L}}h}{\varepsilon_0} \qquad (2.11)$$

より，電場 $\boldsymbol{E}$ は，

$$\boldsymbol{E} = \frac{\rho_{\mathrm{L}}}{2\pi\varepsilon_0 r}\boldsymbol{e}_r \qquad (2.12)$$

となる。ここで $\boldsymbol{e}_r$ は円筒座標における r 方向の単位ベクトルである。よって，例題 1.2 と同じ結果を得る。

[例題 **2.2**]　半径 a の球の内部に正の電荷密度 ρ で一様に分布しているときの電場を求めよ。

[解]　電荷分布の対称性を考慮すれば，球面に対して球対称性をもって電場は分布していると考えられる。つまり，電気力線は球の中心から放射状に出ている。次頁の図 2.4 のように，半径 a の球の中心を原点にとった極座標系をとり，同じく原点を中心とした半径 r の球状閉曲面について式 (2.9) のガウスの法則を適用する。

球面上の任意の点での法線ベクトル $\boldsymbol{n}$ と電場 $\boldsymbol{E}(\boldsymbol{r})$ は平行で，大きさが一定あるから，$\boldsymbol{E}(\boldsymbol{r})\cdot\boldsymbol{n}=E$ である。したがって，式 (2.9) の左辺は

$$\int \boldsymbol{E}(\boldsymbol{r})\cdot\boldsymbol{n}\,dS = E\int dS = E\,4\pi r^2 \qquad (2.13)$$

である。一方，右辺の閉曲面に含まれる全電荷は，$r \geq a$ と $r < a$ の場合に分けて考える。

(1)　$r < a$ の場合，式 (2.9) の右辺は

$$\frac{1}{\varepsilon_0}\int \rho(\boldsymbol{r})\,dv = \frac{1}{\varepsilon_0}\rho\frac{4}{3}\pi r^3 \qquad (2.14)$$

となる。これが式 (2.13) と等しいので，電場 $\boldsymbol{E}$ は

$$\boldsymbol{E}(\boldsymbol{r}) = \frac{\rho r}{3\varepsilon_0}\boldsymbol{e}_r \qquad (2.15)$$

となる。ここで $\boldsymbol{e}_r$ は 3 次元極座標における r 方向の単位ベクトルである。

(2)　$r \geq a$ の場合，式 (2.9) の右辺は，

$$\frac{1}{\varepsilon_0}\int \rho(\boldsymbol{r})\,dv = \frac{1}{\varepsilon_0}\rho\frac{4}{3}\pi a^3 \qquad (2.16)$$

となる。これが式 (2.13) と等しいので，電場 $\boldsymbol{E}(\boldsymbol{r})$ は，

$$\boldsymbol{E}(\boldsymbol{r}) = \frac{\rho a^3}{3\varepsilon_0 r^2}\boldsymbol{e}_r \qquad (2.17)$$

となる。

さて，球内の全電荷を Q_0 とすると，

$$Q_0 = \frac{4}{3}\pi a^3\rho \qquad (2.18)$$

の関係があるので，Q_0 を用いて電場の式 (2.15)，式 (2.17) を書き直すと

(a)　$r < a$ の場合 (球内)

$$\boldsymbol{E}(\boldsymbol{r}) = \frac{Q_0 r}{4\pi\varepsilon_0 a^3}\boldsymbol{e}_r \qquad (2.19)$$

(b)　$r \geq a$ の場合 (球外)

$$\boldsymbol{E}(\boldsymbol{r}) = \frac{Q_0}{4\pi\varepsilon_0 r^2}\boldsymbol{e}_r \qquad (2.20)$$

となる。

動径方向 r の電場の強さ E を図 2.5 に示す。

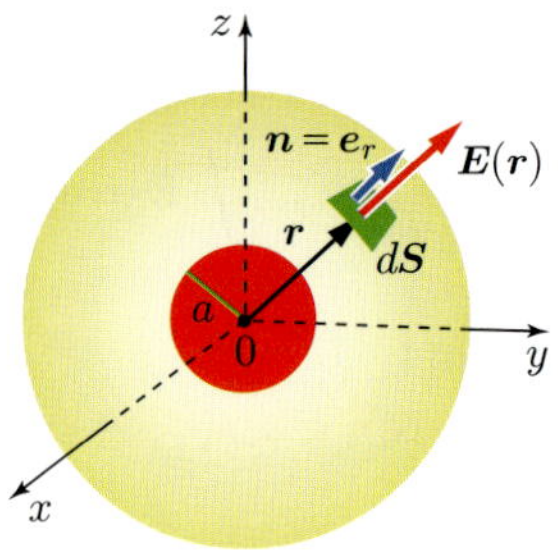

図 2.4　球内に正電荷が一様に分布しているときの電場

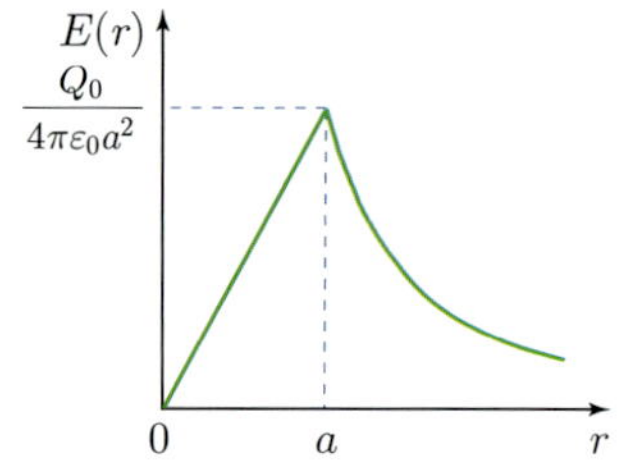

図 2.5　動径方向の電場の強さ

2.2 電　　位

1.4 節でクーロン力は保存力であり，電場は保存力の場であることを示した。また，力学の 5.2 節より，電場が保存力の場であることから，$\boldsymbol{E} = -\nabla V$ を満たす単位電荷当たりのポテンシャルエネルギー V が存在することも述べた。そこで電場中にある電荷がもつポテンシャルエネルギーについて考えてみよう。

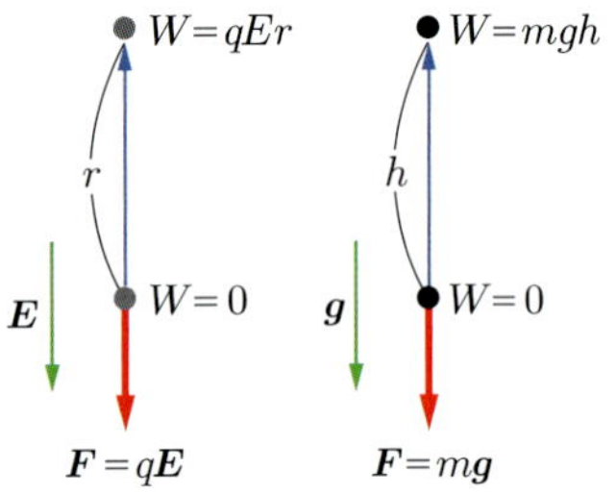

図 2.6　電場中のクーロン力と重力場中の重力による仕事

図 2.6 のように，電荷 q $(q > 0)$ の点電荷が一様な電場 $\boldsymbol{E}$ の中にある場合を考えよう。点電荷はクーロン力 $\boldsymbol{F} = q\boldsymbol{E}$ を受ける。クーロン力に逆らって $\boldsymbol{F}$ と反対向きで同じ大きさの外力を加えることで電荷をゆっくり距離 $\boldsymbol{r}$ だけ移動させたときに外力のする仕事 W は，

$$W = -\boldsymbol{F} \cdot \boldsymbol{r} = -q\boldsymbol{E} \cdot \boldsymbol{r} \tag{2.21}$$

である。ここで比較のため，重力加速度 $\boldsymbol{g}$ の重力場がある地表面上にある質量 m の物体について考える。力学の 6.2 節で示したように，物体は保存力である重力 $\boldsymbol{F} = m\boldsymbol{g}$ を受ける。重力と同じ大きさで反対向きに外力を加えることで物体をゆっくり距離 h だけ高い位置に移動させたときに外力のする仕事 W は mgh である。つまり，外力による仕事を物体に与えたことにより h だけ高いところに移動した重力場中の物体はポテンシャルエネルギー (位置エネルギー) W を得ることになる。同様に保存力の場である電場中での電荷は式 (2.21) で示されるポテンシャルエネルギーをもつ。

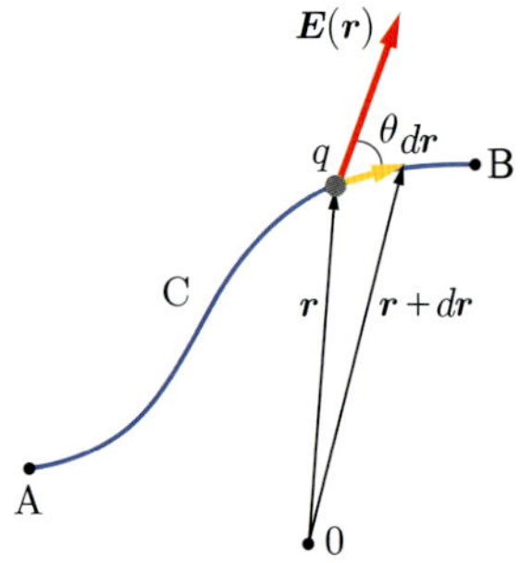

図 2.7　電場中で曲線 C に沿って，点電荷をクーロン力を受けながら移動させる

今度は，場所により異なる値をもつ任意の電場 $\boldsymbol{E}(\boldsymbol{r})$ 中の位置ベクトル $\boldsymbol{r}$ で示される位置にある点電荷 q について考えてみよう。図 2.7 のように，電場中で点 A から点 B へ曲線 C に沿って，点電荷 q をクーロン力に逆らって移動するのに要する仕事 W を求める。電場がほぼ一定とみなすことができる程度に曲線 C 上にある無限小の区間 $d\boldsymbol{r}(\boldsymbol{r})$ において，点電荷をゆっくりと移動させるには，クーロン力 $\boldsymbol{F}(\boldsymbol{r}) = q\boldsymbol{E}(\boldsymbol{r})$ よりもごくわずかに大きな反対向きの外力を加える。このときの外力のする仕事は

$$dW(\boldsymbol{r}) = -\boldsymbol{F}(\boldsymbol{r}) \cdot d\boldsymbol{r} = -q\boldsymbol{E}(\boldsymbol{r}) \cdot d\boldsymbol{r} \tag{2.22}$$

である。したがって，点 A (位置ベクトル $\boldsymbol{r}_\mathrm{A}$) から点 B (位置ベクトル $\boldsymbol{r}_\mathrm{B}$) まで移動したとき外力がした仕事の合計は，

$$W = \int_{\mathrm{A}}^{\mathrm{B}} dW = -\int_{\boldsymbol{r}_{\mathrm{A}}}^{\boldsymbol{r}_{\mathrm{B}}} q\boldsymbol{E}(\boldsymbol{r}) \cdot d\boldsymbol{r} \tag{2.23}$$

となる。単位電荷 $q = 1$ [C] を点 A から点 B まで移動させるのに必要な仕事を点 A と点 B との間の電位差 V_{AB} とよび，

$$V_{\mathrm{AB}} = -\int_{\boldsymbol{r}_{\mathrm{A}}}^{\boldsymbol{r}_{\mathrm{B}}} \boldsymbol{E}(\boldsymbol{r}) \cdot d\boldsymbol{r} \tag{2.24}$$

と表す。電位差は電圧ともよぶ。単位は V (V = J/C) (ボルトと読む) である。

ここで無限遠を基準点として，その電位を 0 [V] と定義する。基準点とある点 P (位置ベクトル $\boldsymbol{r}_{\mathrm{P}}$) の電位差を電位または静電ポテンシャルとよぶ。つまり，点 P での電位 $V(\boldsymbol{r}_{\mathrm{P}})$ は

$$V(\boldsymbol{r}_{\mathrm{P}}) = -\int_{\infty}^{\boldsymbol{r}_{\mathrm{P}}} \boldsymbol{E}(\boldsymbol{r}) \cdot d\boldsymbol{r} \tag{2.25}$$

と表せる。これは電場中で無限遠から点 P まで単位電荷を移動させるのに必要な仕事とみなすことができる。

なお，回路など実用上の議論を行う場合は，地表面を電位 0 [V] と定義する。その際，回路端子を地面につないで端子電位を 0 [V] にする操作を，接地またはアースをとるという*)。

* 山や建築物などの高さを表す際に，標高，または海抜何 m というが，これは付近の海面を標高 0 [m] の基準として測っている。これと比較すると，標高差が電位差に，また標高や海抜が電位に対応している。

また，式 (2.24), 式 (2.25) より，点 A と点 B での電位 V_{A}, V_{B} とその電位差 V_{AB} には，

$$\begin{aligned} V_{\mathrm{AB}} = V_{\mathrm{B}} - V_{\mathrm{A}} &= \left(-\int_{\infty}^{\boldsymbol{r}_{\mathrm{B}}} \boldsymbol{E}(\boldsymbol{r}) \cdot d\boldsymbol{r}\right) - \left(-\int_{\infty}^{\boldsymbol{r}_{\mathrm{A}}} \boldsymbol{E}(\boldsymbol{r}) \cdot d\boldsymbol{r}\right) \\ &= -\int_{\boldsymbol{r}_{\mathrm{A}}}^{\boldsymbol{r}_{\mathrm{B}}} \boldsymbol{E}(\boldsymbol{r}) \cdot d\boldsymbol{r} \end{aligned} \tag{2.26}$$

の関係がある。

電場中のある点 $\mathrm{A}(x, y, z)$ での電位 $V(x, y, z)$ と，その近傍で $d\boldsymbol{r}(dx, dy, dz)$ だけ離れた点 $\mathrm{B}(x + dx, y + dy, z + dz)$ での電位 $V(x + dx, y + dy, z + dz)$ との電位差 ΔV は，テイラー展開を用いて，

$$\begin{aligned} \Delta V &= V(x + dx, y + dy, z + dz) - V(x, y, z) \\ &\cong \frac{\partial V}{\partial x} dx + \frac{\partial V}{\partial y} dy + \frac{\partial V}{\partial z} dz \end{aligned} \tag{2.27}$$

と表せる。点 A と点 B は接近しているので電場はほぼ変化していないとすると，式 (2.26) における $\boldsymbol{E}(\boldsymbol{r})$ は積分範囲において定数ベクトル $\boldsymbol{E}$ とみなせるので，

$$\Delta V = V_{\mathrm{AB}} = -\boldsymbol{E} \cdot d\boldsymbol{r} = -(E_x\,dx + E_y\,dy + E_z\,dz) \tag{2.28}$$

となる。式 (2.27), 式 (2.28) を比較して，

$$E_x = -\frac{\partial V}{\partial x}, \quad E_y = -\frac{\partial V}{\partial y}, \quad E_z = -\frac{\partial V}{\partial z} \tag{2.29}$$

なので，$\boldsymbol{r} = (x, y, z)$ と表すと

$$\boldsymbol{E}(\boldsymbol{r}) = -\nabla V(\boldsymbol{r}) = -\mathrm{grad}\, V(\boldsymbol{r}) \tag{2.30}$$

の関係が導出される。すなわち，**電場 $\boldsymbol{E}(\boldsymbol{r})$ は電位 $V(\boldsymbol{r})$ の勾配**である。またこれは，力学の 5.2 節にある関係式 $\boldsymbol{F}(\boldsymbol{r}) = -\mathrm{grad}\, V(\boldsymbol{r})$ と同じであることから，電場が保存力の場であることを示している。なお，第 2 章で電場の単位は [N/C] であることを述べたが，$\mathrm{N/C} = (\mathrm{N{\cdot}m})/(\mathrm{C{\cdot}m}) = \mathrm{J/(C{\cdot}m)} = \mathrm{V/m}$ より，[V/m] であることがわかる。

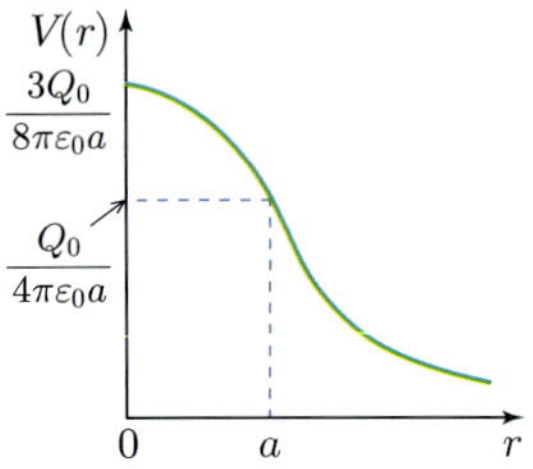

図 2.8　電荷が一様に分布している球における動径方向の電位変化

注意！　ベクトル場である電場と比べて，電位はスカラー場なので，計算において取り扱いやすくなることが多い。また，$\boldsymbol{E}(\boldsymbol{r}) = -\nabla V(\boldsymbol{r})$, $V(\boldsymbol{r}) = -\int_{\boldsymbol{r}_0}^{\boldsymbol{r}} \boldsymbol{E}(\boldsymbol{r}') \cdot d\boldsymbol{r}'$ の関係により，静電場 $\boldsymbol{E}(\boldsymbol{r})$ のもつ情報はすべて電位 $V(\boldsymbol{r})$ に含まれている。

[例題 2.3]　半径 a の球の内部に，正の電荷が一様に分布しているときの電位を求めよ。ただし，球内の全電荷は Q_0 であるとする。

[解]　例題 2.2 で求めた電場から電位を求める。

(1)　球外 ($r \geq a$) の場合：式 (2.25) に式 (2.20) を代入して，$d\boldsymbol{r} = \boldsymbol{e}_r\, dr$ であることに注意すると，

$$V(r) = -\int_{\infty}^{r} \boldsymbol{E}(\boldsymbol{r}') \cdot d\boldsymbol{r}' = -\int_{\infty}^{r} \frac{Q_0}{4\pi\varepsilon_0 r'^2} \boldsymbol{e}_{r'} \cdot \boldsymbol{e}_{r'}\, dr'$$
$$= \frac{Q_0}{4\pi\varepsilon_0 r} \tag{2.31}$$

となる。

(2)　球内 ($r < a$) の場合：球面での電位 $V(a)$ は，式 (2.31) に $r = a$ を代入すると $V(a) = Q_0/4\pi\varepsilon_0 a$ が得られる。また，電位 $V(a)$ と球内の位置 $\boldsymbol{r}$ での電位 $V(r)$ との電位差 V_{ar} は，式 (2.26) に式 (2.19) を代入して，

$$V_{ar} = -\int_{a}^{r} \boldsymbol{E}(\boldsymbol{r}') \cdot d\boldsymbol{r}' = -\int_{a}^{r} \frac{Q_0 r'}{4\pi\varepsilon_0 a^3} \boldsymbol{e}_{r'} \cdot \boldsymbol{e}_{r'}\, dr'$$
$$= -\frac{Q_0}{8\pi\varepsilon_0 a^3}(r^2 - a^2) \tag{2.32}$$

となる。したがって，

$$V(r) = V(a) + V_{ar} = \frac{Q_0}{8\pi\varepsilon_0 a^3}(3a^2 - r^2) \tag{2.33}$$

となる。

電位の動径成分の電位変化を図 2.8 に示す。

2.3　分布した電荷によって生じる電位

n 個の点電荷 $Q_1, Q_2, \ldots, Q_n$ が分布しているとき，位置ベクトル $\boldsymbol{r}$ の任意の位置に生じる電場 $\boldsymbol{E}(\boldsymbol{r})$ は，式 (1.17) のように各点電荷 Q_i によって生じる電場 $\boldsymbol{E}_i$ のベクトル和で表せた。このときの位置ベクトル $\boldsymbol{r}$ で示される点の電位 $V(\boldsymbol{r})$ は，式 (1.17) について無限遠からその点 (位置ベクトル $\boldsymbol{r}$) までの線積分を行えばよいので，

$$-\int_{\infty}^{r} \boldsymbol{E}(\boldsymbol{r}') \cdot d\boldsymbol{r}' = -\sum_{i=1}^{n} \int_{\infty}^{r} \boldsymbol{E}_i(\boldsymbol{r}') \cdot d\boldsymbol{r}'$$
$$= -\sum_{i=1}^{n} \int_{\infty}^{r} \frac{Q_i}{4\pi\varepsilon_0 |\boldsymbol{r}' - \boldsymbol{r}_i|^2} \boldsymbol{e}_{\boldsymbol{r}'-\boldsymbol{r}_i} \cdot d\boldsymbol{r}' \tag{2.34}$$

となる。したがって，

$$V(\boldsymbol{r}) = \sum_{i=1}^{n} V_i(\boldsymbol{r}) = \sum_{i=1}^{n} \frac{Q_i}{4\pi\varepsilon_0 |\boldsymbol{r} - \boldsymbol{r}_i|} \tag{2.35}$$

となる。つまり，位置ベクトル $\boldsymbol{r}$ で示される点の電位 $V(\boldsymbol{r})$ は，各点電荷がつくる電位 $V_i(\boldsymbol{r})$ の重ね合わせによって表される。以上のことから，領域 V 内の位置ベクトル $\boldsymbol{r}'$ で示される点の電荷密度が $\rho(\boldsymbol{r}')$ で分布しているときに，その電荷によって生じる位置ベクトル $\boldsymbol{r}$ で示される点の電位 $V(\boldsymbol{r})$ は，電荷が分布している領域 V について体積分を行えばよいので，

$$V(\boldsymbol{r}) = \frac{1}{4\pi\varepsilon_0}\int_{\mathrm{V}} \frac{\rho(\boldsymbol{r}')}{|\boldsymbol{r}-\boldsymbol{r}'|}\,dv' \tag{2.36}$$

となる。これは，電荷分布によって生じる電位の一般的な表式である。

2.4 等 電 位 面

電位 V の空間分布をみるために等電位な点を連ねた曲面 (等電位面という) で表すと，山の形状を表す等高線と同じで電位の分布がわかりやすくなる。等電位面上の任意の 2 点間では電位差がないので，等電位面内で点電荷を移動させてもクーロン力は仕事をしない。このため，等電位面に含まれる方向にクーロン力は成分をもたないことを示している。よって，式 (1.14) の $\boldsymbol{F}(\boldsymbol{r}) = Q\boldsymbol{E}(\boldsymbol{r})$ から電場は等電位面に含まれる方向に成分をもたないことがわかる (力学の例題 5.2 を参照)。したがって，電場と等電位面は直交する関係にあることがわかる。例として 1.5 節の図 1.13(a), (e) の電気力線の分布を示した図に等電位面を描くと図 2.9 のようになる。

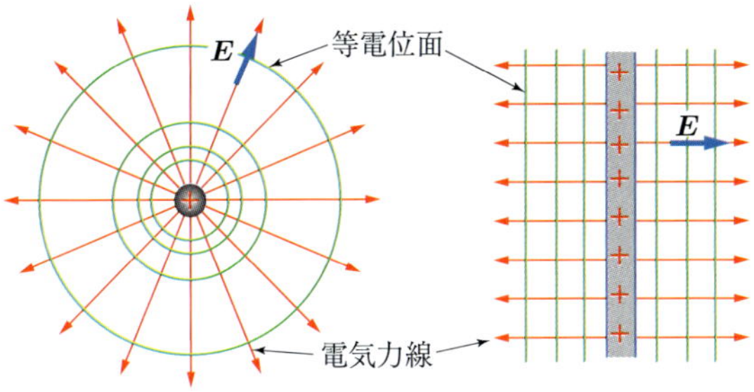

図 2.9 電気力線と等電位面：(a) 正の点電荷，(b) 正に一様に帯電した無限平板

［質問］ 図 1.13(c), (d) に等電位面を描いてみよ。

2.5 電気双極子

図 2.10 のように，微小距離 l [m] だけ離れて正負等量の電荷 q [C] をもつ点電荷が対としてある系を電気双極子という。電気双極子は電気双極子モーメント $\boldsymbol{p}$ という物理量をもつ。

微小距離 l [m] だけ離れた両端に正負等量の電荷 q [C] をもつ電気双極子の電気双極子モーメント $\boldsymbol{p}$ [C·m] は，

$$\boldsymbol{p} = q\boldsymbol{l} \tag{2.37}$$

と表される。ここでベクトル $\boldsymbol{l}$ は大きさが l で，電荷 $-q$ $(q > 0)$ の点電荷から電荷 $+q$ の点電荷へ向かうベクトルである。

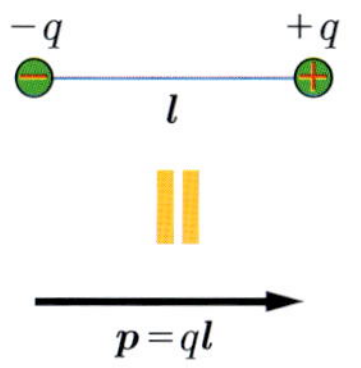

図 2.10 電気双極子と電気双極子モーメント

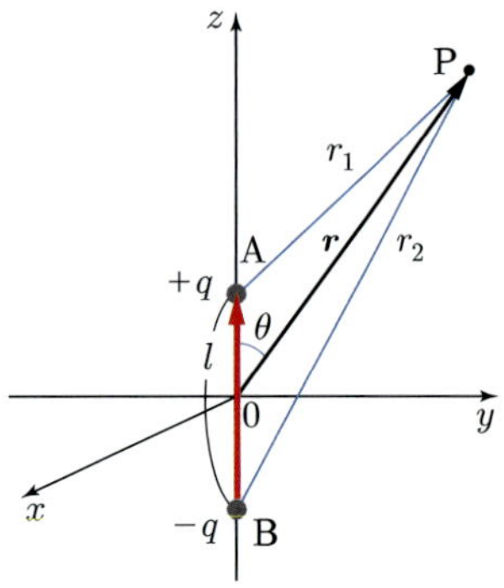

図 2.11　電気双極子のまわりに生じる電位

このような電気双極子から十分に離れた点での電場と電位を求めてみよう。図 2.11 のように，l 離れた点 $\mathrm{A}(0,0,+l/2)$, $\mathrm{B}(0,0,-l/2)$ に点電荷 $+q$, $-q$ $(q>0)$ があるとする。十分に離れた点 P の位置ベクトルを $\boldsymbol{r}=(x,y,z)$ とし，$\boldsymbol{r}$ と線分 AB とのなす角を θ とする。

線分 PA と PB の長さをそれぞれ r_1, r_2 とすると，

$$r_1=\sqrt{x^2+y^2+\left(z-\frac{l}{2}\right)^2} \tag{2.38}$$

$$r_2=\sqrt{x^2+y^2+\left(z+\frac{l}{2}\right)^2} \tag{2.39}$$

なので，点 $\mathrm{P}(x,y,z)$ の電位 V は，

$$\begin{aligned} V&=\frac{1}{4\pi\varepsilon_0}\left(\frac{q}{r_1}-\frac{q}{r_2}\right)\\ &=\frac{q}{4\pi\varepsilon_0}\left\{\frac{1}{\sqrt{x^2+y^2+\left(z-\frac{l}{2}\right)^2}}-\frac{1}{\sqrt{x^2+y^2+\left(z+\frac{l}{2}\right)^2}}\right\} \end{aligned} \tag{2.40}$$

となる。ここで，$r=\sqrt{x^2+y^2+z^2}$ に対して $r\gg l$ なので，テイラー展開で 1 次の項までとると，

$$\begin{aligned} \frac{1}{\sqrt{x^2+y^2+\left(z-\frac{l}{2}\right)^2}}&\cong\frac{1}{r}\left(1+\frac{zl}{2r^2}\right)\\ \frac{1}{\sqrt{x^2+y^2+\left(z+\frac{l}{2}\right)^2}}&\cong\frac{1}{r}\left(1-\frac{zl}{2r^2}\right) \end{aligned} \tag{2.41}$$

なので，点 P の電位 $V(\boldsymbol{r})$ は，

$$V(\boldsymbol{r})=\frac{ql}{4\pi\varepsilon_0}\frac{z}{r^3}=\frac{p}{4\pi\varepsilon_0}\frac{\cos\theta}{r^2}=\frac{1}{4\pi\varepsilon_0}\frac{\boldsymbol{p}\cdot\boldsymbol{r}}{r^3} \tag{2.42}$$

となる。

電場は式 (2.30) の $\boldsymbol{E}(\boldsymbol{r})=-\mathrm{grad}\,V(\boldsymbol{r})$ を適用すると

$$E_x=-\frac{\partial V}{\partial x}=-\frac{p}{4\pi\varepsilon_0}\frac{\partial}{\partial x}\left(\frac{z}{r^3}\right)=\frac{3pzx}{4\pi\varepsilon_0 r^5} \tag{2.43}$$

$$E_y=-\frac{\partial V}{\partial y}=-\frac{p}{4\pi\varepsilon_0}\frac{\partial}{\partial y}\left(\frac{z}{r^3}\right)=\frac{3pyz}{4\pi\varepsilon_0 r^5} \tag{2.44}$$

$$E_z=-\frac{\partial V}{\partial z}=-\frac{p}{4\pi\varepsilon_0}\frac{\partial}{\partial z}\left(\frac{z}{r^3}\right)=\frac{p}{4\pi\varepsilon_0}\left(\frac{3z^2}{r^5}-\frac{1}{r^3}\right) \tag{2.45}$$

となる。図 2.12 に電気双極子による電場の様子を電気力線で表す。

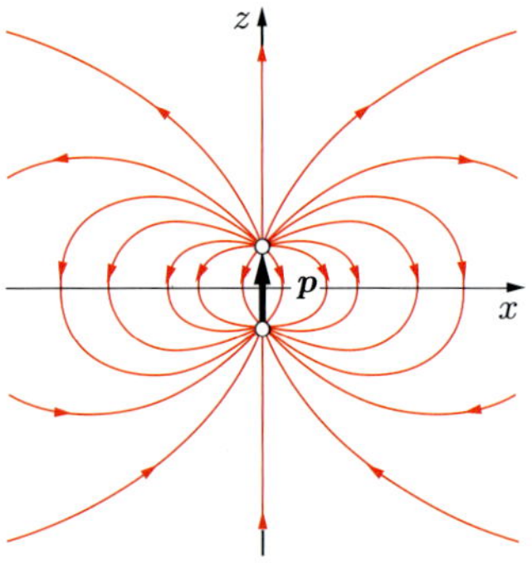

図 2.12　電気双極子のまわりの電気力線

次に，一様な電場の中に置かれた電気双極子について考えよう。図 2.13 のように，電場 $\boldsymbol{E}$ の中で，電場と角度 θ をなす配置で電気双極子があるとする。2 つの電荷が受けるクーロン力 $\boldsymbol{F}$ は同じ大きさで反対向きなので，打ち消し合うため，電気双極子は電場の方向に移動しない。しかし，

電気双極子の中心 (点 O) のまわりには同じ大きさの 2 つのトルクがはたらき，電気双極子を回転させようとする。正電荷 $+q$，および負電荷 $-q$ にはたらくトルクは同じで $-\frac{1}{2}Fl\sin\theta$ (負号は図 2.13 の角度で時計回りであることを表す) であるので，電気双極子の中心のまわりにはたらくトルク N は，

$$N = 2\left(-\frac{1}{2}Fl\sin\theta\right) = -qEl\sin\theta = -pE\sin\theta \qquad (2.46)$$

となる。トルク $\boldsymbol{N}$ をベクトル $\boldsymbol{p}$ と $\boldsymbol{E}$ の外積で表して，

$$\boldsymbol{N} = \boldsymbol{p} \times \boldsymbol{E} \qquad (2.47)$$

となる。

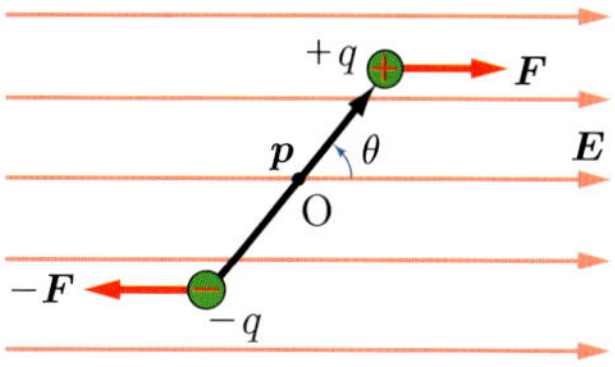

図 2.13 一様な電場中に置かれた電気双極子にはたらくトルク

Advanced：多重極展開

原点の近傍に任意の電荷分布 $\rho(\boldsymbol{r})$ があるとき，遠方に作る電場について考えよう。電位 $V(\boldsymbol{r})$ は

$$V(\boldsymbol{r}) = \frac{1}{4\pi\varepsilon_0}\int_{\mathrm{V}} \frac{\rho(\boldsymbol{r}')}{|\boldsymbol{r}-\boldsymbol{r}'|}\,dv' \qquad (2.48)$$

で与えられる。ここで積分領域 V の広がりは $|\boldsymbol{r}|$ に比べて十分小さいとする。すると積分の中で $|\boldsymbol{r}'| \ll |\boldsymbol{r}|$ としてよい。ここで

$$\frac{1}{|\boldsymbol{r}-\boldsymbol{r}'|} = \frac{1}{|\boldsymbol{r}|}\frac{1}{\left(1 - \frac{2\boldsymbol{r}\cdot\boldsymbol{r}'}{|\boldsymbol{r}|^2} + \frac{|\boldsymbol{r}'|^2}{|\boldsymbol{r}|^2}\right)^{1/2}}$$
$$\cong \frac{1}{|\boldsymbol{r}|}\left(1 + \frac{\boldsymbol{r}\cdot\boldsymbol{r}'}{|\boldsymbol{r}|^2} - \frac{1}{2}\frac{|\boldsymbol{r}'|^2}{|\boldsymbol{r}|^2} + \frac{3}{2}\frac{(\boldsymbol{r}\cdot\boldsymbol{r}')^2}{|\boldsymbol{r}|^4} + \cdots\right) \qquad (2.49)$$

のようにテイラー展開すると，

$$V(\boldsymbol{r}) = \frac{1}{4\pi\varepsilon_0}\left[\frac{Q}{|\boldsymbol{r}|} + \frac{\boldsymbol{p}\cdot\boldsymbol{r}}{|\boldsymbol{r}|^3} + \frac{\sum_{i=1}^{3}\sum_{j=1}^{3} Q_{ij}x_i x_j}{|\boldsymbol{r}|^4} + \cdots\right] \qquad (2.50)$$

のように表される。ただしここで

$$Q = \int_{\mathrm{V}} \rho(\boldsymbol{r}')\,dv' \qquad (2.51)$$

$$\boldsymbol{p} = \int_{\mathrm{V}} \boldsymbol{r}'\rho(\boldsymbol{r}')\,dv' \qquad (2.52)$$

$$Q_{ij} = \frac{1}{2}\int_{\mathrm{V}} (3x_i' x_j' - \delta_{ij}|\boldsymbol{r}'|^2)\rho(\boldsymbol{r}')\,dv' \qquad (2.53)$$

と定義される。($\boldsymbol{r} = (x_1, x_2, x_3)$, $\boldsymbol{r}' = (x_1', x_2', x_3')$ とおいた。) Q は全電荷であり，第 1 項は，遠方から見ると，どのような電荷分布も原点に全電荷をもった点電荷の電位を与えることを示している。(一般的な電荷分布に対する) $\boldsymbol{p}$ は電気双極子モーメントである。Q_{ij} は電気四重極モーメントとよばれる。式 (2.50) の第 1 項は $1/|\boldsymbol{r}|$ の大きさ，第 2 項は $1/|\boldsymbol{r}|^2$ の大きさ，第 3 項は $1/|\boldsymbol{r}|^3$ の大きさである。このように，遠方で重要な順番に展開されるこの展開を多重極展開とよぶ。

この節で扱った電気双極子は，この電気双極子モーメントのみをもつ電荷分布に対応する。

〈研究：味覚センサ〉

人の五感を電子機器で表現 (計測, 再現) することは可能だろうか。五感とは視覚, 触覚, 聴覚, 味覚, 嗅覚の 5 つの感覚である。視覚で感じるのは長さや色など, 触覚では重さや温度, 聴覚では音波である。これらは人の感覚とは無関係な物理量であり, センサとしては, 光起電力効果 (光 → 電気) を利用した光センサ, 圧電効果を利用した圧力センサ (圧力 → 電気), ゼーベック効果を利用した温度センサ (温度 → 電気) がある。味覚や嗅覚はどうだろうか。この 2 つの感覚は, 人間の舌や鼻などにある味受容体, 嗅覚受容体とよばれる生体分子と, 味や匂いを有する物質との物理・化学的な相互作用によって受容された後に神経伝達を経て脳に達することで表現される。味覚や嗅覚の受容メカニズムは, アクセル (R. Axel) とバック (L.B. Buck) による匂い受容体分子の解明 (1991 年, 2004 年にノーベル医学生理学賞受賞) を皮切りに, 生理学的な研究が進められている。それでは, 電子機器の開発は進められているのだろうか。嗅覚 (匂い) センサは, 実用化に向けて研究開発が進められており, 味覚センサは, 九州大学の都甲 潔らの研究をもとに, 世界初, 日本発の電子機器が実用化されている。ここでは, この味覚センサについて紹介する。

味物質は, 人の舌にある味細胞に存在する味受容体で主に受容される。受容体には, 塩味, 酸味, うま味, 苦味, 甘味とよばれる基本五味に対応した受容体がそれぞれ存在し, 受容した後に, 神経伝達によって脳に伝達される。脳において, 記憶, 経験, 習慣といった主観的な情報を統合して味を感じることになるが, 味受容体で基本五味に分類し, 味強度を出力することに着目すれば, 受容体レベルでの客観的な味情報の計測を行うことが可能である。この客観的な味情報の計測を可能にしたセンサが味覚センサである。なお, 味物質は 1,000 種類以上存在し, 1 種類の受容体に複数の味物質が受容される。したがって, 化学分析 (定量分析) では, 1,000 種類以上存在する味物質を含む食品の味を計測することは, 現実的に困難である。

味覚センサは, 脂質高分子膜電極と基準電極, ハンドラー部, データ処理部から構成された電子機器である。脂質高分子膜電極には, 脂質高分子膜 (脂質, 可塑剤, 高分子の混合) が貼付されている。この膜は, 脂質が脂質高分子膜表面に自律的に秩序をもって配向した自己組織化膜 (細胞膜は, リン脂質が自己組織化した脂質二重層で構築されている) である。脂質高分子膜は, 味物質との静電相互作用や呈未物質の物理化学的吸着により, 膜電位が変化する。膜電位とは, 膜によって隔てられた 2 つの電解質溶液の間に生じる電位差である。pH センサや濃淡電池などの原理をイメージしていただきたい。脂質高分子膜が電解質溶液に接することで, 膜表面に

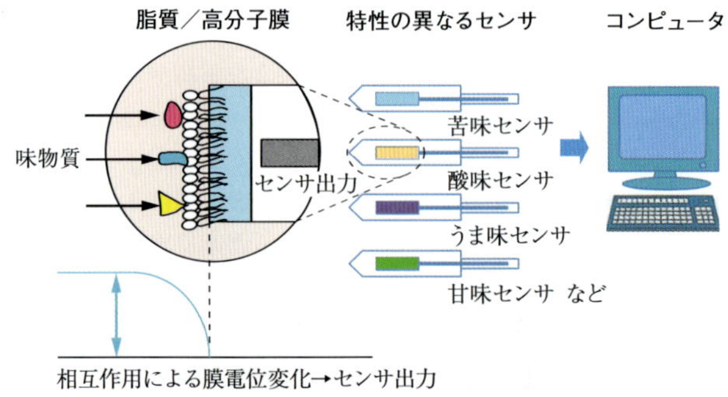

図 2.14　味物質を受容する味覚センサの脂質高分子膜

ある脂質の解離基の電離やイオンの吸着等で膜が帯電する。マイナスの電荷を有する脂質高分子膜の場合，陽イオンは静電相互作用により膜表面近傍に引き寄せられ，陰イオンは膜表面から遠ざかることで，膜電位が変化することになる。また，脂質の疎水性度合いによって，イオン性物質と膜の距離も異なり，膜電位の変化に影響を与える。つまり，脂質高分子膜電極は，味物質の受容のみならずトランスデューサー (変換器) として，味物質の受容を膜電位変化に変換するメカニズムを有している。

味覚センサにとって，脂質高分子膜の膜組成がもっとも重要なキーテクノロジーである。たとえば苦味は，苦味物質のもつ電荷による静電相互作用と疎水性相互作用による吸着作用によって，酸味はプロトンと受容部の静電相互作用によって電位変化をもたらす，といったように，それぞれの基本味がもつ物理化学的な性質に基づき，膜表面の電荷や疎水性のバランスの設計が行われている。

現在味覚センサは，全世界で食品や医薬品の味設計，品質管理に応用されているとともに，消費者に味を客観的に示す便利なツールとして用いられている。

(九州大学システム情報科学研究院情報エレクトロニクス部門 都甲潔教授)

図 2.15　味覚センサの脂質高分子膜電極と参照電極

この章でのポイント

- 電荷を取り囲む閉曲面を考える。電荷を取り囲む任意の閉曲面上で電場を面積分した値は，閉曲面内の電荷を真空の誘電率で割った値に等しい。これをガウスの法則といい，対称性のよい場合には，これを用いて電場の計算を比較的簡単に行うことができる。
- 電場中で無限遠から点 P まで単位電荷を移動させるのに必要な仕事を点 P での電位または静電ポテンシャルという。
- 電位の等しい点を連ねた曲面を等電位面という。等電位面と電気力線は直交する。
- 微小距離 l だけ離して正負の電荷 $\pm q$ を置いたものを電気双極子という。電気双極子は電気双極子モーメント $\boldsymbol{p} = q\boldsymbol{l}$ をもつ。$\boldsymbol{l}$ は $-q$ から $+q$ に向かう向きのベクトルである。

第 2 章　章末問題

1. 無限に広い平面に一様に面電荷密度 ρ_s [C/m^2] で分布しているときの電場をガウスの法則を用いて求めよ (図 2.16)。

2. 無限に広い平行な 2 つの平面 A, B に，それぞれ面電荷密度 ρ_s，および $-\rho_s$ が一様に分布しているときの電場を求めよ。ただし，$\rho_s > 0$ とする。

3. 電気双極子モーメントによって生じる電位の式 (2.42) と $\boldsymbol{E}(\boldsymbol{r}) = -\mathrm{grad}\,V(\boldsymbol{r})$ を用いて，極座標表示で任意の点での電場を表せ。

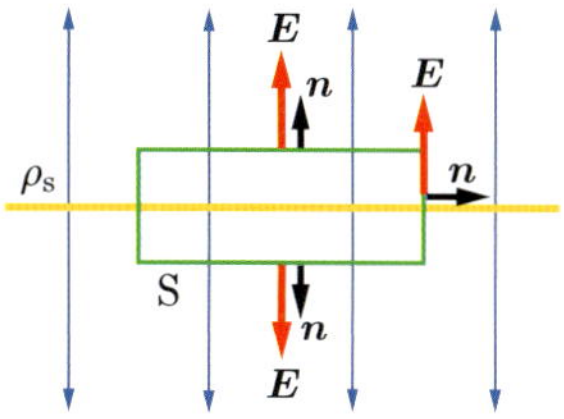

図 2.16　一様に電荷が分布した無限に広い平面のまわりの電場

3

導体と誘電体

本章では，導体のもつ性質について理解した後，導体に電荷を与えたときにまわりに生じる電場と静電エネルギー密度との関係を導く。また，導体がキャパシター（コンデンサー）として電荷を蓄えることを学ぶ。さらに，誘電体に電場を印加したときの分極，誘電体がある場合のガウスの法則，誘電体の境界面における接続条件についても学ぶ。

3.1 導体の電気的性質

銅や鉄，アルミニウムなどの金属のように電気をよく通す物質を導体とよぶ。一方，ガラスやプラスチックなどのように電気をほとんど通さない物質を不導体または絶縁体とよぶ。ここでは導体の電気的性質について述べる。

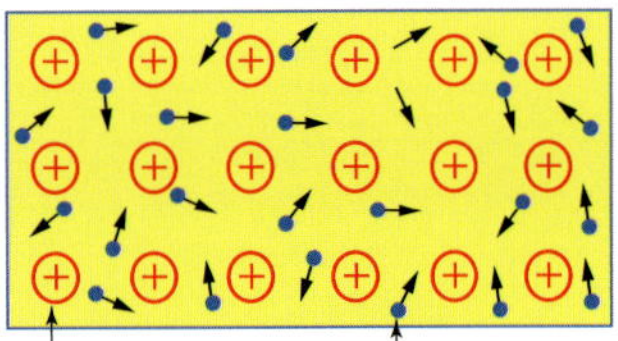

図 3.1　導体中における伝導電子

図 3.1 のように，金属は正にイオン化した原子が格子状に規則的に並ぶことで結晶を構成している。その中を原子に束縛されていない多数の電子が結晶中をほぼ自由に動きまわっている。このような電子を伝導電子とよぶ。電場が加わると伝導電子が電場と反対向きに移動することで電気が流れる。また導体には電解質溶液もある。これは，電解質が溶媒に溶け出してイオンが自由に移動できる液体である。例として，電解質の食塩が溶媒の水に溶けて得られる食塩水がある。

注意！ 電解質溶液のような液体でなく，固体の中をイオンが移動することで電荷を運ぶ固体電解質もある。特にイオンの移動度（4.1 節で述べる）が大きい物質を超イオン伝導体とよぶ。

導体の静電気的性質を以下に示す。

(A)　導体内の静電場 $\boldsymbol{E}$ は，

$$\boldsymbol{E} = 0 \tag{3.1}$$

である。もし，孤立した導体の内部に静電場が存在したとすると，電場によるクーロン力を受けた伝導電子は電場の向きと反対向きにすみやかに移動して，最終的に電場が 0 になるような分布に落ち着くからである。

(B) 導体の内部，および表面の電位 V は，導体に電流が流れていない場合，

$$V = (\text{一定}) \tag{3.2}$$

である。導体内は電場が 0 だから，内部の任意の 2 点間で電位差は生じない。したがって，導体内部および表面は等電位であるからである。

(C) 導体内部の電荷 Q は，導体に電流が流れていない場合，

$$Q = 0 \tag{3.3}$$

である。導体内に含まれる任意の閉曲面にガウスの法則を適用すると，(A) より式 (2.7) の左辺は 0 となる。したがって，右辺も 0 でなくてはならないので，閉曲面内の電荷は存在しないことになる。このため，導体が帯電した場合に電荷が存在できる場所は，導体の表面のみとなるからである。

(D) 導体に電流が流れていない場合，電場は導体表面に対して垂直である。なぜならば，(B) より導体表面は等電位面なので，2.4 節で示した電場と等電位面は直交する関係にあることによるからである。

以上，(A)–(D) の導体の電気的性質をもとに，導体表面での電場について考えてみる。図 3.2 のように，面電荷密度 σ で帯電した導体表面をはさみ，導体表面と平行な底面 ΔS をもつ微小円筒 S に対してガウスの法則を適用する。

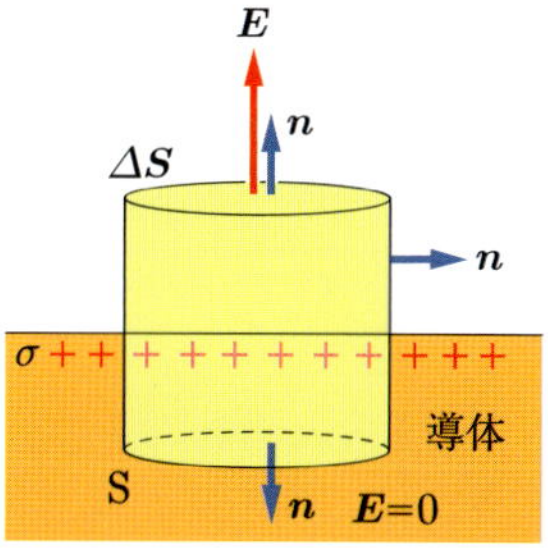

図 3.2 面電荷密度 σ で帯電した導体表面

式 (2.7) の左辺の微小円筒における面積分は，

$$\begin{aligned}\int_{\mathrm{S}} \boldsymbol{E}\cdot\boldsymbol{dS} &= \int_{\text{上面}} \boldsymbol{E}\cdot d\boldsymbol{S} + \int_{\text{底面}} \boldsymbol{E}\cdot d\boldsymbol{S} + \int_{\text{側面}} \boldsymbol{E}\cdot d\boldsymbol{S} \\ &= \int_{\text{上面}} E\cdot dS + 0 + 0 \\ &= E\Delta S \end{aligned} \tag{3.4}$$

となる。ここで上面では上記 (D) より法線ベクトル $\boldsymbol{n}$ と電場 $\boldsymbol{E}$ は平行なので，中式の第 1 項は，$\boldsymbol{E}\cdot d\boldsymbol{S} = \boldsymbol{E}\cdot\boldsymbol{n}\,dS$ を考慮すれば $E\Delta S$ となる。底面は導体中なので，上記 (A) より $\boldsymbol{E} = 0$ となり，第 2 項は 0 となる。また側面において法線ベクトルと電場は直交しているので $\boldsymbol{E}\cdot\boldsymbol{n}\,dS = 0$ となり第 3 項も 0 となる。一方，微小円筒 S 内に含まれる全電荷は $\sigma\Delta S$ なので，式 (2.7) の右辺は $\sigma\Delta S/\varepsilon_0$ となる。したがって，導体表面での電場の強さ

$$E = \frac{\sigma}{\varepsilon_0} \tag{3.5}$$

が得られる。ここで電場は $\sigma > 0$ ならば外向きであり，$\sigma < 0$ ならば内向きである。

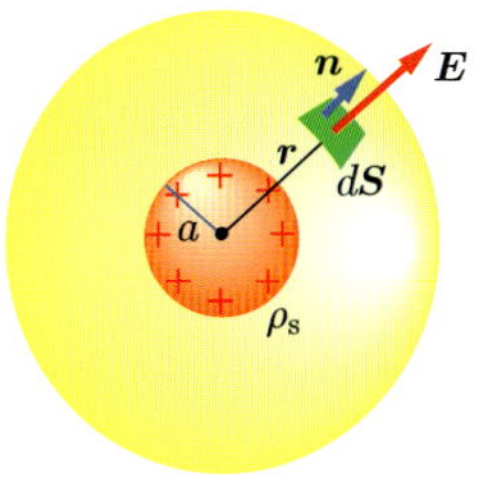

図 3.3 帯電した導体球のまわりの電場

［例題 3.1］ 半径 a の導体球に電荷 Q を与えたときの電場と電位を求めよ。

［解］ 導体の電気的性質 (A) より，球内の電場は 0 である。与えた電荷 Q は球対称性と (C) の式 (3.3) から，球面上に一様に帯電している。その面電荷密度 ρ_s は，

$$\rho_s = \frac{Q}{4\pi a^2} \tag{3.6}$$

である。そこで図 3.3 のように半径 r $(\geq a)$ の同心球面を閉曲面として，式 (2.7) のガウスの法則を適用する。

球対称性から球面上で E は一定値をとるので，

$$\int \boldsymbol{E}\cdot\boldsymbol{n}\,dS = E\int dS = E\,4\pi r^2 = \frac{Q}{\varepsilon_0} \tag{3.7}$$

である。したがって

$$\boldsymbol{E} = \frac{Q}{4\pi\varepsilon_0 r^2}\boldsymbol{e}_r \qquad (r \geq a) \tag{3.8}$$

となる。

電位も球対称性から r のみの関数であることがわかる。まず，$r \geq a$ のとき，電気力線に沿って，球面の電位 $V(r)$ を式 (2.25) から求めると，式 (2.31) と同じ計算となり，

$$V(r) = \frac{Q}{4\pi\varepsilon_0 r} \qquad (r \geq a) \tag{3.9}$$

となる。次に $r < a$ では，導体の電気的性質 (B) より，導体球の球面の電位と等しい。球面での電位は式 (3.9) に $r = a$ を代入すれば，

$$V(r) = \frac{Q}{4\pi\varepsilon_0 a} \qquad (r < a) \tag{3.10}$$

となる。以上，電場と電位の動径成分の大きさを図 3.4 に示す。

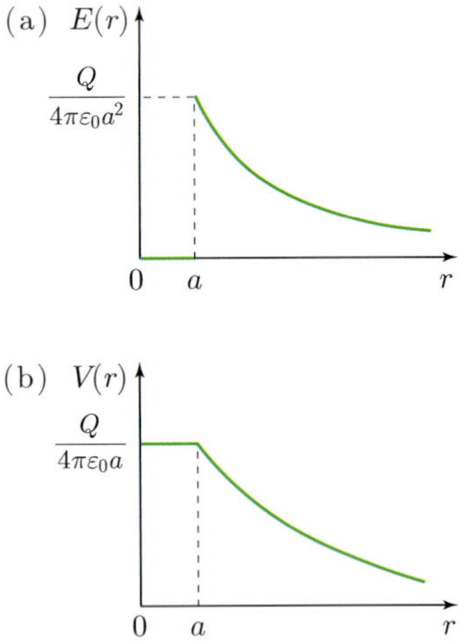

図 3.4 帯電した導体球の電場 (a) と電位 (b) の大きさ

［質問］ 導体内に空洞があってその中に電荷がない場合，空洞内の電場と電位はどうなるか，ガウスの法則を用いて考えよ。このように導体で対象物のまわりを囲むようにすることを**静電遮蔽**という。静電遮蔽は，外部の電場が変化しても内部には影響を与えないようにしたいとき，たとえば，測定器や電気機器に外部の電気的なノイズが入らないようにする場合，あるいは逆に，内部の電場の変化が外部に漏れるのを防ぐ場合に利用される。

さて，導体表面のとがった部分に電場が集中する**電場集中**とよばれる現象がある。これは以下のように考えると理解できる。真空中で半径が a, b の 2 つの導体球 A, B を遠く離して細い電線でつなぐ。両球のもつ電荷をそれぞれ Q_A, Q_B とすると，例題 3.1 より，導体球 A の表面の電場の強さ E_A は

$$E_A = \frac{Q_A}{4\pi\varepsilon_0 a^2} \tag{3.11}$$

である。また，電位 V_A は

$$V_A = \frac{Q_A}{4\pi\varepsilon_0 a} \tag{3.12}$$

である。式 (3.12) を式 (3.11) に代入すると

$$E_A = \frac{V_A}{a} \tag{3.13}$$

となる。同様の計算により，導体球 B の電位 V_B は

$$E_B = \frac{V_B}{b} \tag{3.14}$$

となる。2 つの導体球は電線でつないでいるから等電位であるので，$V_A = V_B$ である。このとき，式 (3.13), 式 (3.14) より，

$$\frac{E_A}{E_B} = \frac{b}{a} \tag{3.15}$$

の関係が導出できる。このことは，導体の電荷分布において互いにあまり影響を及ぼさない程度に離れた局部の表面の電場は，その曲率半径に逆比例することを示す。したがって，とがった部分の表面ほど電場が強くなる。このため，とがった導体表面では，周囲の空気中に存在する荷電粒子が強い電場で加速されて，他の中性分子に衝突することでイオン化が進むので，荷電粒子がさらに増えて放電が生じやすくなる。

金属棒の先端をとがらせると放電が起きやすくなる (先端放電とよばれる)。避雷針の先端がとがっているのは，曲率半径を小さくして放電しやすくし，近づいてきた雷雲の電気を少しずつ地球に逃がして落雷を回避するためである。また，電界放射顕微鏡 (Field Emission Microscope : FEM) は，鋭くとがらせた金属針と接地との間に高電圧を印加し，金属針表面のきわめて高い電場によって放出される電子を蛍光板に当てて針の表面の情報を得るようにした投影型顕微鏡である。

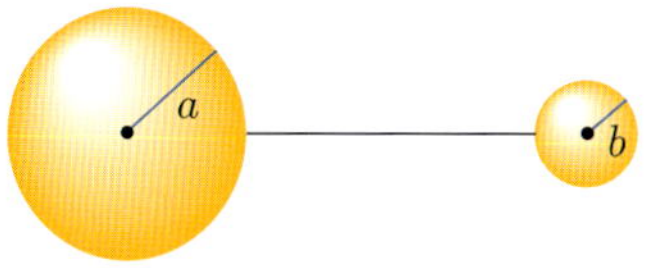

図 3.5 電線でつないだ帯電している 2 つの導体球

3.2 静電誘導

静電場の導体に与える影響について考えてみよう。まず図 3.1 のように，帯電していない孤立した金属は規則的に並んだ正イオンと，ばらばらの方向に自由に運動している伝導電子がある。このような導体の内部でどのような閉曲面をとっても，その中の伝導電子と正イオンを足し合わせた全電荷がゼロになるように分布している。これを電気的に中性という。

図 3.6 のように，導体を右向きの一様な外部電場 $\boldsymbol{E}_0$ の中に置く。クーロン力により，導体の左端には伝導電子が移動して負電荷が過剰になり，一方，右端は伝導電子が不足して正電荷が過剰となる。このように，導体両端の表面に外部電場によって誘起された電荷を誘導電荷とよび，このような現象を静電誘導という。この両端に生じた誘導電荷によって外部電場と反対向きの電場 $\boldsymbol{E}'$ が生じるため，最終的に導体内部での正味の電場 $\boldsymbol{E}$ は，

$$\boldsymbol{E} = \boldsymbol{E}_0 + \boldsymbol{E}' = 0 \tag{3.16}$$

となるまで伝導電子が移動する。もしも導体内部に電場があると，伝導電子にクーロン力が生じて移動することですみやかに電場がゼロになるように伝導電子が分布する。したがって，導体が外部電場にさらされても導体内部での電場はゼロということになる。また，外部電場がなくなると誘導電荷も消失する。

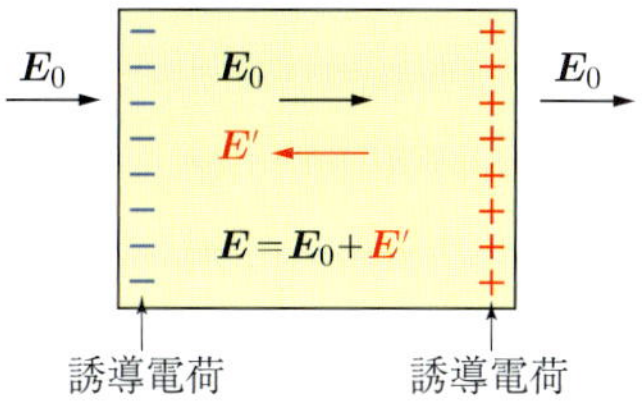

図 3.6 静電誘導

3.3 静電容量

半径 a の孤立した導体球に電荷 Q を与えたときの導体球表面の静電ポテンシャル (または電位) V は，例題 3.1 の式 (3.10)

$$V = \frac{Q}{4\pi\varepsilon_0 a} \qquad (3.17)$$

で与えられる。一般に，静電ポテンシャルは導体に与えた電荷に比例しているとみることができるので

$$Q = CV \qquad (3.18)$$

と表せる。この比例定数 C を静電容量または電気容量 (キャパシタンス) とよぶ。静電容量の単位は F (ファラッド) で，電位を 1 V 上げるのに，1 C の電荷を必要とするときの静電容量を 1 F と定義する。導体が上記のように真空中の孤立した半径 a の球であれば，

$$C = 4\pi\varepsilon_0 a$$

である。

注意! 一般に，ある現象の原因と結果は，原因が大きくない場合には比例する。たとえば，力学で学んだフックの法則はその好例であり，式 (3.18) も同様と理解される。

［質問］ 地球の静電容量の大きさはどの程度なのだろうか。半径 6300 km の孤立した導体球とみなして，静電容量を求めよ。

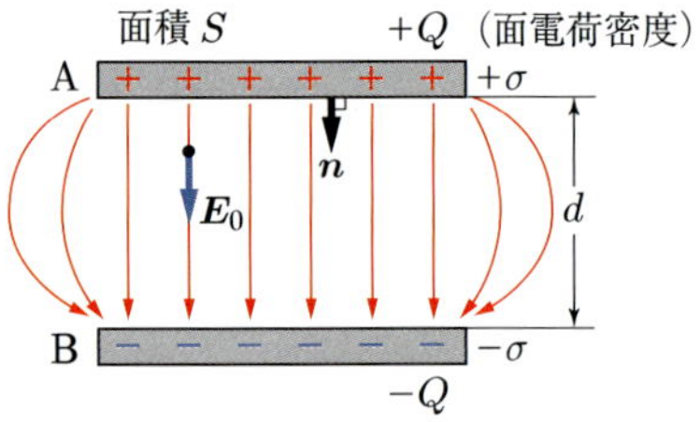

図 3.7　平行平板コンデンサー

1 つの導体に電荷を蓄えようとすると，導体表面に帯電した伝導電子などの荷電粒子 (電荷をもった粒子) 間には反発力が生じているため，あまり多くの電荷を蓄えることができない。そこで図 3.7 のように，接近させた 2 つの導体へそれぞれ異符号等量の電荷 $+Q$, $-Q$ を蓄えさせると，2 つの導体表面上にある電荷間に引力が生じるため，多くの電荷，つまり電気量を蓄えることができる。このように接近させた 2 つの導体に電気量を蓄える装置をキャパシターまたはコンデンサーとよぶ。

［例題 3.2］ 図 3.7 のように，厚みの無視できる面積 S [m^2] の 2 枚の平板導体 (電極板という) を十分にせまい間隔 d [m] で接近させて平行に配置した素子を平行平板コンデンサーとよぶ。この素子の静電容量を求めよ。

［解］ 2 枚の電極板にそれぞれ $+Q$ [C], $-Q$ [C] の電荷を与えると，間隔 d [m] は十分に小さいので，電極板 A から出た電気力線は電極板 B で終わり，この電極間のみに生じている。電極の縁でのわん曲した電気力線の分布は無視できるとすると，電極間の電場は，3.1 節の導体の電気的性質 (D) および，式 (3.5) より，

$$\boldsymbol{E}_0 = \frac{\sigma}{\varepsilon_0}\boldsymbol{n} \qquad (3.19)$$

で一様に分布している。したがって，電極間の電位差 V_{BA} は，式 (2.26) より，

$$V_{\mathrm{BA}} = \int_{\mathrm{A}}^{\mathrm{B}} \boldsymbol{E}_0(\boldsymbol{r})\cdot d\boldsymbol{r} = \int_0^d \boldsymbol{E}_0\cdot\boldsymbol{n}\,dx = E_0 d \quad [\mathrm{V}] \qquad (3.20)$$

である。これに式 (3.19) を代入すると，

$$V_{\mathrm{BA}} = \frac{d}{\varepsilon_0 S}Q \quad [\mathrm{V}] \qquad (3.21)$$

なので，式 (3.18) より静電容量 C は，

$$C = \frac{Q}{V_{\mathrm{BA}}} = \frac{\varepsilon_0 S}{d} \quad [\mathrm{F}] \qquad (3.22)$$

となる。したがって，静電容量 C は電極板の面積 S に比例して，電極板間の距離 d に反比例することがわかる。

注意! 図 3.7 のように，極板の端において電気力線は外側にわずかにふくらむため，電場が一様でなくなる。これを端効果とよぶ。極板の面内方向の長さに比べて極板間の距離をかなり小さくすることで，端効果を無視できる。

3.4 静電エネルギー

導体は帯電するとエネルギーを蓄えていることになる。このエネルギーは帯電していない導体表面に，無限遠から徐々に電荷を運んでくるのに必要な仕事に相当する。2.2 節で述べたように，電位の基準点は無限遠であると定義して，そこでの電位を 0 V とした。つまり，注目している導体から無限遠にある電荷の位置エネルギーは 0 J である。したがって，無限遠から徐々に電荷を運んでくるのに必要な仕事が，帯電したことにより得たエネルギーとなる。図 3.8 のように，いま，静電容量 C の導体にすでに電荷 $+q$ が運ばれて帯電しており，導体表面 (点 P) での電位が V になっているとする。

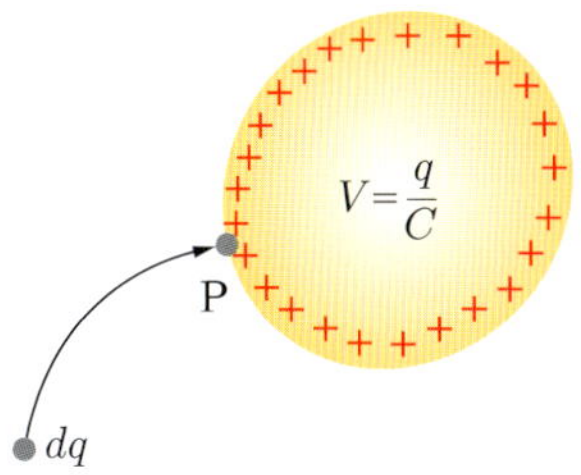

図 3.8 孤立した導体表面上に無限遠から微小電荷を運ぶ

この状態からさらに電場による反発力に逆らって微小電荷 dq を導体表面に運んでくるのに要する仕事 dW は，

$$dW = -dq \int_{\infty}^{\mathrm{P}} \boldsymbol{E}(\boldsymbol{r}) \cdot d\boldsymbol{r} = V\,dq = \frac{q\,dq}{C} \tag{3.23}$$

となる。ここで $\boldsymbol{E}(\boldsymbol{r})$ は，位置ベクトル $\boldsymbol{r}$ で表される位置における電場を表す。また式 (3.18) より $V = q/C$ の関係を用いた。よって，導体へ最終的に電荷 Q まで運ぶのに必要な仕事 W は

$$W = \int dW = \frac{1}{C}\int_0^{Q} q\,dq = \frac{1}{2}\frac{Q^2}{C} \tag{3.24}$$

となる。この仕事 W がまさに導体が帯電したことにより蓄えられているエネルギーで，このエネルギーを静電エネルギーとよぶ。また，$Q = CV$ を用いれば，静電エネルギー U は，

$$U = \frac{1}{2}\frac{Q^2}{C} = \frac{1}{2}CV^2 = \frac{1}{2}QV \tag{3.25}$$

のように表すことができる。電荷 $Q_1, Q_2, \ldots, Q_n$ にそれぞれ帯電した n 個の導体の電位が $V_1, V_2, \ldots, V_n$ であるときの静電エネルギー U は，

$$U = \frac{1}{2}\sum_{i=1}^{n} Q_i V_i \tag{3.26}$$

である。

式 (3.26) は電荷が静電エネルギーを担う形になっている。これを電場で表すことを考えてみよう。例題 3.2 のような平行平板コンデンサーにおいて，2 つの導体電極 A, B にそれぞれ $+Q$, $-Q$ の電荷が蓄えられることで，電位がそれぞれ V_A, V_B になったとすると，式 (3.25) より静電エネル

ギー U は，

$$U = \frac{1}{2}(QV_{\mathrm{A}} - QV_{\mathrm{B}}) = \frac{1}{2}QV_{\mathrm{BA}} \tag{3.27}$$

となる。ここで $V_{\mathrm{BA}} = V_{\mathrm{A}} - V_{\mathrm{B}}$ は電極間の電位差である。

電極間の空間には，式 (3.19) より一様な電場 $\boldsymbol{E}_0 = (\sigma/\varepsilon_0)\boldsymbol{n}$ が分布している。この式と式 (3.20)，および，$Q = \sigma S$ を式 (3.27) に代入すると，

$$U = \frac{1}{2}\varepsilon_0 E_0^2 Sd \tag{3.28}$$

となる。これは電極間の空間の電場 $\boldsymbol{E}_0$ の存在によって静電エネルギーが空間中に蓄えられていると考えてもよい。また，電極間の空間の体積は Sd なので，単位体積当たりの静電エネルギー u は

$$u = \frac{1}{2}\varepsilon_0 E_0^2 \tag{3.29}$$

となる。これを静電エネルギー密度とよぶ。このように，電場があると静電エネルギーは空間に蓄えられている。第 7 章でみるように，磁気エネルギーは磁場として空間に蓄えられている。

3.5 誘 電 体

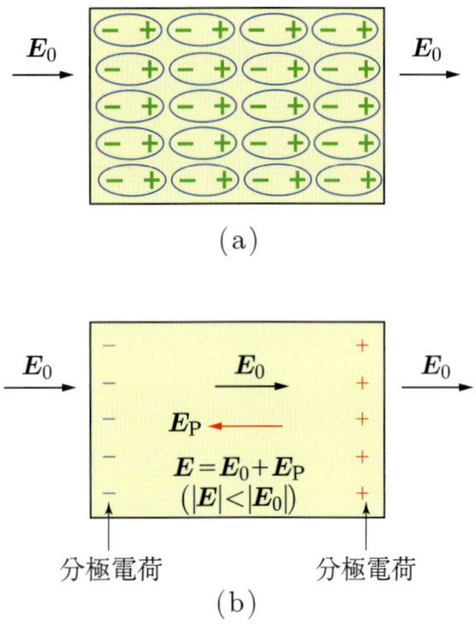

図 3.9　(a) 誘電分極，(b) 電場中の誘電体

ガラス，塩化ナトリウム，ダイアモンド，ゴム，プラスチック，(純) 水，油，空気などは，導体と異なり電気を通さない。このような物質を絶縁体とよぶ。図 3.9(a) のように，伝導電子のほとんどない絶縁体を一様な電場 $\boldsymbol{E}_0$ の中に置くと，原子核のまわりを回っている束縛された軌道電子は，電場によるクーロン力によって電場の向きと反対向きに軌道が変位する。このため，物質を構成するすべての原子は電気双極子を形成する。物質内部における隣り合う電気双極子の + と − の電荷は打ち消し合い，結局，両端の電荷のみが残る (図 3.9(b))。この現象を誘電分極とよび，両端にできた電荷を分極電荷という。分極電荷は外には取り出せない。分極電荷と区別するため，導体中での伝導電子の分布による電荷を真電荷とよぶことがある。また，電場によって分極が誘起されるため，このような物質を誘電体とよぶ。分極電荷によって生じる電場 $\boldsymbol{E}_{\mathrm{P}}$ は $\boldsymbol{E}_0$ と反対向きなので，誘電体内部での正味の電場 $\boldsymbol{E}$ は外部電場 $\boldsymbol{E}_0$ より小さくなることがわかる。

ここで，あらたに分極ベクトルを導入する。微小体積 Δv 中に含まれる電気双極子モーメントを $\boldsymbol{p}_i$ とすると，単位体積中に含まれる $\boldsymbol{p}_i$ のベクトル和を分極ベクトル $\boldsymbol{P}$ として定義する。つまり，

$$\boldsymbol{P} = \frac{\sum_i \boldsymbol{p}_i}{\Delta v} \tag{3.30}$$

と表される。単位は [C/m^2] である。ここで $\sum_i \boldsymbol{p}_i$ は Δv 中にあるすべての $\boldsymbol{p}_i$ のベクトル和である。いま，均質な誘電体に誘電分極が生じている

とする。図 3.10 のように，誘電体を外部電場 $\boldsymbol{E}_0$ の方向に長さ Δd，垂直方向に面積 ΔS である体積が Δv の微小直方体で区切ってみる。電場 $\boldsymbol{E}_0$ で誘起した分極電荷面密度 $\pm\sigma_{\mathrm{P}}$ が左右の底面に生じるとすれば，底面の分極電荷は $\pm\sigma_{\mathrm{P}}\Delta S$ なので電気双極子モーメントの大きさは $(\sigma_{\mathrm{P}}\Delta S)\,\Delta d = \sigma_{\mathrm{P}}\Delta v$ である。これは Δv 中の電気双極子モーメント $\sum_i \boldsymbol{p}_i$ に相当するので，式 (3.30) と比較すれば，

$$P = \sigma_{\mathrm{p}} \tag{3.31}$$

であることがわかる。また，3.3 節の注意で述べたように，経験的に電場があまり大きくない範囲での分極は電場に比例することが知られているので，

$$\boldsymbol{P} = \chi\varepsilon_0\boldsymbol{E} \tag{3.32}$$

と書ける。ここで χ を電気感受率といい，物質の分極の起こりやすさを示す無次元の定数である。

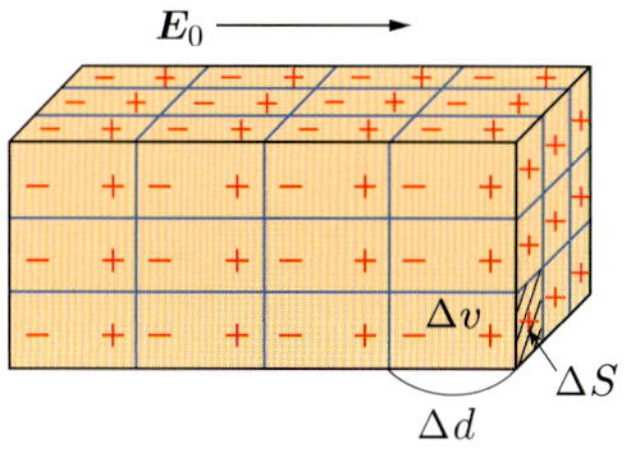

図 3.10 均質な誘電体における分極

3.3 節で示した平行平板コンデンサーに図 3.11 のように電極間を誘電体で満たしたコンデンサーを考えよう。面積 S の電極に面電荷密度 σ_{t} の真電荷 $Q = \sigma_{\mathrm{t}}S$ が帯電していると，誘電体の上下両端には面電荷密度 σ_{P} の分極電荷 $Q_{\mathrm{p}} = \sigma_{\mathrm{p}}S$ が誘起されている。このため，誘電体内には真電荷による電場 $E_0 = \sigma_{\mathrm{t}}/\varepsilon_0$，および分極電荷による電場 $E_{\mathrm{p}} = \sigma_{\mathrm{p}}/\varepsilon_0$ がある。したがって，正味の電場 $\boldsymbol{E}$ の強さは，

$$E = E_0 - E_{\mathrm{p}} = \frac{\sigma_{\mathrm{t}} - \sigma_{\mathrm{p}}}{\varepsilon_0} \tag{3.33}$$

となる。式 (3.31) を代入すると，

$$\varepsilon_0 E + P = \sigma_{\mathrm{t}} \tag{3.34}$$

となる。ここで，

$$\boldsymbol{D} = \varepsilon_0\boldsymbol{E} + \boldsymbol{P} \tag{3.35}$$

で定義される電束密度 $\boldsymbol{D}$ を考えてみよう。単位は分極 $\boldsymbol{P}$ と同じ $[\mathrm{C/m^2}]$ である。式 (3.32) より，

$$\boldsymbol{D} = \varepsilon_0\boldsymbol{E} + \boldsymbol{P} = \varepsilon_0(1+\chi)\boldsymbol{E} = \varepsilon\boldsymbol{E} \tag{3.36}$$

となる。なお，比例定数の ε は誘電率とよばれ，

$$\varepsilon = \varepsilon_{\mathrm{r}}\varepsilon_0 \tag{3.37}$$

$$\varepsilon_{\mathrm{r}} = 1 + \chi \tag{3.38}$$

とおいたとき，ε_{r} を比誘電率とよぶ。これはその誘電体が真空の誘電率 ε_0 の ε_{r} 倍をもつことに由来している。

1.5 節での電場の様子を表す電気力線と同様の考え方で，電束密度 $\boldsymbol{D}$ の様子を表すために電束線を導入する。電気力線では正電荷を始点に，負電荷を終点としており，真電荷と分極電荷を区別せずに定義されている。一方，電束線は分極電荷とは無関係に，正の真電荷を始点として，負の真電

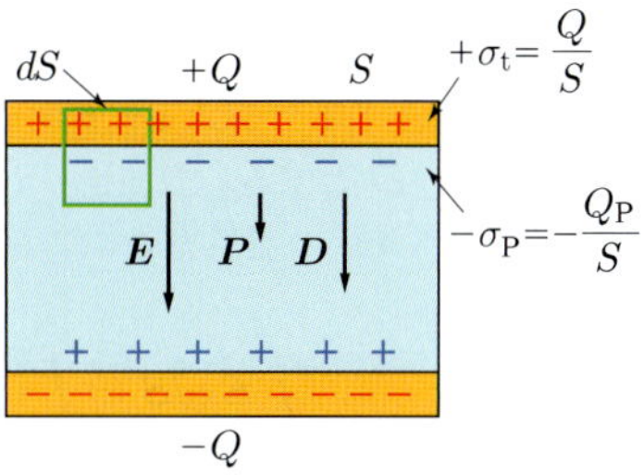

図 3.11 誘電体で満たした平行平板コンデンサー

表 3.1 物質の比誘電率

	物 質	室温での比誘電率 ε_{r}
気体	水 素	1.00027
	酸 素	1.00049
	二酸化炭素	1.00092
	空 気	1.00054
液体	水	80
	エチルアルコール	24
	パラフィン油	2.2
固体	塩化ナトリウム	5.9
	アルミナ	8.5
	溶融石英	3.8
	雲 母	7.0

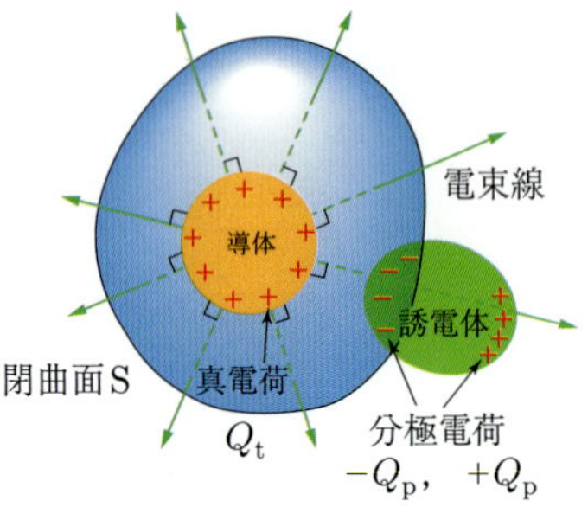

図 3.12　電束線によるガウスの法則

荷を終点として描く。このため，図 3.12 に示すように電束線によるガウスの法則は，任意の閉曲面 S 内に真電荷 Q_t と分極電荷 Q_p の両方が含まれていても，真電荷 Q_t のみを考慮して，

$$\int_\mathrm{S} \boldsymbol{D}(\boldsymbol{r}) \cdot d\boldsymbol{S} = Q_\mathrm{t} \tag{3.39}$$

と表せる。一方，式 (2.7) の電気力線によるガウスの法則では，

$$\int_\mathrm{S} \boldsymbol{E}(\boldsymbol{r}) \cdot d\boldsymbol{S} = \frac{Q_\mathrm{t} - Q_\mathrm{p}}{\varepsilon_0} \tag{3.40}$$

と表せる。

［例題 3.3］　面積 S の平行平板コンデンサーの電極間を誘電率 ε の誘電体で満たし，両電極にそれぞれ $\pm Q$ の電荷を与えた。誘電体中での電束密度，電場，分極面電荷密度を求めよ。

［解］　電極面に分布する真電荷の面電荷密度 σ_t は $\sigma_\mathrm{t} = Q/S$ である。図 3.11 のように，誘電体の上下端面に生じる分極面電荷密度を σ_p，電場を $\boldsymbol{E}$，電束密度を $\boldsymbol{D}$ とする。底面積 dS の円柱の閉曲面について式 (3.40) の電気力線によるガウスの法則を適用すると，

$$\int \boldsymbol{E} \cdot d\boldsymbol{S} = \int \frac{\sigma_\mathrm{t} - \sigma_\mathrm{p}}{\varepsilon_0} dS \tag{3.41}$$

なので，

$$\sigma_\mathrm{p} = \sigma_\mathrm{t} - \varepsilon_0 E \tag{3.42}$$

となる。

また，式 (3.39) の電束線によるガウスの法則を適用すると，

$$\int \boldsymbol{D} \cdot d\boldsymbol{S} = \int \sigma_\mathrm{t}\, dS \tag{3.43}$$

なので，

$$D = \sigma_\mathrm{t} = \frac{Q}{S} \tag{3.44}$$

となる。

また，式 (3.36) より，

$$E = \frac{D}{\varepsilon} = \frac{Q}{\varepsilon S} \tag{3.45}$$

なので，分極面電荷密度は，(3.31)，(3.34)，(3.45) より

$$\sigma_\mathrm{p} = \frac{Q}{S} - \frac{\varepsilon_0 Q}{\varepsilon S} = \left(1 - \frac{\varepsilon_0}{\varepsilon}\right)\frac{Q}{S} \tag{3.46}$$

である。

3.6　誘電体の境界面における条件

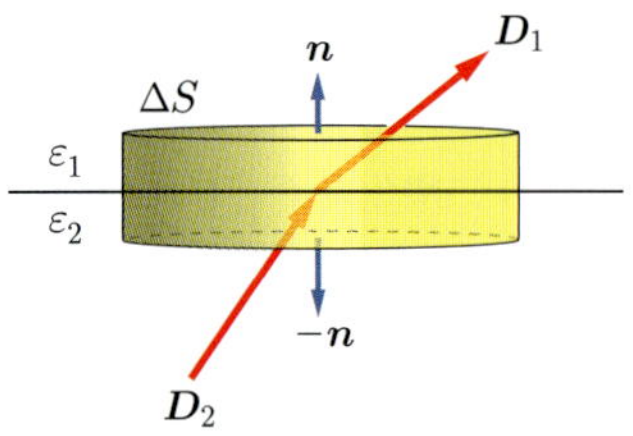

図 3.13　誘電体の境界面における電束密度

図 3.13 のように，異なる誘電率 $\varepsilon_1, \varepsilon_2$ をもつ 2 つの誘電体 1, 2 が接している境界面において，電場と電束密度がどのようになるかを考えよう。境界面をはさみ，境界面と平行な底面 (底面積 ΔS) をもつ円筒閉曲面について，式 (2.7) のガウスの法則を適用する。

ここで誘電体 1, 2 での電束密度をそれぞれ $\boldsymbol{D}_1$, $\boldsymbol{D}_2$ とし，また境界面に面電荷密度 σ の真電荷が分布している。円筒の高さは十分に小さく，側面における面積分は無視できるとすると

$$\begin{aligned}\int_S \boldsymbol{D}(\boldsymbol{r}) \cdot d\boldsymbol{S} &= (\boldsymbol{D}_1 \cdot \boldsymbol{n} - \boldsymbol{D}_2 \cdot \boldsymbol{n})\,\Delta S \\ &= (\boldsymbol{D}_1 - \boldsymbol{D}_2) \cdot \boldsymbol{n}\Delta S = \sigma \Delta S \end{aligned} \tag{3.47}$$

なので

$$(\boldsymbol{D}_1 - \boldsymbol{D}_2) \cdot \boldsymbol{n} = \sigma \tag{3.48}$$

の関係がある。境界面に真電荷がなければ，

$$\boldsymbol{D}_1 \cdot \boldsymbol{n} = \boldsymbol{D}_2 \cdot \boldsymbol{n} \tag{3.49}$$

である。すなわち，境界面での電束密度の法線成分は連続 (等しい) である。

次に，図 3.14 のように，境界面をはさみ，境界面に対して長さ l の長辺 AB が平行である細長い長方形 ABCD を閉経路 L として，式 (1.18) を適用する。

誘電体 1, 2 での電場をそれぞれ $\boldsymbol{E}_1$, $\boldsymbol{E}_2$ とする。短辺は十分に短く，短辺 BC と DA についての線積分は無視できるとすると

$$\oint_{\mathrm{L}} \boldsymbol{E}(\boldsymbol{r}) \cdot d\boldsymbol{s} = (\boldsymbol{E}_1 - \boldsymbol{E}_2) \cdot \boldsymbol{t} l = 0 \tag{3.50}$$

となる。ここで，$\boldsymbol{t}$ は経路 AB 方向の単位ベクトルである。よって，

$$\boldsymbol{E}_1 \cdot \boldsymbol{t} = \boldsymbol{E}_2 \cdot \boldsymbol{t} \tag{3.51}$$

となる。すなわち，境界面での電場の接線成分は連続 (等しい) である。

図 3.15 のように $\boldsymbol{D}$ と $\boldsymbol{E}$ は方向が一致するので，$\boldsymbol{D}_1$, $\boldsymbol{E}_1$ の境界面に対する法線とのなす角を θ_1 とし，$\boldsymbol{D}_2$, $\boldsymbol{E}_2$ の境界面に対する法線とのなす角を θ_2 とする。式 (3.49) と式 (3.51) および式 (3.36) より，$D_1 \cos\theta_1 = D_2 \cos\theta_2$, $E_1 \sin\theta_1 = E_2 \sin\theta_2$, $\boldsymbol{D} = \varepsilon \boldsymbol{E}$ である。これから

$$\frac{\tan\theta_1}{\tan\theta_2} = \frac{\varepsilon_1}{\varepsilon_2} \tag{3.52}$$

の関係式が得られる。これは境界面で電気力線や電束線の屈折を表しており，電気力線の屈折の法則とよぶ。

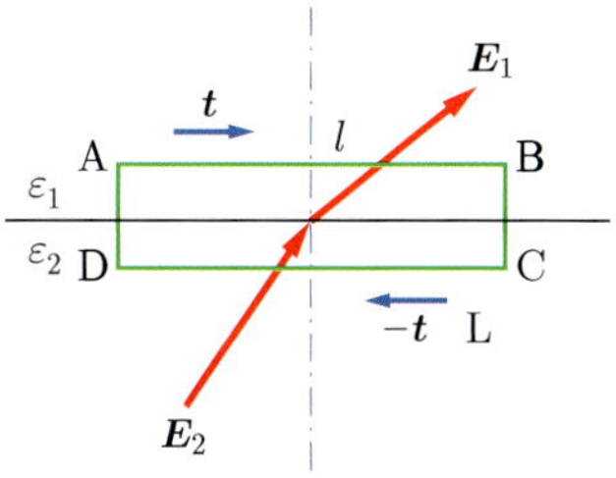

図 3.14　誘電体の境界面における電場

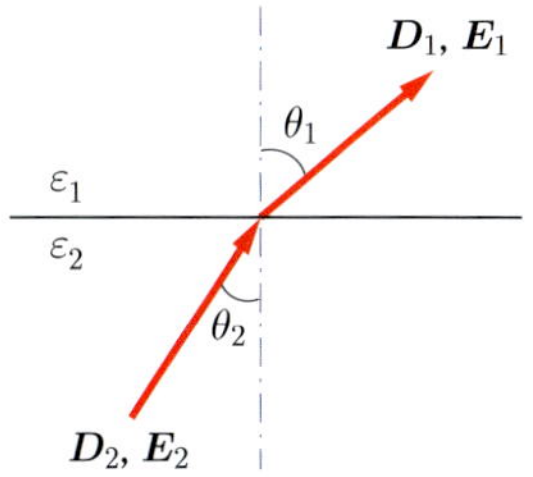

図 3.15　誘電体の境界面における電気力線の屈折の法則

この章でのポイント

- 導体は次のような電気的性質をもっている。導体内の電場はゼロで，電位はいたるところ一定である。電荷は表面のみに存在できる。面電荷密度 σ を与えたときの表面電場の強さは $E = \sigma/\varepsilon_0$ で，方向は導体表面に垂直である。
- 導体に外部電場を印加すると導体内の電場がゼロになるように伝導電子が移動する。これを静電誘導といい，電場により誘起された電荷を誘導電荷という。
- 導体表面にはキャパシターとして電荷を蓄えることができる。2 つの導体を近づけて配置して，互いに異負号の電荷を与えることにより，電気容量を多くすることができる。これをコンデンサーという。コンデンサーの容量は導体の配置により決まる。
- 導体に電荷を与えると，まわりの空間に電場が生じる。電場がある空間には，静電エネルギーが蓄えられ，その密度は $u = \frac{1}{2}\varepsilon_0 E^2$ である。

- 誘電体に電場を印加すると，分極により表面に分極電荷が生じる。誘電体内の電束密度は分極ベクトル $\boldsymbol{P}$ を用いて，$\boldsymbol{D} = \varepsilon_0 \boldsymbol{E} + \boldsymbol{P}$ と表される。
- 誘電体の境界では，電気力線が屈折の法則にしたがって折れ曲がる。

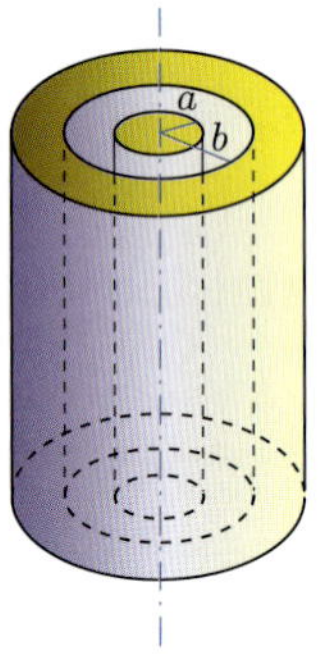

図 3.16　同軸円筒導体

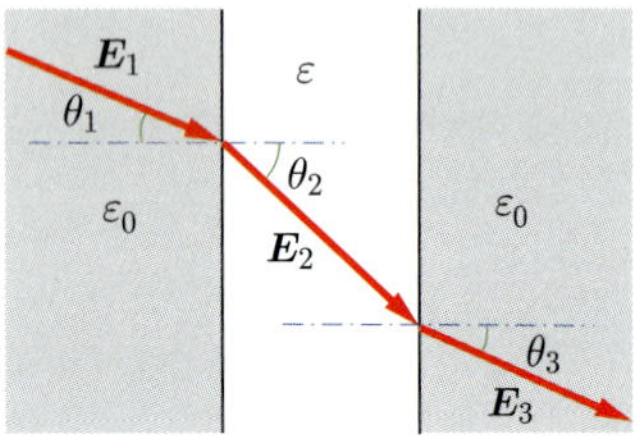

図 3.17　真空中にある平板状誘電体に侵入する電場

第 3 章　章末問題

1. 図 3.16 のように，十分に長い半径 a [m] の円筒導体と，同じ長さで内径 b [m] の同軸円筒導体からなる同軸円筒コンデンサーの単位長さ当たりの静電容量を求めよ。

2. 前問 1 の同軸円筒導体の両導体間に誘電率 ε の誘電体で満たし，軸方向に単位長さ当たりで内側の導体には電荷 Q を，また，外側の導体には電荷 $-Q$ を与えた。このときの単位長さ当たりの両導体間に蓄えられる静電エネルギーを求めよ。

3. 半径 a の導体球に電荷 Q が与えられているとき，そのまわりの電場に蓄えられた静電エネルギーを，静電エネルギー密度を積分することによって求めよ。

4. 図 3.17 のように，真空中に誘電率が ε の平板状誘電体がある。入射角 θ_1 で電場 $\boldsymbol{E}_1$ が左側の境界面に入射した。誘電体に入った電場 $\boldsymbol{E}_2$ と左側の境界面における法線となす角度 θ_2，および右側の境界面を出た電場 $\boldsymbol{E}_3$ と境界面の法線となす角度 θ_3 を求めよ。

4

定常電流

本章では，時間的に変化しない電流が導体に流れているときの，電荷保存則，オームの法則，キルヒホッフの第 1・第 2 法則，およびジュール熱について学ぶ。

4.1 電流密度とオームの法則

電子やイオンなどの荷電粒子が運動すると電流が流れる。電流の大きさ I は，ある断面を微小時間 Δt に通過する電荷を ΔQ とすると，その極限をとって，

$$I = \lim_{\Delta t \to 0} \frac{\Delta Q}{\Delta t} = \frac{dQ}{dt} \tag{4.1}$$

で表される。電流の単位は A（アンペア）で，1 秒 (sec) 間に電気量 1 C が通過したときの電流を 1 A = 1 C/s と定義する。電流の大きさや方向が時間的に変動する電流としては交流や過渡電流がある。また，それらに対して変動しないときの電流を定常電流または直流という。本章では定常電流について考える。

ある断面を通過する電流が一様でなく，断面内の微小面において，同じ方向，同じ大きさの電流でない場合がある。そこで，断面のある点において，電流の流れる方向を法線とする微小面積 ΔS_{n} をとって考える。ΔS_{n} を通過する微小電流を ΔI とすると，電流密度 $\boldsymbol{i}$ の大きさは，

$$i = \lim_{\Delta S_{\mathrm{n}} \to 0} \frac{\Delta I}{\Delta S_{\mathrm{n}}} = \frac{dI}{dS_{\mathrm{n}}} \tag{4.2}$$

と表せて，方向は電流の流れる方向である。つまり電流密度 $\boldsymbol{i}$ [A/m^2] は，単位時間当たり，単位面積を法線方向に通過する電気量である。電流が流れているある点において，単位体積当たりの荷電粒子数密度を n_{c} [1/m^3] として，荷電粒子が一定の平均速度 $\boldsymbol{v}$ [m/s] で移動しているとすると，電流密度 $\boldsymbol{i}$ は，

$$\boldsymbol{i} = q n_{\mathrm{c}} \boldsymbol{v} \tag{4.3}$$

と表せる。ここで q は荷電粒子の電荷とする。荷電粒子は電場によってクーロン力を受けるのと同時に，原子の熱的振動による結晶格子点からのずれや不純物その他による散乱によって抵抗力を受けるので，最終的に定常状態となり，そのときの平均的な速度 $\boldsymbol{v}$ を得る。速度 $\boldsymbol{v}$ を，

$$\boldsymbol{v} = \mu \boldsymbol{E} \tag{4.4}$$

と表すと，μ は単位電場の下での荷電粒子の平均速度であり，荷電粒子の動きやすさの目安となるので，移動度とよばれ，導体の材質に依存する。また，単位は $[\mathrm{m^2/V{\cdot}s}]$ である。これを式 (4.3) に代入すると，

$$\boldsymbol{i} = q n_{\mathrm{c}} \mu \boldsymbol{E} \tag{4.5}$$

となる。ここで，

$$\sigma = q n_{\mathrm{c}} \mu \tag{4.6}$$

とおくと，

$$\boldsymbol{i} = \sigma \boldsymbol{E} \tag{4.7}$$

の関係が得られる。σ [S/m] を電気伝導率 (または導電率) とよぶ。また単位の S はジーメンスとよぶ。この関係式をオーム (G.S. Ohm) の法則とよぶ。

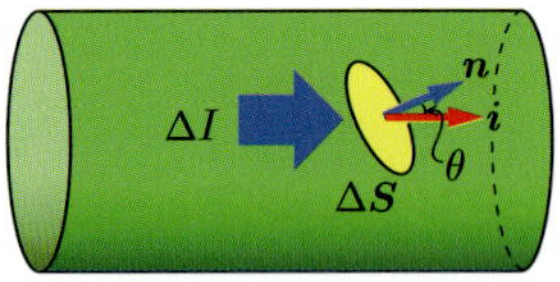

図 4.1　電流密度

図 4.1 のように，導体内のある点での微小面積 ΔS を通過する電流を ΔI とすると，

$$\Delta I = i \Delta S \cos\theta = \boldsymbol{i} \cdot \boldsymbol{n} \Delta S \tag{4.8}$$

となる。ここで，$\boldsymbol{n}$ は ΔS の法線ベクトル，θ は $\boldsymbol{i}$ と $\boldsymbol{n}$ のなす角である。

したがって，任意の開曲面 S を通過する電流 I は上式を S 上で面積分を行えば得られるので，

$$\begin{aligned} I &= \int_{\mathrm{S}} \boldsymbol{i} \cdot \boldsymbol{n}\, dS \\ &= \int_{\mathrm{S}} \boldsymbol{i} \cdot d\boldsymbol{S} \end{aligned} \tag{4.9}$$

となる。

4.2 電気抵抗と電気伝導率

導体に電流 I が流れているとき，流れる方向に沿って，任意の 2 点間の電位差が V であったとき，V と I の関係は経験的に，

$$V = RI \tag{4.10}$$

の線形な関係があることがわかっている。比例定数 R を抵抗とよび，単位は Ω (= V/A) で表す。単位のジーメンスとは $\mathrm{S} = 1/\Omega$ の関係がある。なお，式 (4.10) をオームの法則とよぶことがある。しかし，式 (4.10) を含む一般的なオームの法則は，ベクトル形式で表した先述の式 (4.7) である。

注意! 抵抗の単位 Ω は SI 基本単位を組み合わせれば V/A となる。しかし，組立単位で表せることができても，頻繁に使用される物理量の場合は別名がついている。たとえば，力の組立単位は $\mathrm{kg{\cdot}m/s^2}$ となるが，N が用いられる。電磁気学では，このような例は特によくみられる。たとえば，$\mathrm{C = A{\cdot}s}$, $\mathrm{V = J/C}$, $\mathrm{F = C/V}$ など。

式 (4.10) は，抵抗 R に電流 I を流すと抵抗の両端に電位差 V が生じるとみることもできる。このとき，この電位差 V を電圧降下とよぶ。また，抵抗の逆数

$$G = \frac{1}{R} \tag{4.11}$$

をコンダクタンスとよび，コンダクタンスの単位は S である。よって，オームの法則は

$$I = GV \tag{4.12}$$

とも表せる。

図 4.2 のように，抵抗 R をもつ断面積 S，長さ l の円筒状導体に，電圧 V を加えたとき，電流 I が流れた。このとき，

$$R = \rho\frac{l}{S} \tag{4.13}$$

の関係がある。抵抗 R と (l/S) は線形な関係で，その比例定数 ρ は導体の形状に依存せず，材質に依存した値をもつ。ρ を抵抗率とよぶ。単位は $[\Omega{\cdot}\mathrm{m}]$ である。また電気伝導率とは，

$$\sigma = \frac{1}{\rho} \tag{4.14}$$

の関係がある。

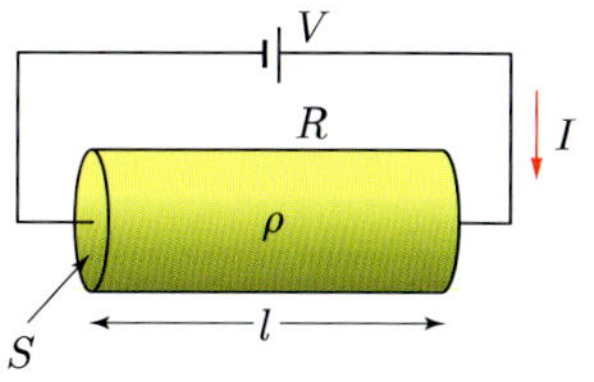

図 4.2 円柱状物質の抵抗と抵抗率の測定

表 4.1 は，固体の抵抗率の測定値を表したものである。その範囲は 25 桁の範囲に及んでいるが，固体の物理量でこのような広範囲にわたって測定されるものは少ない。固体は抵抗率の大きさによって導体，絶縁体，半導体に分類される。抵抗率がおよそ $10^{-4}\ \Omega{\cdot}\mathrm{m}$ より小さいもの，たとえば銅などの金属は導体，抵抗率がおよそ $10^{7}\ \Omega{\cdot}\mathrm{m}$ より大きいもの，たとえば磁器やプラスチックなどを絶縁体とよぶ。その中間の 10^{-4}〜$10^{7}\ \Omega{\cdot}\mathrm{m}$ の抵抗率をもつもの，たとえばシリコン (Si) やゲルマニウム (Ge) などを半導体とよぶ。

表 4.1 物質の抵抗率

	物 質	室温での抵 抗 率 $\rho\ (\Omega{\cdot}\mathrm{m})$
導 体	銅	1.72×10^{-8}
	ニクロム	1.09×10^{-6}
半導体	ゲルマニウム(Ge)	4.6×10^{-1}
	シリコン (Si)	2.3×10^{3}
絶縁体	アルミナ (磁器)	3×10^{11}
	テフロン	10^{14}〜10^{17}

導体の電気抵抗は，温度の上昇とともに増大する。これは温度が高いほど大きく熱振動する結晶格子により伝導電子が散乱を受けるためである。一方，半導体中の伝導電子も熱振動する結晶格子により散乱を受けるが，その効果よりも動ける電子の数が温度の上昇とともに増加する効果のほうが大きいため，温度の上昇とともに抵抗率が減少する。

さて，電流が一様に流れていない場合の抵抗 R は，式 (4.10) に式 (4.7), (4.9) を代入して，

$$R = \frac{V}{\int \boldsymbol{i} \cdot d\boldsymbol{S}} = \frac{V}{\int \sigma \boldsymbol{E} \cdot d\boldsymbol{S}} \tag{4.15}$$

を用いて導出する。また，電位差 V より電場 $\boldsymbol{E}$ がわかっているのならば，式 (2.26) を代入して，

$$R = \frac{\int \boldsymbol{E} \cdot d\boldsymbol{r}}{\int \sigma \boldsymbol{E} \cdot d\boldsymbol{S}} \tag{4.16}$$

を適用する。

Advanced

式 (2.30) より，電場を電位勾配に置き換えると，

$$\boldsymbol{i} = -\sigma \nabla V \tag{4.17}$$

と表せる。つまり，電流密度 i は電位勾配に比例して大きくなることを示している。この関係式は移動現象論または輸送現象論の枠組みのなかで取り扱うことができる。一般に，ある流れ $\boldsymbol{i}$ がそれほど大きくなければ，その流れは，流れの原因となる物理量 ϕ の勾配 $\nabla\phi$ に比例する。つまり，

$$\boldsymbol{i} = -C \nabla \phi \tag{4.18}$$

と表せる。ここで C は輸送係数とよばれる。たとえば，式 (4.18) の関係で，温度勾配があると熱流が生じ，濃度勾配があると物質流が生じる。

Advanced

ホイートストンブリッジ (例題 4.1 参照) を用いて電解質溶液の電気伝導率を求めることができる。固体の円柱状導体の抵抗率を求めるには式 (4.13) を用いた。ここで右辺の項 (l/S) を形状因子とみれば，抵抗率 ρ は抵抗 R に対する形状因子の比例係数とみることができる。そこで，図 4.3 のように 2 つの電極を挿入したガラス容器に，電気伝導率が既知の電解質溶液を満たして，この電極をホイートストンブリッジ (後述する例題 4.1 を参照) につなぎ，電極間の抵抗 R を測定する。このとき電解質溶液の抵抗率を ρ とすれば，抵抗 R は

$$R = \rho C \tag{4.19}$$

が成り立つ。ここで形状因子に相当する C を容器のセル定数とよぶ。また，式 (4.19) より既知の電気伝導率からこの溶液の抵抗率 ρ が導出できるので，この測定からガラス容器の C を決定できる。次に，この容器に電気伝導率が未知の電解質溶液を満たして，同様の測定を行い，先に決定されたセル定数 C を用いて，式 (4.19) から電気伝導率を求めることができる。なお，このときの電源は直流電源でなく，交流電源を使用する。これは交流 (通常，1 kHz 程度) により両電極において酸化反応や還元反応が交互に起こり，電極反応 (電極への電解質のめっきなど) が打ち消されることで，測定中における電解質溶液の組成変化を低減できるためである。

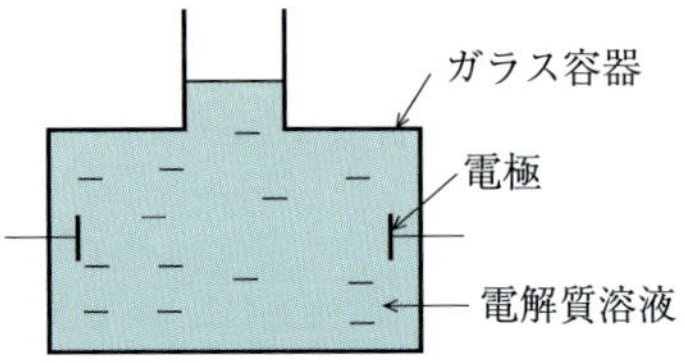

図 4.3　電解質溶液の電気伝導率を測定するガラスセル

4.3 ジュール熱

いま，導線に定常電流 I が流れているとする。電流の流れる方向に 2 点 A, B をとり，それぞれの電位を V_A, V_B とすると，その電位差は $V = V_A - V_B$ となる。微小時間 dt の間に $dQ = I\,dt$ の電荷が点 A で流れ込み，同時に点 B で $dQ = I\,dt$ が流れ出ていく。これは，dQ の電荷が導体内の電場によるクーロン力によって仕事 $dW = V dQ$ をされたことになる。電流が定常であるためには，電場による仕事 dW はすべて AB 間の抵抗 R によって消費されなければならない。このことを金属導体において微視的に考えてみる。

電場からクーロン力を受けた伝導電子が結晶中を移動する場合，量子力学的な物質波の性質が現れ，完全に周期的に配列した結晶中では，まったく抵抗を受けず (散乱されず) に進むことが知られている。しかし，不純物原子が存在すると結晶格子の不規則性が生じる。また，有限温度において，原子は周期的な格子点のまわりで微小振動して不規則性が生じる。これらの不規則性により，伝導電子は散乱を受けるために，結晶格子にエネルギーが遷移して，伝導電子は一定の速度を平均的に維持している。この遷移したエネルギーが格子振動にエネルギー変換することで導体は発熱する。これをジュール (J.P. Joule) 熱とよぶ。単位時間に発生するジュール熱 P は

$$P = \frac{dW}{dt} = \frac{V\,dQ}{dt} = IV \tag{4.20}$$

である。P は仕事率に相当し，電力とよぶ。なお，単位は W (ワット) である。また，オームの法則より，

$$P = IV = RI^2 = \frac{V^2}{R} \tag{4.21}$$

と表せる。

電流の流れる方向に導体を体積 Δv の微小直方体に区切って考えてみる。微小直方体の長さを Δl，断面積を ΔS とする。式 (4.21) より，微小直方体で消費される電力 p は

$$p = \frac{IV}{\Delta v} = \frac{IV}{\Delta S \Delta l} = iE = \sigma E^2 \tag{4.22}$$

となる。これから，導体の単位体積当たりのジュール熱は電気伝導率と電場で決まることがわかる。

4.4 電荷の保存則

孤立した体系のなかで，正負の電荷の分布が移動などで変化しても，電荷の総和は常に一定に保たれることを電荷の保存則とよぶ。この保存則は，エネルギー保存則などと並んで自然界の基本法則の一つとされている。

図 4.4 のように，任意の体積 V の表面 S から外部に流出する電流は，

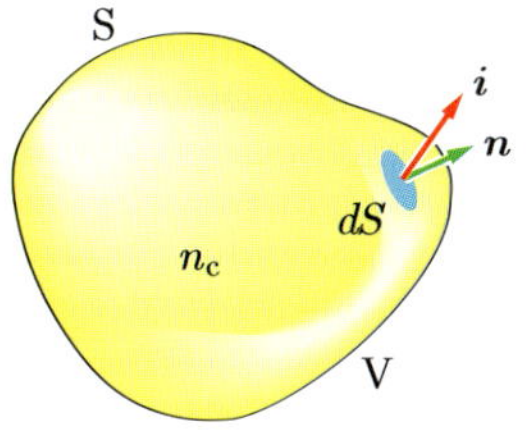

図 4.4 電荷の保存則

式 (4.9) で導出される。これは，単位時間に減少していく電荷量に等しいので，

$$\int_{\mathrm{S}} \boldsymbol{i} \cdot d\boldsymbol{S} = -\int_{\mathrm{V}} \frac{\partial(qn_{\mathrm{c}})}{\partial t}\, dv \tag{4.23}$$

とおける。

左辺にガウスの定理 (304 ページの式 (F.16) を参照) を適用すると，

$$\int_{\mathrm{S}} \boldsymbol{i} \cdot d\boldsymbol{S} = \int_{\mathrm{V}} \mathrm{div}\, \boldsymbol{i}\, dv \tag{4.24}$$

となる。したがって，式 (4.23) は，

$$\mathrm{div}\, \boldsymbol{i} + \frac{\partial(qn_{\mathrm{c}})}{\partial t} = 0 \tag{4.25}$$

となる。この式を連続の式とよぶ。定常電流の場合，$\partial(qn_{\mathrm{c}})/\partial t = 0$ なので

$$\int_{S} \boldsymbol{i} \cdot d\boldsymbol{S} = 0 \quad \text{または} \quad \mathrm{div}\, \boldsymbol{i} = 0 \tag{4.26}$$

となる。これを定常電流の保存則という。

4.5 キルヒホッフの法則

前節で述べたように，抵抗に電流が流れるとジュール熱が発生するため，電気エネルギーはその分だけ消費される。抵抗の他に，コンデンサー，後述するインダクタンスなどの回路素子を含んだ電気回路に電流を流し続けるには，回路の中に電気エネルギーを生み出すものを組み込まないといけない。この役目を担ったものを電源とよび，起電力*) (単位は [V]) を発生する。電源には，化学反応を利用して化学エネルギーを電気エネルギーに変換する電池，第 7 章の電磁誘導で述べる発電機，そして太陽光エネルギーを電気エネルギーに変換する太陽電池などがあげられる。

＊　起電力とは，電荷を正負に分離したり，回路に電流を流し (続け) たりする原因である。そのためには電荷に対して仕事をする必要がある。電源が電荷 q にする仕事を W とすると，起電力 V は $V = W/q$ で与えられる。

複数の回路素子や電源が組み込まれて，分岐のある複雑な回路においては，オームの法則だけで回路設計などを行うことは不可能である。このようなときに，以下に述べるキルヒホッフ (G.R. Kirchhoff) の法則を適用する。

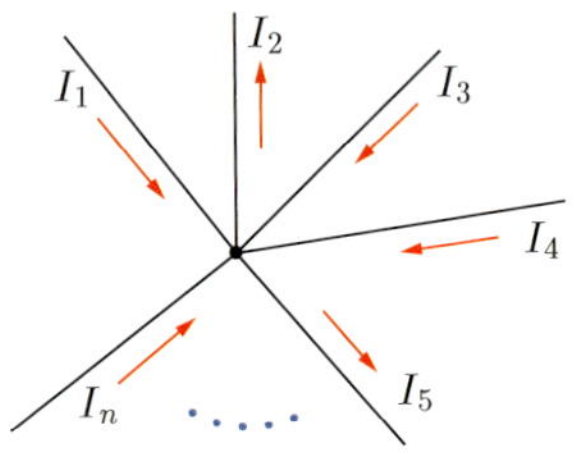

図 4.5　キルヒホッフの第 1 法則

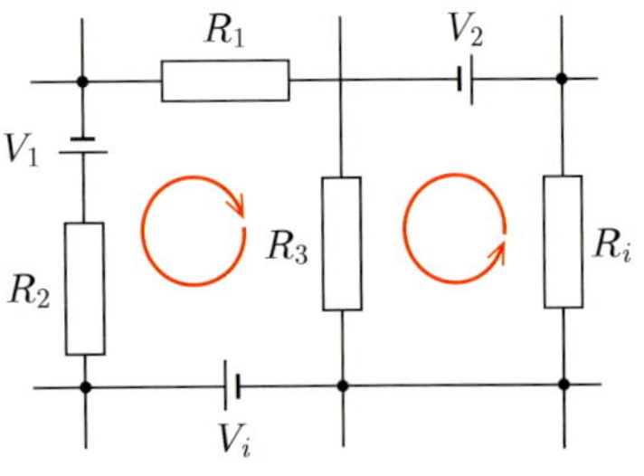

図 4.6　キルヒホッフの第 2 法則

図 4.5 のように，ある回路に定常電流が流れている場合，その経路の任意の点において，電荷の保存則の式 (4.23) の右辺はゼロである。このことは回路の各分岐点においても，電流が流出入する総和がゼロであることを示している。つまり，回路中のある分岐点に電流 $I_1, I_2, \ldots, I_n$ がつながっているとき，流入する電流を正に，流出する電流を負とすれば，電荷の保存則より，その総和はゼロなので

$$\sum_{i=1}^{n} I_i = 0 \tag{4.27}$$

となる。これをキルヒホッフの第 1 法則とよぶ。

次に，図 4.6 のように，回路における任意の閉路に沿ってまわるとき，n 個の抵抗による電圧降下の総和は m 個の電源による起電力の総和に等しい。つまり，

$$\sum_{i=1}^{m} V_i = \sum_{i=1}^{n} R_i I_i \tag{4.28}$$

の関係がある。これをキルヒホッフの第 2 法則とよぶ。閉路を 1 周するときに，まわる向きと電流の向きが逆のときは負の電圧降下として，また，起電力も負の起電力として取り扱う。なおこの式は，第 7 章で述べるファラデーの電磁誘導の法則の式 (7.10) で，定常的な場合を考えることで導出できる。

注意! 回路中の抵抗の記号は長方形で示したが，以前までは，のこぎりの歯のようにギザギザ (—⋀⋀⋀—) で表していた。

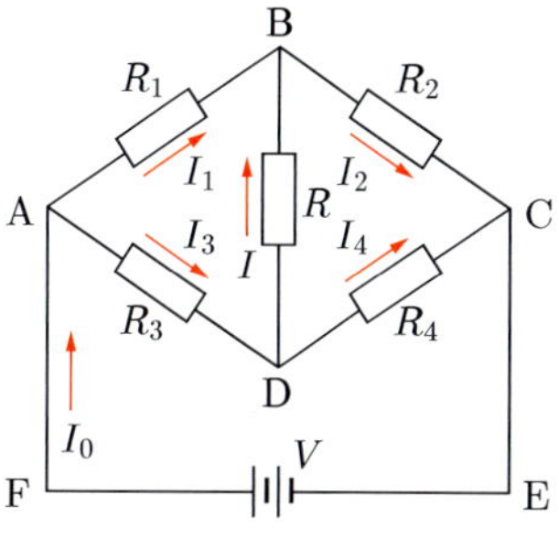

図 4.7　ホイートストンブリッジ

［例題 4.1］ 図 4.7 のように，抵抗 R_1, R_2, R_3, R_4, R をつないだ回路 (ホイートストンブリッジとよばれる) に，直流電源で電圧 V をかけたとき，R に流れる電流 I を求めよ。また，電流 I が 0 になるための抵抗の関係式を求めよ。

［解］ 抵抗 R_1, R_2, R_3, R_4, R に流れる電流をそれぞれ I_1, I_2, I_3, I_4, I とすると，点 B，点 D にキルヒホッフの第 1 法則を適用すると

$$I_2 = I_1 + I, \qquad I_3 = I + I_4 \tag{4.29}$$

となる。次に，経路 DABD, BCDB, ABCEFA についてキルヒホッフの第 2 法則を適用すると

$$R_1 I_1 - RI - R_3 I_3 = 0, \qquad R_2 I_2 - R_4 I_4 + RI = 0,$$
$$R_1 I_1 + R_2 I_2 = V \tag{4.30}$$

となる。したがって式 (4.29) と式 (4.30) より，求める I は

$$I = \frac{(R_1 R_4 - R_2 R_3)V}{R(R_1 + R_2)(R_3 + R_4) + R_1 R_2 (R_3 + R_4) + R_3 R_4 (R_1 + R_2)} \tag{4.31}$$

となる。また，経路 BD を流れる電流 I が 0 になるには，上式の分子が 0 になればよいので

$$R_1 R_4 - R_2 R_3 = 0 \tag{4.32}$$

を満たせばよい。

この関係式を利用して，未知抵抗の値を求められることはよく知られている。R_1 を未知抵抗，R_2 を抵抗の値を変えることが可能な可変抵抗，R_3，R_4 を既知抵抗として，電流が 0 になるように可変抵抗の値を調整したときの R_2 の値を式 (4.32) に代入することで未知抵抗 R_1 の値を求める。

〈研究：電気を流して地下を探る〉

電気の少し変わった利用法に，地下に電流を流して地面の下 (地中) を調べる方法がある。この方法は電気探査・比抵抗法とよばれ，地下の電気の流れ難さを表す比抵抗 (抵抗率の別称) を 4 本の電極を使って測定する地下探査法である。地下の物性値の分布の偏りを利用して地下を探査するこのような技術は物理探査と総称され，石油や金鉱床などの地下資源探査，断層や地下空洞などの地質構造探査，土壌汚染や地下水汚染などの環境探査，古墳や埋設遺構などの遺跡探査，不発弾や地雷探査などのさまざまな地下探査に使われている。

図 4.8 は地中での電流の流れを表した図で，一般的な比抵抗法では外側の 2 つの電流電極を使って地中に電流を流す。このとき，通常の電気回路とは異なり電流は 3 次元的に流れる。図中の実線が電流の流れを示し，破線は電位が等しい等電位線を表す。地中が均質で比抵抗の偏りがない場合は，図のように規則的な等電位線の分布になるが，地下が不均質で比抵抗の分布に偏りがある場合には等電位線が大きく歪む。このとき，内側の電位電極間の電位差がわかれば，地中の平均的な比抵抗が測定できる。1 回の測定だけでは地下の比抵抗分布は決定できないが，電極間隔を変えて複数回測定することで地下の比抵抗分布を知ることができ，見えない地下を可視化することができる。

図 4.9 は，九州大学伊都キャンパスの造成前に実施した地下水探査の作業風景の写真である。道路脇の側溝に沿って 4 人がハンマーで金属製電極を打ち込んでいる様子がわかる。このように，比抵抗法で事前に地下水の分布を調べることで，現在の地下水分布やその後の地下水分布の変化を把握することができる。

あまり知られていないが，伊都キャンパス内には 6 基の前方後円墳があり，そのうちの 3 基の古墳については比抵抗法による遺跡探査が実施されている。図 4.10 は伊都キャンパスの理系図書館裏手にある元岡池ノ浦古墳の後円部中央を横切る比抵抗法探査の結果である。この図を見ると後円部中央下部 (赤い破線で囲む) に，周辺と比べて比抵抗が高い (電流が流れ難い) 領域が存在することがわかる。この領域に古墳の主である首長が埋葬された主体部が存在する可能性が高いと推定されている。

(九州大学工学研究院地球資源システム工学部門　水永秀樹准教授)

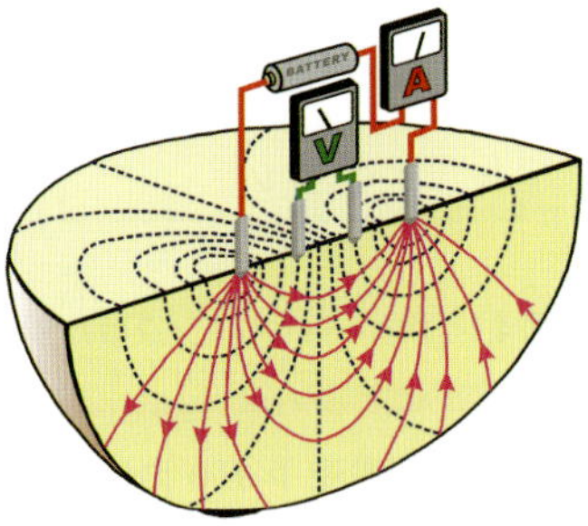

図 4.8　地下に電流を流した場合の電流の流れ(実線)と等電位線(破線)

図 4.9　電気探査・比抵抗法を用いた福岡市西区元岡地区の地下水探査の実施風景

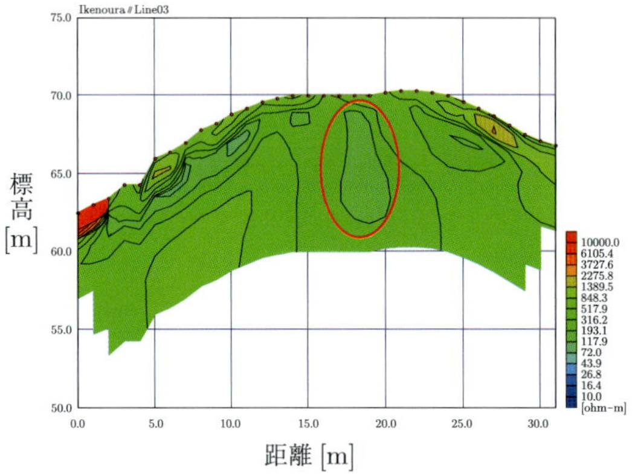

図 4.10　元岡池ノ浦古墳の比抵抗法探査で得られた地下の比抵抗断面図

この章でのポイント

- 導体に電流が流れているときの電圧降下は電流の大きさに比例する。これをオームの法則といい，比例係数を電気抵抗という。
- 電荷は物体間を移動できるが，その総和は一定に保たれる。これを電荷の保存則という。
- 伝導電子が物質中で散乱をうけるときに電子の運動エネルギーが物質の格子振動エネルギーに変換される。その結果，物質が発熱する。これをジュール熱という。
- 電気回路において，ある分岐点に流入する電流の総和と流出する電流の総和が等しいというキルヒホッフの第 1 法則，および，閉回路中の回路素子による電圧降下の総和は起電力の総和に等しいという第 2 法則が成り立つ。

第 4 章　章末問題

1. 図 4.11 のように，電気伝導率 σ をもつ厚さが h の扇状の物質がある。内側と外側の円弧の表面に電極を付けて電流を流したときの抵抗を求めよ。ただし，図のように円筒座標をとったとき原点から広がる角度を θ とする。

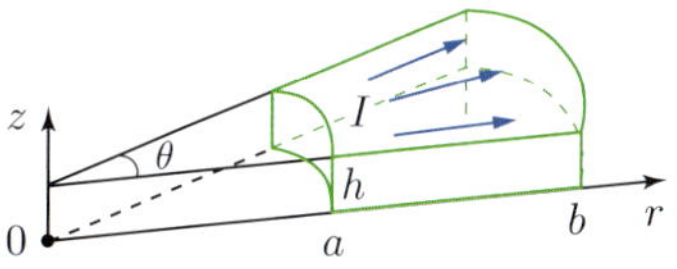

図 4.11　厚さをもつ扇状物質を放射状に電流が流れている

2. 半径が a, b $(a < b)$ の 2 つの導体からなる同軸円筒を電極として，その間に電気伝導率が σ の一様な導体を満たした。両電極間に電圧 V をかけることで電流を流したとき，以下の問いに答えよ。

(a)　電極間における軸方向の単位長さ当たりの抵抗 R を求めよ。ただし，電極間の長さより軸方向の長さは十分に長く，端の効果は無視する。

(b)　電極間に発生するジュール熱は軸方向に単位長さ当たりいくらか。

5

磁束密度

本章では，磁荷の間にはたらく磁気力に関する法則，電場と磁束密度が存在する空間を荷電粒子が運動する場合に受ける力について学ぶ。また，電流が作る磁場を計算する際に有用なビオ–サバールの法則とアンペールの法則について学ぶ。さらに，ベクトルポテンシャルの概念についても理解する。

5.1 磁石と磁荷

人類は古くから方位を知るために磁石を用いてきた。地球は大きな磁石のようなもので北極と南極には磁極があり，また，磁針の針の先端にも磁極があると考えられていた。北を指す磁針の先端をN極，南を指す磁針の先端をS極とよんだ。クーロン力における電荷のように，N極とS極にそれぞれ正の磁荷 $+q_{\mathrm{m}}$ と負の磁荷 $-q_{\mathrm{m}}$ が存在していると考えられた。なお，磁荷は磁気量ともよばれ，単位は Wb (ウェーバ) で表す。クーロンは実験により，電荷間ではたらくクーロン力とまったく同じように，2つの磁荷間には磁気力というものが生じていると考えた。つまり，距離 r だけ離れた2つの磁荷 $q_{\mathrm{m}1}$, $q_{\mathrm{m}2}$ の間にはたらく磁気力の大きさ F_{m} は

$$F_{\mathrm{m}} = \frac{\mu_0}{4\pi}\frac{q_{\mathrm{m}1}q_{\mathrm{m}2}}{r^2} \tag{5.1}$$

と表せるとした。ここで μ_0 は，

$$\mu_0 \cong 1.2566 \times 10^{-6}\ \mathrm{N/A^2} \tag{5.2}$$

である*)。μ_0 を真空の透磁率とよぶ。磁荷が同符号ならば斥力が，異符号ならば引力がはたらく。

磁石を2つに割ると，それぞれの磁石の両端には，新たにNとSの磁極が現れる。これを何度繰り返しても常にN極 (磁荷 $q_{\mathrm{m}} > 0$) とS極 (磁荷 $-q_{\mathrm{m}}$) が現れ，また，正負の磁荷が必ずペアで存在しており，どちらか一方の磁荷のみを取り出すことはできない。これは正負のいずれか単独で存在できる電荷と大きく異なる点である。最近でも，我々の住む宇宙には単独で磁荷 (磁気単極子) が存在するのではないかと観測や実験がなされ

* 電磁気学では，国際標準単位 (SI単位系) としてMKSA単位系を採用している。しかし，古くからcgs単位系が使用されてきた経緯があり，現在でもデータ集などでみることがある。さらに，cgs単位系は，電気現象のみの取り扱いでcgs静電単位系が，また，電磁現象の取り扱いでcgs電磁単位系という2つの単位系が使用される。このように異なった単位系での数値の取り扱いには注意を要する。

ているが，未だ発見されておらず，そもそも磁荷というものは存在しないというのが定説となっている。

エルステッド (H.C. Oersted) は，電流の流れる導線に磁針を近づけると磁針がふれることを発見した。実験から，電流の流れている導線に垂直な面内に，導線を中心とする同心円に沿って磁針が向いていることがわかった。この電流による磁気作用の発見を契機に以下に述べる実験や法則が出されてきた。

電荷の周囲には電場が生じており，その様子を電束線で示すように，電流の周囲には磁気的な場が生じており，その場を**磁束密度 $\boldsymbol{B}$** とよび，その様子を**磁束線**で表す。電流 I が流れている十分に長い直線電流から r だけ離れた点に生じる磁束密度 $\boldsymbol{B}$ の方向は磁束線の接線方向で，磁束線と同じ向きをもち，大きさ $B(r)$ は

$$B(r) = \frac{\mu_0 I}{2\pi r} \tag{5.3}$$

であることが，後の実験から示された。磁束密度 $\boldsymbol{B}$ の単位は **T（テスラ）** で表す。後述する式 (5.5)，式 (5.8) から T を基本単位で表すと N·s/C·m = N/A·m となる。直線電流の周囲に生じる磁束密度のようすを磁束線によって図 5.1 に示す。磁束線は電流を中心に同心円状に分布している。

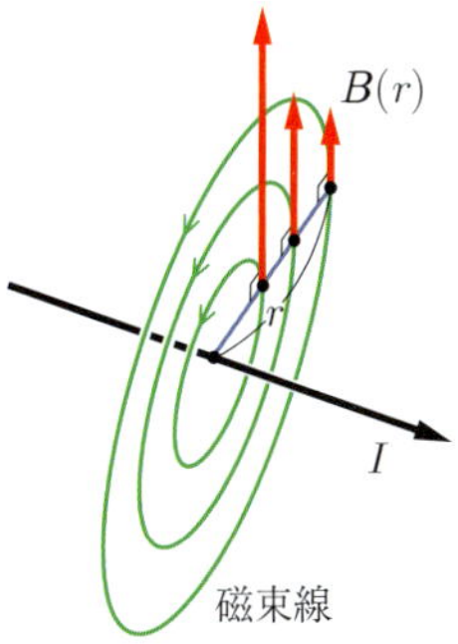

図 5.1　直線電流の周囲に生じる磁束線と磁束密度

注意! 式 (5.3) は後述するビオ–サバールの法則によって導出される (例題 5.2 を参照)。また，図 5.1 の磁束線の向きがわかる簡単な方法として，**右ねじの法則**がある。電流の流れる向きに右ねじの進む方向をとったとき，右ねじの回る向きに磁束線は向いている。第 1 章で述べた電気力線 (または電束線) は正の電荷から出て，負の電荷で終わるので閉じていないが，磁束線は始点と終点はなく閉じた曲線であることが電気力線と大きく異なる点である。

5.2 ローレンツ力

荷電粒子は電場中で，静止しているか運動しているかにかかわらずクーロン力を受けるが，静止している荷電粒子は磁束密度によって力を受けない。しかし，運動している荷電粒子は力を受ける。この力を磁気的なローレンツ (H.A. Lorentz) 力とよぶ。磁束密度 $\boldsymbol{B}$ の中で，速度 $\boldsymbol{v}$ で運動している電荷 q をもつ荷電粒子にはたらく磁気的なローレンツ力 $\boldsymbol{F}$ は

$$\boldsymbol{F} = q\boldsymbol{v}\times\boldsymbol{B} \tag{5.4}$$

と表せる。このようすを図 5.2 に示す。$\boldsymbol{v}$ と $\boldsymbol{B}$ のなす角を θ とすると，磁気的なローレンツ力の大きさは，

$$F = qvB\sin\theta \tag{5.5}$$

である。なお，磁束密度中での荷電粒子の運動については，力学の 3.4 節

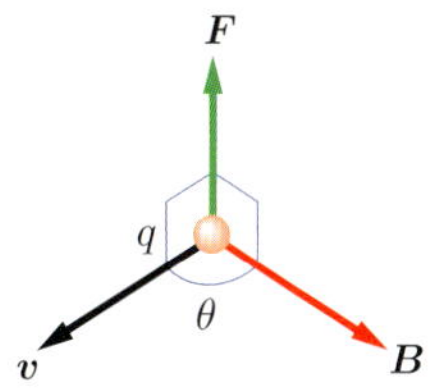

図 5.2　磁束密度 $\boldsymbol{B}$ の中で，速度 $\boldsymbol{v}$ で運動している荷電粒子 q にはたらくローレンツ力 $\boldsymbol{F}$

に解説されているので参照してもらいたい。

電場 $\boldsymbol{E}$ と磁束密度 $\boldsymbol{B}$ が同時に存在しているときに，荷電粒子の受ける力 $\boldsymbol{F}$ は，

$$\boldsymbol{F} = q\boldsymbol{E} + q\boldsymbol{v}\times\boldsymbol{B} \tag{5.6}$$

となる。この力 $\boldsymbol{F}$ をローレンツ力という。

次に，一様な磁束密度 $\boldsymbol{B}$ の中で，電流 $\boldsymbol{I}$ が流れている直線導体が，磁束密度から受ける力を求めよう。電流 $\boldsymbol{I}$ の向きは電流の流れる向きで，大きさは電流の大きさとする。いま，直線導体の長さを L，断面積を S とし，電荷 q の荷電粒子数密度が n_{c} $[1/\mathrm{m}^3]$ であるとする。長さ L の直線導体中に多数の荷電粒子が平均速度 $\boldsymbol{v}$ で流れている場合，直線導体中の全電荷量は $qn_{\mathrm{c}}SL$ で表せるため，直線導体にはたらくローレンツ力 $\boldsymbol{F}$ は，式 (5.4) から

$$\boldsymbol{F} = (qn_{\mathrm{c}}SL)(\boldsymbol{v}\times\boldsymbol{B}) = \boldsymbol{I}\times\boldsymbol{B}L \tag{5.7}$$

となる。このようすを図 5.3 に示す。ここで $\boldsymbol{I}$ と $\boldsymbol{B}$ のなす角を θ とすると，力の大きさは，

$$F = IBL\sin\theta \tag{5.8}$$

である。

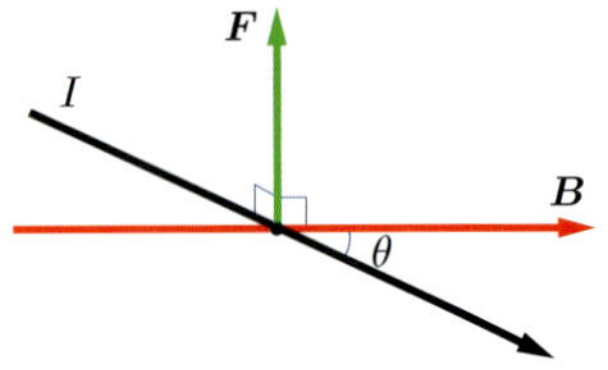

図 5.3　磁束密度 $\boldsymbol{B}$ の中で，直線電流 $\boldsymbol{I}$ にはたらくローレンツ力 $\boldsymbol{F}$

注意! 左手の親指，人差し指，中指がそれぞれ直角になるようにしたとき，左手の人差し指を磁束密度 $\boldsymbol{B}$，中指を電流 $\boldsymbol{I}$ の向きにとると，親指の指す向きが力 $\boldsymbol{F}$ の向きとなるという覚え方がある。これをフレミングの左手の法則とよぶ。

次に，直線電流間にはたらく力について考えよう。図 5.4 のように，十分に長い 2 本の直線導線が距離 d だけ隔てて平行に並んでおり，同じ方向に電流 I_1, I_2 が流れているとする。導線 1 に流れている電流 I_1 により点 P に生じる磁束密度 $\boldsymbol{B}_{\mathrm{P}}$ の大きさ B_{P} は，式 (5.3) より

$$B_{\mathrm{P}} = \frac{\mu_0 I_1}{2\pi d} \tag{5.9}$$

で，方向は電流 I_2 に垂直である。この磁束密度 B_{P} が導線 2 に流れる電流 I_2 に，式 (5.7) によりローレンツ力を与え，導線 2 の長さ L 当たりの力の大きさ F_2 は

$$F_2 = I_2 B_{\mathrm{P}} L\sin 90^\circ = \frac{\mu_0 I_1 I_2 L}{2\pi d} \tag{5.10}$$

となる。ローレンツ力 $\boldsymbol{F}_2$ は導線 1 に近づこうとする向きにはたらく。一方，導線 2 に流れている電流 I_2 により点 Q に生じる磁束密度が導線 1 に与える力も同様で，ローレンツ力 $\boldsymbol{F}_1$ は導線 2 に近づく向きとなる。以上の議論から，導線 1, 2 に同じ向きに電流が流れているときは導線間に引力が，お互いに反対向きに流れているときは斥力がはたらいていることがわかる。

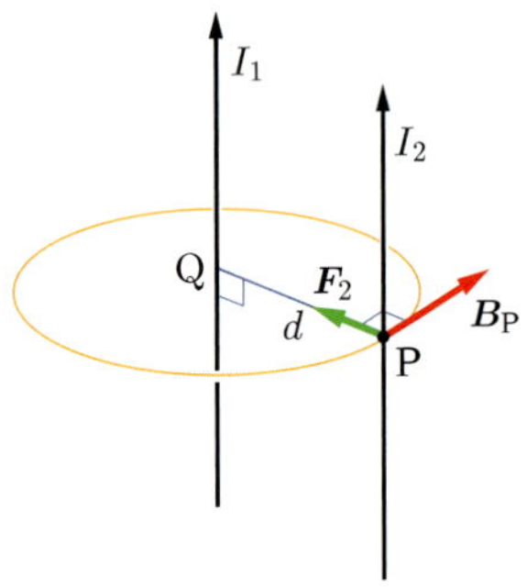

図 5.4　平行に配置された 2 本の直線電流間にはたらくローレンツ力

［例題 5.1］　図 5.5 のように，一様な磁束密度 $\boldsymbol{B}$ の中に，辺 AB の長さが a，辺 BC の長さが b の長方形のコイル ABCD に，大きさ I の電流が流れている。このとき，辺 AB と辺 CD を 2 等分する中心軸に対して，このコイル面の法線ベクトル $\boldsymbol{n}$ と磁束密度 $\boldsymbol{B}$ との間の角度が θ となるように配置したとき，コイルにどのような力がはたらくか。

［解］　式 (5.7) より，辺 AB と辺 CD には同じ強さのローレンツ力 $F_2 = IBa\cos\theta$ (正が外向き，負が内向き) が反対向きにはたらいている。また，2 つの力の作用線は重なる。したがって，この 2 つのローレンツ力による中心軸に対するトルクは生じない。一方，辺 BC と辺 DA にはたらくローレンツ力は同じ大きさ $F_1 = IBb$ で反対向きにはたらいており，また 2 つの力の作用線は重ならないので，トルクが生じる。このトルク N は，コイルの面積を $S = ab$ とすると

$$N = 2F_1\frac{a}{2}\sin\theta = IBab\sin\theta = IBS\sin\theta \tag{5.11}$$

となる。ここで，コイルを流れる電流の向きに回る向きを右ねじの回る向きにとったときにねじが進む向きを，コイル平面の法線ベクトルの向きと定義する。すると，あらたなベクトル量 $\boldsymbol{m}$ を

$$\boldsymbol{m} = IS\boldsymbol{n} \tag{5.12}$$

と定義する。このベクトル量を磁気双極子モーメントとよぶ。すると，トルク $\boldsymbol{N}$ は

$$\boldsymbol{N} = \boldsymbol{m}\times\boldsymbol{B} \tag{5.13}$$

と表すことができる。$\boldsymbol{m}$ を磁気双極子モーメントとよんだのは，$\boldsymbol{m}$ と磁束密度 $\boldsymbol{B}$ の関係が，式 (2.47) で示した電場中の電気双極子モーメントにはたらくトルク $\boldsymbol{N} = \boldsymbol{p}\times\boldsymbol{E}$ との類似した関係から名づけられている。

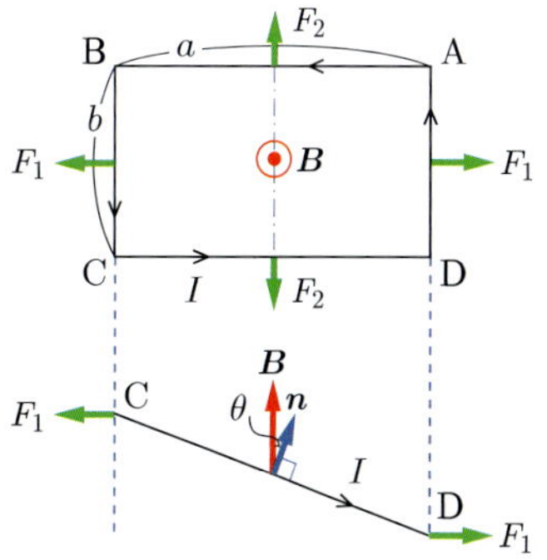

図 5.5　一様な磁束密度中に置かれた長方形コイルにはたらくトルク

〈研究：電子顕微鏡〉

荷電粒子にはたらくローレンツ力を応用した例として，電子顕微鏡を紹介しよう。電子顕微鏡はその名が示すように，目で見ることができないきわめて小さな物体の構造を，電子を用いて大きく拡大して映し出す実験装置である。最近の電子顕微鏡では，原子の大きさ程度である 0.1 nm (100 億分の 1 メートル) 以下の構造を識別する性能があり，物質を構成している原子の配列の解析などさまざまな研究分野で広く用いられている。

光がレンズを通ると屈折して焦点に集められ，その先で拡大した像が結ばれる。光がガラスによって屈折するのは，第 8 章で紹介されるように，光が電磁波という波の一種だからである。波はある場所での振動が周囲に伝わる現象で，伝わった先のすべての場所も素元波をだす振動源となる。そのために波の伝播を遮るような障害物があっても，波はその後ろに回り込む “回折” とよばれる振舞いを示す。障害物が十分に大きいと，直進してきた波はすぐに回り込むことができずに裏に影ができるが，障害物が小さくなると回折現象によって影はすぐに消えてしまう。すなわち，そのような小さな物体は，波の進行に対してもはや障害物ではなくなる。波の障害物となる最小の大きさは，“回折限界” とよばれており，波の波長程度である。人間の目が感知する光 (可視光) の波長は 0.3〜0.8 μm の範囲にあるので，1 μm より大きな物体は虫メガネあるいはそれらを組み合わせた光学顕微鏡で拡大して観察できるが，それより小さくなると，レンズを組み合わせて像をいくら拡大しても，回折限界以下なのでお手上げである。1 μm とは細菌 1 個の大きさ程度である。可視光より波長が短い紫外光や X 線を使うことができればよいが，残念ながら，それらに対して十分な屈折率を示す物質がなく有効なレンズができない。

電子は，質量や電荷をもつ粒子としての性質と波動として振る舞う二面

性を有している。運動量 p をもって運動している電子は，ド・ブロイ (de Broglie) の関係から，

$$\lambda = \frac{h}{p} \tag{5.14}$$

の波長の波として振る舞う。ここで h はプランク定数とよばれる物理定数で $h = 6.626 \times 10^{-34}$ [J·s] である。電子は負の電荷をもつので，電位差 E の正極と負極の間に置かれると，正極に向って加速される。したがって，この電圧 E を大きくすると電子の運動量 p が大きくなり，電子の波長 λ は短くなる。たとえば，100 V の電圧で電子を加速すると $\lambda = 0.123$ nm，写真に示した超高圧電子顕微鏡とよばれる装置では，加速電圧を 130 万 V まで電圧を上げることができるので $\lambda = 7.14 \times 10^{-4}$ nm まで短くできる。

このように電子を加速することで，可視光よりはるかに短い波長の波を得ることができる。顕微鏡を作るには次にレンズが必要である。レンズは波の進行方向を曲げて焦点を結ぶことができればよいので，電子の波に対しては電磁石で適当な磁場を作り，ローレンツ力によって凸レンズと同様の機能をもたせればよい。すなわち，電子顕微鏡とは電子線を発生して加速する電子銃とレンズ作用をする電磁石が重なった構造となっている。電子顕微鏡の装置そのものは光学顕微鏡とまったく異なるが，波とレンズが組み合わさった光学機器としてみると両者は多くの共通点がある。

力学の 3.4 節で示した，均一な磁場の中に入ってきた電子はローレンツ力により円運動を行い，その軌道の半径は電子の速度に比例する。したがって，異なる速度の電子がこのような磁場の中に入ると，進む軌道が違うのでそれらを分離することができる。ちょうど，さまざまな色の光が重なった太陽光を，色別に分けて虹をつくるプリズムと同じ作用である。電子顕微鏡ではまず決まった電圧で電子を加速するため，そのときの電子の速度は等しく揃っているが，観察している物質の中に入ると，その中に存在している原子の軌道電子とある確率で衝突して速度の一部を失う。したがって，物質を透過して出射してきた電子は，入射する前と違って速度に分布をもつ。入射した電子が物質の中で失う速度は，衝突した相手に当然のことながら依存するので，その速度分布を調べると電子が通った箇所にある元素の種類や軌道電子の状態など，物質の性質に密接に関係する重要な手がかりが得られる。九州大学にある超高圧電子顕微鏡には，このようなプリズムの役目をする電子エネルギーフィルターを内蔵しており，顕微鏡として原子構造を明らかにするだけでなく，その原子がどのような状態にあるかの解析も同時に可能である。

ローレンツ力は，電子顕微鏡に限らず電荷をもつイオンや電子を利用したさまざまな機器の原理として広く応用されている。

(九州大学工学研究院エネルギー量子工学部門　松村晶教授)

図 5.6　九州大学に設置されている超高圧電子顕微鏡。高さが 14 m あり，最高 130 万 V で電子が加速される。中心部にプリズムの役目を行う電子エネルギー・フィルターを内蔵している。

5.3　ビオ–サバールの法則

エルステッドの発見から直線電流のまわりに磁束密度が生じることがわかった。フランスのビオ (J. Biot) とサバール (F. Savart) は，直線に流れる電流だけでなく，もっと一般的に，任意の形に曲がった導線を流れる

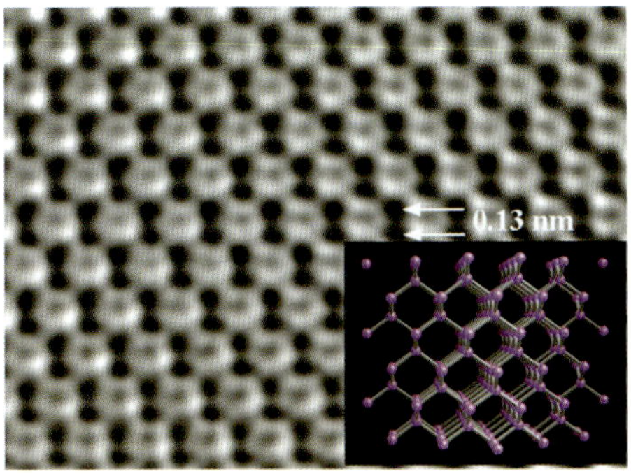

図 5.7 電子顕微鏡で映し出されたシリコン結晶の原子配列。右下に示す結晶構造の模型と比較してわかるように，原子位置が黒い点で観察されている。

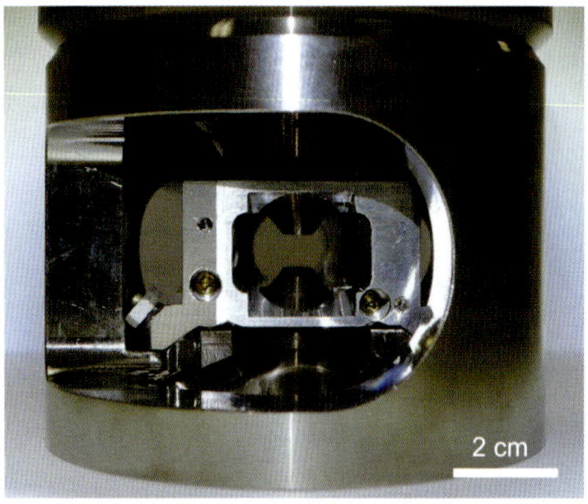

図 5.8 電子顕微鏡の対物レンズ (磁極)。中心部に上下に対向した山形の突起が磁極であり，その間に作られる磁場が電子に対して凸レンズとして作用し，電子波は焦点を結んで拡大像をつくる。

定常電流によって生み出される磁束密度との関係を示す法則を発見した。図 5.9 に示すように，電流 I が流れる曲線状導線 C において，位置ベクトル $\boldsymbol{r}'$ で示される導線 C 上の点 P の微小区間 $d\boldsymbol{s}(\boldsymbol{r}')$ を流れる電流を電流素片 $I\,d\boldsymbol{s}$ とよぶ。ここでベクトル $d\boldsymbol{s}$ の方向は電流の流れる方向とする。すると，電流素片 $I\,d\boldsymbol{s}$ によって位置ベクトル $\boldsymbol{r}$ の点 Q に生じる磁束密度 $d\boldsymbol{B}(\boldsymbol{r})$ は

$$d\boldsymbol{B}(\boldsymbol{r}) = \frac{\mu_0}{4\pi}\frac{I\,d\boldsymbol{s}(\boldsymbol{r}') \times (\boldsymbol{r}-\boldsymbol{r}')}{|\boldsymbol{r}-\boldsymbol{r}'|^3} \tag{5.15}$$

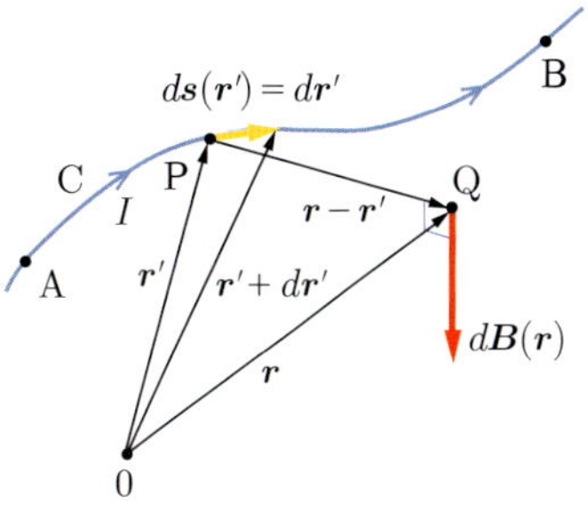

図 5.9 ビオ–サバールの法則

と表せる。これをビオ–サバールの法則という。なお，点 A (位置ベクトル $\boldsymbol{r}_{\mathrm{A}}$) から点 B (位置ベクトル $\boldsymbol{r}_{\mathrm{B}}$) までの区間の導線に流れる電流によって点 Q に生じる磁束密度 $\boldsymbol{B}(\boldsymbol{r})$ は，区間内での各電流素片によって点 Q に生じる磁束密度の重ね合わせで得られる。ここで，図 5.9 より電流素片は

$$I\,d\boldsymbol{s}(\boldsymbol{r}') = I\,d\boldsymbol{r}'$$

なので，

$$\begin{aligned}\boldsymbol{B}(\boldsymbol{r}) &= \int_{\mathrm{A}}^{\mathrm{B}} d\boldsymbol{B}(\boldsymbol{r}') \\ &= \frac{\mu_0 I}{4\pi}\int_{\boldsymbol{r}_{\mathrm{A}}}^{\boldsymbol{r}_{\mathrm{B}}} \frac{d\boldsymbol{r}' \times (\boldsymbol{r}-\boldsymbol{r}')}{|\boldsymbol{r}-\boldsymbol{r}'|^3}\end{aligned} \tag{5.16}$$

の線積分を求めることで得られる。領域 V に電流が分布している場合，$I\,d\boldsymbol{s}(\boldsymbol{r}) = \boldsymbol{i}(\boldsymbol{r})\,dSds \to \boldsymbol{i}(\boldsymbol{r})\,dv$ で置き換えて，$\boldsymbol{B}(\boldsymbol{r})$ は電流密度 $\boldsymbol{i}(\boldsymbol{r})$ の体積分により，

$$\boldsymbol{B}(\boldsymbol{r}) = \frac{\mu_0}{4\pi}\int_{\mathrm{V}} \frac{\boldsymbol{i}(\boldsymbol{r}') \times (\boldsymbol{r}-\boldsymbol{r}')}{|\boldsymbol{r}-\boldsymbol{r}'|^3}\,dv' \tag{5.17}$$

となる。ここで dv' は $\boldsymbol{r}'$ についての体積分であることを示す。

［例題 5.2］　無限に長い直線状導線に電流 I が流れているときの周囲に生じる磁束密度を求めよ。

［解］　電流は軸対称性をもつので，図 5.10 のように円柱座標をとると便利である。導線から r 離れている点 P に，電流素片 $I\,d\boldsymbol{s}$ により生じる磁束密度 $d\boldsymbol{B}$ は，ビオ–サバールの法則より

$$d\boldsymbol{B} = \frac{\mu_0 I\,d\boldsymbol{s}\times\boldsymbol{R}}{4\pi R^3} \tag{5.18}$$

となる。ここで $\boldsymbol{R}$ は電流素片から点 P に向かうベクトルであるので

$$\boldsymbol{R} = \boldsymbol{r} - z\boldsymbol{e}_z \tag{5.19}$$

とおける。ここで $\boldsymbol{e}_r$, $\boldsymbol{e}_\phi$, $\boldsymbol{e}_z$ はそれぞれ円柱座標における r, ϕ, z 方向の単位ベクトルである。よって，

$$\frac{\boldsymbol{R}}{|\boldsymbol{R}|} = \frac{\boldsymbol{r}-z\boldsymbol{e}_z}{\sqrt{r^2+z^2}} \tag{5.20}$$

となるので，

$$d\boldsymbol{B} = \frac{\mu_0 I\,dz\,\boldsymbol{e}_z\times(r\boldsymbol{e}_r - z\boldsymbol{e}_z)}{4\pi(r^2+z^2)^{3/2}} = \frac{\mu_0 I r\,dz\,\boldsymbol{e}_\phi}{4\pi(r^2+z^2)^{3/2}} \tag{5.21}$$

となる。したがって，直線状導線を流れる電流によって点 P に生じる磁束密度 $\boldsymbol{B}$ は

$$\boldsymbol{B} = \int_{-\infty}^{\infty} d\boldsymbol{B} = \left[\int_{-\infty}^{\infty}\frac{\mu_0 I r\,dz}{4\pi(r^2+z^2)^{3/2}}\right]\boldsymbol{e}_\phi = \frac{\mu_0 I}{2\pi r}\boldsymbol{e}_\phi \tag{5.22}$$

となる。この結果は，ビオ–サバールの法則を用いて式 (5.3) が導出できることを示している。

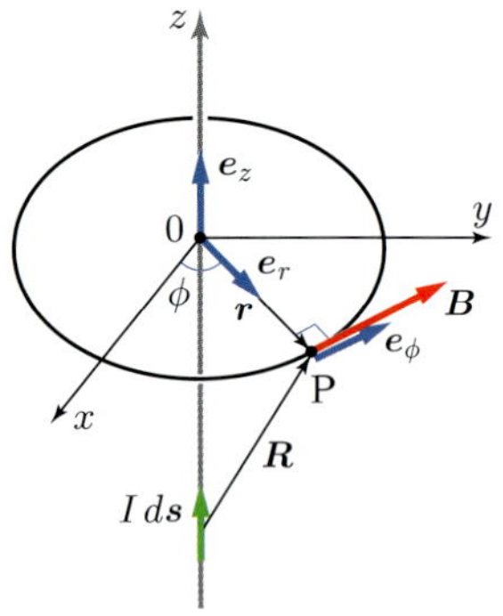

図 5.10　無限に長い直線電流のまわりに生じる磁束密度

5.4 磁束密度に関するガウスの法則

磁束密度の空間分布は磁束線をみればわかりやすい。ある曲面を貫く磁束 (磁束線の総数) $\varPhi$ を考えてみよう。

磁束線が分布している空間で，開曲面 S を貫く磁束 $\varPhi$ を求めてみよう。図 5.11 のように開曲面 S を小さな区画に分割する。そのなかの微小面積 dS_i を貫く微小磁束 $d\varPhi_i$ は，

$$d\varPhi_i = \boldsymbol{B}_i\cdot\boldsymbol{n}\,dS_i = \boldsymbol{B}_i\cdot d\boldsymbol{S}_i \tag{5.23}$$

で与えられる。

一般に，凹凸のある任意の曲面上であっても，十分に微小な領域をとると，そこでは曲面は平面で近似できる。その平面に対して外向きの法線方向で大きさが 1 のベクトルを法線ベクトル $\boldsymbol{n}$ と定義する。また，開曲面のときは，開曲面の縁を右ねじまわりに回ったときにねじの進む向きが法線ベクトルの向きと定義しておく。すると，微小磁束 $d\varPhi_i$ を開曲面内で足し合わせれば開曲面を貫く磁束 $\varPhi$ が得られることになる。したがって，S 内での磁束密度 $\boldsymbol{B}$ の面積分より磁束 $\varPhi$ は，

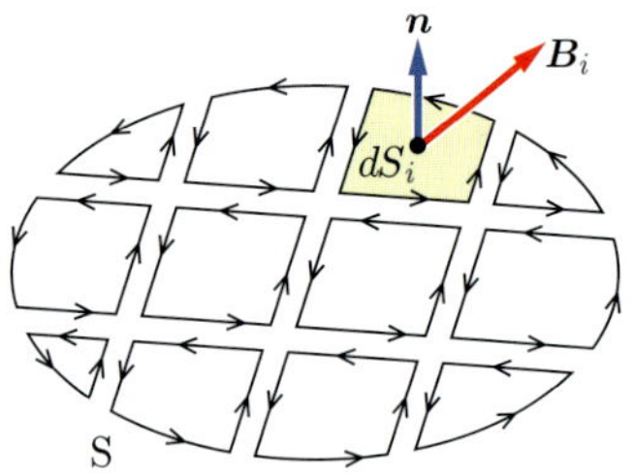

図 5.11　開曲面 S を貫く磁束

$$\varPhi = \int_{\mathrm{S}} d\varPhi = \int_{\mathrm{S}} \boldsymbol{B}(\boldsymbol{r})\cdot d\boldsymbol{S}(\boldsymbol{r}) \tag{5.24}$$

で与えられる。なお磁束の単位は Wb で表すので，磁束密度の単位は $1\ \mathrm{T} = 1\ \mathrm{Wb/m^2}$ の関係がある。

先にも述べたように磁束線は閉曲線である。このため磁束線が分布した空間に任意の閉曲面をとると，その曲面内に外部から入った磁束線は途中で切れずに必ず出ていくし，曲面内から磁束線が生み出されてくることもない。つまり，閉曲面内を法線方向に貫く磁束を正に，法線と逆向きに貫

く磁束を負にとることを考慮すれば，貫く全磁束はゼロのはずである。したがって，式 (5.24) より，

$$\int_{\mathrm{S}} \boldsymbol{B}(\boldsymbol{r}) \cdot d\boldsymbol{S}(\boldsymbol{r}) = 0 \tag{5.25}$$

が常に成り立つ。この関係を磁束密度に関するガウスの法則とよぶ。

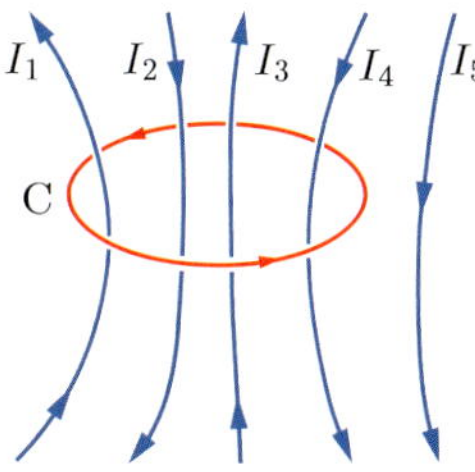

図 5.12 閉曲線を貫く電流

5.5 アンペールの法則

磁束線が分布している空間に図 5.12 のような閉曲線 C を考えてみよう。閉曲線を貫く電流 I_1, I_2, I_3, I_4 があると，一般に，磁束密度 $\boldsymbol{B}(\boldsymbol{r})$ の C 上での周回積分 (閉曲線上を 1 周線積分する) は C を貫く電流の向きを考慮した和に真空の透磁率を乗じた値に等しくなり，

$$\oint_{\mathrm{C}} \boldsymbol{B} \cdot d\boldsymbol{s} = \mu_0 \sum_i{}' I_i \tag{5.26}$$

の関係がある。この関係式をアンペール (A.M. Ampère) の法則とよぶ。また，右辺の $\sum_i{}'$ は閉曲線 C 内を貫く電流のみを加算することを意味する。また，閉曲線 C に沿って右ねじまわりに回したときと同じ向きに貫く電流を + にとり，反対向きであれば − とする。図 5.12 の場合の右辺は $I_1 - I_2 + I_3 - I_4$ となる。

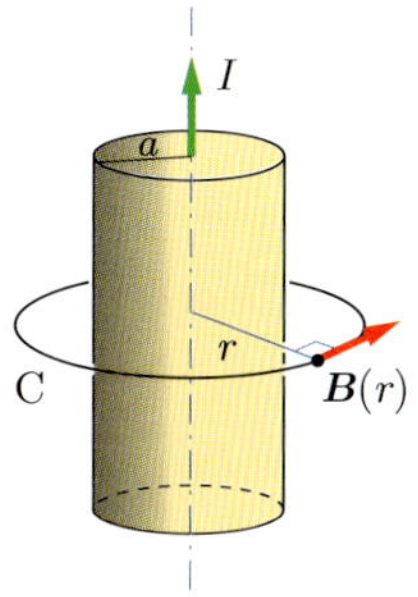

図 5.13 電流が流れている無限に長い円柱導体に生じる磁束密度

[例題 5.3] 半径 a の無限に長い円柱導体に電流 I が一様に流れている。アンペールの法則を用いて，導体内部と外部での磁束密度を求めよ。

[解] 無限に長い円柱導体に流れる電流の対称性から，図 5.13 のように，磁束線は円柱導体の中心軸を中心とする同心円状に分布していることがわかる。

中心軸に原点のある円柱座標をとって，半径 r の同心円 C を閉曲線としてアンペールの法則を適用する。対称性から閉曲線 C の円周上において磁束密度の大きさは同じで，r のみに依存する。したがって，$\boldsymbol{e}_\phi$ を ϕ 方向の単位ベクトルとすると，アンペールの法則の左辺は，円周上の線素ベクトルが $d\boldsymbol{s} = r\,d\phi\,\boldsymbol{e}_\phi$ であるので，

$$\oint_{\mathrm{C}} \boldsymbol{B} \cdot d\boldsymbol{s} = \int_0^{2\pi} B(r)\,\boldsymbol{e}_\phi \cdot (r\,d\phi\,\boldsymbol{e}_\phi) = B(r) r \int_0^{2\pi} d\phi = 2\pi r B(r) \tag{5.27}$$

である。

次に，右辺の閉曲線 C 内を流れる電流は，r と a の大小関係から，

1) $r > a$ のとき：閉曲線 C 内を流れる電流は I なので，式 (5.27) より，

$$2\pi r B(r) = \mu_0 I \tag{5.28}$$

となる。したがって，

$$B(r) = \frac{\mu_0 I}{2\pi r} \tag{5.29}$$

となる。

2) $r < a$ のとき：電流 I は円柱導体内を一様に流れているので，閉曲線 C 内を流れる電流は導体の中心軸に垂直な半径 a と半径 r の断面積の比で表せる。よって，

$$2\pi r B(r) = \mu_0 I \frac{\pi r^2}{\pi a^2} \tag{5.30}$$

となる。したがって，

$$B(r) = \frac{\mu_0 I r}{2\pi a^2} \tag{5.31}$$

となる。

1), 2) の結果より，磁束密度の大きさを r の関数として次頁の図 5.14 に示す。

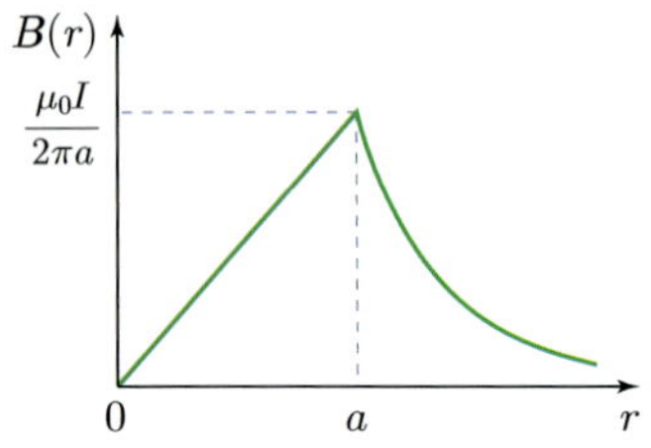

図 5.14　半径 a の無限に長い円柱導体に電流 I が流れることで生じる磁束密度の大きさを r に対してプロットした図

5.6 ベクトルポテンシャル

静電場は保存場なので，式 (1.18) の $\oint_{\mathrm{C}} \boldsymbol{E}(\boldsymbol{r})\, d\boldsymbol{s} = 0$ を満足し，またストークスの定理から $\mathrm{rot}\, \boldsymbol{E} = 0$ であった。さらに $\mathrm{rot}\, \boldsymbol{E} = 0$ であるから，式 (2.30) の $\boldsymbol{E} = -\mathrm{grad}\, V$ を満たすスカラーポテンシャルである電位 V が存在する (力学の保存力とポテンシャルエネルギーの 5.2 節を参照)。これと同様の議論を磁束密度 $\boldsymbol{B}$ に適用してみよう。まず，式 (5.25) の磁束密度のガウスの法則の微分形式は

$$\mathrm{div}\, \boldsymbol{B} = 0 \tag{5.32}$$

である (後述する 8.4 節を参照)。ベクトル量 $\boldsymbol{A}$ で

$$\boldsymbol{B} = \mathrm{rot}\, \boldsymbol{A} \tag{5.33}$$

により $\boldsymbol{B}$ を定義すると，ベクトル公式より $\mathrm{div}\ \mathrm{rot}\, \boldsymbol{A} = 0$ となり，常に式 (5.32) を満たす。$\boldsymbol{A}$ をベクトルポテンシャルとよぶ。また，磁束 Φ はベクトルポテンシャルにより

$$\Phi = \oint_{\mathrm{C}} \boldsymbol{A} \cdot d\boldsymbol{s} \tag{5.34}$$

と表せる。ここで C は磁束 Φ が貫く面 S の周縁の閉曲線である。(5 章の章末問題 2 を参照)

Advanced

電位 (スカラーポテンシャル) には任意性があるため，無限遠を 0 V と定義することで，電位に一意性を付与した。ベクトルポテンシャル $\boldsymbol{A}$ にも任意性がある。f を任意のスカラー関数として

$$\boldsymbol{A}' = \boldsymbol{A} + \mathrm{grad}\, f \tag{5.35}$$

とおいても，ベクトル公式より $\mathrm{rot}\ \mathrm{grad}\, f = 0$ なので式 (5.33) を満足するため，$\boldsymbol{A}'$ もベクトルポテンシャルである。つまり，$\boldsymbol{A}$ には $\mathrm{grad}\, f$ だけ任意性があることになる。$\boldsymbol{A}$ から $\boldsymbol{A}'$ への変換をゲージ変換とよぶ。そこで $\boldsymbol{A}$ に一意性をもたせるために，

$$\mathrm{div}\, \boldsymbol{A} = 0 \tag{5.36}$$

の条件を付加する。この条件をクーロンゲージとよぶ。他にもローレンツゲージ，ランダウゲージとよばれる違った条件の与え方もある。

さて，式 (5.17) のビオ–サバールの法則に

$$\mathrm{grad} \frac{1}{|\boldsymbol{r} - \boldsymbol{r}'|} = -\frac{\boldsymbol{r} - \boldsymbol{r}'}{|\boldsymbol{r} - \boldsymbol{r}'|^3} \tag{5.37}$$

を適用すると

$$\begin{aligned} \boldsymbol{B}(\boldsymbol{r}) &= \frac{\mu_0}{4\pi} \int_{\mathrm{V}} \frac{\boldsymbol{i}(\boldsymbol{r}') \times (\boldsymbol{r} - \boldsymbol{r}')}{|\boldsymbol{r} - \boldsymbol{r}'|^3} dv' \\ &= -\frac{\mu_0}{4\pi} \int_{\mathrm{V}} \boldsymbol{i}(\boldsymbol{r}') \times \mathrm{grad} \frac{1}{|\boldsymbol{r} - \boldsymbol{r}'|} dv' \end{aligned} \tag{5.38}$$

と書き換えることができる。さらに，f をスカラー，$\boldsymbol{C}$ をベクトルとしたときのベクトル公式

$$\mathrm{rot}\,(f\boldsymbol{C}) = \mathrm{grad}\, f \times \boldsymbol{C} + f\, \mathrm{rot}\, \boldsymbol{C} \tag{5.39}$$

を用いると，

$$\boldsymbol{B}(\boldsymbol{r}) = \frac{\mu_0}{4\pi}\int_{\mathrm{V}} \mathrm{rot}\left\{\frac{1}{|\boldsymbol{r}-\boldsymbol{r}'|}\boldsymbol{i}(\boldsymbol{r}')\right\}dv' = \frac{\mu_0}{4\pi}\mathrm{rot}\int_{\mathrm{V}}\left\{\frac{\boldsymbol{i}(\boldsymbol{r}')}{|\boldsymbol{r}-\boldsymbol{r}'|}\right\}dv' \tag{5.40}$$

となる。ただし，grad, rot は $\boldsymbol{r}$ についての演算子であるので $\boldsymbol{r}'$ のベクトル関数は定ベクトルとして扱うことに注意する。よって，式 (5.33) と式 (5.40) を比較すると，ベクトルポテンシャルは

$$\boldsymbol{A}(\boldsymbol{r}) = \frac{\mu_0}{4\pi}\int_{\mathrm{V}}\left\{\frac{\boldsymbol{i}(\boldsymbol{r}')}{|\boldsymbol{r}-\boldsymbol{r}'|}\right\}dv' \tag{5.41}$$

であることがわかる。また，線電流 I に対しては，$\boldsymbol{i}\,dv \to I\,d\boldsymbol{s}$ で置き換えて，

$$\boldsymbol{A}(\boldsymbol{r}) = \frac{\mu_0}{4\pi}\int\frac{I\,d\boldsymbol{s}'}{|\boldsymbol{r}-\boldsymbol{r}'|} \tag{5.42}$$

となる。

以上のように，電場についての $\mathrm{rot}\,\boldsymbol{E}=0$ と $\boldsymbol{E}=-\mathrm{grad}\,V$ の関係は，磁束密度の場合において，$\mathrm{div}\,\boldsymbol{A}=0$ と $\boldsymbol{B}=\mathrm{rot}\,\boldsymbol{A}$ との関係に対応しているとみることができよう。前者の電位 (スカラーポテンシャル) は電荷の分布で決まり，その grad をとることで電場を比較的簡単に導出できる。一方，後者のベクトルポテンシャルは式 (5.41) でわかるように電流の分布で決まり，その rot をとることで磁束密度を比較的簡単に導出できる場合がある。

この章でのポイント

- 磁気の場合にも電気の場合と同様に，2 つの磁荷の間にはたらく力には，クーロンの法則が成り立つ。
- 電場 $\boldsymbol{E}$ と磁束密度 $\boldsymbol{B}$ が存在する空間を速度 $\boldsymbol{v}$ で電荷 q の荷電粒子が運動している場合，荷電粒子にはたらくローレンツ力は，$\boldsymbol{F}=q\boldsymbol{E}+q\boldsymbol{v}\times\boldsymbol{B}$ と表される。
- 電流素片がまわりの空間に作る磁束密度は，ビオ–サバールの法則によって表される。
- 電気の場合と同様，磁気の場合にもガウスの法則が成り立つ。
- 磁束密度を閉曲線上で周回積分した値は，閉曲線を貫く電流の総和を I とすると，$\mu_0 I$ に等しい。これをアンペールの法則という。
- 電気の場合，電場 $\boldsymbol{E}=-\mathrm{grad}\,V$ を満たすスカラーポテンシャル V が存在するのに対し，磁気の場合，磁束密度 $\boldsymbol{B}$ をベクトル $\boldsymbol{A}$ を用いて $\boldsymbol{B}=\mathrm{rot}\,\boldsymbol{A}$ で定義できる。この $\boldsymbol{A}$ のことをベクトルポテンシャルという。

第 5 章　章末問題

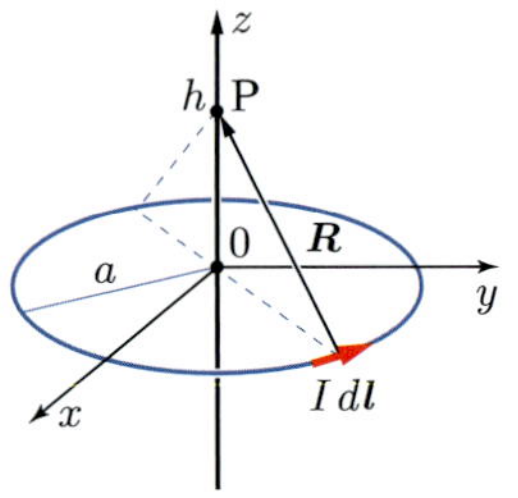

図 5.15　電流が流れる円形コイルの中心軸上に生じる磁束密度

1. 図 5.15 のように，原点を中心とする半径 a の円形コイルに電流 I を流したとき，z 軸上の磁束密度を求めよ。

2. 磁束密度が $\boldsymbol{B}$ である磁場中で，面 S を貫く磁束 Φ はベクトルポテンシャル $\boldsymbol{A}$ により

$$\Phi = \oint_{\mathrm{C}} \boldsymbol{A} \cdot d\boldsymbol{s} \tag{5.43}$$

と表せることを示せ。ただし，C は面 S の周縁の閉曲線である。

3. 図 5.16 のように，無限に広い平面上に一様な表面電流が流れている。表面電流密度 (電流の流れる方向に対して垂直に単位長さ当たりを流れる電流) が $\boldsymbol{K}$ であるとき，平面の上側と下側に生じる磁束密度をアンペールの法則を用いて求めよ。

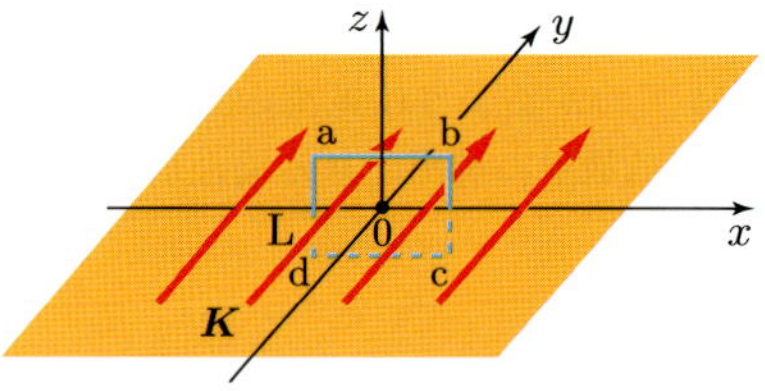

図 5.16　無限に広い平面上を一様に流れる表面電流によって生じる磁束密度

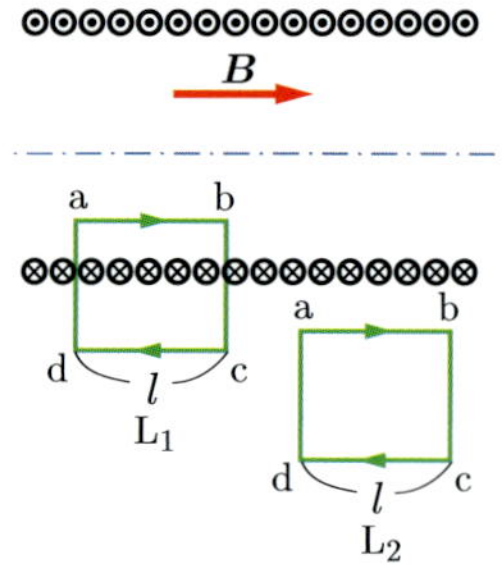

図 5.17　無限長ソレノイドを流れる電流により生じる磁束密度

4. 導線をらせん状に密に巻いたコイルをソレノイドとよぶ。図 5.17 のように，ソレノイドコイルの半径よりも十分に長い円筒状ソレノイド (無限長ソレノイド) に電流 I を流したときに生じる磁束密度を求めよ。ただし，ソレノイドの単位長さ方向当たりのコイルの巻き数を n とする。

5. xy 平面内の，原点を中心とする一辺の長さが $2a$ の正方形コイルに電流 I が流れている (図 5.18)。座標 $(0, 0, z)$ の位置での磁束密度を求めよ。ただし，電流は右ネジの方向が z 軸の正方向である向きに流れているとする。

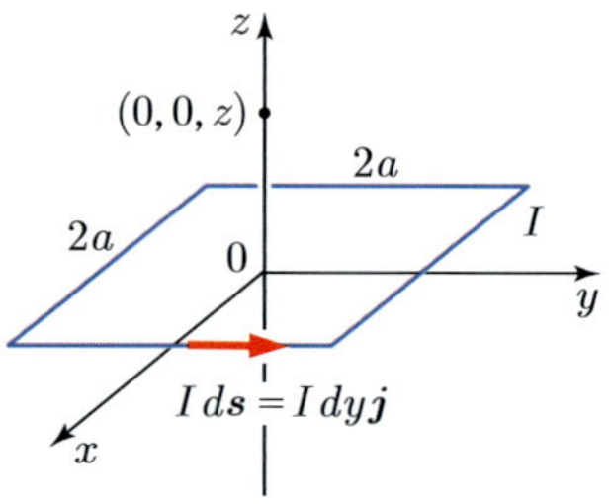

図 5.18　電流が流れる正方形コイルの中心軸上で原点から z 離れた点に生じる磁束密度

6

磁性体

本章では，磁性体にはどのような種類があるのか，どのようにして磁性が発現するのかを理解し，磁性体があるときのアンペールの法則について学ぶ。また，異なる磁性体が接する界面での磁束線の屈折の法則について学ぶ。

6.1 磁　　化

磁石に鉄片を近づけると，引力がはたらいて鉄片を吸いつけようとする。これは磁石から出た磁束密度に鉄片がさらされることで，鉄片がまるで磁石のように磁気的な性質を帯びたために，磁石と鉄片の間に引力が生じたからである。磁気的な性質を帯びることを鉄片が磁化したという。磁化の程度は物質によって大きく異なるが，物質の磁気的性質に着目したとき，その物質を磁性体とよぶ。物質は原子から構成されている。原子では原子核のまわりを複数の軌道電子が回っているため，軌道電子は軌道角運動量をもつ。また，相対論的量子力学より，電子は内部自由度であるスピンを有していて，このスピンはスピン角運動量をもつ。量子力学によれば，軌道電子のもつ軌道角運動量とスピン角運動量の和によって原子のもつ全角運動量が決まる。原子はこの全角運動量に比例して磁気モーメント (磁気双極子モーメントの略称) をもつ。なお，原子核も磁気モーメント (核磁気モーメント) をもつが，電子のもつ磁気モーメントに比べて 10^{-3} 程度小さいので，以下の議論では無視できる。

注意! 臓器の状態を観察する X 線 CT スキャン (X 線断層撮影) に比べて，はるかに非侵襲性 (生体を傷つけない) な観察手法である MRI (核磁気共鳴画像法) 装置が医療機関で利用されている。これは生体中の生体高分子や水分子を構成する水素の原子核である陽子 (プロトン) の核磁気モーメントが特定の周波数をもつ電磁波エネルギーを吸収することを利用している。

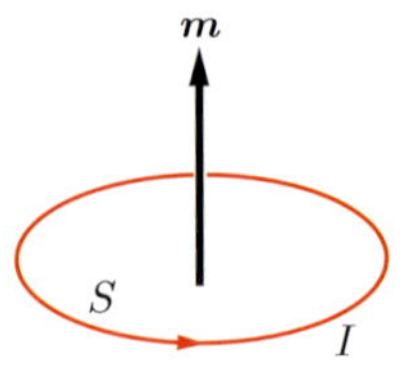

図 6.1　磁気モーメントと微小電流ループ

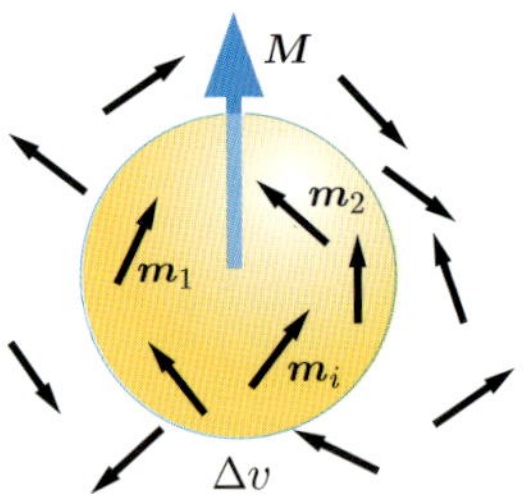

図 6.2　磁化ベクトルと磁気モーメント

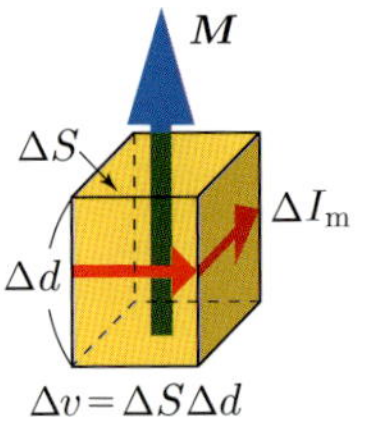

図 6.3　微小な直方体表面の磁化電流

例題 5.1 で述べたように，磁束密度中で，電流の流れる長方形コイルにはたらくトルクが，磁束密度中で磁気双極子モーメント $\boldsymbol{m}$ にはたらくトルクと同じため，$\boldsymbol{m} = I\boldsymbol{S}$ をコイルのもつ磁気モーメントとよんだ。実際，詳しい計算を行うと，磁気モーメント $\boldsymbol{m}$ により生じる磁束密度の周囲のようすは，$\boldsymbol{m} = I\boldsymbol{S}$ を満足する微小電流ループ $I\boldsymbol{S}$ によって生じるようすと同じであることが確かめられている。このため，磁気的な現象を説明する際，原子の形成する磁気モーメントを微小電流ループに置き換えて解析することがよくある。その直観的イメージを図 6.1 に示す。

磁性体の磁化の程度を表す物理量として磁化ベクトル $\boldsymbol{M}$ を導入する。図 6.2 のように，磁性体の微小体積 Δv 中に含まれる磁気モーメントを $\boldsymbol{m}_i$ とすると，磁化ベクトル $\boldsymbol{M}$ は単位体積中に含まれる $\boldsymbol{m}_i$ のベクトル和であると定義する。つまり，

$$\boldsymbol{M} = \frac{\sum_i \boldsymbol{m}_i}{\Delta v} \tag{6.1}$$

と表される。磁化ベクトルの単位は [A/m] である。この式から，磁気モーメント $\boldsymbol{m}_i$ の方向がなるべくそろったほうが大きな磁化ベクトルをもつことがわかる。

電場中での誘電体の巨視的な物理量である分極 $\boldsymbol{P}$ は，取り出すことのできない分極電荷を仮想することで説明したように，磁束密度中での磁性体の巨視的な物理量である磁化ベクトルを，実際に電流が流れているわけではない磁化電流を仮想して説明する。工学的な電気電子材料として設計に用いる場合にも磁化電流は有用であるために，現在でもよく用いられる。図 6.3 に示すように，均質な磁性体中に体積 Δv をもつ微小な直方体 (高さ Δd，底面 ΔS) を考える。簡単化のため，磁化ベクトル $\boldsymbol{M}$ は底面 ΔS に対して法線方向を向いているとする。Δv がもつ磁気モーメントは，式 (6.1) より，

$$\sum_i \boldsymbol{m}_i = \boldsymbol{M}\Delta v = \boldsymbol{n}M\Delta S\Delta d \tag{6.2}$$

である。ここで $\boldsymbol{n}$ は底面 ΔS の法線ベクトルである。ところで，第 5 章の磁束密度において，電流 I が流れるコイルの面積が S のとき，磁気モーメント $\boldsymbol{m}$ は式 (5.12) より $\boldsymbol{m} = IS\boldsymbol{n}$ と定義した。このことより，微小体積の側面を右ねじの法則に従った向きに微小電流 ΔI_{m} が循環することで磁化ベクトル $\boldsymbol{M}$ が生じていると考えるなら，

$$\sum_i \boldsymbol{m}_i = \boldsymbol{n}\Delta I_{\mathrm{m}}\Delta S \tag{6.3}$$

とおける。したがって，式 (6.2), (6.3) より，

$$\Delta I_{\mathrm{m}} = M\Delta d \tag{6.4}$$

が得られる。ΔI_{m} を磁化電流という。また，側面の単位長さ当たりを流れる磁化電流密度 i_{m} は，

$$i_{\mathrm{m}} = \frac{\Delta I_{\mathrm{m}}}{\Delta d} = M \tag{6.5}$$

となり，磁化ベクトル $\boldsymbol{M}$ の大きさと等しいことがわかる。均質な磁性体であれば磁化ベクトル $\boldsymbol{M}$ は内部のいずれの点でも同じであると考えられる。すると，図 6.4 のように，磁性体中の微小体積の側面でループ状に磁化電流が流れており，隣り合う磁化電流は相殺し，最終的に磁性体の表面のみに磁化ベクトル $\boldsymbol{M}$ を取り巻くように磁化電流が流れていると考えることができる。

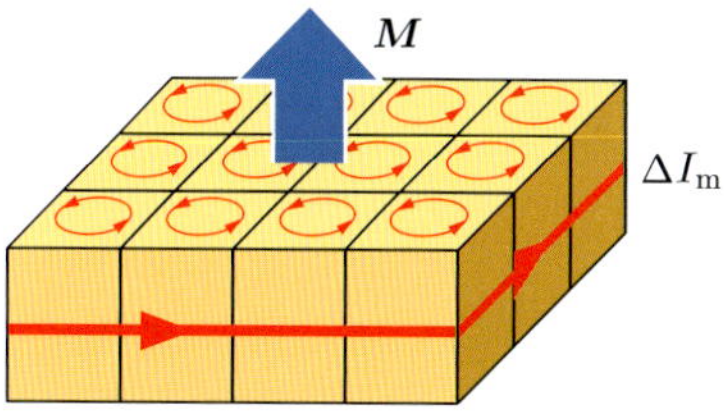

図 6.4　磁性体の磁化ベクトルと磁化電流

6.2 磁　　場

図 6.5 のように，電流 I を流している十分に長い単位長さ当たり n 巻のソレノイドコイルの内部を均質な磁性体で満たす。電流によりソレノイド内部には中心軸方向に磁束密度 $\boldsymbol{B}$ があるために，磁性体は $\boldsymbol{M}$ で磁化されているとする。磁化ベクトルが中心軸方向を向いているので，磁化電流は磁性体の側面上を環状に流れていると考えてよい。

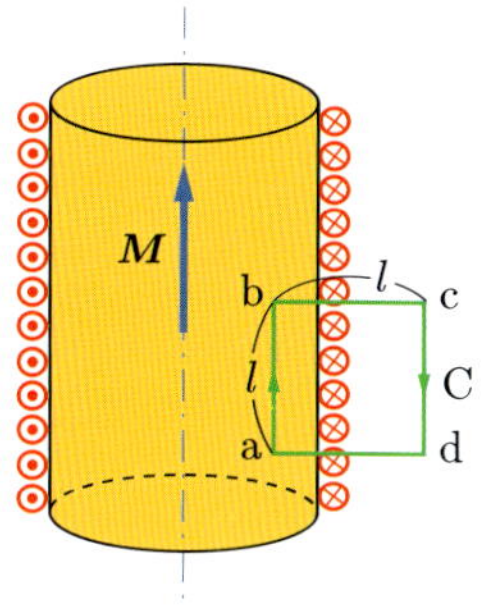

図 6.5　磁性体で満たしたソレノイドコイルの断面

ここで図 6.5 のように，1 辺が l の正方形をした閉路 C について，式 (5.26) のアンペールの法則を適用する。C 内を貫く電流はソレノイドコイルの電流 nlI と磁化電流 $i_{\mathrm{m}}l$ なので，

$$\oint_{\mathrm{C}} \boldsymbol{B} \cdot d\boldsymbol{s} = \mu_0 \left(nlI + i_{\mathrm{m}} l \right) = \mu_0 \left(nlI + Ml \right) \tag{6.6}$$

となる。ところで，C 上での磁化ベクトル $\boldsymbol{M}$ の周回積分は，

$$\oint_{\mathrm{C}} \boldsymbol{M} \cdot d\boldsymbol{s} = \int_{\mathrm{ab}} \boldsymbol{M} \cdot d\boldsymbol{s} + \int_{\mathrm{bc}} \boldsymbol{M} \cdot d\boldsymbol{s} + \int_{\mathrm{cd}} \boldsymbol{M} \cdot d\boldsymbol{s} + \int_{\mathrm{da}} \boldsymbol{M} \cdot d\boldsymbol{s} \tag{6.7}$$

である。右辺第 2 項，4 項では線素ベクトル $d\boldsymbol{s}$ は $\boldsymbol{M}$ に対して垂直なのでゼロとなる。また，磁性体の外側には磁化ベクトルはないので，第 3 項はゼロである。したがって，

$$\oint_{\mathrm{C}} \boldsymbol{M} \cdot d\boldsymbol{s} = \int_{\mathrm{ab}} \boldsymbol{M} \cdot d\boldsymbol{s} = Ml \tag{6.8}$$

となる。式 (6.6), (6.8) より，

$$\oint_{\mathrm{C}} \left(\boldsymbol{B} - \mu_0 \boldsymbol{M} \right) \cdot d\boldsymbol{s} = \mu_0 nlI \tag{6.9}$$

となる。ここであらたに磁場 $\boldsymbol{H}$ を次式のように定義する。

$$\boldsymbol{H} = \frac{\boldsymbol{B}}{\mu_0} - \boldsymbol{M} \tag{6.10}$$

これを式 (6.9) に代入すると，

$$\oint_{\mathrm{C}} \boldsymbol{H} \cdot d\boldsymbol{s} = nlI \tag{6.11}$$

となる。この式は磁場 $\boldsymbol{H}$ を用いて表したアンペールの法則である。式 (5.26) で示される磁束密度 $\boldsymbol{B}$ で表したアンペールの法則では，磁性体が存在すると，電荷の移動にともなう電流に加えて，磁化電流も考慮しな

くてはいけないため，複雑になる場合がある。したがって，一般に，アンペールの法則は磁場 $\boldsymbol{H}$ での周回積分を適用するほうが簡単であることを記憶しておいたほうがよい。

6.3 磁性体の種類

通常の磁性体では磁化ベクトル $\boldsymbol{M}$ の大きさは磁場 $\boldsymbol{H}$ の強さに比例しており，

$$\boldsymbol{M} = \chi_{\mathrm{m}}\boldsymbol{H} \tag{6.12}$$

と表す。ここで比例定数 χ_{m} は磁化率または磁気感受率とよばれる。式 (6.10) に代入すると，

$$\boldsymbol{B} = \mu_0(\boldsymbol{H} + \boldsymbol{M}) = \mu_0(1 + \chi_{\mathrm{m}})\boldsymbol{H} \tag{6.13}$$

となる。よって，

$$\boldsymbol{B} = \mu\boldsymbol{H} \tag{6.14}$$

の関係になる。比例定数 μ は磁性体のもつ透磁率で，

$$\mu = \mu_{\mathrm{r}}\mu_0 \tag{6.15}$$

$$\mu_{\mathrm{r}} = 1 + \chi_{\mathrm{m}} \tag{6.16}$$

と表す。μ_{r} は比透磁率とよぶ。

表 6.1 物質の磁化率

	物 質	室温での磁化率 χ_{m}
常磁性体	酸 素	1.8×10^{-4}
	空 気	3.6×10^{-7}
	アルミニウム	2.1×10^{-5}
	白 金	2.6×10^{-4}
反磁性体	水 素	-2.2×10^{-9}
	水	-9.0×10^{-6}
	銅	-9.4×10^{-6}

式 (5.14), (5.15) の関係式における比例定数 μ_{r}，または χ_{m} で磁性体を分類すると，

常磁性体：$\mu_{\mathrm{r}} > 1 \quad (\chi_{\mathrm{m}} > 0)$

反磁性体：$\mu_{\mathrm{r}} < 1 \quad (\chi_{\mathrm{m}} < 0)$

である。いずれの磁性体も χ_{m} は 1 に比べてけた違いに小さく，実用上の観点からは非磁性体として取り扱われる。常磁性体を構成する原子は周囲の温度に対応して熱振動を行っている。このため，各原子のもつ磁気モーメントはランダムな方向を向くために，式 (6.1) より磁化ベクトル $\boldsymbol{M}$ はほぼゼロとなる。しかし，これに外部磁場が加わると各磁気モーメントは外部磁場の方向にそろうようになるため，式 (6.12) に示すように外部磁場に比例して磁化ベクトルが大きくなる。この磁気モーメントがそろおうとする程度は絶対温度 T に反比例し，磁化率 χ_{m} は，

$$\chi_{\mathrm{m}} = \frac{C}{T} \tag{6.17}$$

となる。これをキュリー (P. Curie) の法則とよぶ。C はキュリー定数とよばれて，各原子のもつ磁気モーメントに関係している。常磁性体のなかには χ_{m} が温度に依存しない物質もある。この性質をパウリ (W.E. Pauli) 常磁性とよぶ。一方，反磁性体を構成する原子や分子のもつ軌道電子の磁気モーメントとスピンによる磁気モーメントの合計はゼロである。これに外部磁場を加えると，原子核のまわりを回る軌道電子の周回軌道に，ローレンツ力による磁場方向を軸とした回転運動 (ラーモア (J. Larmor)

回転) が付加される。この回転にともなう電流は電磁誘導の法則 (第 7 章の電磁誘導で述べる) によって，外部磁場を打ち消す方向に流れる。つまり，外部磁場により誘起された軌道電子による磁気モーメントは外部磁場と反対方向を向く。このため磁化率が負の値を示す。なお，金属でみられる伝導電子に起因したランダウ (L. Landau) 反磁性もある。

次に，実用上，磁性体材料として利用される強磁性体について述べる。この物質を構成する原子は大きなスピンによる磁気モーメントをもっており，隣り合う原子のもつ磁気モーメントの間に，同じ方向を向こうとする強い相互作用がはたらく。このため，外部磁場を加えなくても大きな磁化ベクトルを生じる。また，このときの磁化を自発磁化とよぶ。この物質を構成する各原子の熱運動と磁気モーメントをそろえようとはたらく相互作用とは競合するため，絶対温度 T がその物質のもつ特定の温度 T_c (キュリー温度とよばれる) を超えると，自発磁化は消失して，常磁性を示す。$T > T_\mathrm{c}$ での磁化率は

$$\chi_\mathrm{m} = \frac{C}{T - T_\mathrm{c}} \tag{6.18}$$

の温度依存性を示す。これをキュリー–ワイス (P. Weiss) の法則とよぶ。一方，$T < T_\mathrm{c}$ の強磁性状態では，式 (6.12) 中の χ_m は 1 よりもけた違いに大きくなるとともに定数ではなくなり，印加する磁場と磁場の履歴に大きく依存する。磁化されていない強磁性体に外部磁場を加えたときの磁化ベクトル $\boldsymbol{M}$ の大きさを図 6.6 に示す。これを磁化曲線とよぶ。外部磁場を大きくしていくと，$\boldsymbol{M}$ は増大していくが，やがて飽和する (図中 0→a→b→c)。c のときの $\boldsymbol{M}$ を飽和磁化 $\boldsymbol{M}_\mathrm{s}$ とよぶ。続けて，外部磁場を減少させていくと $\boldsymbol{M}$ は同じ値をとらずに減少していくが，外部磁場をゼロにしても，磁化はゼロにならない (c→d)。d での磁化を残留磁化 $\boldsymbol{M}_\mathrm{r}$ とよぶ。さらに外部磁場を反対向きに増大していくと磁化がゼロになる (d→e)。e での外部磁場 $-\boldsymbol{H}_\mathrm{c}$ を保磁力とよぶ。さらに外部磁場を反対向きに増大していくと，反対向きに磁化し，外部磁場の増大とともに磁化は大きくなるが，やがて磁化は飽和する (e→f)。次に，外部磁場を減少させてゼロにすると磁化は同じ値をとらずに減少して，残留磁化を示す (f→g)。続けて初めの向きに外部磁場を増大させていくと，最初の飽和磁化 $\boldsymbol{M}_\mathrm{s}$ に戻る (g→h→c)。図中の 0→a→b→c を初期磁化曲線，c→d→e→f→g→h→c の曲線をヒステリシス曲線 (履歴曲線) とよぶ。$\boldsymbol{M}$ は $\boldsymbol{H}$ の 1 価関数でない。どのような磁場が加えられてきたかの履歴がわかれば $\boldsymbol{H}$ に対する $\boldsymbol{M}$ がわかる。

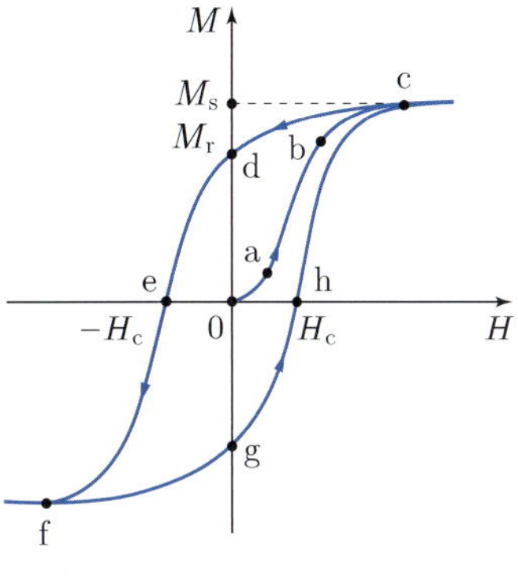

図 6.6 履歴曲線

6.4 磁性体の境界面における条件

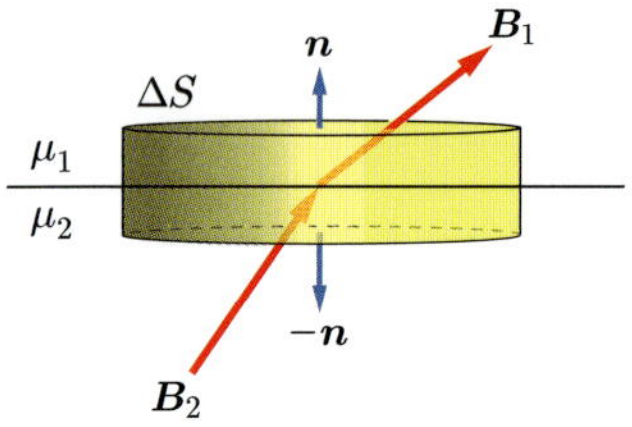

図 6.7 磁性体の境界面における磁束密度

3.6 節の誘電体の境界面における条件を導出したのと同様にして，図 6.7 の異なる透磁率 μ_1, μ_2 をもつ 2 つの磁性体 1, 2 が接している境界面において，磁場と磁束密度がどのようになるかを考える。境界面をはさみ，境界面と平行な底面 (底面積 ΔS) をもつ円筒閉曲面について，式 (5.25) の磁束密度に関するガウスの法則を適用する。

ここで磁性体 1, 2 での磁束密度をそれぞれ $\boldsymbol{B}_1$, $\boldsymbol{B}_2$ とする。円筒の高さは十分に小さく，側面における面積分は無視できるとすると

$$\int_{\mathrm{S}} \boldsymbol{B}(\boldsymbol{r}) \cdot d\boldsymbol{S} = (\boldsymbol{B}_1 \cdot \boldsymbol{n} - \boldsymbol{B}_2 \cdot \boldsymbol{n})\Delta S = (\boldsymbol{B}_1 - \boldsymbol{B}_2) \cdot \boldsymbol{n}\Delta S = 0 \tag{6.19}$$

なので

$$\boldsymbol{B}_1 \cdot \boldsymbol{n} = \boldsymbol{B}_2 \cdot \boldsymbol{n} \tag{6.20}$$

である。すなわち，境界面に対する磁束密度の法線成分は連続 (等しい) である。

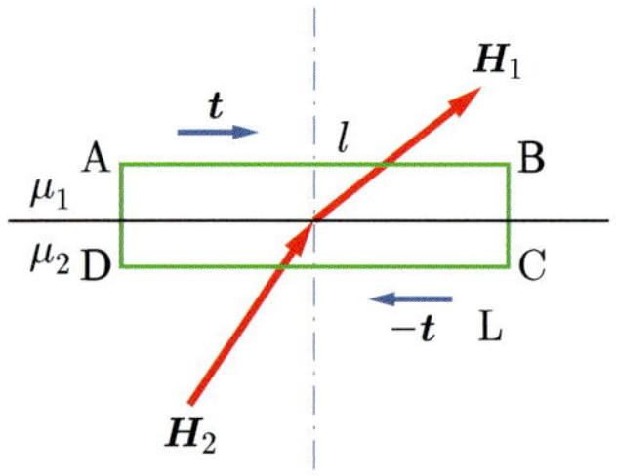

図 6.8 磁性体の境界面における磁場

次に，図 6.8 のように，境界面をはさみ，境界面に対して長さ l の長辺 AB が平行である細長い長方形 ABCD を閉経路 L として，磁場で表したアンペールの法則である式 (6.11) を適用する。

磁性体 1, 2 での磁場をそれぞれ $\boldsymbol{H}_1$, $\boldsymbol{H}_2$ とする。短辺は十分に短く，短辺 BC と DA についての線積分は無視できるとすると

$$\oint_{\mathrm{L}} \boldsymbol{H}(\boldsymbol{r}) \cdot d\boldsymbol{s} = (\boldsymbol{H}_1 - \boldsymbol{H}_2) \cdot \boldsymbol{t}l = I_{\mathrm{c}} \tag{6.21}$$

となる。$\boldsymbol{t}$ は経路 AB 方向の単位ベクトルである。また，右辺の I_{c} は閉経路 L を貫く電流である。境界面に電流が流れていなければ $I_{\mathrm{c}} = 0$ なので，上式より

$$\boldsymbol{H}_1 \cdot \boldsymbol{t} = \boldsymbol{H}_2 \cdot \boldsymbol{t} \tag{6.22}$$

となる。すなわち，境界面に対する磁場の接線成分は連続 (等しい) である。

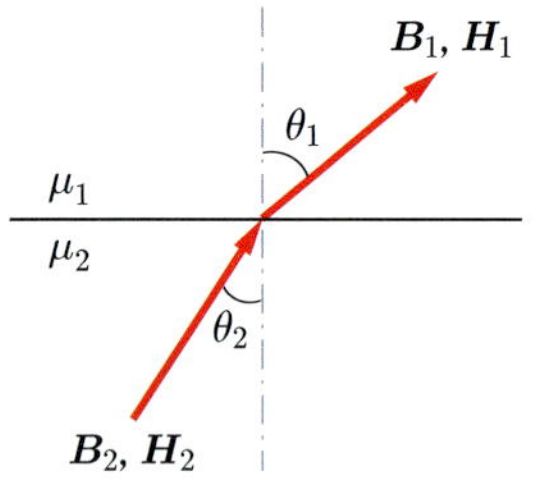

図 6.9 磁性体の境界面における磁束線の屈折の法則

図 6.9 のように，$\boldsymbol{B}$ と $\boldsymbol{H}$ は方向が一致するので，$\boldsymbol{B}_1$, $\boldsymbol{H}_1$ の境界面に対する法線とのなす角を θ_1 とし，$\boldsymbol{B}_2$, $\boldsymbol{H}_2$ の境界面に対する法線とのなす角を θ_2 とする。式 (6.20), (6.22)，および式 (6.14) の $\boldsymbol{B} = \mu\boldsymbol{H}$ より，

$$\frac{\tan\theta_1}{\tan\theta_2} = \frac{\mu_1}{\mu_2} \tag{6.23}$$

の関係式が得られる。これは境界面で磁束線や磁力線の屈折を表しており，磁束線の屈折の法則とよぶ。$\mu_1 \gg \mu_2$ のとき $\theta_1 \cong 90^\circ$ なので，磁性体 1 の内部に磁束線が侵入しにくくなる。これを応用して，透磁率の大きな強磁性体で容器を作れば，その内部への外部磁場の侵入をかなり低減できる。これを磁気遮蔽とよぶ。

〈研究：磁性体集積メモリ〉

磁性体は膨大な情報を半永久的に保存することのできる優れた材料として，ハードディスク等の情報記録分野で大活躍している。磁性体での情報は，磁気モーメントの向きとして記録されている。磁気記録に用いられる材料では，ある特定の 2 方向に対して磁気モーメントの向きを安定に維持できるため，各々を“0”と“1”に対応させたデジタル情報の記録に適している。また，図 6.10 に示すように微小な磁性体の積層構造を作ると，磁気モーメントの方向によって電気抵抗が大きく変化することが最近の研究で明らかになっている。この現象は，電流として流れる電子がスピンとよばれる磁気モーメントをもつことによるものであり，磁性体機能のエレクトロニクス分野への導入を可能にする新奇な物理現象として注目されている。情報の書込みは，ミクロンサイズの導体線に電流パルスを流し，その作る磁界によって磁気モーメントの向きを変化させることによって行われる。これは，コンパスの磁針が地磁気にそって北を向く性質と基本的には同じである。ただし，情報書込みの際の磁気モーメントの方向変化は，10 億分の 1 秒 (1 ナノ秒) という速さで行われる。また，電流を磁性体自体に直接流すことにより磁気モーメントの向きを変化させる省エネルギー形の情報記録方式なども開発されつつある。これらの原理をうまく活用して半導体デバイスのような集積回路を構成すると，磁性体の磁気的性質と電気的性質を融合した画期的な情報記録デバイスを実現することができる。図 6.11 は，このような新しい情報デバイスの研究開発を推進している九州大学伊都キャンパスの研究設備の一部である。磁性体薄膜を作製する装置や，これを微細加工する装置等が設備されている。最先端デバイス中の機能部分は非常に微細であるため，その作製はクリーンルームとよばれる清浄空間中で行われる。

(九州大学システム情報科学研究院情報エレクトロニクス部門 松山公秀教授)

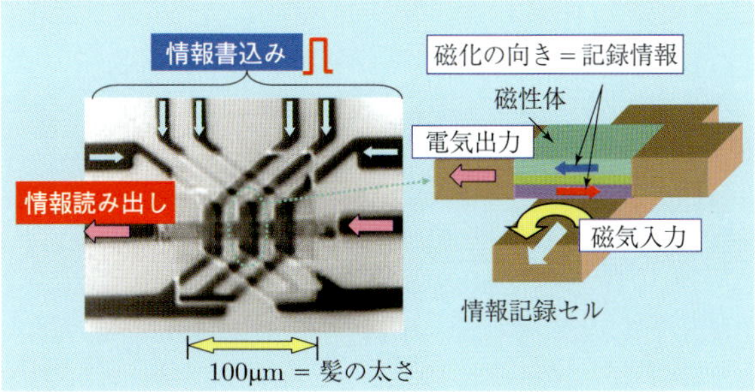

図 6.10 磁性体とエレクトロニクスを融合した新しい情報記録デバイス。微小電力により超高速の情報記録が可能となるため，次世代のモバイル情報機器などへの応用が期待されている。

図 6.11 九州大学伊都キャンパス内の最先端デバイス作製設備。次世代の情報デバイス開発に向けて，原子オーダーでの物質の構造制御や，1 ミクロンサイズ以下の微細加工が行われている。

この章でのポイント

- 磁性体に外部から磁場を印加すると原子がもつ磁気モーメントの方向が変わり磁化が発生する。磁気モーメントが磁場と同じ方向にそろおうとするものを常磁性，逆方向にそろおうとするものを反磁性という。
- 常磁性体の磁化率は，温度の逆数に比例する。これをキュリーの法則という。
- 磁気モーメントが相互作用により一方向にそろったものを強磁性体という。外部磁場を加えなくても磁化ベクトルをもつことを自発磁化とよぶ。このような材料は，磁石として用いられる。
- 磁性体の境界面では，磁束密度の法線成分が等しく，磁場の接線成分が等しい。また，磁束線の屈折の法則が成り立つ。

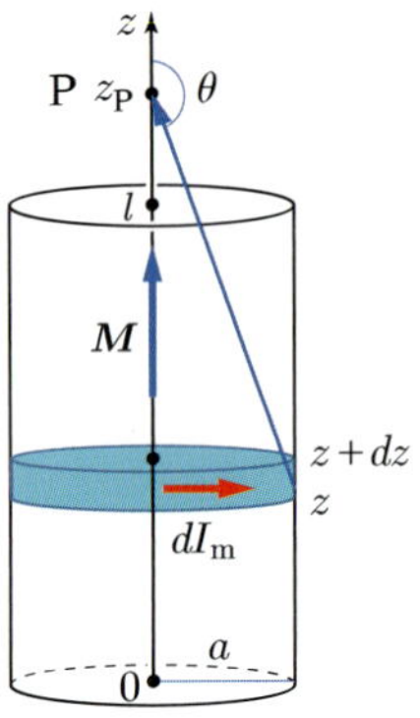

図 6.12　一様に磁化された円筒状の磁性体

第 6 章　章末問題

1. 図 6.12 のように，半径 a，長さ l の円柱状の磁性体が中心軸方向に強さ $\boldsymbol{M}$ で一様に磁化されている。このときの中心軸上の点 P における磁束密度および磁場の強さを求めよ。

2. リング状の磁性体にコイルを巻いたものをトロイドとよぶ。図 6.13 のように，透磁率が μ の磁性体からなる半径が r，断面積が S で，電線を N 回巻いたトロイドに，長さが δ の短いギャップがある。電線に電流 I を流したときにギャップに生じる磁場の強さを求めよ。ただし，ギャップ部分から外部への磁束の漏れは小さいとして無視する。

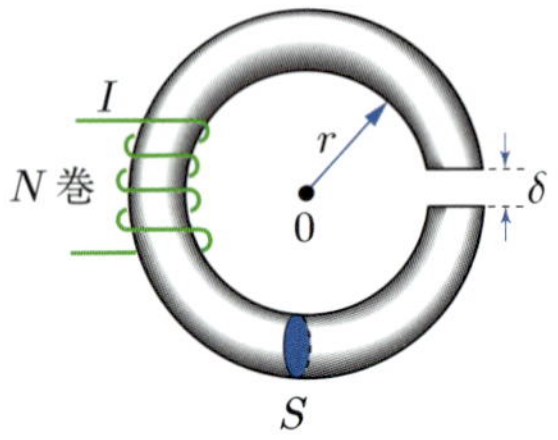

図 6.13　ギャップをもつトロイド

7

電磁誘導

本章では，時間変化する磁場が作り出す電場について学び，自己誘導，相互誘導，磁気エネルギーについて理解する。

7.1 ファラデーの電磁誘導の法則

前章で，電流がそのまわりに磁場を作ることをみてきた。ファラデー (M. Faraday) は，その逆，すなわち磁場が電流を作るのではないかと考え，図 7.1 のような装置を用いて実験を行った。

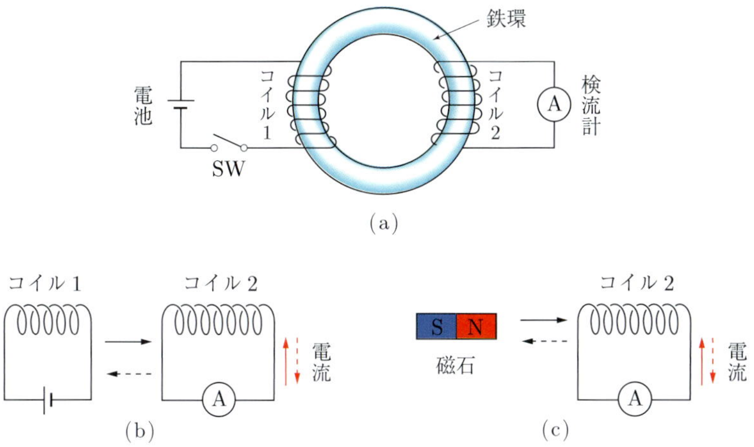

図 7.1 (a) 鉄環に巻いたコイル 1 のスイッチを入れたり切ったりして検流計の振れを観測した。(b) コイル 1 に電流を流しておき，コイル 2 に近づけたり遠ざけたりして検流計の振れを観測した。(c) 永久磁石をコイルに近づけたり遠ざけたしりして検流計の振れを観測した。

この 3 つの実験からわかったことは，次のとおりである。

1. (a) の装置で，スイッチが ON の状態でコイル 1 に定常電流が流れているときは，コイル 2 に電流は流れなかった。しかし，スイッチを入れた瞬間と切った瞬間だけコイル 2 に電流が流れ，その電流の向きはスイッチを入れたときと切ったときとでは逆であった。
2. (b) の装置で，コイル 1 を近づけるときと遠ざけるときにコイル 2 に電流が流れ，電流の向きは近づけるときと遠ざけるときとでは逆であった。

3. (c) の装置で，(b) と同様に，磁石を近づけるときと遠ざけるときにコイルに電流が流れ，電流の向きは近づけるときと遠ざけるときとでは逆であった。

これらの 3 つの実験結果は，次のように 1 つにまとめられる。

コイルを貫く磁束が時間変化するときに，コイルに起電力が発生する。

この現象は，また，ヘンリー (J. Henry) によってほぼ同時期に独立に発見されたが，ファラデーのほうがヘンリーより先に発表したため，“ファラデーの電磁誘導の法則” とよばれている。発生する起電力を誘導起電力といい，コイルに流れる電流を誘導電流という。

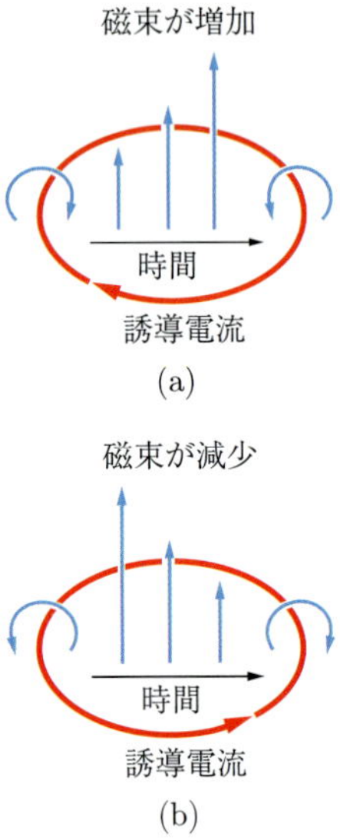

図 7.2 (a) コイルを上向きに貫く磁束が増加するとき。(b) コイルを上向きに貫く磁束が減少するとき。

誘導起電力の向きは，誘導電流の作る磁場が磁束の変化を妨げる方向である。これを，レンツ (H. Lenz) の法則という。これは図 7.2 のように表される。(a) コイルを上向きに貫く磁束が増加するときには，誘導電流が時計回り，すなわち磁束の増加を妨げる磁束を作るような方向の電流が流れる。(b) コイルを上向きに貫く磁束が減少するときには，(a) とは逆方向の電流が流れる。

このファラデーの実験結果を数学的に表現したのはノイマン (F.E. Neumann) である。彼は，電磁誘導によりコイルに発生する起電力 V_i を次のように表した。

$$V_i = -\frac{d\Phi}{dt} \tag{7.1}$$

通常は，これをファラデーの電磁誘導の法則という。ここで，Φ は磁束を表し，負号はレンツの法則により磁束の変化を妨げる方向に誘導起電力が生じることを表している。式 (7.1) の右辺の比例係数は，国際単位系 (SI) では 1 となる。

電磁誘導現象は工学的に多くの応用がある。たとえば，大きなものでは，発電所で作る電気がある。発電機は，水力や火力により磁場の中でコイルを回転させることで，コイルを貫く磁束の大きさを変化させて電力を発生している。小さなものでは，マイクロフォンがある。これは，永久磁石で作られた磁場の中に設置されたコイルが音圧により振動し，コイルを貫く磁束が変化し，音が電気に変換される。このように，私たちは日常生活で電磁誘導現象をよく利用している。

電磁誘導の法則は，静止した磁束中をコイルが運動する場合にも，静止したコイルを貫く磁束が変化する場合にも，どちらの場合にでも成り立つ。次に，この 2 つの場合について考察してみよう。

7.1.1　静止した磁束中をコイルが運動する場合

この場合の例として，図 7.3(a) のように，鉛直上向きの一様な磁場中に，間隔 l の平行なレールを設置し，その上に導体棒をレールと垂直に渡して速度 $\boldsymbol{v}$ で右に動かす場合を考える。回路の面積は，時間間隔 dt の間に

$$dS = lv\,dt \tag{7.2}$$

ずつ増加している。このとき回路を貫く磁束は，

$$d\Phi = B\,dS = Blv\,dt \tag{7.3}$$

ずつ増加している。したがって誘導起電力は，

$$V_i = -\frac{d\Phi}{dt} = -vBl \tag{7.4}$$

のようになる。誘導起電力の向きはレンツの法則から，磁束の増加を妨げる向き，すなわち上から見て時計回りに電流が流れる方向である。

この誘導起電力の式 (7.4) は，ローレンツ力 (5.2 節参照) によっても求めることができる。図 7.3(a) で運動しているのは導体棒の部分だけであるので，図 7.3(b) のように，その部分を回路の他の部分から孤立させてみよう。導体棒の中の伝導電子は磁場からローレンツ力

$$\boldsymbol{F} = -e\boldsymbol{v}\times\boldsymbol{B} \tag{7.5}$$

の力を受ける。ここで $-e$ は電子の電荷である。式 (7.5) の 3 つのベクトルは互いに垂直であるので，

$$F = -evB \tag{7.6}$$

である。伝導電子にローレンツ力がはたらいた結果，点 P の電位は点 Q の電位より高くなり，P から Q への方向の電場 $\boldsymbol{E}$ が生じる。この電場 $\boldsymbol{E}$ からの力がローレンツ力と同じになるまで，伝導電子の移動が続く。すなわち，$-e\boldsymbol{E} - e\boldsymbol{v}\times\boldsymbol{B} = \boldsymbol{0}$ より $E = vB$ が得られ，電位差 V_i は次のように与えられる。

$$V_i = \int_0^l (-vB)\,dy = -vBl \tag{7.7}$$

これは式 (7.4) と一致している。

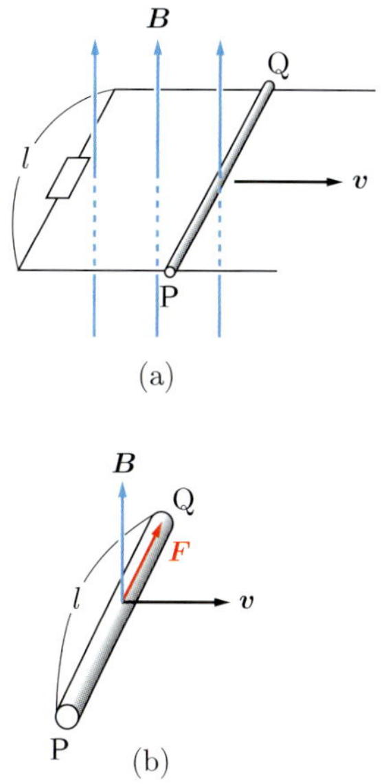

図 7.3 (a) 一様な磁場中で導体棒 PQ がレールの上を移動する場合。(b) 速度 $\boldsymbol{v}$ で移動する導体棒を抜き出して描いた図

7.1.2 静止したコイルを貫く磁束が変化する場合

図 7.1 の導線に電流が流れたのは，空間に電場 $\boldsymbol{E}$ が発生して，そこに導線があったため電荷を動かしたと考えられる。この電場 $\boldsymbol{E}$ は，導線がなくても空間に発生する。これを誘導電場とよぶ。いま，図 7.4 のように閉曲線 C をとり，この電場 $\boldsymbol{E}$ を用いて起電力を表すと次のようになる。

$$V_i = \oint_C \boldsymbol{E}\cdot d\boldsymbol{r} \tag{7.8}$$

また，磁束 Φ は次のように磁束密度 $\boldsymbol{B}$ の面積分で表される。

$$\Phi = \int_S \boldsymbol{B}\cdot\boldsymbol{n}\,dS \tag{7.9}$$

したがって，ファラデーの電磁誘導の法則 (7.1) は，あらためて次のように表現される。

$$\oint_C \boldsymbol{E}\cdot d\boldsymbol{r} = -\frac{d}{dt}\int_S \boldsymbol{B}\cdot\boldsymbol{n}\,dS \tag{7.10}$$

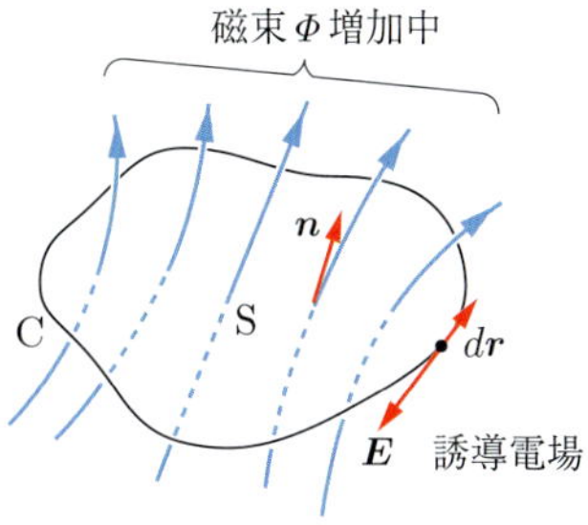

図 7.4 閉曲線 C 内を貫く磁束が増加しているときを描いた図

7.2 自己誘導と自己インダクタンス

導体に電流が流れるとそのまわりに磁束 Φ を生じる。その大きさは電流 I に比例するので，

$$\Phi = LI \tag{7.11}$$

である。この比例係数 L のことを自己インダクタンスとよぶ。流れる電流が変化すると，電流が作る磁束が変化し，その磁束の変化がもとの電流の変化を妨げる方向に誘導起電力を発生する。この現象を自己誘導という。自己誘導による誘導起電力は，

$$V = -\frac{d\Phi}{dt} = -L\frac{dI}{dt} \tag{7.12}$$

で与えられる。この自己誘導現象は，ヘンリーにより発見されたため，自己インダクタンス L の単位は国際単位系 (SI) では H (ヘンリー) と定められている。自己インダクタンスは，導体の配置，その大きさ，形状，および磁束が発生する場所の透磁率により決まる。

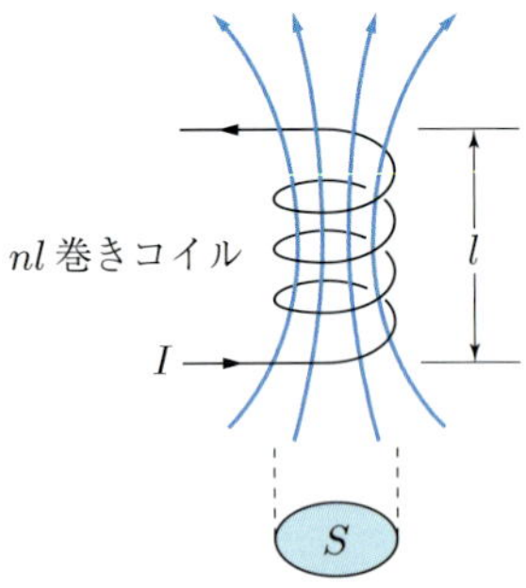

図 7.5　ソレノイドコイルと磁束線

［例題 7.1］　図 7.5 のように，長さ l，単位長さ当たりの巻き数 n，断面積 S の中空ソレノイドコイルの自己インダクタンスを計算せよ。

［解］　電流 I が流れている場合を考える。電流はコイルを貫く磁束 Φ を作り，式 (7.11) のように書ける。ソレノイドコイル内の磁束密度は，第 5 章の章末問題 4 の結果から次のように表される。

$$B = \mu_0 nI \tag{7.13}$$

コイル 1 巻き分を貫く磁束は $\Phi_1 = BS = \mu_0 nIS$ であり，ソレノイド全体では 1 巻コイルが nl 個直列につながっているから nl 倍して，

$$\Phi = \mu_0 n^2 lIS \tag{7.14}$$

である。式 (7.11) を式 (7.14) に代入して，インダクタンス L は，

$$L = \mu_0 n^2 lS \tag{7.15}$$

となる。

7.3 相互誘導と相互インダクタンス

図 7.6 のように，2 つのコイルが近い位置に配置されていて，コイル 1 の作る磁束がコイル 2 を貫き，コイル 2 の作る磁束がコイル 1 も貫く場合を考えよう。この場合，コイル 1 の電流が変化すればコイル 2 に誘導起電力が発生する。逆にコイル 2 の電流が変化すればコイル 1 に誘導起電力が発生する。このとき，両コイルの形状や配置の仕方によって磁気的結合度が変わるため，相互の誘導起電力の大きさは変わる。

いま，それぞれのコイルの自己インダクタンスを L_1, L_2 とする。コイル 1 を貫く磁束 Φ_1 はコイル 1 に流れる電流 I_1 とコイル 2 に流れる電流 I_2 によって，

$$\Phi_1 = L_1 I_1 + M_{21} I_2 \tag{7.16}$$

と書ける。同様に，コイル 2 を貫く磁束 Φ_2 は，

$$\Phi_2 = L_2 I_2 + M_{12} I_1 \tag{7.17}$$

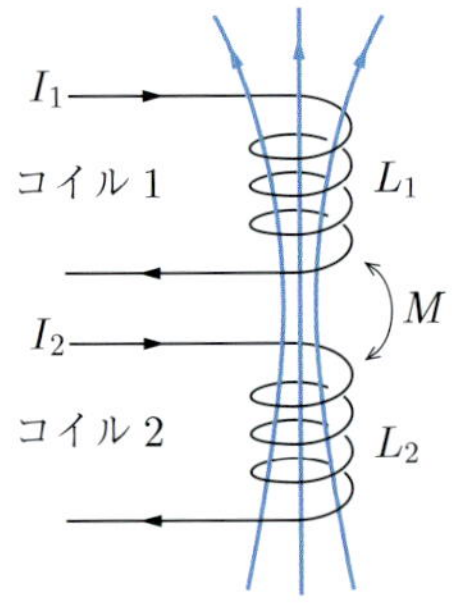

図 7.6　2 つのコイルが磁気的に結合している場合。M は相互インダクタンス

と書ける。ここで M_{12} と M_{21} は，コイル 1 とコイル 2 の磁気的結合度を表す係数であり，

$$M_{12} = M_{21} \ (= M \text{ とおく}) \tag{7.18}$$

という関係がある。この係数 M を相互インダクタンスという。I_1 と I_2 が時間変化すれば，コイルには誘導起電力が次式のように生じる。

$$V_1 = -\frac{d\Phi_1}{dt} = -L_1\frac{dI_1}{dt} - M\frac{dI_2}{dt} \tag{7.19}$$

$$V_2 = -\frac{d\Phi_2}{dt} = -L_2\frac{dI_2}{dt} - M\frac{dI_1}{dt} \tag{7.20}$$

応用例　(1)　相互誘導を利用したものに，変圧器 (トランス) がある。変圧器は 2 つのコイルを磁性体を介して強く磁気結合するようにしたものである。1 次側コイルと 2 次側コイルの巻き数をそれぞれ n_1, n_2 とすると，1 本の磁束線はコイル 1, 2 をそれぞれ n_1, n_2 回貫くので，

$$\frac{\Phi_2}{\Phi_1} = \frac{n_2}{n_1} \tag{7.21}$$

が成り立ち，式 (7.19) と (7.20) より 1 次側電圧 V_1 と 2 次側電圧 V_2 の比は，次の式 (7.22) のように巻き数の比に等しくなるため，電圧変換が必要なところで利用される。

$$\frac{V_2}{V_1} = \frac{n_2}{n_1} \tag{7.22}$$

たとえば，テレビなどの電気製品では 100 V の比較的高電圧から半導体を用いた部品に必要な数ボルトから数十ボルトの低電圧を得るのに多数使われている。また発電所で作られた電気は，都市までの間を電力損失の少ない高電圧で送電し，都市に届いたところで変圧器を用いて低電圧に変換し，効率よく安全に利用されている。

(2)　将来的なスマートグリッドでは，電気自動車を電力網の一部に組み入れることが考えられている。電気自動車が車庫に入ると，充電ケーブルをつながなくても床に埋め込まれたコイルから車の底部にあるコイルに相互誘導を利用して充電することが可能である。図 7.7 に示した電気自動車は，地上送電コイルと車載受電コイルとの間の相互誘導によりエネルギーを移動できる。地上送電コイルには電源から交流電流が流れているため，コイルの中では交流の周波数に応じて磁束が変化している。その変化して

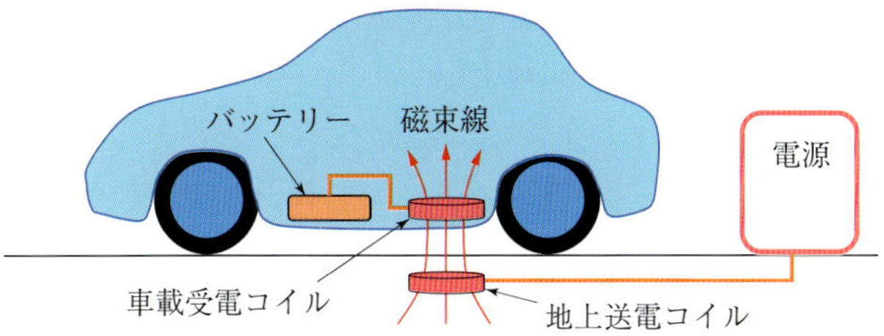

図 7.7　電気自動車の非接触充電

いる磁束が車載受電コイルを貫いているため，交流の起電力が生じている。それを整流して直流を作り，バッテリーを充電する仕組みである。逆に，自動車のバッテリーから電力網へエネルギーを移動することもできる。

渦電流

図 7.8 のように，導体板の上方に磁石を設置し，非磁性の導体板 (たとえば銅，アルミニウムなど) を右方向に動かす。このとき，磁石に近づく部分では磁束が増加し，遠ざかる部分では磁束が減少する。この磁束の増減にともない，電磁誘導の法則にしたがって金属板に渦状の誘導電流が流れる。この電流を渦電流という。渦電流により誘起される磁束の向きは，磁束の変化を妨げる方向であるため，導体板は左方向に抵抗力を受ける。

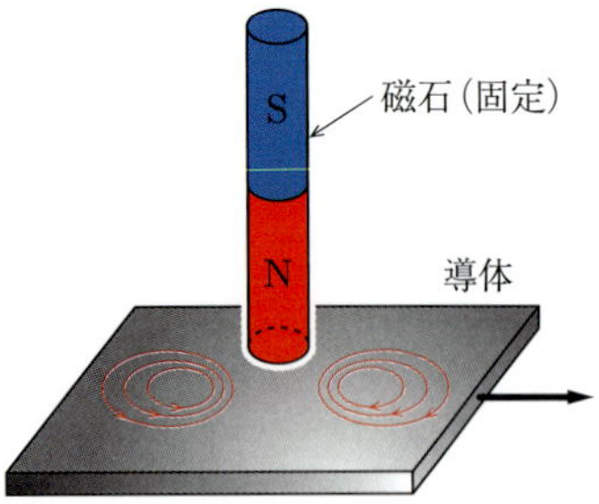

図 7.8　渦電流

この抵抗力は，たとえば誘導モーターや天秤の振動を早く静めるために用いられている。また，渦電流はジュール発熱を生じる。これを利用したものに電磁調理器 (IH クッキングヒーター) がある。電磁調理器の中には交流電流が流れる渦巻き状の平板コイルがあり，時間変化する磁束が鍋 (導体) に渦電流を流し，発熱する。効率よく加熱するため，鍋の材質として透磁率が大きく磁束をより多く収束する強磁性体 (磁石に付くもの) が用いられる。

7.4 過渡現象

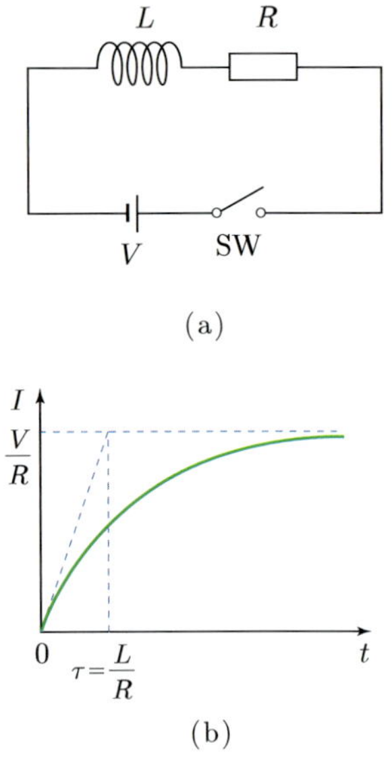

図 7.9　(a) LR 直列回路，(b) スイッチ (SW) を閉じた後の電流の時間変化

図 7.9(a) のように，自己インダクタンス L，抵抗 R，電圧 V の電池，スイッチを直列につないだ LR 回路を考える。回路に流れる電流はスイッチを入れた瞬間に変化するのではなく，時間とともに変化して最終値に落ち着く。このような現象を過渡現象という。スイッチを入れた後の電流を時間の関数として求めてみよう。

自己誘導により，コイルの両端に発生する誘導起電力は，式 (7.1) と式 (7.11) から，

$$-\frac{d\Phi}{dt} = -L\frac{dI}{dt} \tag{7.23}$$

であり，抵抗による電圧降下は RI である。キルヒホッフの第 2 法則から，

$$V - L\frac{dI}{dt} = RI \tag{7.24}$$

が成り立つ。これを次のように変形する。

$$\frac{d}{dt}\left(I - \frac{V}{R}\right) = -\frac{R}{L}\left(I - \frac{V}{R}\right) \tag{7.25}$$

この微分方程式を解いて，

$$I - \frac{V}{R} = A\exp\left(-\frac{R}{L}t\right) \tag{7.26}$$

を得る。初期条件，$t = 0$ で $I = 0$ を代入して定数 A を決めると，

$$I = \frac{V}{R}\left[1 - \exp\left(-\frac{R}{L}t\right)\right] \tag{7.27}$$

となる。

図 7.9(b) は式 (7.27) をプロットしたものである。電流 I は時間 t とともに増大していき，十分時間が経つと飽和値 V/R に漸近する。指数関数部分に現れる定数

$$\tau = \frac{L}{R} \tag{7.28}$$

は回路の時定数とよばれ，電流が一定値に近づくまでの時間スケールを与える。逆に電圧 V をゼロにしたときには，コイルの両端には電流を流し続けようとする方向に誘導起電力が発生し，上と同様な計算により，電流 I は次のように指数関数的に時間変化する。

$$I = \frac{V}{R}\exp\left(-\frac{R}{L}t\right) \tag{7.29}$$

注意! 一般的に，指数関数で表される現象は，すべて時定数に相当する時間や長さなどをもっている。この量は，図 7.9(b) 中に破線で示したように，$t = 0$ から接線を延長し漸近値 V/R と交わる点までの時間や長さのことである。原子核分裂において放射性元素の数が最初の値の半分になるのに要する時間を半減期とよぶが，これも時定数の一種である。

また，ある物理量 N が指数関数的な時間変化をする場合，その微分方程式は a を定数として $dN(t)/dt = aN(t)$ となる。式 (7.25) のように，a が負の場合には N はある値に漸近していくが，a が正の場合は発散するため，微分方程式的には N^2 などの発散をおさえる項がないといけない。そのような具体例としては，N は捕食–被捕食関係での捕食する動物，化学反応式におけるある物質の濃度などがあり，変形版も含めて多くの適用例がある。

7.5 磁気エネルギー

図 7.9(a) の回路において，スイッチを入れてから t 秒後のエネルギーを考えてみよう。式 (7.24) の両辺に I をかけて t で積分すると，

$$V\int_0^t I\,dt' - L\int_0^I I'\,dI' = \int_0^t RI^2\,dt' \tag{7.30}$$

となる。左辺第 1 項は，電池の電圧 V と回路に流れた電荷の総量 Q との積であるので，

$$VQ = \frac{1}{2}LI^2 + \int_0^t RI^2\,dt' \tag{7.31}$$

が得られる。

この式の意味を考えてみよう。左辺は電池が回路に供給した電気エネルギーである。右辺第 2 項は抵抗 R で消費したジュール熱である。エネル

ギー保存則から，右辺第 1 項は，コイルに蓄えられた磁気エネルギーであり，これを $U_{\rm m}$ とおけば，

$$U_{\rm m} = \frac{1}{2}LI^2 = \frac{1}{2}\Phi I \tag{7.32}$$

となる。

この式の 2 番目の式 $U_{\rm m} = \frac{1}{2}LI^2$ の意味を静電エネルギー $U_{\rm e} = \frac{1}{2}CV^2$ と比較して考えてみよう。キャパシタンス C は，エネルギーの観点からはキャパシターが電場として空間に蓄えることのできる静電エネルギーの容量であった。同様に考えると，インダクタンス L は，コイルが磁場として空間に蓄えることのできるエネルギーの容量という物理的な意味をもつことがわかる。

式 (7.32) の表式は，磁気エネルギーを電流 I が担う形になっている。これを磁場で表すことを考えてみよう。前に求めたように，断面積 S，単位長さ当たりの巻き数 n の十分長いソレノイドコイルの長さ l の部分のインダクタンス L は式 (7.15) で与えられる。また，ソレノイドの磁束密度は電流を用いて $B = \mu_0 nI$ であるから，式 (7.32) は次のように表される。

$$U_{\rm m} = \frac{1}{2\mu_0}B^2 Sl \tag{7.33}$$

ここで，積 Sl はコイルの体積を表しているので，ソレノイド内部に蓄えられる単位体積当たりの磁気エネルギー (磁気エネルギー密度) は，次の式で与えられる。

$$u_{\rm m} = \frac{1}{2\mu_0}B^2 = \frac{1}{2}\mu_0 H^2 = \frac{1}{2}\boldsymbol{B}\cdot\boldsymbol{H} \tag{7.34}$$

式 (7.32)–(7.34) で表される磁気エネルギーの大きさを具体例でみてみよう。図 7.10(a) は九州大学超伝導システム科学研究センターの実験室で使われている内径 14 cm，高さ 43 cm の超伝導マグネットである。$L = 2.46$ H，$I = 300$ A 程度であるので，式 (7.32) から $U_{\rm m} = \frac{1}{2}LI^2 = 110.7$ kJ となる。力学的エネルギーに換算すると，$m = 1000$ kg の自動車を高さが $h = 11.3$ m の 4 階建ビルの屋上に持ち上げた場合の位置エネルギー $U_{\rm p} = mgh = 110.7$ kJ とほぼ一致する。したがって，コイルに流れる電流を急激にゼロにした場合，自動車が 4 階建てビルの屋上の高さから落ちてくるのと同じくらいのエネルギーが急激に解放される。コイルの両端には $-L\,di/dt$ の電圧が発生するが，もし電流を急激にゼロにした場合には di/dt の絶対値が非常に大きな値になりコイルの両端に高い電圧が発生し，場合によっては放電を起こし，超伝導マグネットが焼損する。そのため，超伝導マグネットを産業的に応用する場合には，図 7.10(b) のようにコイルに並列に保護抵抗を接続し，緊急時に電源を遮断するに際し，電流を急激にゼロにせず，かつ，外部に蓄積エネルギーを安全に取り出すことができるように設計するのが普通である。

(a)

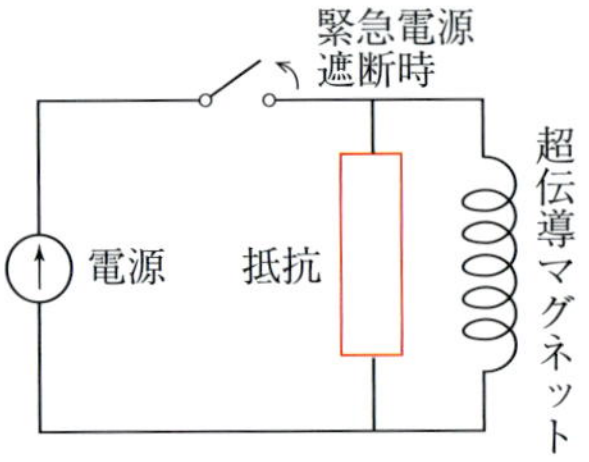

(b)

図 7.10　(a) 実験用超伝導マグネット。内径 14 cm，高さ 43 cm。自動車を 4 階建てビルの屋上に持ち上げるくらいのエネルギーを蓄えられる。(b) 超伝導マグネット励磁回路。蓄積エネルギーを外部に取り出し，超伝導マグネットを保護するために，保護抵抗を並列に接続する。

〈研究：超伝導磁気エネルギー貯蔵装置〉

コイルが作る磁場が磁気エネルギーを蓄えることは上に説明したとおりである。これを応用して，コイルに電流を流してエネルギーを蓄えておき，必要なときに利用することができる。しかし，銅製の通常の電線で作ったコイルは電気抵抗があるためジュール発熱によりエネルギーが失われていく。図 7.11 は，福岡市西区の九州電力 今宿総合試験センターに設置された超伝導マグネットを用いた磁気エネルギー貯蔵装置 (SMES: Superconducting Magnetic Energy Storage System) の写真である。超伝導線は電気抵抗がゼロであるためエネルギーの損失がない。液体ヘリウムを用いて絶対温度 4.2 K (ケルビン) にした超伝導マグネットに，平常時に電気エネルギーを磁気エネルギーに変換して蓄え，電力需要ピーク時や，瞬停時・瞬低時に逆に磁気エネルギーから電気エネルギーに変換して利用できる。この SMES の貯蔵エネルギーは 2.9 MJ である。また，SMES は，図 7.11 に示すように半導体を用いた双方向交直変換器を通して超伝導マグネットを系統と接続するため，電気エネルギーを放出するだけではなく吸収することも可能である。よって，電力系統において事故や落雷等により負荷が急変し，電力系統が動揺 (電圧や周波数が定格値から逸脱) した際に，電気・磁気エネルギー変換を通して急峻に電気エネルギーを出し入れし，系統の安定度を保つ (電圧や周波数を一定に保つ) 機能も有している。SMES は，極低温冷却システムを必要とするが，可動部がなく，速やかに，効率よくエネルギー貯蔵・放出できるという特長がある。

(九州大学システム情報科学研究院電気システム工学部門 岩熊成卓教授)

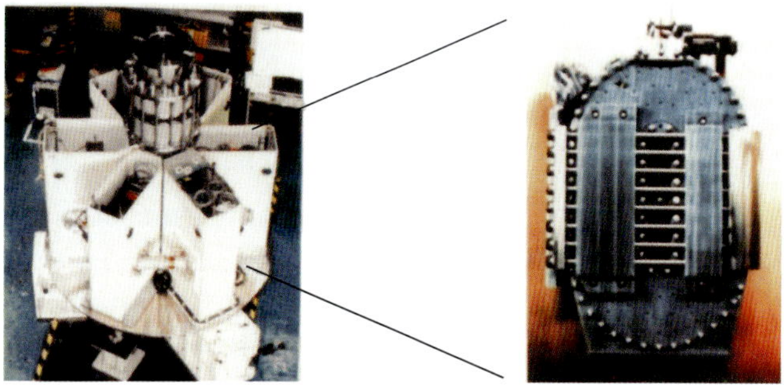

図 7.11　九州電力今宿総合試験センターに設置し系統接続された SMES (超伝導磁気エネルギー貯蔵装置) の超伝導マグネット。右に示すような超伝導マグネットが 6 個，真空断熱容器 (壁面に真空層を持ち室温からの熱侵入を防ぐための容器) 内に格納され，液体ヘリウムで極低温 (4.2 K) に冷却される。(提供：九州電力)

応用例：リニアモーターカーの浮上　JR のリニアモーターカーは高速になると浮上して走行する。この浮上力を得るには，電磁誘導の原理が用いられている。図 7.12 のように車両の両側には超伝導マグネット (コイル) が組み込まれ，コイルに流れる大電流により強い磁束が発生している。一方，ガイドウェイに沿って，多数の 8 の字型コイルが設置されている。車両が高速でガイドウェイを走行すると，磁束がガイドウェイの 8 の字型コイルを貫き誘導電流が生じる。その電流により車両の超伝導マグネットとガイドウェイのコイルとの間に，下側では反発力上側では吸引力がはたらき，車両が浮上する。

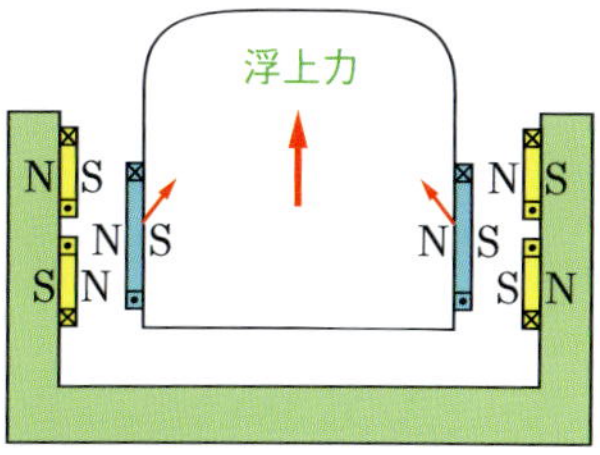

図 7.12　リニアモーターカーの浮上力

この章でのポイント

- コイルを貫く磁場が変動するとコイルに誘導起電力が発生する。これを電磁誘導現象という。
- 誘導起電力の方向は，磁束の変化を妨げる方向である。これをレンツの法則という。
- 導体に流れる電流が変化するとその変化を妨げるように誘導起電力が生じる。これを自己誘導現象という。誘導起電力の大きさは，電流の変化速度に比例し，比例係数を自己インダクタンスという。
- 2つのコイルが磁気的に結合しているときには，コイル1に流れる電流の変化がコイル2に誘導起電力を生じ，また逆にコイル2に流れる電流の変化がコイル1に誘導起電力を生ずる。これを相互誘導現象という。3つ以上のコイルでも同じように相互誘導現象が生じる。
- LR 直列回路に電流を流すと，自己誘導により逆起電力が生じるためゆるやかに電流が増えて飽和する。これを過渡現象という。
- 磁気エネルギーは，コイルが作る磁場の形で空間に蓄えられ，磁場の2乗に比例する。

第 7 章　章末問題

1. 電気信号を送る LAN ケーブルは，1つの絶縁チューブの中に4対の電線が入っていて，各対は2本の電線を撚り合わせてある。電線を撚り合わせることのメリットは何か，理由を考えよ。

2. 真空中に，厚さが無視できる半径 a, b（ただし $a < b$）の同軸円筒導体がある。この2つの導体に電流を逆方向に流した。

(a)　電流が作る磁束密度を求めよ。

(b)　単位長さ当たりの自己インダクタンスを求めよ。

(c)　単位長さ当たりの磁気エネルギーを求めよ。

3. 図7.13のように無限に長い直線導線があり，これと同一平面内に横 a，縦 b の長方形のコイルが距離 l だけ離して設置してある。コイルの一部には電圧計が挿入されている。

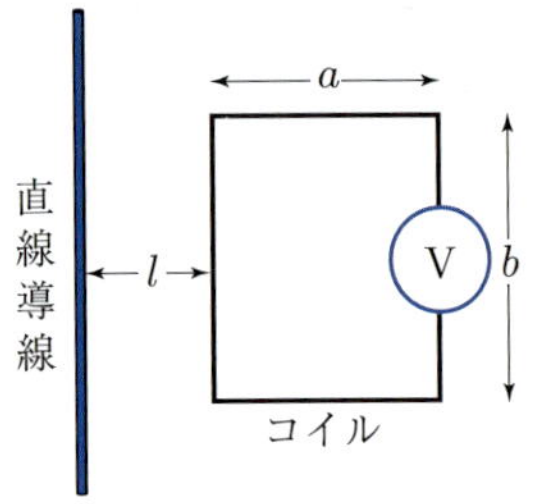

図 7.13

(a)　直線導線に直流電流 I を流した。コイルを貫く磁束 Φ を求めよ。

(b)　直線導線とコイルの間の相互インダクタンスはいくらか。

(c)　直線導線に $I = I_0 \sin \omega t$ で表される交流電流を流した。コイルに発生する起電力 V を求めよ。

4. ベクトル場 $\boldsymbol{E}(\boldsymbol{r})$ を基準点 $\boldsymbol{r}_0$ から $\boldsymbol{r}$ まで積分することで定義されるスカラー量 $\phi(\boldsymbol{r}) = -\int_{\boldsymbol{r}_0}^{\boldsymbol{r}} \boldsymbol{E}(\boldsymbol{r}') \cdot d\boldsymbol{r}'$ が積分経路によらずに積分の端点のみで定まるための必要十分条件は $\mathrm{rot}\,\boldsymbol{E} = 0$ であることを示せ。また，電磁誘導の法則（教科書 p.193 の式 (7.10)）$\oint_{\mathrm{C}} \boldsymbol{E} \cdot d\boldsymbol{r} = -\int_{\mathrm{S}} \frac{\partial \boldsymbol{B}}{\partial t} \cdot d\boldsymbol{S}$ に現れる誘導電場 $\boldsymbol{E}(\boldsymbol{r}, t)$ は，スカラー場 $V(\boldsymbol{r}, t)$ を用いて $\boldsymbol{E}(\boldsymbol{r}, t) = -\mathrm{grad}\, V(\boldsymbol{r}, t)$ のように表すことができないことを示せ。

8

マクスウェルの方程式と電磁波

本章では，変位電流の概念について学び，電磁気学の基本方程式であるマクスウェルの方程式について理解する。さらに，マクスウェルの方程式から電磁波を導き，その性質を理解する。

8.1 変位電流

これまで，第 5 章では一定の電流が流れている定常電流のまわりに磁場が作られること (アンペールの法則)，第 7 章では逆に，磁場の時間変化が電場を作り磁場のまわりの回路に誘導起電力を発生させること (ファラデーの電磁誘導の法則) が示された。ファラデーの電磁誘導の法則は電流や磁場が時間的に変化するときに成り立つ。しかし，アンペールの法則は，電流が時間的に変化する非定常電流のときには成り立たない。まず，このことから考えてみよう。

図 8.1 のような任意の閉曲面 S をとり，S を通して電流が流出するものを正，流入するものを負としたときの総和を考える。定常電流の場合，任意の点に流入した電流は同じ量だけ必ず出ていくため，次の式が成り立つ。

$$\int_{\mathrm{S}} \boldsymbol{i}\cdot\boldsymbol{n}\,dS = \int_{\mathrm{S}} \boldsymbol{i}\cdot d\boldsymbol{S} = \int_{\mathrm{S}} i_n\,dS = 0 \tag{8.1}$$

ここで，dS は S 上の微小面積，i_n は dS を通って流出する電流密度の法線成分，積分は S 上の総和を表す。しかしながら，非定常電流の場合，すなわち，電流密度や電場が時間的に変動する場合には電荷密度も変化し，閉曲面 S を通って体積 V 内に流れ込んだ電流密度がすべてそこから出ていくとは限らない。閉曲面 S に流れ込む電流密度と流れ出す電流密度に差があれば，その差の分だけ S に囲まれた体積 V 内の電荷が増加または減少する。流出する電流密度の総和は，S 内の電荷の時間的に減少する速度に等しいため，非定常電流の場合には，式 (8.1) は次の式 (8.2) のように変形しなければならない。

$$\int_{\mathrm{S}} i_n\,dS = -\frac{d}{dt}\int_{\mathrm{V}} \rho\,dv \tag{8.2}$$

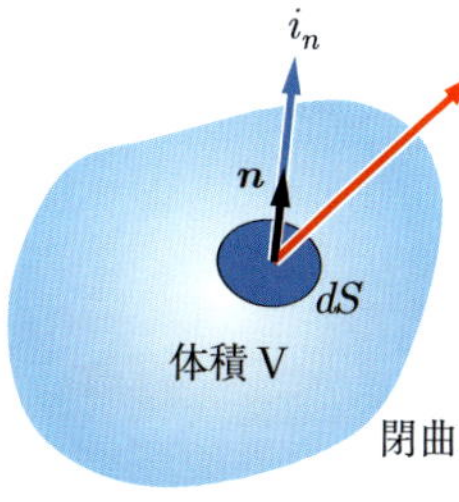

図 8.1　任意の閉曲面 S を出ていく電流密度を $\boldsymbol{i}$ とする。$\boldsymbol{n}$ は法線ベクトル，i_n は電流密度の法線成分

ここで，ρ は S 内の電荷密度であり，V は S 内の体積を表し，右辺の積分は S 内の全電荷を表す。この式は，電荷の保存則を表している。

式 (8.2) の右辺にガウスの法則

$$\int_S D_n\, dS = \int_V \rho\, dv \tag{8.3}$$

を適用すると，

$$\int_S i_n\, dS + \frac{d}{dt}\int_S D_n\, dS = \int_S \left(i_n + \frac{\partial D_n}{\partial t}\right) dS$$
$$= \int_S \left(\boldsymbol{i} + \frac{\partial \boldsymbol{D}}{\partial t}\right)\cdot \boldsymbol{n}\, dS = 0 \tag{8.4}$$

となる。ここで，$\boldsymbol{i}$ は通常の伝導電流密度である。式 (8.4) を定常電流の保存則式 (4.23) と比較すると，非定常電流の場合は同じ電流の次元をもつ $\partial \boldsymbol{D}/\partial t$ が付け加えられており，伝導電流密度 $\boldsymbol{i}$ と同等の役割を担っていることがわかる。

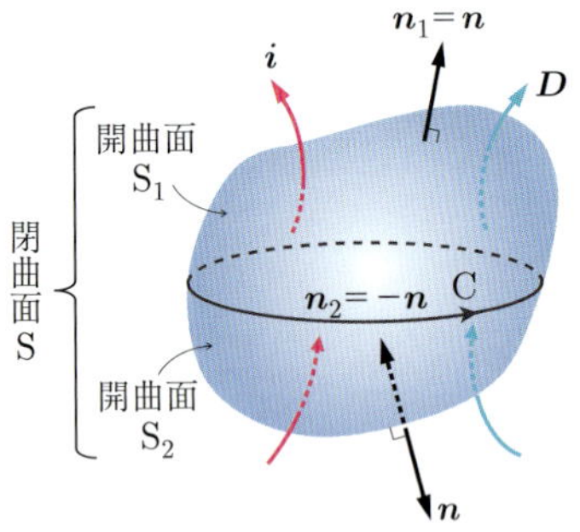

図 8.2　閉曲面 S を，閉曲線 C を縁とする開曲面 S_1 と S_2 に分ける。$\boldsymbol{n}$ は S の法線ベクトル，$\boldsymbol{n}_1, \boldsymbol{n}_2$ は S_1, S_2 の法線ベクトルを表す。

ここで図 8.1 の閉曲面を，図 8.2 のように閉曲線 C の部分でつながった上下 2 枚の開曲面 S_1 と S_2 からなるものとし，伝導電流密度 $\boldsymbol{i}$ および電束密度 $\boldsymbol{D}$ が貫通するものとする。閉曲線 C の方向に右ネジを回したときにネジの進む方向を法線ベクトルの正の向きと定義すると，式 (8.4) の積分は，曲面 S_1 上の法線 $\boldsymbol{n}_1$ は外向きで正，S_2 上の法線 $\boldsymbol{n}_2$ は内向きで負である。このことに注意すると，式 (8.4) の最後の式は 2 つに分けて書き換えることができ，

$$\int_S \left(\boldsymbol{i} + \frac{\partial \boldsymbol{D}}{\partial t}\right)\cdot \boldsymbol{n}\, dS$$
$$= \int_{S_1} \left(\boldsymbol{i} + \frac{\partial \boldsymbol{D}}{\partial t}\right)\cdot \boldsymbol{n}_1\, dS - \int_{S_2} \left(\boldsymbol{i} + \frac{\partial \boldsymbol{D}}{\partial t}\right)\cdot \boldsymbol{n}_2\, dS = 0 \tag{8.5}$$

となる。この式 (8.5) をもとに，図 8.3 のようにキャパシターの両端に交流電源をつなぎ，電流を流す場合を考えてみよう。

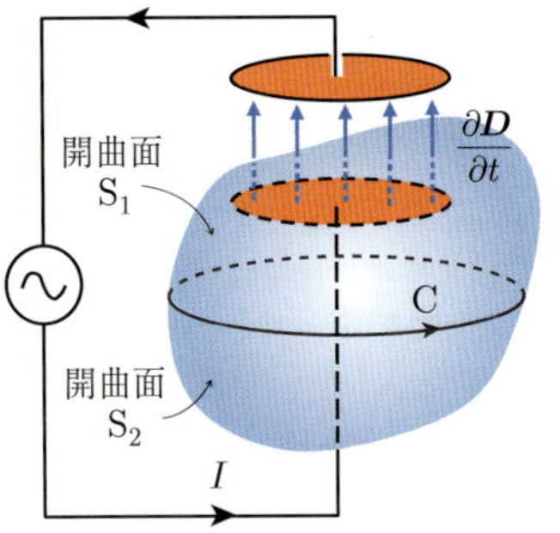

図 8.3　開曲面 S_2 を貫通する導線部分には伝導電流が流れているが，キャパシターのギャップ部分には伝導電流は流れていない。ギャップ部分では電束密度 $\boldsymbol{D}$ が時間変化している。

図 8.3 の導線部分にはキャパシターを充電する伝導電流 $I = dQ/dt$ (Q は電極上の電荷を表す) が流れるが，キャパシターのギャップ部分には伝導電流は流れない。式 (5.26) のアンペールの法則

$$\oint_C \boldsymbol{B}\cdot d\boldsymbol{s} = \mu_0 \int_S \boldsymbol{i}\cdot \boldsymbol{n}\, dS \tag{8.6}$$

において周回積分路として導線を取り囲むような閉曲線 C とすれれば，C を縁とする開曲面 S をどのようにとっても式 (8.6) の値は変わらないはずである。しかし，導線を横切る開曲面 S_2 を選ぶと，電流 I が開曲面 S_2 を貫いているので，

$$\oint_C \boldsymbol{B}\cdot d\boldsymbol{s} = \mu_0 I \tag{8.7}$$

となる。一方，キャパシターのギャップ間を通る開曲面 S_1 を選ぶと S_1 を貫く伝導電流はないので，

$$\oint_{C} \boldsymbol{B} \cdot d\boldsymbol{s} = 0 \tag{8.8}$$

となる。このように，C を縁とする開曲面のとり方 S_1 と S_2 によって結果が違ってくるという矛盾が生じる。しかし，ギャップ間では電束密度 $\boldsymbol{D}$ が時間変動しているから，$\partial \boldsymbol{D}/\partial t$ が存在すると考えアンペールの法則の式 (8.6) を拡張して，

$$\oint_{C} \boldsymbol{B} \cdot d\boldsymbol{s} = \mu_0 \int_{S} \left(\boldsymbol{i} + \frac{\partial \boldsymbol{D}}{\partial t} \right) \cdot \boldsymbol{n}\, dS \tag{8.9}$$

と表すと，式 (8.5) から明らかなように，閉曲線 C を縁とする 2 枚の開曲面 S_1, S_2 をどのように選んでも式 (8.9) は

$$\begin{aligned}\oint_{C} \boldsymbol{B} \cdot d\boldsymbol{s} &= \mu_0 \int_{S_1} \left(\boldsymbol{i} + \frac{\partial \boldsymbol{D}}{\partial t} \right) \cdot \boldsymbol{n}_1\, dS \\ &= \mu_0 \int_{S_2} \left(\boldsymbol{i} + \frac{\partial \boldsymbol{D}}{\partial t} \right) \cdot \boldsymbol{n}_2\, dS \end{aligned} \tag{8.10}$$

となり，この矛盾が解消される。

$\partial \boldsymbol{D}/\partial t$ は電流密度の次元をもつ変位電流密度 (または電束電流密度) とよばれるものであり，導体が途切れたキャパシターの極板間にも電流が流れていると考えることができる。この式 (8.4) は，式 (8.1) の伝導電流密度 $\boldsymbol{i}$ に変位電流密度 $\partial \boldsymbol{D}/\partial t$ を加えたものを，新たに一般化した電流密度と考えることで，非定常電流でも連続した電流と考えることができることを示している。変位電流の概念を最初に導入したのは，マクスウェル (J.C. Maxwell) である。式 (8.9) は，後の 8.3 節に述べるように，アンペール–マクスウェルの法則とよばれるものである。

変位電流が実在することは，後に示すように，電磁波が空間を伝播することを示したヘルツ (H. Hertz) の実験により確認されている。

8.2 コンデンサーの極板間を流れる変位電流

いま，図 8.4 のような平行平板コンデンサー (キャパシター) に交流電源をつないだ回路を考える。このとき導線には電流が流れるが，キャパシターの極板間は真空であるため，電荷は一つの極板から他の極板へ移動することはできない。そのため，伝導電流密度 (実電流密度) $\boldsymbol{i} = 0$ である。しかしながら，交流回路は閉じているから，変位電流 $\partial \boldsymbol{D}/\partial t$ が流れていると考えなければならない。この変位電流がコンデンサーのまわりに作る磁場は，銅線が導線のまわりに作る磁場と同じになる (8.3 節参照)。

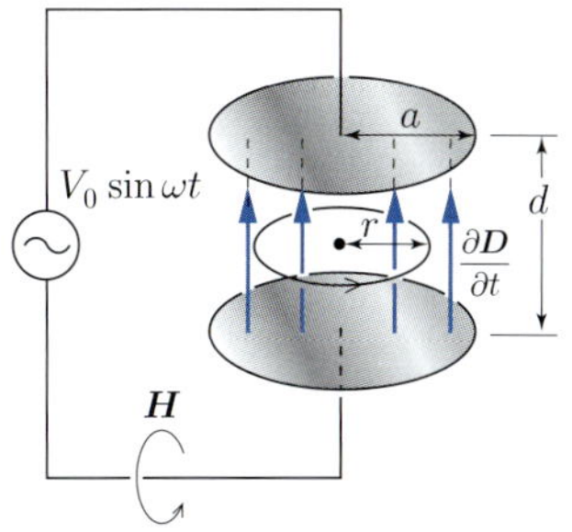

図 8.4　コンデンサーに交流電源をつないだ回路

Advanced：変位電流が重要になる条件

抵抗とコンデンサーが直列につながった交流回路に，角周波数 ω の交流電源をつなぎ，電流を流したときの伝導電流と変位電流の比を求めてみよう。抵抗の両端子間の電場が $E = E_0 \sin\omega t$ で表されるとする。このとき，式 (8.4) の被積分関数のなかの $\boldsymbol{i}$ と $\partial\boldsymbol{D}/\partial t$ のおよその大きさを比較する。抵抗の部分の電気伝導度を σ とすると，伝導電流密度 i はオームの法則により

$$|\boldsymbol{i}| = \sigma E_0 \,|\sin\omega t| \tag{8.11}$$

と表される。また，$\partial\boldsymbol{D}/\partial t$ は誘電率 ε を用いて

$$\left|\frac{\partial\boldsymbol{D}}{\partial t}\right| = \varepsilon\left|\frac{\partial\boldsymbol{E}}{\partial t}\right| = \varepsilon\omega E_0\,|\cos\omega t| \tag{8.12}$$

と表される。$|\sin\omega t| \sim 1$, $|\cos\omega t| \sim 1$ のオーダーであり，代表的な値として，

$$\sigma \sim 10^{-1}\ \Omega^{-1}\mathrm{m}^{-1},$$
$$\varepsilon \sim \varepsilon_0 \sim 10^{-11}\ \mathrm{F/m},$$
$$\omega \sim 10^{5}\ \mathrm{Hz}$$

を用いると，

$$\left|\frac{d\boldsymbol{D}/dt}{\boldsymbol{i}}\right| \approx \frac{\varepsilon_0\omega}{\sigma} \sim 10^{-5} \tag{8.13}$$

であり，変位電流は無視できる。

では，コンデンサーの部分はどうであろうか。代表的な値として，

$$\sigma \sim 10^{-9}\ \Omega^{-1}\mathrm{m}^{-1},$$
$$\varepsilon \sim \varepsilon_0 \sim 10^{-11}\ \mathrm{F/m},$$
$$\omega \sim 10^{5}\ \mathrm{Hz}$$

を用いると，

$$\left|\frac{d\boldsymbol{D}/dt}{\boldsymbol{i}}\right| \approx \frac{\varepsilon_0\omega}{\sigma} \sim 10^{3} \tag{8.14}$$

となる。したがって，通常の電気回路に用いられる周波数では，導線や抵抗の部分では変位電流は無視できるが，コンデンサーの部分では変位電流が大きな役割を果たしていることがわかる。

8.3 アンペール–マクスウェルの法則

伝導電流だけを考えたアンペールの法則は，電流が時間的に変化する非定常電流のときには成り立たないことがわかった。しかし，マクスウェルの導入した変位電流も含めてアンペールの法則を次式のように拡張すると，電流が時間変化する場合にも，電荷保存則と矛盾することなく適用できる。

$$\oint_{\mathrm{C}} \boldsymbol{H}\cdot d\boldsymbol{s} = \int_{\mathrm{S}} \left(\boldsymbol{i} + \frac{\partial\boldsymbol{D}}{\partial t}\right)\cdot d\boldsymbol{S} \tag{8.15}$$

この式をアンペール–マクスウェルの法則という。

［例題 8.1］ 図 8.4 の回路で，電極として半径 a の金属円板を間隔 d だけ離して設置した平行平板コンデンサーを考える。2 つの電極に印加する電圧が，角周波数を ω として，

$$V = V_0 \sin\omega t \tag{8.16}$$

であるとき，変位電流の大きさと，変位電流が作る磁場の大きさを求めよ。

［解］ 電極間の電束密度は次の式で与えられる。

$$D = \varepsilon_0 E = \varepsilon_0 \frac{V}{d} = \varepsilon_0 \frac{V_0 \sin\omega t}{d} \tag{8.17}$$

よって，変位電流の大きさは，

$$\frac{\partial D}{\partial t} = \varepsilon_0 \omega \frac{V_0}{d} \cos\omega t \tag{8.18}$$

となる。

次に，変位電流が作る磁場の大きさを求める。変位電流は電極間を電極に垂直方向に一様に流れているため，第 5 章でアンペールの法則を用いて磁場を求めたのと同じ方法が適用できる。ただし，ここでは実電流ではなく変位電流であるため，アンペール–マクスウェルの法則の式 (8.15) を適用する。

いま，図 8.4 のように電極間に半径 r の積分路 C をとり，その内側に電極と平行な平面 S を考え，これに式 (8.15) を適用する。式 (8.15) において実電流 $\boldsymbol{i}$ はゼロであるため，

$$左辺 = \int_{\mathrm{C}} \boldsymbol{H} \cdot d\boldsymbol{s} = 2\pi r H \tag{8.19}$$

$$右辺 = \int_{\mathrm{S}} \frac{\partial \boldsymbol{D}}{\partial t} \cdot d\boldsymbol{S} = \frac{\partial \boldsymbol{D}}{\partial t} \pi r^2 = \pi r^2 \varepsilon_0 \omega \frac{V_0}{d} \cos\omega t \tag{8.20}$$

となる。式 (8.19) と式 (8.20) から，

$$H = \frac{1}{2} r \varepsilon_0 \omega \frac{V_0}{d} \cos\omega t \tag{8.21}$$

が得られる。コンデンサーの外側では，同様に計算して，

$$2\pi r H = \pi a^2 \varepsilon_0 \omega \frac{V_0}{d} \cos\omega t \tag{8.22}$$

より，

$$H = \frac{1}{2} \frac{a^2}{r} \varepsilon_0 \omega \frac{V_0}{d} \cos\omega t \tag{8.23}$$

が得られる。式 (8.21) と式 (8.23) の最大値を H_0 として $H = H_0 \cos\omega t$ と表した場合の H_0 を半径 r の関数としてグラフにしたものが，図 8.5 である。

式 (8.23) の値は，導線部分の実電流とコンデンサー部分の変位電流が連続で同じであるため，導線部分が作る磁場と同じになるはずである。それを確かめるために実際に計算してみよう。導線に流れる電流 I は，角周波数を ω としてコンデンサーのインピーダンスが $1/(\omega C)$ で表されるため，オームの法則から，

$$I = \omega C V_0 \cos\omega t = \omega \varepsilon_0 \frac{\pi a^2}{d} V_0 \cos\omega t \tag{8.24}$$

となる。したがって，導線部分にアンペールの法則を適用すると，

$$2\pi r H = \omega \varepsilon_0 \frac{\pi a^2}{d} V_0 \cos\omega t \tag{8.25}$$

となり，

$$H = \frac{1}{2} \frac{a^2}{r} \varepsilon_0 \omega \frac{V_0}{d} \cos\omega t \tag{8.26}$$

が得られる。このように，変位電流が作る磁場の式 (8.23) とまったく同じであることが確かめられる。

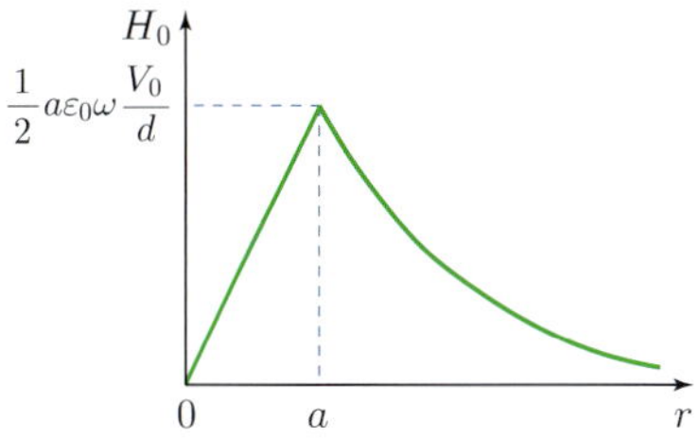

図 8.5 変位電流が作る磁場

Advanced

平行平板導体間に流れる変位電流が作る磁場を測定した結果が，文献 “D.F. Bartlett and T.R. Corle, Phys. Rev. Lett., **55** (1985) 59-62” に報告されている。変位電流が作る磁場はきわめて小さいので，超伝導体のシールドの中に平行平板キャパシターを入れて外部磁場の影響をなくし，超

伝導量子干渉磁束計 (SQUID) を用いて測定された。結果は，式 (8.21) で計算される値と誤差 5％ 程度で一致している。

8.4 マクスウェルの方程式

これまでに出てきた電場と磁場に関する 4 つの法則をまとめて書くと次のようになる。

(1) 電場に関するガウスの法則

$$\int_{\mathrm{S}} \boldsymbol{D} \cdot d\boldsymbol{S} = \int_{\mathrm{V}} \rho \, dv \tag{8.27}$$

(2) 磁場に関するガウスの法則

$$\int_{\mathrm{S}} \boldsymbol{B} \cdot d\boldsymbol{S} = 0 \tag{8.28}$$

(3) ファラデーの電磁誘導の法則

$$\oint_{\mathrm{C}} \boldsymbol{E} \cdot d\boldsymbol{s} = -\int_{\mathrm{S}} \frac{\partial \boldsymbol{B}}{\partial t} \cdot d\boldsymbol{S} \tag{8.29}$$

(4) アンペール–マクスウェルの法則

$$\oint_{\mathrm{C}} \boldsymbol{H} \cdot d\boldsymbol{s} = \int_{\mathrm{S}} \left(\boldsymbol{i} + \frac{\partial \boldsymbol{D}}{\partial t} \right) \cdot d\boldsymbol{S} \tag{8.30}$$

これらの四式をまとめてマクスウェルの方程式という。これらの両辺は積分の形で表されているので，積分形のマクスウェルの方程式とよばれることもある。マクスウェルの方程式は電磁気学の基本方程式であり，これをもとに電磁気現象が説明される。

これら 4 つの方程式に加え，等方で線形な媒質の性質を現象論的に表す，次の補助的な関係式が成り立つ。

(5) 真空中で

$$\boldsymbol{D} = \varepsilon_0 \boldsymbol{E}, \quad \boldsymbol{B} = \mu_0 \boldsymbol{H}, \quad \boldsymbol{i} = 0, \quad \rho = 0 \tag{8.31}$$

(6) 強誘電体，強磁性体を除く物質中で

$$\boldsymbol{D} = \varepsilon \boldsymbol{E}, \quad \boldsymbol{B} = \mu \boldsymbol{H}, \quad \boldsymbol{i} = \sigma \boldsymbol{E} \tag{8.32}$$

マクスウェルの方程式の微分形

これまでに積分形のマクスウェルの方程式を導出したが，近接作用の考え方により近い微分形を導いておこう。実際には，微分形で書く場合のほうが多いので，少し数学的に高度であるがこちらに慣れてもらいたい。

積分形のマクスウェルの方程式を微分形に書き換えるには，ガウスの定理 (付録 E 参照) とストークスの定理 (付録 C 参照) を用いる。ガウスの定理は $\boldsymbol{f}$ を任意のベクトルとして，

$$\int_{\mathrm{S}} \boldsymbol{f} \cdot d\boldsymbol{S} = \int_{\mathrm{V}} \operatorname{div} \boldsymbol{f} \, dv \tag{8.33}$$

であり，面積分を体積積分に変換する。一方，ストークスの定理は，

$$\oint_{\mathrm{C}} \boldsymbol{f} \cdot d\boldsymbol{s} = \int_{\mathrm{S}} \mathrm{rot}\, \boldsymbol{f} \cdot d\boldsymbol{S} \tag{8.34}$$

であり，線積分を面積分に変換する。

式 (8.27) の左辺の面積分は，式 (8.33) から，

$$\int_{\mathrm{S}} \boldsymbol{D} \cdot d\boldsymbol{S} = \int_{\mathrm{V}} \mathrm{div}\, \boldsymbol{D}\, dv \tag{8.35}$$

と書き換えられるので，式 (8.27) は，

$$\int_{\mathrm{V}} \mathrm{div}\, \boldsymbol{D}\, dv = \int_{\mathrm{V}} \rho\, dv \tag{8.36}$$

となる。これが任意の体積 V で成り立つためには，被積分関数が等しくなければならない。したがって，

$$\mathrm{div}\, \boldsymbol{D} = \rho. \tag{8.37}$$

これを電場に関する微分形のガウスの法則という。

同様に，式 (8.28) にガウスの法則を適用すると，磁場に関する微分形のガウスの法則

$$\mathrm{div}\, \boldsymbol{B} = 0 \tag{8.38}$$

が得られる。

次に，式 (8.29) にストークスの定理を適用すると，

$$\oint_{\mathrm{C}} \boldsymbol{E} \cdot d\boldsymbol{s} = \int_{\mathrm{S}} \mathrm{rot}\, \boldsymbol{E} \cdot d\boldsymbol{S} \tag{8.39}$$

と書き換えられるので，式 (8.29) は，

$$\int_{\mathrm{S}} \mathrm{rot}\, \boldsymbol{E} \cdot d\boldsymbol{S} = -\int_{\mathrm{S}} \frac{\partial \boldsymbol{B}}{\partial t} \cdot d\boldsymbol{S} \tag{8.40}$$

となる。これが任意の曲面 S で成り立つためには，被積分関数が等しくなければならない。したがって，

$$\mathrm{rot}\, \boldsymbol{E} = -\frac{\partial \boldsymbol{B}}{\partial t}. \tag{8.41}$$

これを微分形のファラデーの電磁誘導の法則という。

同様に，式 (8.30) にストークスの定理を適用すると，

$$\oint_{\mathrm{C}} \boldsymbol{H} \cdot d\boldsymbol{s} = \int_{\mathrm{S}} \mathrm{rot}\, \boldsymbol{H} \cdot d\boldsymbol{S} \tag{8.42}$$

と書き換えられるので，式 (8.30) は，

$$\int_{\mathrm{S}} \mathrm{rot}\, \boldsymbol{H} \cdot d\boldsymbol{S} = \int_{\mathrm{S}} \left(\boldsymbol{i} + \frac{\partial \boldsymbol{D}}{\partial t} \right) \cdot d\boldsymbol{S} \tag{8.43}$$

となる。これが任意の曲面 S で成り立つためには，被積分関数が等しくなければならない。したがって，

$$\mathrm{rot}\, \boldsymbol{H} = \boldsymbol{i} + \frac{\partial \boldsymbol{D}}{\partial t}. \tag{8.44}$$

これを微分形のアンペール–マクスウェルの法則という。

ここで，あらためて微分形のマクスウェルの方程式を書き下すと次のようになる。

(1)　電場に関するガウスの法則　$\mathrm{div}\,\boldsymbol{D} = \rho$　(8.45)

(2)　磁場に関するガウスの法則　$\mathrm{div}\,\boldsymbol{B} = 0$　(8.46)

(3)　ファラデーの電磁誘導の法則　$\mathrm{rot}\,\boldsymbol{E} = -\dfrac{\partial \boldsymbol{B}}{\partial t}$　(8.47)

(4)　アンペール–マクスウェルの方程式　$\mathrm{rot}\,\boldsymbol{H} = \boldsymbol{i} + \dfrac{\partial \boldsymbol{D}}{\partial t}$　(8.48)

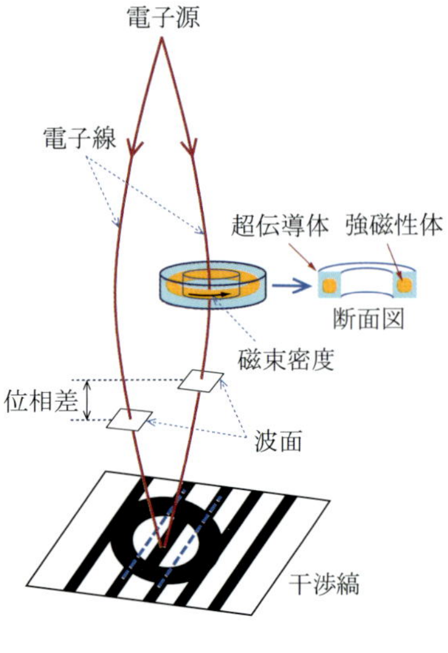

図 8.6　AB 効果を確認する実験

Advanced：ベクトルポテンシャル

すべての電磁気的現象は 4 つのマクスウェルの方程式，式 (8.27)〜(8.30) または (8.45)〜(8.48) で理解されることになった。ところで，力学のところで学んだように，任意のベクトル $\boldsymbol{A}$ に対して $\mathrm{div}\,\mathrm{rot}\,\boldsymbol{A} = 0$ が成り立つ。よって，この恒等式と式 (8.46) を比較すると，$\boldsymbol{B} = \mathrm{rot}\,\boldsymbol{A}$ となるベクトル $\boldsymbol{A}$ を導入することで自動的に式 (8.46) は満足することになる。このようにして，より少数の根源的な物理量や法則で自然現象を理解したいという物理学本来の視点から，$\boldsymbol{B}$ ではなく $\boldsymbol{A}$ を活用してマクスウェルの方程式を 1 つ減らすべきだ，ということになる。この $\boldsymbol{A}$ をベクトルポテンシャルとよぶ。この名称は，静電場 $\boldsymbol{E}$ が静電ポテンシャル V の微分 ($\boldsymbol{E} = -\mathrm{grad}\,V$) から導出されるように，$\boldsymbol{B}$ が $\boldsymbol{A}$ の微分 ($\boldsymbol{B} = \mathrm{rot}\,\boldsymbol{A}$) から導出されることと $\boldsymbol{A}$ がベクトルであることに由来する。もともと，マクスウェルは $\boldsymbol{A}$ を用いて電磁気現象を説明していたが，当時はその実在を示すことができなかった。

さて，マクスウェルから 100 年以上経って，$\boldsymbol{A}$ の実在は次のようにして示された。アハラノフ (Y. Aharonov)–ボーム (D. Bohm) 効果 (AB 効果とよばれる) によれば，$\boldsymbol{B}$ がなくても波としての電子 (量子力学的理解) は $\boldsymbol{A}$ の影響を受けてその位相にズレを生じる (1959 年)。外村彰は 1980 年代に，図 8.6 のように超伝導体で包むことで磁場が漏れないようにしたドーナッツ状の磁石 (強磁性体) に電子線を照射し，内部を通った電子線と外部を通った電子線の間に理論と一致する位相のずれが生ずることを示した。この一連の実験によって，初めて AB 効果が確認され，架空の量だと思われていた $\boldsymbol{A}$ の実在が認識されたのである。

同様にして，$\mathrm{rot}\,\mathrm{grad}\,\varphi = 0$ という数学的恒等式を利用し，$\boldsymbol{E} = -\mathrm{grad}\,\varphi - \partial \boldsymbol{A}/\partial t$ を満たすポテンシャル φ を導入すると，式 (8.47) が自動的に成立することになる。以上から，$\boldsymbol{A}$ と φ がより根源的な物理量だと考えてよいだろう。このように，電磁気学と量子力学を組み合わせた量子電磁力学では，$\boldsymbol{B}$ や $\boldsymbol{E}$ ではなくポテンシャルとしての $\boldsymbol{A}$ や φ が主役となる。

8.5 電 磁 波

ここで，真空中の電磁場を考えてみよう。電荷がないので $\rho = 0$，電流もないので $i = 0$ である。真空中での物質の性質を表す式 (8.31) を用いて $\boldsymbol{D}$ と $\boldsymbol{B}$ を $\boldsymbol{E}$ と $\boldsymbol{H}$ に書き換えると，マクスウェルの方程式 (8.45)–(8.48) は，次のようになる。

$$\mathrm{div}\,\boldsymbol{E} = 0 \tag{8.49}$$

$$\mathrm{div}\,\boldsymbol{H} = 0 \tag{8.50}$$

$$\mathrm{rot}\,\boldsymbol{E} = -\mu_0 \frac{\partial \boldsymbol{H}}{\partial t} \tag{8.51}$$

$$\mathrm{rot}\,\boldsymbol{H} = \varepsilon_0 \frac{\partial \boldsymbol{E}}{\partial t} \tag{8.52}$$

いま簡単のため 1 次元を考え，電場は x 成分だけをもち，z と t の関数であるとする。すなわち，

$$\boldsymbol{E} = (E_x(z,t), 0, 0). \tag{8.53}$$

そのとき，式 (8.51) の x, y, z 各成分は次のようになる。

$$(\mathrm{rot}\,\boldsymbol{E})_x = \frac{\partial E_z}{\partial y} - \frac{\partial E_y}{\partial z} = 0 = -\mu_0 \frac{\partial H_x}{\partial t} \tag{8.54a}$$

$$(\mathrm{rot}\,\boldsymbol{E})_y = \frac{\partial E_x}{\partial z} - \frac{\partial E_z}{\partial x} = \frac{\partial E_x}{\partial z} = -\mu_0 \frac{\partial H_y}{\partial t} \tag{8.54b}$$

$$(\mathrm{rot}\,\boldsymbol{E})_z = \frac{\partial E_y}{\partial x} - \frac{\partial E_x}{\partial y} = 0 = -\mu_0 \frac{\partial H_z}{\partial t} \tag{8.54c}$$

式 (8.54a, c) から，H_x と H_z は時間変化しない定数ということがわかるが，静電場と静磁場は考えないものとすると，磁場の x 成分と z 成分はないことになり，y 成分だけをもつことになる。すなわち，

$$\boldsymbol{H} = (0, H_y(z,t), 0). \tag{8.55}$$

電場は x 成分だけをもつと仮定したので，電場ベクトルと磁場ベクトルは直交することがわかる。

次に，式 (8.52) の x, y, z 各成分は次のようになる。

$$(\mathrm{rot}\,\boldsymbol{H})_x = \frac{\partial H_z}{\partial y} - \frac{\partial H_y}{\partial z} = -\frac{\partial H_y}{\partial z} = \varepsilon_0 \frac{\partial E_x}{\partial t} \tag{8.56a}$$

$$(\mathrm{rot}\,\boldsymbol{H})_y = \frac{\partial H_x}{\partial z} - \frac{\partial H_z}{\partial x} = 0 = \varepsilon_0 \frac{\partial E_y}{\partial t} \tag{8.56b}$$

$$(\mathrm{rot}\,\boldsymbol{H})_z = \frac{\partial H_y}{\partial x} - \frac{\partial H_x}{\partial y} = \varepsilon_0 \frac{\partial E_z}{\partial t} = 0 \tag{8.56c}$$

式 (8.56a) の右側 2 式の両辺を t で微分して式 (8.54b) を代入すると，

$$-\frac{\partial}{\partial z}\frac{\partial H_y}{\partial t} = \frac{1}{\mu_0}\frac{\partial^2 E_x}{\partial z^2} = \varepsilon_0 \frac{\partial^2 E_x}{\partial t^2} \tag{8.57}$$

であるから，

$$\frac{\partial^2 E_x}{\partial t^2} = \frac{1}{\varepsilon_0 \mu_0}\frac{\partial^2 E_x}{\partial z^2} \tag{8.58}$$

が得られる。この式はよく知られた波動方程式であり，速さ c は，

$$c = \frac{1}{\sqrt{\varepsilon_0 \mu_0}} \tag{8.59}$$

で与えられる。

同様に，式 (8.54b) と式 (8.56a) から E_x を消去すると，次のような磁場に関する波動方程式が得られる。

$$\frac{\partial^2 H_y}{\partial t^2} = \frac{1}{\varepsilon_0 \mu_0} \frac{\partial^2 H_y}{\partial z^2} \tag{8.60}$$

これも電場と同じく，式 (8.59) の位相速度で z 方向に伝播する波を表している。式 (8.58) と (8.60) で表される電場と磁場の波は，電場と磁場のベクトルが直交していて，それらはどちらも進行方向に対して垂直方向に振動している横波であることがわかる (図 8.7 参照)。この電場と磁場が一緒になって進行する波が電磁波である。

注意!　アンテナは導線で作られている。アンテナに交流電流が流れるとまわりに振動磁場が生じ，その磁場に錯交するように振動電場が生じる。これが繰り返されて電磁波がアンテナから放射され，まわりに伝播する。

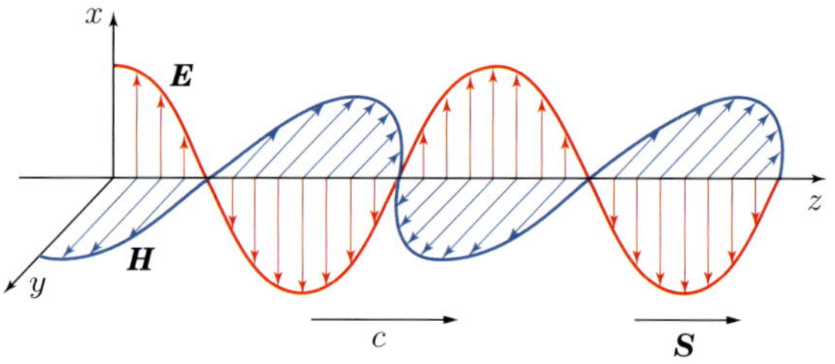

図 8.7　z 軸方向に光速度 c で進行する電磁波の電場ベクトル $\boldsymbol{E}$ と磁場ベクトル $\boldsymbol{H}$ を概念的に表したもの。$\boldsymbol{S}$ はポインティング・ベクトルを表す。

式 (8.59) のなかの定数 ε_0, μ_0 に数値を代入してみると，

$$c = \frac{1}{\sqrt{\varepsilon_0 \mu_0}} = 2.99792458 \times 10^8 \text{ m/s} \tag{8.61}$$

となり，真空中の光の速さと一致する。マクスウェルは，このことから光は電磁波であると考えた。図 8.8 のように，電波，光，X 線，γ 線，などは名称が異なるが，周波数 f (波長 λ) が違うだけで，いずれも上述のように電場と磁場が振動しながら伝播する電磁波である。

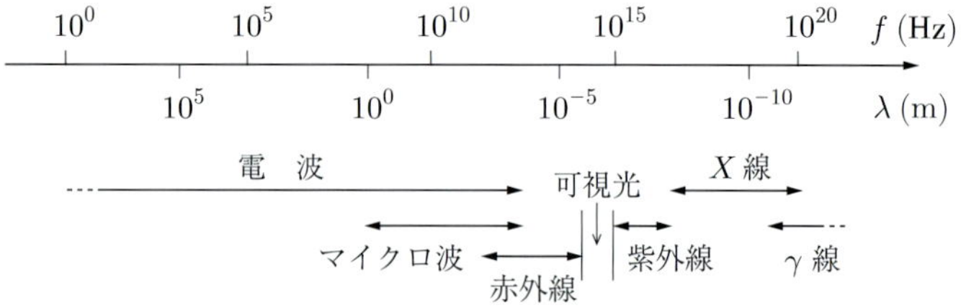

図 8.8　電磁波が周波数 f (波長 λ) によってどのようによばれているかを表したもの。

ここで，電磁波の性質をもう少しみてみよう。いま，式 (8.58) の解として，

$$E_x = E_0 \cos(\omega t - kz) \tag{8.62}$$

の波動を仮定する。ω は角振動数，$k = 2\pi/\lambda$ は波数である。なお，電磁波の速さ c は $c = \omega/k$ で表せる。式 (8.62) を z で微分して式 (8.54b) に

代入すると，

$$\frac{\partial H_y}{\partial t} = -\frac{kE_0}{\mu_0}\sin(\omega t - kz) \tag{8.63}$$

となる。これを t で積分して磁場の波動

$$H_y = \frac{kE_0}{\omega\mu_0}\cos(\omega t - kz) \tag{8.64}$$

を得る。振幅 $kE_0/\omega\mu_0$ をあらためて H_0 とおくと，

$$H_y = H_0\cos(\omega t - kz) \tag{8.65}$$

となる。電場と磁場の振幅の比は，

$$\frac{E_x}{H_y} = \frac{E_0}{H_0} = \frac{\omega\mu_0}{k} = \sqrt{\frac{\mu_0}{\varepsilon_0}} = 377\ \Omega \tag{8.66}$$

となり，一定であることがわかる。この値は，抵抗の次元をもっており，真空のインピーダンスとよばれる。

電磁波の発見は，マクスウェルが理論的にその存在を導き出した後である。1888 年にヘルツは，放電により高い周波数の電気振動を作り，電磁波を発生し，空間を伝播させ，それを離れた場所で検出できることを実験的に示した。これにより，変位電流の妥当性と電磁波の存在が証明され，マクスウェルの予想が正しいことがわかった。ヘルツの実験ののち，マルコーニ (G. Marconi) は電磁波を用いた無線通信を発明し，大西洋横断無線通信に成功した。今日では，テレビ，ラジオ，携帯電話等，多くの分野で電磁波が用いられている。

Advanced

電子レンジは水を含む食品にマイクロ波を吸収させ，食品を温める装置である。水を含まない皿は加熱されず，食品だけを加熱できる。加熱の原理として，電気双極子モーメントをもつ水分子がマイクロ波の周波数に共鳴して温度が上がると説明しているものもあるが，実際には，誘電損失 (下の [注意!] を参照) による加熱である。水の複素誘電率を測定した論文 (J. Barthel *et al.*, Chem. Phys. Lett., **19** (1990) 369-373) によると，誘電率の虚部と実部の比で表される誘電損失は約 20×10^9 Hz (20 GHz) 付近にピークをもっている。この誘電損失のピークは，数十個の水分子がまとまって動くことによるものと考えられている。日本で用いられている食品加熱用の電子レンジの周波数は，電波法の制約により 2.45 GHz に設定されている。一方，アメリカでは 0.9 GHz である。マイクロ波の吸収効率だけを考えると，20 GHz 付近の周波数のほうがよいことになるが，吸収率が高くなると表面付近で多く吸収され内部があまり加熱されなくなる。また，周波数が高くなるとマイクロ波発生装置等の技術的問題も発生する。

注意! 「誘電損失」とは，誘電体に交流電場を印加したときに誘電体内で電気エネルギーの一部が熱に変わることである。理想的な誘電体に交流電場を印加しても，電場と電流の位相が $\pi/2$ だけずれているので，誘電体内

部でのエネルギーの損失は起こらない。しかし，現実の誘電体では電場によって電荷の移動や分子の振動・回転などさまざまなことが起こることがある。それらの物理現象を含めて，コンデンサーとコンダクタンスの並列等価回路で誘電体を表すことができる。この等価回路に交流電圧を印加すると，電圧と電流の位相差は $\pi/2$ からずれてエネルギーの損失が起こる。これを誘電損失という。

〈研究：衛星通信〉

電磁波の発見は，我々の生活を大変便利にした。今日では，電磁波は，携帯電話や無線 LAN，衛星通信，テレビやラジオなどの通信・放送，GPS やレーダなどの測位・探査，更には電子レンジや無線電力伝送などのエネルギー利用など，身近なところであたりまえのように利用されている。

電磁波の最大の特徴は，それが空間を伝わることである。たとえば，通信分野において，有線伝送路を用いた通信は，伝送路が敷設されているところに制限される。一方，電磁波を用いた場合，空間が伝送路となるため，電磁波が到来していれば，場所を固定することなく，情報の送受ができる。この特徴は，有線伝送路の敷設が困難な場所との通信を比較的容易に実現可能とする。たとえば，宇宙空間に中継器を 1 つ設置するだけで，地球の裏側付近にいる人との通信が可能となる。これを実現したものが衛星通信とよばれる技術である。通信衛星を赤道上空の衛星の公転周期が地球の自転周期と同じになる高度に設置すると，地球上からは衛星が 1 点に静止しているように見える。この軌道を静止軌道，衛星を静止衛星とよび，衛星通信等で広く活用される。同様に，地球の上空を周回している国際宇宙ステーションと地球間の通信も電磁波のおかげで容易に実現される。

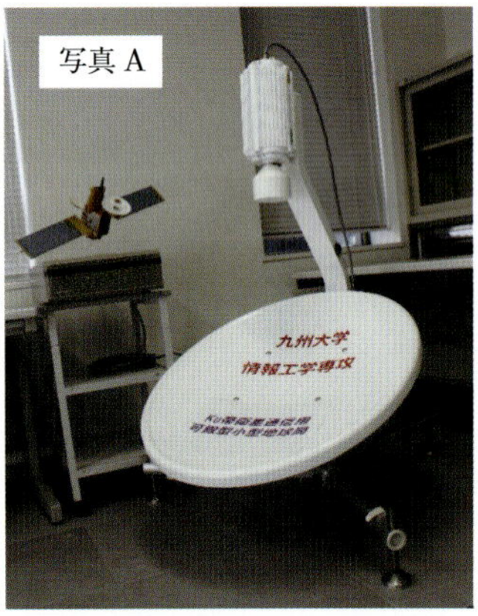

写真 A

電磁波の利用では，電気信号を電磁波に変換して空間に放出，あるいは空間を広がりながら伝搬してくる電磁波をとらえ，電気信号に戻すための素子として，アンテナが重要な役割をもつ。アンテナには，線状や面状の形状をもつ素子で構成され，その大きさは小型のものから大型のものまでさまざまである。変換効率の優れたアンテナの開発は，電磁波の利用において重要な課題である。また，空間を伝搬する電磁波は，利用周波数によって空間中の媒質から受ける影響が異なる。たとえば，10 GHz を超える高い周波数の電磁波は，大気や雨滴により減衰しやすい。強い雨が降っているときに衛星放送を見ていると，映像・音声が停止したり乱れたりするのは，この影響による。

写真 B

写真 A は，静止衛星と通信を行うための可搬型小型地球局である。九州大学では，伝搬路上の雲や降雨，電離層などの媒質が電磁波の伝搬に与える影響を予測する方法や，その影響を抑圧し高速な衛星通信を実現する方法の開発を目指した研究を行っている。写真 B は，本学で開発を進めている小型人工衛星などとの間で交信を行うための地球局で，本学上空を移動する衛星を追尾しながら情報交換を行う。(写真 A：可搬型 Ku 帯衛星通信用小型地球局 (0.75 mϕ オフセットパラボラアンテナ)，写真 B：追尾型 X・Ku 帯地球局 (2.4 mϕ カセグレンアンテナ))
(九州大学システム情報科学研究院情報知能工学部門　藤崎清孝准教授)

8.6 ポインティング・ベクトル

第 3 章と第 7 章で学んだように，空間に電場や磁場があればそこにはエネルギーが蓄えられている。電磁波は電場と磁場の波であるから，電磁波が空間を伝播すれば，エネルギーが運ばれることになる。このときのエネルギーについて次に考察する。

前に学んだ電場のエネルギー密度 u_{e} の式 (3.29) と磁場のエネルギー密度 u_{m} の式 (7.34) から，両者の和は次のように表される。

$$u = u_{\mathrm{e}} + u_{\mathrm{m}} = \frac{1}{2}\varepsilon_0 E_x^2 + \frac{1}{2}\mu_0 H_y^2 \tag{8.67}$$

これが光速 c で伝播するので，単位時間当たり単位断面積を通って z 方向に流れる電磁場のエネルギー S_{z} は cu で与えられる。したがって，

$$S_{\mathrm{z}} = cu = c\left(\frac{1}{2}\varepsilon_0 E_x^2 + \frac{1}{2}\mu_0 H_y^2\right) \tag{8.68}$$

となる。ここで，式 (8.61) と式 (8.66) の関係を用いると，

$$\begin{aligned} S_{\mathrm{z}} = cu &= \frac{1}{2}\sqrt{\frac{\varepsilon_0}{\mu_0}}E_x^2 + \frac{1}{2}\sqrt{\frac{\mu_0}{\varepsilon_0}}H_y^2 \\ &= \frac{1}{2}E_x H_y + \frac{1}{2}H_y E_x = E_x H_y \end{aligned} \tag{8.69}$$

となる。これは，ベクトルを用いると一般に，

$$\boldsymbol{S} = \boldsymbol{E} \times \boldsymbol{H} \tag{8.70}$$

と表される。この $\boldsymbol{S}$ をポインティング・ベクトルという。(ポインティングは，このことを考察した人の名前 J.H. Poynting に由来する。) また，S を時間平均したものは，電磁波の強度を表す。

ポインティング・ベクトル $\boldsymbol{S}$ は図 8.7 の中に矢印で示したように，$\boldsymbol{E}$ と $\boldsymbol{H}$ 両ベクトルに垂直で，$\boldsymbol{E}$ を $\boldsymbol{H}$ の方向に回したときに右ネジの進む向きである。電磁波により，単位時間当たり単位断面積を通って S の大きさのエネルギーが z 方向に運ばれている。

Advanced：電磁場のエネルギー

力学の分野で力学的エネルギーについて，熱力学の分野で熱を含めたエネルギーについて学び，さらにそれらのエネルギー保存則についても学ぶ。それでは，電場や磁場がある場合のエネルギーはどう表され，その保存則はどうなるのであろうか。ここでそのことについて考えよう。

いま，空間に電場や磁場が存在し，それが時間変化している場合を考えよう。このとき電磁場のエネルギーはどう表されるのであろうか。ここでは簡単のために，$\boldsymbol{D} = \varepsilon_0 \boldsymbol{E}$, $\boldsymbol{B} = \mu_0 \boldsymbol{H}$, $\boldsymbol{i} = \sigma \boldsymbol{E}$ が成り立つ場合だけを考えよう。いま，体積 V と，それを取り囲む閉曲面 S を考える。体積 V 内のエネルギー密度 w は次のように表される。

$$w = \frac{1}{2}(\boldsymbol{E}\cdot\boldsymbol{D} + \boldsymbol{B}\cdot\boldsymbol{H}) \tag{8.71}$$

この時間変化を考えよう。式 (8.71) を時間で微分すると，

$$\frac{\partial w}{\partial t} = \frac{1}{2}\left(\frac{\partial \boldsymbol{E}}{\partial t}\cdot\boldsymbol{D} + \boldsymbol{E}\cdot\frac{\partial \boldsymbol{D}}{\partial t} + \frac{\partial \boldsymbol{B}}{\partial t}\cdot\boldsymbol{H} + \boldsymbol{B}\cdot\frac{\partial \boldsymbol{H}}{\partial t}\right) \tag{8.72}$$

これに $\boldsymbol{D} = \varepsilon_0\boldsymbol{E}$, $\boldsymbol{B} = \mu_0\boldsymbol{H}$ を代入すると，

$$\frac{\partial w}{\partial t} = \boldsymbol{E}\cdot\frac{\partial \boldsymbol{D}}{\partial t} + \boldsymbol{H}\cdot\frac{\partial \boldsymbol{B}}{\partial t} \tag{8.73}$$

と表される。この $\frac{\partial \boldsymbol{D}}{\partial t}$ と $\frac{\partial \boldsymbol{B}}{\partial t}$ に 2 つのマクスウェル方程式 (8.47) と (8.48) を代入して書き換えると，

$$\frac{\partial w}{\partial t} = \boldsymbol{E}\cdot(\mathrm{rot}\,\boldsymbol{H} - \boldsymbol{i}) + \boldsymbol{H}\cdot\mathrm{rot}\,\boldsymbol{E} \tag{8.74}$$

を得る。この式にベクトルに関する次の数学公式

$$\mathrm{div}(\boldsymbol{E}\times\boldsymbol{H}) = \boldsymbol{H}\cdot\mathrm{rot}\,\boldsymbol{E} - \boldsymbol{E}\cdot\mathrm{rot}\,\boldsymbol{H} \tag{8.75}$$

を適用し，順序を入れ替えると，

$$-\frac{\partial w}{\partial t} = \boldsymbol{i}\cdot\boldsymbol{E} + \mathrm{div}(\boldsymbol{E}\times\boldsymbol{H}) \tag{8.76}$$

となる。ここで右辺第 2 項の $\boldsymbol{E}\times\boldsymbol{H}$ は式 (8.70) のポインティング・ベクトルである。

ところで，体積 V 内にある電磁場のエネルギー W は，次の体積積分で表される。

$$W = \int_{\mathrm{V}} w\,dv \tag{8.77}$$

したがって，式 (8.76) は次のように表される。

$$-\frac{dW}{dt} = \int_{\mathrm{V}} \boldsymbol{i}\cdot\boldsymbol{E}\,dv + \int_{\mathrm{V}} \mathrm{div}(\boldsymbol{E}\times\boldsymbol{H})\,dv \tag{8.78}$$

ここで次のガウスの定理 (付録 E 参照),

$$\int_{\mathrm{V}} \mathrm{div}\,\boldsymbol{A}\,dv = \int_{\mathrm{S}} A_n\,dS \tag{8.79}$$

を用いて右辺第 2 項の体積積分を面積分に書き換えると，次の式が得られる。

$$-\frac{dW}{dt} = \int_{\mathrm{V}} \boldsymbol{i}\cdot\boldsymbol{E}\,dv + \int_{\mathrm{S}} (\boldsymbol{E}\times\boldsymbol{H})_n\,dS \tag{8.80}$$

さて，この式はどのように解釈されるのであろうか。左辺は体積 V 内にある電磁場のエネルギーが減少する速度を表している。右辺の第 1 項は，電磁場のエネルギーがジュール熱に変わる速度を表している。第 2 項は，電磁場のエネルギーが体積 V を取り囲む閉曲面 S を通って外に出ていく速度を表している。すなわち，式 (8.80) は**電磁場も含めたエネルギー保存則**を表している。

この章でのポイント

- マクスウェルは変位電流の概念を導入し，アンペールの法則を電流が時間変化するときにも成り立つアンペール–マクスウェルの法則に拡張した。
- 電磁場の基本方程式であるマクスウェルの方程式は次の 4 つである。

(1)　電場に関するガウスの法則

$$\int_{\mathrm{S}} \boldsymbol{D} \cdot d\boldsymbol{S} = \int_{\mathrm{V}} \rho \, dv$$

(2)　磁場に関するガウスの法則

$$\int_{\mathrm{S}} \boldsymbol{B} \cdot d\boldsymbol{S} = 0$$

(3)　ファラデーの電磁誘導の法則

$$\oint_{\mathrm{C}} \boldsymbol{E} \cdot d\boldsymbol{s} = -\int_{\mathrm{S}} \frac{\partial \boldsymbol{B}}{\partial t} \cdot d\boldsymbol{S}$$

(4)　アンペール–マクスウェルの法則

$$\oint_{\mathrm{C}} \boldsymbol{H} \cdot d\boldsymbol{s} = \int_{\mathrm{S}} \left(\boldsymbol{i} + \frac{\partial \boldsymbol{D}}{\partial t} \right) \cdot d\boldsymbol{S}$$

- マクスウェルの方程式から出発して電磁波の波動方程式が得られた。電磁波は電場と磁場のベクトルが直交していて，それらはどちらも進行方向に対して垂直方向に振動している横波である。
- 光は電磁波の一種である。
- 変位電流の妥当性と電磁波の存在は，マクスウェルの理論的予測の後，ヘルツの実験により確認された。
- 電場と磁場のベクトル積で表されるポインティング・ベクトルは，電磁波によるエネルギーの流れを表す。
- 力学的エネルギー保存則や熱を含めたエネルギー保存則に加え，電磁場を含めたエネルギー保存則を導いた。

第 8 章　章末問題

1. 電荷 q をもった荷電粒子が等速直線運動をしている。荷電粒子のまわりに生じる変位電流を求めよ。また，変位電流の概形を描け。

2. 電気伝導率 σ，誘電率 ε，透磁率 μ の導体中において，電場 $\boldsymbol{E}(x,t)$ と磁場 $\boldsymbol{B}(x,t)$ は，次の形の方程式を満たすことを示せ。この方程式は電信方程式とよばれ，導体中を伝播する電磁波の波動方程式である。

$$\nabla^2 \boldsymbol{E} - \varepsilon\mu \frac{\partial^2 \boldsymbol{E}}{\partial t^2} - \mu\sigma \frac{\partial \boldsymbol{E}}{\partial t} = 0$$

$$\nabla^2 \boldsymbol{B} - \varepsilon\mu \frac{\partial^2 \boldsymbol{B}}{\partial t^2} - \mu\sigma \frac{\partial \boldsymbol{B}}{\partial t} = 0$$

3. 電荷の保存則とマクスウェルの方程式の一つであるファラデーの電磁誘導の法則から，第 4 章の定常電流で学んだキルヒホッフの法則を導出せよ。

第 III 部

熱力学

1

温度と熱

私たちは風邪をひくと「熱がある」などという表現を使うことがあるが，その意味は，健康なときの体温，いわゆる平熱よりも温度が高いということである。このように，日常生活では熱と温度は同じような意味合いで使われることが多いが，熱力学では両者は厳密に区別される。この章では，その違いを明らかにし，熱力学が対象とする系や熱力学的平衡などの基礎概念を理解する。また，ジュールの歴史的な実験から，仕事と熱の関係についても学ぶ。

1.1 系の熱力学的な表し方

以下にあげた6つの例文はいずれも日常でみられる現象を表現したものである。

- 今日は暑い (寒い)。
- 冷凍庫内は氷点下になっている。
- 寒い冬でも，防寒着を着ていると暖かい。
- ヤカンに水を入れてガスコンロで加熱して，お湯を沸かす。
- 水を冷凍庫に入れて冷やして，氷を作る。
- ガスヒーターを使って部屋を暖める。

これらの文章のニュアンスの微妙な違いがわかるだろうか。最初の三例はいずれも寒暖の程度に関する日常表現であり，後の三例は寒暖を変えるための積極的な操作に関する日常表現である。前者の三例のように，寒暖の度合いを定量的に表す物理量を温度とよぶ。これに対して，後者の三例のように，対象とする物体の温度や，固体・液体・気体などの状態を変えるために，物体に加えたり，物体から取り去ったりしなければならないのが熱とよばれる物理量である。物理的にはより定量的に定義しなければならないが，当面は温度と熱をこのように定義しておくことにする。そうすると，ここにあげた例はすべて熱の発生と移動による温度変化をともなった現象に関する記述であるということができる。このような現象は日常的に経験することであるが，普段の生活では温度と熱を特別に区別して表現することはあまりない。しかし，科学としての熱力学は，熱と温度の違いをはっきりと認識するところから始めなければいけない。

通常，熱力学では考察の対象となるものを自然界から抜き出してきた「系」とよばれるものを考察する。ここでいう系とは，具体的には以下のようなものである (図 1.1)。

- ピストンに閉じ込められた気体。
- ビーカーの中の液体。
- 温度や体積が決まった状態にある金属の塊。

すでに学んだ力学では，ごく少数の粒子の位置や速度などを時間の関数として記述し，粒子のしたがう運動方程式をもとに議論した。これに対して熱力学では，アボガドロ定数 (およそ $6.02 \times 10^{23}\ \mathrm{mol}^{-1}$) ほどの多くの粒子を含む巨視的な系を対象とするのが普通である。したがって，これほどの数の原子や分子の個々の運動を力学的な方法で記述することは本質的に不可能である。そこで，個々の粒子の運動を扱うという直接的方法ではなく，多くの原子や分子の運動の平均的な性質として観測が可能な温度，体積，圧力，密度などの物理量を用いて議論するほうがより現実的ということになる。また，巨視的物体の状態，固体・液体・気体などの状態とその間の転移がこれらの巨視的な物理量で表されることは経験的にわかっている。ここで，温度，体積，圧力，密度のような物理量を巨視的変数とよぶ。つまり，熱力学とは我々が日常的に接する物体の平均的な性質である温度，体積，圧力，密度などの巨視的な物理量の相互関係から系の熱的現象を理解する学問と位置づけられる。このように，熱力学では物体の構成要素である個々の粒子の運動を調べることはせずに，我々が経験する温度や圧力などだけで現象を議論する。そのため，熱力学を現象論的学問ということもある。これに対して，分子運動論や統計力学では個々の粒子の運動を集団的に扱って熱力学的議論などを展開する。

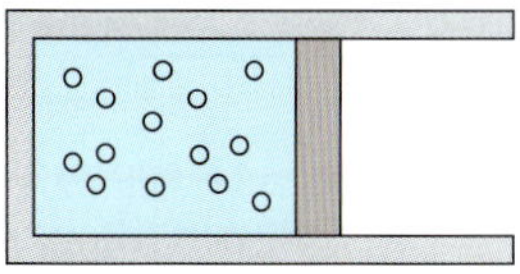

(a)　ピストン内の気体

(b)　ビーカー内の液体

(c)　金属塊

図 1.1　いろいろな系

1.2　熱平衡状態と温度

多くの家庭では，お湯を熱いまま保つためにポットやジャーを使う。これらの家庭器具は，外部との熱の出入りがなるべく少なくなるように工夫された容器である。ポットやジャーのように，熱の出入りをなくすことを断熱するという。断熱性の高い容器は，お湯や冷水の保存だけではなく，実験の場では液体窒素などを保存する容器 (デュワー瓶) としても使われている (図 1.2)。

いま，断熱性の非常に高い容器にお湯を注いでしばらく放置する。お湯を注いだ直後には，容器とお湯の間で熱のやりとりが起こるだろうが，しばらく時間が経つと中のお湯の温度は空間的に一様な状態になるだろう。このように，巨視的にみて熱的に一定で不変な状態を熱平衡状態とよぶ。ここで，巨視的にみてということが非常に重要なポイントである。巨視的

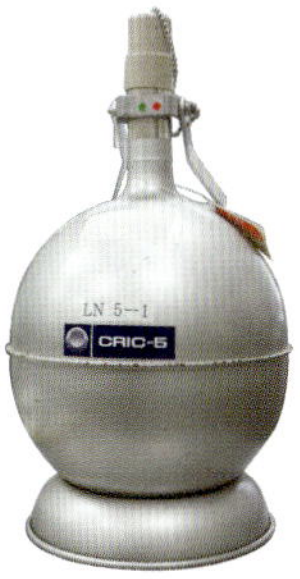

図 1.2　液体窒素保存用に使用されるデュワー瓶

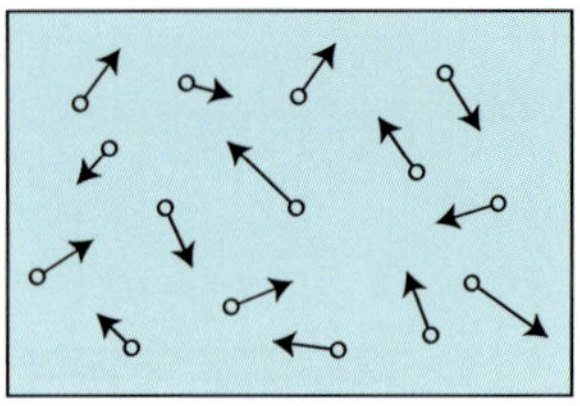

図 1.3 巨視的には一様にみえる系であっても，微視的にみると粒子は激しく動いている。したがって，たとえば密度は瞬間的には空間的に一様ではない。

にみて熱平衡状態にある系であっても，微視的にはこれを構成している原子や分子は激しく運動しているからである (図 1.3)。

また，長い棒状の物体の一端を暖めると物体の内部を熱が流れる。あるいは，空気や液体のどこかに圧力の差があれば物質の流れが生じる。これらの例のように，物体内部に熱や物質の流れがある場合，系は非平衡状態にあるという。非平衡状態にある系を理解するにはここで学ぶ方法とは異なった方法を用いなければならないので，これから学ぶ熱力学では熱平衡状態にある系のみを取り扱うことにする。

問い 定常状態ではあるが，熱力学的平衡状態ではない例をあげよ。

ここで，巨視的な系は，外部と断熱すると一時的には非平衡状態になってもいずれは熱平衡状態へと移行する，という経験的事実をひとつの物理的要請として採用する。この経験的事実は，現代においても原子や分子の運動から証明されているわけではない。すなわち，

1. 平衡状態への移行
   系を外部から孤立させて十分長い時間放置すれば，温度や圧力などの変数が時間的にも空間的にも変化しない熱平衡状態に落ち着く。
2. 系の任意の部分の平衡状態
   物体 A と B が接触していて熱平衡状態にあり，物体 A と C も接触していて熱平衡状態にあれば，物体 B と C も熱平衡状態にある。

この要請は熱力学第 **0** 法則ともよばれる。熱力学第 0 法則を経験的事実として認めると，任意の物体を介した接触により，次のようにして温度を数値化することができる。

注意! 一般に，温度や圧力などの変数が時間的に変化しない状態は定常状態とよばれる。しかし，定常状態と熱平衡状態は必ずしも一致しないことに注意すること。特に，熱力学的な平衡状態では「系を孤立させたという付帯条件」が重要である。また，進んだ議論では熱源との接触を考察する必要があるが，このときは熱源と接触して孤立させるということである。ここで，孤立系とは外部と熱などのエネルギーも物質も交換しない系のことである。

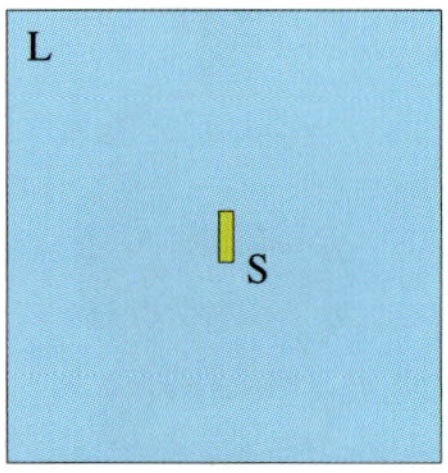

図 1.4 平衡状態にある大きな系 (L) と小さな系 (S)

2 つの系が熱的に接触しているとする。たとえば，大量の水 (L) とそれよりも十分に少量の金属線 (S) を考えよう (図 1.4)。この場合，水の量が金属線の量に比べて非常に多いので，熱的な平衡状態に至る過程はほとんど水の状態変化によって決まる。この熱平衡状態状においては，我々が大きな系と小さな系のどちらに興味があるかということによって異なった記述となる。もし我々が小さな金属線の物理的性質に興味がある場合，大量の水は金属線の温度を調整する恒温槽となる。他方，もし我々が大きな系である水のほうに興味がある場合には，小さな金属線は水の「温度」を記録するための装置とみなすことができる。このとき，そのような装置を「温度計」とよぶ。

温度の記述は，温度計物質の特徴的な物理量を測定することにより，定量的に行われなければならない。金属線の場合であれば，温度に依存する物理量である電気抵抗などを測定すればよい (白金抵抗線温度計)。また，小さな系が流体であれば，その体積を測定すればよい (理想気体温度計，アルコール温度計，水銀温度計など)。このとき，測定される温度計物質の物理量と温度の間には，一対一の関係がなければならない (章末問題 4)。具体的な温度の数値化については後の 1.4 節で行うことにしよう。

1.3 部分系と複合系

巨視的な系を空間的に分割したひとつの部分を考える。このような部分を部分系とよぶが，部分系は周囲の系と相互作用しているので孤立系ではない。また，部分系は極限的に細かな分割を行わない限り，巨視的系とみなしてよい。孤立系でない系は，したがって，その系を含む大きな孤立系の部分系であるとみなしてよいことになる。このとき，大きな孤立系を複合系とよぶことにする。たとえば，前節で考察した温度計 A と物体 B が接触している場合，温度計 A は大きな系 (複合系) AB の部分系とみなしてよい。

部分系であっても巨視的な系であるから，やはり熱力学の対象となる。熱力学ではこの事実を積極的に使う。考察の対象とする巨視的な系をいくつかの部分系に分けて考えるほうが都合のよい場合もある。この場合，実際に分割する必要はなく，仮想的な分割でよい。巨視的系の分割では，議論に都合がよいように分割してかまわない。ここで，巨視的にみて均一な状態を次のように定義する。

> 系の中の任意の同じ形で同じ体積である **2** つの部分系に着目する。これらの部分系を系の任意の場所から取り出したときに，この **2** つの部分系のどのような巨視的変数の値も等しい値である場合，もとの巨視的系の状態は巨視的にみて均一な状態であるという。

巨視的にみて均一ということは，巨視的な変数しかみないために，微視的な不均一はみえないということである。系が均一か否かということは，対象を眺めるスケールに依存する。

1.4 温度と状態方程式

さて，定量的な議論を展開するためには温度を数値を用いて表す必要がある。このためには何らかの基準を定めなければならない。この基準に用いられるのが物質の状態方程式とよばれるものである。状態方程式は，任意の物体の温度 t，圧力 p，体積 V のあいだに成り立つ関係式として表したものである。ここで，状態方程式を

$$t = f(p, V) \tag{1.1}$$

と表すことにする。この式は，2 つの変数 p, V が決まれば温度 t が定まることを意味する。ここでさらに，圧力 p を $p = p_0$ と一定にする。

$$t = f(p_0, V) = f(V) \tag{1.2}$$

この式は，一定の圧力のもとで任意の物質の体積を測定することにより，温度を決めることができるということを意味する。このとき，$f(V)$ は適当な物質に対する任意の関数であってよいが，通常は水の 1 気圧のもとでの沸点を 100 °C，水の凝固点を 0 °C と定義し，この間を 100 等分して単位目盛りを定めるセ氏温度目盛り (°C) が用いられている。一般に，このような我々の身のまわりの現象を基準として決めた温度の目盛りを経験的温度目盛りという。我が国ではセ氏温度を採用しているが，カ氏温度を採用している国もある。また，温度計に用いる物質，温度計物質は何でもよいが，通常は，アルコールや水銀などの流体を用いることが多い (図 1.5)。

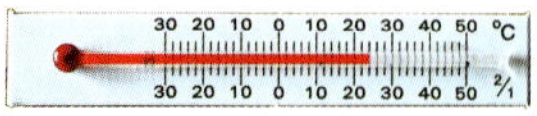

(a)　寒暖計
（アルコール式温度計）

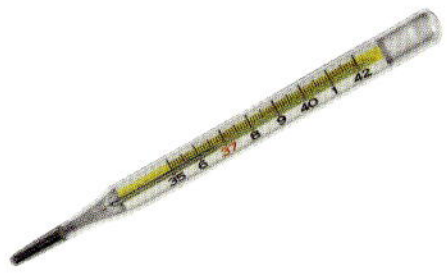

(b)　水銀体温計

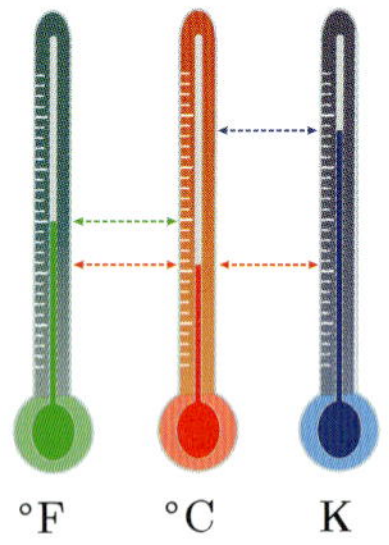

(c)　温度の種類

図 1.5　さまざまな温度計と温度目盛り

気体の熱膨張を利用した定積気体温度計によって決定される温度は気体温度計の絶対温度

$$T\ (\mathrm{K}) = 273.15 + t\ (^\circ\mathrm{C})$$

ともよばれ，他のすべての温度計の校正に用いられる。もちろん，どのような気体も冷却によって液化・固化するので，使用温度には限界がある。また，気体の特殊な場合として，理想気体を温度計物質として使うこともある。理想気体とは，温度 T，圧力 p，体積 V が厳密に状態方程式

$$pV = nRT \tag{1.3}$$

にしたがうと仮定できる仮想的な気体である。ここで，n は気体のモル数，R は気体定数 (およそ 8.314 $\mathrm{JK^{-1}mol^{-1}}$) である。実在の気体を表す状態方程式としていくつか提唱されているが，いずれも完全なものはない。しかし，実在気体であっても，高温 (室温程度以上) であり，かつ十分に希薄であれば理想気体の状態方程式にしたがうことが知られている。したがって，理想気体の状態方程式は実在気体のある側面を表す非常に良い近似となっている。このように，仮想的な理想気体を用いて定義される絶対温度を特に理想気体温度計の絶対温度とよぶこともある。これに対して，熱機関の効率に対する熱力学的な考察の結果として熱力学的絶対温度も定義できる*)。熱力学的絶対温度は気体温度計の絶対温度と等しくなるように，また，単位の温度目盛りはセ氏温度と絶対温度で等しくなるように定義されている。以後はこれらを区別せず，単に絶対温度とよぶことにする。

*　3.5 節も参照。

Advanced：実在気体の状態方程式

気体を用いて温度を定量的に決定するためには状態方程式とよばれる気体の状態を表す関係式が必要である。

$$T = f(p, V)$$

また，温度の決定のみならず，これ以後の章では理想気体を対象とした議論がなされるが，これは単純に計算が容易であるということによるものであ

る。もちろん，実在する気体の状態方程式が使えるのならそれにこしたことはないのだが，実在気体では気体の液化，つまり気–液相転移とよばれる現象が現れるため，計算が難しくなり，さらに物理的な意味がみえにくくなる。ここで，このあたりの背景を少し述べておくことにする。

気体の状態方程式を理論的に導出する試みは数多くなされており，クラウジウス (R.J.E. Clausius)，ベルトゥロー (P.E.M. Berthelot)，カメリン・オンネス (H. Kamerlingh Onnes)，プランク (M. Plank) などの名だたる科学者がさまざまな形の状態方程式を提案している。いずれの状態方程式も長短があるが，ファン・デル・ワールス (J.D. van der Waals) が提唱した状態方程式が実在気体の性質，特に気体と液体間の相転移を定性的にではあるが説明し，かつ簡単で物理的意味が明快なことから，以後の研究で実在気体のモデルとして多用されることとなった。ファン・デル・ワールスはこの業績により 1910 年のノーベル物理学賞を受賞している。

一種類の分子種からなる 1 モルの気体に対するファン・デル・ワールスの状態方程式は次のように表される。

$$\left(p + \frac{a}{V^2}\right)(V - b) = RT$$

ここで，分子間引力による気体の圧力の減少分を考慮して，理想気体の状態方程式の圧力 p を $(p + a/V^2)$ (a は正の定数) と，また，分子間の排除体積効果を b で見積もり，気体の体積を $(V - b)$ と補正した。$a \to 0, b \to 0$ の極限では，上式は理想気体の状態方程式に帰着する。

ここで，定数 a と b の数値を適切に見積もり，さまざまな温度 T を与えて等温曲線を描くと以下のことがわかる。十分に高い温度領域の等温曲線は，理想気体の等温曲線のような双曲線になる。温度 T を下げてゆくと $p(V)$ に変曲点が現れ (図 1.6 の点 C)，さらに温度を下げると，等温曲線に 2 つの極値が現れる。これらの典型的な等温曲線を図 1.6 に示した。双曲線の等温曲線と 2 つの極値をもつ等温曲線を分ける境界の温度を臨界温度 T_c とよぶ。

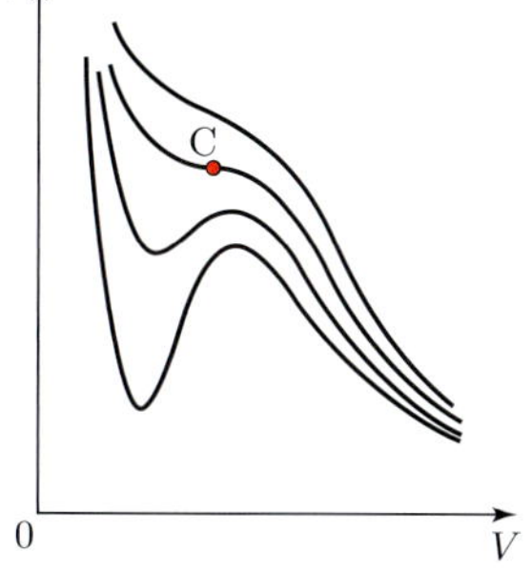

図 1.6 ファン・デル・ワールス気体の等温曲線の模式図

実験的には，臨界温度より低い温度において，系は一様な気相から気相と液相という 2 つの流体相が共存する状態へと転移する。この 2 つの流体は密度の違いで認識される。系に液相が共存している状態では，圧力を増加すると液相の体積が増加し，圧力は増加しない。つまり，この領域では圧力の印加によって気体の液化が起こり，等温曲線は平坦になる。図 1.7 に示した二酸化炭素の等温曲線にはこの様子が示されている。

2 相共存状態が起こる等温曲線の端点をつないだ，上に凸の曲線を気体と液体の共存曲線とよぶ。共存曲線の頂点は臨界点とよばれる。臨界点を表す圧力と体積をそれぞれ臨界圧力，臨界体積とよび，p_c, V_c で表す。臨界点以上の温度では気相と液相の区別は消滅する。つまり，気体を液化するには臨界温度より低温に冷却しなければならない。気体の臨界点は，臨界圧力 p_c，臨界体積 V_c，臨界温度 T_c の 3 つのパラメータで決まる相空間の 1 点であり，気体に特有な点である。臨界点は次の 2 つの条件で決まる。

$$\frac{\partial p}{\partial V} = 0, \qquad \frac{\partial^2 p}{\partial V^2} = 0$$

ファン・デル・ワールスの状態方程式に対してこの計算を実行すれば，臨界圧力，臨界体積，臨界温度を a と b を使って表すことができる。

$$p_c = \frac{a}{27b^2}, \qquad V_c = 3b, \qquad T_c = \frac{8a}{27Rb}$$

つまり，個々の気体に対するパラメータ a と b の値は異なっていても，臨界

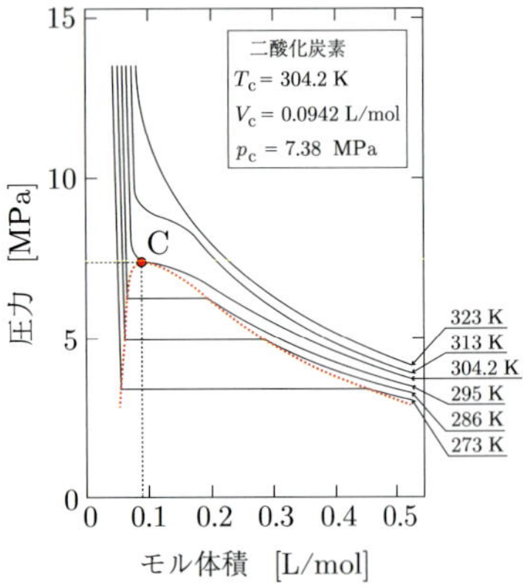

図 1.7　二酸化炭素の等温曲線

圧力，臨界体積，臨界温度はパラメータ a と b の同一な式で表される。このことから，臨界圧力，臨界体積，臨界温度で規格化された換算変数，

$$\mathcal{P} = \frac{p}{p_c}, \quad \mathcal{V} = \frac{V}{V_c}, \quad \mathcal{T} = \frac{T}{T_c}$$

を用いて，状態方程式は次式のように書ける。

$$\left(\mathcal{P} + \frac{3}{\mathcal{V}}\right)\left(\mathcal{V} - \frac{1}{3}\right) = \frac{8}{3}\mathcal{T}$$

この式は換算状態方程式とよばれ，気体の種類には依存しない。言い換えると，換算変数を使って描けば，状態方程式は一つの普遍的な曲線となる。これを対応状態の原理とよぶ。

このように，ファン・デル・ワールスの状態方程式は実在気体のよいモデルとなっているが，実際の気体の等温曲線 (図 1.7) とファン・デル・ワールス気体の等温曲線 (図 1.6) とは，細かなところで相違がみられる。また，熱力学的には，2 つの極値をもつファン・デル・ワールス等温線のどこに平坦な直線を引くべきかという問題もある。しかしながら，ファン・デル・ワールスの状態方程式は実在気体で観測される気体の液化を記述する簡単な状態方程式として非常に有用なモデルなのである。

［例題 1.1］　イギリスやアメリカなどで使用されているカ氏温度 °F では，歴史的には，氷が解ける温度を 32 °F，水の沸騰する温度を 212 °F とし，その間を 180 等分して 1°F としている。セ氏温度の 30 °C はカ氏温度でいくらか。

［解］　定義から，カ氏温度 (F) とセ氏温度 (C) は以下の関係にある。

$$F = \frac{9}{5}C + 32$$

したがって，30 °C は 86 °F となる。

ちなみに，現在のセ氏温度の定義は，絶対温度から 273.15 を減じた値となっている。これによると，水の沸点は 100 °C ではなく 99.974 °C になるなど，数値的には複雑なことが生じる。

1.5 熱　　量

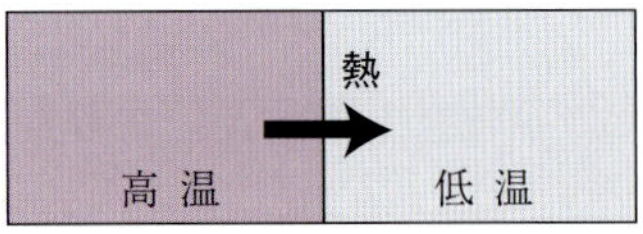

図 1.8　熱は高温側から低温側に流れて，それらの物体の温度を変える。

高温の物体と低温の物体を接触させた複合系は，いずれは熱平衡状態になる。あとで正確に議論するが，ここでは高温の物体から低温の物体へ移ったと仮想した物理量を熱とよぶことにしよう (図 1.8)。このように，熱の移動によって温度が変化するので，温度変化の原因となるものが熱という概念である。また，熱を定量化したものを熱量とよぶ。現在，熱は移動するエネルギーの一形態 (熱エネルギーとよぶ) であることは明らかであるが，古来，人は熱とよばれる物が移動すると考えていた。

注意!　熱力学第 1 法則 (後述) によれば，系に与えられた熱はその内部エネルギーの増加分となる。しかし，同時に内部エネルギーの変化は仕事や物質の出入りによっても生ずる。したがって，熱という概念は，エネルギー移動の過程に対して定義されるものであり，物質の状態そのものについて定まる概念ではないことに注意すること。熱化学の創成期においては，熱は熱素とよばれる物質のように扱われていた。1.5 節で考察するのは，このような素朴概念に基づいた熱の保存則である。

温度は，現在は，物体を構成する原子や分子の乱雑な運動によるものと理解されている。たとえば，固体表面での摩擦では，2 つの物体をこすり合わせるという巨視的な運動による仕事が，微視的な原子や分子の乱雑な運動を激しくさせた結果として温度が上昇する，と理解されている。我々は，この結果として，その物体に触ると暖かく感じるのであり，物体の温度が上昇あるいは下降することを測定して物体間の熱エネルギーの移動を認識するのである。このことから明らかなように，熱はその移動の過程に対して定義できる物理量であり，物質の状態そのものに対して定まる概念ではない。ここでは，物体の接触で移動した熱エネルギーを定量的に評価する。熱と温度の正しい意味はこの章の最後で明らかになる。ここからしばらくの間は，「熱エネルギーの流れ」を，単に「熱の流れ」と表現することにする。また，議論を進めるために，以下の物理量を定義しておく。

1. **熱量の単位**

   系に生じた温度変化がすべて機械的な作用によって生じたとすると，変化した熱量 Q は仕事で表すことができる。これまで，熱量の単位にはカロリー (cal) が使われることもあったが，国際単位系 (SI) に移行してからは，熱量の単位としてはジュール (J) を用いることになった。もし熱量の単位にカロリーを使う必要がある場合には，ジュール値を併記することとされている*)。

2. **熱 容 量**

   物体の温度を 1 K (1 °C) 上昇させるのに必要な熱量。

3. **比　熱**

   単位の質量の物質の温度を 1 度上昇させるために必要な熱量を比熱とよぶ。国際単位系における単位の質量は 1 kg である。また，1 モルの物質を単位の質量とする比熱もあり，このような比熱をモル比熱とよぶ。

これらの定義からわかるように，熱容量は物体定数であるが，比熱は物質定数である.

注意! 物体定数とは，注目しているひとかたまりの物体に対して定義される物理量であり，物質定数は物質に特有な定数である。したがって，温度が等しい 1 g の水と 100 g の水では物体定数としての熱容量は異なるが，同一の物質なので比熱はどちらも同じである。比熱の単位には，$\mathrm{J\,K^{-1}\,g^{-1}}$，$\mathrm{cal\,{}^{\circ}C^{-1}\,g^{-1}}$，$\mathrm{kJ\,K^{-1}\,kg^{-1}}$ なども使われるが，この教科書では，国際単位系の $\mathrm{J\,K^{-1}\,kg^{-1}}$ を用いる。

さて，上に定義した物理量を使って熱のやりとりを考察してみよう。まず，2 つの同一の物質からなる質量 m_1 と m_2 の物体 1 と 2 を考えることにする。これらの物体の各々の温度が t_1 と t_2 $(t_2 > t_1)$ であったとする。これらの物体を接触させると熱の移動が起こり，物体 1 の温度が上昇する (物体 2 の温度が降下する)。この過程で熱エネルギーは 2 から 1 へ移動し

* 日本の計量法では，カロリーという単位は食物または代謝の熱量の計算に限定して使用できることと決められているが，この場合には正確に 1 cal = 4.184 J と定義される。

たことになる。最終的に，両物体の温度が t_3 $(t_2 > t_3 > t_1)$ になった。このとき，低温物体 1 が得た熱量を Q_1 とすると，

$$Q_1 = m_1 C(t_3 - t_1) \tag{1.4}$$

と書くことができる。ここで，C は物体の比熱を表す。同様に，高温物体 2 が失った熱量 Q_2 を計算すると，

$$Q_2 = m_2 C(t_2 - t_3) \tag{1.5}$$

と表すことができる。他の物体は熱的にはなんら関与していないので，これらが等しいと考えると，

$$m_1 C(t_3 - t_1) = m_2 C(t_2 - t_3) \tag{1.6}$$

である。この式を変形すると，

$$m_1 C t_1 + m_2 C t_2 = (m_1 + m_2) C t_3 \tag{1.7}$$

となる。ここで，右辺は 2 つの物体を接触させた系全体の熱平衡状態における熱量を，左辺は接触前の 2 つの系の熱量の総和を表す。したがって，接触の前後において，熱量の総和は等しい。言い換えると，熱量は 2 つの状態で保存する量であると考えられる。

注意! 熱量は系の状態を指定する状態量ではなく，この例のように変化の過程で定義される量である。ここでは，あくまでも熱の出入りのみが関与する現象に限られた議論であることに注意すること。この過程に加えて仕事や物質の出入りがあるときには，熱量のみを考慮しても保存則は成立しない。したがって，ここで考察している熱量の保存則とは，熱のみの出入りに関する狭義のエネルギー保存則である。

ここでは，物体 1 と 2 は同一の物質であることを仮定したので，比熱は等しい。また，あまり大きな温度変化ではない場合には，比熱はほとんど温度に依存しないと考えてよいので，

$$t_3 = \frac{m_1 t_1 + m_2 t_2}{m_1 + m_2} \tag{1.8}$$

となり，各々の質量と初期状態での温度がわかれば，熱平衡状態の温度を求めることができる。式 (1.4) において，出入りした熱量 Q_1 と温度差 $\Delta t = t_3 - t_1$ だけに注目すれば，

$$C_q = \frac{Q_1}{\Delta t} = m_1 C \tag{1.9}$$

となる。この最左辺の C_q が熱容量である。単位質量当たりで考えると，

$$C = \frac{C_q}{m_1} = \frac{Q_1}{m_1 \Delta t} \tag{1.10}$$

となるが，これが比熱 C の定義となる*)。

さて，我々は熱い (物体を構成する原子や分子の運動が激しい) ものから冷たい (物体を構成する原子や分子の運動が弱い) ものへのエネルギー

* 通常，大きな温度変化をともなう過程を扱う場合には比熱の温度依存性を考慮しなければならない。

の流れとして熱を認識する。熱力学においては，同じ熱的現象に関係していても，熱量は移動する熱エネルギーの分量的な大小を表現し，温度は質的な強弱を表現しており，両者は本質的に異なった用語である。また，まったく同一の系を2つ結合した場合，体積のように2倍になる物理量を示量性の物理量もしくは示量変数とよぶ。これに対して，そのような系の結合によって変化しない物理量は示強性の物理量あるいは示強変数とよばれる。したがって，熱容量は示量変数，温度は示強変数である。

1.6 仕事の熱への変換

18世紀末，トンプソン (B. Thompson，ランフォード (G. von Rumford)) は大砲の砲身を削っている間に大量の熱が発生することに気がついた。トンプソンは詳細な観察を続けることにより，以下のことを見いだした。

(1) 掘削の前後で削られた金属も含めて金属の総質量は変化しない。

(2) 掘削の前後で金属の比熱が変化しない。

(3) 一般的には，熱量は保存しない。

上にあげた (1) と (2) から，熱は単に金属を削るという力学的仕事から発生しており，特に，化学反応と関係した物質的に実体のあるものではないということがわかる。また，(3) はきわめて重要な観察結果である。前節の熱量の計算においては，力学的な仕事による熱の発生がなく，単に高温物体から低温物体への熱の流れのみがある場合を取り扱った。この過程に限れば，熱が勝手に発生したり消滅したりすることはなく，結果として，熱量が保存するという結果を得たわけである。しかし，トンプソンの観察のように，力学的仕事が熱に一方的に変わりうるので，仕事が関係する現象では，熱量だけを考慮しても保存則は成り立たない。

力学的仕事に限らず，さまざまな方法で系に熱を与えることができる。電気ヒーターを使えば，電気エネルギーを熱に変換して直接，系を暖めることができる。最近では，誘導加熱 (induction heating: IH) を利用した電磁調理器などを使い，電気エネルギーを磁気エネルギーに変換し，最終的にその磁気エネルギーを渦電流によるジュール熱に変換することも行われている (図 1.9)。つまり，系に出入りした熱量だけが問題であれば 1.5 節のように熱量の計算が可能であるが，一般的に仕事が関与する場合には，熱量と仕事量の無限の組合せが可能である。

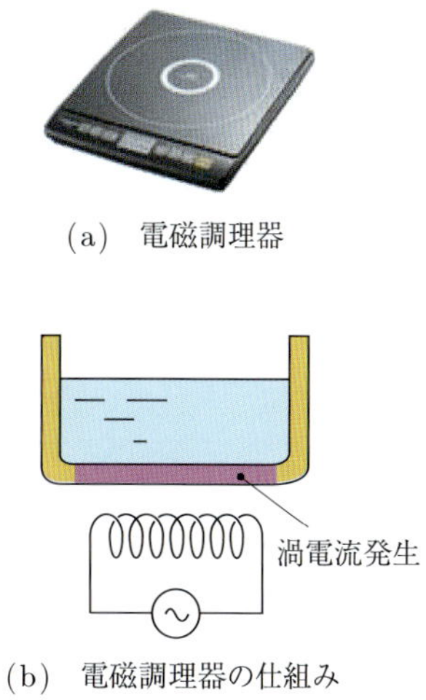

図 1.9 電磁調理器

注意! これ以後，仕事の総量を W で表すことにする。ここでいう仕事とは，熱に変換しうるすべての可能な種類の仕事である。もちろん，熱そのものは含まない。また，温度については特に断らない限り T で表すことにする。

例として，質量 m の水を温度 T_1 から T_2 まで温める場合を考えてみよう。水を温めるにはいろいろな方法がある。たとえば，水の温度が T_1 から T_2 になるまで，ガスバーナーのみで温めることができる。この場合には熱エネルギー Q のみが関与している。したがって，熱以外のすべての仕事は関与していない。すなわち，仕事 $W = 0$ である。これに対して，力学的な仕事 (摩擦熱) W のみで水を温めることも可能である。このときには外部から何の熱量も加えていないので $Q = 0$ である。また，途中のある温度 T_3 まではガスバーナーで $(Q \neq 0)$，それから T_2 までは力学的なエネルギーを使って $(W \neq 0)$ 温めることもできる。この場合には W も Q もゼロではない有限の値をもつだけではなく，W と Q の無限の組合せが可能である。

このように，水を温めるという簡単な過程でさえ，さまざまな手法を使えば熱力学的には無限の可能性がある。つまり，この過程で必要な仕事の量 (同様に熱量) は，どのようにして温めるかという道筋によって異なるということである。このような性質をもった量を出入り量とよぶことにする。しかし，どのような方法を併用するとしても，水の温度変化は $\Delta T = T_2 - T_1$ であり，この変化を生じさせるのに必要なエネルギーの総和は熱量として式 (1.4) により計算することができる。したがって，このような変化を生じさせるために必要なエネルギーの総和は，水の最初の状態と最後の状態が与えられれば決まる，ということを意味している。このように，変化の始点と終点のみで決まる物理量のひとつとして，系が内包する力学的エネルギー (運動エネルギーとポテンシャルエネルギーの和) の総和からなる内部エネルギーがあり，これを U と表すことにする。そうすると，我々はさまざまな形で系に与えられたエネルギーの総和である内部エネルギーという物理量に要請される性質を知る必要がある。

1.7 仕事量と熱量の関係

この節では，熱という非機械的な形のエネルギーと仕事の関係を考える。我々が現在使っている国際単位系では，熱も仕事もエネルギーの次元をもち，ともにジュールという単位を使って表されている 。しかしながら，熱力学の創成期には熱と仕事の等価性が確立していなかったため，慣例として，仕事はジュールという単位で，熱はカロリーという単位で表されていた。その当時は，1 cal は 1 g の水の温度を 14.5 °C から 15.5 °C まで上昇させるのに必要な熱量と定義されていた。このような事情によって，熱力学の初期には，仕事と熱が等価なエネルギーであるか否かということが問題となったのである。

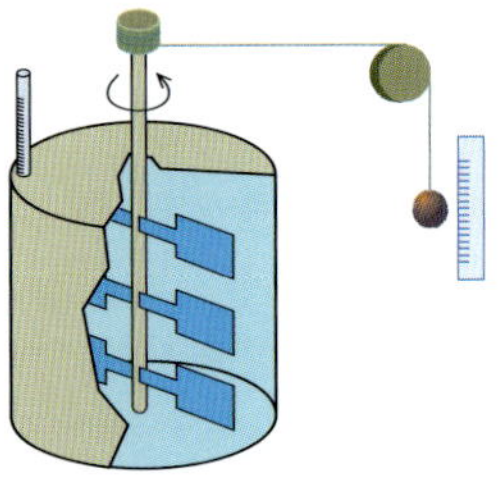

図 1.10　ジュールの実験装置の概略図

熱と仕事が等価であることをはっきりとさせ，両者の間に普遍的な比例関係のあることを示したのが，ジュール (J.P. Joule) による熱の仕事当量の実験である (図 1.10)。ジュールは，おもりを落下させることによって断熱容器内の水を羽根車で攪拌した。このとき，水の内部摩擦 (粘性) によって水の運動エネルギーが熱エネルギーに変換される。質量 m のおもりが距離 h を落下するとき，その落下によっておもりが行った仕事 (おもりが失うポテンシャルエネルギー) は $W = mgh$ であるから，m, g, h を測定することによって W が計算できる。一方，1.5 節で議論したように，水の温度上昇 ΔT は温度計で測定できる。温度変化があまり大きくなければ，温度上昇から質量 M の水が得た熱量 $Q = MC\Delta T$ を計算することができる。したがって，両者を正確に測定すれば力学的仕事 W と水が得た熱量 Q の比が実験的に決定できる。ジュールはこのような実験を数多く行い，力学的仕事 W と水が得た熱量 Q の比，

$$J = \frac{W}{Q} \tag{1.11}$$

は一定であることを示した。ここで，J を熱の仕事当量とよび，$J = 4.186$ ($\mathrm{J\ cal^{-1}}$) である。これにより，仕事と熱が等価であることが示されたのである。すなわち，

> 熱と仕事はエネルギーという物理量の別の形での現れである。ある過程で生じた系のエネルギーの増減は，系と外部との間でやりとりしたエネルギーに等しい，

ということを意味している。

問い ジュールはいかに正確な実験をしなければならなかったか，次の計算をして確認せよ。4.2 kg のおもりを 10 m 落下させて羽根車を回す。この操作を 10 回繰り返し，力学的エネルギーが完全に熱エネルギーに変換されたとすると，1 L の水の温度は何度上昇するか？

［質問］ ジュールの実験では力学的エネルギーのすべてが水の温度上昇に使われているわけではない。その理由を考察せよ。

［例題 1.2］ 常温，1 気圧で 1 トンの海水の温度を 1 K 上げるのに 4.0×10^6 J のエネルギーを要した。エネルギーをジュールとカロリーの 2 種類の単位で表し，この海水の比熱 (正確には定圧比熱) を求めよ。

［解］ $Q = mC\Delta T$ から，

$$C = \frac{4.0 \times 10^6\ \mathrm{J}}{1000\ \mathrm{kg} \times 1\ \mathrm{K}} = 4.0 \times 10^3\ \mathrm{J\ K^{-1}\ kg^{-1}}.$$

また，1 cal = 4.19 J だから，cal で表現すると，$9.5 \times 10^2\ \mathrm{cal\ K^{-1} kg^{-1}}$.

この章でのポイント

- 熱力学とは，熱現象を温度や圧力など我々が認知できる巨視的な物理量を用いて議論する現象論的学問である。
- 熱力学は巨視的に空間的に一様で，時間的にも変化しない熱平衡状態を扱う。
- 理想気体とは，状態方程式 $pV = nRT$ が完全に成立する気体で

ある。

- 温度とは，寒暖の度合いを数値化した物理量で，熱力学第 0 法則から導き出されうる。セ氏温度，カ氏温度，(熱力学的) 絶対温度がある。
- 熱とは，温度変化の原因となるもので，それを定量化した物理量を熱量という。
- 比熱とは，1 kg の物質の温度を 1 K (1 °C) 上昇させるのに必要なエネルギーである。
- 仕事と熱量はともにエネルギーである。また，系の変化に応じて出入りする物理量であり，系を特徴づける状態量ではない。
- 内部エネルギーは状態量であり，その実体は系における各粒子の運動エネルギーとポテンシャルエネルギーの和である力学的エネルギーの総和である。
- 熱の仕事当量は $J = 4.184\ \mathrm{J\ cal^{-1}}$ である。
- 物理量は示量変数と示強変数に分類できる。

第 1 章　章末問題

1. 物体の温度と周囲との温度の差があまり大きくない場合には，注目する物体の単位時間当たりの温度変化は周囲との温度差に比例すると近似してよい。これをニュートンの冷却の法則とよぶ。いま，物体の温度ならびに周囲の温度をそれぞれ T_m と T_R と表し，これらの温度差 $\Delta T = T_\mathrm{m} - T_\mathrm{R}$ がしたがう微分方程式を示し，任意の時刻 t における温度差 $\Delta T(t)$ を与える解を求めよ。ただし，$\Delta T = T_\mathrm{m} - T_\mathrm{R} > 0$ とし，比例定数を K (> 0) とせよ。この比例定数 K は温度の下がりやすさの目安を与える定数である。この物体が平衡状態に達するために要する時間 t_eq はどれほどか。また，定数 K に影響を及ぼす物理的要因を 3 つあげよ。周囲の温度が物体の温度より高い場合，すなわち，物体の温度が上昇する場合にも同様な関係が成り立つことを確認せよ。

2. 20 kg の物体が 300 m の上空から落下した。位置エネルギーがすべて熱に変わったとしたら何 cal になるか。この物体が 0.1 g の雨粒 (水滴) ならば温度上昇は何度になるか。

3. 1.4 kW の電磁調理器 (IH) で 20 °C の水 2 L を沸騰させたい (100 °C にしたい)。生じた熱量がすべて水の温度上昇に使われ，かつ水の比熱の温度依存性はないと仮定できるとすると，何分かかるか。

4. 水は温度計物質としてはあまり適当ではない。その理由を考察せよ。

5. 溶鉱炉の温度や太陽の表面温度などはどのようにして測ったらよいか考えよ。(第 4 章の章末問題も参照のこと。)

2

熱力学第 1 法則

エネルギー保存則は，物理学のどの分野においても現れる基礎的法則である。第 I 部の力学 第 9 章において減衰振動を学んだとき，粘性抵抗や摩擦力をポテンシャルからは導出できない強制力，もしくは散逸力として扱い運動を分析した。熱力学はそのような力学系をより大きな系，すなわち振動している質点とこれを取り囲み減衰作用を与えている媒質も含めた系として考察する。このとき，周囲の媒質は振動している質点が失った力学エネルギーをもらい受け，それを別のエネルギー形態である熱に変えている。熱力学ではこのような観点に立脚し，仕事や熱の受け渡しを中心に議論を展開する学問体系である。“熱の物理学” に光があてられるのである。熱力学においては，エネルギー保存則は熱力学第 1 法則として登場する。歴史的には，熱力学第 1 法則における仕事や熱量は系の状態を示す状態量ではなく，系の変化に応じて決まる物理量として導入される。この章では，まず，仕事を状態量で表すことを学ぶ。次に，理想気体の等圧過程や等温過程などのさまざまな変化の過程に対して，その仕事を具体的に計算する。

2.1 エネルギー保存則

前章で議論したように，系の内部エネルギーのみを観測する限り，系に生じた変化が外部からの仕事によるものか，あるいは外部から与えられた熱によるものかということはまったく区別がつかない。したがって，仕事にしろ熱にしろ外部から系に入り込んでしまうとそのアイデンティティーを失い，系がどれほどの仕事や熱を含んでいるかということを問うこと自体が無意味になる。つまり，熱も仕事も変化の過程に依存してしか定義できない物理量である。しかしながら，このような状況にあっても，系の内部エネルギーは状態量として表される。すなわち，

$$dU = \delta Q + \delta W \tag{2.1}$$

である。この関係を熱力学第 1 法則とよぶ。この法則は，系の内部エネルギーの無限小の変化分 dU は，系に加えられた，もしくは系から放出され

た無限小の熱量 δQ と，系に外部からなされた，もしくは系が外部にした無限小の仕事 δW の和であるということを表している。つまり，**熱力学第 1 法則は一般化されたエネルギー保存則である**。

注意! この教科書では，式 (2.1) 左辺の内部エネルギーのような状態量は dU と表現する。これに対して，右辺の熱と仕事は出入り量であることを明示するためそれぞれ δQ ならびに δW と表す。また，任意の物理量の有限の変化分を表すときには Δ を用い，たとえば ΔW, ΔQ, ΔU などと表す。これに対して，これらの量の無限小の変化 (変化量 $\to 0$ の極限) に対しては，dW, dQ, dU などと表す。しかし，教科書によっては表現が異なっているので注意すること。また，dU, δQ, δW はすべて変化量なので，正負いずれの値もとりうる。

2.2 仕　事

力学においては，物体に力を作用させて任意の距離を移動させることで仕事がなされる。熱力学では，注目する気体などの系をピストンのように壁の一部が可動になっている容器に封じ込め，可動な壁に力を加えて圧縮したり膨張させたりすることで仕事をする。このような単純な仕掛けではあるが，体積変化を利用して有用な仕事を取り出すことは，現代生活の必需品である自動車，冷蔵庫，エアコンなど，熱機関の原理となっている。熱機関を動かすときに使う物質を**作業物質**とよぶ。蒸気機関では水蒸気が作業物質である。

さて，シリンダー内に作業物質として理想気体が封じ込められており，これに取り付けられたピストンはシリンダーに平行に摩擦なく動かすことができるとする。作業物質として理想気体を使うのは，この気体の状態方程式が簡単な形をしていて扱いやすいからである。ここでは，シリンダー内の理想気体が考える系である。我々が観測可能な物理量としてはこの気体の圧力と体積を考え，それらを p と V と表すことにする。ここでは簡単のため，初期の平衡状態においてはピストン内に閉じ込められた気体の圧力と外部の圧力は等しく p であるとする。また，ピストンの断面積を S としよう (図 2.1)。

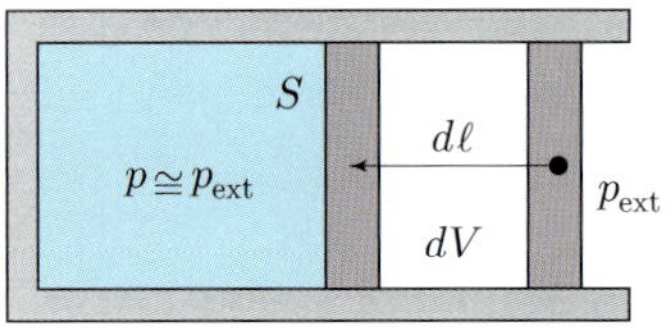

図 2.1　ピストンを準静的に押す (圧縮)

いま，シリンダーを外から圧力 p_{ext} でわずかな距離 $d\ell$ だけ，**非常にゆっくり**とピストン内部に押し込んだとする ($d\ell < 0$)。このとき，変化の過程において常に系の熱平衡状態が保たれていると仮定し，この過程を**準静的過程**とよぶ。実際に気体を圧縮させるには，熱平衡状態の外圧 p よりわずかに大きな圧力でピストンを押さなければならない。つまり，$p_{\mathrm{ext}} = p + \delta p$ となっていなければ圧縮はできない。この $\delta p \to 0$ の極限で，体積変化を無限にゆっくりと行うのが準静的過程に対応する。準静的膨張過程も同様に取り扱うことができる。いま，我々は準静的過程でこの

気体の系に対して δW の微小な仕事をした。圧力は単位面積に作用する力なので，我々がピストンに加えた力は $F = p_{\rm ext}S$ と表すことができる。この力 F でピストンは $|d\ell|$ 移動したので，系にした仕事は，

$$\delta W = F|d\ell| = p_{\rm ext}S|d\ell| = p_{\rm ext}|dV| \tag{2.2}$$

である。膨張や圧縮で $d\ell$ は正もしくは負の値をとりうるので，体積変化を dV と表し，dV の正・負で膨張・圧縮を示す。また，準静的過程の極限では，外圧 $p_{\rm ext}$ は気体の内圧 p に等しいと考えてよいので，微小仕事を

$$\delta W = -p\,dV \tag{2.3}$$

と定義する。この式 (2.3) は，出入り量である仕事 δW は，状態量である圧力と体積変化の積で表されるということを意味している。

注意！ 仕事の定義式 (2.3) から明らかなように，系が外部に仕事をするか，あるいは逆に外部から仕事をされるかによって体積の変化分 dV の正負が変わる。上の例では，気体が外部からの力で圧縮されたので，体積変化は $dV = S\,d\ell < 0$ $(d\ell < 0)$ となる。したがって，仕事は $\delta W > 0$ となる。逆に，膨張の場合には $dV = S\,d\ell > 0$ $(d\ell > 0)$ なので，$\delta W < 0$ となり，系は外部に対して仕事をしたことになる。すなわち，定義式 (2.3) にしたがって仕事を求めると自動的に，圧縮の場合には仕事をされ $(\delta W > 0)$，膨張の場合には仕事をする $(\delta W < 0)$ という結果が得られることになる。

式 (2.3) は微小な体積変化に対する微小仕事を表している。多くの場合，実際に我々が知りたいのは有限の体積変化に対する仕事なので，その場合の仕事 W は，

$$W = -\int_{V_0}^{V_1} p\,dV \tag{2.4}$$

と表すことができる (図 2.2)。

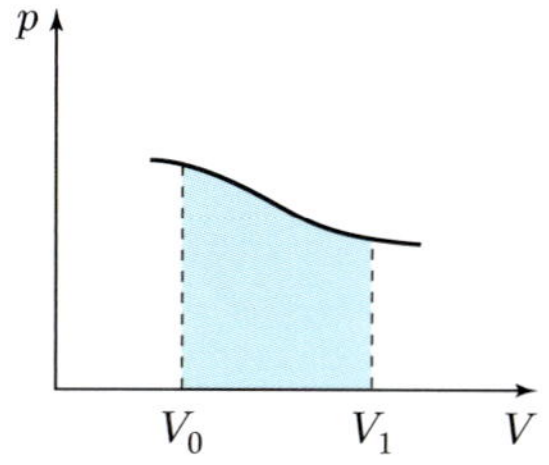

図 2.2 体積変化に対する仕事

問い 圧力 p，体積 V_0 の気体がピストンに入っている。この気体の圧力を一定に保ったまま，体積を V_1 $(< V_0)$ まで圧縮するとき，この気体が外部からされる仕事 W を求めよ。

［質問］ 仕事とこれから詳しく学ぶ熱量は，エネルギーという視点では同じである。一方，仕事はマクロな自由度を介したアクセス可能なエネルギー移動であり，熱量は系と熱浴のミクロなアクセスできない自由度間のエネルギー移動である，という最近の見方がある。そのような視点でピストン系を考えたときの仕事を考察せよ。

［例題 2.1］ 理想気体は分子間力を無視した気体であるが，分子間力を考慮した n モルの実在気体の状態方程式は，理想気体の状態方程式を密度 N/V で展開した次式のようになっている。

$$\frac{pV}{nRT} = 1 + B(T)\left(\frac{N}{V}\right) + C(T)\left(\frac{N}{V}\right)^2 + \cdots$$

ここで，N は気体分子の個数，V は実在気体が入っている容器の体積，$B(T)$ や $C(T)$ は温度 T に依存する係数である。温度を一定にして体積を V_0 から V_1 まで圧縮したとき (等温圧縮)，この気体が外部からされた仕事 W を求めよ。

［解］ 式 (2.4) より $W = -\int_{V_0}^{V_1} p\,dV$ だから，p を V で表現すればよい。よって，

$$p = nRT\left[\frac{1}{V} + B(T)\frac{N}{V^2} + C(T)\frac{N^2}{V^3} + \cdots\right]$$

となる。温度が一定だから $B(T)$ や $C(T)$ は定数なので，積分すると，

$$\begin{aligned} W &= -nRT\int_{V_0}^{V_1}\left[\frac{1}{V} + B(T)\frac{N}{V^2} + C(T)\frac{N^2}{V^3} + \cdots\right]dV \\ &= -nRT\left[\ln\frac{V_1}{V_0} + NB(T)\left(\frac{1}{V_0} - \frac{1}{V_1}\right) + \frac{N^2C(T)}{2}\left(\frac{1}{V_0^2} - \frac{1}{V_1^2}\right) + \cdots\right] \end{aligned}$$

となる。分子間力が考慮されているため，理想気体のときよりも第 2 項以下で分子間距離を縮めるための仕事が追加されている。もちろん，$V_1 < V_0$ なので $W > 0$ となっている。

2.3 理想気体といろいろな過程

熱力学第 1 法則 (2.1) に式 (2.3) を使うと，内部エネルギーは

$$dU = \delta Q - p\,dV \tag{2.5}$$

と表すことができる。これ以後，熱力学第 1 法則を式 (2.5) のように表すことにする。次に，式 (2.5) をもとにして，シリンダーに閉じ込められた理想気体のいろいろな準静的過程における仕事と熱の関係を考察してみよう。

2.3.1 等圧過程 (等圧変化)

最初に，圧力が一定 ($p =$ 一定) であるときの仕事を求める (図 2.3)。いま，理想気体が膨張して外部に対して仕事をした結果，状態が $\mathrm{A}(V_\mathrm{A}, T_\mathrm{A})$ から $\mathrm{B}(V_\mathrm{B}, T_\mathrm{B})$ に変化したとする。つまり，$V_\mathrm{A} < V_\mathrm{B}$ である。このときの仕事 W は

$$\begin{aligned} W &= -\int_{V_\mathrm{A}}^{V_\mathrm{B}} p\,dV \\ &= -p\int_{V_\mathrm{A}}^{V_\mathrm{B}} dV \\ &= -p(V_\mathrm{B} - V_\mathrm{A}) \end{aligned} \tag{2.6}$$

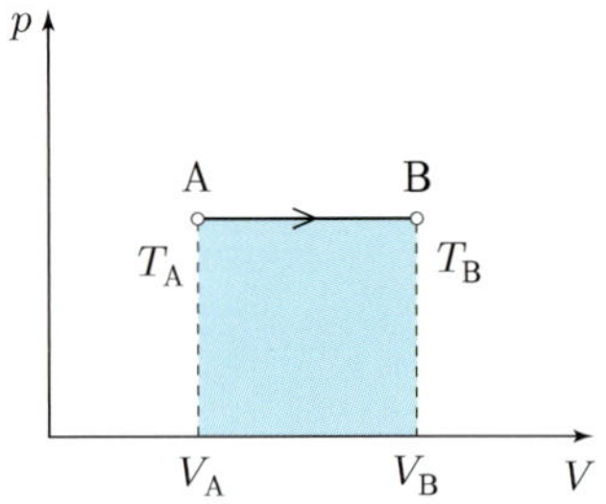

図 2.3　等圧変化での仕事

となり，圧力が一定なので積分が簡単にできる (図 2.3)。理想気体が外部に仕事をする場合なので $W < 0$ となる。状態方程式を使うと

$$p = \frac{nRT_\mathrm{A}}{V_\mathrm{A}} = \frac{nRT_\mathrm{B}}{V_\mathrm{B}} \tag{2.7}$$

なので，

$$W = -nR(T_B - T_A) \tag{2.8}$$

である。ここで，もちろん $T_B > T_A$ である。この結果は，圧力が一定の場合には系の温度を上昇 $T_B > T_A$ させなければ系に仕事をさせることはできないということを意味している。

2.3.2 等温過程 (等温変化)

次に，温度が一定 ($T =$ 一定) であるときの系の仕事を求める (図 2.4)。理想気体の状態が $A(p_A, V_A)$ から $B(p_B, V_B)$ に変化したとする。ここでも $V_A < V_B$ である。温度が一定であれば，状態方程式 (1.3) から明らかなように，理想気体の圧力と体積は反比例する。したがって，このときの仕事 W は，

$$\begin{aligned} W &= -\int_{V_A}^{V_B} p\,dV \\ &= -nRT\int_{V_A}^{V_B} \frac{1}{V}\,dV \\ &= -nRT\ln\frac{V_B}{V_A} \\ &= -nRT\ln\frac{p_A}{p_B} \end{aligned} \tag{2.9}$$

となる (図 2.4)。この場合も，理想気体が外に仕事をしているため W は負となり，その体積は増えなければならない ($V_B > V_A$)。しかし，温度が一定という条件なので，気体の体積が増えるためには圧力が低下しなければならない ($p_B < p_A$)。

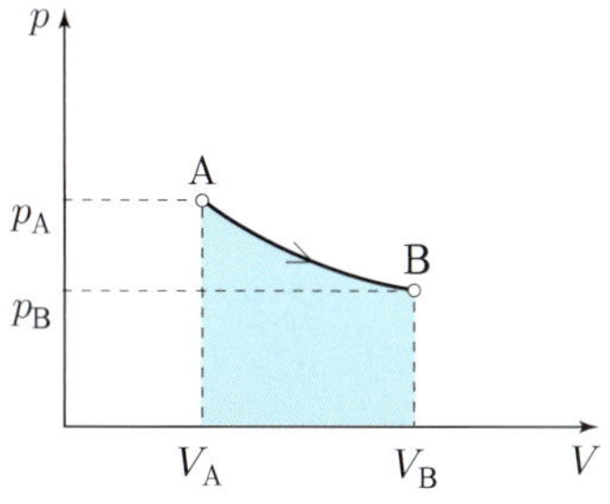

図 **2.4** 等温変化での仕事

注意! 図 2.3 と図 2.4 からも明らかなように，図の等積線や等温線と V 軸とで囲まれる図上の面積がこの過程における仕事に対応する。積分の方向と，「系が外部にする仕事」あるいは「系が外部からされる仕事」との関係に注意すること。

2.3.3 等積過程 (等積変化)

この過程は，体積 V を一定に保って行う過程である。したがって，式 (2.5) で $dV = 0$ とおくと，

$$dU = \delta Q \tag{2.10}$$

という関係を得る。したがって，系の熱量の変化分 δQ はすべて内部エネルギーの変化量に対応する。等積過程で系の内部エネルギーが U_A から U_B まで変わったとすると，この過程における系の熱量の総変化量 Q は，

$$Q = \int_{U_A}^{U_B} dU = U_B - U_A \tag{2.11}$$

である。

2.3.4 断熱過程 (断熱変化)

断熱過程は系に熱が出入りしないようにして行われる過程である。したがって，$\delta Q = 0$ となるので，式 (2.5) は，

$$dU = -p\,dV \tag{2.12}$$

となる。右辺はもともと δW だったので，断熱過程における系の内部エネルギーの変化は仕事の変化量 $\delta W = -p\,dV$ によってもたらされる。理想気体の断熱過程は，熱機関のサイクルを考えるとき非常に重要であるが，具体的な計算は内部エネルギーの表式を求めた後の 2.6 節で示す。

2.4 熱 容 量

熱力学第 1 法則と全微分や偏微分の概念を使うと，系の熱容量についてどのようなことがわかるかここで考察してみよう。つまり，1.5 節で考察した熱量の概念を熱力学的関数として再考察しようということである。系の熱容量は，系に微小な熱量 δQ を加えたときの微小な温度上昇 dT の比である。ここで問題になるのは，熱量 Q が状態量ではないことである。したがって，熱量を $Q(T, V)$ のように表すことはできない。このことを考慮して熱力学第 1 法則を，

$$\delta Q = dU + p\,dV \tag{2.13}$$

と表す。このように書いておいて，右辺の状態量を全微分や偏微分の概念を使っていろいろ変形し，熱容量 C を考察するのである。

注意! 式 (2.13) は熱力学第 1 法則 (2.5) を単に書き換えたものであり，その内容は等価である。しかし，言葉にしてみると少しニュアンスが異なる。いま，δQ, δW ともに正の場合を考えると，式 (2.5) は，「系に加えられた熱量と系にされた仕事 $(-p\,dV)$ の和は，系の内部エネルギーの増分に等しい」という表現になる。これに対して式 (2.13) であれば「系に加えられた熱量は，内部エネルギーの増加と外部にする仕事 $(p\,dV)$ に使われる」となる。内容が等価であっても，異なった表現ができるので注意すること。

状態方程式 (1.1) から，系の状態は温度，体積，圧力の 3 つの変数で記述できることを思い出そう。3 つの変数の間に状態方程式が成立するので，独立変数は 2 つである。式 (2.13) の右辺に dV という項があることに注目し，系の独立変数の 1 つを V に選ぶ。2 つ目の独立変数としては，熱容量の考察をするのだから T を選んでおくのが適当であろう。こうしておくと，内部エネルギーは，

$$U = U(T, V) \tag{2.14}$$

という関数になっている。

注意! 式 (2.14) の左辺 U は物理量としての内部エネルギーを，右辺 $U(T,V)$ は温度と体積の関数を意味する。以下，同様である。

ここで全微分の概念を使う。独立変数 T と V がわずかに変化したときの U の全微分 dU は，偏微分を使って，

$$dU = \left(\frac{\partial U}{\partial T}\right)_V dT + \left(\frac{\partial U}{\partial V}\right)_T dV \tag{2.15}$$

と表すことができる。ここで，右辺の偏微分の括弧に付した下付き文字は，2つの独立変数のうち固定するほうの変数を表していることに注意すること。これを式 (2.13) に使うと，微小な熱量 δQ に対して，

$$\delta Q = \left(\frac{\partial U}{\partial T}\right)_V dT + \left\{\left(\frac{\partial U}{\partial V}\right)_T + p\right\} dV \tag{2.16}$$

という関係を得る。

定積熱容量 C_V は物体の体積を一定に保ちながら加熱したときに，その物体の温度を 1 K 上昇させるのに必要な熱量と定義されるので，測定量としての熱量と温度の変化量をそれぞれ ΔQ と ΔT と表すことにすると

$$C_V = \lim_{\Delta T \to 0}\left(\frac{\Delta Q}{\Delta T}\right)_V \tag{2.17}$$

と書くことができる。体積を一定とするので，式 (2.16) で $dV = 0$ として式 (2.17) を使えば，

$$C_V = \left(\frac{\partial U}{\partial T}\right)_V \tag{2.18}$$

を得る。すなわち，**定積熱容量は系の体積を一定に保って温度を 1 K 上昇させたときの内部エネルギーの増分を表している**。すでに述べたように，熱容量は物体定数であり，系の大きさに比例する。これでは物質の物性を表すには不都合なことが多いので，通常は 1 mol の物質に対する熱容量であるモル比熱や 1 kg 当たりの熱容量である比熱を使う。

気体の場合は圧力を加えたときの体積変化率 (圧縮率) が大きいため，体積を一定にすることは比較的容易である。しかし，一般的には，温度変化に対して液体や固体の体積を一定にすることは非常に難しい。そのため，定積熱容量を実験的に求めようとすると難しい場合がある。これに対して，圧力を一定にして熱容量を求める方法は実験的にはきわめて容易である。我々の住んでいる環境はおよそ 1 気圧という定圧の世界なので，大気圧にさらしたまま熱容量を測定すればよい。圧力一定下で測定される熱容量 C_p を定圧熱容量という。

$$C_p = \lim_{\Delta T \to 0}\left(\frac{\Delta Q}{\Delta T}\right)_p \tag{2.19}$$

定圧熱容量の熱力学的な表式を得るには，まず系の独立変数を T と p に選ぶ。このとき，系の体積は温度と圧力の関数 $V(T,p)$ とみなされるので，体積の微小変化量 dV は全微分を使って，

$$dV = \left(\frac{\partial V}{\partial T}\right)_p dT + \left(\frac{\partial V}{\partial p}\right)_T dp \tag{2.20}$$

と表すことができる。この表式を式 (2.16) の dV に代入して $dp = 0$ とすると，

$$C_p = C_V + \left[p + \left(\frac{\partial U}{\partial V}\right)_T\right]\left(\frac{\partial V}{\partial T}\right)_p \tag{2.21}$$

となる。ここでは，定積熱容量に対する結果の式 (2.18) を使った。

式 (2.21) は熱力学第 1 法則と全微分の定義のみから導出された関係式なので，定圧熱容量と定積熱容量の相互の厳密な関係を与える一般的な関係式である。したがって，定圧熱容量と右辺の諸量を実験的に求めることができれば，実験的に測定が非常に難しい定積熱容量を計算で求めることができる。ここで右辺の項

$$\left(\frac{\partial V}{\partial T}\right)_p \tag{2.22}$$

は，圧力を一定にして温度を上昇させたときの物体の体積の膨張する割合を表している。このような物理量を**体膨張率**とよび，

$$\beta = \frac{1}{V}\left(\frac{\partial V}{\partial T}\right)_p \tag{2.23}$$

で定義する。ここでは物体の体積 V で規格化することにより，単位体積の物体の膨張率という物質定数になっている。この関係を式 (2.21) に使うと定圧熱容量と定積熱容量の差は

$$C_p - C_V = \beta V\left[p + \left(\frac{\partial U}{\partial V}\right)_T\right] \tag{2.24}$$

と表される。

［質問］　式 (2.24) の物理的意味を述べよ。

2.5　理想気体の断熱自由膨張

我々は，2.4 節の式 (2.24) により定圧熱容量と定積熱容量の関係を得たわけであるが，これを定量的に議論するためには右辺第 2 項目，つまり，内部エネルギーと系の体積との関係 $(\partial U/\partial V)_T$ を知る必要がある。理想気体に関しては，この関係が非常に単純なものとなることがジュールの実験によって示された。ジュールが行った気体の自由膨張の実験を概観しよう (図 2.5)。

(1)　体積がそれぞれ V_{A} と V_{B} であるような 2 つの部屋 A, B をもつガラスの容器を水で満たされた断熱容器に入れる。

(2) ガラス容器全体を真空にする。

(3) 部屋をつなぐ部分を閉じ，一方の部屋 A に適量の気体を入れる。気体は部屋を満たすように広がる (巨視的な気体の流れが生ずる)。

(4) 十分長い時間が経過した後には，部屋の中の気体の巨視的な流れはおさまり，部屋 A 中では巨視的にみるかぎり何も変化しなくなる。ここで，断熱容器内の温度 T_{i} を測定する。

(5) 次に，閉じてあったコックを開く。ガスが流れて気体が 2 つの部屋 A, B を満たすように広がる (巨視的な気体の流れが生ずる)。

(6) 十分時間が経つと 2 つの部屋の中の気体の巨視的な流れは止まり，部屋 A, B 中では巨視的にみるかぎり何も変化しなくなる。このとき，断熱容器内の温度 T_{f} を測定する。

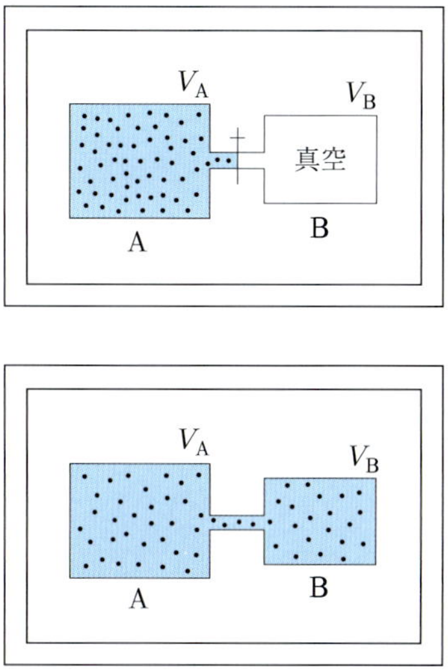

図 2.5 気体の自由膨張の実験 (ジュールの実験)

この実験の結果では，(4) と (6) の 2 つの状態で断熱容器内の温度に変化がみられないということであった。すなわち，$T_{\mathrm{i}} = T_{\mathrm{f}}$ である。

ここで，ガラス容器内の状態変化を調べてみよう。

(1) この実験の始めの気体の体積は $V_{\mathrm{i}} = V_{\mathrm{A}}$ である。

(2) この実験の終わりの気体の体積は $V_{\mathrm{f}} = V_{\mathrm{A}} + V_{\mathrm{B}}$ である。

(3) したがって，気体の体積は増加している。

(4) この実験の前後で内部エネルギーに変化 (ΔU) があれば，熱や仕事の変化量である ΔQ, ΔW に対して，熱力学第 1 法則 $\Delta U = \Delta Q + \Delta W$ が成り立つ。

(5) この系は，断熱されているため外部からの熱の出入りはない ($\Delta Q = 0$)。また，真空の部屋への自由膨張なので外圧は 0 である ($\Delta W = 0$)。

(6) 結果として，この実験の条件では内部エネルギーの変化はありえない ($\Delta U = 0$)。

さて，この場合の系の独立変数を温度 T と体積 V とすると，内部エネルギーは一般には $U = U(T, V)$ と表される。このとき，実験の前後では温度が変わらなかったことから，

$$\Delta U = U(T, V_{\mathrm{f}}) - U(T, V_{\mathrm{i}}) = 0 \tag{2.25}$$

である。このことは，温度一定のもとで気体の体積が増減しても気体の内部エネルギーは変化しない，ということを示している。この結果は微分形では，

$$\left(\frac{\partial U}{\partial V}\right)_T = 0 \tag{2.26}$$

と表される。この関係をジュールの法則といい，厳密には理想気体で成り立つ法則である。式 (2.26) は，導出の過程からも明らかなように，物質量を固定したうえで，温度を一定にして理想気体の体積を変えても内部エネルギーは変化しないということを示している。この結果を式 (2.21) に使うと，

$$C_p - C_V = p\left(\frac{\partial V}{\partial T}\right)_p \tag{2.27}$$

であるが，ここで理想気体の状態方程式 $pV = nRT$ を使うと，

$$C_p - C_V = nR \tag{2.28}$$

という関係式が得られ，1 モルの定積熱容量 C_V（定積モル比熱とよぶ）と 1 モルの定圧熱容量 C_p（定圧モル比熱とよぶ）に対する関係式

$$C_p - C_V = R \tag{2.29}$$

をマイヤー (J.R. von Mayer) の関係式とよぶ。

さらに，式 (2.15) に式 (2.18)，式 (2.26) を使うと，

$$dU = C_V\, dT \tag{2.30}$$

という関係を得る。ここで，理想気体の定積熱容量 C_V は温度によらない定数であるということはルニョー (H.V. Regnault) の法則として知られているので，式 (2.30) は容易に積分できて，

$$U = C_V T + U_0 \tag{2.31}$$

を得る。ルニョーの法則は熱力学の範囲内では証明することができず，統計力学の助けが必要となる。ここで，U_0 は温度にはよらない定数である。このように，理想気体の内部エネルギーは温度だけの関数である。

［質問］ 等温過程における理想気体の仕事と熱の関係を考察せよ。

［質問］ 内部エネルギーの実体は，各粒子の運動エネルギーとポテンシャルエネルギーの和である力学的エネルギーの総和であった。このことから，式 (2.31) の物理的意味を述べよ。

2.6 理想気体の断熱変化

断熱変化は熱の出入りがない過程であるから $\delta Q = 0$ とおいてよい。このとき熱力学第 1 法則は，

$$dU = -p\, dV \tag{2.32}$$

と表される。この式と式 (2.30) の結果から，

$$C_V\, dT + p\, dV = 0 \tag{2.33}$$

となるが，ここに理想気体の状態方程式とマイヤーの関係式を使うと，

$$\frac{dT}{T} + (\gamma - 1)\frac{dV}{V} = 0 \tag{2.34}$$

という関係が導かれる。ここで γ は定圧熱容量と定積熱容量の比

$$\gamma = \frac{C_p}{C_V} \tag{2.35}$$

である（比熱の比*)）。一般に $\gamma > 1$ であり，理想気体では定数である。式 (2.34) は積分ができて，

$$TV^{\gamma-1} = k \quad (\text{定数}) \tag{2.36}$$

* 教科書の定義では熱容量の比だが，通常，比熱の比といわれる（値は同じ）。

を得る。断熱過程であっても，理想気体の状態方程式は成立するので，式 (2.36) は書き換えが可能であり，たとえば，

$$pV^{\gamma} = nRk = k' \quad (\text{定数}) \tag{2.37}$$

を導くことができる。この関係はポアソン (S.D. Poisson) の法則とよばれる。

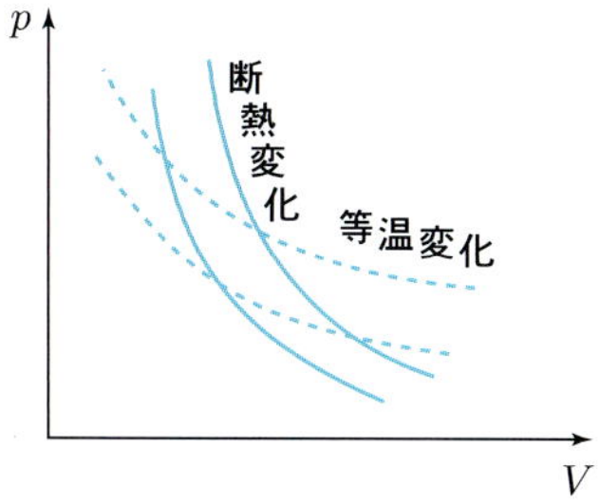

図 2.6　等温変化と断熱変化

注意!　Vp 平面上において，$pV =$ 一定の等温線は一群の直角双曲線で与えられる。これに対して，式 (2.37) で与えられる断熱線は定性的には等温線と似ているが，$\gamma > 1$ であるため変化は等温線より急である (図 2.6)。第 4 章の図 4.1a) も参照のこと。

問い　乾燥した空気が上空 1000 m まで断熱膨張したとき，地上で 20 °C の空気の温度は何 °C になるか。ただし，地上ならびに高度 1000 m における気圧をそれぞれ 1.0 気圧と 0.9 気圧とする。また，空気は理想気体とみなしてよく，比熱比は $\gamma = 1.4$ としてよい。次頁の 〈**Advanced**〉 も参照のこと。

断熱過程 (断熱変化)

断熱過程における理想気体の始めと終わりの状態を $A(T_A, V_A, p_A)$, $B(T_B, V_B, p_B)$ と表すことにする。このときの仕事 W_{AB} は，

$$\begin{aligned} W_{AB} &= -\int_{V_A}^{V_B} p\, dV \\ &= -k' \int_{V_A}^{V_B} \frac{1}{V^{\gamma}}\, dV \\ &= k' \frac{1}{\gamma - 1} \left[V^{1-\gamma} \right]_{V_A}^{V_B} \\ &= \frac{-k'}{\gamma - 1} \left(V_A^{1-\gamma} - V_B^{1-\gamma} \right) \end{aligned} \tag{2.38}$$

を得る。ここで，式 (2.37) から $k' = p_A V_A^{\gamma} = p_B V_B^{\gamma}$ であることを使えば，

$$W_{AB} = \frac{-1}{\gamma - 1} \left(p_A V_A - p_B V_B \right) \tag{2.39}$$

となるが，ここで理想気体の状態方程式を使い，

$$\begin{aligned} W_{AB} &= -\frac{nR}{\gamma - 1} \left(T_A - T_B \right) \\ &= -C_V \left(T_A - T_B \right) \end{aligned} \tag{2.40}$$

となる。この結果は，断熱変化では外に仕事をするとき (体積が膨張するためには，あるいは $W < 0$ となるためには)，気体の温度が下がる ($T_A > T_B$)，ということを表している。

Advanced：空気の比熱比

空気は窒素 N_2 と酸素 O_2 の 2 原子分子による混合気体である。空気を理想気体とし，2 原子分子の自由度を考慮すると空気の γ が 1.4 となることを次のようにして示すことができる。

理想気体 1 個は 1 自由度当たり $k_B T/2$ の運動エネルギー，すなわち，内部エネルギーをもつ。1 モルなら N_A をアボガドロ定数として，

$$\frac{N_A k_B T}{2} = \frac{RT}{2}$$

である。ここで，k_B はボルツマン (L.E. Boltzmann) 定数である。つまり，単原子分子の自由度は 3 であるから，内部エネルギーは

$$U = \frac{3RT}{2}$$

である。よって，1 モルの単原子分子の熱容量は $3R/2$ であるが，これは，体積一定の箱の中に入れて温度を上げるとき，仕事をしないで単純に運動エネルギーを増加させているだけだから，1 モルに対する定積熱容量 C_V (定積モル比熱) のことである。同様に，C_p も 1 モルに対する定圧熱容量 (定圧モル比熱) として，この比熱の比 γ は，

$$\gamma = \frac{C_p}{C_V} = \frac{\frac{3R}{2} + R}{\frac{3R}{2}} = \frac{5}{3} = 1.67$$

となる。この結果を自由度が f の場合に拡張すると，

$$\gamma = \frac{C_p}{C_V} = \frac{\frac{fR}{2} + R}{\frac{fR}{2}} = \frac{f+2}{f}$$

である。つまり，2 原子分子の気体運動論から，窒素分子や酸素分子は並進運動の 3 自由度に対して回転の自由度 2 が加わるから 5 となり，γ は $7/5 = 1.4$ となる。

この章でのポイント

- 熱力学におけるエネルギー保存則を熱力学第 1 法則という。
- 準静的過程とは，熱 (力学的) 平衡状態を保ちながら変化する過程である。
- 出入り量である仕事量は，状態量の圧力と体積で $\delta W = -p\,dV$ と表される。
- 理想気体では，定積モル比熱 C_V と定圧モル比熱 C_p に対してマイヤーの関係式 $C_p - C_V = R$ が成り立つ。
- 理想気体は断熱過程でポアソンの法則 ($pV^\gamma =$ (一定)) に従う。

第 2 章　章末問題

1. x と y を独立変数とする滑らかな 2 変数関数 $f(x,y)$ がある。変数 x と y が微小量 dx と dy 変化したときの f の変化量 df は，$dx \to 0,\ dy \to 0$ の極限においては，

$$df = \left(\frac{\partial f}{\partial x}\right)_y dx + \left(\frac{\partial f}{\partial y}\right)_x dy$$

と表されることを示せ。

2. 以下の関係を示せ。

$$\left(\frac{\partial p}{\partial V}\right)_T \left(\frac{\partial V}{\partial p}\right)_T = 1, \qquad \left(\frac{\partial p}{\partial V}\right)_T \left(\frac{\partial V}{\partial T}\right)_p \left(\frac{\partial T}{\partial p}\right)_V = -1$$

3. ピストンとシリンダーの間に摩擦力 F がはたらくとき，エネルギー保存則としての熱力学第 1 法則はどのように表されるか。

3

熱力学第2法則

容器内の水に滴下したインクは拡散で広がっていくが，拡散したインクが自然に集まってくることはけっして起こらない。この章では，このような不可逆現象に由来する熱力学第 2 法則を学ぶ。経験的に明らかなこの法則は，文章や数式も含めていろいろな表現がある。また，カルノーサイクルや熱機関を通して熱効率の議論を展開し，絶対温度の概念に到達する。

3.1 カルノーサイクル

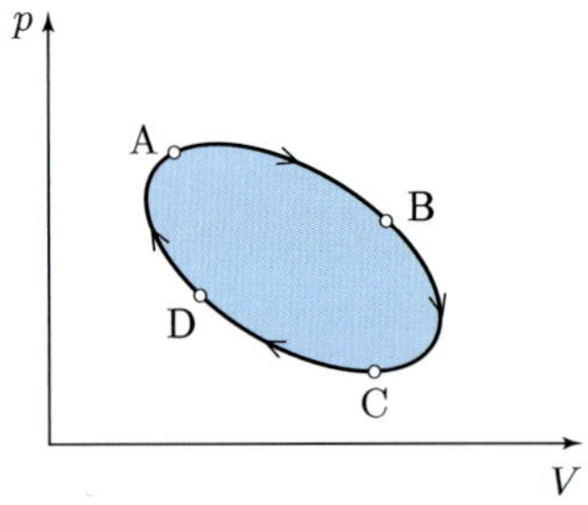

図 3.1　熱力学的サイクル

これから熱力学第 2 法則を議論するにあたり，熱機関において系の体積 V と圧力 p の Vp 平面内で任意の始点から変化が始まり，さまざまな変化を経過して最終的に始点に戻るような熱力学的サイクルを考える (図 3.1)。

ここで考察する熱機関とは高温の熱源と低温の熱源を使い，これら 2 つの熱源の温度差を使って有用な仕事をサイクルで取り出す機関のことである。蒸気機関車やガソリンエンジンは典型的な熱機関であり，火力発電所，エアコン，冷蔵庫などでは熱機関で得られた「知識」が活用されている。熱機関は，このように産業のみならず，我々の生活でも重要な働きをしているので，熱機関の原理やその効率を考えることは科学のみならず社会的にもきわめて重要である。

注意!　ここで熱源は熱浴ともよばれ，考えている系に比べて十分大きく，一定の温度を保ち，これと接触した系 (いまの場合は熱機関) に熱が出入りしてもその温度が変化しないような物体 (装置) のことである。

たとえば，水力発電では滝のように落ちる水の落差を位置エネルギー源とし，これをタービンの運動エネルギーに変え，最終的には発電機を回して電力という有用な仕事を取り出す。一方，高温の物体と低温の物体を接触させた場合には，高温物体のもっている熱エネルギーが高温物体から低温物体に流れるのみである。つまり，水流においては物質の一定方向への流れによりタービンや発電機を回して仕事を取り出すことができるが，これに対して，熱流では実体のある物質が流れているわけではないので，熱流から直接的に機械的な仕事を得ることができない。したがって，熱流から有用な仕事を取り出すためには，なんらかの装置 (工夫) が必要となる。このような装置を一般的に熱機関とよぶ。熱機関においては，1 サイクルの後にはもとの状態に戻るように装置上の工夫をし，熱の無駄な散逸を押さえつつ有用な仕事を取り出すのである。このような問題を解決して熱機関の効率を上げるため，ワット (J. Watt) の蒸気機関，ディーゼルエンジン，ガソリンエンジンなどが開発されてきた。そして，これらの熱機関に共通する基本的原理を詳しく考察したのがカルノー (N.L.S. Carnot) である。カルノーの研究により，熱の本性が明らかにされたといってよい。

熱機関の致命的な弱点は，熱エネルギーの無駄な散逸である。熱の散逸は，温度差のある物体では必ず生ずる現象である。そこで考えられたのが，熱機関を準静的過程で運転するということである。もちろん，実際の熱機関を準静的過程で運転することは現実的ではない (p.255 の ⟨**Advanced**⟩参照)。ここでは，極限までエネルギーの散逸をなくした理想的熱機関を考察するという意味である。このような熱機関は最大の効率をもっていると考えられる。

注意! 摩擦や乱流のようなエネルギーの散逸をともなう変化がない場合，系をまったく同一の状態を保ちながら変化の過程を逆方向に遡ることが可能である。このようなことが可能な過程を可逆過程とよぶ。これとは逆に，摩擦や乱流のようなエネルギー散逸をともなう過程が含まれる場合には，一般に同一の過程を遡ることはできない。このような過程を不可逆過程という。摩擦が存在しても準静的過程は可能だが，可逆過程ではない。可逆過程だけで構成されるサイクルを可逆サイクルとよび，そのような過程のみで構成される熱機関は可逆機関とよばれる。変化の過程のどこかに不可逆過程が含まれる場合，そのサイクルを不可逆サイクルとよび，そのような過程を含む熱機関を不可逆機関とよぶ。

ところで，理想気体は等温過程では外部から熱を吸収し，断熱過程では気体の温度を下げることにより外部に仕事をすることができるということを第 2 章で学んだ。特に，等温過程の結果は，温度差がない場合でも理想気体の体積を変えることによって熱を移動させることが可能であることを意味していた。しかし，これらの結果は理想気体に限られているわけではない。したがって，熱機関の作業物質を理想気体に限る必然性はなにもない。カルノーの基本的なアイデアは，熱機関の作業物質を熱力学的な系とみなし，等温膨張 → 断熱膨張 → 等温圧縮 → 断熱圧縮 という一連のサイクルで始点に戻るような循環過程で作業物質の体積を変えることにある。このような過程で，高温熱源の熱を作業物質を介して低温熱源に準静的に移動させるとともに，仕事を取り出すのである。この循環過程をカルノー

サイクルとよび，そのような熱機関をカルノー機関とよぶ。一般に，1 サイクルでの系の仕事は，

$$W = -\oint p\,dV \tag{3.1}$$

で表される。

問い　カルノーサイクルを Vp 図上に表せ。また，このサイクルが囲む面積は何を意味するか。

これから，温度をパラメータとした Vp 平面でカルノーサイクルの各過程を以下の 4 段階に分けて考察する。カルノーサイクルでは，断熱壁をもったシリンダーに作業物質を入れ，高温熱源や低温熱源に接触させて膨張や圧縮をして仕事を取り出す (図 3.2)。

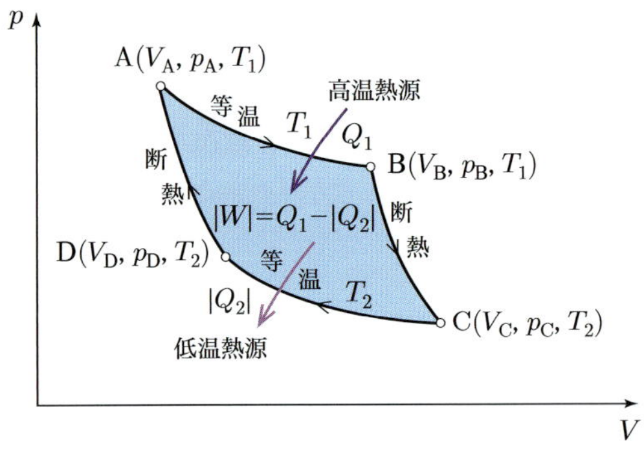

図 3.2　カルノーサイクル

第 1 段階：高温熱源との接触による等温膨張 (温度 T_1，始点 A→ 終点 B)
この過程では，作業物質の入ったシリンダーを温度 T_1 の高温熱源と温度を平衡に保って準静的に膨張させる。このとき，作業物質は高温熱源から熱量 Q_1 を吸収し，外部に対して仕事 $|W_1|$ をする ($W_1 < 0$)。このときの仕事 W_1 は状態方程式の等温曲線に沿った A から B までの積分

$$W_1 = -\int_{A\to B} p\,dV \tag{3.2}$$

である (点 A と点 B を結ぶ曲線と V 軸で囲まれる面積を負にした値。図 2.4 参照のこと)。これがカルノーサイクルの第 1 段階である。この過程で系の状態は，$(V_A, p_A, T_1) \to (V_B, p_B, T_1)$ と変化する。ただし，$V_A < V_B$ である。

第 2 段階：断熱体で囲われた状態での断熱膨張 (温度 $T_1 \to T_2$，始点 B→ 終点 C)
第 2 段階では，シリンダーを完全に断熱状態に保って作業物質を膨張させる。したがって，外部との熱のやりとりはない ($\delta Q = 0$). この過程では，熱の出入りなしに作業物質が膨張するので，系は内部エネルギーを失い温度が下がる。つまり，系の温度が高温熱源の温度 T_1

から低温熱源の温度 T_2 に等しくなるまで準静的に膨張させる。この過程での系の仕事 W_2 は，B と C を結ぶ断熱線に沿っての積分で表される。

$$W_2 = -\int_{\mathrm{B}\to\mathrm{C}} p\,dV \tag{3.3}$$

この過程で系の状態は，$(V_\mathrm{B}, p_\mathrm{B}, T_1) \to (V_\mathrm{C}, p_\mathrm{C}, T_2)$ と変化する。ただし，$V_\mathrm{B} < V_\mathrm{C}$ である。$W_2 < 0$ であるから，系は外部に対して仕事をしたことになる (点 B と点 C を結ぶ曲線と V 軸で囲まれる面積を負にした値)。

第 3 段階：低温熱源との接触による等温圧縮 (温度 T_2，始点 C→ 終点 D)

第 3 段階では，シリンダーを温度 T_2 の低温熱源に接触させ，熱平衡状態を保ったまま準静的に圧縮する。温度を T_2 に保ったまま作業物質を圧縮するので，過剰な熱 Q_2 が生成することになるが，この熱はすべて低温熱源に放出されることになる。この過程での仕事 W_3 は，

$$W_3 = -\int_{\mathrm{C}\to\mathrm{D}} p\,dV \tag{3.4}$$

である。この積分は温度 T_2 の等温曲線に沿って行う。系の状態は，$(V_\mathrm{C}, p_\mathrm{C}, T_2) \to (V_\mathrm{D}, p_\mathrm{D}, T_2)$ と変化する。ここで，圧縮過程なので $V_\mathrm{C} > V_\mathrm{D}$ である。積分は負の向きに行うので，積分結果は $W_3 > 0$ となり，系は外部から仕事をされたことになる (点 C と点 D を結ぶ曲線と V 軸で囲まれる面積。積分の方向が逆，大きな V_C → 小さな V_D になっていることに注意)。

第 4 段階：断熱体で囲われた状態での断熱圧縮 (温度 $T_2 \to T_1$，始点 D→ 終点 A)

最後の過程は断熱圧縮である。この過程で系は断熱されているので，作業物質の圧縮で生ずる熱は外部に逃げることはできず，したがって，系の温度が上昇する。つまり，系の温度が高温熱源の温度 T_1 と等しくなるまで準静的に圧縮する。この過程での仕事 W_4 は，

$$W_4 = -\int_{\mathrm{D}\to\mathrm{A}} p\,dV \tag{3.5}$$

となるが，第 3 段階と同様に積分を負の方向に行うので，$W_4 > 0$ である。この過程でも系は外部から仕事をされたことになる。系の状態は，$(V_\mathrm{D}, p_\mathrm{D}, T_2) \to (V_\mathrm{A}, p_\mathrm{A}, T_1)$ と変化する。もちろん，圧縮過程なので $V_\mathrm{D} > V_\mathrm{A}$ である (点 D と点 A を結ぶ曲線と V 軸で囲まれる面積。第 3 段階と同様に積分の方向が逆であることに注意)。

これで作業物質の状態は出発点 A の状態に戻り，1 サイクルが終了したことになる。第 4 段階で系の状態が A に戻るためには D の状態を適当に選ばなければならないが，これは技術的な問題であり本質的ではない。

ここで，カルノーサイクルの物理的意味を熱力学第 1 法則を使って考察する。エネルギー保存則である熱力学第 1 法則は，系の内部エネルギーの変化量 dU，系の熱量の変化量 δQ，そして系の仕事の変化量 δW の関係が，

$$dU = \delta Q + \delta W \tag{3.6}$$

であることを要請する。カルノー機関では，サイクルが 1 周したときには状態が完全にもとに戻るようにすべての過程が調整されている。したがって，サイクルを 1 周した後では内部エネルギーは変化しない。

$$dU = 0 \tag{3.7}$$

また，作業物質は等温膨張過程で Q_1 の熱を高温熱源から受け取り ($Q_1 > 0$)，等温圧縮過程で $|Q_2|$ の熱を低温熱源に放出する ($Q_2 < 0$)。残りの 2 つの過程は断熱過程なので熱の出入りはない。したがって，1 サイクルでカルノーサイクルが得る正味の熱は

$$\delta Q = Q_1 - |Q_2| \tag{3.8}$$

である。

次に，1 サイクルでの系の仕事は，

$$\begin{aligned} W &= -\oint p\, dV \\ &= -\int_{\mathrm{A}\to\mathrm{B}} p\, dV - \int_{\mathrm{B}\to\mathrm{C}} p\, dV - \int_{\mathrm{C}\to\mathrm{D}} p\, dV - \int_{\mathrm{D}\to\mathrm{A}} p\, dV \end{aligned} \tag{3.9}$$

あるいは，

$$W = W_1 + W_2 + W_3 + W_4 \tag{3.10}$$

である。系は 1 サイクルで外部に対して仕事をすることになるので，$W < 0$ である。式 (3.8) と式 (3.10) の結果から，熱力学第 1 法則は，

$$-W = Q_1 - |Q_2| \tag{3.11}$$

と表される。

この結果は，熱機関はその作業物質が **1** サイクルの間に熱源から吸収した正味の熱量 $Q_1 - |Q_2|$ に等しい仕事を外部にする，ことを意味している。あるいは，作業物質は 1 サイクルの間に，高温熱源から Q_1 (> 0) の熱量を受け取り，低温熱源に $|Q_2|$ の熱量を放出し，その間に $-W$ の仕事を外部にするといってもよい。ところで，外部から何もエネルギーを供給しないで外部に対して仕事をする熱機関を第一種永久機関という。このような熱機関があれば，エネルギー問題は一挙に解決するのだが，このように都合のよいことは現実にはありえないということを式 (3.11) は述べている。

カルノー機関は準静的に運転するので逆方向にまわすことができる。このとき，熱機関は外部からの仕事により低温熱源から熱をくみ取り，高

温熱源に熱を放出する。仕事と熱量の関係は式 (3.11) と同じに表される。このような逆方向の運転では，熱機関は熱を低温熱源から高温熱源へ移すのでヒートポンプとして機能しており，冷蔵庫やエアコンの原理となっている。

［例題 3.1］ n モルの理想気体が作業物質であるカルノーサイクルが 1 サイクルで外部にした仕事を求めよ。

［解］ 2.3 節の式 (2.9) より，

$$W_1 = -nRT_1 \ln\left(\frac{V_B}{V_A}\right).$$

また，式 (2.40) より

$$W_2 = -nR\frac{T_1 - T_2}{\gamma - 1}$$

である。同様にして，

$$W_3 = -nRT_2 \ln\left(\frac{V_D}{V_C}\right) = nRT_2 \ln\left(\frac{V_C}{V_D}\right)$$

$$W_4 = -nR\frac{T_2 - T_1}{\gamma - 1}$$

となる。したがって，

$$W = W_1 + W_2 + W_3 + W_4$$

$$= -nRT_1 \ln\left(\frac{V_B}{V_A}\right) + nRT_2 \ln\left(\frac{V_C}{V_D}\right)$$

であるが，B→C と D→A は断熱変化であるから，2.6 節の式 (2.36) より

$$T_1 V_B^{\gamma-1} = T_2 V_C^{\gamma-1}, \qquad T_2 V_D^{\gamma-1} = T_1 V_A^{\gamma-1}$$

が成立している。したがって，

$$\frac{T_1}{T_2} = \left(\frac{V_C}{V_B}\right)^{\gamma-1} = \left(\frac{V_D}{V_A}\right)^{\gamma-1}$$

となり，

$$\frac{V_C}{V_B} = \frac{V_D}{V_A}$$

である。ゆえに，

$$W = -nR(T_1 - T_2) \ln\left(\frac{V_B}{V_A}\right)$$

である。このとき $W < 0$ だから，サイクルは外部に対して仕事をしたことになる。

3.2 カルノー機関の効率

これから，カルノー機関の効率を議論するにあたり，以下の 3 点を確認しておこう。

(1) 2 つの等温過程では熱浴との温度差は発生しない。

(2) 2 つの断熱過程でも温度差の原因となりうる熱浴との接触を完全に断っているので，熱浴との温度差は発生しない。

(3) 1 サイクルのすべての過程で系としての状態変化は準静的になされているので，系内の非平衡状態に起因する無駄な熱の散逸もない。

結果として，カルノーサイクルでは高温熱源から得た熱の無駄づかいが一切ない過程で構成されている。したがって，カルノー機関は効率が最大の理想的な熱機関ということができる。そこで，問題となるのはカルノー機関の効率は 100 % か否か，ということである。

一般に，熱機関の効率 η は，その熱機関が外部から得た熱 Q に対する熱機関が外部にした仕事，式 (3.11) の $-W$ の比として定義される。

$$\eta = \frac{-W}{Q} \tag{3.12}$$

この定義から，カルノー機関の場合には $Q = Q_1$，また，式 (3.11) から

$-W = Q_1 - |Q_2|$ であるから，カルノー機関の効率を η_C で表すことにすると，η_C は，

$$\eta_C = \frac{Q_1 - |Q_2|}{Q_1} = 1 - \frac{|Q_2|}{Q_1} \tag{3.13}$$

となる。したがって，もし $Q_2 = 0$ であれば，$\eta_C = 1$ ということになり，この熱機関は吸収した熱をすべて仕事として利用したということを意味する。実際に，2.3.2 項に示したような単純な等温膨張過程では，理想気体の内部エネルギーは変化せず ($dU = 0$)，式 (3.6) より $-W = Q$ である。つまり，吸収した熱をすべて仕事に変換できることを意味し，この過程だけの効率を考えると 100 % である。しかしながら，これはカルノーサイクルの A→B への変化だけに相当し，変化の結果は作業物質の膨張によってピストンが移動するだけである。したがって，熱機関として引き続き仕事を取り出すためには，ピストンが逆向きに移動する過程がなければならない。もし，これを同一の温度の熱源を用いた等温過程だけで行うとした場合には，B→A という同じ経路の逆過程でもとの状態に戻さなければならない。このためには，せっかくピストンを移動させて外部にした仕事とまったく等しい仕事を外部からしなければならない。これでは，1 サイクルが終わった後には有益な仕事はなにも取り出せないことになり，熱機関としての意味はなにもない。これが，温度が一定のままで高温熱源からの熱流があっても，一定方向に回るタービンを作ることはできないということの物理的な意味である。

上の議論で明らかなように，ただ一つの熱浴を用いた等温過程だけでは決して熱機関としてのサイクルは作れず，したがって，有効な仕事を得ることもできない。カルノー機関では，高温熱源との接触で大きな熱を得て作業物質を等温膨張させて外部に大きな仕事をする。そして，外部からの小さな仕事により作業物質を圧縮し，小さな熱を低温熱源に排出する。これら 2 つの過程を熱の出入りを禁じた断熱過程でつないで，作業物質の温度を上げ下げして全体としてのサイクルを作り，仕事を得ているのである。

いずれにしても，経験的な事実として，**低温熱源に熱を捨てることのない熱機関を作ることはできないのである。したがって $|Q_2| \neq 0$ であり，結果として，熱機関の効率は $\eta_C < 1$ である。カルノー機関は熱の無駄な散逸がない理想的な機関であるが，その効率は 100 % にはなりえない。**

3.3 熱力学第 2 法則

エネルギー保存則，すなわち熱力学第 1 法則の立場からすると，$Q_2 = 0$ とすることにはなんの矛盾もない。しかし，熱を仕事に変換する熱機関を作製する立場からすると，低温熱源に捨てる熱 Q_2 をゼロにすることはできない。この点が，熱が関与する現象と力学的あるいは電磁気的現象との

本質的な違いである。これを述べたのが次のトムソン (W. Thomson, L. Kelvin) の原理である。

ただ一つの熱源だけを利用して，その熱源から熱を取り入れ，それをすべて仕事に変えるような熱機関はありえない。

ところで，力学や電磁気学では，摩擦などのない理想的な過程が可能であれば，その逆向きの現象も可能である。しかし，熱は高温物体から低温物体へ流れることはあっても，この逆の過程が自発的に生ずることはない。つまり，熱が関与する世界では，熱力学第 1 法則の他に，現象が生じる時間の方向性を示すという，熱に固有な法則がある。これは次のクラウジウス (R.J.E. Clausius) の原理として知られている。

他に何の変化を残すこともなく，熱を低温の物体から高温の物体に移すことはできない。

これらの法則は，熱力学第 **2** 法則の互いに等価な 2 つの表現である。

［質問］ トムソンの原理とクラウジウスの原理が等価であることを示せ。何を示したらよいのか考えよ。

注意! 実際は，低温側から高温側に流れる熱流の“ゆらぎ”が存在する．第 4 章の ⟨**Advanced: ゆらぎの定理**⟩ を参照。

熱を低温熱源からくみ出して高温熱源に移すためには，カルノー機関を逆運転しなければならないが，そのためには外部から仕事を注入しなければならない。したがって，結果として外部に何らかの変化を残すことになる。これに対して，高温物体から低温物体への熱の流れは金属のような熱の良導体で接触させれば自然に起こることである。このように，クラウジウスの原理は，熱が高温から低温へと移る現象は不可逆であるという我々の日常経験を原理として認めるものである。また，トムソンの原理は，カルノー機関で $Q_2 = 0$ にはできないということを述べるものである。効率のところで考察したように，等温過程のみであれば効率は 100％ となるが，等温過程のみでは有用な仕事を得ることができない。熱エネルギーは我々の周囲にも無尽蔵にある。たとえば，海は巨大な熱源である。もし，1 つの熱源のみで動作する熱機関が作製できるなら，その熱機関を使えば海から熱をくみ取って航行できる船を作ることができる。また，大気から熱を吸収して飛行できる航空機も作ることができる。このような熱機関を第 **2** 種永久機関とよぶが，トムソンの原理は，このような都合の良い熱機関を作ることはできないということを述べているのである。

［質問］ 海洋においては，表層の温度と深海の温度では温度差があることが知られている。熱機関を構成することは可能だろうか？

［質問］ 不可逆現象の例をあげ，エネルギー保存則との関係を議論せよ。

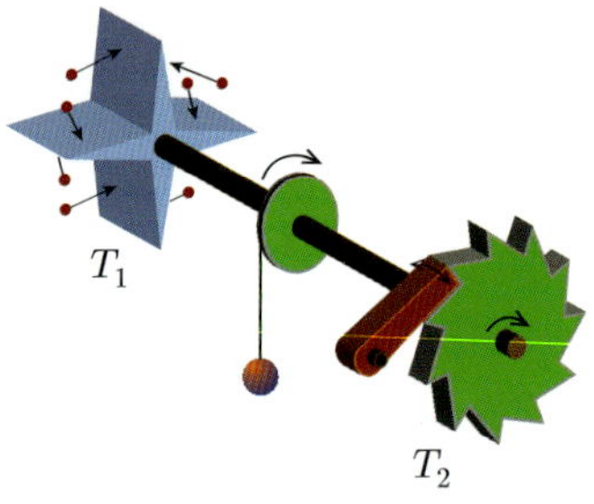

図 3.3　ラチェットモデル

Advanced：ラチェットモデル

ファインマン (R.P. Feynman) は熱力学第 2 法則に関連して次のような装置を考えた。図 3.3 のように，ラチェット機構と羽根車を連結しておく。ラチェットの歯止めはバネにつながっていて，持ち上げられた歯止めを戻そうとする。各素材は完全な弾性体で作られているが，これらの質量は無視する。

ランダムな熱運動として飛び回っている気体が羽根車に衝突すると，羽根車は回転することになるが，気体の運動はランダムだから羽根車はある方向と逆方向と同じ確率で回る。つまり，熱ゆらぎ程度の振動はあるが一定方向には回らない。ところが，ラチェットの作用により羽根車は一定の方向にしか回転できないようになっている。よって，これにぶら下げられたおもりは持ち上がることになり，この装置から有益な仕事を取り出したことになる。結局，この装置に温度差はないから，ひとつだけの熱源から仕事を得たことになり，熱力学第 2 法則を打ち破っているようにみえる。

このアイデアで考慮すべき点は，気体も含めて箱の中のすべての物体は一定温度になっているところにある。歯車が回転してラチェットの歯止めが歯車の端を越えた後はばねで戻されるが，同じ運動エネルギーをもって跳ね返ることになる。この繰り返されるバウンドの間に歯車は前後運動としての振動はするが，一定方向に回転することはない。温度が一定なので，羽根車のゆらぎに起因する歯車の運動と，歯止めのバウンドの程度が同程度だからである。電源に接続していないダイオードが熱雑音を感じて勝手に電流を流すことはないのと同じである。

それなら，ラチェット機構と羽根車を別々の箱に入れて，それぞれの温度を変えたらどうだろうか。結果は，羽根車の温度のほうが高ければ歯車は前方向に回転することになる。なぜなら，極端な場合を考えて，羽根車の温度が極端に高ければ，羽根車からみた歯止めの運動はほとんど無視でき，歯止めは歯車に沿った運動しかしないからである。逆に，ラチェット機構の温度のほうが高ければ，歯車は逆回転をすることになる。なぜなら，歯止めが羽根車の非対称な歯を後ろ向きにたたくからである。このラチェット機構は熱力学第 2 法則を打ち破ることはなかったが，なんらかの工夫で歯止めの動きを止める (穏やかにする) ことができれば，歯車は前方向に回転し続けるだろう，ということを教えている。また，生物では長い進化の過程において，分子レベルで高効率の仕事をする仕組みが形成されてきたと考えられる。そこで，上記のラチェットモデルを参考に，分子レベルでのさまざまな工夫を凝らしてアクチン・ミオシンなどのタンパク質を用いた細胞内の分子モーターやイオンポンプなどが考案されている。

3.4 カルノーの定理

これまでの議論で，極限まで理想化された熱機関であるカルノー機関の効率でさえ 100％ にはならないということがわかった。しかし次に，ピストン内部に閉じ込める作業物質はどのような物質が最適であろうかということを考えてみよう。というのは，より適当な物質を使えば，より効率の高い熱機関を作ることができるのではないかと考えられるからである。

このことを考察するため，同一の高温熱源 T_1 と低温熱源 T_2 で作動する2つのカルノー機関 C と C′ を使う。C と C′ の作業物質には何ら条件を課さない 。これら2つのカルノー機関を互いに結合し，一方の熱機関で得られる仕事で他方を逆運転できるものとする。

注意! この節の議論では，熱機関がする正味の仕事，言い換えると我々が熱機関から得ることができる仕事を問題にする。この意味を明示するため，仕事は $|W|$ と表現する。また。熱も同様に正味の熱が問題となるため，熱機関から排出される熱には前節と同様に絶対値の記号を付している。

最初に熱機関 C から得られる仕事 $|W| = Q_1 - |Q_2|$ を使って熱機関 C′ を逆運転する。熱機関 C′ もカルノー機関なので，逆運転するとその仕事は $|W'| = |Q'_1| - Q'_2$ となる。このとき，熱機関 C′ は低温熱源から熱を得て，高温熱源に熱を渡すヒートポンプとして稼働している。ここで，$|W'| = |W|$ であることから，この結合機熱関 (C + C′) が1サイクル終えたときには，熱力学第1法則により

$$|Q'_1| - Q_1 = Q'_2 - |Q_2| \tag{3.14}$$

であり，この他には何の変化もなく，完全にもとに戻っている。ここで，次のような2つの場合を考えてみる。

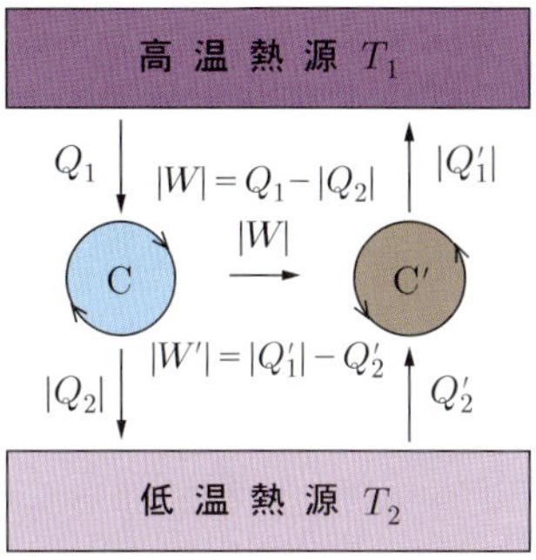

図 3.4 結合熱機関 (1)

(1) $|Q'_1| - Q_1 = Q'_2 - |Q_2| > 0$ の場合。このとき，結合熱機関 C + C′ は，低温熱源から熱を吸収し ($Q'_2 - |Q_2| > 0$)，高温熱源に熱をわたすことになるが ($|Q'_1| - Q_1 > 0$)，外部には何も変化を残していない。これは明らかにクラウジウスの原理に反する。すなわち，このケースは実在しないので，

$$|Q'_1| - Q_1 = Q'_2 - |Q_2| \leq 0 \tag{3.15}$$

でなければならない (図 3.4)。

(2) $|Q'_1| - Q_1 = Q'_2 - |Q_2| < 0$ の場合。この場合は，結合熱機関 C + C′ を (1) の場合と逆に稼働させた場合に対応する。ところで，我々は熱量が負の場合には，その絶対値を用いて議論してきた。その方法にしたがうと，いまの場合は $Q'_1 - |Q_1| = |Q'_2| - Q_2 < 0$ と表記すべきである。そうすると，この場合も (1) と同様に，結合熱機関 C + C′ は低温熱源から高温熱源へ熱を移動させ ($Q_2 > |Q'_2|$ かつ $|Q_1| > Q'_1$)，周囲には何の変化も残さないことになる。それゆえ，クラウジウスの原理に反する。ゆえに，

$$Q'_1 - |Q_1| = |Q'_2| - Q_2 \geq 0 \tag{3.16}$$

でなければならない。ここで，符号の表記を (1) の場合に戻すと，

$$|Q'_1| - Q_1 = Q'_2 - |Q_2| \geq 0 \tag{3.17}$$

である (図 3.5)。

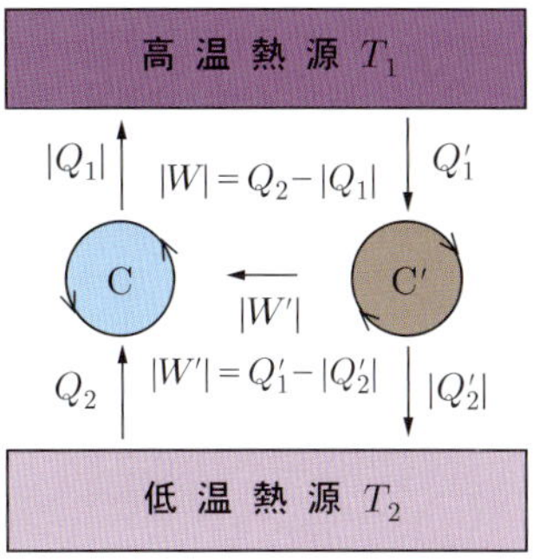

図 3.5 結合熱機関 (2)

したがって，クラウジウスの原理に反しないためには，

$$|Q_1'| - Q_1 = Q_2' - |Q_2| = 0 \tag{3.18}$$

となっていなければならない。つまり，

$$Q_1 = |Q_1'| \tag{3.19}$$

$$|Q_2| = Q_2' \tag{3.20}$$

が成立する。ところで，カルノー機関 C と C$'$ を正方向に稼働した時 (熱が高温熱源から低温熱源に移動するとき) の効率はそれぞれ

$$\eta_{\rm C} = \frac{|W|}{Q_1} = 1 - \frac{|Q_2|}{Q_1}$$

$$\eta_{\rm C'} = \frac{|W'|}{Q_1'} = 1 - \frac{|Q_2'|}{Q_1'}$$

なので，

$$\eta_{\rm C} = \eta_{\rm C'} \tag{3.21}$$

である。このことは，同じ熱源で作動するカルノー機関は作業物質によらず等しい効率で稼働することを意味する。このとき，熱源を指定する物理量は温度だけなので，カルノー機関の効率 $\eta_{\rm C}$ は高温熱源の温度 T_1 と低温熱源の温度 T_2 のみで決まる。

$$\eta_{\rm C} = \eta_{\rm C}(T_1, T_2) \tag{3.22}$$

これをカルノーの定理とよぶ。すなわち，与えられた温度をもつ高温熱源と低温熱源の間ではたらくどのようなカルノー機関でも，その効率は等しく，作業物質の種類にはよらない。

3.5　理想気体を用いたカルノー機関の効率

ここでは特に，作業物質として理想気体を使った場合のカルノー機関の効率を具体的に求める。カルノー機関が 1 サイクルでする正味の仕事は，例題 3.1 より，

$$|W| = nR(T_1 - T_2)\ln\left(\frac{V_{\rm B}}{V_{\rm A}}\right) \tag{3.23}$$

となる。また，高温熱源から受け取る熱量 Q_1 は

$$Q_1 = -W_1 = nRT_1\ln\left(\frac{V_{\rm B}}{V_{\rm A}}\right) \tag{3.24}$$

である。したがって，理想気体を作業物質とするカルノー機関の効率は

$$\eta_{\rm C(ig)} = \frac{|W|}{Q_1} = 1 - \frac{T_2}{T_1} \tag{3.25}$$

で与えられる。もちろん，効率は温度のみの関数となっている。

ところで，カルノーの定理によれば，カルノー機関の効率は作業物質の種類にはよらず，熱源の温度のみで決まる。したがって，カルノー機関の

効率は作業物質によらず,

$$\eta_{\mathrm{C}} = 1 - \frac{T_2}{T_1} \tag{3.26}$$

で与えられることになる。ここで, 式 (3.23) ならびに式 (3.24) の計算における温度 T_1, T_2 は理想気体の温度とされている。しかし, これらの温度は実際にはこの熱機関の作業物質である理想気体が, 高温熱源と低温熱源のそれぞれに接したときの温度という意味である。したがって, T_1, T_2 は理想気体の温度というより熱源の温度とするのが正しい理解である。

注意! カルノーの定理から, カルノー機関の効率は作業物質によらず, 熱源の温度のみで決まることがわかった。この事実は, カルノー機関を用いることにより, 物質に依存しない普遍的な温度の基準があることを意味する。カルノー機関の効率によって定義されるような温度を熱力学的絶対温度もしくは熱力学的温度目盛とよぶ。絶対温度目盛りでは, 絶対零度を 0 K, 水の三重点を 273.16 K と定義するが, 1 度の温度幅はセ氏温度と等しく選ぶ。任意の温度目盛と絶対温度目盛を対応づけるには, 常磁性磁化やジュール–トムソン効果を利用する熱力学的方法, もしくは気体温度計の絶対温度目盛りに適当な補正を加える方法などがある。

［質問］ 熱力学的絶対温度と理想気体温度計の絶対温度とは同一の温度目盛りであるが, 定義される過程が本質的に異なっている。熱力学的絶対温度という概念で絶対零度を説明せよ。

問い 理想気体を用いた熱機関において, 高温熱源の温度が 300 °C, 低温熱源の温度が 60 °C のときの最大効率を求めよ。

Advanced：熱機関の効率と仕事率

カルノーサイクルは, 高温熱源から得た熱量と低温熱源に排出した熱量の差額を仕事として取り出す装置である。我々は, このカルノーサイクルを分析して, 以下のことを学んだ。

1. カルノーサイクルの効率は, 熱源の温度のみで決まる。

2. カルノーサイクルの効率 η_{C} を超える熱機関は存在しない。

つまり, カルノーサイクルは理論的に考えうる最大の効率を有する熱機関である。そこで次のような疑問がわく。カルノーサイクルは最大の熱効率を有するのだから, すべての実用的熱機関をカルノーサイクルで構成すればよいではないか？ そうすれば, 現代のエネルギー問題の一部は解決できるのではないか？ しかし, 現実の機関はカルノーサイクルで構成されているわけではない。なぜだろうか？ この問いに対する解答が最近得られた†。

いま, 2 つの熱源と接触して動作するカルノーサイクルを考える。この熱機関は 1 サイクルの間に高温の熱源から $Q_{\mathrm{H}} > 0$ の熱を吸収し, 低温の熱源に $Q_{\mathrm{L}} > 0$ の熱を放出して外部に差額分の仕事を得る。この熱機関が外部にする仕事はエネルギー保存則より $W = Q_{\mathrm{H}} - Q_{\mathrm{L}}$ であり, このときの効率は $\eta_{\mathrm{C}} = 1 - Q_{\mathrm{L}}/Q_{\mathrm{H}}$ である。次に, このカルノーサイクルが単位時間当たりどれほどの仕事を生成するか考えよう。熱機関が 1 サイクルに要す

る時間を τ とすると，熱機関が単位時間当たりに生みだす仕事 (仕事率，パワー) は $P = W/\tau$ である。カルノーサイクルは準静的過程で構成されているため，1サイクルを回すのに無限大の時間を有する。これに対して，仕事 W は有限であるため，$P = 0$ となる。カルノーサイクルの場合，効率は理論的上限 η_{C} を達成するが，仕事率はゼロとなるのである。したがって，カルノーサイクルは実用的な熱機関とはなりえないのである。カルノーサイクルの構成を保ったまま，有限時間で動作させる場合には有限の仕事を得ることができる。しかしながら，そのような過程は可逆過程とはなりえない。このことは，サイクルのさまざまな局面で熱の散逸が生じていることを意味するので，カルノーサイクルの理論的熱効率は達成できない。つまり，効率を優先すると仕事率は低下し，仕事率を優先すると効率が低下するというトレードオフの関係がありそうである。しかし，効率も良く仕事率も高い熱機関を望むのは人間の心理として当然であるし，このトレードオフの関係は一般的に成り立つのだろうか，ということに興味をもつのは科学者の心理でもある。

このような原理的に重要な問題であるが，熱力学のみでこれに答えることはできない。熱力学では，マクロな系の平衡状態間の遷移とそれにともなうエネルギー収支については定量的な，そして厳密な関係を与える。しかし，状態の時間的変化の側面についてはどのような情報も提供しないのである。つまり，熱力学によって効率は議論できるが，仕事率については何もわからない。この問題を解決するには，非平衡系の熱力学，線形応答理論，輸送現象に関する知識など総合的な知識を活用しなければならない。その一つとして，古典力学とマルコフ過程による微視的モデルを用いた一般的な熱機関において，次のようなトレードオフに対する関係式が求められた。

$$P \leq \bar{\Theta}\beta_{\mathrm{L}}\eta(\eta_{\mathrm{C}} - \eta)$$

ここで，$\bar{\Theta}$ と $\beta_{\mathrm{L}} = 1/k_{\mathrm{B}}T_{\mathrm{L}}$ は，熱機関の大きさに依存する正の量と低温熱源の逆温度である。また，η_{C} と η はカルノー機関の熱効率と任意の熱機関の熱効率である。この式から，任意の熱機関において $\eta \to \eta_{\mathrm{C}}$ とすれば，$P \to 0$ となることがわかる。つまり，熱機関の効率を上げるときには必ず仕事率の低下をともなうということである。これらを両立することは不可能であることが示されたのである。

†) 詳細については，白石直人・齊藤圭司・田崎晴明，日本物理学会誌，**72**, 862 (2017)，およびこれに引用されている文献を参照のこと。

［例題 3.2］　図 3.6 は，理想化されたディーゼルエンジンのサイクルである。A → B で断熱圧縮して注入した燃料を発火させて B → C の等圧膨張でピストンを動かし，さらに，C → D で断熱膨張をさせて，D → A で排気して A に戻す。作業物質を理想気体として，このディーゼルエンジンの効率 η を求めよ。

［解］　各々の過程について，

1. A → B は断熱過程だから熱の出入りはない。
2. B → C は等圧過程だから定圧熱容量を C_p とすると，加えられた熱量 Q_1 は $Q_1 = C_p(T_C - T_B)$ である。
3. C → D は断熱過程だから熱の出入りはない。
4. D → A は等積過程だから定積熱容量を C_V とすると，排気熱量 Q_2 は $Q_2 = C_V(T_D - T_A)$ である。

よって，効率 η は比熱の比を γ として，

$$\eta = \frac{Q_1 - Q_2}{Q_1} = 1 - \frac{C_V(T_D - T_A)}{C_p(T_C - T_B)} = 1 - \frac{T_D - T_A}{\gamma(T_C - T_B)}$$

となる。

次に，この式を圧縮比 V_A/V_B で表す。まず，

$$\frac{T_D - T_A}{T_C - T_B} = \frac{p_D V_D - p_A V_A}{p_C V_C - p_B V_B} = \frac{p_D - p_A}{p_B}\frac{V_A}{V_C - V_B} \quad (\because\ V_D = V_A,\ p_C = p_B)$$

であるが，断熱過程ではポアソンの法則 $p_A V_A^\gamma = p_B V_B^\gamma$, $p_B V_C^\gamma = p_D V_A^\gamma$ が成り立つから，

$$\frac{p_D - p_A}{p_B} = \left(\frac{V_C}{V_A}\right)^\gamma - \left(\frac{V_B}{V_A}\right)^\gamma$$

となる。実際のエンジンでは Vp 図上で B 点と C 点が近い位置になるように設計されるので，$V_C = V_B + \delta V$ とおくと，

$$\left(\frac{V_C}{V_A}\right)^\gamma = \left(\frac{V_B + \delta V}{V_A}\right)^\gamma \cong \left(\frac{V_B}{V_A}\right)^\gamma \left(1 + \gamma\frac{\delta V}{V_B}\right)$$

となるから，

$$\left(\frac{V_C}{V_A}\right)^\gamma - \left(\frac{V_B}{V_A}\right)^\gamma \cong \gamma\left(\frac{V_B}{V_A}\right)^\gamma \frac{\delta V}{V_B}$$

である。よって，効率 η は，

$$\eta = 1 - \frac{1}{(V_A/V_B)^{\gamma-1}}$$

となる。この結果から明らかなように，ディーゼルエンジンでは可能な限り圧縮比 V_A/V_B を大きくすることによって効率を高くするように設計されている。

注意!　カルノーサイクルは熱源が高温と低温の 2 つしかないサイクルで，熱機関として効率は最大である。一方，ディーゼルサイクルは定圧過程があって，この過程で温度が変化する。このときでも，過程は依然として準静的可逆過程を考えているので，扱いとしては温度がほんの少しだけ異なる無限個の熱源と次々に準静的に接触して徐々に温度が変化したと考えることになる。つまり，効率を考える場合，高温と低温の中間の温度が関与するので，カルノーサイクルよりも下がることになり，このことが効率の表式に圧縮比などの温度以外のパラメータが入ってくる原因である。

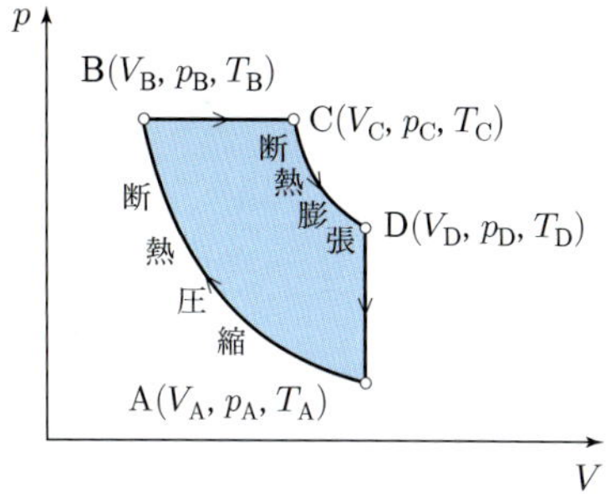

図 3.6　ディーゼルエンジンのサイクル

この章でのポイント

- エネルギー散逸のない準静的過程を可逆過程という。
- 可逆過程でない過程を不可逆過程という。
- 熱力学第 2 法則は現象が生じる時間の方向性を表していて，クラウジウスの原理やトムソンの原理ともよばれる。
- カルノーサイクルとは，等温膨張 → 断熱膨張 → 等温圧縮 → 断熱圧縮 のサイクルでもとに戻る可逆循環過程である。

- カルノー機関では，高温熱源から熱を吸収し，低温熱源に熱を捨てる。そして，その差の分の仕事を外部にする。そのため，効率は 100％にはならない。
- カルノー機関の効率 η_C は熱源の温度だけで表され，$\eta_C = 1 - T_2/T_1$ $(T_2 < T_1)$ である。このことから，熱力学的絶対温度が定義される。

第 3 章　章末問題

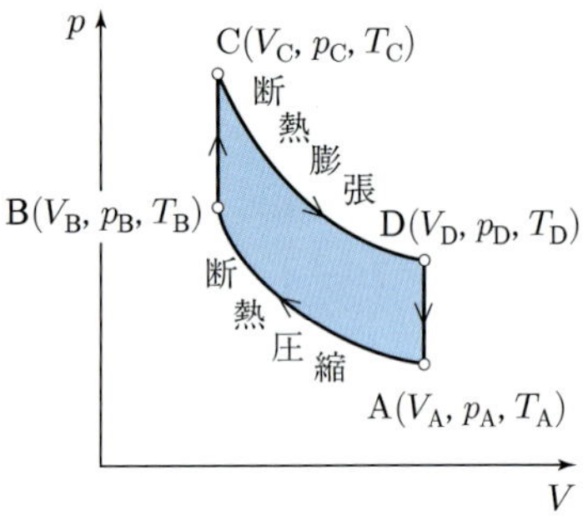

図 3.7　オットーサイクル

1. オットーサイクル（ガソリンエンジン）の概略は図 3.7 のようになっている。A→B で気化したガソリンと空気を断熱圧縮し，B の直前でプラグ点火して熱が発生するが体積がほとんど変わらないような瞬時に圧力が高くなる (B → C)。次に，C の高圧状態から断熱膨張し (C → D)，ほとんど体積が変わらない状態で排気する。作業物質を 1 モルの理想気体としたとき，このサイクルの効率 η を求めよ。

2. 1 モルの理想気体でカルノーサイクルを行うが，等温膨張するときだけピストンとシリンダーの間に摩擦力 F がはたらくとした場合，カルノーサイクルの効率 $\eta_C = 1 - T_2/T_1$ はどのように変更されるか。

3. 理想気体の状態方程式を用いて，等温線上の傾き $(\partial p/\partial V)_T$ と断熱線上の傾き $(\partial p/\partial V)_{ad}$ を求め，以下の関係を示せ。

$$\left(\frac{\partial p}{\partial V}\right)_{ad} \Big/ \left(\frac{\partial p}{\partial V}\right)_T = \gamma$$

4 エントロピー

仕事量を状態量で表現したように，エントロピーという概念を導入して熱量を状態量で表現する。熱力学第 2 法則をエントロピー増大の法則として理解する。熱力学は現象論であるため，実体を扱う統計力学と比べると，エントロピーという概念はわかりにくいが，非常に重要な状態量である。いくつかの具体的な例を計算をしながら，慣れるようにしよう。

4.1 カルノー機関の保存量

熱力学第 2 法則は「熱は高温物体から低温物体へ自然に流れる」という日常的な事実を表現したものである。前章では，これをクラウジウスの原理やトムソンの原理として，定性的に述べた。ここでは，この事実を定量的に表現することを考えよう。

ここでもカルノー機関を利用する。カルノー機関は 1 サイクルの間に温度 T_1 の高温熱源から熱量 Q_1 を受け取り，温度 T_2 の低温熱源に熱量 $|Q_2|$ を放出し，この差 $Q_1 - |Q_2|$ に相当する正味の仕事 $|W|$ を外部にする。カルノー機関は準静的に運転されるので，これ以外に関与するエネルギーはない。したがって，次のエネルギー保存則が成立する。

$$Q_1 = |Q_2| + |W| \tag{4.1}$$

さて，カルノー機関という系には内部エネルギー U 以外に保存量はないのだろうか。これを考えるため，カルノー機関の効率を再考してみよう。カルノー機関の効率に対する等価な関係式，3.2 節と 3.5 節の式 (3.13) と式 (3.26) を用いると

$$\eta_C = 1 - \frac{|Q_2|}{Q_1} = 1 - \frac{T_2}{T_1} \tag{4.2}$$

と書けるが，これを変形すると，

$$\frac{Q_1}{T_1} = \frac{|Q_2|}{T_2} \tag{4.3}$$

となっている。つまり，カルノー機関では熱源に出入りする熱量とその熱源の温度の比が等しいことを示している。したがって，カルノー機関を 1 サイクル運転してもとに戻すと，この量がもとの値に戻ることになる。

そこで，カルノー機関の状態を指定する量としての資格を有するこの量を

$$S = \frac{Q}{T} \tag{4.4}$$

と書くことにして，S をエントロピーとよぶことにしよう。

エントロピーは，いままでの議論の流れからすると，カルノー機関に対してのみ定義された量であり，等温膨張 → 断熱膨張 → 等温圧縮 → 断熱圧縮 という 1 サイクルの過程で保存される量である。これが任意の作業物質を使った一般的な準静的サイクルに対しても成り立つかどうかということを次に考えることにする。

4.2 クラウジウスの関係式

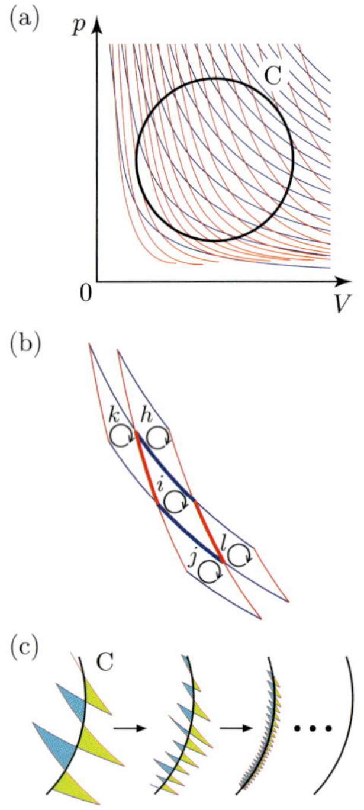

図 4.1　任意のサイクルと等温線 (青) ならびに断熱線 (赤)

任意の作業物質を使った一般の準静的なサイクル C を図 4.1(a) の Vp 平面上に表した ((a) の黒線)。この図には等温線 ((a) の青線) と断熱線 ((a) の赤線) も示してある。定圧比熱と定積比熱の比である γ は 1 より大きいことから，断熱線の傾きが等温線より急になっていることがわかる。サイクル C の内部には多数の等温線と断熱線が含まれるが，隣接する等温線と断熱線を各々 2 本使うことにより，微小なカルノーサイクルを構成することができる。すなわち，任意のサイクルは微小なカルノーサイクルによって組み立てられていると考えてよい。

これらの微小なカルノーサイクルを記号 i で番号づけすることにしよう。サイクル C に含まれている i 番目のカルノーサイクルと，i 番目のサイクルの各辺を共有している h, j, k, l 番目のサイクルを示したのが図 4.1(b) である。i 番目の微小なカルノーサイクルは，温度がそれぞれ T_{i1}, T_{i2} の等温線で形成されているとすると，i 番目のカルノーサイクルは温度 T_{i1} の高温熱源と温度 T_{i2} の低温熱源に接しているとみなせる。この i 番目の微小なカルノーサイクルが右回りに 1 周するとき，サイクルは高温熱源から δQ_{i1} の熱を得て，低温熱源に $|\delta Q_{i2}|$ の熱を放出する ($\delta Q_{i2} < 0$)。ここで，i 番目の微小サイクルに対して次の量を定義する。

$$\frac{\delta Q_i}{T_i} = \frac{\delta Q_{i1}}{T_{i1}} + \frac{\delta Q_{i2}}{T_{i2}} \tag{4.5}$$

このとき，右辺第 1 項目はサイクルが得る熱量，第 2 項目はサイクルが放出する熱量に対する式なので，式 (4.3) から明らかなように，

$$\frac{\delta Q_{i1}}{T_{i1}} + \frac{\delta Q_{i2}}{T_{i2}} = 0 \tag{4.6}$$

である。すなわち，i 番目の微小なカルノーサイクルを 1 周運転した後では，エントロピーは変化しないことを意味する。

さて，閉曲線 C の内部にある微小サイクルに対しては，図 4.1(b) に示したように，必ず隣接するサイクルがある。i 番目のサイクルの等温膨張過程は，その上側にある h 番目のサイクルの等温圧縮過程と重なってい

る。このため，この過程で生ずる熱量の出入りは互いにキャンセルする。i 番目のサイクルの等温圧縮過程はその下側にある j 番目のサイクルの等温膨張過程と重なっているので，上と同様に熱量の出入りはキャンセルする。さらに，断熱膨張と断熱圧縮では熱の出入りはない。この過程では，k, l 番目のサイクルと接している過程での仕事の出入りがキャンセルする。したがって，h, i, j, k, l 番目の 5 つの複合サイクルが外部にする正味の仕事は，図 4.1(b) に示した十字形の外周で囲まれる面積に相当する。閉曲線 C の内部に含まれるカルノーサイクルについては，分割のサイズが有限であっても式 (4.6) が成立するため，上述のように，熱量の出入りはすべてキャンセルする。しかし，閉曲線の外周に交わる微小なサイクルの影響が残っている。

$$\sum_i \frac{\delta Q_i}{T_i} = \sum_{\mathrm{C}} \frac{\delta Q_{\mathrm{C}}}{T_{\mathrm{C}}} \tag{4.7}$$

ここで，右辺は閉曲線 C と重なるサイクルからの寄与を表す。分割のサイズを無限小にする極限において，式 (4.7) の左辺は 0，右辺は経路 C に沿った線積分となる。

$$\oint_{\mathrm{C}} \frac{\delta Q}{T} = 0 \tag{4.8}$$

この関係をクラウジウスの関係式とよぶが，この物理的な意味は次節で議論しよう。

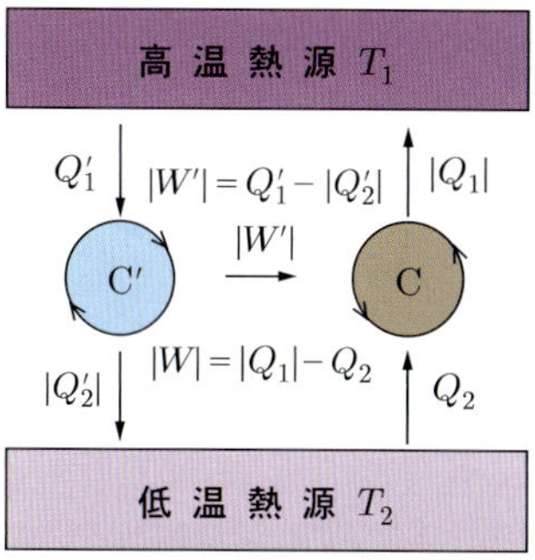

図 4.2　不可逆サイクルとクラウジウスの関係式

［例題 4.1］　サイクルのどこかの過程に不可逆過程がある不可逆サイクルを考える。不可逆サイクルでは $\sum_i \delta Q_i/T_i < 0$ あるいは $\oint \delta Q/T < 0$ が成り立つことを示せ。

［解］　図 4.2 を参考にする。不可逆サイクルを C′，カルノーサイクルを C とし，C′ は温度 T_1 の高温熱源から Q_1 の熱を吸収して温度 T_2 の低温熱源に $|Q_2|$ の熱を放出し，その間に仕事 $|W'|$ をする。一方，C はその仕事 $|W'|$ によって，低温熱源から Q_2 の熱を吸収して高温熱源に $|Q_1|$ の熱を放出する。このサイクルでは，C′ と C はもとに戻り，その間の仕事 $|W|$ は C′ と C でやりとりしているので全体として仕事はキャンセルする。

さて，各サイクルで，$|W'| = Q'_1 - |Q'_2|$，$|Q_1| = Q_2 + |W|$ が成り立つから，$Q'_1 - Q'_2 = |Q_1| - Q_2$ である。よって，$Q'_1 - |Q_1| = |Q'_2| - Q_2$ となる。ところで，もしも，$Q'_1 - |Q_1| = |Q'_2| - Q_2 < 0$ であれば，仕事の総和は 0 なので，勝手に低温熱源から高温熱源に熱が移動したことになり，クラウジウスの関係式に反する。よって，$Q'_1 - |Q_1| = |Q'_2| - Q_2 \geq 0$ であるが，3.4 節でみたように，等号は C′ がカルノーサイクル，つまり，可逆サイクルのときだけに成り立つ場合だから，結局，$Q'_1 - |Q_1| = |Q'_2| - Q_2 > 0$ となる。

次に，効率を考える。C′ と C の効率はそれぞれ $(Q'_1 - |Q'_2|)/Q'_1$，$(|Q_1| - Q_2)/|Q_1| = (T_1 - T_2)/T_1$ であるが，分子は等しく，かつ，$Q'_1 > |Q_1|$ であるから，$(Q'_1 - |Q'_2|)/Q'_1 < (T_1 - T_2)/T_1$ となる。したがって，$|Q'_2|$ の絶対値をはずして，$Q'_1/T_1 + Q'_2/T_2 < 0$ が成り立つことになる。これを熱源が多数ある場合や，それらの微小過程を無数に接続した 1 サイクルに拡張すると，$\sum_i Q_i/T_i < 0$ あるいは $\oint \delta Q/T < 0$ が成り立つ。つまり，クラウジウスの関係式とは，一般に，$\sum_i Q_i/T_i \leq 0$ あるいは $\oint \delta Q/T \leq 0$ のことである。ここで，等号は可逆サイクル，不等号は不可逆サイクルを意味する。

4.3 エントロピーと状態量

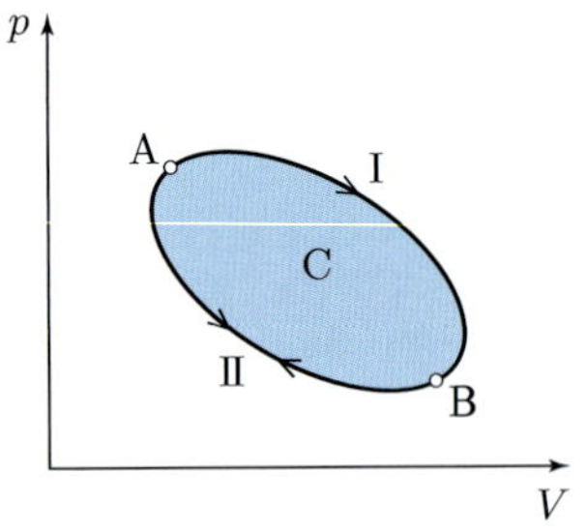

図 4.3　サイクル C での経路 I と経路 II

4.2 節と同様に，Vp 平面にサイクル C を考え，このサイクルを点 A と点 B で 2 つに分割する (図 4.3)。この 2 点 A と B は任意の物質の熱力学的状態を表している。いま，このサイクルは準静的可逆サイクルとする。このサイクルを時計まわりに 1 周すると，式 (4.8) により，次が成り立つ。

$$\oint_{\mathrm{C(A\to B\to A)}} \frac{\delta Q}{T} = 0 \tag{4.9}$$

このサイクルは点 A と点 B で 2 つに分割されているので，それぞれを経路 I ならびに経路 II と表すと，

$$\oint_{\mathrm{C(A\to B\to A)}} \frac{\delta Q}{T} = \int_{\mathrm{I(A\to B)}} \frac{\delta Q}{T} + \int_{\mathrm{II(B\to A)}} \frac{\delta Q}{T} \tag{4.10}$$

である。これは，式 (4.8) からゼロなので，

$$\int_{\mathrm{I(A\to B)}} \frac{\delta Q}{T} = -\int_{\mathrm{II(B\to A)}} \frac{\delta Q}{T} \tag{4.11}$$

であるが，右辺の積分の向きを入れ替えると，

$$\int_{\mathrm{I(A\to B)}} \frac{\delta Q}{T} = \int_{\mathrm{II(A\to B)}} \frac{\delta Q}{T} \tag{4.12}$$

となる。つまり，$\delta Q/T$ を A から B まで積分した値は，経路 I も経路 II も任意の経路であるので，積分の経路には依存せず，始点の状態 A と終点の状態 B のみで決まることを意味する。

この事実から，微小な出入り量 $\delta Q/T$ を

$$dS = \frac{\delta Q}{T} \tag{4.13}$$

と表し，これにより熱力学的状態量であるエントロピー S を再定義する。

注意!　この再定義されたエントロピーの式 (4.13) から前出の式 (4.4) を見直してみると，カルノーサイクルでは等温過程で熱が出入りしていたので，$T =$ (一定) として式 (4.13) を積分した式 (4.4) が保存量となったということがわかる。

この定義により，

$$\int_{\mathrm{A}}^{\mathrm{B}} \frac{\delta Q}{T} = \int_{\mathrm{A}}^{\mathrm{B}} dS = S(\mathrm{B}) - S(\mathrm{A}) \tag{4.14}$$

であり，エントロピー S は，A や B の状態だけで決まる状態量であることがわかる。また，任意の可逆サイクルに対して，

$$\oint_{\mathrm{C}} dS = 0 \tag{4.15}$$

であり，エントロピーはサイクルを 1 周したときには，もとに戻るような保存量である。すでに力学において，保存力場の場合にはポテンシャルエ

ネルギーが始点と終点の位置のみで決まることを学んだ。また，電磁気学では電位が同様な性質をもつことを学んだ。エントロピーも，これらの物理量と同じ性質をもつ状態量なのである。

さて，ようやく熱力学的状態量としてのエントロピーを定義することができた。今後のために，式 (4.13) を

$$\delta Q = T\,dS \tag{4.16}$$

と表現しておく。この式は，出入り量である熱量の変化量 δQ は状態量である温度 T とエントロピーの変化量 dS の積であることを意味する。

注意!　熱量が示量変数であるからエントロピーも示量変数である。したがって，温度，体積，系に含まれる粒子数と粒子種がまったく同一の系を 2 つ結合するとエントロピーは 2 倍になる。

エントロピーが定義されたことによって，系の熱力学的な性質をその系の状態量だけで議論することができる。熱力学第 1 法則，式 (2.5) は

$$dU = T\,dS - p\,dV \tag{4.17}$$

と表され，すべての物理量が状態量のみで表される。したがって，定積熱容量は，

$$C_V = \left(\frac{\partial U}{\partial T}\right)_V = T\left(\frac{\partial S}{\partial T}\right)_V \tag{4.18}$$

定圧熱容量は，

$$C_p = T\left(\frac{\partial S}{\partial T}\right)_p \tag{4.19}$$

などと表すことができる。

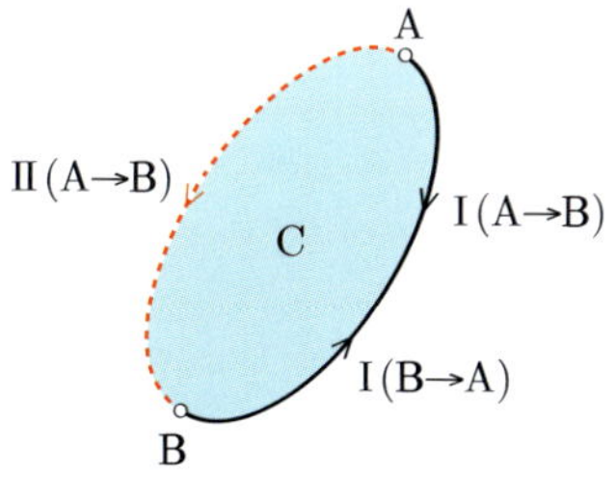

図 4.4　不可逆サイクルの概念図 (不可逆サイクルは多くの変数を含むため，実際はこのような 2 次元平面では描けない)

［例題 4.2］　不可逆断熱過程ではエントロピーが増大すること (エントロピー増大の原理) を示せ (図 4.4 参照)。

［解］　経路Ⅰが可逆過程，経路Ⅱが不可逆過程の不可逆サイクルを考える。このとき，例題 4.1 から，

$$\int_{\mathrm{I(B\to A)}} \frac{\delta Q}{T} + \int_{\mathrm{II(A\to B)}} \frac{\delta Q}{T} < 0$$

である。経路Ⅰは可逆過程なのでここの積分の T は系の温度でもいいが，経路Ⅱは不可逆過程なのでこの積分の T は熱源の温度である。ここで，左辺第 1 項の積分の向きを逆にすると

$$\int_{\mathrm{II(A\to B)}} \frac{\delta Q}{T} < \int_{\mathrm{I(A\to B)}} \frac{\delta Q}{T}$$

となるが，右辺は A と B におけるエントロピー差 $\Delta S = S(\mathrm{B}) - S(\mathrm{A})$ であるから，

$$\int_{\mathrm{II(A\to B)}} \frac{\delta Q}{T} < \Delta S$$

となる。つまり，A から B の不可逆過程における $\delta Q/T$ の積分はそのエントロピー差より小さい。この過程を微小変化過程とすると，$\delta Q/T < dS$ が成り立つ。つまり，一般的には $\delta Q/T \leq dS$ が成り立ち，等号は可逆過程，不等号は不可逆過程を意味する。この関係式において，不可逆断熱過程においては $0 < dS$ だから，エントロピーは増大することになる。

一般に，通常の現象は摩擦などのなんらかの不可逆現象を含んでいるため，エントロピーは増大する。このことは現象の時間的方向性を意味しており，熱力学第 2 法則の定量的表現でもある。最終的には，$dS = 0$ となって現象の時間変化が止まる。つまり，熱平衡状態では $dS = 0$ (エントロピー最大) である。

Advanced：エントロピー生成最小の原理

一般に，通常の現象は不可逆現象だからその系のエントロピーは増えることになるが，その増え方 (時間変化) の法則は何か，というのは自然な疑問である。我々が扱っている熱力学は熱平衡状態を対象としているので，このような非平衡系は本書の範囲を超えているが，エントロピー生成最小の原理について紹介しよう。

不可逆過程においては $dS > \delta Q/T$ だから，$d\Phi = dS - \delta Q/T$ とおくと，$d\Phi > 0$ が不可逆過程を示している。ここで，$dS = d\Phi + \delta Q/T$ と表現すると，系のエントロピー変化 dS は外部との熱の出入りによるエントロピー寄与 (エントロピー輸送) $\delta Q/T$ $(= dS_{\mathrm{e}})$ と内部で生成されるエントロピー $d\Phi$ $(= dS_{\mathrm{i}})$ の和になっていると理解される。S_{i} をエントロピー生成というが，系は非平衡状態になっているので，空間 $\boldsymbol{r}$ と時間 t に依存するこの密度 $s(\boldsymbol{r}, t)$ の時間変化を議論することにする。$\sigma(\boldsymbol{r}, t) = ds/dt$ とおいた σ をエントロピー生成速度という。もちろん，エントロピーは増加するので，$\sigma(\boldsymbol{r}, t) > 0$ である。

さて，系は不可逆現象だから電流や物質流などの流れ J があるが，σ は J とこれの原因となる力 F との積で表現できることがわかっている。また，J は一般的には複数あり，それらがいろいろな F の寄与をうけるため (線形関係とする)，$\sigma = \sum F_i J_i = \sum\sum L_{ij} F_i F_j$ と記述する。ここで，系全体のエントロピー生成 P は $P = dS_{\mathrm{i}}/dt = \int \sigma(\boldsymbol{r}, t)\, dV > 0$ となっている。このとき，系が熱平衡状態に近い非平衡状態，つまり，局所平衡，L_{ij} での相反関係 $(L_{ij} = L_{ji})$，定常状態を満たすときには P が極小値をとることがプリゴジン (I.R. Prigogine) により証明されており，これをエントロピー生成最小の原理という。この原理から，熱伝導の式や次の問いにあるような電気回路におけるキルヒホッフの法則などが導かれる。

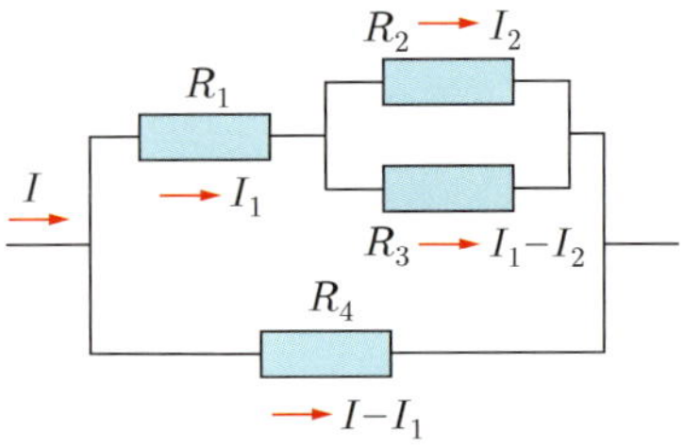

図 4.5　電圧に関するキルヒホッフの法則の導出

問い　図 4.5 のような電気回路に対して，エントロピー生成最小の原理を適用し，電圧に関するキルヒホッフの法則を導出せよ。

Advanced：ゆらぎの定理

近年，非平衡系の統計力学・熱力学分野において「ゆらぎの定理」が発見され，熱力学第 2 法則やクラウジウスの不等式が「ゆらぎの定理」から再認識されているので紹介する。この定理は，たとえば，低温側から高温側に熱が流れるような“ゆらぎ”に関する法則である。平均的には熱は高温側から低温側に流れるが，“ゆらぎ”としての逆方向の流れも実際には存在する。

系が仕事や熱量で外部 (熱浴) と相互作用をしている系を考える。系の状態変化における系と外部の全系のエントロピー生成 σ に対して，$\langle \mathrm{e}^{-\sigma} \rangle = 1$ が成り立つというのが「ゆらぎの定理」である。σ は時間変化しており，$\langle \cdots \rangle$ は平均を表す。この定理は系が非平衡でも成り立ち，σ の分布関数を $P(\sigma)$ としたとき，$P(\sigma) = P(-\sigma)\mathrm{e}^{\sigma}$ で表現する場合もある。マクロ系ではまれに生じる $P(-\sigma)$ はほとんどゼロだが，単一高分子系や単一コロイド粒子のようなミクロ系では観測可能となり，「ゆらぎの定理」を確認することができる。

さて，指数関数が下に凸の関数であることから，イェンセン (Jensen) の不等式 $\langle \mathrm{e}^{-\sigma} \rangle \geq \mathrm{e}^{\langle -\sigma \rangle}$ が成り立ち，これと「ゆらぎの定理」$\langle \mathrm{e}^{-\sigma} \rangle = 1$ から $\langle \sigma \rangle \geq 0$ が導かれる。全系のエントロピー生成は時間変化があったとしても

平均としては必ず非負であり，これは熱力学第 2 法則そのものである。

また，仕事と熱量の変化量をそれぞれ δW, δQ，系と外部の温度を T とすると，系と外部の全系のエントロピー生成 σ は $\sigma = \delta S - \delta Q/T$ である。ここで，δS は系のエントロピー生成，$-\delta Q/T$ は外部のエントロピー生成である。よって，$\langle\sigma\rangle \geq 0$ から $\langle\delta S\rangle \geq \langle\delta Q\rangle/T$ となり，これはクラウジウスの不等式そのものである。さらに，このシステムでの等温サイクルを考えた場合，ヘルムホルツの自由エネルギー (第 5 章で定義) の変化量 $\langle\delta F\rangle$ はゼロだから，$\langle\sigma\rangle = (\langle\delta W\rangle - \langle\delta F\rangle)/T = \langle\delta W\rangle/T \geq 0$ となり，$\langle -\delta W\rangle \leq 0$ となる。このことは，等温サイクルでは系 (熱機関) のする仕事 $\langle -\delta W\rangle$ は正にはならない (正の仕事を取り出すことができない) ということであり，第二種永久機関が存在しないことを意味している。

平衡系熱力学での法則を非平衡系というより大きな枠の中の法則からとらえるという手法は，実数を複素数というより大きな枠の中でとらえるという手法に似ている。どちらも，より簡潔で明快な理解を提供している。

4.4 エントロピーの物理的意味

これまでの議論によって，エントロピーという状態量が定義された。ここでは，この物理学的な意味をいくつかの例をもとに考察してみよう。

(1) **断熱過程**　この過程では，系への熱の出入りがないので，$\delta Q = 0$ である。したがって，式 (4.16) から，

$$dS = 0 \tag{4.20}$$

である。すなわち，可逆断熱過程はエントロピーが変化しない (保存される) 過程である。

(2) **等温過程**　いま，等温的に系に熱量 Q を与えたところ，系の状態が A から B に変化したとする。このときには，式 (4.16) から，

$$\begin{aligned} Q &= \int_{\mathrm{A}}^{\mathrm{B}} T\,dS \\ &= T\int_{\mathrm{A}}^{\mathrm{B}} dS = T\big[S(\mathrm{B}) - S(\mathrm{A})\big] \end{aligned}$$

となる。ここで，$S(\mathrm{A})$, $S(\mathrm{B})$ は状態 A と状態 B におけるエントロピーの値である。たとえば，理想気体を用いたカルノー機関の等温膨張過程であれば，高温熱源から熱を得，取り込んだ熱をすべて外部に仕事として放出する。したがって，この過程では系の内部エネルギーの変化はない。しかし，当然のことではあるが，この過程が終わったときには系の体積が増えている。この変化を表しているのがエントロピーである。

等温過程における熱の出入りによる状態変化は日常的に観察できる現象である。もっとも典型的な例は，0°C，1 気圧における氷の融解や，100°C，1 気圧における水の気化である。氷が融解するときには，氷と水が共存していて系の温度は変化しない。つまり，0°C の氷は 0°C の水に

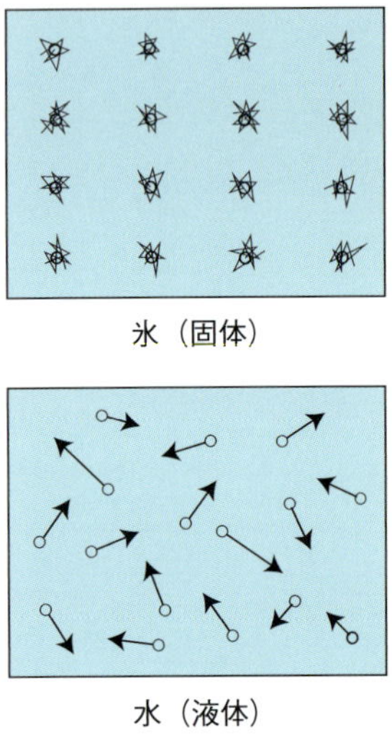

図 4.6　固体と液体での分子運動の概略図

転移する。このとき，加えられた熱量はこの状態変化のみに使われ，系の温度を変えることはない。一般に，固体 (氷) – 液体 (水) – 気体 (水蒸気) 間の状態の変化を相転移とよび，相転移の際に発生，あるいは吸収される熱を潜熱とよぶ。氷 → 水の転移であれば融解熱，水 → 水蒸気の転移であれば蒸発熱 (気化熱) などである。前述の場合では，式 (4.21) で，A が氷の状態，B が水の状態に対応する。つまり，水のほうが氷よりエントロピーが大きいということである。氷は固体 (結晶) であり，氷の中では水分子が整然と並んでおり，その平衡位置 (格子点) の近傍で熱振動をしている。これに対して，水は液体状態であり，分子は空間的にランダムに運動をしている (図 4.6)。エントロピーはこのような，乱雑さの度合いを表す量であり，乱雑であればあるほど大きくなる。系の乱雑さを定量的に議論するには，統計物理学による分析のほうが見通しがよい。統計力学では，系を構成する個々の原子や分子の振舞いから内部エネルギー，エントロピーあるいはその他の熱力学的物理量を導出する。このような方法に基づいて系のエントロピーを解析するとその実体がよくわかる。しかしながら，熱力学は現象論であるため，エントロピーの分子論的描像には立ち入らない。

Advanced：断熱消磁

外場を印加して常磁性体を等温的に磁化した後，断熱的に磁場を除くことにより温度を下げることができる。この過程は，気体の等温圧縮と断熱膨張による降温過程と同様である。図 4.7 に模式的に示したように，磁場 B をパラメータとした $TS(B)$ 図を用いると理解しやすい．最初に，磁場 0 で点 a の状態にある試料を，過程 a→b に沿って磁場を等温的に印加することにより磁化させる。次に，系を熱的に孤立化させ，過程 b→c によって断熱的に消磁することにより温度が T_1 から T_2 まで低下する。最初の過程では温度が一定のまま，印加された外場により試料の磁気モーメントがそろうため，系のエントロピー (スピンエントロピー) が下がる。次の断熱消磁過程においては，スピンが磁場の方向にそろったまま消磁されるので系のエントロピー が小さな値にとどまり，その結果，試料の温度が下がる。断熱消磁法は 0.01 K (10 mK) 程度以下への冷却過程で用いられる。また，絶対零度に近くなるとエントロピーは図 4.7 のようにゼロに近づく。このことを述べるのが熱力学第 3 法則である。すなわち，一般的に，化学的に一様で有限な密度をもつ物体のエントロピーは，温度が絶対零度に近づくにしたがい，圧力，密度，集合状態 (相) によらずゼロに近づく。

$$\lim_{T\to 0} S = S_0 \equiv 0$$

である。これにより，S の絶対値を決めることができる。熱力学第 3 法則は，ネルンスト (W. Nernst)–プランク (M.K.E.L. Planck) の定理と同意と考えられる。ネルンスト–プランクの定理は，いかなる方法をもってしても絶対零度に到達することはできないことを意味している。

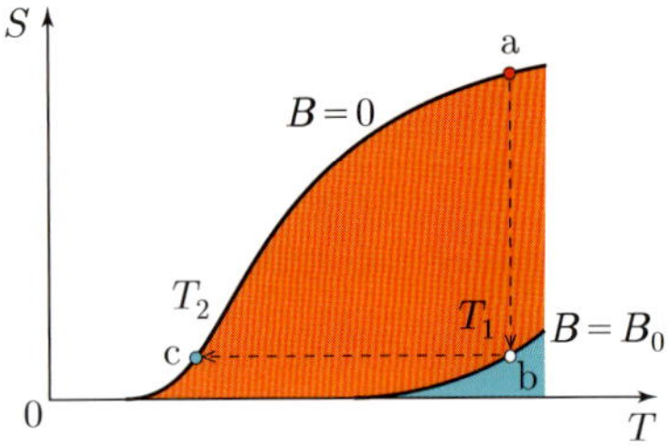

図 4.7　スピン 1/2 の系におけるエントロピーと温度の関係 (模式図)。温度軸は 0.01 K 程度の領域で描いてあることに注意。

［質問］　−10 °C の氷 10 g を 27 °C の湖に投げ入れた。この氷と湖からなる複合系が熱平衡状態に達したときのエントロピー変化を求めよ。この過程で湖の温度は変わるだろうか？

4.5 状態が Vp 平面に表される系のエントロピー

簡単のため，1 モルの理想気体のエントロピーを考えることにする。理想気体では，内部エネルギー dU が式 (2.30) で表されるので，これに対する δQ は，

$$\delta Q = C_V\,dT + p\,dV \tag{4.21}$$

である*)。また，1 モルの理想気体の状態方程式を使って p を消去すると，

$$\delta Q = C_V\,dT + \frac{RT}{V}\,dV \tag{4.22}$$

となるが，この式の δQ は状態量ではないので積分はできない。しかし，ここでエントロピーの定義を使えば，

$$dS = \frac{\delta Q}{T} = \frac{C_V}{T}\,dT + \frac{R}{V}\,dV \tag{4.23}$$

となり，この式の最右辺は容易に積分ができる。つまり，δQ のままでは積分ができなかった関係式が，エントロピーとして表現することによって積分が可能になったのである。この積分を実行して

$$S = C_V \ln T + R \ln V + \mathrm{C}_1 \tag{4.24}$$

を得る。この結果を，状態方程式を使って書き換えると次のようになる。

$$S = C_p \ln T - R \ln p + \mathrm{C}_2 \tag{4.25}$$

これが 1 モルの理想気体のエントロピーを表す式である。また，式 (4.24), (4.25) で示されているように，エントロピー S は積分定数 C_1 もしくは C_2 を含んでいるため，なんらかの基準値からの差が意味のある量となる。このような事情は，力学におけるポテンシャルエネルギーや電磁気学における電位と同様である。ただし，統計力学では，積分定数という任意の量がなく求まる。

* ここでは 1 モルの理想気体を考えているので C_V は 1 モルに対する値 (定積モル比熱) である。

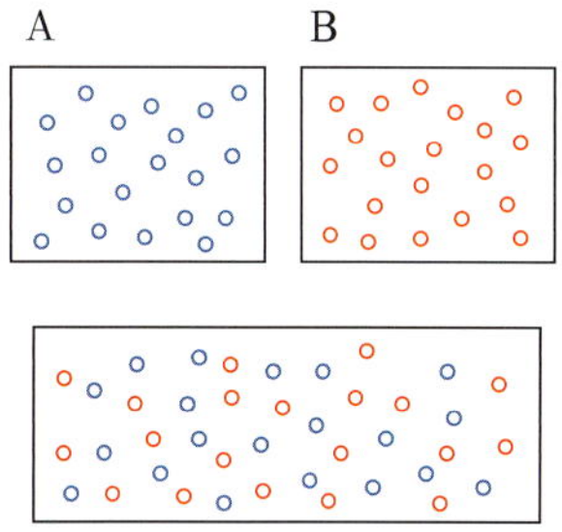

図 4.8　混合エントロピー

[例題 4.3]　1 モルの理想気体 A が同じ温度と体積 (断熱壁で囲まれている) の 1 モルの理想気体 B と混合した (図 4.8)。A と B の定積熱容量 C_V は同じとする。平衡に達したときのエントロピーの増加 (混合エントロピー) を求めよ。

[解]　式 (4.24) から，接触前のエントロピー S_1 は同じものが 2 つだから，

$$S_1 = 2(C_V \ln T + R \ln V + S_0)$$

である。接触後は A, B ともに体積が 2 倍になるから，そのエントロピー S_2 は

$$S_2 = 2(C_V \ln T + R \ln 2V + S_0)$$

となる。よって，エントロピーの増加分 ΔS は

$$\Delta S = S_2 - S_1 = 2R \ln 2$$

となる。エントロピーは示量変数であることを思い出そう。

注意!　上の例題 4.3 で分析したように，温度，体積ならびに含まれる粒子数が等しくても，異なる粒子種の系が 2 つ結合された場合には，混合エントロピーとよばれる余計なエントロピーが生ずる。同一の粒子種を混合する場合には，このような混合による影響は現れない。これは，A 種，B 種の粒子を個別にみたときに，それぞれの粒子が占有できる体積が 2 倍に増加していることに起因する。このように，エントロピーは乱雑さの度合

いを表す物理量であるが，統計力学ではこのような状況を定量的に表すことができる。

次に，一般の場合を考察する。状態方程式 (1.1) から明らかなように，一般には，系の状態は温度，圧力，体積のうち任意の 2 つを独立変数として表現することができる。いま，温度 T と体積 V を独立変数としたとき，これらが微小量 dT, dV だけ変化したときの系の熱量の変化量 δQ は，すでに式 (2.16) に示したように，

$$\delta Q = \left(\frac{\partial U}{\partial T}\right)_V dT + \left\{\left(\frac{\partial U}{\partial V}\right)_T + p\right\} dV \tag{4.26}$$

と表される。これとエントロピーの定義式から，

$$dS = \frac{\delta Q}{T} = \frac{1}{T}\left(\frac{\partial U}{\partial T}\right)_V dT + \frac{1}{T}\left\{\left(\frac{\partial U}{\partial V}\right)_T + p\right\} dV \tag{4.27}$$

を得る。ここで，dS は全微分なので，式 (4.27) の dT と dV の係数は，次の関係式を満たしていなければならない。

$$\frac{\partial}{\partial V}\left[\frac{1}{T}\left(\frac{\partial U}{\partial T}\right)_V\right]_T = \frac{\partial}{\partial T}\left[\frac{1}{T}\left\{\left(\frac{\partial U}{\partial V}\right)_T + p\right\}\right]_V \tag{4.28}$$

式 (4.28) の微分を実行してまとめると次の重要な結果が得られる。

$$\left(\frac{\partial U}{\partial V}\right)_T = T\left(\frac{\partial p}{\partial T}\right)_V - p \tag{4.29}$$

［質問］　式 (4.28) の微分を実行せよ。

この式を 1 モルの理想気体に応用すると，

$$\left(\frac{\partial U}{\partial V}\right)_T = T\frac{\partial}{\partial T}\left(\frac{RT}{V}\right)_V - \frac{RT}{V} = 0 \tag{4.30}$$

が得られる。つまり，理想気体の内部エネルギーは体積によらないことが証明されるのである。この関係式 (ジュールの法則：式 (2.26) はジュールの詳細な実験によって明らかにされたのであるが，この結果は状態方程式の直接の帰結として得られるのである。

Advanced：熱力学と統計力学

統計力学では系の微視的状態を議論する。一般的には，個々の粒子はさまざまなエネルギー状態を取りうるため，系全体としては膨大な種類と数のエネルギー状態を取りうる。ボルツマンは，この系の微視的状態数 W の対数をエントロピー S と定義して，統計力学の基礎を築いた：$S = k_\mathrm{B} \ln W$ (k_B はボルツマン定数)。系の取りうる状態数が多いということは，ある意味，乱雑さの度合いが大きいともいえ，この立場からのエントロピーの解釈は受け入れやすい。たとえば，各粒子の微視的状態は温度に依存するであろうから，極端な場合，絶対零度においてはすべての粒子は最低エネルギー状態になっているはずなので，系のエントロピーはゼロとなっているだろう，と予想することができる (断熱消磁の項も参照のこと)。一方，熱力学の立場からのエントロピーは直観的にはわかり難く，古典力学におけるポテン

シャルエネルギーとの対応関係などでイメージを描かざるをえない。そうであっても，現象論としての熱力学と実体論としての統計力学はそれぞれ統一された学問体系であり両者に優劣はない。現象論を個々の実体から解き明かす実体論の登場は学問の発展形態としてとらえたほうがよいだろう。

Advanced：マクスウェルの悪魔と情報熱力学

19 世紀後半にマクスウェル (J.C. Maxwell) が次のような仮想実験を考えた。等温壁で囲まれた部屋に気体を入れ，部屋の中央に小さなドアの付いた仕切りを設ける。気体はさまざまな速度 (マクスウェルの速度分布) で飛び交っているが，その平均量が温度に対応する。ここで仮想的な「悪魔」を考え，その「悪魔」は飛び交う粒子に対してドアを開閉して，ある値以上の速さの気体だけを右の部屋に，それ以下の速さの気体は左の部屋に閉じ込める。結果として，右の部屋の温度は高温になり，左の部屋の温度は低温になる。「悪魔」は等温状態において部屋に温度差をつくったことになり，この結果は熱力学第 2 法則に反することになる。この系を考察するために，シラード (L. Szilard) は気体分子集団ではなく 1 分子だけを扱うシラードエンジンを考案した (1929 年)。1 粒子の気体を扱うことに違和感があるだろうが，シラードエンジンは「マクスウェルの悪魔」を議論するための極限化された思考実験モデルである。このシラードエンジンにおける「悪魔」の役割と熱力学第 2 法則との関係が，近年，「ゆらぎの定理」や相互情報量を考えることにより理解され，新たな情報熱力学の分野として発展しているので紹介する[†]。

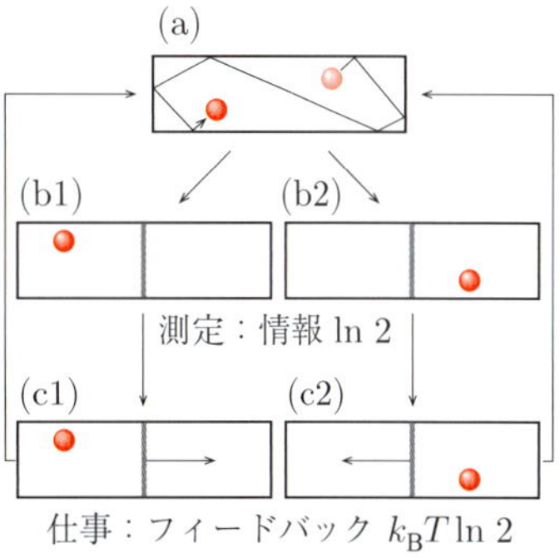

図 4.9 シラードエンジン

まず，シラードエンジンを概説する (図 4.9)。図 (a) のように温度 T の熱浴に接した箱の中に質量の無視できる 1 粒子の理想気体気体が入っている (熱平衡状態)。箱の中央に厚さが無視できる仕切りを置き，「悪魔」は粒子が左右どちらの部屋に入っているかを測定する (b)。このときに得られる情報量は $\ln 2$ (1 ビット) である。気体が左／右の部屋に入っているときは中央の仕切りを等温準静的に右端／左端まで移動させる (c)。気体が左右どちらの部屋に入っているかという測定結果に応じて仕切りの動かす方向が異なることがシラードエンジンの本質である。このような操作をフィードバック制御という。仕切りの移動によって，エンジンは最初の温度 T の初期状態 (a) に戻る (サイクル完了)。このとき，部屋の体積は 2 倍になるので $k_BT\ln 2$ の仕事が取り出されたことになる。結果として，温度 T の 1 つの熱浴から仕事を取り出しているので熱力学第 2 法則に反しているようにみえる。

最近の情報熱力学によれば，一般化された熱力学第 2 法則は次のように書ける。

$$\langle -\delta W \rangle \leq \langle \delta F \rangle + k_BTI \qquad (*)$$

ここで，$\langle -\delta W \rangle$ は等温サイクルで系 (熱機関) のする仕事，$\langle \delta F \rangle$ はヘルムホルツの自由エネルギーの変化量，I は相互情報量である。相互情報量とは「悪魔」の測定によって得られる (「悪魔」のメモリーに蓄えられる) シャノン情報量 (シャノンエントロピー) である。$(*)$ 式で右辺第 2 項がないのが通常の等温過程における熱力学第 2 法則であり，「ゆらぎの定理」からも導ける。等温準静的過程の可逆過程では等号が成り立つ。$(*)$ 式で不等式になっているのは一般に，フィードバック制御後の状態が測定結果に確率的に依存することに対応する。たとえば，左の部屋に粒子をみつけても，誤差などの何らかの事情で仕切りが必ずしも右に移動しない場合に対応する。いまの場合はそのようなことは生じないので等号が成り立つ。

このサイクルにおいて，$\langle -\delta W \rangle$ は $k_{\rm B}T \ln 2$，$\langle \delta F \rangle$ はゼロ，I は $\ln 2$ であり，相互情報量が 100 % の効率で仕事に変換されている。熱を仕事に変換する従来型の熱機関と違い，シラードエンジンは情報熱機関である。人類を長年にわたって悩ませてきた「マクスウェルの悪魔」のパラドックスは，情報熱力学という新しい学問を生み出し，「悪魔」とは情報処理における「デバイス」であることを教えている。パラドックスを解決するために新概念や新分野が創出されるというのも科学進歩の常道である。

†) 詳しくは，伊藤創祐・沙川貴大，日本物理学会誌，**72**, 658 (2017) の解説を参照されたい。可逆なミクロ量子力学と不可逆な熱力学との関係は，金子和哉・伊與田英輝・沙川貴大，日本物理学会誌，**73**, 361 (2018) の解説に詳しい。

この章でのポイント

- 可逆過程に対しては，出入り量の熱量は状態量の温度とエントロピーで表される：　$\delta Q = T\,dS.$
- エントロピーは乱雑さの度合いを意味する。
- 任意のサイクルではクラウジウスの関係式 $\oint \delta Q/T \leq 0$ が成り立つ。等号は可逆サイクル，不等号は不可逆サイクルを意味する。
- $\delta Q/T \leq dS$ が成り立つ。等号は可逆過程，不等号は不可逆過程を意味する。
- 不可逆断熱過程ではエントロピーは増大し，熱平衡状態で最大となる。

第 4 章　章末問題

1. カルノーサイクルを ST 平面で表現せよ。

2. 1 気圧で 1 kg の水に対して，(a)　0 °C で氷になるとき，(b)　0 °C から 100 °C になるとき，(c)　100 °C から水蒸気になるとき，のそれぞれのエントロピーの変化を求めよ。ここで，水の凝固熱は 80 [cal/g]，水の気化熱は 539 [cal/g]，水の比熱は温度によらず 1 [cal·g^{-1}·K^{-1}] とする。

3. 体積 V，温度 T の物体の放射圧 (光子の圧力) p は放射エネルギーを U とすると，$p = U/3V$ である。以下の問いに答えよ。

(a)　式 (4.30) を参考にして，放射のステファン–ボルツマンの法則

$$U = AT^4 \quad (A \text{ は定数})$$

を示せ。

(b)　いまの場合，放射エネルギー流速 J は，光速を c とすると単位面積当たり cU/V であるから $J = \sigma T^4$ と考えてよい (σ は係数で，5.67×10^{-8} [W/m^2])。太陽からの放射エネルギーが等方的に広がるとし，地球表面での単位時間当たり，単位面積当たりの吸収エネルギーが 1.36×10^3 [W/m^2]，球形とした太陽の半径が 6.96×10^8 [m]，太陽と地球の距離が 1.50×10^{11} [m] として，太陽の表面温度を求めよ。

5 熱力学関数

これまでの章で学んだように，熱力学第 1 法則を状態量のみで表現することが可能となった。この章では，熱力学第 1 法則を基礎に，状態量の変数を変換することによっていくつかの熱力学関数・自由エネルギーを導入する。等圧過程や等温過程などの個々の変化過程に対応する固有の自由エネルギーがあることを学び，温度や圧力などの各状態量の間に成立する関係を理解する。

5.1 内部エネルギー

これまで学んだように，内部エネルギーの微小変化 dU は，

$$dU = T\,dS - p\,dV \tag{5.1}$$

であり，系のエネルギー保存則を表している。ここで，数学的な観点から，この式の微小量の dU, dS, dV を状態量である内部エネルギー U，エントロピー S，体積 V の微分とみなす。そうすると，式 (5.1) は内部エネルギー U の自然な熱力学的独立変数は S と V であることを示している。そこで，U を 2 変数の関数とみなして，

$$U = U(S, V) \tag{5.2}$$

と表そう。2 変数関数の全微分の一般的な表式から，

$$dU = \left(\frac{\partial U}{\partial S}\right)_V dS + \left(\frac{\partial U}{\partial V}\right)_S dV \tag{5.3}$$

である。式 (5.3) は物理法則とは関係のない純粋に数学的な関係式である。したがって，式 (5.1) と式 (5.3) が等しいためには，

$$T = \left(\frac{\partial U}{\partial S}\right)_V \ \bigl(= T(S, V)\bigr) \tag{5.4}$$

ならびに

$$p = -\left(\frac{\partial U}{\partial V}\right)_S \ \bigl(= p(S, V)\bigr) \tag{5.5}$$

という関係がなければならない。つまり，熱力学第 1 法則である式 (5.1)

によって独立変数を S と V として内部エネルギー U が求まり，この U を使って系の他の状態量である T と p が式 (5.4)，式 (5.5) を通じて求まるという仕組みになっているのである。式 (5.4) は T が S と V の関数であることを示している。そこで，これを S について解くと，S は T と V の関数として書かれる。したがって，

$$S = S(T, V) \tag{5.6}$$

となる。これを式 (5.5) の S に代入すると，p は T と V の関数として表されるはずである。

$$p = p(T, V) \tag{5.7}$$

第 1 章では，この関数関係式 (5.7) を系の状態方程式とよんだ。もちろん，熱力学の範囲でいえることは，式 (5.7) のような系を記述する状態方程式がある，ということまでである。状態方程式の具体的な関数形は熱力学では明らかにすることができない。理想気体の状態方程式でさえ，希薄で比較的高温において圧力，体積，温度の関係を実測することにより推測するのである。

さて，次に式 (5.4) の両辺を独立変数 V で微分することにする。

$$\left(\frac{\partial T}{\partial V}\right)_S = \left\{\frac{\partial}{\partial V}\left(\frac{\partial U}{\partial S}\right)_V\right\}_S \tag{5.8}$$

この式の右辺の微分の順序を入れ替えて，

$$\left\{\frac{\partial}{\partial V}\left(\frac{\partial U}{\partial S}\right)_V\right\}_S = \left\{\frac{\partial}{\partial S}\left(\frac{\partial U}{\partial V}\right)_S\right\}_V \tag{5.9}$$

と書き換えると，式 (5.4) と式 (5.5) から

$$\left(\frac{\partial T}{\partial V}\right)_S = -\left(\frac{\partial p}{\partial S}\right)_V \tag{5.10}$$

が得られる。この関係式 (5.10) をマクスウェル (J.C. Maxwell) の関係式とよぶ。この関係式は，右辺の圧力のエントロピーによる微分を左辺の温度の体積による微分に変換するものであるといってもよい。つまり，体積を一定とした条件下における圧力のエントロピー依存性という実験的には測定が困難な物理量は，エントロピー一定のもとでの温度の体積依存性と等価であることを意味する。エントロピーを一定にするという条件は断熱過程を意味しているので，体積変化にともなう温度変化の測定は断熱状態で行えばよい。

いままでは内部エネルギー U の独立変数を S と V と考えて議論を展開したが，U の独立変数を T と V と考えて議論することもできる。このときには，エントロピーを $S = S(T, V)$ と考えてエントロピーの全微分 dS をつくる。

$$dS = \left(\frac{\partial S}{\partial T}\right)_V dT + \left(\frac{\partial S}{\partial V}\right)_T dV \tag{5.11}$$

これを熱力学第 1 法則に適用すると，

$$dU = T\left(\frac{\partial S}{\partial T}\right)_V dT + \left[T\left(\frac{\partial S}{\partial V}\right)_T - p\right] dV \tag{5.12}$$

となる。この式を前の結果と比較すると複雑な式になっていることがわかる。これが，内部エネルギー U の自然な熱力学的独立変数は S と V である，という意味である。内部エネルギーが自然な独立変数で表されているわけではないのだが，この式 (5.12) と内部エネルギーの全微分の式

$$dU = \left(\frac{\partial U}{\partial T}\right)_V dT + \left(\frac{\partial U}{\partial V}\right)_T dV \tag{5.13}$$

を使うと，

$$\left(\frac{\partial U}{\partial T}\right)_V = T\left(\frac{\partial S}{\partial T}\right)_V \tag{5.14}$$

ならびに

$$\left(\frac{\partial U}{\partial V}\right)_T = T\left(\frac{\partial S}{\partial V}\right)_T - p \tag{5.15}$$

を得る。ここで，式 (5.14) の左辺は定積熱容量 C_V であり，右辺はこれのエントロピーによる表現ということになる。このような $U(S,V)$ やあとで登場する $F(T,V)$, $H(S,p)$, $G(T,p)$ を熱力学関数 (あるいは熱力学ポテンシャル) とよぶ。

Advanced：完全な熱力学関数

このように，U は $U(S,V)$ や $U(T,V)$ のように 2 変数の選び方に任意性がある。しかし，状態方程式のように，それらの関数がもつ情報を比較すると，$U(S,V)$ のように S と V の関数とみなすほうがより利便性が高いことがわかる。

たとえば，$U(T,V)$ に関して式 (4.29) から p と T の関係式，すなわち，状態方程式が得られる過程を考えてみよう。

$$\left(\frac{\partial U}{\partial V}\right)_T = T\left(\frac{\partial p}{\partial T}\right)_V - p$$

この式において，左辺は T と V で表現されるので，p と T の関係式 (状態方程式) を得るためにはこれを積分することになる。ところが，積分した結果には積分定数が入り，一意性を失う。一方，$U(S,V)$ では $p = -(\partial U/\partial V)_S$, $T = (\partial U/\partial S)_V$ であるから，この両式から任意性なく p と T の関係式 (状態方程式) が得られることになる。つまり，$U(S,V)$ は $U(T,V)$ より豊富な情報をもっていることになる。このようなことから，$U(S,V)$ を完全な熱力学関数とよぶことがある。

5.2 ヘルムホルツの自由エネルギー

内部エネルギー U は，熱力学第 1 法則の表式からも明らかなように，独立変数 S と V の関数 $U(S,V)$ である。そこで，式 (5.1) をもとにして独立変数を変えることを考えてみよう。いま，内部エネルギーと TS の差の全微分を調べてみる。

$$\begin{aligned} d(U-TS) &= dU - T\,dS - S\,dT \\ &= T\,dS - p\,dV - T\,dS - S\,dT \\ &= -S\,dT - p\,dV \end{aligned} \tag{5.16}$$

ここで第 2 式のところでは熱力学第 1 法則 $dU = T\,dS - p\,dV$ を使った。最後の式は，関数 $(U-TS)$ が T と V を独立変数とする関数であることを意味する。そこで，

$$F = U - TS \tag{5.17}$$

と表すことにして $F = F(T,V)$ をヘルムホルツ (H.L.F. von Helmholtz) の自由エネルギーとよぶことにする。このように，関数の変数を変換することをルジャンドル (A-M. Legendre) 変換という。

次に，F の全微分 dF をつくってみると

$$dF = \left(\frac{\partial F}{\partial T}\right)_V dT + \left(\frac{\partial F}{\partial V}\right)_T dV \tag{5.18}$$

となることがわかる。これと式 (5.16) を比較すると，

$$S = -\left(\frac{\partial F}{\partial T}\right)_V \quad \left(= S(T,V)\right) \tag{5.19}$$

ならびに

$$p = -\left(\frac{\partial F}{\partial V}\right)_T \quad \left(= p(T,V)\right) \tag{5.20}$$

という関係があることがわかる。

式 (5.20) は，すでに述べたように，系の状態方程式を意味する。つまり，状態方程式はヘルムホルツの自由エネルギーから導かれるものであることを意味する。また，式 (5.19) から，エントロピーもヘルムホルツの自由エネルギーから導かれることがわかる。実際に，統計力学ではヘルムホルツの自由エネルギーを理論的に計算し，それをもとに，式 (5.19) や式 (5.20) を使って熱力学的な状態量や状態方程式を求めるのである。

式 (5.19) の両辺を V で微分して微分の順序を入れ替えた式と，式 (5.20) の両辺を T で微分した式を比較するという式 (5.8) から式 (5.10) で使った方法を用いると，

$$\left(\frac{\partial S}{\partial V}\right)_T = \left(\frac{\partial p}{\partial T}\right)_V \tag{5.21}$$

が得られる。この関係式もマクスウェルの関係式とよばれる。式 (5.21) は，温度が一定のもとでのエントロピーの体積依存性という実測が難しい

物理量は，体積を一定のもとにおける圧力の温度依存性と等価であることを示している。前者に比べて後者のパラメータの測定は容易であり，実験的に決定可能な物理量となっている。

次に，式 (5.20) に式 (5.17) を使うと，系の圧力は，

$$p = -\left(\frac{\partial U}{\partial V}\right)_T + T\left(\frac{\partial S}{\partial V}\right)_T \tag{5.22}$$

と表される。さらに，この式の右辺第 2 項目に式 (5.21) を使うと，

$$p = -\left(\frac{\partial U}{\partial V}\right)_T + T\left(\frac{\partial p}{\partial T}\right)_V \tag{5.23}$$

が最終的に得られる。式 (5.23) は，すでに前章で式 (4.29) として導いた。

さて，等温過程での系の仕事 δW は

$$\delta W = -p\,dV = dU - T\,dS = d(U - TS) \tag{5.24}$$

となる。この式は，等温過程で外部に仕事をするために使える系のエネルギーは，内部エネルギー U からエントロピー項 TS を差し引いた残り $U - TS$ であることを意味している。つまり，等温過程での系の仕事は

$$\delta W = dF \tag{5.25}$$

である。すなわち，等温過程では系のヘルムホルツの自由エネルギーの変化が仕事の変化を示す。

問い 1 モルの理想気体においてヘルムホルツの自由エネルギーを求め，マクスウェルの関係式 (5.21) を確認せよ。

5.3 エンタルピー

内部エネルギー U から変数変換によってヘルムホルツの自由エネルギー F を導いたように，独立変数を S, p にすると，次のようにしてエンタルピー $H(S, p)$ が導かれる。

$$d(U + pV) = T\,dS + V\,dp \tag{5.26}$$

[質問] 式 (5.26) が成り立つことを示せ。

ここで，

$$H = U + pV \tag{5.27}$$

であり，エンタルピー H の全微分は，

$$dH = \left(\frac{\partial H}{\partial S}\right)_p dS + \left(\frac{\partial H}{\partial p}\right)_S dp \tag{5.28}$$

となる。ここで，式 (5.26) と式 (5.28) を比較すれば，

$$T = \left(\frac{\partial H}{\partial S}\right)_p \quad \big(= T(S, p)\big) \tag{5.29}$$

ならびに

$$V = \left(\frac{\partial H}{\partial p}\right)_S \quad \bigl(= V(S,p)\bigr) \tag{5.30}$$

であることがわかる。上の 2 式から S を消去すれば $V = V(T,p)$ となり，状態方程式が得られる。

式 (5.29) の両辺を p で微分して微分の順序を入れ替えるという常套手段を使えば，

$$\left(\frac{\partial T}{\partial p}\right)_S = \left(\frac{\partial V}{\partial S}\right)_p \tag{5.31}$$

が得られるが，これもエントロピーによる微分を他の変数による微分に変換するマクスウェルの関係式である。

［質問］ 式 (5.31) の左辺と右辺，どちらの物理量の測定が容易か考察せよ。

式 (5.26) から明らかなように，等圧過程であれば $dp = 0$ なので，系に加えられた熱量 $\delta Q = T\,dS$ が系のエンタルピーを増加させていることになる。定圧熱容量は

$$\begin{aligned} C_p &= \lim_{\Delta T \to 0}\left(\frac{\Delta Q}{\Delta T}\right)_p \\ &= \lim_{\delta T \to 0}\left(T\frac{\delta S}{\delta T}\right)_p \\ &= \left(\frac{\partial H}{\partial T}\right)_p \end{aligned} \tag{5.32}$$

と表されることになる。これは定積熱容量が内部エネルギー U を使って表されることに対応している。さらに，等圧断熱過程においては，$dp = 0$, $\delta Q = TdS = 0$ であるから $dH = 0$ となり，この過程におけるエンタルピーは保存されることになる。

5.4 ギブスの自由エネルギー

内部エネルギー U からヘルムホルツの自由エネルギー F やエンタルピー H を導いたように，独立変数を T, p にすると，次のようにしてギブス (J.W. Gibbs) の自由エネルギー $G(T,p)$ が導かれる。

$$dG = d(F + pV) = -S\,dT + V\,dp \tag{5.33}$$

ここで，

$$G = F + pV = U - TS + pV \tag{5.34}$$

である。

［質問］ 式 (5.33) が成り立つことを示せ。

ヘルムホルツの自由エネルギーの独立変数は T と V であるが，体積を変数とするのは実験的には不便な場合が多い。第 2 章の定積熱容量と定圧熱容量との関係でも議論したように，気体では体積の制御はそれほど難しくはないが，液体や固体の体積を変えることはきわめて難しいからである。これに対してギブスの自由エネルギーでは圧力が独立変数となっており，実験的には便利である。

さて，ギブスの自由エネルギーに対しても全微分 dG をつくれば，

$$dG = \left(\frac{\partial G}{\partial T}\right)_p dT + \left(\frac{\partial G}{\partial p}\right)_T dp \tag{5.35}$$

となるので，これまでと同様に，

$$S = -\left(\frac{\partial G}{\partial T}\right)_p \ \big(= S(T,p)\big) \tag{5.36}$$

ならびに

$$V = \left(\frac{\partial G}{\partial p}\right)_T \ \big(= V(T,p)\big) \tag{5.37}$$

が得られる。式 (5.37) は状態方程式そのものである。また，式 (5.36) の両辺を p で微分して順序を入れ替えると

$$\left(\frac{\partial S}{\partial p}\right)_T = -\left(\frac{\partial V}{\partial T}\right)_p \tag{5.38}$$

である。これもマクスウェルの関係式であり，左辺の測定が困難な物理量を右辺の測定可能な微分量と関係づけている。右辺は圧力一定のもとでの系の体積の温度変化率を表し，体膨張率を使えば βV と表される。式 (5.10)，式 (5.21)，式 (5.31)，式 (5.38) の 4 つの式をまとめてマクスウェルの関係式という。

これまでは，系の状態を指定する状態変数の数は温度，圧力，体積の 3 つであった。このうちの任意の 2 つが系を指定する独立変数となったが，等温等圧過程ではこの 2 つの独立変数が一定となるため，系の状態は一義的に決まってしまう。したがって，この過程では状態変数をもう一つ導入することにする。ここでは系に出入りする粒子数 N を状態変数とする。ただし簡単のため，系を構成する粒子の種類は 1 種類としよう。

一般に，系に粒子を付け加えるためにはエネルギーをしなければならない。このとき，系に粒子を 1 個付け加えるのに必要なエネルギーを化学ポテンシャルとよび，μ で表す。したがって，系の粒子が dN 個変化するときには，系のエネルギーが $\mu\, dN$ 変化する。ここで，N は粒子の個数であるから離散的な値をとる。しかし，熱力学的な系においてはアボガドロ数ほどのきわめて大きな数の N を対象とする。したがって，dN は N に比べて微小な変化分と考えることができるため，N を連続変数のように扱い，変化分を dN と表す。また，N の全体に比べて微小な変化に対する応答を微分で表す。このように，粒子の出入りがある系での熱力学第 1 法

則は，

$$dU = T\,dS - p\,dV + \mu\,dN \tag{5.39}$$

となる。粒子の出入りによる系のエネルギーは $\delta W' = \mu\,dN$ となるので，等温等圧の条件下では，

$$\begin{aligned}\delta W' &= \mu\,dN \\ &= dU - T\,dS + p\,dV = d(U - TS + pV) = dG \end{aligned} \tag{5.40}$$

である。粒子が出入りするときのエネルギーは，内部エネルギー，エントロピー項，力学的仕事の変化に使われる。すなわち，等温等圧過程では粒子が出入りするときのエネルギーは，ギブスの自由エネルギーの変化量に等しい。

[例題 5.1]　示強性の状態量 T, p, μ に対して，次のギブス–デュエム (P.M.M. Duhem) の式が成り立つことを示せ。

$$S\,dT - V\,dp + N\,d\mu = 0$$

[解]　ギブスの自由エネルギー $G(T, p, N)$ および N は示量性の状態量であるので，粒子数 N を a 倍すると

$$G(T, p, aN) = aG(T, p, N)$$

が成り立つ。これを a で微分してから $a = 1$ を代入すると，

$$N\frac{\partial G(T, p, N)}{\partial N} = G(T, p, N)$$

となる。ところで，$\mu = \partial G(T, p, N)/\partial N$ だから，$G = \mu N$ である。よって，

$$dG = \mu\,dN + N\,d\mu$$

となる。一方，式 (5.33) に $\mu\,dN$ を加えて，

$$dG = -S\,dT + V\,dp + \mu\,dN$$

であるから，両者を比較すると，

$$S\,dT - V\,dp + N\,d\mu = 0$$

が成り立つ。このことは，示強性の状態量 T, p, μ は完全独立ではなく，ギブス–デュエムの式の拘束条件があることを意味する。

[例題 5.2]　(1) T, V が一定，(2) S, p が一定，(3) T, p が一定の系で熱平衡状態が実現するためには，各々に対応する自由エネルギーが極小となることを示せ (図 5.1 参照)。

[解]　p.261 の [例題 4.1] を参照して，一般的なクラウジウスの関係式 $\delta Q \le T dS$ (等号は可逆過程，不等号は不可逆過程) に熱力学第 1 法則 $\delta Q = dU + p\,dV$ を代入して，

$$T\,dS - dU - p\,dV \ge 0$$

(等号は可逆過程，不等号は不可逆過程) が得られる。この関係式を，以下の 3 つの場合について書き換える。

(1)　温度 T と体積 V が一定の場合。
$d(TS - U) = -dF \ge 0$ であるから，$dF \le 0$ となる。つまり，一般的には，現象として不可逆過程は不可避だから，ヘルムホルツの自由エネルギーは減少し，極小となった時点で変化が止まる (熱平衡状態)。一般に，このような状態は 1 個とは限らず，それぞれの極小の状態を準安定という。

(2)　エントロピー S と圧力 p が一定の場合。
$d(-U - pV) = -dH \ge 0$ であるから，$dH \le 0$ となる。よって，熱平衡状態ではエンタルピーが極小になる。

(3)　温度 T と圧力 p が一定の場合。
$d(TS - U - pV) = -dG \ge 0$ であるから，$dG \le 0$ となる。よって，熱平衡状態ではギブスの自由エネルギーが極小になる。

これまで熱力学第 1 法則と熱力学第 2 法則と，これらに付随する物理量の熱力学的表現を学んだ。これらの法則は，系のエネルギー変化やエントロピー変化に関する本質的な関係を与える。しかしながら，実用的な観点

からは必ずしも使いやすい表現にはなっているとはいえない。たとえば，一相からなる系を熱力学的に記述する場合に適当な独立変数は，その組成を除けば，温度 T と圧力 p である。それゆえ，さまざまな熱力学量を T と p の関数として表現することが要請され，また，その T と p による偏微分に興味がある。気体の場合には，T と p よりはむしろ温度 T と体積 V を独立変数に選ぶほうがよいだろう。したがってこの場合，熱力学量を T と V で表現することが要請され，また，その T と V による偏微分を知る必要がある。この過程でヘルムホルツの自由エネルギーやギブスの自由エネルギーが導入され，また偏微分係数間の重要な関係式が導出される。前者は，ルジャンドル変換とよばれ，後者の関係式のいくつかはマクスウェルの関係式とよばれる。マクスウェルの関係式は，実験的に測定が難しい偏微分係数を，測定可能な物理変数で表すもので，物質系の熱力学量を議論するためには必要不可欠な関係式である。

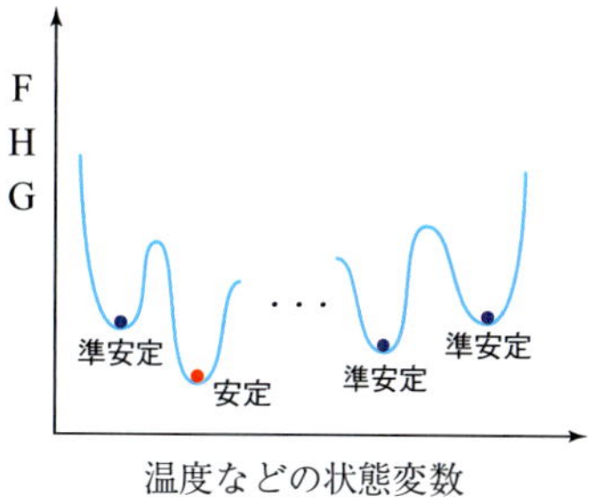

図 5.1　安定状態と準安定状態

この章でのポイント

- 熱力学関数として，$U(S,V)$, $F(T,V)$, $H(S,p)$, $G(T,p)$ がある。

$$dU = T\,dS - p\,dV$$

$$dF = -S\,dT - p\,dV$$

$$dH = T\,dS + V\,dp$$

$$dG = -S\,dT + V\,dp + \mu\,dN$$

- 状態量の偏微分間の関係式として 4 つのマクスウェルの関係式がある。マクスウェルの関係式は，実測が困難な物理量と観測可能な物理量の関係を与えるため，実験的には非常に有用な関係式である。

$$\left(\frac{\partial T}{\partial V}\right)_S = -\left(\frac{\partial p}{\partial S}\right)_V$$

$$\left(\frac{\partial S}{\partial V}\right)_T = \left(\frac{\partial p}{\partial T}\right)_V$$

$$\left(\frac{\partial T}{\partial p}\right)_S = \left(\frac{\partial V}{\partial S}\right)_p$$

$$\left(\frac{\partial S}{\partial p}\right)_T = -\left(\frac{\partial V}{\partial T}\right)_p$$

- 状態量 T, p, μ は完全独立ではなく，ギブス–デュエムの式で拘束されている。
- 系が熱平衡状態にあるときは，自由エネルギーは極小になっている。
- 相平衡では各相の 1 粒子当たりの自由エネルギーが等しい (章末問題から)。

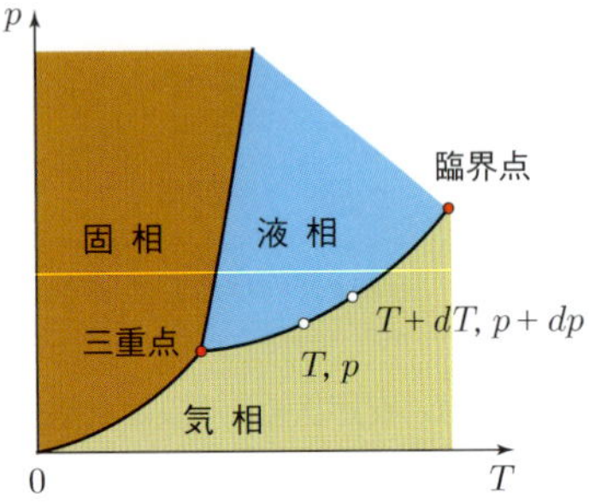

図 5.2　相図の模式図と気–液共存曲線上の近接する二点

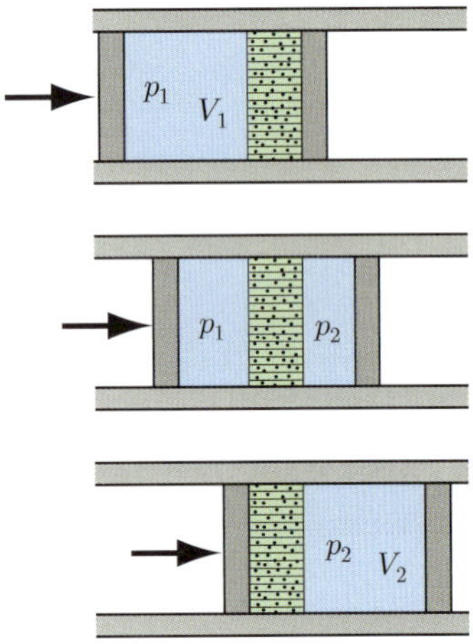

図 5.3　ジュール–トムソン過程 (模式図)

第 5 章　章末問題

1. 一般に，物体は温度 T や圧力 p を変えると固相 (固体)，液相 (液体)，気相 (気体) と変化する。その様子を相図という Tp 平面で表す (図 5.2)。以下の問いに答えよ。

(a)　粒子数 $N_{\rm G}$ 個の気体と粒子数 $N_{\rm L}$ 個の液体が熱平衡になっているとする。各 1 個当たりのギブスの自由エネルギーを $g_{\rm G}, g_{\rm L}$ として，この平面で相を分離している共存曲線上では $g_{\rm G}$ と $g_{\rm L}$ が等しくなることを示せ。

(b)　気相と液相の共存曲線上では以下のクラウジウス–クラペイロン (B.P.É. Clapeyron) の式が成り立つことを示せ。

$$\frac{dp}{dT} = \frac{\Delta s}{\Delta v} = \frac{s_{\rm G} - s_{\rm L}}{v_{\rm G} - v_{\rm L}} = \frac{Q}{T(v_{\rm G} - v_{\rm L})}$$

ここで，Δs と Δv は気相と液相における粒子 1 個当たりのエントロピーと体積の差，$Q = T(s_{\rm G} - s_{\rm L})$ は潜熱である。

(c)　窒素などの通常の物質は固相と液相の共存曲線の傾きは正であるが水の場合は負となる。その理由を述べよ。

2. 1 モルの理想気体の化学ポテンシャルを求めよ。

3. 断熱壁をもつ管の中ほどに，細孔からなる物質 (絹糸，綿糸，海泡石など) を詰め，管の両側の気体に一定の圧力差を与えて高圧側から定圧側へと気体を定常的に流し出す (図 5.3)。この過程はエンタルピー一定の過程となることを示せ。この実験は，ジュール–トムソンの細孔栓実験とよばれる。この過程を経て，高圧部から低圧部へと流出した気体の温度は一般的に変わる。このような効果を記述する係数 $(\partial T/\partial p)_H$ をジュール–トムソン係数とよぶ。

4. 長さ L の弾性体を張力 τ で dL だけ等温的に伸張した。このとき弾性体に外部からなされた伸長による仕事は $\delta W = \tau\, dL$ と表される。以下の問いに答えよ。ただし弾性体の圧縮率は一般的に非常に小さいため，常温・常圧近傍における圧力変化による体積変化は小さく，$p\, dV$ は無視できるものとする。

(a)　弾性体に対する熱力学第 1 法則を，内部エネルギー U およびエントロピー S を用いて書け。また，ヘルムホルツの自由エネルギー F とギブスの自由エネルギー G の変化を表す式を書け。

(b)　次の関係が成り立つことを示せ。

$$\left(\frac{\partial U}{\partial L}\right)_T = -T\left(\frac{\partial \tau}{\partial T}\right)_L + \tau, \qquad \left(\frac{\partial U}{\partial T}\right)_L = T\left(\frac{\partial S}{\partial T}\right)_L$$

ただし，次のマクスウェルの関係式を用いてよい。

$$\left(\frac{\partial S}{\partial L}\right)_T = -\left(\frac{\partial \tau}{\partial T}\right)_L$$

(c)　ヘルムホルツの自由エネルギーを用い，張力 $\tau = (\partial F/\partial L)_T$ が次式で表されることを示せ。

$$\tau = a + bT$$

ここで，

$$a = \left(\frac{\partial U}{\partial L}\right)_T, \qquad b = -\left(\frac{\partial S}{\partial L}\right)_T$$

である。

(d)　温度 T で熱平衡状態にある長さ L まで伸長された弾性体をさらに急激に伸長した (断熱伸長)。伸長による弾性体の体積変化は無視できるものとして，断熱伸長した弾性体の温度変化 $(dT)_S$ を求めよ。ただし，一定伸長における熱容量を $C_L = T(\partial S/\partial T)_L$ とする。

付録 1：入門 ベクトルと行列

この付録では，本書の第 I 部 (力学) を学ぶために必要な行列に関する最低限の知識をまとめる。ベクトルと行列に関する数学は「線形代数学」で学ぶが，力学を学ぶ段階ではまだその勉強が進んでいないため学習に支障がある。これを解消する目的でこの付録は書かれている。そのため数学理論の完全な叙述ではなく単なる素描にすぎない。主に 2 行 2 列の行列について説明し，一般的な場合については簡単に述べる。

A.1 行　　列

A.1.1 行列とベクトル

次のように，数字を縦横に並べて括弧で囲んだものを行列とよぶ。

$$A = \begin{pmatrix} a_{11} & a_{12} & \cdots & a_{1n} \\ a_{21} & a_{22} & \cdots & a_{2n} \\ \vdots & \vdots & \ddots & \vdots \\ a_{m1} & a_{m2} & \cdots & a_{mn} \end{pmatrix} \tag{A.1}$$

A は $\boldsymbol{m}$ **行** $\boldsymbol{n}$ **列**の (または $\boldsymbol{m \times n}$，または $\boldsymbol{(m, n)}$ **型**) 行列であるという。物理で現れてくるのは主に $m = n$ の場合の正方行列である。

a_{ij} は行列 A の i 行 j 列の成分 ((i, j) 成分) あるいは要素とよばれる。

$$A = (a_{ij})$$

のように書くこともある。

行列の成分がすべて実数であるものを実行列，複素数を含むものを複素行列という。この付録では，特に断らない限り行列は実行列である。

行列 A の行と列を入れ替えたものを行列 A の転置行列とよび，A^T と表す*)。

$$A^T = \begin{pmatrix} a_{11} & a_{21} & \cdots & a_{m1} \\ a_{12} & a_{22} & \cdots & a_{m2} \\ \vdots & \vdots & \ddots & \vdots \\ a_{1n} & a_{2n} & \cdots & a_{mn} \end{pmatrix} \tag{A.2}$$

$m \times n$ 行列の転置行列は $n \times m$ 行列である。

ベクトルの成分表示も一種の行列とみなすことができる。縦ベクトル

* 転置行列は ${}^tA$ などと表すこともある。

$$\boldsymbol{v} = \begin{pmatrix} v_1 \\ v_2 \\ \vdots \\ v_n \end{pmatrix} \tag{A.3}$$

は n 行 1 列の行列である。横ベクトル

$$\begin{pmatrix} u_1 & u_2 & \cdots & u_m \end{pmatrix} \tag{A.4}$$

は 1 行 m 列の行列である。物理では縦ベクトルを基本とし，横ベクトルはその転置行列であると考えることが多い。たとえば，式 (A.4) の横ベクトルは，縦ベクトル

$$\boldsymbol{u} = \begin{pmatrix} u_1 \\ u_2 \\ \vdots \\ u_m \end{pmatrix} \tag{A.5}$$

の転置行列 $\boldsymbol{u}^T$ と考える。

A.1.2　行列の演算

行列 A に対し，その定数倍 cA は A のすべての行列要素を c 倍することによって得られる。

$$cA = \begin{pmatrix} ca_{11} & ca_{12} & \cdots & ca_{1n} \\ ca_{21} & ca_{22} & \cdots & ca_{2n} \\ \vdots & \vdots & \ddots & \vdots \\ ca_{m1} & ca_{m2} & \cdots & ca_{mn} \end{pmatrix} \tag{A.6}$$

行列 A と B をともに (m, n) 型行列とするとき，和 $A+B$ を定義することができ，その行列要素は A の行列要素と B の行列要素の和である。

$$A + B = \begin{pmatrix} a_{11}+b_{11} & a_{12}+b_{12} & \cdots & a_{1n}+b_{1n} \\ a_{21}+b_{21} & a_{22}+b_{22} & \cdots & a_{2n}+b_{2n} \\ \vdots & \vdots & \ddots & \vdots \\ a_{m1}+b_{m1} & a_{m2}+b_{m2} & \cdots & a_{mn}+b_{mn} \end{pmatrix} \tag{A.7}$$

行列の型が違う場合には，和を考えることはできない。

(m,l) 型行列 A と (l,n) 型行列 B に対して，積 AB を (m,n) 型の行列として定義することができる。$AB \equiv C = (c_{ij})$ とするとき，

$$c_{ij} = \sum_{k=1}^{l} a_{ik} b_{kj} \tag{A.8}$$

で与えられる。同じ型の正方行列 A, B に対しては，積 AB と BA の両方を考えることができる。

［例題 A.1］ 行列 A と B を

$$A = \begin{pmatrix} a & b \\ c & d \end{pmatrix}$$

$$B = \begin{pmatrix} e & f \\ g & h \end{pmatrix}$$

とするとき，積 AB および BA を求めよ。

［解］

$$AB = \begin{pmatrix} a & b \\ c & d \end{pmatrix}\begin{pmatrix} e & f \\ g & h \end{pmatrix} = \begin{pmatrix} ae+bg & af+bh \\ ce+dg & cf+dh \end{pmatrix}$$

$$BA = \begin{pmatrix} e & f \\ g & h \end{pmatrix}\begin{pmatrix} a & b \\ c & d \end{pmatrix} = \begin{pmatrix} ea+fc & eb+fd \\ ga+hc & gb+hd \end{pmatrix}$$

例題 A.1 からわかるように，一般に 2 つの正方行列の積 AB は順序を変えた積 BA と等しくない。積が順序によるというのは，非常に重要な行列の性質である。

積 AB の計算は，A の行，B の列に注目して行う。たとえば，AB の $(1,2)$ 成分を計算するためには A の第 1 行，B の第 2 列に注目して，成分を順にかけて足していけばよい。

$$AB = \begin{pmatrix} a & b \\ c & d \end{pmatrix}\begin{pmatrix} e & f \\ g & h \end{pmatrix} = \begin{pmatrix} ae+bg & af+bh \\ ce+dg & cf+dh \end{pmatrix} \tag{A.9}$$

行列とベクトルの積も，このルールの特別な場合として定義できる。たとえば

$$A = \begin{pmatrix} a & b \\ c & d \end{pmatrix}, \quad \boldsymbol{v} = \begin{pmatrix} v_1 \\ v_2 \end{pmatrix} \tag{A.10}$$

とすると，

$$A\boldsymbol{v} = \begin{pmatrix} a & b \\ c & d \end{pmatrix}\begin{pmatrix} v_1 \\ v_2 \end{pmatrix} = \begin{pmatrix} av_1 + bv_2 \\ cv_1 + dv_2 \end{pmatrix} \tag{A.11}$$

となる。(縦) ベクトルに行列をかけるとまた (縦) ベクトルになるというのは重要な性質である。

注意! 2 つの n 次元ベクトル $\boldsymbol{v}$ と $\boldsymbol{u}$ の内積 $\boldsymbol{u}\cdot\boldsymbol{v}$ は，$(1,n)$ 型行列 $\boldsymbol{u}^T$ と $(n,1)$ 型行列 $\boldsymbol{v}$ の行列の積 $\boldsymbol{u}^T\boldsymbol{v}$ と考えることもできる。

［例題 A.2］ 2 つの (n,n) 型正方行列 A と B に対して，$(AB)^T = B^T A^T$ であることを示せ。

［解］ $(AB)^T$ の (i,j) 成分は，$\sum_{k=1}^{n} a_{jk}b_{ki}$ で与えられるが，b_{ki} は転置行列 B^T の (i,k) 成分，a_{jk} は転置行列 A^T の (k,j) 成分なので，これは 行列の積 $B^T A^T$ の (i,j) 成分であることがわかる。

A.1.3　連立 1 次方程式

実数 a に対して，方程式

$$ax = 0 \tag{A.12}$$

の解は，$a \neq 0$ ならば $x = 0$ であるが，$a = 0$ ならば不定である。実数 a, b に対して，方程式

$$ax = b \tag{A.13}$$

の解は，$a \neq 0$ ならば $x = a^{-1}b$ であるが，$a = 0$ の場合は (i) $b \neq 0$ ならば不能であり，(ii) $b = 0$ ならば (A.12) の場合なので不定である。これらの関係は連立 1 次方程式に対して直ちに一般化される。

行列 A を

$$A = \begin{pmatrix} a_{11} & a_{12} \\ a_{21} & a_{22} \end{pmatrix} \tag{A.14}$$

ベクトル $\boldsymbol{x}$ および $\boldsymbol{b}$ を

$$\boldsymbol{x} = \begin{pmatrix} x \\ y \end{pmatrix}, \qquad \boldsymbol{b} = \begin{pmatrix} b_1 \\ b_2 \end{pmatrix} \tag{A.15}$$

とするとき，方程式

$$A\boldsymbol{x} = \boldsymbol{b} \tag{A.16}$$

は 2 元連立 1 次方程式である。ふつうの書き方で表すと

$$a_{11}x + a_{12}y = b_1 \tag{A.17}$$

$$a_{21}x + a_{22}y = b_2 \tag{A.18}$$

と表される。この連立方程式を解くために，(A.17) $\times a_{22}$ $-$ (A.18) $\times a_{12}$ を計算すると

$$(a_{11}a_{22} - a_{12}a_{21})x = a_{22}b_1 - a_{12}b_2 \tag{A.19}$$

となる。それゆえ $a_{11}a_{22} - a_{12}a_{21} \neq 0$ であるならば x について解くことができる。この $a_{11}a_{22} - a_{12}a_{21}$ を行列 A の行列式とよび，$\det(A)$ や $|A|$ などで表す。

$$\det(A) = \begin{vmatrix} a_{11} & a_{12} \\ a_{21} & a_{22} \end{vmatrix} = a_{11}a_{22} - a_{12}a_{21} \tag{A.20}$$

［質問］　式 (A.17) と (A.18) を y について解くことができるための条件は何か。

Advanced

一般の $n \times n$ 行列 A に対する行列式 $\det(A)$ は

$$\det(A) = \sum_{\text{置換 } P} (-1)^P a_{1i_1} a_{2i_2} \cdots a_{ni_n} \tag{A.21}$$

で与えられる。ただし，和は $(1, 2, \ldots, n)$ のすべての置換 P: $(1, 2, \ldots, n) \to (i_1, i_2, \ldots, i_n)$ についてとられる。$(-1)^P$ は，P が偶

置換のときには $+1$，奇置換のときには -1 であると定義する。上で与えた 2×2 行列の場合の行列式の定義 (A.20) では，$(1,2)$ の偶置換は $(1,2)$ のみ，奇置換は $(2,1)$ のみなので，相対的に符号の異なる 2 つの項からなる。それが式 (A.20) である。3×3 行列の場合，$(1,2,3)$ の置換は全部で ${}_3P_3 = 3! = 6$ 個あるが，そのうち偶置換は 3 つ，奇置換は 3 つである。具体的には

$$\begin{aligned}\begin{vmatrix} a_{11} & a_{12} & a_{13} \\ a_{21} & a_{22} & a_{23} \\ a_{31} & a_{32} & a_{33} \end{vmatrix} &= a_{11}a_{22}a_{33} + a_{12}a_{23}a_{31} + a_{13}a_{21}a_{32} \\ &\quad - a_{11}a_{23}a_{32} - a_{13}a_{22}a_{31} - a_{12}a_{21}a_{33} \\ &= a_{11}\left(a_{22}a_{33} - a_{23}a_{32}\right) \\ &\quad + a_{12}\left(a_{23}a_{31} - a_{21}a_{33}\right) \\ &\quad + a_{13}\left(a_{21}a_{32} - a_{22}a_{31}\right) \end{aligned} \tag{A.22}$$

となる。これは図 A.1 のような「たすき掛け」の計算法を覚えておくと便利である。たとえば，赤い矢印に沿って要素をかけていくと，式 (A.22) の 1 行目が得られる。ただし，左上から右下に向かう矢印では正，右上から左下に向かう矢印では負の符号が付く。この表示を用いると，ベクトルの外積は式 (1.34) のように書ける。

(行列式の性質については線形代数学の教科書をみよ。)

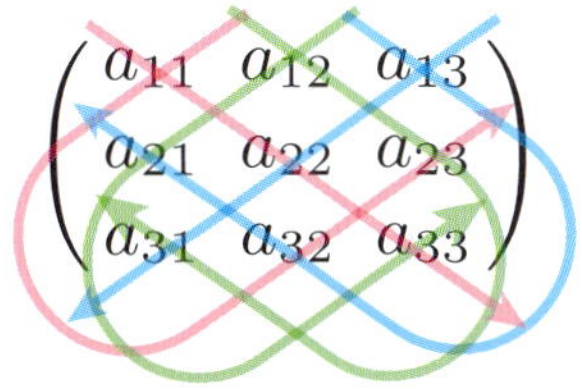

図 A.1　「たすき掛け」による 3×3 行列の行列式の計算

連立方程式 (A.16) が一意的な解をもつための必要十分条件は，$\det(A) \neq 0$ である。$\det(A) \neq 0$ であるとき，解は

$$x = (\det(A))^{-1}\left(a_{22}b_1 - a_{12}b_2\right) \tag{A.23}$$

$$y = (\det(A))^{-1}\left(-a_{21}b_1 + a_{11}b_2\right) \tag{A.24}$$

で与えられる。これを行列を用いて表すと

$$\begin{pmatrix} x \\ y \end{pmatrix} = (\det(A))^{-1}\begin{pmatrix} a_{22} & -a_{12} \\ -a_{21} & a_{11} \end{pmatrix}\begin{pmatrix} b_1 \\ b_2 \end{pmatrix} \tag{A.25}$$

となる。ここで

$$A^{-1} = (\det(A))^{-1}\begin{pmatrix} a_{22} & -a_{12} \\ -a_{21} & a_{11} \end{pmatrix} \tag{A.26}$$

とおくと

$$\boldsymbol{x} = A^{-1}\boldsymbol{b} \tag{A.27}$$

の形に書くことができる。A^{-1} を A の逆行列という。逆行列は，普通の数の逆数に対応するものである。式 (A.16) と $ax = b$，式 (A.27) と $x = a^{-1}b$ という対応関係に注意せよ。

一般に，$n\times n$ 正方行列 A に対して

$$AA^{-1} = A^{-1}A = I \tag{A.28}$$

を満足する $n\times n$ 正方行列 A^{-1} を A の逆行列とよぶ。ただしここで I は $n\times n$ 単位行列である。単位行列は対角成分がすべて 1 で，非対角成

分がすべて 0 である。

$$I = \begin{pmatrix} 1 & 0 & \cdots & 0 \\ 0 & 1 & \cdots & 0 \\ \vdots & \vdots & \ddots & \vdots \\ 0 & 0 & \cdots & 1 \end{pmatrix} \tag{A.29}$$

［例題 A.3］ 2×2 正則行列 A に対して $A^{-1}A = AA^{-1} = I$ を確かめよ。ただし，I は 2×2 単位行列である。

［解］

$$\begin{aligned} A^{-1}A &= (\det(A))^{-1}\begin{pmatrix} a_{22} & -a_{12} \\ -a_{21} & a_{11} \end{pmatrix}\begin{pmatrix} a_{11} & a_{12} \\ a_{21} & a_{22} \end{pmatrix} \\ &= (\det(A))^{-1} \\ &\quad\times\begin{pmatrix} a_{22}a_{11} - a_{12}a_{21} & a_{22}a_{12} - a_{12}a_{22} \\ -a_{21}a_{11} + a_{11}a_{21} & -a_{21}a_{12} + a_{11}a_{22} \end{pmatrix} \\ &= I \end{aligned}$$

$$\begin{aligned} AA^{-1} &= (\det(A))^{-1} \\ &\quad\times\begin{pmatrix} a_{11} & a_{12} \\ a_{21} & a_{22} \end{pmatrix}\begin{pmatrix} a_{22} & -a_{12} \\ -a_{21} & a_{11} \end{pmatrix} \\ &= (\det(A))^{-1} \\ &\quad\times\begin{pmatrix} a_{11}a_{22} - a_{12}a_{21} & -a_{11}a_{12} + a_{12}a_{11} \\ a_{21}a_{22} - a_{22}a_{21} & -a_{21}a_{12} + a_{22}a_{11} \end{pmatrix} \\ &= I \end{aligned}$$

$\boldsymbol{b} = \boldsymbol{0}$ のとき，連立方程式 (A.16) がゼロでない解をもつための必要十分条件は $\det(A) = 0$ である。行列式がゼロでない行列を**正則**であるという。

注意!　一般の $n \times n$ 正方行列に対する逆行列の求め方については，線形代数学の教科書をみよ。

A.2　1 次変換

A.2.1　1 次変換と行列の積

行列の積として，どうしてあのような「奇妙な」定義を考える必要があったのだろうか。それを理解するために，ベクトルに対する**1 次変換**とよばれるものを考えよう。

ベクトルに対する 1 次変換 T とは，ベクトルをベクトルに移す変換で，任意の 2 つのベクトル $\boldsymbol{v}$ と $\boldsymbol{u}$ に対して次のような性質を満足するものである。

$$T(a\boldsymbol{v} + b\boldsymbol{u}) = aT(\boldsymbol{v}) + bT(\boldsymbol{u}) \tag{A.30}$$

ただし，a および b は任意の実数である。

任意の 2 次元ベクトル $\boldsymbol{v}$ は，2 つの直交する単位ベクトル $\boldsymbol{i}$ と $\boldsymbol{j}$ を用いて

$$\boldsymbol{v} = v_1\boldsymbol{i} + v_2\boldsymbol{j} \tag{A.31}$$

と表される。$\boldsymbol{v}' \equiv T(\boldsymbol{v})$ は

$$\boldsymbol{v}' = v_1 T(\boldsymbol{i}) + v_2 T(\boldsymbol{j}) \tag{A.32}$$

となるので，$\boldsymbol{i}' = T(\boldsymbol{i})$ および $\boldsymbol{j}' = T(\boldsymbol{j})$ が与えられれば T は完全に決定する。$\boldsymbol{i}'$ および $\boldsymbol{j}'$ もまた 2 次元ベクトルなので $\boldsymbol{i}$ と $\boldsymbol{j}$ の線形結合で表される。それを

$$\boldsymbol{i}' = a_{11}\boldsymbol{i} + a_{21}\boldsymbol{j} \tag{A.33}$$

$$\boldsymbol{j}' = a_{12}\boldsymbol{i} + a_{22}\boldsymbol{j} \tag{A.34}$$

と表すと，

$$\begin{aligned}\boldsymbol{v}' &= v_1(a_{11}\boldsymbol{i} + a_{21}\boldsymbol{j}) + v_2(a_{12}\boldsymbol{i} + a_{22}\boldsymbol{j}) \\ &= (a_{11}v_1 + a_{12}v_2)\boldsymbol{i} + (a_{21}v_1 + a_{22}v_2)\boldsymbol{j}\end{aligned} \tag{A.35}$$

を得る。すなわち，$\boldsymbol{v}' = v_1'\boldsymbol{i} + v_2'\boldsymbol{j}$ とすると，

$$\begin{pmatrix} v_1' \\ v_2' \end{pmatrix} = \begin{pmatrix} a_{11} & a_{12} \\ a_{21} & a_{22} \end{pmatrix} \begin{pmatrix} v_1 \\ v_2 \end{pmatrix} \tag{A.36}$$

と表されることがわかる。これは，前の節で導入した行列と縦ベクトルの積によって 1 次変換が表されることを示している。つまり，この行列は 1 次変換 T を表現しているのである。それゆえ，この行列を 1 次変換 T の表現行列という。

ベクトルの成分を縦ベクトルで表すと，

$$\boldsymbol{i} = \begin{pmatrix} 1 \\ 0 \end{pmatrix}, \qquad \boldsymbol{j} = \begin{pmatrix} 0 \\ 1 \end{pmatrix} \tag{A.37}$$

であることに注意しよう。

Advanced

n 次元空間のベクトル $\boldsymbol{v}$ を，互いに直交する n 個の単位ベクトル $\boldsymbol{e}_i\ (i = 1, \ldots, n)$ を用いて

$$\boldsymbol{v} = \sum_{j=1}^{n} v_j \boldsymbol{e}_j \tag{A.38}$$

と表すとき，1 次変換 T はこのベクトルを

$$\boldsymbol{v}' = T(\boldsymbol{v}) = \sum_{j=1}^{n} v_j T(\boldsymbol{e}_j) \tag{A.39}$$

に変換する。ここで

$$a_{jk} = \boldsymbol{e}_k \cdot T(\boldsymbol{e}_j) \tag{A.40}$$

を導入すると，

$$T(\boldsymbol{e}_j) = \sum_{k=1}^{n} \boldsymbol{e}_k a_{kj} \tag{A.41}$$

と表すことができる。式 (A.41) を式 (A.39) に代入すると

$$\boldsymbol{v}' = \sum_{j=1}^{n} \sum_{k=1}^{n} \boldsymbol{e}_k a_{kj} v_j \tag{A.42}$$

を得る。

$$\boldsymbol{v}' = \sum_{i=1}^{n} v_i' \boldsymbol{e}_i \tag{A.43}$$

と成分表示すると $v'_i = \boldsymbol{e}_i \cdot \boldsymbol{v}'$ であるから

$$\begin{aligned} v'_i &= \sum_{j=1}^{n} \sum_{k=1}^{n} (\boldsymbol{e}_i \cdot \boldsymbol{e}_k) a_{kj} v_j \\ &= \sum_{j=1}^{n} \sum_{k=1}^{n} \delta_{ik} a_{kj} v_j \\ &= \sum_{j=1}^{n} a_{ij} v_j \end{aligned} \tag{A.44}$$

を得る。これは行列で書くと

$$\begin{pmatrix} v'_1 \\ v'_2 \\ \vdots \\ v'_n \end{pmatrix} = \begin{pmatrix} a_{11} & a_{12} & \cdots & a_{1n} \\ a_{21} & a_{22} & \cdots & a_{2n} \\ \vdots & \vdots & \ddots & \vdots \\ a_{n1} & a_{n2} & \cdots & a_{nn} \end{pmatrix} \begin{pmatrix} v_1 \\ v_2 \\ \vdots \\ v_n \end{pmatrix} \tag{A.45}$$

を表している。

2つの1次変換 T_1 と T_2 を続けて行うこともできる (これを合成変換という)。$\boldsymbol{v}' = T_1(\boldsymbol{v})$, $\boldsymbol{v}'' = T_2(\boldsymbol{v}')$。$\boldsymbol{i}_1 = T_1(\boldsymbol{i})$ および $\boldsymbol{j}_1 = T_1(\boldsymbol{i})$ が

$$\boldsymbol{i}_1 = a_{11}\boldsymbol{i} + a_{21}\boldsymbol{j} \tag{A.46}$$

$$\boldsymbol{j}_1 = a_{12}\boldsymbol{i} + a_{22}\boldsymbol{j} \tag{A.47}$$

で表され，$\boldsymbol{i}_2 = T_2(\boldsymbol{i})$ および $\boldsymbol{j}_2 = T_2(\boldsymbol{j})$ が

$$\boldsymbol{i}_2 = b_{11}\boldsymbol{i} + b_{21}\boldsymbol{j} \tag{A.48}$$

$$\boldsymbol{j}_2 = b_{12}\boldsymbol{i} + b_{22}\boldsymbol{j} \tag{A.49}$$

で表されるとすると，

$$\begin{aligned} \boldsymbol{i}'' &= T_2\left(T_1(\boldsymbol{i})\right) \\ &= T_2(a_{11}\boldsymbol{i} + a_{21}\boldsymbol{j}) \\ &= a_{11}(b_{11}\boldsymbol{i} + b_{21}\boldsymbol{j}) + a_{21}(b_{12}\boldsymbol{i} + b_{22}\boldsymbol{j}) \\ &= (b_{11}a_{11} + b_{12}a_{21})\boldsymbol{i} + (b_{21}a_{11} + b_{22}a_{21})\boldsymbol{j} \end{aligned} \tag{A.50}$$

$$\begin{aligned} \boldsymbol{j}'' &= T_2\left(T_1(\boldsymbol{j})\right) \\ &= T_2(a_{12}\boldsymbol{i} + a_{22}\boldsymbol{j}) \\ &= a_{12}(b_{11}\boldsymbol{i} + b_{21}\boldsymbol{j}) + a_{22}(b_{12}\boldsymbol{i} + b_{22}\boldsymbol{j}) \\ &= (b_{11}a_{12} + b_{12}a_{22})\boldsymbol{i} + (b_{21}a_{21} + b_{22}a_{22})\boldsymbol{j} \end{aligned} \tag{A.51}$$

を得る。これを式 (A.33), (A.34) と見比べると，合成変換に対応する行列は

$$\begin{aligned} &\begin{pmatrix} b_{11}a_{11} + b_{12}a_{21} & b_{11}a_{12} + b_{12}a_{22} \\ b_{21}a_{11} + b_{22}a_{21} & b_{21}a_{12} + b_{22}a_{22} \end{pmatrix} \\ &\qquad = \begin{pmatrix} b_{11} & b_{12} \\ b_{21} & b_{22} \end{pmatrix} \begin{pmatrix} a_{11} & a_{12} \\ a_{21} & a_{22} \end{pmatrix} \end{aligned} \tag{A.52}$$

のように，それぞれの変換の表現行列の積で与えられる。つまり，行列の

積は 1 次変換の合成を表すように定義されているということができる。

A.2.2 伸張・収縮と回転

1 次変換の例をいくつかみてみよう。まず，対角行列*)

$$D = \begin{pmatrix} a & 0 \\ 0 & b \end{pmatrix} \tag{A.53}$$

で表される 1 次変換を考えよう。$\boldsymbol{v} = v_1\boldsymbol{i} + v_2\boldsymbol{j}$ に作用させて

$$\boldsymbol{v}' = D\boldsymbol{v} = \begin{pmatrix} av_1 \\ bv_2 \end{pmatrix} \tag{A.54}$$

を得る。これはベクトル $\boldsymbol{v}$ を $\boldsymbol{i}$ 方向には a 倍，$\boldsymbol{j}$ 方向には b 倍に引き延ばし／縮めたベクトルを与える。特に，$\boldsymbol{i}$ 方向のベクトルは方向を変えずに a 倍になり*)，$\boldsymbol{j}$ 方向のベクトルは方向を変えずに b 倍になる (図 A.2 を参照)。

$$D\boldsymbol{i} = a\boldsymbol{i}, \qquad D\boldsymbol{j} = b\boldsymbol{j} \tag{A.55}$$

次に

$$R = \begin{pmatrix} \cos\theta & -\sin\theta \\ \sin\theta & \cos\theta \end{pmatrix} \tag{A.56}$$

という行列で表される 1 次変換を考えよう (図 A.3 を参照)。

$$\begin{aligned} R\boldsymbol{i} &= \begin{pmatrix} \cos\theta & -\sin\theta \\ \sin\theta & \cos\theta \end{pmatrix}\begin{pmatrix} 1 \\ 0 \end{pmatrix} = \begin{pmatrix} \cos\theta \\ \sin\theta \end{pmatrix} \\ &= \cos\theta\,\boldsymbol{i} + \sin\theta\,\boldsymbol{j} \end{aligned} \tag{A.57}$$

$$\begin{aligned} R\boldsymbol{j} &= \begin{pmatrix} \cos\theta & -\sin\theta \\ \sin\theta & \cos\theta \end{pmatrix}\begin{pmatrix} 0 \\ 1 \end{pmatrix} = \begin{pmatrix} -\sin\theta \\ \cos\theta \end{pmatrix} \\ &= -\sin\theta\,\boldsymbol{i} + \cos\theta\,\boldsymbol{j} \end{aligned} \tag{A.58}$$

であるから，この変換は角度 θ の (反時計回りの) 回転を表している。

角度 α の回転を表す行列 R_α と，角度 β の回転を表す行列 R_β の積を考えよう (図 A.4 を参照)。

$$\begin{aligned} R_\alpha R_\beta &= \begin{pmatrix} \cos\alpha & -\sin\alpha \\ \sin\alpha & \cos\alpha \end{pmatrix}\begin{pmatrix} \cos\beta & -\sin\beta \\ \sin\beta & \cos\beta \end{pmatrix} \\ &= \begin{pmatrix} \cos\alpha\cos\beta - \sin\alpha\sin\beta & -\cos\alpha\sin\beta - \sin\alpha\cos\beta \\ \sin\alpha\cos\beta + \cos\alpha\sin\beta & -\sin\alpha\sin\beta + \cos\alpha\cos\beta \end{pmatrix} \\ &= \begin{pmatrix} \cos(\alpha+\beta) & -\sin(\alpha+\beta) \\ \sin(\alpha+\beta) & \cos(\alpha+\beta) \end{pmatrix} \\ &= R_{\alpha+\beta} \\ &= R_\beta R_\alpha \end{aligned} \tag{A.59}$$

* 正方行列であって，その対角成分 (i 行 i 列成分) 以外がゼロであるような行列を対角行列という。

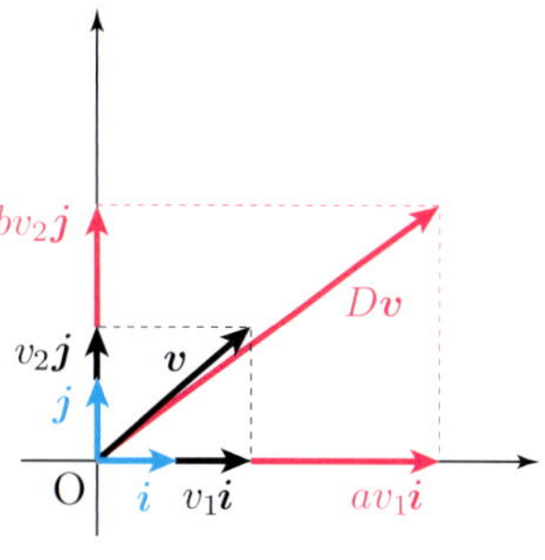

図 A.2 ベクトルの伸張・収縮

* a が負であれば逆向きになる。

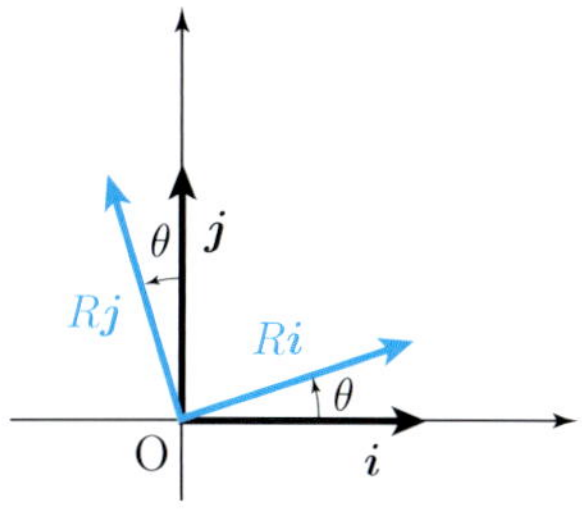

図 A.3 基底ベクトルの回転

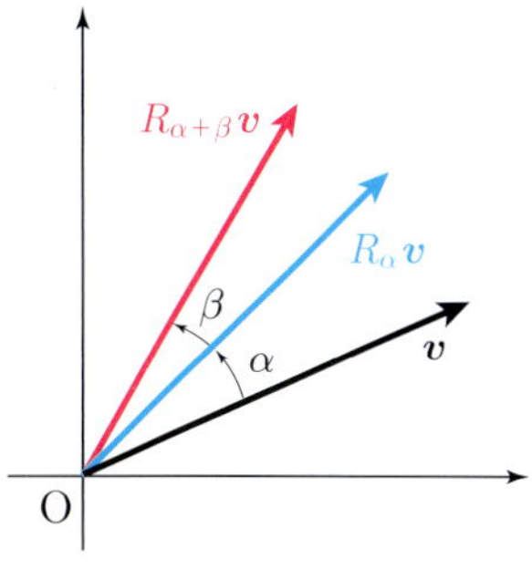

図 A.4 ベクトルの回転の合成

つまり，2 つの回転という 1 次変換の合成は，2 つの回転の角度の合成された 1 つの回転で表される。行列の積によって，三角関数の加法定理が導かれることに注意しよう。

問い 3 次元ベクトルに対して，x 軸のまわりの角度 α の回転を表す行列は

$$R_x(\alpha) = \begin{pmatrix} 1 & 0 & 0 \\ 0 & \cos\alpha & -\sin\alpha \\ 0 & \sin\alpha & \cos\alpha \end{pmatrix} \tag{A.60}$$

で，y 軸のまわりの角度 β の回転を表す行列は

$$R_y(\beta) = \begin{pmatrix} \cos\beta & 0 & \sin\beta \\ 0 & 1 & 0 \\ -\sin\beta & 0 & \cos\beta \end{pmatrix} \tag{A.61}$$

で与えられる。$R_x(\alpha)R_y(\beta) \neq R_y(\beta)R_x(\alpha)$ を確かめよ。

角度 θ の回転を表す行列 R_θ の逆行列 R_θ^{-1} は，角度 $-\theta$ の回転を表す行列 $R_{-\theta}$ である。これは R_θ の転置行列となっている。

$$R_\theta^{-1} = R_\theta^T \tag{A.62}$$

一般に，$R^{-1} = R^T$ を満足する実正方行列 R を直交行列とよぶ。

問い 直交行列による変換は，ベクトルの内積を変えないことを証明せよ。

A.3 対称行列の固有値と固有ベクトル

A.3.1 固有値と固有ベクトル

この節では (実) 対称行列*) $A^T = A$ のみを扱う。対称行列 A に対して

$$A\boldsymbol{v} = \lambda\boldsymbol{v} \tag{A.63}$$

を満足するベクトル $\boldsymbol{v}$ を固有ベクトル，λ をその固有値とよぶ。行列 A は固有ベクトルに作用すると，その方向は変えず，ベクトルを λ 倍する。

この式は，与えられた行列 A に対して，特定のベクトル $\boldsymbol{v}$ と特定の値 λ に対してのみ成立する方程式である。

固有ベクトル $\boldsymbol{v}$ に対して，$c\boldsymbol{v}$ $(c \neq 0)$ もまた同じ固有値をもつ固有ベクトルである。つまり，固有ベクトルはその方向が重要であって，大きさは重要でない。それゆえ規格化された固有ベクトル $|\boldsymbol{v}| = 1$ を考えることも多い。

式 (A.63) は

$$(A - \lambda I)\boldsymbol{v} = \boldsymbol{0} \tag{A.64}$$

と変形することができる。ただし (n,n) 型行列 A に対して，I は (n,n) 型単位行列である。これは式 (A.16) で $\boldsymbol{b} = \boldsymbol{0}$ とした場合とみなせる。こ

* 正方行列であって，転置行列がそれ自身に等しい行列を対称行列という。対称行列の (i,j) 成分と (j,i) 成分は等しい。

の方程式がゼロでない解をもつための必要十分条件は

$$\det(A - \lambda I) = 0 \tag{A.65}$$

である。これは λ についての n 次方程式となる。この式を固有方程式，または特性方程式という。

[例題 A.4]　2×2 実対称行列 A に対して，その固有値が実数であることを示せ。

[解]　行列 A は実数 a, b, および c を用いて

$$A = \begin{pmatrix} a & b \\ b & c \end{pmatrix}$$

と表される。それゆえ

$$\det(A - \lambda I) = \det\begin{pmatrix} a-\lambda & b \\ b & c-\lambda \end{pmatrix}$$
$$= (a-\lambda)(c-\lambda) - b^2$$
$$= \lambda^2 - (a+c)\lambda + ac - b^2$$

を得る。それゆえ，固有値は 2 次方程式 $\lambda^2 - (a+c)\lambda + ac - b^2 = 0$ の解である。この 2 次方程式の判別式は

$$(a+c)^2 - 4(ac - b^2)$$
$$= (a-c)^2 + 4b^2 \geq 0$$

となり，実数解をもつことがわかる。等号が成り立つ (つまり重根をもつ) のは $a = c$ かつ $b = 0$ の場合で，このとき $A = aI$ となり，重根は $\lambda = a$ である。

実行列の固有値が実数であるというのは自明なことではない。たとえば

$$\begin{pmatrix} 0 & -1 \\ 1 & 0 \end{pmatrix} \tag{A.66}$$

という実行列に対して，固有方程式は $\lambda^2 + 1 = 0$ となり，2 つの複素数 $\pm i$ が解となる。(対応する固有ベクトルは当然複素ベクトルとなる。) 固有値が実数であるというのは，対称行列の重要な性質である。

Advanced

$n \times n$ 実対称行列の固有値はすべて実数であることを示すことができる。実際，$A\boldsymbol{v} = \lambda\boldsymbol{v}$ の複素共役をとって $A\boldsymbol{v}^* = \lambda^*\boldsymbol{v}^*$ を得る。この転置をとって $A^T = A$ を用いると

$$\boldsymbol{v}^\dagger A = \lambda^* \boldsymbol{v}^\dagger \tag{A.67}$$

となる。ただし，$\boldsymbol{v}^\dagger = (\boldsymbol{v}^*)^T$ である。左辺の積の順序に注意せよ。この両辺に右から $\boldsymbol{v}$ をかけて $A\boldsymbol{v} = \lambda\boldsymbol{v}$ を用いると

$$\lambda(\boldsymbol{v}^\dagger \boldsymbol{v}) = \lambda^*(\boldsymbol{v}^\dagger \boldsymbol{v}) \tag{A.68}$$

を得る。$(\boldsymbol{v}^\dagger \boldsymbol{v}) = \sum_{i=1}^{n} v_i^* v_i > 0$ であるから，$\lambda = \lambda^*$ であることがわかる。すなわち，固有値 λ は実数である。

与えられた対称行列に対して，その固有値と対応する固有ベクトルの組を求めるには，

1. 固有方程式を解いて固有値を求める。
2. 固有値を式 (A.63) に代入して，この関係を満足するベクトルを求める。

のようにすればよい。

［例題 A.5］ 行列

$$A = \begin{pmatrix} 2 & 1 \\ 1 & 2 \end{pmatrix}$$

の固有値と，対応する固有ベクトルを求めよ。

［解］ 固有方程式は $(2-\lambda)^2-1=0$ であるので，固有値は $\lambda_1=1$ と $\lambda_2=3$ であることがわかる。

$$\boldsymbol{v}_1 = \begin{pmatrix} x \\ y \end{pmatrix}$$

とおくと $A\boldsymbol{v}_1 = \lambda_1 \boldsymbol{v}_1$ は

$$2x+y=x$$
$$x+2y=y$$

と書かれる。この 2 つの式は同じ内容であることに注意せよ。これより $x+y=0$ を得るので，たとえば，$\begin{pmatrix} 1 \\ -1 \end{pmatrix}$ は固有ベクトルである。同様に λ_2 に対して

$$\boldsymbol{v}_2 = \begin{pmatrix} u \\ w \end{pmatrix}$$

とおくと， $A\boldsymbol{v}_2 = \lambda_2 \boldsymbol{v}_2$ は

$$2x+y=3x$$
$$x+2y=3y$$

と書かれる。これらも同じ内容を表している。これらより $x=y$ を得るので，たとえば，$\begin{pmatrix} 1 \\ 1 \end{pmatrix}$ は固有ベクトルである。特にこれらを規格化すれば

$$\boldsymbol{v}_1 = \frac{1}{\sqrt{2}}\begin{pmatrix} 1 \\ -1 \end{pmatrix}$$

$$\boldsymbol{v}_2 = \frac{1}{\sqrt{2}}\begin{pmatrix} 1 \\ 1 \end{pmatrix}$$

が得られる。$\boldsymbol{v}_1$ と $\boldsymbol{v}_2$ が直交していることを確かめよ。

Advanced

$n \times n$ 実対称行列 A の異なる固有値に対応する固有ベクトルは互いに直交することを示すことができる。λ_1, λ_2 を 2 つの異なる固有値 $(\lambda_1 \neq \lambda_2)$ とし，$\boldsymbol{v}_1, \boldsymbol{v}_2$ を対応する固有ベクトルとする。$A\boldsymbol{v}_1 = \lambda_1 \boldsymbol{v}_1$ の転置をとり，$A^T = A$ を用いると $\boldsymbol{v}_1^T A = \lambda_1 \boldsymbol{v}_1^T$ を得る。この両辺に右から $\boldsymbol{v}_2$ をかけると $\boldsymbol{v}_1^T A \boldsymbol{v}_2 = \lambda_1 \boldsymbol{v}_1^T \boldsymbol{v}_2$ となるが，左辺は $A\boldsymbol{v}_2 = \lambda_2 \boldsymbol{v}_2$ を用いると $\lambda_2 \boldsymbol{v}_1^T \boldsymbol{v}_2$ なので

$$(\lambda_2 - \lambda_1)\boldsymbol{v}_1^T \boldsymbol{v}_2 = 0 \tag{A.69}$$

を得る。仮定より $\lambda_2 - \lambda_1 \neq 0$ であるから，$\boldsymbol{v}_1^T \boldsymbol{v}_2 = 0$ を得る。すなわち，$\boldsymbol{v}_1$ と $\boldsymbol{v}_2$ は直交している。

2×2 対称行列 A の 2 つの固有値を λ_1, λ_2 とし，それに対応する規格化された固有ベクトルを $\boldsymbol{v}_1, \boldsymbol{v}_2$ とする。任意のベクトル $\boldsymbol{x}$ に対する A の作用 $A\boldsymbol{x}$ を考えよう。そのために，ベクトル $\boldsymbol{x}$ を A の固有ベクトル $\boldsymbol{v}_1$ と $\boldsymbol{v}_2$ の線形結合として表そう。

$$\boldsymbol{x} = x_1 \boldsymbol{v}_1 + x_2 \boldsymbol{v}_2 \tag{A.70}$$

［質問］ このことは常に可能だろうか。

このとき

$$A\boldsymbol{x} = A(x_1 \boldsymbol{v}_1 + x_2 \boldsymbol{v}_2) = \lambda_1 x_1 \boldsymbol{v}_1 + \lambda_2 x_2 \boldsymbol{v}_2 \tag{A.71}$$

を得る。すなわち，行列 A の作用は，任意のベクトルの $\boldsymbol{v}_1$ 方向の成分を λ_1 倍，$\boldsymbol{v}_2$ 方向の成分を λ_2 倍することだということがわかる。

A.3.2 対角化

$\boldsymbol{v}_1$, $\boldsymbol{v}_2$ を並べてつくった 2×2 行列を R とすると,

$$R = \begin{pmatrix} \boldsymbol{v}_1 & \boldsymbol{v}_2 \end{pmatrix} \tag{A.72}$$

この R は直交行列であることがわかる。実際,

$$R^T = \begin{pmatrix} \boldsymbol{v}_1^T \\ \boldsymbol{v}_2^T \end{pmatrix} \tag{A.73}$$

なので

$$R^T R = \begin{pmatrix} \boldsymbol{v}_1^T \boldsymbol{v}_1 & \boldsymbol{v}_1^T \boldsymbol{v}_2 \\ \boldsymbol{v}_2^T \boldsymbol{v}_1 & \boldsymbol{v}_2^T \boldsymbol{v}_2 \end{pmatrix} = \begin{pmatrix} 1 & 0 \\ 0 & 1 \end{pmatrix} = I \tag{A.74}$$

が示される。このとき,

$$R^T A R = \begin{pmatrix} \lambda_1 & 0 \\ 0 & \lambda_2 \end{pmatrix} \tag{A.75}$$

である。実際, $\boldsymbol{v}_1$ と $\boldsymbol{v}_2$ が固有ベクトルであることから

$$AR = \begin{pmatrix} \lambda_1 \boldsymbol{v}_1 & \lambda_2 \boldsymbol{v}_2 \end{pmatrix} \tag{A.76}$$

となるので

$$R^T A R = \begin{pmatrix} \lambda_1 \boldsymbol{v}_1^T \boldsymbol{v}_1 & \lambda_2 \boldsymbol{v}_1^T \boldsymbol{v}_2 \\ \lambda_1 \boldsymbol{v}_2^T \boldsymbol{v}_1 & \lambda_2 \boldsymbol{v}_2^T \boldsymbol{v}_2 \end{pmatrix} = \begin{pmatrix} \lambda_1 & 0 \\ 0 & \lambda_2 \end{pmatrix} \tag{A.77}$$

を得る。

[例題 **A.6**]　例題 A.5 の例に対して, $R^T A R$ を具体的に計算せよ。

[解]

$$R = \frac{1}{\sqrt{2}} \begin{pmatrix} 1 & 1 \\ -1 & 1 \end{pmatrix}$$

は $\theta = -\pi/4$ の場合の回転行列になっており, 直交行列である。

$$R^T = \frac{1}{\sqrt{2}} \begin{pmatrix} 1 & -1 \\ 1 & 1 \end{pmatrix}$$

であるから

$$\begin{aligned} R^T A R &= \frac{1}{2} \begin{pmatrix} 1 & -1 \\ 1 & 1 \end{pmatrix} \begin{pmatrix} 2 & 1 \\ 1 & 2 \end{pmatrix} \begin{pmatrix} 1 & 1 \\ -1 & 1 \end{pmatrix} \\ &= \frac{1}{2} \begin{pmatrix} 1 & -1 \\ 1 & 1 \end{pmatrix} \begin{pmatrix} 1 & 3 \\ -1 & 3 \end{pmatrix} \\ &= \begin{pmatrix} 1 & 0 \\ 0 & 3 \end{pmatrix} \end{aligned}$$

を得る。

式 (A.75) を対称行列の直交行列による対角化という。

対角化の式 (A.75) の幾何学的な意味を考えてみよう。行列 R は基底ベクトル $\boldsymbol{i}, \boldsymbol{j}$ をそれぞれ $\boldsymbol{v}_1, \boldsymbol{v}_2$ に変換する行列であることに注意しよう。

$$\boldsymbol{v}_1 = R\boldsymbol{i}, \qquad \boldsymbol{v}_2 = R\boldsymbol{j} \tag{A.78}$$

それゆえ, $R^T A R$ が $\boldsymbol{i}$ に作用すると, まず R によってそれは A の固有ベクトル $\boldsymbol{v}_1$ に変換され, そのベクトルに A が作用すると (方向は変わらず) λ_1 倍される。そして $R^T = R^{-1}$ によってもとの方向 ($\boldsymbol{i}$ 方向) に

戻される。この変換によって，結局基底ベクトル $\boldsymbol{i}$ は (方向は変わらず) λ_1 倍されることになる。$\boldsymbol{j}$ に対しても同様である。それゆえ，この作用は式 (A.75) の右辺の対角行列で表されることになる。

この章でのポイント

- 数を縦横に並べて括弧で囲んだものを行列とよぶ。行列に対して和・差，積を定義することができる。
- 正方行列 A に対して，$A^{-1}A = AA^{-1} = I$ を満足する行列 A^{-1} を A の逆行列という。
- 行列は 1 次変換を表現する。
- 対称行列の固有値は実数である。
- 対称行列 A は，A の (正規化された) 固有ベクトルを並べて作った直交行列 R による変換 R^TAR によって，対角行列になる。

付録 2

B　外積の線形性と外積 3 重積

B.1　外積の線形性

3 つのベクトル $\boldsymbol{A}, \boldsymbol{B}, \boldsymbol{C}$ と実数 b, c に対して

$$\boldsymbol{A} \times (b\boldsymbol{B} + c\boldsymbol{C}) = b(\boldsymbol{A} \times \boldsymbol{B}) + c(\boldsymbol{A} \times \boldsymbol{C}) \tag{B.1}$$

が成り立つことを証明しよう。

まず，外積の定義から 2 つのベクトル $\boldsymbol{A}$ と $\boldsymbol{B}$ に対して，

$$\boldsymbol{A} \times \boldsymbol{B} = \boldsymbol{A} \times \boldsymbol{B}_\perp \tag{B.2}$$

が成り立つことに注意しよう。ここで $\boldsymbol{B}_\perp$ はベクトル $\boldsymbol{B}$ の $\boldsymbol{A}$ に垂直な成分である。

$$\boldsymbol{B}_\perp = \boldsymbol{B} - \frac{\boldsymbol{A}(\boldsymbol{A} \cdot \boldsymbol{B})}{|\boldsymbol{A}|^2} \tag{B.3}$$

ベクトル $\boldsymbol{A}$ はゼロベクトルでないと仮定している。もともと $\boldsymbol{A}$ がゼロベクトルならば，式 (B.2) は自明に成立する。

実際，大きさについては

$$|\boldsymbol{A} \times \boldsymbol{B}_\perp| = |\boldsymbol{A}||\boldsymbol{B}_\perp| = |\boldsymbol{A}||\boldsymbol{B}| \sin\theta$$

が成り立つし，方向についても $\boldsymbol{A} \times \boldsymbol{B}$ と $\boldsymbol{A} \times \boldsymbol{B}_\perp$ に対して同じになることはすぐにわかる。

それゆえ，

$$\boldsymbol{A} \times (\boldsymbol{B} + \boldsymbol{C}) = \boldsymbol{A} \times (\boldsymbol{B} + \boldsymbol{C})_\perp \tag{B.4}$$

が成り立つ。$\boldsymbol{B}_\perp$, $\boldsymbol{C}_\perp$，および $(\boldsymbol{B} + \boldsymbol{C})_\perp$ は $\boldsymbol{A}$ に垂直な同一平面上のベクトルであることに注意せよ。$\boldsymbol{A} \times \boldsymbol{B}_\perp$ と $\boldsymbol{A} \times \boldsymbol{C}_\perp$ もこの平面内にあり，$\boldsymbol{B}$ と $\boldsymbol{C}$ とがつくる平行四辺形に相似な平行四辺形をなす (図 B.1)。それゆえ

$$\boldsymbol{A} \times (\boldsymbol{B} + \boldsymbol{C})_\perp = \boldsymbol{A} \times \boldsymbol{B}_\perp + \boldsymbol{A} \times \boldsymbol{C}_\perp \tag{B.5}$$

が成り立つ。

また，$\boldsymbol{A} \times (b\boldsymbol{B}) = b(\boldsymbol{A} \times \boldsymbol{B})$ が成り立つことも容易に示せるので，式 (B.1) が成り立つことが示せる。

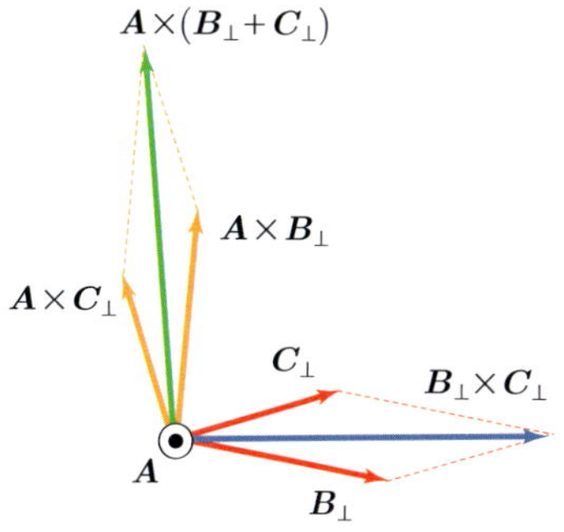

図 B.1　ベクトルの外積の線形性。ベクトル $\boldsymbol{A}$ は紙面に垂直で手前に向っている。ベクトル $\boldsymbol{B}_\perp$ と $\boldsymbol{C}_\perp$ は紙面内のベクトル。

B.2　外積 3 重積

3 つのベクトル $\boldsymbol{A}, \boldsymbol{B}$, および $\boldsymbol{C}$ の 3 重積についての公式

$$\boldsymbol{A} \times (\boldsymbol{B} \times \boldsymbol{C}) = \boldsymbol{B}(\boldsymbol{A} \cdot \boldsymbol{C}) - \boldsymbol{C}(\boldsymbol{A} \cdot \boldsymbol{B}) \tag{B.6}$$

を証明しよう。これはもちろん，外積の成分表示を用いれば容易に証明で

きるが，ここでは別の考え方で証明してみよう。

まず，$\boldsymbol{B}$ と $\boldsymbol{C}$ が平行な場合を考えよう。このとき $\boldsymbol{B}\times\boldsymbol{C}=\boldsymbol{0}$ となり，式 (B.6) の左辺はゼロになる。一方，ある実数 k が存在して $\boldsymbol{C}=k\boldsymbol{B}$ と書かれる。これを式 (B.6) の右辺に代入するとゼロになる。このように式 (B.6) が成り立つことが示せる。以下では $\boldsymbol{B}$ と $\boldsymbol{C}$ は平行ではないと仮定しよう。

外積の定義から

$$\boldsymbol{X}=\boldsymbol{A}\times(\boldsymbol{B}\times\boldsymbol{C}) \tag{B.7}$$

はベクトル $\boldsymbol{B}\times\boldsymbol{C}$ に垂直なベクトルである。これはベクトル $\boldsymbol{X}$ が 2 つのベクトル $\boldsymbol{B}$ と $\boldsymbol{C}$ とで張る平面内にあることを意味する。それゆえ

$$\boldsymbol{X}=\alpha\boldsymbol{B}+\beta\boldsymbol{C} \tag{B.8}$$

の形に表すことができる。ここで α と β はこれから決める係数である。また，外積の定義から $\boldsymbol{X}$ はベクトル $\boldsymbol{A}$ に垂直である。それゆえ $\boldsymbol{A}\cdot\boldsymbol{X}=0$ であり

$$\alpha(\boldsymbol{A}\cdot\boldsymbol{B})+\beta(\boldsymbol{A}\cdot\boldsymbol{C})=0 \tag{B.9}$$

を満足する。

前項で証明したように，外積は線形な操作であるので，$\boldsymbol{X}$ は 3 つのベクトル $\boldsymbol{A}$, $\boldsymbol{B}$，および $\boldsymbol{C}$ のそれぞれに対して線形である。それゆえ，α は $\boldsymbol{A}$ と $\boldsymbol{C}$ に，β は $\boldsymbol{A}$ と $\boldsymbol{B}$ に線形に依存するスカラーである。式 (B.9) を考慮すると，

$$\alpha=x(\boldsymbol{A}\cdot\boldsymbol{C}),\quad \beta=y(\boldsymbol{A}\cdot\boldsymbol{B}),\quad ただし\ x+y=0 \tag{B.10}$$

と表される。ただし，x と y はベクトル $\boldsymbol{A}$, $\boldsymbol{B}$, および $\boldsymbol{C}$ には依存しない定数である。

いままでの議論をまとめると，

$$\boldsymbol{X}=x\left[\boldsymbol{B}(\boldsymbol{A}\cdot\boldsymbol{C})-\boldsymbol{C}(\boldsymbol{A}\cdot\boldsymbol{B})\right] \tag{B.11}$$

が任意の 3 つのベクトル $\boldsymbol{A}$, $\boldsymbol{B}$, および $\boldsymbol{C}$ に対して成立する。係数 x は $\boldsymbol{A}=\boldsymbol{i}$, $\boldsymbol{B}=\boldsymbol{i}$, $\boldsymbol{C}=\boldsymbol{j}$ とおいて両辺を比較すれば $x=1$ と求まる。

C　テイラー展開

物理では厳密に解ける問題はほとんどなく，そのために多くの近似が用いられる。そのもっとも簡単なものが，与えられた関数に対する近似的な表式を，テイラー展開，マクローリン展開を用いて，いくつかの項からなる多項式で近似するものである。ここでは，数学理論よりも，物理への応用の観点からテイラー展開について説明しよう。

テイラー展開の基本的な考え方は，どのような (性質の良い) 関数も，局所的にみれば多項式のようにみえるというものである。特に，非常に狭い範囲で考えると 1 次関数的である。グラフで考えると，関数を表す曲線のその点における接線によって，関数の局所的な振舞いは良く近似できると

いうことである。

テイラー展開可能な関数 $f(x)$ に対して，

$$f(x) = \sum_{n=0}^{\infty} \frac{1}{n!} f^{(n)}(a)(x-a)^n \qquad \text{(C.1)}$$

が成り立つ。ただし，$f^{(n)}(x)$ は関数 $f(x)$ の n 次導関数，$f^{(0)}(x) = f(x)$ である。この展開が物理で有用なのは，$|x-a|$ が十分小さいとみなせる場合である。このとき，展開式 (C.1) の最初の数項で $f(x)$ は $x = a$ の近傍で良く近似される。

もっともよく用いられるテイラー展開の公式は

$$(1+x)^{\alpha} = 1 + \alpha x + \frac{\alpha(\alpha-1)}{2!}x^2 + \cdots \quad (|x| \ll 1) \qquad \text{(C.2)}$$

である。ここで α は整数の場合だけでなく，(絶対値のあまり大きくない) 任意の実数に対して成立する。

例として，関数 $f(x) = 1/\sqrt{L^2+x^2}$ を $|x| \ll L$ であるとしてテイラー展開で近似することを考えよう。式 (C.2) の形にするために，

$$f(x) = \frac{1}{L}\left(1 + \frac{x^2}{L^2}\right)^{-\frac{1}{2}} \qquad \text{(C.3)}$$

と変形する必要がある。ここで，x^2/L^2 が公式 (C.2) の x に対応する。よって，

$$f(x) \approx \frac{1}{L}\left(1 - \frac{1}{2}\frac{x^2}{L^2}\right) \qquad \text{(C.4)}$$

を得る。

また，別の使い方として，$\sqrt[3]{128}$ を近似的に計算してみよう。$5^3 = 125$ であることに注意すると，

$$\begin{aligned}\sqrt[3]{128} &= 5\left(1 + \frac{3}{125}\right)^{\frac{1}{3}} \\ &\approx 5\left(1 + \frac{1}{3}\frac{3}{125}\right) = 5(1+0.008) = 5.04 \qquad \text{(C.5)}\end{aligned}$$

を得る。正確な値は 5.0396841995... である。

三角関数のテイラー展開もよく用いられる。

$$\sin x = x - \frac{x^3}{3!} + \frac{x^5}{5!} - \frac{x^7}{7!} + \cdots \qquad \text{(C.6)}$$

$$\cos x = 1 - \frac{x^2}{2!} + \frac{x^4}{4!} - \frac{x^6}{6!} + \cdots \qquad \text{(C.7)}$$

このテイラー展開が，次数を上げていくにしたがって，だんだんと三角関数に近づいていく様子を図 C.1 に示した。

テイラー展開の表式は，三角関数の微分についての公式

$$\frac{d}{dx}\sin x = \cos x, \quad \frac{d}{dx}\cos x = -\sin x \qquad \text{(C.8)}$$

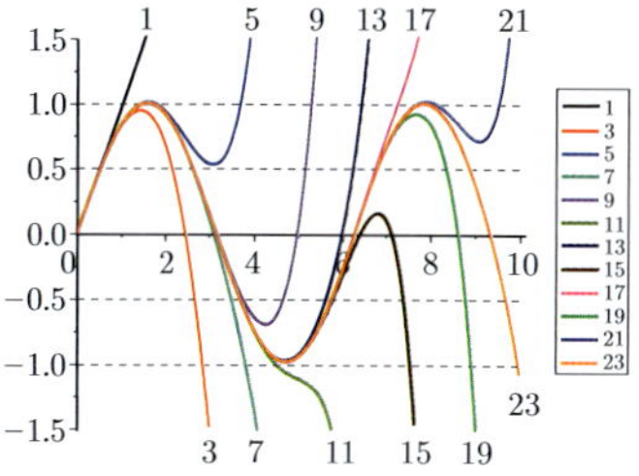

$$\sin x = x - \frac{x^3}{3!} + \frac{x^5}{5!} - \frac{x^7}{7!} + \frac{x^9}{9!} - \cdots$$

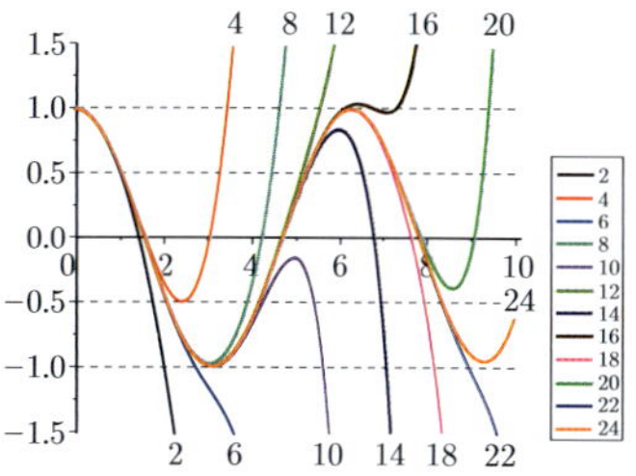

$$\cos x = 1 - \frac{x^2}{2!} + \frac{x^4}{4!} - \frac{x^6}{6!} + \frac{x^8}{8!} - \cdots$$

図 C.1　三角関数のテイラー展開。グラフ中の数字は展開の最高次数。

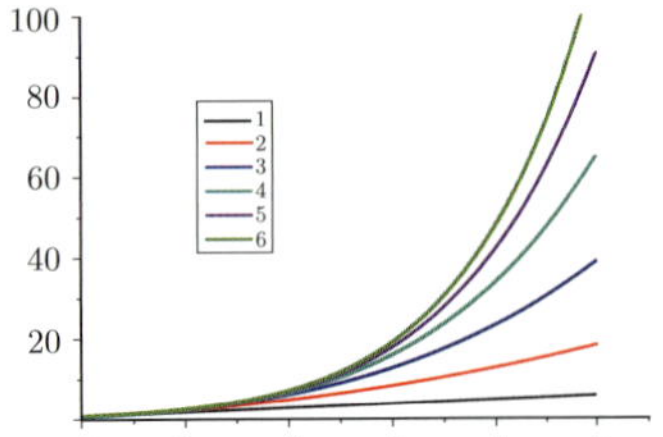

図C.2 指数関数のテイラー展開。グラフ中の数字は展開の最高次数。

を満足していることも容易に確認できる。

指数関数についてのテイラー展開の公式は

$$e^x = 1 + x + \frac{x^2}{2!} + \frac{x^3}{3!} + \frac{x^4}{4!} + \cdots \tag{C.9}$$

で与えられる。この表式が微分についての式

$$\frac{d}{dx}e^x = e^x \tag{C.10}$$

を満足していることも容易に確認できる。

指数関数のテイラー展開と，三角関数のテイラー展開がよく似ていることに気がつくだろう。実際，$\sin x$ が x の奇数べきのみを，$\cos x$ が x の偶数べきのみを含み，各項の符号が交互に替わることに注意すると，式(C.9) の x を複素数 ix に置き換えたもの

$$\begin{aligned} &1 + (ix) + \frac{(ix)^2}{2!} + \frac{(ix)^3}{3!} + \frac{(ix)^4}{4!} + \cdots \\ &\quad = \left(1 - \frac{x^2}{2!} + \frac{x^4}{4!} - \cdots\right) + i\left(x - \frac{x^3}{3!} + \cdots\right) \end{aligned} \tag{C.11}$$

の実部と虚部にそれぞれ $\cos x, \sin x$ のテイラー展開が現れることがわかる。すなわち，

$$e^{ix} = \cos x + i \sin x \tag{C.12}$$

という関係式が成立している。この関係式は**オイラー** (L. Euler) **の関係式**とよばれている。

テイラー展開は，多変数の関数に対しても拡張される。たとえば，2 変数関数 $f(x, y)$ が，$(x, y) = (a, b)$ においてテイラー展開可能であるならば，

$$\begin{aligned} f(x, y) = f(a, b) &+ f_x(a, b)(x - a) + f_y(a, b)(y - b) \\ &+ f_{xy}(a, b)(x - a)(y - b) + \frac{1}{2}f_{xx}(a, b)(x - a)^2 \\ &+ \frac{1}{2}f_{yy}(a, b)(y - b)^2 + \cdots \end{aligned} \tag{C.13}$$

のように展開される。ただし，

$$f_x(a, b) \equiv \left.\frac{\partial f(x, y)}{\partial x}\right|_{(x,y)=(a,b)}, \quad f_{xy}(a, b) \equiv \left.\frac{\partial^2 f(x, y)}{\partial x \partial y}\right|_{(x,y)=(a,b)} \tag{C.14}$$

などを導入した。これは関数 $f(x, y)$ を，はじめ x の関数として $x = a$ のまわりで展開して，

$$f(x, y) = f(a, y) + f_x(a, y)(x - a) + \frac{1}{2}f_{xx}(a, y)(x - a)^2 + \cdots \tag{C.15}$$

を得てから，その係数 ($f(a, y)$, $f_x(a, y)$, $f_{xx}(a, y)$ など) を y の関数として $y = b$ のまわりで展開したもの

$$f(a,y) = f(a,b) + f_y(a,b)(y-b) + \cdots \tag{C.16}$$

$$f_x(a,y) = f_x(a,b) + f_{xy}(a,b)(y-b) + \cdots \tag{C.17}$$

$$f_{xx}(a,y) = f_{xx}(a,b) + f_{xxy}(a,b)(y-b) + \cdots \tag{C.18}$$

を代入することによって得られる。

D　ストークスの定理

5.3 節では，保存力を判定する基準として，任意の閉じた経路 Γ_c に対し，

$$\oint_{\Gamma_c} \boldsymbol{F} \cdot d\boldsymbol{r} = 0 \tag{D.1}$$

が成り立つことを示した。ここでは，判定をより簡単に行なうための基準を式 (5.30) から求めてみよう。

1 つの閉じた経路について線積分は，図 D.1 のように 2 つの閉じた経路についての線積分の和として表すことができる。ここで，2 つの積分路 γ_1 と γ_2 の重なる部分は，互いに逆方向に積分するので，その寄与は打ち消し合うことに注意しよう。このように積分路をどんどんと分割していくと，任意の閉じた経路についての線積分は，その経路が非常に短い，小さな閉じた経路についての線積分の和として表すことができる。

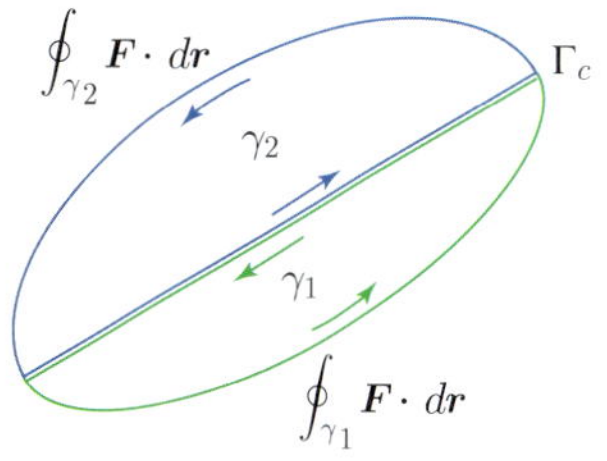

図 D.1　1 つの閉じた積分路についての線積分は，2 つの閉じた積分路についての線積分に分けることができる。

そのような，小さな閉じた経路についての線積分として，図 D.2 のような $z = z_0$ 平面内の長方形の経路 γ_{xy} に沿った線積分を考えよう。長方形の頂点の座標は $\mathrm{P}(x_0 - \frac{\Delta x}{2}, y_0 - \frac{\Delta y}{2}, z_0)$, $\mathrm{Q}(x_0 + \frac{\Delta x}{2}, y_0 - \frac{\Delta y}{2}, z_0)$, $\mathrm{R}(x_0 + \frac{\Delta x}{2}, y_0 + \frac{\Delta y}{2}, z_0)$, $\mathrm{S}(x_0 - \frac{\Delta x}{2}, y_0 + \frac{\Delta y}{2}, z_0)$ であるとする。

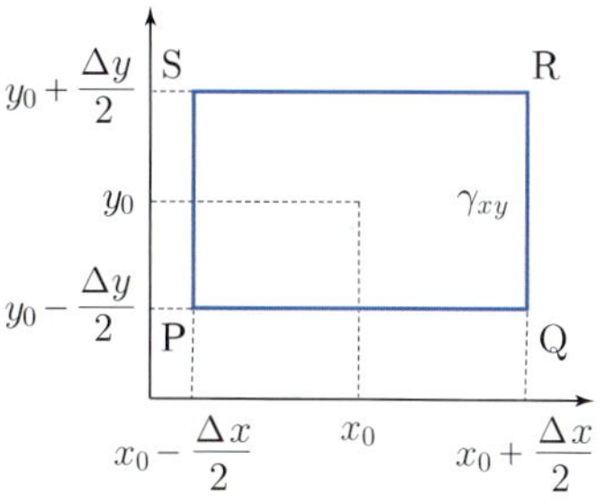

図 D.2　小さな長方形の積分路

$$\oint_{\gamma_{xy}} \boldsymbol{F} \cdot d\boldsymbol{r} = \int_{\mathrm{P}}^{\mathrm{Q}} \boldsymbol{F} \cdot d\boldsymbol{r} + \int_{\mathrm{Q}}^{\mathrm{R}} \boldsymbol{F} \cdot d\boldsymbol{r} + \int_{\mathrm{R}}^{\mathrm{S}} \boldsymbol{F} \cdot d\boldsymbol{r} + \int_{\mathrm{S}}^{\mathrm{P}} \boldsymbol{F} \cdot d\boldsymbol{r} \tag{D.2}$$

第 1 項を考えよう。ここでは $\boldsymbol{r} = x\boldsymbol{i}$ $(x_0 - \frac{\Delta x}{2} \leq x \leq x_0 + \frac{\Delta x}{2})$, $d\boldsymbol{r} = dx\,\boldsymbol{i}$ なので，$\boldsymbol{F} = F_x\boldsymbol{i} + F_y\boldsymbol{j} + F_z\boldsymbol{k}$ とすると，

$$\begin{aligned}
\int_{\mathrm{P}}^{\mathrm{Q}} \boldsymbol{F} \cdot d\boldsymbol{r} &= \int_{x_0 - \frac{\Delta x}{2}}^{x_0 + \frac{\Delta x}{2}} F_x\left(x, y_0 - \frac{\Delta y}{2}, z_0\right) dx \\
&\approx \int_{x_0 - \frac{\Delta x}{2}}^{x_0 + \frac{\Delta x}{2}} \left\{ F_x\left(x_0, y_0 - \frac{\Delta y}{2}, z_0\right) \right. \\
&\qquad \left. + (x - x_0)\frac{\partial}{\partial x}F_x\left(x_0, y_0 - \frac{\Delta y}{2}, z_0\right) \right\} dx \\
&\approx \Delta x F_x\left(x_0, y_0 - \frac{\Delta y}{2}, z_0\right) \\
&\approx \Delta x F_x(x_0, y_0, z_0) - \frac{\Delta x \Delta y}{2}\frac{\partial}{\partial y}F_x(x_0, y_0, z_0)
\end{aligned} \tag{D.3}$$

を得る。ただし，Δx, Δy について 3 次以上の項は無視した。同様の計算によって，

$$\int_{\mathrm{Q}}^{\mathrm{R}} \boldsymbol{F}\cdot d\boldsymbol{r} \approx \Delta y F_y(x_0,y_0,z_0) + \frac{\Delta x\Delta y}{2}\frac{\partial}{\partial x}F_y(x_0,y_0,z_0) \quad \text{(D.4)}$$

$$\int_{\mathrm{R}}^{\mathrm{S}} \boldsymbol{F}\cdot d\boldsymbol{r} \approx -\Delta x F_x(x_0,y_0,z_0) - \frac{\Delta x\Delta y}{2}\frac{\partial}{\partial y}F_x(x_0,y_0,z_0) \quad \text{(D.5)}$$

$$\int_{\mathrm{S}}^{\mathrm{P}} \boldsymbol{F}\cdot d\boldsymbol{r} \approx -\Delta y F_y(x_0,y_0,z_0) + \frac{\Delta x\Delta y}{2}\frac{\partial}{\partial x}F_y(x_0,y_0,z_0) \quad \text{(D.6)}$$

を得る。これらを加えて

$$\oint_{\gamma_{xy}} \boldsymbol{F}\cdot d\boldsymbol{r} \approx \Delta x\Delta y\left(\frac{\partial}{\partial x}F_y(x_0,y_0,z_0) - \frac{\partial}{\partial y}F_x(x_0,y_0,z_0)\right) \quad \text{(D.7)}$$

を得る。$\Delta x\Delta y$ はこの長方形の面積である。同様な計算を，yz 面に平行な微小な長方形に沿った経路 γ_{yz}, zx 面に平行な微小な長方形に沿った経路 γ_{xz} に対して行えば，

$$\oint_{\gamma_{yz}} \boldsymbol{F}\cdot d\boldsymbol{r} \approx \Delta y\Delta z\left(\frac{\partial}{\partial y}F_z(x_0,y_0,z_0) - \frac{\partial}{\partial z}F_y(x_0,y_0,z_0)\right) \quad \text{(D.8)}$$

$$\oint_{\gamma_{zx}} \boldsymbol{F}\cdot d\boldsymbol{r} \approx \Delta z\Delta x\left(\frac{\partial}{\partial z}F_x(x_0,y_0,z_0) - \frac{\partial}{\partial x}F_z(x_0,y_0,z_0)\right) \quad \text{(D.9)}$$

が得られる。

これらの積分の結果に現れる量を成分とするベクトル rot $\boldsymbol{F}$ を

$$\mathrm{rot}\,\boldsymbol{F} = \left(\frac{\partial}{\partial y}F_z - \frac{\partial}{\partial z}F_y\right)\boldsymbol{i} + \left(\frac{\partial}{\partial z}F_x - \frac{\partial}{\partial x}F_z\right)\boldsymbol{j} + \left(\frac{\partial}{\partial x}F_y - \frac{\partial}{\partial y}F_x\right)\boldsymbol{k} \quad \text{(D.10)}$$

によって導入しよう。これをベクトル $\boldsymbol{F}$ の回転とよぶ。ナブラと外積を用いて $\nabla\times\boldsymbol{F}$ と表すこともある。

任意の方向を向いた面積要素に対して，大きさがその面積に比例し，方向がその面に垂直であるベクトル $\Delta\boldsymbol{S}$ を導入しよう。向きはその面要素を囲む経路の向き付けと対応している。たとえば長方形の積分路 γ_{xy} に対しては，この長方形を境界とする面の面積 $\Delta x\Delta y$ と，この面に垂直な方向 $\boldsymbol{k}$ とから，このベクトルは

$$\Delta\boldsymbol{S}_{\gamma_{xy}} = \Delta x\Delta y\boldsymbol{k}$$

と与えられる。

線積分の積分路 γ の積分する方向と，それに対応する面積要素 $\Delta\boldsymbol{S}_\gamma$ の方向との関係に注意せよ。閉じた経路のまわる向きに対して，その右ねじの方向が $\Delta\boldsymbol{S}_\gamma$ の方向である。同じ経路でもまわる向きが逆になれば $\Delta\boldsymbol{S}_\gamma$ の方向も逆になる。

これらの積分結果 (D.7), (D.8), および (D.9) はまとめて

$$\oint_{\gamma} \boldsymbol{F} \cdot d\boldsymbol{r} \approx \mathrm{rot}\ \boldsymbol{F} \cdot \Delta \boldsymbol{S}_{\gamma} \tag{D.11}$$

と表される。

任意の閉じた経路についての積分は，このような微小な閉じた経路に対する積分の和として良く近似されることはすでに述べた。したがって，無限に多くの微小な閉じた経路に対する積分の和の極限で，次の式が成り立つ。

$$\oint_{\Gamma_c} \boldsymbol{F} \cdot d\boldsymbol{r} = \iint_{S_{\Gamma_c}} \mathrm{rot}\ \boldsymbol{F} \cdot d\boldsymbol{S} \tag{D.12}$$

ただし，右辺は閉じた経路 Γ_c を境界とする面 S_{Γ_c} にわたる面積分で，その向き付けは経路 Γ_c の向き付けに対応している。これをストークス (G.G. Stokes) の定理という。

注意! 閉じた経路 Γ_c を境界とする面は一通りではない。しかし，(付録 F で示すように，) 2 つの面 $S_{\Gamma_{c1}}$ と $S_{\Gamma_{c2}}$ に対して

$$\iint_{S_{\Gamma_{c1}}} \mathrm{rot}\ \boldsymbol{F} \cdot d\boldsymbol{S} = \iint_{S_{\Gamma_{c2}}} \mathrm{rot}\ \boldsymbol{F} \cdot d\boldsymbol{S} \tag{D.13}$$

が成り立つ。

ストークスの定理を用いると，式 (5.30) が任意の閉じた経路 Γ_c に対して成立することは，すべての点に対して

$$\mathrm{rot}\ \boldsymbol{F} = \boldsymbol{0} \tag{D.14}$$

が成立することと同等である。それゆえ，力 $\boldsymbol{F}$ が保存力であるか否かは $\mathrm{rot}\ \boldsymbol{F} = \boldsymbol{0}$ であるか否かを調べればわかる。

E 円錐曲線

図 E.1 のように，円錐面をさまざまな平面で切ったときの断面に現れる曲線を円錐曲線とよぶ。

円錐面の対称軸に垂直な平面で切ったときの断面に現れる曲線は円である。デカルト座標系では中心を原点として

$$x^2 + y^2 = a^2 \tag{E.1}$$

と表される。$a > 0$ は円の半径である。

円錐面をすべての母線と交わるように斜めに平面で切ったときに断面に現れる曲線は楕円である。デカルト座標系では

$$\frac{x^2}{a^2} + \frac{y^2}{b^2} = 1 \tag{E.2}$$

と表される。ここで $a > 0$ と $b > 0$ の大きいほうを長半径，小さいほう

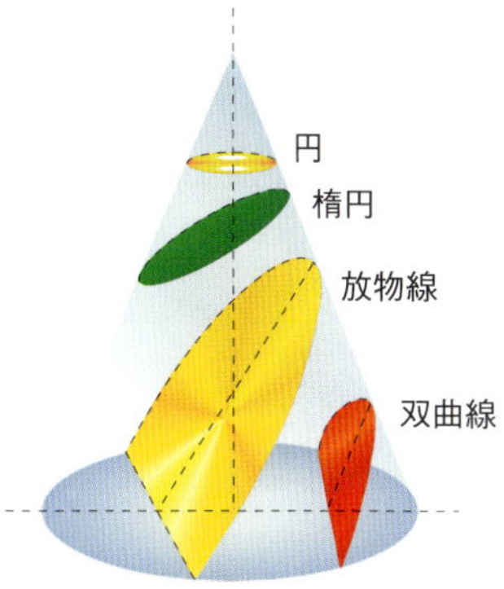

図 E.1 円錐の断面と円錐曲線

を短半径とよぶ。

円錐面をひとつの母線と平行な平面で切ったときに断面に現れる曲線は放物線である。デカルト座標系では y 軸を対称軸，原点を頂点として

$$y = ax^2 \tag{E.3}$$

と表される。ただし，$a \neq 0$ である。

円錐面を母線と平行でない平面で，すべての母線とは交わらないように切ったときに断面に現れる曲線は双曲線である。デカルト座標系では

$$\frac{x^2}{a^2} - \frac{y^2}{b^2} = 1 \tag{E.4}$$

と表される。ただし $a > 0,\, b > 0$ である。

これらの円錐曲線は半通径 $l\ (>0)$ と離心率 ϵ をパラメータとして，すべて極座標で

$$\frac{l}{r} = 1 + \epsilon \cos\theta \tag{E.5}$$

の形に表される。ただし，円：$\epsilon = 0$，楕円：$0 < \epsilon < 1$，放物線：$\epsilon = 1$，双曲線：$1 < \epsilon$ である。

F　ベクトル場の発散とガウスの定理

ここでは，11.3 節の例題 11.1 および例題 11.2 を理解するためにガウスの定理を説明しよう。

原点に固定された質量 M の質点を考えよう。位置ベクトルが $\boldsymbol{r}$ で与えられる位置に質量 m の質点があるとすると，この質点が受ける力 $\boldsymbol{F}$ は

$$\boldsymbol{F} = -G\frac{Mm}{|\boldsymbol{r}|^2}\frac{\boldsymbol{r}}{|\boldsymbol{r}|} \tag{F.1}$$

で与えられる。そこで，単位質量当たりの力 $\widetilde{\boldsymbol{F}}$ を考えよう。

$$\widetilde{\boldsymbol{F}} = -G\frac{M}{|\boldsymbol{r}|^2}\frac{\boldsymbol{r}}{|\boldsymbol{r}|} \tag{F.2}$$

原点を中心とした半径 R の球面 $\mathrm{S_{sph}}$ を考え，この球面全体にわたって $\widetilde{\boldsymbol{F}}$ の面積分を考えよう。ただし，5.3 節で考えたように，面の面積要素にはその面に垂直なベクトルを考える。いま考えている球面に対しては，球面に垂直で外向きのベクトルを考えることにする*)。

$$\oint\!\!\!\oint_{\mathrm{S_{sph}}} d\boldsymbol{S}\cdot\widetilde{\boldsymbol{F}} \tag{F.3}$$

面積要素の向きは常に $\widetilde{F}$ の向きと一致し，球面上で $\widetilde{F}$ の大きさは一定であるので

$$\oint\!\!\!\oint_{\mathrm{S_{sph}}} d\boldsymbol{S}\cdot\widetilde{\boldsymbol{F}} = 4\pi R^2\left(-G\frac{M}{R^2}\right) = -4\pi GM \tag{F.4}$$

を得る。この積分結果は R によらない。

＊　記号 $\oint\!\!\!\oint$ は閉曲面についての積分であることを強調するために $\iint$ と区別して使った。

次に，原点を囲む任意の閉曲面 $\mathrm{S}_\circ$ についての面積分を考えよう。図 F.1 に示すように，微小な面積要素 $\Delta\boldsymbol{S}$ は，一般に向きが $\widetilde{\boldsymbol{F}}$ とは異なっている。原点からその面積要素に向う動径ベクトルの方向との角度を θ とすると，この面積要素の積分への寄与は

$$\Delta\boldsymbol{S}\cdot\widetilde{\boldsymbol{F}} = |\Delta\boldsymbol{S}||\widetilde{\boldsymbol{F}}|\cos\theta \tag{F.5}$$

である。図からわかるように，$|\Delta\boldsymbol{S}|\cos\theta = |\boldsymbol{r}|^2\Delta\Omega$ となる。ただし，$\Delta\Omega$ は面積要素 $\Delta\boldsymbol{S}$ を見込む立体角 (付録 H.「立体角」を参照) である。したがって，閉曲面全体にわたる積分は

$$\oiint_{\mathrm{S}_\circ} d\boldsymbol{S}\cdot\widetilde{\boldsymbol{F}} = -4\pi GM \tag{F.6}$$

となり，閉曲面によらない。

原点を囲まない (すなわち，質点を囲まない) 任意の閉曲面 $\mathrm{S}_\times$ についても同様に面積分を考えることができる。このとき，図 F.2 をみればわかるように，面 S_1 からの寄与と面 S_2 からの寄与は面の向き付けが逆であるために相殺する。このようにして，

$$\oiint_{\mathrm{S}_\times} d\boldsymbol{S}\cdot\widetilde{\boldsymbol{F}} = 0 \tag{F.7}$$

を得る。

以上から，任意の閉曲面 S についての積分

$$\oiint_{\mathrm{S}} d\boldsymbol{S}\cdot\widetilde{\boldsymbol{F}} \tag{F.8}$$

は，その曲面内に質点が含まれているならば $-4\pi GM$ となり，含まれていないならば 0 となることがわかった。

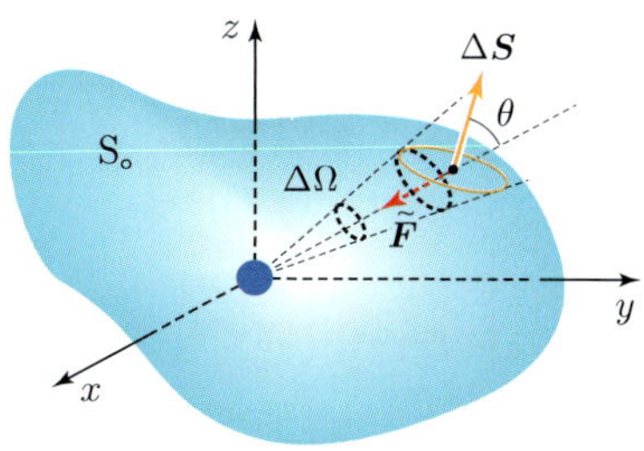

図 F.1　原点を囲む閉曲面についての面積分

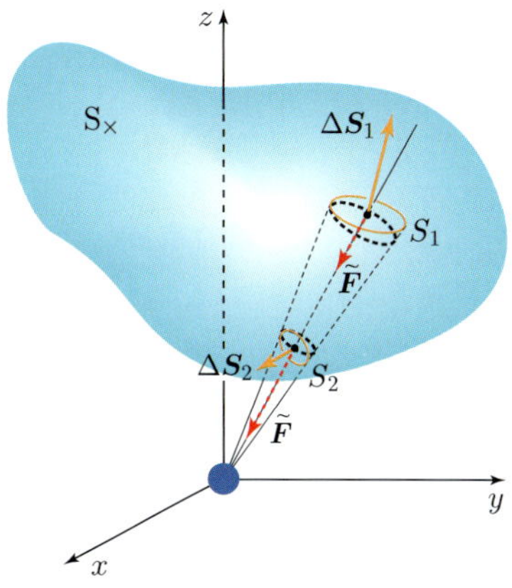

図 F.2　原点を囲まない閉曲面についての面積分

任意の質量分布 (密度 $\rho(\boldsymbol{r})$) が与えられている場合を考えよう。このとき，任意の閉曲面 S についての面積分は

$$\oiint_{\mathrm{S}} d\boldsymbol{S}\cdot\widetilde{\boldsymbol{F}} = -4\pi G \iiint_{\mathrm{V}} dv\ \rho(\boldsymbol{r}) \tag{F.9}$$

で与えられる。ただし，右辺の積分は，閉曲面 S によって囲まれる体積 V についてとられ，S によって囲まれる全質量を表す。この証明は，位置ベクトル $\boldsymbol{r}$ で与えられる点にある微小な体積 Δv は，質量 $\rho(\boldsymbol{r})\Delta v$ をもつ質点とみなせること，また，単位質量当たりの力 $\widetilde{\boldsymbol{F}}$ は，そうした多数の質点からのそれぞれの力の和であることから与えられる。

関係式 (F.9) は万有引力が距離の 2 乗に反比例するという性質から導かれる一般的な式で，ガウスの法則とよばれる。類似の式は，やはり距離の 2 乗に反比例するクーロン力に対しても成立する。式 (F.6) と式 (F.7) は公式 (F.9) の特別な場合である。

ひとつの閉曲面についての面積分は，たくさんの微小な閉曲面について面積分の和として表すことができる。ストークスの定理 (D.12) を導いた

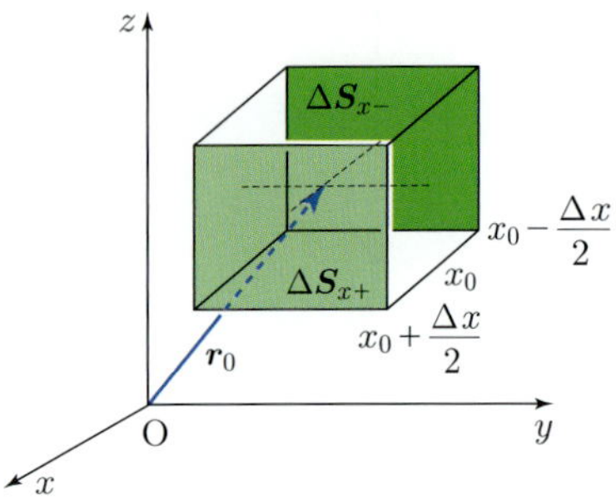

図 F.3 微小な直方体形の閉曲面

際に，ひとつの閉曲線についての線積分を，たくさんの微小な閉曲線についての線積分の和として表せたことを思い出そう。いま，そのような微小な閉曲面を，図 F.3 のような位置 $\boldsymbol{r}_0$ にある，体積 $\Delta x\Delta y\Delta z$ の直方体 (これを「セル」とよぼう) の表面 σ であるとしよう。デカルト座標で $\boldsymbol{r}_0=(x_0,y_0,z_0)$ とし，x 座標が $x_0+\frac{\Delta x}{2}$ の位置にある，面積 $\Delta y\Delta z$ の面 ΔS_{x+} と，x 座標が $x_0-\frac{\Delta x}{2}$ の位置にある，面積 $\Delta y\Delta z$ の面 ΔS_{x-} の積分を考えよう。$\widetilde{\boldsymbol{F}}=\widetilde{F}_x\,\boldsymbol{i}+\widetilde{F}_y\,\boldsymbol{j}+\widetilde{F}_z\,\boldsymbol{k}$ と表すと，

$$\iint_{\mathrm{S}_{x+}}(dydz\,\boldsymbol{i})\cdot\widetilde{\boldsymbol{F}}\approx\Delta y\Delta z\widetilde{F}_x\left(x_0+\frac{\Delta x}{2},y_0,z_0\right)\tag{F.10}$$

$$\iint_{\mathrm{S}_{x-}}(-dydz\,\boldsymbol{i})\cdot\widetilde{\boldsymbol{F}}\approx-\Delta y\Delta z\widetilde{F}_x\left(x_0-\frac{\Delta x}{2},y_0,z_0\right)\tag{F.11}$$

であるから，

$$\begin{aligned}\iint_{\mathrm{S}_{x+}\cup\mathrm{S}_{x-}}&d\boldsymbol{S}\cdot\widetilde{\boldsymbol{F}}\\&\approx\Delta y\Delta z\left[\widetilde{F}_x\left(x_0+\frac{\Delta x}{2},y_0,z_0\right)-\widetilde{F}_x\left(x_0-\frac{\Delta x}{2},y_0,z_0\right)\right]\\&\approx\Delta x\Delta y\Delta z\frac{\partial\widetilde{F}_x}{\partial x}(x_0,y_0,z_0)\end{aligned}\tag{F.12}$$

を得る。他の面についても同様であるから，「セル」の表面全体にわたっての積分は

$$\oiint_{\sigma}d\boldsymbol{S}\cdot\widetilde{\boldsymbol{F}}\approx\Delta x\Delta y\Delta z\left(\frac{\partial\widetilde{F}_x}{\partial x}+\frac{\partial\widetilde{F}_y}{\partial y}+\frac{\partial\widetilde{F}_z}{\partial z}\right)(x_0,y_0,z_0)\tag{F.13}$$

と書くことができる。

ベクトル $\boldsymbol{A}=A_x\boldsymbol{i}+A_y\boldsymbol{j}+A_z\boldsymbol{k}$ に対して，

$$\mathrm{div}\,\boldsymbol{A}\equiv\frac{\partial A_x}{\partial x}+\frac{\partial A_y}{\partial y}+\frac{\partial A_z}{\partial z}\tag{F.14}$$

をベクトル $\boldsymbol{A}$ の発散とよぶ。これをナブラとの内積のように $\nabla\cdot\boldsymbol{A}$ と書くこともある。発散を用いて，式 (F.13) は

$$\oiint_{\sigma}d\boldsymbol{S}\cdot\widetilde{\boldsymbol{F}}\approx\Delta x\Delta y\Delta z\ \mathrm{div}\,\widetilde{\boldsymbol{F}}(x_0,y_0,z_0)\tag{F.15}$$

と書かれる。この近似は，「セル」の大きさを小さくするほど良くなる。したがって，閉曲面全体にわたる面積分は，無限に多くの無限小の「セル」を考える極限値で与えられ，

$$\oiint_{\mathrm{S}}d\boldsymbol{S}\cdot\widetilde{\boldsymbol{F}}=\iiint_{\mathrm{V}}dv\ \mathrm{div}\,\widetilde{\boldsymbol{F}}(\boldsymbol{r})\tag{F.16}$$

が成り立つ。これをガウスの定理という。ストークスの定理との類似性に注意しよう。

式 (F.9) は任意の閉曲面 S について成立するので，式 (F.16) とから

$$\mathrm{div}\,\widetilde{\boldsymbol{F}}(\boldsymbol{r}) = -4\pi G\rho(\boldsymbol{r}) \tag{F.17}$$

が成り立つ。

Advanced

ベクトル $\boldsymbol{B}$ が，あるベクトル $\boldsymbol{A}$ の回転で与えられている場合 ($\boldsymbol{B} = \mathrm{rot}\,\boldsymbol{A}$),

$$\mathrm{div}\,\boldsymbol{B} = \mathrm{div}\;\mathrm{rot}\,\boldsymbol{A} = 0 \tag{F.18}$$

となることを簡単な計算で示すことができるので，

$$\oiint_{\mathrm{S}} d\boldsymbol{S}\cdot\mathrm{rot}\,\boldsymbol{A} = \iiint_{\mathrm{V}} dv\;\mathrm{div}\;\mathrm{rot}\,\boldsymbol{A} = 0 \tag{F.19}$$

を得る。つまり，あるベクトルの回転で与えられるようなベクトルに対する閉曲面についての面積分はゼロになる。式 (D.13) は，2 つの面 $\mathrm{S}_{\Gamma_{c1}}$ と $\mathrm{S}_{\Gamma_{c2}}$ をあわせた閉曲面 $\mathrm{S}_{\Gamma_{c12}} \equiv \mathrm{S}_{\Gamma_{c1}} - \mathrm{S}_{\Gamma_{c2}}$ に対して

$$\oiint_{\mathrm{S}_{\Gamma_{c12}}} d\boldsymbol{S}\cdot\mathrm{rot}\,\boldsymbol{F} = 0 \tag{F.20}$$

から導かれる。

G　直交曲線座標での勾配，回転，発散

デカルト座標 $\boldsymbol{r} = x\,\boldsymbol{i} + y\,\boldsymbol{j} + z\,\boldsymbol{k}$ では，スカラー場 $\varphi(\boldsymbol{r})$ の勾配 $\nabla\varphi(\boldsymbol{r})$ ($\mathrm{grad}\,\varphi(\boldsymbol{r})$) は

$$\nabla\varphi = \frac{\partial\varphi}{\partial x}\boldsymbol{i} + \frac{\partial\varphi}{\partial y}\boldsymbol{j} + \frac{\partial\varphi}{\partial z}\boldsymbol{k} \tag{G.1}$$

で与えられ，また，ベクトル $\boldsymbol{A}(\boldsymbol{r}) = A_x(\boldsymbol{r})\,\boldsymbol{i} + A_y(\boldsymbol{r})\,\boldsymbol{j} + A_z(\boldsymbol{r})\,\boldsymbol{k}$ に対して，その回転 $\nabla\times\boldsymbol{A}(\boldsymbol{r})$ ($\mathrm{rot}\,\boldsymbol{A}(\boldsymbol{r})$) は

$$\begin{aligned}\nabla\times\boldsymbol{A} &= \begin{vmatrix} \boldsymbol{i} & \boldsymbol{j} & \boldsymbol{k} \\ \frac{\partial}{\partial x} & \frac{\partial}{\partial y} & \frac{\partial}{\partial z} \\ A_x & A_y & A_z \end{vmatrix} \\ &= \left(\frac{\partial A_z}{\partial y} - \frac{\partial A_y}{\partial z}\right)\boldsymbol{i} + \left(\frac{\partial A_x}{\partial z} - \frac{\partial A_z}{\partial x}\right)\boldsymbol{j} + \left(\frac{\partial A_y}{\partial x} - \frac{\partial A_x}{\partial y}\right)\boldsymbol{k}\end{aligned} \tag{G.2}$$

で，発散 $\nabla\cdot\boldsymbol{A}(\boldsymbol{r})$ ($\mathrm{div}\,\boldsymbol{A}(\boldsymbol{r})$) は

$$\nabla\cdot\boldsymbol{A} = \frac{\partial A_x}{\partial x} + \frac{\partial A_y}{\partial y} + \frac{\partial A_z}{\partial z} \tag{G.3}$$

で与えられる。これらは他の座標系ではどのように表されるのだろうか。

いま，3 つの基底ベクトルを $\boldsymbol{e}_i$ $(i = 1, 2, 3)$ とし，それらに対応する座標を u_i $(i = 1, 2, 3)$ と表すことにする。デカルト座標では $\boldsymbol{e}_1 = \boldsymbol{i}$, $\boldsymbol{e}_2 = \boldsymbol{j}$, $\boldsymbol{e}_3 = \boldsymbol{k}$, $(u_1, u_2, u_2) = (x, y, z)$ である。位置ベクトル $\boldsymbol{r}$ が座標 (u_1, u_2, u_3) で表されているとき，基底ベクトルは

$$\boldsymbol{e}_i = \frac{\partial \boldsymbol{r}}{\partial u_i} \bigg/ \left| \frac{\partial \boldsymbol{r}}{\partial u_i} \right| \tag{G.4}$$

で与えられる。これは座標 u_i が微小に変化するとき，$\boldsymbol{r}$ が変化する方向の単位ベクトルという意味である。デカルト座標に対して，実際にこれが成立しているのを確かめるのは容易である。

これらの 3 つの基底ベクトルが直交しているような座標系を直交曲線座標系とよぶ。たとえば，3 次元極座標，円柱座標などは直交曲線座標である。

3 次元極座標 (r, θ, ϕ) では $\boldsymbol{r} = r\sin\theta\cos\phi\,\boldsymbol{i} + r\sin\theta\sin\phi\,\boldsymbol{j} + r\cos\theta\,\boldsymbol{k}$ と書かれるので，

$$\boldsymbol{e}_r = \sin\theta\cos\phi\,\boldsymbol{i} + \sin\theta\sin\phi\,\boldsymbol{j} + \cos\theta\,\boldsymbol{k} \tag{G.5}$$

$$\boldsymbol{e}_\theta = \cos\theta\cos\phi\,\boldsymbol{i} + \cos\theta\sin\phi\,\boldsymbol{j} - \sin\theta\,\boldsymbol{k} \tag{G.6}$$

$$\boldsymbol{e}_\phi = -\sin\phi\,\boldsymbol{i} + \cos\phi\,\boldsymbol{j} \tag{G.7}$$

である。一方，円柱座標 (r, ϕ, z) では $\boldsymbol{r} = r\cos\phi\,\boldsymbol{i} + r\sin\phi\,\boldsymbol{j} + z\,\boldsymbol{k}$ と書かれるので，

$$\boldsymbol{e}_r = \cos\phi\,\boldsymbol{i} + \sin\phi\,\boldsymbol{j} \tag{G.8}$$

$$\boldsymbol{e}_\phi = -\sin\phi\,\boldsymbol{i} + \cos\phi\,\boldsymbol{j} \tag{G.9}$$

$$\boldsymbol{e}_z = \boldsymbol{k} \tag{G.10}$$

で与えられる。(3 次元極座標と円柱座標では，r と ϕ の意味が異なることに注意しよう。) これらが互いに直交することは容易に確かめることができる。

座標が (u_1, u_2, u_3) で与えられる点 P と，その近傍で座標が $(u_1 + du_1, u_2 + du_2, u_3 + du_3)$ で与えられる点 Q とを結ぶ無限小線素 $d\boldsymbol{r}$ は

$$\begin{aligned} d\boldsymbol{r} &= \frac{\partial \boldsymbol{r}}{\partial u_1}du_1 + \frac{\partial \boldsymbol{r}}{\partial u_2}du_2 + \frac{\partial \boldsymbol{r}}{\partial u_3}du_3 \\ &= h_1\,du_1\,\boldsymbol{e}_1 + h_2\,du_2\,\boldsymbol{e}_2 + h_3\,du_3\,\boldsymbol{e}_3 \end{aligned} \tag{G.11}$$

と表される。ここで係数 $h_i\ (i = 1, 2, 3)$ は

$$h_i = \left| \frac{\partial \boldsymbol{r}}{\partial u_i} \right| \tag{G.12}$$

で定義される。$\boldsymbol{e}_i\ (i = 1, 2, 3)$ は互いに直交するので，PQ 間の距離の 2 乗は

$$|d\boldsymbol{r}|^2 = h_1^2(du_1)^2 + h_2^2(du_2)^2 + h_3^2(du_3)^2 \tag{G.13}$$

と表される。一般に $h_i\ (i = 1, 2, 3)$ は座標の関数である。

3 次元極座標に対して

$$h_r = 1, \quad h_\theta = r, \quad h_\phi = r\sin\theta \tag{G.14}$$

であり，円柱座標に対しては

$$h_r = 1, \quad h_\phi = r, \quad h_z = 1 \tag{G.15}$$

である。

無限小の $d\boldsymbol{r}$ に対して，スカラー関数の変化分 $d\varphi(\boldsymbol{r})$ は

$$d\varphi(\boldsymbol{r}) \equiv \varphi(\boldsymbol{r}+d\boldsymbol{r}) - \varphi(\boldsymbol{r}) = d\boldsymbol{r}\cdot\nabla\varphi(\boldsymbol{r}) \qquad \text{(G.16)}$$

と書かれる。一方，座標を用いてあらわに書くと

$$d\varphi(\boldsymbol{r}) = \left(du_1\frac{\partial}{\partial u_1} + du_2\frac{\partial}{\partial u_2} + du_3\frac{\partial}{\partial u_3}\right)\varphi(\boldsymbol{r}) \quad \text{(G.17)}$$

と書かれる。これと式 (G.11) とから，ナブラは

$$\nabla = \boldsymbol{e}_1\frac{1}{h_1}\frac{\partial}{\partial u_1} + \boldsymbol{e}_2\frac{1}{h_2}\frac{\partial}{\partial u_2} + \boldsymbol{e}_3\frac{1}{h_3}\frac{\partial}{\partial u_3} \qquad \text{(G.18)}$$

と書かれることがわかる。それゆえ勾配は

$$\nabla\varphi = \boldsymbol{e}_1\frac{1}{h_1}\frac{\partial}{\partial u_1}\varphi + \boldsymbol{e}_2\frac{1}{h_2}\frac{\partial}{\partial u_2}\varphi + \boldsymbol{e}_3\frac{1}{h_3}\frac{\partial}{\partial u_3}\varphi \quad \text{(G.19)}$$

となる。特に，

$$\nabla u_i = \frac{1}{h_i}\boldsymbol{e}_i \quad (i=1,2,3) \qquad \text{(G.20)}$$

となることに注意しよう。これから

$$(\nabla u_1)\times(\nabla u_2) = \frac{1}{h_1h_2}(\boldsymbol{e}_1\times\boldsymbol{e}_2) = \frac{1}{h_1h_2}\boldsymbol{e}_3 \qquad \text{(G.21)}$$

よって，$\boldsymbol{e}_3 = h_1h_2(\nabla u_1)\times(\nabla u_2)$ を得る。

まず $\nabla\cdot(A_3\boldsymbol{e}_3)$ を計算してみよう。

$$\begin{aligned}
\nabla\cdot(A_3\boldsymbol{e}_3) &= \nabla\left(A_3h_1h_2(\nabla u_1)\times(\nabla u_2)\right)\\
&= \nabla(A_3h_1h_2)\cdot((\nabla u_1)\times(\nabla u_2)) + A_3h_1h_2\nabla\cdot((\nabla u_1)\times(\nabla u_2))\\
&= \nabla(A_3h_1h_2)\cdot\frac{1}{h_1h_2}\boldsymbol{e}_3\\
&\quad + A_3h_1h_2\left[(\nabla\times(\nabla u_2))\cdot\nabla u_3 - (\nabla\times(\nabla u_3))\cdot\nabla u_2\right]\\
&= \frac{1}{h_1h_2}\nabla(A_3h_1h_2)\cdot\boldsymbol{e}_3\\
&= \frac{1}{h_1h_2h_3}\frac{\partial}{\partial u_3}(A_3h_1h_2) \qquad \text{(G.22)}
\end{aligned}$$

ここで任意の関数 u に対して $\nabla\times(\nabla u) = \boldsymbol{0}$ となることを用いた。

同様に $\nabla\cdot(A_1\boldsymbol{e}_1)$, $\nabla\cdot(A_2\boldsymbol{e}_2)$ を計算することができる。これらを用いて，$\boldsymbol{A} = A_1\boldsymbol{e}_1 + A_2\boldsymbol{e}_2 + A_3\boldsymbol{e}_3$ に対して発散は

$$\nabla\cdot\boldsymbol{A} = \frac{1}{h_1h_2h_3}\left[\frac{\partial}{\partial u_1}(A_1h_2h_3) + \frac{\partial}{\partial u_2}(A_2h_3h_1) + \frac{\partial}{\partial u_3}(A_3h_1h_2)\right] \qquad \text{(G.23)}$$

と書けることがわかる。

次に $\nabla\times(A_3\boldsymbol{e}_3)$ を計算してみよう。

$$\begin{aligned}
\nabla\times(A_3\boldsymbol{e}_3) &= \nabla\times(A_3h_3\nabla u_3)\\
&= \nabla(A_3h_3)\times(\nabla u_3) + A_3h_3\nabla\times(\nabla u_3)
\end{aligned}$$

$$
\begin{aligned}
&= \nabla(A_3 h_3) \times (\nabla u_3) \\
&= \left[\frac{1}{h_1}\frac{\partial}{\partial u_1}(A_3 h_3)\boldsymbol{e}_1 + \frac{1}{h_2}\frac{\partial}{\partial u_2}(A_3 h_3)\boldsymbol{e}_2 \right.\\
&\qquad \left. + \frac{1}{h_3}\frac{\partial}{\partial u_3}(A_3 h_3)\boldsymbol{e}_3\right] \times \frac{1}{h_3}\boldsymbol{e}_3 \\
&= \frac{1}{h_2 h_3}\frac{\partial}{\partial u_2}(A_3 h_3)\boldsymbol{e}_1 - \frac{1}{h_3 h_1}\frac{\partial}{\partial u_1}(A_3 h_3)\boldsymbol{e}_2 \qquad \text{(G.24)}
\end{aligned}
$$

同様に $\nabla(A_1\boldsymbol{e}_1)$, $\nabla(A_2\boldsymbol{e}_2)$ を計算することができる。これらから，回転は

$$
\begin{aligned}
\nabla \times \boldsymbol{A} = &\frac{1}{h_2 h_3}\left(\frac{\partial}{\partial u_2}(A_3 h_3) - \frac{\partial}{\partial u_3}(A_2 h_2)\right)\boldsymbol{e}_1 \\
&+ \frac{1}{h_3 h_1}\left(\frac{\partial}{\partial u_3}(A_1 h_1) - \frac{\partial}{\partial u_1}(A_3 h_3)\right)\boldsymbol{e}_2 \\
&+ \frac{1}{h_1 h_2}\left(\frac{\partial}{\partial u_1}(A_2 h_2) - \frac{\partial}{\partial u_2}(A_1 h_1)\right)\boldsymbol{e}_3 \qquad \text{(G.25)}
\end{aligned}
$$

と書かれることがわかる。これは

$$
\nabla \times \boldsymbol{A} = \frac{1}{h_1 h_2 h_3}\begin{vmatrix} h_1\boldsymbol{e}_1 & h_2\boldsymbol{e}_2 & h_3\boldsymbol{e}_3 \\ \frac{\partial}{\partial u_1} & \frac{\partial}{\partial u_2} & \frac{\partial}{\partial u_3} \\ h_1 A_1 & h_2 A_2 & h_3 A_3 \end{vmatrix} \qquad \text{(G.26)}
$$

と表すことができる。ただし，微分は 3 行目にのみ作用する。

以上より，3 次元極座標に対しては，式 (G.14) を用いて

$$
\nabla\phi = \boldsymbol{e}_r\frac{\partial}{\partial r}\varphi + \boldsymbol{e}_\theta\frac{1}{r}\frac{\partial}{\partial\theta}\varphi + \boldsymbol{e}_\phi\frac{1}{r\sin\theta}\frac{\partial}{\partial\phi}\varphi \qquad \text{(G.27)}
$$

$$
\nabla\cdot\boldsymbol{A} = \frac{1}{r^2}\frac{\partial}{\partial r}(r^2 A_r) + \frac{1}{r\sin\theta}\frac{\partial}{\partial\theta}(\sin\theta A_\theta) + \frac{1}{r\sin\theta}\frac{\partial}{\partial\phi}A_\phi \qquad \text{(G.28)}
$$

$$
\nabla \times \boldsymbol{A} = \frac{1}{r^2\sin\theta}\begin{vmatrix} \boldsymbol{e}_r & r\boldsymbol{e}_\theta & r\sin\theta\,\boldsymbol{e}_\phi \\ \frac{\partial}{\partial r} & \frac{\partial}{\partial\theta} & \frac{\partial}{\partial\phi} \\ A_r & rA_\theta & r\sin\theta A_\phi \end{vmatrix} \qquad \text{(G.29)}
$$

となり，円柱座標に対しては，式 (G.15) を用いて

$$
\nabla\phi = \boldsymbol{e}_r\frac{\partial}{\partial r}\varphi + \boldsymbol{e}_\phi\frac{1}{r}\frac{\partial}{\partial\phi}\varphi + \boldsymbol{e}_z\frac{\partial}{\partial z}\varphi \qquad \text{(G.30)}
$$

$$
\nabla\cdot\boldsymbol{A} = \frac{1}{r}\frac{\partial}{\partial r}(rA_r) + \frac{1}{r}\frac{\partial}{\partial\theta}A_\theta + \frac{\partial}{\partial z}A_z \qquad \text{(G.31)}
$$

$$
\nabla \times \boldsymbol{A} = \frac{1}{r}\begin{vmatrix} \boldsymbol{e}_r & r\boldsymbol{e}_\phi & \boldsymbol{e}_z \\ \frac{\partial}{\partial r} & \frac{\partial}{\partial\phi} & \frac{\partial}{\partial z} \\ A_r & rA_\phi & A_z \end{vmatrix} \qquad \text{(G.32)}
$$

となることがわかる。このように，デカルト座標の場合に比べて複雑な表式になるのは，$\boldsymbol{e}_i$ $(i = 1, 2, 3)$ が一定のベクトルではなく，座標の関数で

あることによる。

H 立体角

まず最初に，角度 (平面角) について考えてみよう。図 H.1 に示すように，半径 r の円において長さ l の円弧を原点 O から見込む角度には

$$\theta = \frac{l}{r} \qquad \text{(H.1)}$$

の関係がある。単位は無次元だが [rad] としてラジアンとよぶ。原点 O から円周 1 周を見込む角度だと $\theta = 2\pi r/r = 2\pi$ となる。

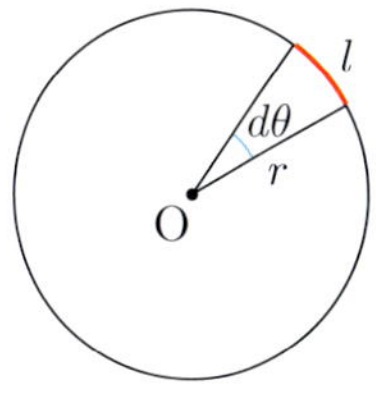

図 **H.1** 角度 (平面角) と円弧の関係

立体角は角度 (平面角) を 3 次元的に拡張して定義する。図 H.2 に示すように，位置ベクトル $\boldsymbol{r}$ にある任意の閉曲面 M 上の面素片ベクトル $d\boldsymbol{S}$ を原点 O から見込む立体角 $d\Omega$ は

$$d\Omega = \frac{\boldsymbol{r}\cdot\boldsymbol{n}\,dS}{r^3} = \frac{dS\,\cos\theta}{r^2} \qquad \text{(H.2)}$$

と定義される。ここで θ は $\boldsymbol{r}$ と $\boldsymbol{n}$ の間の角度である。単位は無次元だが [sr] としてステラジアンとよぶ。原点 O から半径 r の球面全体を見込む立体角だと $\Omega = 4\pi r^2(\cos 0)/r^2 = 4\pi$ となる。

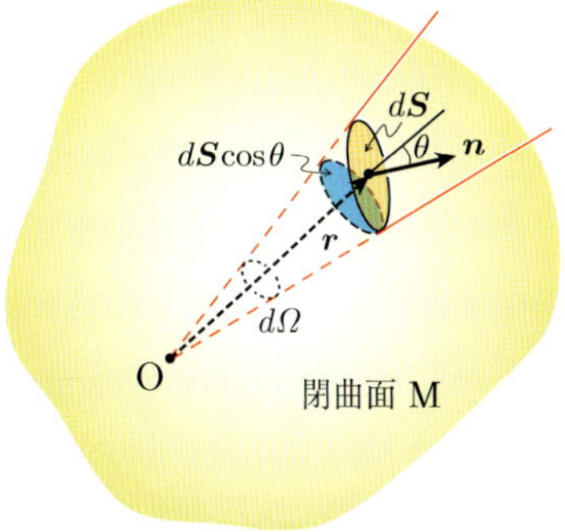

図 **H.2** 立体角 $d\Omega$ ($d\boldsymbol{S}$ で示される面素片は閉曲面 M の一部である)

第 II 部 電磁気学の 2.1 節ガウスの法則で，図 2.2 (142 ページ) の閉曲面の外部にある点電荷から出る電気力線の取り扱いについて，立体角を用いて考える。図 H.3 に示すように，ある任意の閉曲面の外部に原点 O をとり，原点に点電荷 $q\,(>0)$ があるとする。原点の電荷 q を頂点として放射状に出る立体角 $d\Omega$ 内の電気力線の束は，閉曲面上の $\boldsymbol{r}_1$ にある面素片ベクトル $d\boldsymbol{S}_1$ を外側から内側に貫いて閉曲面内に入る。続いて電気力線の束は，$\boldsymbol{r}_2$ にある面素片ベクトル $d\boldsymbol{S}_2$ を内側から外側に貫いて出ていく。このとき，式 (2.7) のガウスの法則において，$\boldsymbol{r}_1$ での電場の面積分は法線ベクトルが面の外側向きで，電場が逆に面の内側向きであるため $\theta_1 > \pi/2$ となり，

$$\boldsymbol{E}\cdot\boldsymbol{n}\,dS = \frac{q}{4\pi\varepsilon_0 r_1^2}\,dS_1\cos\theta_1 = \frac{q}{4\pi\varepsilon_0}\,d\Omega < 0$$

となる。一方，$\boldsymbol{r}_2$ では法線ベクトルが面の外側向きで，電場も面の外側向きであるため $\theta_1 < \pi/2$ となり，

$$\boldsymbol{E}\cdot\boldsymbol{n}\,dS = \frac{q}{4\pi\varepsilon_0 r_2^2}\,dS_2\cos\theta_2 = \frac{q}{4\pi\varepsilon_0}\,d\Omega > 0$$

となる。このため原点 O から見込まれる立体角内 $d\Omega$ での電場の面積分は打ち消し合ってゼロとなる。したがって，閉曲面の外部にある点電荷は，閉曲面全体にわたる電場の面積分がゼロとなることから，式 (2.7) の計算において閉曲面の外部にある電荷を考慮しなくてよいことがわかる。

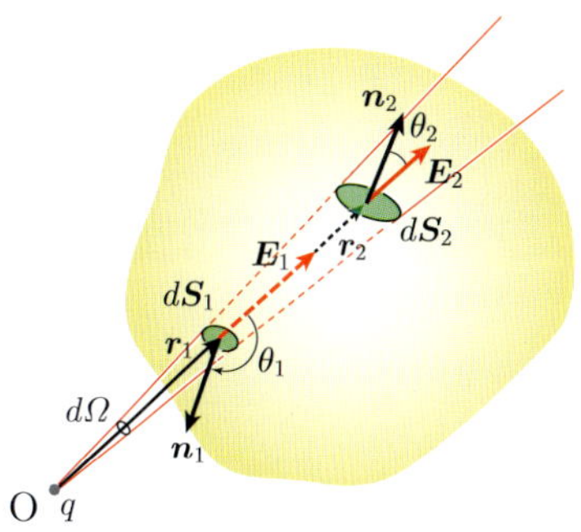

図 **H.3** 閉曲面の外部にある点電荷 $q\,(>0)$ を頂点として放射状に出る立体角 $d\Omega$ 内の電気力線の束が閉曲面を貫いて出ていく様子。

I ジュール–トムソン効果

ジュール–トムソンの細孔栓実験では，細かな孔が開いている物体 (細孔栓物体) を通して，圧力 p_1 の気体を圧力 p_2 の状態に，徐々に押し出す。このとき，細孔栓物体は気体が運動エネルギーを獲得することを妨げるために用いる。体積 V_1 の気体がこの過程の後に体積 V_2 となったとすると，この過程ではエンタルピー H が保存され，この条件から気体の温度変化 $T_1 \to T_2$ はこの保存条件によって定まる。この過程で高圧部から低圧部に移った気体の温度は一般には等しくならない。この現象をジュール–トムソン効果とよぶ。一般に，温度は上昇する場合も降下する場合もあるが，特に，温度が降下する場合には気体の液化装置としてこの現象を応用することができる。このとき問題となるのは，1 回の過程でどの程度気体の温度が低下するのかということになるが，これを与えるのがジュール–トムソン係数とよばれるものであり

$$\mu_{\mathrm{JT}} \equiv \left(\frac{\partial T}{\partial p}\right)_H = \frac{1}{C_p}\left[T\left(\frac{\partial V}{\partial T}\right)_p - V\right] \tag{I.1}$$

と表される。この係数 μ_{JT} を求めてみよう。

第 1 段階：エンタルピーの微分は

$$dH = T\,dS + V\,dp \tag{I.2}$$

と表されるので，

$$\left(\frac{\partial H}{\partial p}\right)_T = T\left(\frac{\partial S}{\partial p}\right)_T + V \tag{I.3}$$

を得る。また，マクスウェルの関係式から

$$\left(\frac{\partial S}{\partial p}\right)_T = -\left(\frac{\partial V}{\partial T}\right)_p \tag{I.4}$$

なので，結局

$$\left(\frac{\partial H}{\partial p}\right)_T = -T\left(\frac{\partial V}{\partial T}\right)_p + V \tag{I.5}$$

を得る。

第 2 段階：次にエンタルピーを p と T の関数とみなし，p と T による微分を考える。

$$\begin{aligned} dH &= \left(\frac{\partial H}{\partial p}\right)_T dp + \left(\frac{\partial H}{\partial T}\right)_p dT \\ &= \left(\frac{\partial H}{\partial p}\right)_T dp + C_p\,dT \end{aligned} \tag{I.6}$$

ここで，定圧比熱の定義 $C_p = (\partial H/\partial T)_p$ を使った。

さて，ジュール–トムソン過程は等エンタルピー過程なので $dH = 0$ であることを使えば，

$$\mu_{\mathrm{JT}} = \left(\frac{\partial T}{\partial p}\right)_H = -\frac{1}{C_p}\left(\frac{\partial H}{\partial p}\right)_T \tag{I.7}$$

が得られる。

最後に，式 (I.5) を式 (I.7) に代入すれば，求めたかったジュール–トムソン係数が

$$\mu_{\mathrm{JT}} \equiv \left(\frac{\partial T}{\partial p}\right)_H = \frac{1}{C_p}\left[T\left(\frac{\partial V}{\partial T}\right)_p - V\right] \tag{I.8}$$

と求まる。ここで，$(\partial V/\partial T)_p$ は熱膨張係数である。

多くの実験によりジュール–トムソン係数は正にも負にもなりうることが知られている。すなわち

$$\mu_{\mathrm{JT}} = \left(\frac{\partial T}{\partial p}\right)_H > 0 \tag{I.9}$$

$$\mu_{\mathrm{JT}} = \left(\frac{\partial T}{\partial p}\right)_H < 0 \tag{I.10}$$

式 (I.9) の場合，気体は低圧部で膨張することにより冷却し，式 (I.10) ならば膨張で昇温する。多くの気体では式 (I.9) の結果を得るが，水素の場合，-80 °C 以下では式 (I.9)，-80 °C 以上では式 (I.10) となることが知られている。

このようにジュール–トムソン係数の正負が変わる温度を**逆転温度**とよぶ。また，ちょうど -80 °C においては，ジュール–トムソン過程の後でも温度の変化がない。すなわち，逆転温度で気体はあたかも理想気体のように振る舞う。この温度はジュール–トムソン係数に現れる項

$$T\left(\frac{\partial V}{\partial T}\right)_p - V \tag{I.11}$$

によって決まる。逆転温度では $\mu_{\mathrm{JT}} = 0$ なので，

$$T\left(\frac{\partial V}{\partial T}\right)_p = V \tag{I.12}$$

となっている。一方，熱膨張係数 α は

$$\alpha = \frac{1}{V_0}\left(\frac{\partial V}{\partial T}\right)_p \tag{I.13}$$

と書けるので，

$$\left(\frac{\partial V}{\partial T}\right)_p = \alpha V_0 \tag{I.14}$$

となる。これと式 (I.12) から

$$V = \alpha V_0 T \tag{I.15}$$

を得る。すなわち，厳密に式 (I.15) の関係が成り立っていれば，この気体のジュール–トムソン係数は常にゼロである。いい換えると，厳密にシャルル (J.A.C. Charles) の法則が成立する理想気体ではジュール–トムソン係数はゼロであることを意味する。

J 熱力学的関係式の導出法

熱力学の計算を行ってみると，たとえば，前項のジュール–トムソン係数を求めるときに，さまざまな関係式を知っていて最終的な結果を見通していなければいけないように思われるかもしれない。ましてや，もっと複雑な物理量を計算するには，より深い洞察力が必要であるようにも感じられるだろう。そこでなにか知りたい熱力学的性質をシステマティックに求める方法はないのだろうかという考えがうかぶ。そのような便利な方法のひとつとしてトボルスキー (A. Tobolsky) の方法を紹介しておく[*1]。

J.1 例 題

たとえば，いま

$$\left(\frac{\partial H}{\partial G}\right)_S \tag{J.1}$$

という微分を，よりなじみ深い熱力学変数で表したいとする。まず行うことは，G と S を変数と考えて H の全微分をつくることである。

$$dH = \left(\frac{\partial H}{\partial G}\right)_S dG + \left(\frac{\partial H}{\partial S}\right)_G dS \tag{J.2}$$

$$= X\,dG + Y\,dS \tag{J.3}$$

もちろんここでは

$$X = \left(\frac{\partial H}{\partial G}\right)_S, \quad Y = \left(\frac{\partial H}{\partial S}\right)_G$$

とおいた。したがって，知りたい物理量は X である。次に，適当な独立変数を定める。よく使う変数として (p, T) を選ぶことにする。もちろん他の組合せ，(p, V) や (V, T) も考えられるが，我々が実験を行うことを考慮して (p, T) を選んでおくのがよい。この方法の基本的なアイデアは式 (J.2) に現れる微分をすべて dp と dT を使って表すということである。そこで最初に，ギブスの自由エネルギーとエンタルピーの微分 dG, dH を次式で置き換える。

$$dG = -S\,dT + V\,dp, \qquad dH = T\,dS + V\,dp$$

そうすると，

$$T\,dS + V\,dp = X(-S\,dT + V\,dp) + Y\,dS \tag{J.4}$$

が得られる。

次にエントロピーの微分 dS であるが，独立変数を (p, T) としたので，

$$dS = \left(\frac{\partial S}{\partial T}\right)_p dT + \left(\frac{\partial S}{\partial p}\right)_T dp$$

$$= \frac{C_p}{T}\,dT - \left(\frac{\partial V}{\partial T}\right)_p dp \tag{J.5}$$

[*1] “A Systematic Method of Obtaining the Relationships Between Thermodynamic Derivatives”, Arthur Tobolsky, J. Chem. Phys., **10**, 644-645 (1942) を参照。

である。ここで，マクスウェルの関係式と定積比熱の関係式

$$\left(\frac{\partial S}{\partial p}\right)_T = -\left(\frac{\partial V}{\partial T}\right)_p, \qquad C_p = T\left(\frac{\partial S}{\partial T}\right)_p$$

を使った。式 (J.5) を式 (J.4) の dS に代入して次式を得る。

$$T\left[\frac{C_p}{T}\,dT - \left(\frac{\partial V}{\partial T}\right)_p dp\right] + V\,dp$$
$$= X(-S\,dT + V\,dp) + Y\left[\frac{C_p}{T}\,dT - \left(\frac{\partial V}{\partial T}\right)_p dp\right] \qquad (\text{J.6})$$

ここで，両辺の dp と dT の係数がそれぞれ等しいとおいて，次の 2 つの関係式を得る。

$$C_p = X(-S) + Y\left(\frac{C_p}{T}\right) \qquad (\text{J.7})$$

$$-T\left(\frac{\partial V}{\partial T}\right)_p + V = XV + Y\left[-\left(\frac{\partial V}{\partial T}\right)_p\right] \qquad (\text{J.8})$$

式 (J.7) を Y について解いた結果を，式 (J.8) に代入した後，X について解くと最終的な関係式を得る。

$$X = \left(\frac{\partial H}{\partial G}\right)_S = \frac{C_p V}{C_p V - ST\left(\frac{\partial V}{\partial T}\right)_p} \qquad (\text{J.9})$$

J.2 ジュール–トムソン係数

ここではトボルスキーの方法を用いて，ジュール–トムソン係数を求めてみることにする。ジュール–トムソン係数の定義は以下の (H.10) であり，エンタルピーを一定にして圧力を変えたときの温度変化，あるいは 1 回のジュール–トムソン過程を経た気体の温度低下という意味である。

$$\mu_{\text{JT}} \equiv \left(\frac{\partial T}{\partial p}\right)_H \qquad (\text{J.10})$$

最初に行うことは，p と H を変数と考えて T の全微分をつくることであった。

$$dT = \left(\frac{\partial T}{\partial p}\right)_H dp + \left(\frac{\partial T}{\partial H}\right)_p dH$$
$$= X\,dp + Y\,dH \qquad (\text{J.11})$$

ここでも求めたいのは X である。

次のステップは dH の書き換えであるが，独立変数を (p, T) と選ぶことにする。

$$dH = T\,dS + V\,dp$$

を使って，

$$dT = X\,dp + YT\,dS + YV\,dp \qquad (\text{J.12})$$

となるが，ここで新たに dS がでてきたのでこれを書き換えなければならない。独立変数を (p, T) としたので，前出の関係式 (J.5) がそのまま使える。

$$dS = \left(\frac{\partial S}{\partial T}\right)_p dT + \left(\frac{\partial S}{\partial p}\right)_T dp$$
$$= \frac{C_p}{T}\, dT - \left(\frac{\partial V}{\partial T}\right)_p dp$$

これを使って式 (J.12) を書き換えると

$$dT = X\, dp + YT\left[\frac{C_p}{T}\, dT - \left(\frac{\partial V}{\partial T}\right)_p dp\right] + YV\, dp$$
$$= \left[X - YT\left(\frac{\partial V}{\partial T}\right)_p + YV\right] dp + YC_p\, dT \qquad \text{(J.13)}$$

両辺 dT と dp の係数を比較して

$$YC_p = 1 \qquad \text{(J.14)}$$
$$X - YT\left(\frac{\partial V}{\partial T}\right)_p + YV = 0 \qquad \text{(J.15)}$$

を得る。式 (J.14) を式 (J.15) に代入して整理すると最終的な結果が得られる。

$$X = \left(\frac{\partial T}{\partial p}\right)_H = YT\left(\frac{\partial V}{\partial T}\right)_p - YV$$
$$= \frac{1}{C_p}\left[T\left(\frac{\partial V}{\partial T}\right)_p - V\right] \qquad \text{(J.16)}$$

この方法に必要なものは，熱力学関数，マクスウェルの関係式ならびに分析の基本的な順序のみである。あとは代数的な計算だけなので，かなり有効な方法であると思われる。

K 付　　表

表 **K.1**　ギリシア文字表

大文字	小文字	英語名	
A	α	alpha	アルファ
B	β	beta	ベータ
Γ	γ	gamma	ガンマ
Δ	δ	delta	デルタ
E	ε, ϵ	epsilon	イ (エ) プシロン
Z	ζ	zeta	ゼータ (ツェータ)
H	η	eta	イータ
Θ	θ, ϑ	theta	シータ
I	ι	iota	イオタ
K	κ	kappa	カッパ
Λ	λ	lambda	ラムダ
M	μ	mu	ミュー
N	ν	nu	ニュー
Ξ	ξ	xi	グザイ (クシー)
O	o	omicron	オミクロン
Π	π, ϖ	pi	パイ
P	ρ, ϱ	rho	ロー
Σ	σ, ς	sigma	シグマ
T	τ	tau	タウ
Υ	υ	upsilon	ウプシロン
Φ	ϕ, φ	phi	ファイ
X	χ	chi	カイ
Ψ	ϕ, ψ	psi	プサイ
Ω	ω	omega	オメガ

表 **K.2**　接頭語表

接頭語	記号	倍数
ヨ　タ	Y	10^{24}
ゼ　タ	Z	10^{21}
エクサ	E	10^{18}
ペ　タ	P	10^{15}
テ　ラ	T	10^{12}
ギ　ガ	G	10^{9}
メ　ガ	M	10^{6}
キ　ロ	k	10^{3}
ヘクト	h	10^{2}
デ　カ	da	10
		1
デ　シ	d	10^{-1}
センチ	c	10^{-2}
ミ　リ	m	10^{-3}
マイクロ	μ	10^{-6}
ナ　ノ	n	10^{-9}
ピ　コ	p	10^{-12}
フェムト	f	10^{-15}
ア　ト	a	10^{-18}
ゼプト	z	10^{-21}
ヨクト	y	10^{-24}

表 K.3 物理定数表

名 称	記号と数値	単 位
真空中の光速	$c = 2.997\ 924\ 58\ \times 10^{8}$ (定義値)	m/s
真空中の透磁率	$\mu_0 = 4\pi \times 10^{-7} = 1.256\ 637\ \ldots \times 10^{-6}$ (定義値)†	$\mathrm{N/A^2}$
真空中の誘電率	$\varepsilon_0 = \dfrac{1}{\mu_0 c^2} = 8.854\ 187\ 8\ \ldots \times 10^{-12}$ (定義値)†	F/m
万有引力定数	$G = 6.674\ 08(31)\ \times 10^{-11}$	$\mathrm{N{\cdot}m^2/kg^2}$
標準重力加速度	$g = 9.806\ 65$ (定義値)	$\mathrm{m/s^2}$
地球の質量	$m_{\mathrm{e}} = 5.972\ 19\ \times 10^{24}$	kg
太陽の質量	$m_{\mathrm{s}} = 1.9891\ \times 10^{30}$	kg
月 の 質 量	$m_{\mathrm{m}} = 7.347\ 673\ 092\ 457\ 35\ \times 10^{22}$	kg
地球の平均半径	$r_{\mathrm{e}} = 6.3710\ \times 10^{6}$	m
太陽の平均半径	$r_{\mathrm{s}} = 6.955\ 08\ \times 10^{8}$	m
月の平均半径	$r_{\mathrm{m}} = 1.7375\ \times 10^{6}$	m
天 文 単 位*	$1\,\mathrm{au} = 149\ 597\ 870\ 700$ (定義値)	m
月と地球の平均距離	$d = 3.844\ \times 10^{8}$	m
熱の仕事当量 (熱力学カロリー)	$J = 4.184$ (定義値)	J/cal
絶 対 零 度	-273.15 (定義値)	°C
アボガドロ定数 ††	$N_{\mathrm{A}} = 6.022\ 140\ 857(74)\ \times 10^{23}$	1/mol
ボルツマン定数 ††	$k_{\mathrm{B}} = 1.380\ 648\ 52(79)\ \times 10^{-23}$	J/K
気 体 定 数 ††	$R = 8.314\ 4598(54)$	J/(mol·K)
プランク定数 ††	$h = 6.626\ 070\ 040(81)\ \times 10^{-34}$	J·s
電子の電荷 (電気素量)††	$e = 1.602\ 176\ 6208(98)\ \times 10^{-19}$	C
電子の質量	$m_{\mathrm{e}} = 9.109\ 383\ 56(11)\ \times 10^{-31}$	kg
陽子の質量	$m_{\mathrm{p}} = 1.672\ 621\ 898(21)\ \times 10^{-27}$	kg
統一原子質量単位**	$1\,\mathrm{u} = 1.660\ 539\ 040(20)\ \times 10^{-27}$	kg
ボーア半径	$a_0 = 5.291\ 772\ 1067(12)\ \times 10^{-11}$	m

(出典：CODATA 2014, NASA HP (https://solarsystem.nasa.gov/planets/))

注意：( ) 内の 2 桁の数字は，最後の 2 桁にカッコ内の大きさの誤差 (標準偏差) があることを表す。

* 地球と太陽とのおよその平均距離に等しい。

** 静止して基底状態にある自由な炭素 12 (^{12}C) 原子の質量の $\frac{1}{12}$ に等しい。

† 新しい SI ではもはや定義値ではない。付録 L 新しい国際単位系 **SI** をみよ。

†† 新しい SI では基本単位の基準のために定義値となる。付録 L 新しい国際単位系 **SI** をみよ。

表 K.4

	物質名	密度 ρ [kg m^{-3}]	定圧モル比熱 C_p [J K^{-1}mol^{-1}]	定圧比熱 C_p [J K^{-1}kg^{-1}]	熱伝導度 λ [W m^{-1}K^{-1}]
気体	水素	0.08988 (0 °C)	28.61	14191 (0 °C)	0.1682 (0 °C)
	ヘリウム	0.1786 (0 °C)	20.94	5232 (−180 °C)	0.1422 (0 °C)
	窒素	1.251 (0 °C)	29.08	1034 (16 °C)	0.0240 (0 °C)
	酸素	1.429 (0 °C)	29.50	922 (16 °C)	0.0245 (0 °C)
	アルゴン	1.784 (0 °C)	20.89	523 (15 °C)	0.0163 (0 °C)
	空気	1.276 (0 °C)	–	1006 (20 °C)	0.0241 (0 °C)
液体	水	998.2 (20 °C)	75.30	4.18×10^3 (25 °C)	0.561 (0 °C)
	エチルアルコール	789 (20 °C)	111.4 (25 °C)	2.47×10^3	0.189 (−40 °C)
	ベンゼン	879 (20 °C)	136.1 (25 °C)	1.74×10^3	0.147 (20 °C)
	水銀	13545.985 (20 °C)	28.0 (25 °C)	1.39×10^2	7.8 (0 °C)
固体	アルミニウム	2700 (20 °C)	24.3 (25 °C)	9.02×10^2	236 (0 °C)
	鉄	7874 (20 °C)	25.0 (25 °C)	4.47×10^2	83.5 (0 °C)
	銅	8960 (20 °C)	24.5 (25 °C)	3.85×10^2	403 (0 °C)
	銀	10500 (20 °C)	25.5 (25 °C)	2.63×10^2	428 (0 °C)
	金	19320 (20 °C)	25.4 (25 °C)	1.29×10^2	319 (0 °C)

(出典：理科年表。黒字は理科年表に記載されている数値。赤字は式量を用いて求めた換算値。)

表 K.5

気体	γ	
He	1.66	(−180 °C)
Ar	1.67	(15 °C)
H_2	1.410	(0 °C)
	1.39	(400 °C)
N_2	1.405	(16 °C)
	1.402	(100 °C)
O_2	1.396	(16 °C)
H_2O	1.33	(100 °C)

(出典：理科年表)

L 新しい国際単位系 SI

2019 年 5 月より国際単位系 SI は新しい定義に移行したので，ここではその概要をまとめよう。

国際単位系 SI (Le Systèm International d'Unités) とは，メートル法の後継として国際的に定められた単位系である。合理的で一貫性のある共通の単位を用いることは，正確で曖昧さのないコミュニケーションのために重要である。SI はそのような単位系をめざし，国際度量衡委員会によって決定されたものである。

SI には 7 つの基本単位がある。長さの単位のメートル m，質量の単位のキログラム kg，時間の単位の秒 s，電流の単位のアンペア A，温度の単位のケルビン K，物質量の単位のモル mol，および光度の単位のカンデラ cd である。SI はこれら基本単位と，それらの組合せによって定義される組立単位からなる。たとえば，速さの単位は組立単位 m/s で与えられる。これらの組立単位のなかには固有の名称をもつものがいくつかある。たとえば，力の単位であるニュートンは $\mathrm{N} = \mathrm{kg\ m/s^2}$ である。また，乗数を表す SI 接頭語が用いられる。たとえば，10^3 を表すキロ k などである。SI 接頭語は表 K.2 に与えられている。

単位系の定義には，その基準となるものを与える必要がある。今回の新しい SI の定義では，基礎物理定数に定義値を与えることによって，新しい基準を与える。

考え方の基本は非常に単純であり，すでにある程度いままでの SI 単位の定義にも取り入れられている。たとえば，メートル原器は 1960 年まで 1 m の基準として用いられていたが，現在 (そして新しい) SI の長さの基準は，真空中の光速を 299 792 485 m/s と定義することによって定められている。さまざまな物理量の測定精度のなかで，時間の計測が最も精度が良いので，光速を定義することで，光が真空中で 299 792 485 分の 1 秒の間に進む距離を 1 m と定義することにより，時間計測と同じ精度で基準を与えることができるのためである。

新しい SI 単位の定義を以下に述べよう。

秒は，セシウム振動数 $\Delta\nu_{\mathrm{Cs}}$ (セシウム 133 原子の摂動を受けていない 2 つの基底状態間の超微細構造準位間の遷移に対応する振動数) を 9 192 631 770 Hz と定義することによって決まる時間の SI 単位である。

メートルは，真空中の光速 c を 299 782 485 m/s と定義することによって決まる長さの SI 単位である。

キログラムは，プランク定数 h を $6.626\ 070\ 15 \times 10^{-34}$ J s と定義することによって決まる質量の SI 単位である。

アンペアは，電気素量 e を $1.602\ 176\ 634 \times 10^{-19}$ C と定義することによって決まる電流の SI 単位である。

ケルビンは，ボルツマン定数 k を $1.380\,649\times 10^{-23}$ J K^{-1} と定義することによって決まる温度の SI 単位である。

モルは，アボガドロ定数 N_{A} を $6.022\,140\,76\times 10^{23}$ mol^{-1} と定義することによって決まる物質量の SI 単位である。

カンデラは，振動数 540×10^{12} Hz の単色放射の発光効率 K_{cd} を 683 lm W^{-1} と定義することによって決まる光度の SI 単位である。

これらのうち，秒，メートル，カンデラの定義は以前のものと変わらない。

これらの定義の意味を理解するためには量子力学の理解が必須となるが，本書の範囲をこえるので，それを詳しく説明することはしない。

今回の改定では，プランク定数 h，電気素量 e，ボルツマン定数 k，およびアボガドロ定数 N_{A} という基本的な物理定数を誤差を含まない定義値とすることによって，SI 単位を定義したことが最大の特徴である。これによって，1889 年以来キログラムの定義として用いられてきた国際キログラム原器はその役割を終えることになる。

単位の定義は変わるが，それぞれの数値はいままでの値と誤差の範囲で一致する。

CODATA 2017 の調整値では，

$$h = 6.626\,070\,150(69)\times 10^{-34}\,\mathrm{J\,s}$$
$$e = 1.602\,176\,6341(83)\times 10^{-19}\ \mathrm{C}$$
$$k = 1.380\,649\,03(51)\times 10^{-23}\ \mathrm{J\,K^{-1}}$$
$$N_{\mathrm{A}} = 6.022\,140\,758(62)\times 10^{23}\ \mathrm{mol^{-1}}$$

である。

問いおよび演習問題の解答

第I部　力　　学

第1章　運動の記述

章末問題

1. 微分する。

$$\boldsymbol{v}(t) = \frac{d\boldsymbol{r}(t)}{dt} = v_{x0}\boldsymbol{i} + v_{y0}\boldsymbol{j} + (v_{z0} - gt)\boldsymbol{k}$$

$$\boldsymbol{a}(t) = \frac{d\boldsymbol{v}(t)}{dt} = -g\boldsymbol{k}$$

2. $\boldsymbol{e}_\perp$ と $\boldsymbol{e}_\parallel$ は $\boldsymbol{i}$ と $\boldsymbol{k}$ を回転したものになっている。

$$\boldsymbol{e}_\perp = \cos\theta\,\boldsymbol{k} + \sin\theta\,\boldsymbol{i}$$

$$\boldsymbol{e}_\parallel = -\sin\theta\,\boldsymbol{k} + \cos\theta\,\boldsymbol{i}$$

これらを逆に解いて

$$\boldsymbol{i} = \cos\theta\,\boldsymbol{e}_\parallel + \sin\theta\,\boldsymbol{e}_\perp$$

$$\boldsymbol{k} = -\sin\theta\,\boldsymbol{e}_\parallel + \cos\theta\,\boldsymbol{e}_\perp$$

を得る。これを $\boldsymbol{r}(t) = x(t)\boldsymbol{i} + z(t)\boldsymbol{k}$ に代入して

$$\boldsymbol{r}(t) = (x(t)\cos\theta - z(t)\sin\theta)\boldsymbol{e}_\parallel + (x(t)\sin\theta + z(t)\cos\theta)\boldsymbol{e}_\perp$$

を得る。物体が斜面上にあるためには $x(t)\sin\theta + z(t)\cos\theta = 0$ でなくてはならない。これはまた，$\boldsymbol{r}(t)\cdot\boldsymbol{e}_\perp = 0$ とも表せる。このとき

$$\boldsymbol{r}(t) = (x(t)\cos\theta - z(t)\sin\theta)\boldsymbol{e}_\parallel$$

となる。

3. ベクトル $\boldsymbol{B}$ 方向の単位ベクトルは $\boldsymbol{B}/|\boldsymbol{B}|$ と表されるので，$(\boldsymbol{A}\cdot\boldsymbol{B})/|\boldsymbol{B}|$ はベクトル $\boldsymbol{A}$ のベクトル $\boldsymbol{B}$ 方向の成分である。すなわち，

$$\boldsymbol{A}_{B\parallel} = \frac{(\boldsymbol{A}\cdot\boldsymbol{B})}{|\boldsymbol{B}|}\frac{\boldsymbol{B}}{|\boldsymbol{B}|} = \frac{(\boldsymbol{A}\cdot\boldsymbol{B})}{|\boldsymbol{B}|^2}\boldsymbol{B}$$

である。$\boldsymbol{A}$ から $\boldsymbol{A}_{B\parallel}$ を引いたものは，$\boldsymbol{A}$ の $\boldsymbol{B}$ に垂直な成分である。つまり，

$$\boldsymbol{A}_{B\perp} = \boldsymbol{A} - \boldsymbol{A}_{B\parallel} = \boldsymbol{A} - \frac{(\boldsymbol{A}\cdot\boldsymbol{B})}{|\boldsymbol{B}|^2}\boldsymbol{B}$$

である。$\boldsymbol{A}_{B\perp}\cdot\boldsymbol{A}_{B\parallel} = 0$ などを示すのは簡単である。

4. 変位ベクトルは

$$\Delta\boldsymbol{r} = \boldsymbol{r}\left(\frac{v_{z0}}{g}\right) - \boldsymbol{r}(0) = \frac{v_{x0}v_{z0}}{g}\boldsymbol{i} + \frac{v_{y0}v_{z0}}{g}\boldsymbol{j} + \frac{v_{z0}^2}{2g}\boldsymbol{k}$$

で与えられる。総移動距離は

$$l = \int_0^{v_{z0}/g} dt\,\sqrt{v_{x0}^2 + v_{y0}^2 + (v_{z0} - gt)^2}$$

で与えられる。$t = v_{z0}/g$ では，速度ベクトルの z 成分がゼロであることに注意せよ。すなわち，このとき質点は鉛直方向に最高点に達する。${v_\perp}^2 = v_{x0}^2 + v_{y0}^2$ とおき，積分変数変換 $s = v_{z0} - gt$ を行うと

$$l = \frac{1}{g}\int_0^{v_{z0}} ds\,\sqrt{v_\perp^2 + s^2}$$

と書き直せる。積分公式

$$\int dx\,\sqrt{x^2 + c} = \frac{1}{2}\left[x\sqrt{x^2 + c} + c\ln\left|x + \sqrt{x^2 + c}\right|\right] + C$$

(ただし C は積分定数) を用いて

$$l = \frac{1}{2g}\left[v_{z0}|\boldsymbol{v}_0| + v_\perp^2\ln\left(\frac{v_{z0} + |\boldsymbol{v}_0|}{v_\perp}\right)\right]$$

を得る。ただし，$\boldsymbol{v}_0 = v_{x0}\boldsymbol{i} + v_{y0}\boldsymbol{j} + v_{z0}\boldsymbol{k}$ とおいた。$v_{x0}, v_{y0} \to 0$ の極限では，l はよく知られた鉛直投げ上げの最高点の高さ $v_{z0}^2/2g$ となる。

第2章　運動の法則

章末問題

1. 力 $\boldsymbol{F}$ は $m\ddot{\boldsymbol{r}}(t)$ に等しいことを用いる。

$$\dot{\boldsymbol{r}}(t) = -a\omega\sin\omega t\,\boldsymbol{i} + a\omega\cos\omega t\,\boldsymbol{j}$$

$$\ddot{\boldsymbol{r}}(t) = -a\omega^2\cos\omega t\,\boldsymbol{i} - a\omega^2\sin\omega t\,\boldsymbol{j} = -\omega^2\boldsymbol{r}(t)$$

から，$\boldsymbol{F} = -m\omega^2\boldsymbol{r}$ であることがわかる。

2. それぞれの物体にはたらく力は，重力を除くと接触するものから受けることに注意せよ。鉄球にはたらく力は糸の張力 (大きさ T とする)，重力，および浮力である。浮力の大きさは $f_b = \rho_w vg$ で与えられる。これらがつりあっているので，

$$\rho_i vg = T + f_b$$

が成り立つ。水にはたらく力は重力，浮力の反作用，お

よび容器からの抗力 (大きさを F とする) で，これらはつりあっているので

$$\rho_w V g + f_b = F$$

が成り立つ。容器にはたらく力は重力，水からの力 (抗力の反作用)，および床からの力である。容器が床に及ぼす力の大きさを N とすると，これは床が容器に及ぼす力の大きさに等しい。つりあいの式

$$Mg + F = N$$

が成り立つ。この 3 つの式を辺々加えて，

$$(\rho_i v + \rho_w V + M)g = T + N$$

を得る。これは鉄球，水，および容器にはたらく重力が，結局，床からの抗力と糸の張力とにつりあっていることを表している。

3. 題意より

$$\frac{d}{dt}N(t) = -kN(t)$$

が求める微分方程式である。これを積分して

$$N(t) = N(0)e^{-kt}$$

を得る。$t = \tau$ のとき $N(\tau) = N(0)/2$ であるから，$e^{-k\tau} = 1/2$ であることがわかる。すなわち，

$$k = \frac{\ln 2}{\tau}$$

これを代入して，

$$N(t) = N(0)\left(e^{\ln 2}\right)^{-\frac{t}{\tau}} = N(0)\left(\frac{1}{2}\right)^{\frac{t}{\tau}}$$

を得る。

^{60}Co に対しては $\tau = 5.27$ 年で，10 分の 1 になる時間を求めるということは

$$\frac{N(t)}{N(0)} = \left(\frac{1}{2}\right)^{\frac{t}{\tau}} = \frac{1}{10}$$

となる t を求めることである。両辺の対数をとり，

$$t = \tau\frac{\ln 10}{\ln 2} = 17.5 \text{ 年}$$

を得る。

4. $y = 0$ とすると，任意の x に対して

$$f(x)f(0) = f(x)$$

が成立するので，$f(x) > 0$ を用いると $f(0) = 1$ であることがわかる。$g(x) \equiv \ln f(x)$ と定義すると

$$g(x) + g(y) = g(x + y)$$

が成り立つ。ここで $y = \Delta x$ とおくと

$$\frac{g(x + \Delta x) - g(x)}{\Delta x} = \frac{g(\Delta x)}{\Delta x} = \frac{g(\Delta x) - g(0)}{\Delta x}$$

がすべての x と Δx に対して成り立つ。ただし，$g(0) = 0$ を用いた。両辺の $\Delta x \to 0$ の極限をとると，

$$g'(x) = g'(0)$$

がすべての x について成り立つ。すなわち，$g'(x)$ は x に依存しない定数である。そこで $g'(x) = c$ (ただし c は任意定数) とおくことにする。これを積分して

$$g(x) = cx + C$$

を得る。ここで C は積分定数であるが，$g(0) = 0$ より $C = 0$ であることがわかる。それゆえ $f(x) = e^{cx}$ であることがわかる。

5. オイラー法での簡単な数値計算。グラフは図 1 となる。$\sin y$ を y と近似したときの解 $y = 0.4\cos t$ も描いた。差はあまり大きくない。

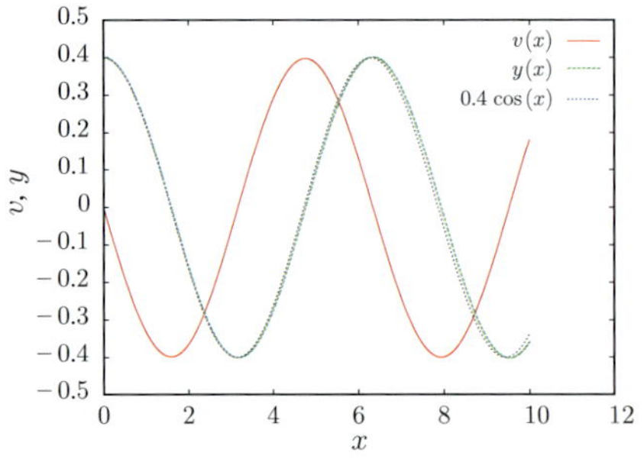

図1　オイラー法による微分方程式の解

第 3 章　運動方程式の積分

問い (p.22)

$$x(t) = x(t_0) + v_x(t_0)(t - t_0)$$
$$y(t) = y(t_0) + v_y(t_0)(t - t_0)$$
$$z(t) = z(t_0) + v_z(t_0)(t - t_0) - \frac{1}{2}g(t - t_0)^2$$

章末問題

1. 運動方程式は

$$m\ddot{x}(t) = mg\sin\theta - \mu' mg\cos\theta$$

で与えられる。これを積分して

$$x(t) = C + Dt + \frac{1}{2}g(\sin\theta - \mu'\cos\theta)t^2$$

を得る。ただし，C, D は積分定数である。$t = 0$ で $x(0) = 0$, $\dot{x}(0) = v_0$ であるので，$C = 0$, $D = v_0$ を得る。すなわち求める解は

$$x(t) = v_0 t + \frac{1}{2}g(\sin\theta - \mu'\cos\theta)t^2$$

である。

2.　荷電粒子の運動方程式

$$m\dot{\boldsymbol{v}}(t) = q(\boldsymbol{E} + \boldsymbol{v}(t) \times \boldsymbol{B})$$

をデカルト座標系で表すと，

$$m\dot{v}_x(t) = q(E + v_y(t)B) \quad (1)$$

$$m\dot{v}_y(t) = -qv_x(t)B \quad (2)$$

$$m\dot{v}_z(t) = 0 \quad (3)$$

となる。3.4 節の運動方程式と比較せよ。式 (1) と式 (2) より

$$\ddot{v}_x(t) = \frac{qB}{m}\dot{v}_y(t) = -\left(\frac{qB}{m}\right)^2 v_x(t)$$

から，角振動数 ω を

$$\omega = \frac{qB}{m}$$

として，

$$v_x(t) = C\sin\omega t + D\cos\omega t$$

を得る。初期条件より $v_x(0) = D = 0$ となり，

$$v_x(t) = C\sin\omega t$$

これより

$$x(t) = \frac{C}{\omega}(1 - \cos\omega t)$$

を得る。ここで初期条件 $x(0) = 0$ を用いた。

式 (1) から $v_y(t)$ が求まる。

$$v_y(t) = -\frac{E}{B} + \frac{m}{qB}\dot{v}_x(t)$$

$$= -\frac{E}{B} + \frac{m}{qB}C\omega\cos\omega t = -\frac{E}{B} + C\cos\omega t$$

初期条件 $v_y(0) = 0$ を用いると，$C = E/B$ であることがわかり，

$$v_y(t) = -\frac{E}{B}(1 - \cos\omega t)$$

を得る。よって

$$y(t) = -\frac{E}{B}\left(t - \frac{1}{\omega}\sin\omega t\right)$$

を得る。ただし，初期条件 $y(0) = 0$ を用いた。

式 (3) は容易に積分でき，初期条件を用いると $z(t) = 0$ であることがわかる。以上より，

$$x(t) = \frac{E}{B\omega}(1 - \cos\omega t)$$

$$y(t) = -\frac{E}{B}\left(t - \frac{1}{\omega}\sin\omega t\right)$$

$$z(t) - 0$$

を得る。軌跡はサイクロイドとよばれる。

3.　微分方程式

$$\frac{da}{dt} = Ca^{-\frac{n}{2}}(t)$$

は変数分離形である。

$$\int a^{\frac{n}{2}}\,da = C\int dt$$

と変形して，

$$\frac{2}{n+2}a^{\frac{n+2}{2}}(t) = Ct + D$$

を得る。ただし D は積分定数である。初期条件 $a(0) = 0$ から $D = 0$ を得る。よって

$$a^{\frac{n+2}{2}}(t) = \frac{n+2}{2}Ct$$

つまり

$$a(t) = \left(\frac{n+2}{2}C\right)^{\frac{2}{n+2}} t^{\frac{2}{n+2}}$$

を得る。物質優勢フリードマン宇宙では $a(t) \sim t^{2/3}$ のように，輻射優勢フリードマン宇宙では $a(t) \sim \sqrt{t}$ のように振る舞うことがわかる。

宇宙項がゼロではない物質優勢の場合，微分方程式

$$\frac{da}{dt} = \sqrt{\frac{C^2}{a} + La^2}$$

は

$$\int \frac{da}{\sqrt{\frac{C^2}{a} + La^2}} = \int dt$$

と変形できる。ここで $b = a^{\frac{3}{2}}$ と変数変換すると，

$$\int \frac{db}{\sqrt{C^2 + Lb^2}} = \frac{3}{2}\int dt$$

と書き換えることができる。積分公式

$$\int \frac{dx}{\sqrt{x^2 + c^2}} = \sinh^{-1}\left(\frac{x}{|c|}\right)$$

(または

$$\int \frac{dx}{\sqrt{x^2 + c^2}} = \ln\left(x + \sqrt{x^2 + c^2}\right)$$

2 つは同じである。) から，左辺は

$$\frac{1}{\sqrt{L}}\int \frac{db}{\sqrt{b^2 + \frac{C^2}{L}}} = \frac{1}{\sqrt{L}}\sinh^{-1}\left(\frac{\sqrt{L}\,b}{C}\right)$$

$$= \frac{1}{\sqrt{L}}\sinh^{-1}\left(\frac{\sqrt{L}\,a^{\frac{3}{2}}}{C}\right)$$

となる。それゆえ

$$\frac{\sqrt{L}\,a^{\frac{3}{2}}}{C} = \sinh\left(\frac{3\sqrt{L}}{2}t + d\right)$$

となる。ただし d は積分定数である。$t=0$ で $a(0)=0$ とすると $d=0$ となり，

$$a(t)=\left[\frac{C}{\sqrt{L}}\sinh\left(\frac{3\sqrt{L}}{2}t\right)\right]^{\frac{2}{3}}$$

を得る。$L\to 0$ の極限で

$$a(t)=\left(\frac{3}{2}C\right)^{\frac{2}{3}}t^{\frac{2}{3}}$$

を再現することを確かめよ。L が有限のときには，$a(t)$ は指数関数的に増大する。

第 4 章　運動量と力積

問い (p.30)　ばねで結び付けられている場合：ばねの自然長を l とし，ばね定数を k とすると

$$\boldsymbol{F}_{i\leftarrow j}=-k(|\boldsymbol{r}_i-\boldsymbol{r}_j|-l)\frac{\boldsymbol{r}_i-\boldsymbol{r}_j}{|\boldsymbol{r}_i-\boldsymbol{r}_j|}$$

クーロン力がはたらく場合：

$$\boldsymbol{F}_{i\leftarrow j}=-\frac{1}{4\pi\varepsilon_0}\frac{q_iq_j}{|\boldsymbol{r}_i-\boldsymbol{r}_j|^3}(\boldsymbol{r}_i-\boldsymbol{r}_j)$$

問い (p.31)　式 (4.11) と式 (4.12) を加えて

$$\frac{d}{dt}(\boldsymbol{p}_1(t)+\boldsymbol{p}_2(t))=(\boldsymbol{F}_{1\leftarrow 2}+\boldsymbol{F}_{2\leftarrow 1})+(\boldsymbol{F}_1+\boldsymbol{F}_2)=\boldsymbol{0}$$

問い (p.34)　一様な重力場中にあるとして，運動方程式は

$$m_1\ddot{\boldsymbol{r}}_1(t)=k\frac{\boldsymbol{r}_2(t)-\boldsymbol{r}_1(t)}{|\boldsymbol{r}_2(t)-\boldsymbol{r}_1(t)|}(|\boldsymbol{r}_2(t)-\boldsymbol{r}_1(t)|-l)+m_1\boldsymbol{g}$$

$$m_2\ddot{\boldsymbol{r}}_2(t)=-k\frac{\boldsymbol{r}_2(t)-\boldsymbol{r}_1(t)}{|\boldsymbol{r}_2(t)-\boldsymbol{r}_1(t)|}(|\boldsymbol{r}_2(t)-\boldsymbol{r}_1(t)|-l)+m_2\boldsymbol{g}$$

と書かれる。重心運動に関しては

$$M\ddot{\boldsymbol{G}}(t)=M\boldsymbol{g}$$

を得る。相対運動に関しては

$$\mu\ddot{\boldsymbol{r}}(t)=-k\frac{\boldsymbol{r}(t)}{|\boldsymbol{r}(t)|}(|\boldsymbol{r}(t)|-l)$$

と変わらない。結局，一様な重力場の影響は，重心の運動にのみ現れ，重心は重力加速度 $\boldsymbol{g}$ で自由落下する。

章末問題

1.　2 つの恒星の運動方程式は

$$m_1\ddot{\boldsymbol{r}}_1(t)=-G\frac{m_1m_2}{|\boldsymbol{r}_1-\boldsymbol{r}_2|^2}\frac{\boldsymbol{r}_1-\boldsymbol{r}_2}{|\boldsymbol{r}_1-\boldsymbol{r}_2|}$$

$$m_2\ddot{\boldsymbol{r}}_2(t)=G\frac{m_1m_2}{|\boldsymbol{r}_1-\boldsymbol{r}_2|^2}\frac{\boldsymbol{r}_1-\boldsymbol{r}_2}{|\boldsymbol{r}_1-\boldsymbol{r}_2|}$$

で与えられる。重心の位置ベクトル $\boldsymbol{G}(t)=(m_1\boldsymbol{r}_1(t)+m_2\boldsymbol{r}_2(t))/(m_1+m_2)$，および相対運動の位置ベクトル $\boldsymbol{r}(t)=\boldsymbol{r}_2(t)-\boldsymbol{r}_1(t)$ を導入して運動方程式を書き直すと

$$M\ddot{\boldsymbol{G}}(t)=0$$

$$\mu\ddot{\boldsymbol{r}}(t)=-G\frac{\mu M}{|\boldsymbol{r}|^2}\frac{\boldsymbol{r}}{|\boldsymbol{r}|}$$

となる。ただし，$M=m_1+m_2$, $\mu=m_1m_2/(m_1+m_2)$ を導入した。第 1 の方程式は，連星系の重心が等速度運動をしていることを示している。また第 2 の方程式は，質量 M が原点に固定されているときに，位置ベクトル $\boldsymbol{r}(t)$ にある質量 μ の質点の運動方程式とみなせることに注意しよう。

2.　壁に対する質点の相対速度は $\boldsymbol{v}-\boldsymbol{V}$ であり，弾性衝突後，この相対速度は x 成分のみ符号を変え

$$(V-v_x)\boldsymbol{i}+v_y\boldsymbol{j}+v_z\boldsymbol{k}$$

となる。それゆえ衝突後の質点の速度 $\boldsymbol{v}'$ は

$$\boldsymbol{v}'=(V-v_x)\boldsymbol{i}+v_y\boldsymbol{j}+v_z\boldsymbol{k}+\boldsymbol{V}$$
$$=(2V-v_x)\boldsymbol{i}+v_y\boldsymbol{j}+v_z\boldsymbol{k}$$

である。よって，質点の運動量の変化は

$$\Delta\boldsymbol{p}=m\boldsymbol{v}'-m\boldsymbol{v}=-2m(v_x-V)\boldsymbol{i}$$

であり，質点が壁に与える力積は $2m(v_x-V)\boldsymbol{i}$ である。

3.　球の進行方向を z 軸とする極座標を考える。天頂角が θ と $\theta+d\theta$ の間の面積は $2\pi R^2\sin\theta\,d\theta$ で与えられる。この面に単位時間に衝突する質点の個数は

$$2\pi R^2\sin\theta\,d\theta\times\cos\theta\times(\nu v)$$

で与えられる。$\cos\theta$ は，この面積の進行方向に垂直な面への射影のための因子である。

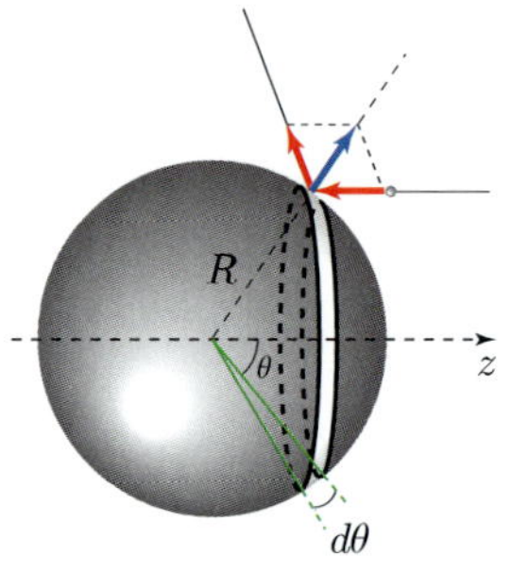

図 2　球の静止系からみた質点の衝突

この面に衝突する 1 つの質点が受ける力積は，θ 方向に $2mv\cos\theta$ である。これらの力積は，すべての方向について加え合わせると，結局，進行方向に垂直な成分は相殺し，進行方向の成分のみが残る。進行方向の成分は，$2mv\cos^2\theta$ で与えられる。この反作用が，球が受ける単位時間当たりの力積，すなわち力 (抗力) である。

以上より，球が受ける抗力は

$$4m\nu\pi R^2v^2\int_0^{\frac{\pi}{2}}\sin\theta\cos^3\theta\,d\theta = m\nu\pi R^2v^2 = \rho Sv^2$$

となる。ただし，$\rho = m\nu$ は (質量) 密度，$S = \pi R^2$ は断面積である。

第5章 仕事とエネルギーI

章末問題

1. 荷電粒子が受ける力は

$$\boldsymbol{F} = q\boldsymbol{E} = qE\boldsymbol{i} \qquad (1)$$

である。この力が保存力であることは，rot $\boldsymbol{F} = \boldsymbol{0}$ を示せばよい。$\boldsymbol{F}$ の成分が定数なので，明らかにこれが成立する。ポテンシャルエネルギー $V(\boldsymbol{r})$ は定義にしたがって

$$V(\boldsymbol{r}) = -\int_{\boldsymbol{0}}^{\boldsymbol{r}}\boldsymbol{F}(\boldsymbol{r}')\cdot d\boldsymbol{r}'$$

によって得られる。これに式 (1) を代入して $\boldsymbol{r} = (x, y, z)$ とすると，

$$V(\boldsymbol{r}) = -\int_{\boldsymbol{0}}^{\boldsymbol{r}} qE\boldsymbol{i}\cdot d\boldsymbol{r}'$$

$$= -qE\int_0^x dx' = -qEx$$

を得る。実際，$-\mathrm{grad}\,V(\boldsymbol{r})$ が式 (1) を与えることを確認せよ。

2. ローレンツ力 $\boldsymbol{F} = q\boldsymbol{v}\times\boldsymbol{B}$ は $\boldsymbol{v} = d\boldsymbol{r}/dt$ に垂直な力であるので，

$$\boldsymbol{F}\cdot\frac{d\boldsymbol{r}}{dt} = 0$$

が成り立つ。よって $W_\Gamma(\mathrm{A}\to\mathrm{B}) = 0$ を得る。ローレンツ力は仕事をしない。

3. 原点を中心とする xy 面内の半径 1 の円 C に対して，$\boldsymbol{r} = (\cos\theta, \sin\theta, 0)$，$0 \leq \theta \leq 2\pi$ なので

$$\boldsymbol{F} = F_0a(-\sin\theta, \cos\theta, 0)$$

$$d\boldsymbol{r} = (-\sin\theta\,d\theta, \cos\theta\,d\theta, 0)$$

と表される。それゆえ

$$\oint_{\mathrm{C}}\boldsymbol{F}\cdot d\boldsymbol{r} = F_0a\int_0^{2\pi}d\theta\,(\sin^2\theta + \cos^2\theta)$$

$$= 2\pi F_0a$$

となる。すなわち，$\boldsymbol{F}$ は保存力ではない。

C$'$ に対しては $\boldsymbol{r} = (2+\cos\theta, \sin\theta, 0)$，$0 \leq \theta \leq 2\pi$ となるので

$$\boldsymbol{F} = F_0a\left(\frac{-\sin\theta}{(2+\cos\theta)^2+\sin^2\theta}, \frac{2+\cos\theta}{(2+\cos\theta)^2+\sin^2\theta}, 0\right)$$

$$d\boldsymbol{r} = (-\sin\theta\,d\theta, \cos\theta\,d\theta, 0)$$

から

$$\oint_{\mathrm{C}'}\boldsymbol{F}\cdot d\boldsymbol{r}$$

$$= F_0a\int_0^{2\pi}d\theta\left(\frac{\sin^2\theta}{5+4\cos\theta} + \frac{\cos\theta\,(2+\cos\theta)}{5+4\cos\theta}\right)$$

$$= F_0a\int_0^{2\pi}d\theta\,\frac{1+2\cos\theta}{5+4\cos\theta}$$

$$= F_0a\int_0^{2\pi}d\theta\,\left[\frac{1}{2} - \frac{3}{2}\frac{1}{5+4\cos\theta}\right]$$

を得る。第 2 項は $u = \tan(\theta/2)$ という積分変数変換を行うと

$$I = \int_0^{2\pi}d\theta\,\frac{1}{5+4\cos\theta} = \int_{-\infty}^{\infty}du\,\frac{2}{u^2+9}$$

と書き直せる。ここでさらに $u = 3\tan\phi$ と積分変数変換を行うと

$$I = 4\int_0^{\infty}du\,\frac{1}{u^2+9} = \frac{4}{3}\int_0^{\frac{\pi}{2}}d\phi = \frac{2\pi}{3}$$

を得る。それゆえ

$$\oint_{\mathrm{C}'}\boldsymbol{F}\cdot d\boldsymbol{r} = 0$$

を得る。

いまの場合，$\boldsymbol{F}$ はちょうど z 軸上に一定の電流が流れているときに作られる磁場の形をしているので，z 軸を囲む任意の閉曲線でその積分値はゼロでなく，囲まなければゼロになる (アンペールの法則)。

第6章 仕事とエネルギーII

問い (p.52) $\boldsymbol{F}$ の i 成分を F_i で表すと，

$$F_i = x_i\frac{f(r)}{r} = x_ig(r)$$

と表される。ただし，x_i $(i = 1, 2, 3)$ は x, y, z を表し，$g(r) = f(r)/r$ とおいた。

$$\frac{\partial F_j}{\partial x_i} = \delta_{ij}g(r) + \frac{x_ix_j}{r}g'(r)$$

となる。ただし，δ_{ij} はクロネッカーのデルタで，$i = j$ のとき 1，$i \neq j$ のとき 0 である。(第 12 章の式 (12.4) を参照。) $\nabla\times\boldsymbol{F}$ の k 成分は

$$(\nabla\times\boldsymbol{F})_k = \sum_{i,j=1}^{3}\epsilon_{ijk}\frac{\partial F_j}{\partial x_i}$$

と書かれる。ここで ϵ_{ijk} は完全反対称テンソル (レビ・チビタ (T. Levi-Civita) 記号) とよばれるもので，(i, j, k)

が $(1,2,3),(2,3,1),(3,1,2)$ のどれかであるときは 1，$(1,3,2),(3,2,1),(2,1,3)$ のどれかであるときは -1，それ以外の場合は 0 を表す。これは，$\partial F_j/\partial x_i$ が (i,j) について対称であることからゼロになることがわかる (完全反対称テンソルを用いないでも具体的な成分の計算によって容易に示すことができる)。

章末問題

1．(a) おもり 1 にはたらく力のつりあいから，

$$k(l-x_0)=m_1g$$

より $x_0=l-m_1g/k$ を得る。

(b) 運動方程式はそれぞれ

$$m_1\ddot{x}=k(l-x)-m_1g$$
$$m_2\ddot{y}=-k(l-x)-m_2g+T=0$$

である。物体が床から離れるまでは，おもり 2 は運動しないので右辺で $=0$ とした。

(c) $x=x_0+z$ によって新しい座標 z を導入する。おもり 2 の運動方程式の右辺の x に $x=x_0+z$ を代入すると，

$$T=(m_1+m_2)g-kz$$

を得る。物体が床から離れるのは $T=0$ のときであり，そのときの z の値を z_c とすると

$$z_c=\frac{(m_1+m_2)g}{k} \qquad (1)$$

である。それゆえ，物体が床から離れる条件は，おもり 1 の振幅が十分大きく，式 (1) の条件を満足する z_c がとれるということである。おもり 1 の運動方程式

$$m_1\ddot{z}=-kz$$

を初期条件 $z(0)=-\Delta x,\ \dot{z}(0)=0$ の下で積分すると

$$z(t)=-\Delta x\cos\left(\sqrt{\frac{k}{m_1}}\,t\right)$$

となる。それゆえ，求める条件は

$$\Delta x>z_c=\frac{(m_1+m_2)g}{k}$$

である。

(d) 物体が床から離れるときの時刻を $t=\bar{t}$ とすると，

$$z(\bar{t})=z_c$$

なので

$$\cos\left(\sqrt{\frac{k}{m_1}}\,\bar{t}\right)=-\frac{z_c}{\Delta x}$$

である。このときのおもり 1 の速度 v_1 は $v_1=\dot{x}(\bar{t})=\dot{z}(\bar{t})$ で与えられ，

$$v_1=\Delta x\sqrt{\frac{k}{m_1}}\sin\left(\sqrt{\frac{k}{m_1}}\,\bar{t}\right)$$
$$=\Delta x\sqrt{\frac{k}{m_1}}\sqrt{1-\left(\frac{z_c}{\Delta x}\right)^2}$$

となる。

(e) 物体が床から離れてからは，抗力がはたらかないので

$$m_1\ddot{x}=k(l-x+y)-m_1g$$
$$m_2\ddot{y}=-k(l-x+y)-m_2g$$

となる。これらより，重心 $G=(m_1x+m_2y)/(m_1+m_2)$ の運動方程式

$$M\ddot{G}=-Mg$$

と相対運動の運動方程式

$$\ddot{r}=-\frac{k}{\mu}r$$

を得る。ただし，$M=m_1+m_2,\ \mu=m_1m_2/(m_1+m_2)$，$r=x-y-l$ を導入した。

$t=\bar{t}$ において $x(\bar{t})=x_0+z_c=l-m_1g/k+(m_1+m_2)g/k=l+m_2g/k$ であり，そのときの速度は v_1 であったので，

$$G(\bar{t})=\frac{m_1(l+m_2g/k)}{m_1+m_2},\quad \dot{G}(\bar{t})=\frac{m_1v_1}{m_1+m_2}$$

であるから，時刻 $t>\bar{t}$ での重心の位置は

$$G(t)=\frac{m_1(l+m_2g/k)}{m_1+m_2}+\frac{m_1v_1}{m_1+m_2}(t-\bar{t})$$
$$-\frac{1}{2}g(t-\bar{t})^2$$

で与えられる。一方，相対座標 $r(t)$ は時刻 $t=\bar{t}$ で $r(\bar{t})=z_c-m_1g/k,\ \dot{r}(\bar{t})=v_1$ から

$$r(t)=\left(z_c-\frac{m_1g}{k}\right)\cos\left(\sqrt{\frac{k}{\mu}}\,(t-\bar{t})\right)$$
$$+v_1\sqrt{\frac{\mu}{k}}\sin\left(\sqrt{\frac{k}{\mu}}\,(t-\bar{t})\right)$$

となる。

(f) 力学的エネルギーは保存するので，最高点において物体がもっている力学的エネルギーは初めの状態の力学的エネルギーに等しい。特にいまの場合，重心の運動に関する力学的エネルギーと，相対運動に関する力学的エネルギーとは独立に保存している。重心運動に関する力学的エネルギーは

$$E_G=(m_1+m_2)g\frac{m_1(l+m_2g/k)}{m_1+m_2}$$

$$
+\frac{1}{2}(m_1+m_2)\left[\frac{m_1 v_1}{m_1+m_2}\right]^2
$$

$$
= m_1 g\left(l+\frac{m_2 g}{k}\right)+\frac{1}{2}\frac{m_1^2 v_1^2}{m_1+m_2}
$$

$$
= m_1 g l-\frac{m_1(m_1-m_2)}{2k}g^2+\frac{1}{2}\frac{m_1}{m_1+m_2}k(\Delta x)
$$

と与えられる。おもりの上下を逆にすると，上のエネルギーの式で $m_1 \leftrightarrow m_2$ とすればよく，

$$
E'_{\mathrm{G}} = m_2 g l+\frac{m_2(m_1-m_2)}{2k}g^2+\frac{1}{2}\frac{m_2}{m_1+m_2}k(\Delta x)
$$

となる。よって

$$
E_{\mathrm{G}}-E'_{\mathrm{G}} = (m_1-m_2)gl-(m_1+m_2)\frac{m_1-m_2}{2k}g^2 +\frac{1}{2}\frac{m_1-m_2}{m_1+m_2}k(\Delta x)^2
$$

$$
= (m_1-m_2)\left[g\left(l-\frac{z_{\mathrm{c}}}{2}\right)+\frac{1}{2}\frac{k(\Delta x)^2}{m_1+m_2}\right]
$$

となって，明らかに $E_{\mathrm{G}} > E'_{\mathrm{G}}$ である。すなわち，重いおもりを上にしたほうが高くまで飛び上ることがわかる。

2. ベルヌーイの定理は，流体におけるエネルギー保存則である。

(a) 時間 δt の間に，流体は面 A から $u_{\mathrm{A}}\delta t$ だけ，面 B から $u_{\mathrm{B}}\delta t$ だけ移動する。このときに圧力がする仕事は，面 A では $p_{\mathrm{A}}S_{\mathrm{A}}u_{\mathrm{A}}\delta t$，面 B では $-p_{\mathrm{B}}S_{\mathrm{B}}u_{\mathrm{B}}\delta t$ である。それゆえ

$$
p_{\mathrm{A}}(S_{\mathrm{A}}u_{\mathrm{A}}\delta t)-p_{\mathrm{B}}(S_{\mathrm{B}}u_{\mathrm{B}}\delta t)
$$

が圧力のする仕事である。

(b) この部分の運動エネルギーは，面 A のところの体積 $S_{\mathrm{A}}u_{\mathrm{A}}\delta t$ の部分がもつ運動エネルギーが失なわれ，面 B のところの体積 $S_{\mathrm{B}}u_{\mathrm{B}}\delta t$ の部分がもつ運動エネルギーだけ増える。それゆえ，全体として

$$
\frac{1}{2}\rho(S_{\mathrm{B}}u_{\mathrm{B}}\delta t)u_{\mathrm{B}}^2-\frac{1}{2}\rho(S_{\mathrm{A}}u_{\mathrm{A}}\delta t)u_{\mathrm{A}}^2
$$

が運動エネルギーの増分になる。

(c) 重力による位置エネルギーは，面 A のところの体積 $S_{\mathrm{A}}u_{\mathrm{A}}\delta t$ の部分がもつ位置エネルギーが失なわれ，面 B のところの体積 $S_{\mathrm{B}}u_{\mathrm{B}}\delta t$ の部分がもつ位置エネルギーだけ増える。それゆえ，全体として

$$
\rho(S_{\mathrm{B}}u_{\mathrm{B}}\delta t)gz_{\mathrm{B}}-\rho(S_{\mathrm{A}}u_{\mathrm{A}}\delta t)gz_{\mathrm{A}}
$$

が位置エネルギーの増分になる。

(d) 流体が縮まないことから，$S_{\mathrm{A}}u_{\mathrm{A}}\delta t = S_{\mathrm{B}}u_{\mathrm{B}}\delta t$ が成り立つ。これを δV とおく。圧力のした仕事

$$
(p_{\mathrm{A}}-p_{\mathrm{B}})\delta V
$$

が，運動エネルギーの増分

$$
\frac{1}{2}\rho\delta V(u_{\mathrm{B}}^2-u_{\mathrm{A}}^2)
$$

と，位置エネルギーの増分

$$
\rho\delta V g(z_{\mathrm{B}}-z_{\mathrm{A}})
$$

に等しいのであるから，

$$
p_{\mathrm{A}}-p_{\mathrm{B}} = \frac{1}{2}\rho(u_{\mathrm{B}}^2-u_{\mathrm{A}}^2)+\rho g(z_{\mathrm{B}}-z_{\mathrm{A}})
$$

すなわち

$$
\frac{1}{2}u_{\mathrm{A}}^2+gz_{\mathrm{A}}+\frac{p_{\mathrm{A}}}{\rho} = \frac{1}{2}u_{\mathrm{B}}^2+gz_{\mathrm{B}}+\frac{p_{\mathrm{B}}}{\rho}
$$

が成り立つ。これは任意の断面 A, B について成立するので，ベルヌーイの定理

$$
\frac{1}{2}u^2+gz+\frac{p}{\rho} = (\text{一定})
$$

が成立する。

第7章　摩擦と空気抵抗

章末問題

1. ウィングは空気の流れを制御して，下向きの力 (ダウンフォース) を受ける部品 (エアロパーツ) であり，その仕組みはちょうど飛行機が揚力を得るのを逆にしたものと考えることができる。摩擦力は摩擦係数 × 垂直抗力 (荷重) であり，ダウンフォースを得ることは，重量を増やさずに荷重を増加し，より大きな摩擦力，すなわち駆動力を得ることを可能にする。車の重量を増やすとコーナーリングで大きな遠心力 (第 12 章参照) を受けたり，加減速が鈍くなる (運動の第 2 法則) ので望ましくない。

2. 摩擦力がする仕事の大きさは，動摩擦係数を μ' とすると，車の重量を m，制動距離を $l_{\text{制動}}$ として $\mu' m g l_{\text{制動}}$ で与えられる。速さ v で走っている車のもつ運動エネルギーは $\frac{1}{2}mv^2$ であるから

$$
\mu' m g l_{\text{制動}} = \frac{1}{2}mv^2
$$

が成り立つ。これより

$$
l_{\text{制動}} = \frac{v^2}{2\mu' g}
$$

となって車の重量には依存しない。

$v = 60$ km/h $= 16.7$ m/s および $g = 9.8$ m/s^2 を代入して，$l_{\text{制動}} = 20.3$ m を得る。空走距離は $16.7\times 0.75 = 12.5$ m であるから，停止距離は $20.3+12.5 = 32.8 \approx 33$ m を得る。氷上では動摩擦係数が 1/10 となるので，制動距離が 10 倍に伸び，203 m となるので，停止距離は 214 m となる。

3. 問題に与えられているように，2 階の連立微分方程式を 1 階の連立微分方程式に書き直し，それをオイ

ラー法で差分化して数値計算をする。図 3 は，時間のステップとして $dt = 1.0 \times 10^{-4}$ として計算したものである。オイラー法より精度の良い計算法である 4 段のルンゲ–クッタ (Runge-Kutta) 法でも計算したが，この時間ステップではほとんど差がない。数値計算によると，3.43 秒後に距離 79.23 m の地点に到達する。抗力がはたらかないとした場合，4.08 秒後に 141.4 m の地点に到達する。

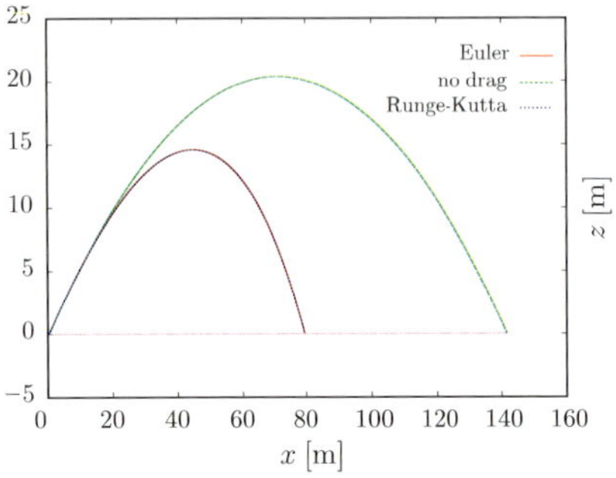

図 3 オイラー法による微分方程式の解。抗力のないときの解と，ルンゲ–クッタ法による解も比較のために示す。

図 3 に示すように，放物線と比べて，軌道は最高点の前後で非対称になっており，最高点を過ぎてから水平方向にはあまり進まない。

第 8 章 微小振動 I

問い (p.68) 第 1 種完全楕円積分

$$K(k) = \int_0^1 \frac{dx}{\sqrt{1-x^2}\sqrt{1-k^2x^2}}$$

において，$k \ll 1$ であるとすると，積分領域内で $k^2x^2 \ll 1$ であるから，分母の第 2 因子を k^2x^2 について展開することができる。

$$\frac{1}{\sqrt{1-k^2x^2}} \approx 1 + \frac{1}{2}k^2x^2$$

より，

$$K(k) \approx \int_0^1 \frac{dx}{\sqrt{1-x^2}}\left(1 + \frac{1}{2}k^2x^2\right)$$

を得る。第 1 項は $x = \sin\theta$ とおいて

$$\int_0^1 \frac{dx}{\sqrt{1-x^2}} = \int_0^{\frac{\pi}{2}} \cos\theta\, d\theta\, \frac{1}{\cos\theta} = \frac{\pi}{2}$$

を得る。同様に第 2 項は

$$\frac{1}{2}k^2 \int_0^1 dx \frac{x^2}{\sqrt{1-x^2}} = \frac{1}{2}k^2 \int_0^{\frac{\pi}{2}} \cos\theta\, d\theta\, \frac{\sin^2\theta}{\cos\theta}$$
$$= \frac{1}{2}k^2 \int_0^{\frac{\pi}{2}} d\theta \sin^2\theta = \frac{\pi}{8}k^2$$

となる。それゆえ

$$K(k) \approx \frac{\pi}{2}\left(1 + \frac{k^2}{4}\right)$$

を得る。

章末問題

1. ヒントにあるように，輪は楕円上を運動する。楕円の方程式は，水平方向に x 軸を，鉛直 (下向き) 方向に y 軸をとると

$$\frac{x^2}{a^2} + \frac{y^2}{b^2} = 1$$

である。ただし，$c = \sqrt{a^2 - b^2}$ で与えられる。平衡点は $x = 0$, $y = b$ である。$x = a\sin\theta$, $y = b\cos\theta$ とおくと，運動エネルギーは

$$\frac{1}{2}m(\dot{x}^2 + \dot{y}^2) = \frac{1}{2}m\left(a^2\cos^2\theta + b^2\sin^2\theta\right)\dot{\theta}^2$$

と表されるが，微小振動を考えているので $|\theta| \ll 1$ であり $(m/2)a^2\dot{\theta}^2$ と近似できる。一方，位置エネルギーは

$$-mgy = -mgb\cos\theta \approx -mgb\left(1 - \frac{1}{2}\theta^2\right)$$

と近似できる。それゆえ力学的エネルギーは

$$E = \frac{1}{2}m(\dot{x}^2 + \dot{y}^2) - mgy$$
$$\approx \frac{1}{2}ma^2\dot{\theta}^2 + \frac{1}{2}mgb\theta^2 + (\text{定数})$$

を得る。これを調和振動子のエネルギーの式

$$E_{\mathrm{HO}} = \frac{1}{2}M\dot{X}^2 + \frac{1}{2}M\omega^2X^2$$

と比べると，角振動数 ω が

$$\omega = \sqrt{\frac{gb}{a^2}}$$

で与えられることがわかる。それゆえ，求める周期 T は

$$T = \frac{2\pi}{\omega} = 2\pi\sqrt{\frac{a}{g\sqrt{1 - \frac{c^2}{a^2}}}}$$

となる。$c \to 0$ の極限では普通の単振り子になるはずであるが，実際，$T \to 2\pi\sqrt{a/g}$ となる。

2. 水平方向に x 軸を，鉛直下向きに y 軸をとる。

(a) 天井における糸の端の座標をそれぞれ $(-L/2, 0)$, $(0, L/2)$ とすると，質点の座標は

$$(x_1, y_1) = \left(-\frac{L}{2} + s\sin\varphi_1, s\cos\varphi_1\right)$$

$$(x_2, y_2) = \left(\frac{L}{2} + s\sin\varphi_2, s\cos\varphi_2\right)$$

で与えられる。2 つの質点間の距離 d は

$$d = \sqrt{(x_2 - x_1)^2 + (y_2 - y_1)^2}$$
$$= \sqrt{(L + s\sin\varphi_2 - s\sin\varphi_1)^2 + s^2(\cos\varphi_2 - \cos\varphi_1)^2}$$

となるが，仮定より φ_1, φ_2 は十分小さいので，$\sin\varphi_i \approx \varphi_i$, $\cos\varphi_i \approx 1$ と近似してよい。このとき

$$d \approx L + s(\varphi_2 - \varphi_1)$$

と近似できるので，ばねの伸びは

$$s(\varphi_2 - \varphi_1)$$

で与えられる。

(b) それぞれの質点の運動方程式は

$$m\ddot{\boldsymbol{r}}_1 = m\boldsymbol{g} + \boldsymbol{T}_1 + \boldsymbol{f}$$
$$m\ddot{\boldsymbol{r}}_2 = m\boldsymbol{g} + \boldsymbol{T}_2 - \boldsymbol{f}$$

と書かれる。ただし，$\boldsymbol{r}_1 = (x_1, y_1)$, $\boldsymbol{r}_2 = (x_2, y_2)$ で，$\boldsymbol{T}_1$ および $\boldsymbol{T}_2$ はそれぞれ質点 1，質点 2 にはたらく糸の張力を表す。$\boldsymbol{f}$ は質点 1 にはたらくばねの力で

$$\boldsymbol{f} = -k(d - L)\frac{\boldsymbol{r}_1 - \boldsymbol{r}_2}{|\boldsymbol{r}_1 - \boldsymbol{r}_2|}$$

で与えられる。φ_1, φ_2 は十分小さいので，

$$\boldsymbol{r}_1 \approx \left(-\frac{L}{2} + s\varphi_1, s\right)$$
$$\boldsymbol{r}_2 \approx \left(\frac{L}{2} + s\varphi_2, s\right)$$

であり，ベクトル $\boldsymbol{r}_1 - \boldsymbol{r}_2$ は水平方向のベクトルである：$\boldsymbol{r}_1 - \boldsymbol{r}_2 \approx (-L + s(\varphi_1 - \varphi_2), 0)$．それゆえ，$\boldsymbol{f}$ も水平方向のベクトルである。

$$\boldsymbol{f} \approx ks(\varphi_2 - \varphi_1)(1, 0)$$

よって，それぞれの質点にはたらく糸の張力の鉛直方向の成分は，重力とつりあい，その大きさは mg にほぼ等しい。よって，運動方程式の水平方向の成分は，

$$m\ddot{x}_1 \approx -mg\varphi_1 + ks(\varphi_2 - \varphi_1)$$
$$m\ddot{x}_2 \approx -mg\varphi_2 - ks(\varphi_2 - \varphi_1)$$

となる。$x_1 \approx -(L/2) + s\varphi_1$, $x_2 \approx (L/2) + s\varphi_2$ を代入して整理すると，

$$\ddot{\varphi}_1 = -\omega^2\varphi_1 + \lambda(\varphi_2 - \varphi_1)$$
$$\ddot{\varphi}_2 = -\omega^2\varphi_2 - \lambda(\varphi_2 - \varphi_1)$$

を得る。

(c) φ_+ と φ_- が満たす方程式は，

$$\ddot{\varphi}_+ = -\omega^2\varphi_+$$
$$\ddot{\varphi}_- = -(\omega^2 + 2\lambda)\varphi_-$$

と表される。2 つの独立な方程式になっていることに注意しよう。

(d) これらの一般解は

$$\varphi_+(t) = A\sin(\omega t + \alpha)$$
$$\varphi_-(t) = B\sin(\Omega t + \beta)$$

で与えられる。ただし，A, B, α，および β は積分定数であり，

$$\Omega = \sqrt{\omega^2 + 2\lambda}$$

である。

φ_+ は 2 つの質点が相互の距離を変えずに同位相で振動する基準振動を表し，φ_- は 2 つの質点の重心が動かないまま逆位相で振動する基準振動を表している。

3. (a) 運動方程式はそれぞれ

$$m\ddot{x}_1(t) = mg - 3k(x_1(t) - l)$$
$$+ 2k(x_2(t) - x_1(t) - l)$$
$$m\ddot{x}_2(t) = mg - 2k(x_2(t) - x_1(t) - l)$$

(b) つりあいの位置は連立方程式

$$0 = mg - 3k(x_{10} - l) + 2k(x_{20} - x_{10} - l)$$
$$0 = mg - 2k(x_{20} - x_{10} - l)$$

を解いて求まる。

$$x_{10} = l + \frac{2mg}{3k}$$
$$x_{20} = 2l + \frac{7mg}{6k}$$

(c) 新しい変数を用いて，運動方程式は

$$m\ddot{r}_1(t) = -5kr_1(t) + 2kr_2(t)$$
$$m\ddot{r}_2(t) = +2kr_1(t) - 2kr_2(t)$$

となる。

(d) 運動方程式は

$$\frac{d^2}{dt^2}\begin{pmatrix} r_1(t) \\ r_2(t) \end{pmatrix} = -\frac{k}{m}\begin{pmatrix} 5 & -2 \\ -2 & 2 \end{pmatrix}\begin{pmatrix} r_1(t) \\ r_2(t) \end{pmatrix}$$

の形に書かれる。この行列を対角化して，2 つの基準振動数

$$\omega_+ = \sqrt{\frac{6k}{m}}, \quad \omega_- = \sqrt{\frac{k}{m}}$$

が現れることがわかる。それぞれの基準座標は直交行列

$$O = \frac{1}{\sqrt{5}}\begin{pmatrix} -2 & 1 \\ 1 & 2 \end{pmatrix}$$

を用いて

$$\begin{pmatrix} \xi_+(t) \\ \xi_-(t) \end{pmatrix} = O^{-1} \begin{pmatrix} r_1(t) \\ r_2(t) \end{pmatrix}$$
$$= \frac{1}{\sqrt{5}} \begin{pmatrix} -2 & 1 \\ 1 & 2 \end{pmatrix} \begin{pmatrix} r_1(t) \\ r_2(t) \end{pmatrix}$$

で与えられる。

$$\frac{d^2}{dt^2} \begin{pmatrix} \xi_+(t) \\ \xi_-(t) \end{pmatrix} = - \begin{pmatrix} \omega_+^2 & 0 \\ 0 & \omega_-^2 \end{pmatrix} \begin{pmatrix} \xi_+(t) \\ \xi_-(t) \end{pmatrix}$$

これらを積分して

$$\xi_+(t) = A\cos\omega_+ t + B\sin\omega_+ t$$
$$\xi_-(t) = C\cos\omega_- t + D\sin\omega_- t$$

を得る。初期条件より $r_1(0) = -2mg/3k$, $r_2(0) = -7mg/6k$, $\dot{r}_1(0) = 0$, $\dot{r}_2(0) = 0$ より

$$\xi_+(0) = \frac{1}{\sqrt{5}}(-2r_1(0) + r_2(0)) = \frac{1}{\sqrt{5}}\frac{mg}{6k}$$
$$\xi_-(0) = \frac{1}{\sqrt{5}}(r_1(0) + 2r_2(0)) = -\frac{1}{\sqrt{5}}\frac{3mg}{k}$$
$$\dot{\xi}_+(0) = 0$$
$$\dot{\xi}_-(0) = 0$$

から

$$A = \frac{1}{\sqrt{5}}\frac{mg}{6k}, \quad C = -\frac{1}{\sqrt{5}}\frac{3mg}{k}, \quad B = D = 0$$

であることがわかる。これより

$$r_1(t) = -\frac{mg}{15k}\cos\omega_+ t - \frac{3mg}{5k}\cos\omega_- t$$
$$r_2(t) = \frac{mg}{30k}\cos\omega_+ t - \frac{6mg}{5k}\cos\omega_- t$$

すなわち,

$$x_1(t) = l + \frac{2mg}{3k} - \frac{mg}{15k}\cos\omega_+ t - \frac{3mg}{5k}\cos\omega_- t$$
$$x_2(t) = 2l + \frac{7mg}{6k} + \frac{mg}{30k}\cos\omega_+ t - \frac{6mg}{5k}\cos\omega_- t$$

を得る。

第 9 章 微小振動 II

章末問題

1. (a) 電子の運動方程式は

$$m\ddot{\boldsymbol{r}}(t) + m\omega^2\boldsymbol{r}(t) = \boldsymbol{e}qE_0\cos\Omega t$$

と表される。

(b) 特解として, $\boldsymbol{r}(t) = \boldsymbol{e}X\cos\Omega t$ を考えて運動方程式に代入すると,

$$(-m\Omega^2 + m\omega^2)X = qE_0$$

から

$$X = \frac{qE_0}{m}\frac{1}{\omega^2 - \Omega^2}$$

を得る。それゆえ求める特解は

$$\boldsymbol{r}_{特}(t) = \boldsymbol{e}\frac{qE_0}{m}\frac{1}{\omega^2 - \Omega^2}\cos\Omega t$$

となる。

(c) $\Omega^2 \ll \omega^2$ という近似のもとで特解は

$$\boldsymbol{r}_{特}(t) \approx \boldsymbol{e}\frac{qE_0}{m}\frac{1}{\omega^2}\cos\Omega t$$

と表される。このとき

$$\ddot{\boldsymbol{r}}_{特}(t) \approx -\boldsymbol{e}\frac{qE_0}{m}\frac{\Omega^2}{\omega^2}\cos\Omega t$$

であるので

$$P = \frac{c}{T}\int_0^T dt\,|\ddot{\boldsymbol{r}}(t)|^2$$
$$\approx c\left(\frac{qE_0}{m}\right)^2\left(\frac{\Omega^2}{\omega^2}\right)^2\frac{1}{T}\int_0^T dt\cos^2(\Omega t)$$
$$= \frac{c}{2}\left(\frac{qE_0}{m}\right)^2\left(\frac{\Omega^2}{\omega^2}\right)^2$$

を得る。結果は Ω の 4 乗に比例し，短波長の光ほど散乱されやすく，長波長の光は散乱されにくいことを表している。

(d) 可視光に対する角振動数 Ω は

$$\Omega = 2\pi\nu = \frac{2\pi c}{\lambda} \approx (2.7\text{–}4.7) \times 10^{15}\ [\mathrm{s^{-1}}]$$

である。原子の固有の角振動数 ω を評価するために，原子を結びつけている力が実際はクーロン力であることを思い出そう。そうすると，回転の向心加速度が，(回転の中心からの距離) × (角加速度)^2 で与えられるので

$$k\frac{Zq^2}{a^2} \sim ma\omega^2$$

と考えられる。これから

$$\omega \sim \sqrt{\frac{kZq^2}{ma^3}}$$

を得る。ただし, Z は原子番号, $k = 9.0\times10^9\ [\mathrm{N\cdot m^2/C^2}]$ である。これより

$$\omega \sim \sqrt{Z} \times 4.1 \times 10^{16}\ [\mathrm{s^{-1}}]$$

を得る。それゆえ

$$\frac{\Omega^2}{\omega^2} = (0.4\text{–}1.4) \times 10^{-2} Z^{-1}$$

となり，100 分の 1 以下であることがわかる。よって，近似は正当化される。

2. 極座標での運動方程式 (8.37), (8.38)，すなわち

$$m(\ddot{r}(t) - r(t)\dot{\theta}^2(t)) = mg\cos\theta(t) - T(t) \quad (1)$$

$$m(2\dot{r}(t)\dot{\theta}(t) + r(t)\ddot{\theta}(t)) = -mg\sin\theta(t) \quad (2)$$

をそのまま用い，$r(t)$ を

$$l(t) = l_0(1 - \epsilon\sin(2\omega t))$$

で置き換えればよい。式 (1) は張力 $T(t)$ の大きさを決める式であり，いまは必要ない。式 (2) の両辺に $l(t)$ をかけて

$$\frac{d}{dt}\left(l^2(t)\dot{\theta}(t)\right) = -gl(t)\sin\theta(t)$$

と書けるので，$x(t) = l(t)\theta(t)$ を用いて $|\theta(t)| \ll 1$ と近似すると

$$\frac{d}{dt}(l(t)\dot{x}(t) - \dot{l}(t)x(t)) = -gx(t)$$

となり，整理して

$$\ddot{x}(t) = -\frac{1}{l(t)}\left(g - \frac{d^2l(t)}{dt^2}\right)x(t)$$

を得る。

数値計算は単純なオイラー法を用いて図 4 のような結果を得る。

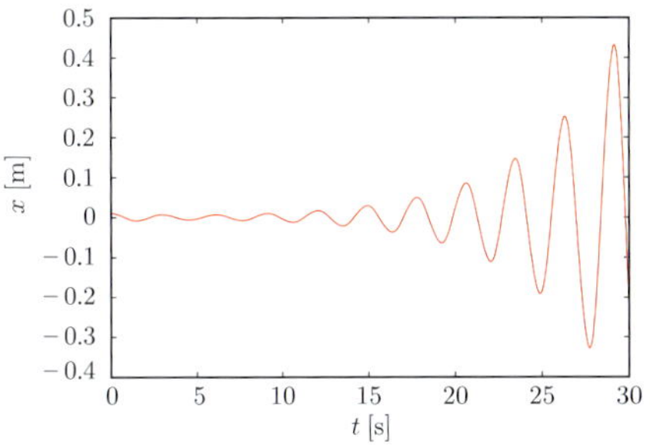

図4　オイラー法を用いた微分方程式の解

近似的には

$$\ddot{x}(t) = -\frac{g}{l_0}(1 - 3\epsilon\sin(2\omega t))x(t)$$

を，

$$x(t) = A(t)\cos\omega t + B(t)\sin\omega t$$

とおいて解く。ただし $\omega = \sqrt{g/l_0}$ である。ϵ が小さいので，$A(t)$ および $B(t)$ はゆるやかに変化する関数であると考える。また，この形の解は正しい解にはなりえない。実際，角振動数が $(2n+1)\omega$ であるような項がなければならないが，それらは ϵ の高次項であって，いまの近似では無視する。これらの近似のもとで

$$x(t) = e^{\frac{3}{4}\epsilon\omega t}(a\cos\omega t + b\sin\omega t)$$

という近似解を得る。振幅が指数関数的に増大するのがわかる。

第 **10** 章　中心力と角運動量

問い (p.84)　時間に依存しないことは，t の微分がゼロであることを示せばよい。

$$\frac{d}{dt}(\boldsymbol{e}_r(t) \times \boldsymbol{e}_\theta(t)) = \dot{\boldsymbol{e}}_r(t) \times \boldsymbol{e}_\theta(t) + \boldsymbol{e}_r(t) \times \dot{\boldsymbol{e}}_\theta(t)$$
$$= \dot{\theta}(t)\boldsymbol{e}_\theta(t) \times \boldsymbol{e}_\theta(t) + \boldsymbol{e}_r(t) \times \left(-\dot{\theta}(t)\boldsymbol{e}_r(t)\right)$$
$$= \boldsymbol{0}$$

単位ベクトルであることは，$\boldsymbol{e}_r(t)$ と $\boldsymbol{e}_\theta(t)$ が直交していることから

$$|\boldsymbol{e}_r(t) \times \boldsymbol{e}_\theta(t)| = |\boldsymbol{e}_r(t)||\boldsymbol{e}_\theta(t)|\sin\frac{\pi}{2} = 1$$

を得る。

章末問題

1. 衝突後の系の重心ベクトルは

$$\boldsymbol{G}(t) = \frac{(M+m)\boldsymbol{r}_1(t) + m\boldsymbol{r}_2(t)}{M+2m}$$

で与えられるので，系の運動量 $\boldsymbol{P}(t)$ は

$$\boldsymbol{P}(t) = (M+m)\dot{\boldsymbol{r}}_1(t) + m\dot{\boldsymbol{r}}_2(t) = (M+2m)\dot{\boldsymbol{G}}(t)$$

となる。

衝突後の原点に関する角運動量 $\boldsymbol{L}(t)$ は

$$\boldsymbol{L}(t) = (M+m)\boldsymbol{r}_1(t) \times \dot{\boldsymbol{r}}_1(t) + m\boldsymbol{r}_2(t) \times \dot{\boldsymbol{r}}_2(t)$$

で与えられる。これを重心の位置ベクトル $\boldsymbol{G}(t)$ と相対運動の位置ベクトル $\boldsymbol{r}(t) = \boldsymbol{r}_2(t) - \boldsymbol{r}_1(t)$ を用いて表すと

$$\boldsymbol{r}_1(t) = \boldsymbol{G}(t) - \frac{m}{M+2m}\boldsymbol{r}(t)$$

$$\boldsymbol{r}_2(t) = \boldsymbol{G}(t) + \frac{M+m}{M+2m}\boldsymbol{r}(t)$$

であるから

$$\boldsymbol{L}(t) = (M+2m)\boldsymbol{G}(t) \times \dot{\boldsymbol{G}}(t) + \mu\boldsymbol{r}(t) \times \dot{\boldsymbol{r}}(t)$$

と表される。ただし，$\mu = m(M+m)/(M+2m)$．重心の並進運動による角運動量と，相対運動の角運動量の和で書かれることに注意しよう。

衝突後の力学的エネルギー $K(t)$ は，それぞれの小物体の運動エネルギーの和と，ばねの弾性力によるポテンシャルエネルギーの和で書かれる。

$$K(t) = \frac{1}{2}(M+m)|\dot{\boldsymbol{r}}_1(t)|^2 + \frac{1}{2}m|\dot{\boldsymbol{r}}_2(t)|^2 + \frac{1}{2}k(|\boldsymbol{r}_2(t) - \boldsymbol{r}_1(t)| - l)^2$$

これも $\boldsymbol{G}(t)$ と $\boldsymbol{r}(t)$ で表すと

$$K(t) = \frac{1}{2}(M+2m)|\dot{\boldsymbol{G}}(t)|^2 + \frac{1}{2}\mu|\dot{\boldsymbol{r}}(t)|^2 + \frac{1}{2}k(|\boldsymbol{r}(t)|^2 - l)^2$$

と表される。

$\boldsymbol{P}(t)$, $\boldsymbol{L}(t)$，および $K(t)$ は保存し，衝突 (時刻 $t=0$ とする) 直後での値に等しい。

$$\boldsymbol{P}(t) = \boldsymbol{P}(0), \quad \boldsymbol{L}(t) = \boldsymbol{L}(0), \quad K(t) = K(0)$$

ここで衝突直後の初期条件について考えよう。デカルト座標系を導入し，考えている平面を xy 平面とする。小物体 1 は初め原点に静止していたとする：$\boldsymbol{r}_1(0) = (0,0,0)$. 小物体 2 は y 軸上 $\boldsymbol{r}_2(0) = (0,l,0)$ に静止していたとする。小物体 3 は，x 軸上を負の方向から運動してきたとする。すなわち $\boldsymbol{v} = (v,0,0)$. このとき，

$$\boldsymbol{G}(0) = \left(0, \frac{ml}{M+2m}, 0\right)$$
$$\dot{\boldsymbol{G}}(0) = \left(\frac{Mv}{M+2m}, 0, 0\right)$$
$$\boldsymbol{r}(0) = (0,l,0)$$
$$\dot{\boldsymbol{r}}(0) = \left(-\frac{Mv}{M+m}, 0, 0\right)$$

が成り立つ。これらより

$$\boldsymbol{P}(t) = (Mv,0,0) = M\boldsymbol{v}$$
$$\boldsymbol{L}(t) = (0,0,0) = \boldsymbol{0}$$
$$K(t) = \frac{1}{2}\frac{M^2}{M+m}v^2$$

を得る。運動量と角運動量は衝突の前後で保存するので，衝突前の小物体 3 のみが運動しているときの値に等しい。力学的エネルギーは完全非弾性衝突によって失なわれ，衝突の前後で保存しない。

参考：衝突後の運動方程式は

$$(M+m)\ddot{\boldsymbol{r}}_1(t) = -k\left(|\boldsymbol{r}_1(t) - \boldsymbol{r}_2(t)| - l\right)\frac{\boldsymbol{r}_1(t) - \boldsymbol{r}_2(t)}{|\boldsymbol{r}_1(t) - \boldsymbol{r}_2(t)|}$$
$$m\ddot{\boldsymbol{r}}_2(t) = k\left(|\boldsymbol{r}_1(t) - \boldsymbol{r}_2(t)| - l\right)\frac{\boldsymbol{r}_1(t) - \boldsymbol{r}_2(t)}{|\boldsymbol{r}_1(t) - \boldsymbol{r}_2(t)|}$$

である。重心の位置ベクトルと相対ベクトルを用いてこの運動方程式を書き直すと

$$(M+2m)\ddot{\boldsymbol{G}}(t) = \boldsymbol{0}$$
$$\mu\ddot{\boldsymbol{r}}(t) = -k(|\boldsymbol{r}(t)| - l)\frac{\boldsymbol{r}(t)}{|\boldsymbol{r}(t)|}$$

となる。重心の運動は

$$\boldsymbol{G}(t) = \boldsymbol{G}(0) + \frac{M\boldsymbol{v}}{M+2m}t$$

であることがわかる。相対運動については極座標を導入し，

$$\ddot{r}(t) - r(t)\dot{\theta}^2(t) = -\frac{k}{\mu}(r(t) - l)$$
$$\frac{d}{dt}(r^2(t)\dot{\theta}(t)) = 0$$

と表される。第 2 の方程式より角運動量の保存則が得られ，

$$r^2(t)\dot{\theta}(t) \equiv h \quad (\text{定数})$$

が成り立ち，$\dot{\theta}(t) = h/r^2(t)$ と表される。これを第 1 の式に代入し，

$$\ddot{r}(t) - \frac{h^2}{r^3(t)} + \frac{k}{\mu}(r(t) - l) = 0$$

を得る。両辺に $\dot{r}(t)$ をかけて積分すると，

$$\frac{1}{2}\dot{r}^2(t) + \frac{h^2}{2r^2(t)} + \frac{k}{2\mu}(r(t) - l)^2 = \epsilon \quad (\text{定数})$$

を得る。これはエネルギー保存則にほかならない。

2.　ベルトランの定理の証明に向けた一連の問題。

(a) 有効ポテンシャル $V_{\text{eff}}(r)$

$$V_{\text{eff}}(r) = \frac{L^2}{2mr^2} + V(r)$$

を考えるとわかりやすい。式 (10.27)

$$m\ddot{r} = \frac{L^2}{mr^3} + f(r)$$

は

$$m\ddot{r} = -\frac{d}{dr}V_{\text{eff}}(r)$$

と表される。円軌道では $\ddot{r} = 0$ なので

$$0 = -\frac{d}{dr}V_{\text{eff}}(r)\bigg|_{r=R} = \frac{L^2}{mR^3} - V'(R) \quad (1)$$

を満足しなければならない。これは $r=R$ が $V_{\text{eff}}(r)$ の停留点であることを示している。また，中心力 $-V'(R)$ が遠心力とつりあっているとみることもできる。

(b) 円軌道 $r=R$ の安定性は，$V_{\text{eff}}(r)$ の $r=R$ での 2 階微分が正であることである。

$$\left.\frac{d^2}{dr^2}V_{\text{eff}}(r)\right|_{r=R} = 3\frac{L^2}{mR^4} + V''(R)$$

$$= \frac{3}{R}V'(R) + V''(R) > 0$$

ただし，最後で式 (1) を用いた。

(c) $V_{\text{eff}}(R+x)$ をテイラー展開して

$$V_{\text{eff}}(R+x) = V_{\text{eff}}(R) + \frac{1}{2}x^2 V''_{\text{eff}}(R) + \mathcal{O}(x^3)$$

を得る。ここで $\mathcal{O}(x^3)$ は x の 3 次以上の項を表す。これと $r = R + x$ を運動方程式に代入し，

$$m\ddot{x} = -xV''_{\text{eff}}(R) + \mathcal{O}(x^2)$$

となる。$\mathcal{O}(x^2)$ を無視すると，これは調和振動の方程式であるから，その角振動数 ω_0 は

$$\omega_0^2 = \frac{1}{m}V''_{\text{eff}}(R) = \frac{3V'(R)}{mR} + \frac{V''(R)}{m}$$

を得る。

(d) 調和振動の周期 T は

$$T = \frac{2\pi}{\omega_0} = \frac{2\pi\sqrt{mR}}{\sqrt{3V'(R) + RV''(R)}}$$

で与えられる。この時間にどれだけ角度が変化するかを計算すればよい。

$$\frac{d\theta}{dt} = \frac{L}{mr^2(t)}$$

に $r(t) = R + x(t)$ を代入して x の 1 次まで求めると

$$\frac{d\theta}{dt} = \frac{L}{mR^2}\left(1 - 2\frac{x(t)}{R}\right)$$

であるが，これを 1 周期にわたって積分すると，第 2 項はゼロになる。それゆえ

$$\Delta\theta = \int_0^T \frac{d\theta}{dt} = \frac{L}{mR^2}T$$

となる。ここで式 (1) から $L = \sqrt{mR^3V'(R)}$ であることを用いると，

$$\Delta\theta = 2\pi\sqrt{\frac{V'(R)}{3V'(R) + RV''(R)}}$$

を得る。

(e) $\Delta\theta$ が R によらないということは，

$$\frac{RV''(R)}{V'(R)} = (\text{定数})$$

ということである。この (定数) を c とおく。変数 $s = \ln R$ を導入すると，この式は

$$\frac{d}{ds}\ln v(s) = c$$

と書ける。ただし，$v(s) = V'(R) > 0$ (引力) とおいた。この式を積分して

$$\ln v(s) = cs + d$$

ただし d は積分定数である。これから

$$V'(R) = AR^c$$

を得る：$A = e^d > 0$.

$\Delta\theta$ の平方根の中身が正でなければならないので $3 + c > 0$ でなければならない。$c = -1$ のとき，

$$V(r) = \lambda \ln r$$

となる ($\lambda = A$)。$c \neq -1$ のとき，$V(r) = (A/(c+1))r^{c+1}$ となる。$\alpha = -c-1$ ($3 + c = -\alpha + 2 > 0$, $c = -1 + \alpha \neq -1$) とおいて，

$$V(r) = \frac{\kappa}{r^\alpha}$$

ただし，$\kappa = A/\alpha$ である。

(f) 代入すればよい。$V(r) = \kappa/r^\alpha$ に対して，$V'(r) = -\alpha\kappa/r^{\alpha+1}$ なので，

$$\Delta\theta = 2\pi\sqrt{\frac{-\alpha\kappa}{-3\alpha\kappa + \alpha(\alpha+1)\kappa}} = \frac{2\pi}{\sqrt{2-\alpha}}$$

となる。$V(r) = \lambda \ln r$ に対しては，$V'(r) = \lambda/r$ なので，同様に

$$\Delta\theta = 2\pi\sqrt{\frac{\lambda}{3\lambda - \lambda}} = \frac{2\pi}{\sqrt{2}}$$

となり，$\alpha = 0$ に対応する。

(g) ヒントに与えられた変数変換を行うと，

$$\Delta\theta = 2\int_{x_{\min}}^{x_{\max}} \frac{dx}{\sqrt{1 - \frac{1}{E}V\left(\frac{L}{\sqrt{2mE}x}\right) - x^2}}$$

となる。ここで，$\lim_{r\to\infty} V(r) = \infty$ なので $x \to 0$ で $V(L/\sqrt{2mE}x) \to \infty$ となる。それゆえ，有限の E に対して $x_{\min} > 0$ であるが，$E \to \infty$ の極限で $x_{\min} \to 0$ となる。また，この極限で $x_{\max} \to 1$ となるので，

$$\lim_{E\to\infty} \Delta\theta = 2\int_0^1 \frac{dx}{\sqrt{1-x^2}} = \pi$$

を得る。

(h) 式

$$\Delta\theta = 2\int_{r_{\min}}^{r_{\max}} \frac{(L/mr^2)\,dr}{\sqrt{\frac{2}{m}\left(E + \frac{\kappa}{r^\alpha} - \frac{L^2}{2mr^2}\right)}}$$

において，$E \to -0$ の極限を考えると，$r_{\max} \to \infty$ となり，$r_{\min}$ は

$$\frac{\kappa}{r^\alpha}=\frac{L^2}{2mr^2}$$

を解いて

$$r_{\min}=\left(\frac{2m\kappa}{L^2}\right)^{\frac{1}{\alpha-2}}$$

で与えられる。変数変換 $x=r_{\min}/r$ によって

$$\lim_{E\to-0}\Delta\theta=2\int_0^1\frac{dx}{\sqrt{x^\alpha-x^2}}$$

で与えられ，L によらない。積分は変数変換 $t=x^{\frac{2-\alpha}{2}}$ によって

$$\int_0^1\frac{dx}{\sqrt{x^\alpha-x^2}}=\frac{2}{2-\alpha}\int_0^1\frac{dt}{\sqrt{1-t^2}}=\frac{\pi}{2-\alpha}$$

となる。それゆえ

$$\lim_{E\to-0}\Delta\theta=\frac{2\pi}{2-\alpha}$$

を得る。

(i) 軌道が閉じるためには $\Delta\theta=2\pi\times(m/n)$ の形でなければならない。ただし，m および n は整数である。つまり，$\Delta\theta$ は連続的には許されない。このことは，半径の大きさが連続的に変化しても $\Delta\theta$ が変わらないことを要求する。それゆえ，問題 2(e) から $V(r)=\kappa r^\alpha$ ($\alpha<2,\ \alpha\neq 0$) であるか，$V(r)=\lambda\ln r$ である。いずれの場合も $\Delta\theta=2\pi/\sqrt{2-\alpha}$ となり，エネルギー E には依存しない。$\alpha<0$ であるならば，$E\to\infty$ の極限での値から $\Delta\theta\to\pi$ なので，$\sqrt{2-\alpha}=2$ となり $\alpha=-2$ を得る。すなわち，$V(r)=\frac{1}{2}kr^2$ ($k>0$) である。$\alpha=0$ の場合には $\Delta\theta=\pi/\sqrt{2}$ であるので，軌道は閉じない。$0\le\alpha<2$ の場合には，$E\to-0$ の極限での値から，$\Delta\theta\to 2\pi/(2-\alpha)$ なので，$\sqrt{2-\alpha}=2-\alpha$ となり $\alpha=1$ を得る。すなわち，$V(r)=-\kappa/r$ ($\kappa>0$) である。以上より，すべての軌道が閉じるのは，$V(r)=-\kappa/r$ ($\kappa>0$) と $V(r)=\frac{1}{2}kr^2$ ($k>0$) に限られることがわかった。

第11章　万有引力

問い (p.97)　$r_2=\alpha r_1$ のとき，$f(r_1)=\alpha^k f(r_2)$ となることに注意して，式 (11.36) と同様の計算をして

$$\begin{aligned}\frac{d^2}{dt^2}\boldsymbol{r}_2(t)&=\alpha\frac{d^2}{dt^2}\boldsymbol{r}_1(\beta^{-1}t)\\&=\alpha\beta^{-2}\frac{d^2}{dt'^2}\boldsymbol{r}_1(t')\\&=\alpha\beta^{-2}\left(f(r_1(t'))\boldsymbol{e}_{r_1}(t')\right)\\&=\alpha^{-k+1}\beta^{-2}f(r_2(t))\boldsymbol{e}_{r_2}(t)\end{aligned}$$

と変形できる。それゆえ，$\alpha^{-k+1}=\beta^2$ が成り立てば $\boldsymbol{r}_2(t)$ も解になる。

$k=1$ のとき，α の値にかかわりなく $\beta=1$ が解になる条件である。これは調和振動の周期が振幅によらないことを意味している。

章末問題

1.　質点の速さ $v(t)$ は

$$\begin{aligned}v(t)&=\sqrt{v_r^2(t)+v_\theta^2(t)}\\&=\sqrt{\dot r^2(t)+r^2(t)\dot\theta^2(t)}\\&=r(t)\dot\theta(t)\sqrt{1+\frac{1}{r^2(t)}\left(\frac{dr}{d\theta}\right)^2}\end{aligned}$$

と書き直すことができる。ここで

$$r=\frac{l}{1+\epsilon\cos\theta}$$

であるから，

$$\begin{aligned}\frac{dr}{d\theta}&=\frac{\epsilon l\sin\theta}{(1+\epsilon\cos\theta)^2}\\&=\frac{\epsilon r\sin\theta}{1+\epsilon\cos\theta}\end{aligned}$$

となる。それゆえ

$$v(t)=r(t)\dot\theta(t)\sqrt{1+\frac{\epsilon^2\sin^2\theta(t)}{(1+\epsilon\cos\theta)^2}}$$

角運動量保存則より，$r^2(t)\dot\theta(t)$ は時間によらず一定である。それゆえ

$$r^2(t)\dot\theta(t)=\frac{r(t)v(t)(1+\epsilon\cos\theta(t))}{\sqrt{1+2\epsilon\cos\theta(t)+\epsilon^2}}$$

は時間に依存せず，近日点と遠日点で等しい。近日点 ($\theta=0$) では $r_{近}=l/(1+\epsilon)$，遠日点 ($\theta=\pi$) では $r_{遠}=l/(1-\epsilon)$ である。よって，

$$r_{近}v_{近}=r_{遠}v_{遠} \tag{1}$$

から

$$\frac{v_{近}}{v_{遠}}=\frac{r_{遠}}{r_{近}}=\frac{1+\epsilon}{1-\epsilon}$$

を得る。

(注)　近日点，遠日点では $v_r=0$ であることを用いれば $v=r\dot\theta$ からすぐに求まる。

2.　(a) 式 (10.51) を用いればすぐに求まる。

(b) l と ϵ の定義から

$$\frac{du}{d\theta}=\pm\sqrt{\frac{\epsilon^2}{l^2}-\left(\frac{1}{l}-u\right)^2}$$

を得る。

(c) $u-1/l=(\epsilon/l)\cos\phi$ と u から ϕ に変数変換して，$du=-(\epsilon/l)\sin\phi\,d\phi$ などから

$$\theta=\pm\int\frac{du}{\sqrt{\frac{\epsilon^2}{l^2}-\left(\frac{1}{l}-u\right)^2}}$$
$$=\mp\int d\phi=\mp\phi+\theta_0 \qquad \text{(複号同順)}$$

を得る。ただし θ_0 は積分定数である。これより $\phi=\mp(\theta+\theta_0)$ となるので，これを $u-1/l=(\epsilon/l)\cos\phi$ に代入して

$$u=\frac{1}{l}(1+\epsilon\cos(\theta+\theta_0))$$

を得る。r が最小となるところから角度 θ を測ることにすると，$\theta_0=0$ となり，

$$\frac{l}{r}=1+\epsilon\cos\theta$$

という楕円の方程式を得る。

(d) 長軸半径 a および短軸半径 b を用いて，l および ϵ は

$$l=\frac{b^2}{a},\quad \epsilon=\frac{\sqrt{a^2-b^2}}{a}$$

と表されるので，これらを逆に解いて

$$a=\frac{l}{1-\epsilon^2}=\frac{GMm}{2E}$$
$$b=\frac{l}{\sqrt{1-\epsilon^2}}=\frac{L}{\sqrt{2mE}}$$

を得る。

3. (a) 計算は前問とまったく同じ。ただし $E>0$ なので $\epsilon>1$ となる。

(b) $x=r\cos\theta,\ y=r\sin\theta$ なので，軌道の方程式は

$$\frac{l-\epsilon x}{\sqrt{x^2+y^2}}=1$$

と書くことができる。これを 2 乗して

$$(l-\epsilon x)^2=x^2+y^2$$

を得る。整理して

$$\frac{(\epsilon^2-1)^2}{l^2}\left(x-\frac{\epsilon l}{\epsilon^2-1}\right)^2-\frac{\epsilon^2-1}{l^2}y^2=1$$

を得る。これを双曲線の式と比べて

$$x_0=\frac{\epsilon l}{\epsilon^2-1},\quad a=\frac{l}{\epsilon^2-1},\quad b=\frac{l}{\sqrt{\epsilon^2-1}}$$

を得る。

(c) 原点 $r=0$ は太陽と小天体の重心を表し，およそ太陽の位置に等しいと考えてよい。小天体は双曲線の漸近線に沿って遠方から近づいてきて，漸近線に沿って遠方に遠ざかっていく。漸近線の方程式は

$$y=\pm\frac{b}{a}(x-x_0)$$

となる。すなわち x 軸と漸近線の間のなす角を α とすると，$\tan\alpha=b/a$ である。小天体の進行方向の変化 β とは

$$\beta=\pi-2\alpha$$

の関係がある。それゆえ

$$\tan\frac{\beta}{2}=\tan\left(\frac{\pi}{2}-\alpha\right)=\frac{1}{\tan\alpha}$$
$$=\frac{a}{b}=\frac{1}{\sqrt{\epsilon^2-1}}$$

を得る。

万有引力は中心力であるから，角運動量が保存する。初期状態での原点に関する角運動量の大きさ L は

$$L=\rho\times(mv_0)=m\rho v_0$$

となる。また，系の保存する力学的エネルギー E は

$$E=\frac{1}{2}mv_0^2$$

である。それゆえ

$$\epsilon^2-1=\left(1+\frac{2EL^2}{G^2M^2m^3}\right)-1$$
$$=\left(\frac{\rho v_0^2}{GM}\right)^2$$

であるから

$$\tan\frac{\beta}{2}=\frac{GM}{\rho v_0^2}$$

を得る。

4. 楕円軌道の式

$$\frac{l}{r}=1+\epsilon\cos\theta$$

のパラメータ l と ϵ を決めることを考える。まず，初期状態は楕円の「遠地点」($\theta=\pi$) にあたることに注意する。それゆえ

$$\frac{l}{R+h}=1-\epsilon$$

が得られ，$l=(1-\epsilon)(R+h)$ を得る。

いま，地球の質量がすべてその中心に集まっていると考えると，この質点は閉じた楕円軌道を描くはずである。角運動量保存則から得られる関係式 (1) から「近地点」($\theta=0$) での速さを v' として

$$(R+h)v=\frac{l}{1+\epsilon}v'=\frac{1-\epsilon}{1+\epsilon}(R+h)v'$$

が得られ，

$$v' = \frac{1+\epsilon}{1-\epsilon} v \qquad (2)$$

となる。力学的エネルギー保存則より

$$\frac{1}{2}mv^2 - G\frac{Mm}{R+h} = \frac{1}{2}mv'^2 - G\frac{Mm}{\frac{1-\epsilon}{1+\epsilon}(R+h)}$$

が得られる。これに式 (2) を代入して整理すると，

$$\epsilon = 1 - \frac{v^2(R+h)}{GM}$$

を得る。あるいはここで $R+h \approx R$ として，重力加速度 $g = GM/R^2$ を用いて表せば

$$\epsilon = 1 - \frac{v^2}{gR}$$

となる。

投射したところの近傍では，θ は π に近いので

$$\theta = \pi + \delta, \quad |\delta| \ll 1$$

と近似できる。$\cos\theta = -\cos\delta \approx -1 + \delta^2/2$ と書けるので，

$$\frac{l}{r} \approx 1 - \epsilon\left(1 - \frac{\delta^2}{2}\right)$$

と書けるが，これに $l = (1-\epsilon)(R+h)$ を代入して整理すると，

$$\begin{aligned} r &= \frac{R+h}{1 + \frac{\epsilon}{1-\epsilon}\frac{\delta^2}{2}} \\ &\approx (R+h)\left(1 - \frac{\epsilon}{1-\epsilon}\frac{\delta^2}{2}\right) \\ &= (R+h)\left(1 - \frac{GM}{v^2(R+h)}\frac{\delta^2}{2}\right) \\ &= R + h - \frac{GM}{2v^2}\delta^2 \end{aligned}$$

となる。ここで，$y = r - R$, $x = R\delta$ を導入すると

$$y = h - \frac{1}{2}g\left(\frac{x}{v}\right)^2$$

を得る。これは一様な重力場中の落体の軌跡を表す放物線にほかならない。

5.　回転楕円体の体積は

$$V = \iiint_{\text{楕円体}} dxdydz$$

で，積分領域は

$$\frac{x^2}{a^2} + \frac{y^2}{a^2} + \frac{z^2}{b^2} \le 1$$

である。積分変数を $\widetilde{x} = x/a$, $\widetilde{y} = y/a$, および $\widetilde{z} = z/b$ に変換すれば，積分領域は

$$\widetilde{x}^2 + \widetilde{y}^2 + \widetilde{z}^2 \le 1$$

となって単位球の内部となる。それゆえ

$$V = \frac{4\pi}{3}a^2 b$$

を得る。密度 ρ は $\rho = M/V$ で与えられる。

求める万有引力ポテンシャル $V(\boldsymbol{r})$ は

$$V(\boldsymbol{r}) = -\rho G \iiint_{\text{楕円体}} \frac{d^3\boldsymbol{r}'}{|\boldsymbol{r} - \boldsymbol{r}'|}$$

で与えられる。ここで $r \equiv |\boldsymbol{r}| \gg \max(a,b)$ なので，積分のなかで $|\boldsymbol{r}| \gg |\boldsymbol{r}'|$ としてよい。それゆえ

$$\begin{aligned} \frac{1}{|\boldsymbol{r} - \boldsymbol{r}'|} &= \frac{1}{\sqrt{|\boldsymbol{r}|^2 - 2\boldsymbol{r}\cdot\boldsymbol{r}' + |\boldsymbol{r}'|^2}} \\ &\approx \frac{1}{r}\left(1 + \frac{\boldsymbol{r}\cdot\boldsymbol{r}'}{r^2} - \frac{1}{2}\frac{r'^2}{r^2} + \frac{3}{2}\frac{(\boldsymbol{r}\cdot\boldsymbol{r}')^2}{r^4}\right) \end{aligned}$$

と表せる。すなわち

$$\begin{aligned} V(\boldsymbol{r}) \approx -\frac{\rho G}{r} \iiint_{\text{楕円体}} d^3\boldsymbol{r}' \bigg(1 &+ \frac{\boldsymbol{r}\cdot\boldsymbol{r}'}{r^2} \\ &- \frac{1}{2}\frac{r'^2}{r^2} + \frac{3}{2}\frac{(\boldsymbol{r}\cdot\boldsymbol{r}')^2}{r^4}\bigg) \end{aligned}$$

となる。積分の第 1 項は V となる。第 2 項以下では前と同様の積分変数変換によって単位球についての積分に変換できるが，対称性より

$$\iiint_{\text{単位球}} d^3\boldsymbol{r}\, x_i = 0$$

$$\iiint_{\text{単位球}} d^3\boldsymbol{r}\, x_i x_j = \frac{\delta_{ij}}{3}\iiint_{\text{単位球}} d^3\boldsymbol{r}\, r^2 = \delta_{ij}\frac{4\pi}{15}$$

を得る。ただし，δ_{ij} はクロネッカーのデルタ (第 12 章の式 (12.4) を参照)，x_i $(i = 1,2,3)$ は $\sum_{i=1}^{3} x_i^2 \le 1$ を満す積分変数である。これらより

$$\iiint_{\text{楕円体}} d^3\boldsymbol{r}'\, (\boldsymbol{r}\cdot\boldsymbol{r}') = 0$$

$$\iiint_{\text{楕円体}} d^3\boldsymbol{r}'\, r'^2 = a^2 b\frac{4\pi}{15}(2a^2 + b^2)$$

$$\iiint_{\text{楕円体}} d^3\boldsymbol{r}'\, (\boldsymbol{r}\cdot\boldsymbol{r}')^2 = a^2 b\frac{4\pi}{15}(a^2(x^2+y^2) + b^2 z^2)$$

を得る。よって

$$\begin{aligned} V(\boldsymbol{r}) \approx -G\frac{M}{r}\bigg[1 &- \frac{1}{10r^2}(2a^2 + b^2) \\ &+ \frac{3}{10r^4}(a^2(x^2+y^2) + b^2 z^2)\bigg] \end{aligned}$$

を得る。極座標を用いると，

$$V(\boldsymbol{r}) \approx -G\frac{M}{r}\left[1 - \frac{(a^2-b^2)}{10r^2}(1-3\cos^2\theta)\right]$$

と表される。球対称な場合 ($a=b$)，第 2 項はゼロになり，よく知られた結果を再現する。

第 12 章　非慣性系での運動の記述

問い (p.103)　このとき，

$$\boldsymbol{e}_1(t) = \cos\omega t\,\boldsymbol{e}_1^0 + \sin\omega t\,\boldsymbol{e}_2^0$$
$$\boldsymbol{e}_2(t) = -\sin\omega t\,\boldsymbol{e}_1^0 + \cos\omega t\,\boldsymbol{e}_2^0$$

と書けるので，

$$\dot{\boldsymbol{e}}_1(t) = \omega(-\sin\omega t\,\boldsymbol{e}_1^0 + \cos\omega t\,\boldsymbol{e}_2^0) = \omega\boldsymbol{e}_2(t)$$
$$\dot{\boldsymbol{e}}_2(t) = -\omega(\cos\omega t\,\boldsymbol{e}_1^0 + \sin\omega t\,\boldsymbol{e}_2^0) = -\omega\boldsymbol{e}_1(t)$$

となる．

問い (p.105)　ξ の満足する微分方程式は，

$$\dot{\xi}(t) = i\omega\xi(t) + (v_1 + iv_2)e^{i\omega t}$$

となる。これは非斉次の微分方程式である。斉次方程式の一般解は

$$Ae^{i\omega t}$$

で与えられる。この特解を $\xi(t) = f(t)e^{i\omega t}$ とおくと

$$f'(t) = v_1 + iv_2$$

から

$$f(t) = (v_1 + iv_2)t$$

を得る。それゆえ一般解は

$$\xi(t) = Ae^{i\omega t} + (v_1 + iv_2)te^{i\omega t}$$

を得る。$A = x_{01} + ix_{02}$ とおいて実部と虚部をとると

$$x_1(t) = (x_{01} + v_1 t)\cos\omega t - (x_{02} + v_2 t)\sin\omega t$$
$$x_2(t) = (x_{01} + v_2 t)\sin\omega t + (x_{02} + v_2 t)\cos\omega t$$

を得る。

あるいは慣性系で考えれば簡単に解くことができる。慣性系では力がはたらいていないので，運動は等速直線運動となり，

$$\boldsymbol{x}(t) = (x_{01} + v_1 t)\boldsymbol{i} + (x_{02} + v_2 t)\boldsymbol{j}$$

で与えられる。これに

$$\boldsymbol{i} = \cos\omega t\,\boldsymbol{e}_1(t) + \sin\omega t\,\boldsymbol{e}_2(t)$$
$$\boldsymbol{j} = -\sin\omega t\,\boldsymbol{e}_1(t) + \cos\omega t\,\boldsymbol{e}_2(t)$$

を代入すればよい。

問い (p.108)　式 (12.37), (12.39)，すなわち

$$x_1(t) = \frac{1}{3}\omega g t^3 \cos\theta$$
$$x_3(t) = h - \frac{1}{2}gt^2$$

で $x_3(t) = 0$ とおいて $t = \sqrt{2h/g}$ を得る。これを第 1 の式に代入して t を消去して

$$x_1 = \frac{1}{3}\omega g\left(\frac{2h}{g}\right)^{\frac{3}{2}}\cos\theta$$

を計算すればよい。$\omega = 7.3\times10^{-5}\ \mathrm{s}^{-1}$, $h = 234$ m, $\theta = 0.59$ rad を代入し，

$$x_3 = 6.5\times10^{-2}\ \mathrm{m}$$

を得る。つまり，6.5 cm 東にずれる。

章末問題

1. 風呂の栓を抜いたときの水流の速さは高々 $v = 10^{-1}$ m/s 程度と見積もれる。質量 m の質点がこの速さで運動するとき，受けるコリオリ力の大きさの程度は $2m\omega v$ である。ただし，ω は地球の自転の角速度で，$\omega \approx 2\pi/1$ 日 $\approx 7.3\times10^{-5}\ \mathrm{s}^{-1}$ であるから，

$$2\omega v \approx 1.5\times10^{-5}\ \mathrm{m/s^2}$$

となる。風呂水の運動を決めている主要な力は重力であるが，これは重力加速度 $g = 9.8\ \mathrm{m/s^2}$ と比べて格段に小さい。つまり，流体にはたらく重力に比べて，コリオリ力は無視できるほど小さい。風呂水の渦は初期条件や風呂の形状によるもので，コリオリ力によるものではない。

2. 糸の張力を $\boldsymbol{T}$ とすると，力のつりあいから

$$\boldsymbol{T} + \boldsymbol{F}_1 + \boldsymbol{F}_2 = \boldsymbol{0}$$

が成り立つ。棒が糸に支えられている点に関するトルク $\boldsymbol{N}$ は

$$\boldsymbol{N} = \boldsymbol{r}_1 \times \boldsymbol{F}_1 + \boldsymbol{r}_2 \times \boldsymbol{F}_2$$

である。糸の方向の成分は

$$\boldsymbol{N}\cdot\frac{\boldsymbol{T}}{|\boldsymbol{T}|} = -\frac{1}{|\boldsymbol{T}|}(\boldsymbol{F}_1 + \boldsymbol{F}_2)\cdot\boldsymbol{N}$$
$$= \frac{1}{|\boldsymbol{T}|}(\boldsymbol{r}_1 - \boldsymbol{r}_2)\cdot(\boldsymbol{F}_1 \times \boldsymbol{F}_2)$$

で与えられる。ベクトル $\boldsymbol{r}_1 - \boldsymbol{r}_2$ はゼロでないので，$\boldsymbol{F}_1 \times \boldsymbol{F}_2$ がゼロでない，すなわち，$\boldsymbol{F}_1$ と $\boldsymbol{F}_2$ が平行でないならば，トルクの糸方向の成分はゼロでなく，棒は回転する。

それぞれの物体にはたらく力は重力と遠心力であるから，

$$\boldsymbol{F}_i = m_i^{\mathrm{G}}\boldsymbol{g} - m_i^{\mathrm{I}}\boldsymbol{\omega}\times(\boldsymbol{\omega}\times\boldsymbol{x}_i)$$

で与えられる。ただし，m_i^{G} は重力質量を，m_i^{I} は慣性質量を表し，$\boldsymbol{x}_i$ は地球の中心からの位置ベクトルを表す。

棒の支点への位置ベクトルを $\boldsymbol{R}$ とすると，

$$\boldsymbol{x}_i = \boldsymbol{R} + \boldsymbol{r}_i$$

で与えられる。$|\boldsymbol{r}_i| \ll |\boldsymbol{R}|$ であるから，$\boldsymbol{x}_i$ は $\boldsymbol{R}$ で置き換えてよい。$\boldsymbol{F}_1$ と $\boldsymbol{F}_2$ が平行ならば，比例係数を α として，$\boldsymbol{F}_2 = \alpha\boldsymbol{F}_1$ と表される。それゆえ

$$m_2^{\mathrm{G}}\boldsymbol{g} - m_2^{\mathrm{I}}\boldsymbol{\omega}\times(\boldsymbol{\omega}\times\boldsymbol{R}) = \alpha(m_1^{\mathrm{G}}\boldsymbol{g} - m_1^{\mathrm{I}}\boldsymbol{\omega}\times(\boldsymbol{\omega}\times\boldsymbol{R}))$$

$$\Leftrightarrow (m_2^{\mathrm{G}} - \alpha m_1^{\mathrm{G}})\boldsymbol{g} - (m_2^{\mathrm{I}} - \alpha m_1^{\mathrm{I}})\boldsymbol{\omega}\times(\boldsymbol{\omega}\times\boldsymbol{R}) = \boldsymbol{0}$$

$$\Leftrightarrow m_2^{\mathrm{G}} = \alpha m_1^{\mathrm{G}} \text{ かつ } m_2^{\mathrm{I}} = \alpha m_1^{\mathrm{I}}$$

$$\Leftrightarrow \frac{m_1^{\mathrm{G}}}{m_2^{\mathrm{G}}} = \frac{m_1^{\mathrm{I}}}{m_2^{\mathrm{I}}} \Leftrightarrow \frac{m_1^{\mathrm{G}}}{m_1^{\mathrm{I}}} = \frac{m_2^{\mathrm{G}}}{m_2^{\mathrm{I}}}$$

を得る。ここで最後の左辺は物質 1 に固有であり，右辺は物質 2 に固有である。これらが等しいので，結局，慣性質量と重力質量は，物質によらない比例係数 β を用いて

$$m_i^{\mathrm{G}} = \beta m_i^{\mathrm{I}}$$

と表されることがわかった。

3. (a) 初速度の x 成分は $v_0\cos\theta$, y 成分は $v_0\sin\theta$ で与えられる。ただし $v_0 = |\boldsymbol{v}_0|$ は初速度の大きさである。

(b) $\qquad \boldsymbol{R} = a\sin(\omega t)\,\boldsymbol{i} - a\cos(\omega t)\,\boldsymbol{j}$

と表すことができる。すなわち，$\boldsymbol{R}$ の x 成分は $a\sin(\omega t)$, y 成分は $-a\cos(\omega t)$ で与えられる。

(c)
$$\boldsymbol{e}_1 = \cos(\omega t)\,\boldsymbol{i} + \sin(\omega t)\,\boldsymbol{j}$$
$$\boldsymbol{e}_2 = -\sin(\omega t)\,\boldsymbol{i} + \cos(\omega t)\,\boldsymbol{j}$$

(d) 速度の合成則から，$t = 0$ において観測者から見た物体の初速度の x 成分は $v_0\cos\theta - a\omega$, y 成分は $v_0\sin\theta$ で与えられる。ちょうど x 成分がゼロになるためには

$$\theta = \cos^{-1}\left(\frac{a\omega}{v_0}\right)$$

のように選べばよい。ただし，このような角度 θ を選ぶことができるのは $a\omega \le v_0$ の場合だけであることに注意しよう。

(e) 式 (12.17) で $\boldsymbol{F} = \boldsymbol{0}$, $\dot{\boldsymbol{\omega}} = \boldsymbol{0}$ とすることによって，運動方程式

$$m\frac{\delta^2\boldsymbol{x}}{\delta t^2} = -m\left[\ddot{\boldsymbol{R}} + 2\boldsymbol{\omega}\times\frac{\delta\boldsymbol{x}}{\delta t} + \boldsymbol{\omega}\times(\boldsymbol{\omega}\times\boldsymbol{x})\right]$$

(ただし $\boldsymbol{\omega}$ は一定) を得る。$\boldsymbol{R} = -a\boldsymbol{e}_2$, $\boldsymbol{x} = \xi\boldsymbol{e}_1 + \eta\boldsymbol{e}_2$, $\boldsymbol{\omega} = (0, 0, \omega)$ を代入して，

$$m\ddot{\xi} = 2m\omega\dot{\eta} + m\omega^2\xi$$
$$m\ddot{\eta} = -2m\omega\dot{\xi} + m\omega^2(\eta - a)$$

となる。

(f) 慣性系で考えると非常に簡単である。角度 AOB は 2θ に等しいから，物体が速度 v_0 で A から B に至る間に 2θ だけ回転すればよいということになる。AB は $2a\sin\theta$ であるから，

$$\omega = \frac{v_0\theta}{a\sin\theta}$$

であればよいことがわかる。

もちろん，前問 (e) で求めた運動方程式を用いて非慣性系で求めてもよい。$\eta' = \eta - a$ (これは原点を観測者から O に移すことに相当する。) とおくと

$$m\ddot{\xi} = 2m\omega\dot{\eta}' + m\omega^2\xi \qquad (1)$$
$$m\ddot{\eta}' = -2m\omega\dot{\xi} + m\omega^2\eta' \qquad (2)$$

となる。ここで $z = \xi + i\eta'$ という複素数を導入すると，微分方程式 (1) と (2) は

$$\ddot{z} + 2i\omega\dot{z} - \omega^2 z = 0$$

という方程式を満足する。この微分方程式の特性方程式

$$\lambda^2 + 2i\omega\lambda - \omega^2 = 0$$

は重根 $\lambda = -i\omega$ をもつので，一般解は

$$z(t) = (z_0 + w_0 t)e^{-i\omega t}$$

となる。ただし，z_0 および w_0 は積分定数である複素数である。$z_0 = \xi_0 + i\eta_0$, $w_0 = \rho_0 + i\sigma_0$ とおいて，実部，虚部をとると，

$$\xi(t) = (\xi_0 + \rho_0 t)\cos\omega t + (\eta_0 + \sigma_0 t)\sin\omega t$$
$$\eta'(t) = (\eta_0 + \sigma_0 t)\cos\omega t - (\xi_0 + \rho_0 t)\sin\omega t$$

を得る。初期条件 $\xi(0) = 0$, $\eta'(0) = -a$, $\dot{\xi}(0) = v_0\cos\theta - a\omega$, および $\dot{\eta}'(0) = v_0\sin\theta$ から，$\xi_0 = 0$, $\eta_0 = -a$, $\rho_0 = v_0\cos\theta$, $\sigma_0 = v_0\sin\theta$ を得る。よって

$$\xi(t) = v_0\cos\theta\, t\cos\omega t + (-a + v_0\sin\theta\, t)\sin\omega t$$
$$\eta'(t) = (-a + v_0\sin\theta\, t)\cos\omega t - v_0\cos\theta\, t\sin\omega t$$

を得る。

観測者が B に到達した時刻を t_{B} とすると，そのときに質点も B に到達するので $t = t_{\mathrm{B}}$ で $\xi(t_{\mathrm{B}}) = 0$, $\eta'(t_{\mathrm{B}}) = -a$ が成り立つ。

$$0 = v_0\cos\theta\, t_{\mathrm{B}}\cos\omega t_{\mathrm{B}} + (-a + v_0\sin\theta\, t_{\mathrm{B}})\sin\omega t_{\mathrm{B}} \qquad (3)$$
$$-a = (-a + v_0\sin\theta\, t_{\mathrm{B}})\cos\omega t_{\mathrm{B}} - v_0\cos\theta\, t_{\mathrm{B}}\sin\omega t_{\mathrm{B}} \qquad (4)$$

ここで $(3)\times\cos\omega t_{\mathrm{B}} - (4)\times\sin\omega t_{\mathrm{B}}$ を計算して整理すると，

$$\sin\omega t_{\mathrm{B}} = \frac{v_0\cos\theta}{a}t_{\mathrm{B}} \qquad (5)$$

を得る。また，この式から得られる $v_0\cos\theta = a\sin\omega t_{\mathrm{B}}$

を式 (3) に代入して整理すると

$$\cos\omega t_{\rm B} = \frac{a - v_0 \sin\theta\, t_{\rm B}}{a}$$

を得る。これらを $\cos^2\omega t_{\rm B} + \sin^2\omega t_{\rm B} = 1$ に代入して

$$t_{\rm B} = \frac{2a\sin\theta}{v_0}$$

を得る。これを式 (5) の右辺に代入すると,

$$\omega t_{\rm B} = 2\theta$$

を得る。これより条件

$$\omega = \frac{v_0\theta}{a\sin\theta}$$

を得る。

第13章 剛体の慣性モーメント

章末問題

1. 長い棒を持つことにより,慣性モーメントを大きくし,回転しにくくしている。さらにその棒を左右に動かすことにより,重心をずらし,自分の体重の移動による重心のずれを相殺するようにする。

2. 例題 13–5 で球殻の慣性モーメントを求めた。これを利用することを考える。半径 r で厚みが dr の球殻を考えよう。密度を ρ とすると,この球殻の質量は $\rho \times 4\pi r^2 dr$ である。よって,この球殻からの慣性モーメントは

$$dI = \frac{2}{3}\rho(4\pi)r^4 dr$$

である。球全体の慣性モーメントはこれを積分して

$$I = \frac{2}{3}\rho(4\pi)\int_0^a r^4\, dr = \frac{2}{15}\rho(4\pi)a^5$$

となる。球の質量は $M = \rho \times \frac{4\pi}{3}a^3$ であるから

$$I = \frac{2}{5}Ma^2$$

を得る。

3. 地球の自転による回転の運動エネルギーは

$$\begin{aligned} K_{\text{回転}} &= \frac{1}{2}I\omega^2 \\ &= \frac{1}{2}\times\frac{2}{5}(6.0\times10^{24})(6.4\times10^6)^2(7.3\times10^{-5})^2 \\ &= 2.6\times10^{29}\ [\mathrm{J}] \end{aligned}$$

となる。一方,公転の (重心移動による) 運動エネルギーは,速さが $2\pi\times1.5\times10^{11}/(365.25\times24\times60\times60) = 3.0\times10^4$ [m/s] であるから

$$\begin{aligned} K_{\text{並進}} &= \frac{1}{2}Mv^2 \\ &= \frac{1}{2}(6.0\times10^{24})(3.0\times10^4)^2 \\ &= 5.4\times10^{33}\ [\mathrm{J}] \end{aligned}$$

を得る。公転の (重心移動による) 運動エネルギーのほうが 4 桁も大きいことがわかる。

4. (a) 体積 V をはじめに求めよう。球の中心を原点とし,対称軸を z 軸とする円柱座標を考える。高さ z における断面の円の半径は $\sqrt{R^2 - z^2}$ で与えられるので,

$$\begin{aligned} V &= \int_{-R}^{\sqrt{R^2-a^2}} dz\, \pi(R^2 - z^2) \\ &= \pi\left[R^2 z - \frac{1}{3}z^3\right]_{-R}^{\sqrt{R^2-a^2}} \\ &= \pi\left[R^2\sqrt{R^2-a^2} - \frac{1}{3}(R^2-a^2)\sqrt{R^2-a^2} + R^3 - \frac{1}{3}R^3\right] \\ &= \frac{2\pi}{3}R^3\left[1 + \left(1 + \frac{a^2}{2R^2}\right)\sqrt{1 - \frac{a^2}{R^2}}\right] \end{aligned}$$

となる。($a \to 0$ の極限で球の体積 $4\pi R^3/3$ に近づくことを確認せよ。また $a = R$ のときは,体積が球の体積の半分になることも確認せよ。) この体積を用いて,密度 ρ は

$$\rho = \frac{M}{V}$$

で与えられる。

慣性モーメントを求めるには,厚みが dz である無限に薄い円板の慣性モーメントを積み重ねて求めればよい。密度 ρ,半径 r,厚み dz の円板の中心軸に関する慣性モーメントは例題 13–2 から

$$\frac{1}{2}(\rho\pi r^2\, dz)r^2 = \frac{\pi\rho}{2}\,dz\, r^4$$

で与えられる。それゆえ,求める慣性モーメントは

$$\begin{aligned} I &= \frac{\pi\rho}{2}\int_{-R}^{\sqrt{R^2-a^2}} dz\, (R^2 - z^2)^2 \\ &= \frac{4\pi\rho}{15}R^5\left[1 + \left(1 + \frac{a^2}{2R^2} + \frac{3a^4}{8R^4}\right)\sqrt{1 - \frac{a^2}{R^2}}\right] \end{aligned}$$

となる。これに $\rho = M/V$ を代入して,

$$I = \frac{2}{5}MR^2\frac{1 + \left(1 + \frac{a^2}{2R^2} + \frac{3a^4}{8R^4}\right)\sqrt{1 - \frac{a^2}{R^2}}}{1 + \left(1 + \frac{a^2}{2R^2}\right)\sqrt{1 - \frac{a^2}{R^2}}}$$

を得る。($a \to 0$ の極限では一様な球の慣性モーメント

を再現することを確認せよ。また，$a = R$ とおいても同じ結果が得られる。これも期待される結果である。)

(b) 高さ z の位置にある，厚み dz の薄い円柱に対して，例題 13–7 の結果を用いて，回転軸に関する慣性モーメントを計算すると，式 (13.25) から

$$\frac{1}{12}(\rho\pi(R^2 - z^2)\,dz)\left(0 + 3(R^2 - z^2) + 12z^2\right)$$
$$= \frac{\pi\rho}{4}\,dz\,(R^4 + 2R^2z^2 - 3z^4)$$

を得る。(式 (13.25) の l^2 の項は dz^2 で置き換えられるが，これは高次の微小量で無視できる。)　これより求める慣性モーメントは

$$I' = \frac{\pi\rho}{4}\int_{-R}^{\sqrt{R^2-a^2}} dz\,(R^4 + 2R^2z^2 - 3z^4)$$
$$= \frac{4\pi\rho}{15}R^5\left[1 + \left(1 + \frac{a^2}{2R^2} - \frac{9a^4}{16R^4}\right)\sqrt{1 - \frac{a^2}{R^2}}\right]$$
$$= \frac{2}{5}MR^2\frac{1 + \left(1 + \frac{a^2}{2R^2} - \frac{9a^4}{16R^4}\right)\sqrt{1 - \frac{a^2}{R^2}}}{1 + \left(1 + \frac{a^2}{2R^2}\right)\sqrt{1 - \frac{a^2}{R^2}}}$$

となる。($a \to 0$ の極限で，一様な球の慣性モーメントを再現することを確認せよ。また，$a = R$ とおいても同じ結果が得られる。これも期待される結果である。)

第 14 章　剛体の運動

問い (p.128)　円柱が滑らないためには

$$f \leq \mu N$$

を満足していなければならない。

$$f = \frac{I}{a^2}\frac{dv}{dt} = \frac{1}{3}Mg\sin\theta$$

であり，$N = Mg\cos\theta$ なので，求める条件は

$$\mu \geq \frac{1}{3}\tan\theta$$

となる。

章末問題

1.　缶ジュースが最初にもっていた重力によるポテンシャルエネルギーが，転がり落ちるとともに減少して重心の並進運動エネルギーと重心のまわりの回転運動エネルギーに分配される。

缶ジュースの中身を凍らせると，中のジュースは缶に対して固定され，中身の詰った剛体円筒として振る舞い，缶とジュースは一緒に回転する。このときの回転の運動エネルギーは，缶とジュースの両方を考える必要がある。一方，中身が凍っていないで液体のままであれば，缶が回転しても，(少なくとも回転のしはじめは) 回転しない。それゆえ，回転の運動エネルギーは缶の部分のみを考えればよい。よって，凍らせないほうが慣性が小さく，速度が大きくなる。

2.　重心を通る軸に関する慣性モーメントを I_G とすると，A を通る軸についての慣性モーメント I_A は

$$I_\mathrm{A} = I_\mathrm{G} + Mh_\mathrm{A}^2$$

で与えられる。ただし M は振り子の質量である。同様に，B を通る軸についての慣性モーメント I_B は

$$I_\mathrm{B} = I_\mathrm{G} + Mh_\mathrm{B}^2$$

である。これらの軸について振動させたときの周期は式 (14.10) より

$$T_\mathrm{A} = 2\pi\sqrt{\frac{I_\mathrm{A}}{Mh_\mathrm{A}g}} = 2\pi\sqrt{\frac{(I_\mathrm{G}/M) + h_\mathrm{A}^2}{h_\mathrm{A}g}}$$
$$T_\mathrm{B} = 2\pi\sqrt{\frac{I_\mathrm{B}}{Mh_\mathrm{B}g}} = 2\pi\sqrt{\frac{(I_\mathrm{G}/M) + h_\mathrm{B}^2}{h_\mathrm{B}g}}$$

で与えられることがわかる。$T_\mathrm{A} = T_\mathrm{B} = T$ であるとき

$$\frac{I_\mathrm{G}}{M} = h_\mathrm{A}h_\mathrm{B}$$

となるので，これを代入して

$$T = 2\pi\sqrt{\frac{L}{g}}$$

を得る。

3.　(a) 円柱にはたらく力は重力と静摩擦力と円筒面からの垂直抗力である。円筒の中心を原点とし，円柱の重心への (2 次元的) 位置ベクトルを $\boldsymbol{r}_{\mathrm{G}\perp}(t)$ とすると，運動方程式は

$$M\frac{d^2}{dt^2}\boldsymbol{r}_{\mathrm{G}\perp}(t) = M\boldsymbol{g} + \boldsymbol{N} + \boldsymbol{F} \qquad (1)$$

である。ここで平面極座標の基底ベクトルを用いると，

$$\boldsymbol{r}_{\mathrm{G}\perp}(t) = (R-a)\boldsymbol{e}_\varphi(t)$$
$$\boldsymbol{g} = g(\cos\varphi(t)\boldsymbol{e}_r(t) - \sin\varphi(t)\boldsymbol{e}_\varphi(t))$$
$$\boldsymbol{N} = -N\boldsymbol{e}_r$$
$$\boldsymbol{F} = \pm F\boldsymbol{e}_\varphi$$

と表される。ただし，摩擦力 $\boldsymbol{F}$ の複号は，円柱が円筒を図の右から左に向うときには $+$，左から右に向うときには $-$ である。

$$\frac{d^2}{dt^2}\boldsymbol{r}_{\mathrm{G}\perp}(t) = (R-a)\left[-\dot{\varphi}^2\boldsymbol{e}_r + \ddot{\varphi}\boldsymbol{e}_\varphi\right]$$

であるから，運動方程式 (1) を成分ごとに表すと

$$M(R-a)\ddot{\varphi}(t) = -Mg\sin\varphi(t) \pm F \quad (2)$$

$$-M(R-a)\dot{\varphi}^2(t) = Mg\cos\varphi(t) - N \quad (3)$$

を得る。第 2 式は垂直抗力の大きさ N を決める式になっている。

(b) 回転軸に関する角運動量の変化の式が，回転の運動方程式となる。円柱の慣性モーメントを I とすると，円柱の対称軸に関する角運動量は $I\dot{\theta}(t)(\boldsymbol{e}_\varphi(t)\times\boldsymbol{e}_r(t))$ である。また，この軸に関するトルクは摩擦力 $\boldsymbol{F}$ によるものだけであり，$a\boldsymbol{e}_r\times\boldsymbol{F} = \mp aF(\boldsymbol{e}_\varphi(t)\times\boldsymbol{e}_r(t))$ で与えられる。それゆえ，

$$I\ddot{\theta}(t) = \mp aF \quad (4)$$

を得る。

(c) 円柱が円筒面を滑らないとき，角度 φ と θ の間には

$$R\dot{\varphi} = a(\dot{\theta}+\dot{\varphi})$$

という関係が成立する。右辺の第 2 項は，円柱が面と接する方向が，回転とともに変化することによる。この関係式と，運動方程式 (2) および (4) とから，θ と F を消去して，

$$\ddot{\varphi}(t) = -\frac{Mg}{(M+I/a^2)(R-a)}\sin\varphi(t)$$

を得る。ここで円筒の対称軸に関する慣性モーメント

$$I = \frac{1}{2}Ma^2$$

を代入すれば

$$\ddot{\varphi}(t) = -\frac{2g}{3(R-a)}\sin\varphi(t) \quad (5)$$

となる。

(d) 静摩擦力は仕事をしないので，系の力学的エネルギーは保存する。実際，運動方程式 (5) の両辺に $\dot{\varphi}(t)$ をかけて積分すると，

$$\frac{1}{2}\dot{\varphi}^2(t) - \frac{2g}{3(R-a)}\cos\varphi(t) = C\ (\text{一定})$$

となる。$\varphi=\varphi_0$ のとき円柱は静止するので，

$$C = -\frac{2g}{3(R-a)}\cos\varphi_0$$

よって，

$$\dot{\varphi}^2(t) = \frac{4g}{3(R-a)}(\cos\varphi(t)-\cos\varphi_0)$$

を得る。これを式 (3) に代入して，

$$N = \frac{1}{3}Mg(7\cos\varphi(t) - 4\cos\varphi_0)$$

を得る。一方，式 (2) に式 (5) を代入して，

$$F = \frac{1}{3}Mg|\sin\varphi(t)|$$

を得る。静摩擦力と静摩擦係数 μ との関係 $F \leq \mu N$ から

$$|\sin\varphi(t)| \leq \mu(7\cos\varphi(t) - 4\cos\varphi_0)$$

が求める条件である。

4. (a) 重心の座標を (x, y) とすると

$$M\ddot{x} = N \quad (1)$$

$$M\ddot{y} = N' - Mg \quad (2)$$

が重心の運動方程式である。回転については，重心に関する回転運動について

$$I_{\mathrm{G}}\ddot{\theta} = \frac{1}{2}N'l\sin\theta - \frac{1}{2}Nl\cos\theta \quad (3)$$

を得る。ただし，I_{G} は棒の重心に関する慣性モーメントで，

$$I_{\mathrm{G}} = \frac{1}{12}Ml^2$$

で与えられる。

(b) $x = \frac{1}{2}l\sin\theta$, $y = \frac{1}{2}l\cos\theta$，および式 (1), (2) を用いると

$$N = -\frac{1}{2}Ml\dot{\theta}^2\sin\theta + \frac{1}{2}Ml\ddot{\theta}\cos\theta$$

$$N' = Mg - \frac{1}{2}Ml\dot{\theta}^2\cos\theta - \frac{1}{2}Ml\ddot{\theta}\sin\theta$$

を得る。これらを式 (3) に代入して，

$$I_{\mathrm{G}}\ddot{\theta} = \frac{1}{2}Mgl\sin\theta - \frac{1}{4}Ml^2\ddot{\theta}$$

を得る。$I_{\mathrm{G}} = Ml^2/12$ を代入すると，

$$\ddot{\theta} = \frac{3}{2}\frac{g}{l}\sin\theta \quad (4)$$

を得る。

(c) エネルギー保存則は式 (4) の両辺に $\dot{\theta}$ をかけて得られる。

$$\frac{1}{2}\dot{\theta}^2 + \frac{3}{2}\frac{g}{l}\cos\theta = (\text{一定})$$

$t=0$ では $\dot{\theta}(0)=0$, $\theta(0)=\theta_0$ から，右辺は $(3/2)(g/l)\cos\theta_0$ であることがわかる。すなわち

$$\dot{\theta} = \sqrt{\frac{3g}{l}}\sqrt{\cos\theta_0 - \cos\theta} \quad (5)$$

となる。

(d) 式 (4) と (5) とから

$$N = \frac{3}{4}Mg\sin\theta(3\cos\theta - 2\cos\theta_0)$$

を得る。それゆえ，壁を離れるときの角度 θ_c は

$$\cos\theta_c = \frac{2}{3}\cos\theta_0 \qquad (6)$$

を満足することがわかる。

(e) 離れるときの回転の角速度は，式 (5) に式 (6) を代入して

$$\dot{\theta}_c = \sqrt{\frac{g\cos\theta_0}{l}}$$

を得る。また，重心の座標は

$$x_c = \frac{l}{2}\sin\theta_c = \frac{l}{2}\sqrt{1 - \frac{4}{9}\cos^2\theta_0}$$

$$y_c = \frac{l}{2}\cos\theta_c = \frac{l}{3}\cos\theta_0$$

で与えられ，重心の速度は $\dot{x} = (l/2)\dot{\theta}\cos\theta$ および $\dot{y} = -(l/2)\dot{\theta}\sin\theta$ より

$$\dot{x}_c = \frac{\sqrt{gl}}{3}\cos^{\frac{3}{2}}\theta_0$$

$$\dot{y}_c = -\frac{\sqrt{gl}}{6}\sqrt{9\cos\theta_0 - 4\cos^3\theta_0}$$

で与えられる。

(f) 壁から離れた後の運動方程式は，床からの抗力を N'' として

$$M\ddot{x} = 0$$

$$M\ddot{y} = N'' - Mg$$

$$I_G\ddot{\theta} = \frac{1}{2}N''l\sin\theta \qquad (7)$$

となる。x についての方程式は前問 (e) の答えを初期条件として

$$x(t) = \dot{x}_c(t - t_c) + x_c$$

を得る。ただし，t_c は棒が壁から離れたときの時刻である。$\theta(t)$ が満足する方程式は，残りの 2 つの方程式から N'' を消去して，$\ddot{y}$ を $\dot{\theta}$ と $\ddot{\theta}$ で表すことによって

$$I_G\ddot{\theta} = -\frac{Ml^2}{4}\sin\theta\frac{d}{dt}(\dot{\theta}\sin\theta) + \frac{1}{2}Mgl\sin\theta \qquad (8)$$

となる。これに $\dot{\theta}$ をかけて積分すると，

$$\frac{1}{2}\dot{\theta}^2 + \frac{3}{2}\dot{\theta}^2\sin^2\theta + \frac{6g}{l}\cos\theta = (\text{一定})$$

という力学的エネルギー保存則を得る。これの右辺は，棒が壁から離れるときの値で評価できる。すなわち

$$\frac{1}{2}\dot{\theta}^2 + \frac{3}{2}\dot{\theta}^2\sin^2\theta + \frac{6g}{l}\cos\theta$$

$$= \frac{g}{l}\cos\theta_0\left(6 - \frac{2}{3}\cos^2\theta_0\right)$$

を得る。これから

$$\dot{\theta}^2 = \frac{g}{l}\frac{3(\cos\theta_0 - \cos\theta) - \frac{1}{3}\cos^3\theta_0}{1 - \frac{3}{4}\cos^2\theta} \qquad (9)$$

を得る。

床からの抗力 N'' は式 (7) から

$$N'' = \frac{2I_G\ddot{\theta}}{l\sin\theta}$$

であるが，式 (8) から

$$\ddot{\theta} = \frac{3\sin\theta\left[-\dot{\theta}^2\cos\theta + \frac{2g}{l}\right]}{4 - 3\cos^2\theta}$$

と表されるので，これを代入して

$$N'' = \frac{Ml}{2}\frac{-\dot{\theta}^2\cos\theta + \frac{2g}{l}}{4 - 3\cos^2\theta}$$

と書ける。これに式 (9) を代入して整理すると

$$N'' = \frac{3Mg}{16}\frac{1}{\left(1 - \frac{3}{4}\cos^2\theta\right)^2}$$
$$\times\left\{\left[\cos\theta - \left(\cos\theta_0 - \frac{1}{9}\cos^3\theta_0\right)\right]^2 + \frac{4}{3} - \left(\cos\theta_0 - \frac{1}{9}\cos^3\theta_0\right)^2\right\}$$

と書くことができる。これは常に正であって，棒は床から離れることはない。

棒が床に接するのは $\theta = \pi/2$ であるから，式 (9) から

$$\dot{\theta}_{床} = \sqrt{\frac{g}{l}\left(3\cos\theta_0 - \frac{1}{3}\cos^2\theta_0\right)}$$

を得る。

第II部　電磁気学

第 1 章　電荷と電場

章末問題

1. (a) 水分子は 10 個の軌道電子をもつので，求める電子数 N は

$$N = 10\ \text{個} \times \frac{60\ \text{kg}}{18.0\ \text{g/mol}} \times 6.02 \times 10^{23}\ \text{個/mol}$$

$$\approx 2.0 \times 10^{28}\ \text{個}$$

(b) 電子数が 1.0 % 増加すると，$N \times 0.010 = 2.0 \times 10^{26}$ 個の電子が増えるので，これに電気素量を乗ずる

と，人のもつ電荷 Q は

$$Q = -1.6 \times 10^{-19}\ \text{C} \times 2.0 \times 10^{26}\ \text{個}$$
$$\approx -3.2 \times 10^{7}\ \text{C}$$

(c) 2 人の間にはたらくクーロン力 F の大きさは

$$F = k\frac{Q^2}{r^2}$$
$$= 8.987 \times 10^{9}\ \text{N·m}^2/\text{C}^2 \frac{(-3.2 \times 10^{7}\ \text{C})^2}{(0.50\ \text{m})^2}$$
$$\approx 3.7 \times 10^{25}\ \text{N}$$

の斥力である。

(d) 地球の引力に逆らって持ち上げる力 f は

$$f = mg = 5.97 \times 10^{24}\ \text{kg} \times 9.80\ \text{m/s}^2$$
$$= 5.85 \times 10^{25}\ \text{N}$$

である。つまり，2 人の間にはたらくクーロン力と地球を持ち上げるのに必要な力を比べると，

$$\frac{F}{f} \approx \frac{3.7 \times 10^{25}\ \text{N}}{5.9 \times 10^{25}\ \text{N}} = 0.63$$

なので，ほぼ同程度の大きさであることがわかる。したがって，ファインマンの話は本当であった。

2. デカルト座標系をとり，その基底ベクトルを $\boldsymbol{i}$, $\boldsymbol{j}$, $\boldsymbol{k}$ とすると，点 A，点 B の位置ベクトル $\boldsymbol{r}_{\text{A}}$, $\boldsymbol{r}_{\text{B}}$ は

$$\boldsymbol{r}_{\text{A}} = a_1\boldsymbol{i} + a_2\boldsymbol{j} + a_3\boldsymbol{k}, \quad \boldsymbol{r}_{\text{B}} = b_1\boldsymbol{i} + b_2\boldsymbol{j} + b_3\boldsymbol{k}$$

と表せるので，

$$\boldsymbol{r}_{\text{AB}} = \boldsymbol{r}_{\text{A}} - \boldsymbol{r}_{\text{B}}$$
$$= (a_1 - b_1)\boldsymbol{i} + (a_2 - b_2)\boldsymbol{j} + (a_3 - b_3)\boldsymbol{k}$$

である。また，長さは，

$$|\boldsymbol{r}_{\text{AB}}| = \sqrt{(a_1 - b_1)^2 + (a_2 - b_2)^2 + (a_3 - b_3)^2}$$

なので，点 B から点 A への方向ベクトルは，

$$\boldsymbol{e}_{\text{AB}} = \frac{\boldsymbol{r}_{\text{AB}}}{|\boldsymbol{r}_{\text{AB}}|}$$

と表せる。よって，点電荷 1 が点電荷 2 より受けるクーロン力 $\boldsymbol{F}_{1\leftarrow 2}$ は，

$$\boldsymbol{F}_{1\leftarrow 2} = \frac{Q_1 Q_2}{4\pi\varepsilon_0 |\boldsymbol{r}_{\text{AB}}|^2} \times \frac{(a_1 - b_1)\boldsymbol{i} + (a_2 - b_2)\boldsymbol{j} + (a_3 - b_3)\boldsymbol{k}}{\sqrt{(a_1 - b_1)^2 + (a_2 - b_2)^2 + (a_3 - b_3)^2}} \quad [\text{N}]$$

となる。

3. 平面上の微小電荷 dQ により点 P に生じる電場は式 (1.24) より

$$d\boldsymbol{E} = \frac{dQ}{4\pi\varepsilon_0 |\boldsymbol{R}|^2}\boldsymbol{e}_R = \frac{\rho_{\text{s}} r\, dr d\phi}{4\pi\varepsilon_0 (r^2 + a^2)} \frac{-r\boldsymbol{e}_r + a\boldsymbol{e}_z}{\sqrt{r^2 + a^2}}$$

となる。z 軸に対する対称性より動径成分は打ち消し合うので，点 P に生じる電場 $\boldsymbol{E}$ は z 成分のみ，平面全体にわたって積分すればよいので，

$$\boldsymbol{E} = \int_0^{2\pi} d\phi \int_0^{\infty} \frac{\rho_{\text{s}} r a\, dr}{4\pi\varepsilon_0 (r^2 + a^2)^{3/2}}\boldsymbol{e}_z$$
$$= \frac{\rho_{\text{s}} a}{2\varepsilon_0}\left[\frac{-1}{\sqrt{r^2 + a^2}}\right]_0^{\infty}\boldsymbol{e}_z = \frac{\rho_{\text{s}}}{2\varepsilon_0}\boldsymbol{e}_z$$

となる。無限に広い平面に，一様に電荷が分布しているとき，電場は法線方向で外向きであり，平面からの距離によらず同じ強さを示すことがわかる。

4. 点 $(0, 0, z)$ における電場 $\boldsymbol{E}(z)$ は，円柱座標 (r, ϕ, z) を用いて

$$\boldsymbol{E}(z) = \frac{\rho_{\text{S}}}{4\pi\varepsilon_0}\int_0^a r\, dr \int_0^{2\pi} d\phi \frac{-r\cos\phi\,\boldsymbol{i} - r\sin\phi\,\boldsymbol{j} + z\boldsymbol{k}}{(r^2 + z^2)^{3/2}} \quad (1)$$

で与えられる。ただし，ρ_{S} は面電荷密度で $\rho_{\text{S}} = Q/(\pi a^2)$ である。ϕ 積分を行うと

$$\int_0^{2\pi} d\phi\, \cos\phi = \int_0^{2\pi} d\phi\, \sin\phi = 0 \quad (2)$$

から $\boldsymbol{k}$ 方向の成分のみが残り，

$$\boldsymbol{E}(z) = \frac{\rho_{\text{S}}}{2\varepsilon_0} z\boldsymbol{k} \int_0^a \frac{r\, dr}{(r^2 + z^2)^{3/2}} \quad (3)$$

となる。この積分は $t = r^2$ と変数変換すると容易に実行でき

$$\boldsymbol{E}(z) = \frac{\rho_{\text{S}}}{2\varepsilon_0} z\boldsymbol{k}\left(\frac{1}{|z|} - \frac{1}{\sqrt{z^2 + a^2}}\right) \quad (4)$$

を得る。Q を用いると

$$\boldsymbol{E}(z) = \frac{Q}{2\varepsilon_0 \pi a^2} z\boldsymbol{k}\left(\frac{1}{|z|} - \frac{1}{\sqrt{z^2 + a^2}}\right) \quad (5)$$

となる。

補足　式 (4) で $a \to \infty$ とすると，無限に広い平面上に一様な面電荷密度 ρ_{S} で電荷が分布している場合の電場を求めることができる (章末問題 3 を参照)。

$$\boldsymbol{E}_{\text{無限平面}}(z) = \frac{\rho_{\text{S}}}{2\varepsilon_0}\frac{z}{|z|}\boldsymbol{k}$$

また，式 (5) で $a/z \to \infty$ の極限をとると，原点に点電荷を置いたときの電場となる。実際，

$$\frac{1}{|z|} - \frac{1}{\sqrt{z^2 + a^2}} = \frac{1}{|z|}\left(1 - \frac{1}{\sqrt{1 + a^2/z}}\right)$$
$$\approx \frac{1}{|z|}\left\{1 - \left[1 - \frac{1}{2}\left(\frac{a}{z}\right)^2\right]\right\} = \frac{a^2}{2|z|^3}$$

であるから，$\boldsymbol{E}_{a\to 0}(z) = \dfrac{Q}{4\pi\varepsilon_0}\dfrac{z}{|z|^3}\boldsymbol{k}$ を得る。

第 2 章　ガウスの法則と電位

章末問題

1.　電荷分布の対称性を考慮すれば，平面に対して鏡面対称性をもって電場が生じている。つまり，電気力線は平面に対して法線方向に等間隔で出ていると考えられる。したがって，平面と平行な単位平面を貫く電気力線の本数は平面からの距離に依存せず同数なので，2.3 節の電気力線の性質の (4) から，電場は位置によらず一定の値をもつ。そこで，図 2.16 のように無限に広い平面をはさみ，かつ，平行な面積 S の底面をもった円筒状閉曲面についてガウスの法則を適用する。各面での法線ベクトル $\boldsymbol{n}$ は，側面において電場 $\boldsymbol{E}$ と垂直であるから $\boldsymbol{E}\cdot\boldsymbol{n}=0$，一方，上面と底面において電場と平行であるから $\boldsymbol{E}\cdot\boldsymbol{n}=E$ である。また，閉曲面に含まれる電荷 Q は $\rho_{\mathrm{s}}S$ である。したがって，

$$\int \boldsymbol{E}\cdot\boldsymbol{n}\,dS=\int_{\text{側面}}0\,dS+E\int_{\text{上面}}dS+E\int_{\text{底面}}dS$$

$$=\frac{\rho_{\mathrm{s}}S}{\varepsilon_0}$$

なので，

$$0+ES+ES=\frac{\rho_{\mathrm{s}}S}{\varepsilon_0}$$

より，電場 $\boldsymbol{E}$ は，

$$\boldsymbol{E}=\frac{\rho_{\mathrm{s}}}{2\varepsilon_0}\boldsymbol{n}$$

となる。この式から電場の強さは場所によらず一定であることが確かめられた。

また，面電荷密度が正のときは，電気力線が上下，外向きに出ているが (図 1.13(e) 参照)，負のときは内向きとなる。この結果は，第 1 章の章末問題 3 と同じ結果である。一般に，ガウスの法則を適用したほうが比較的簡単に解くことができる。

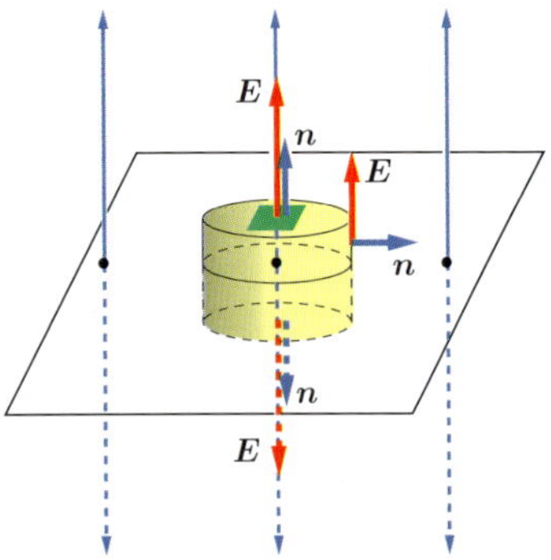

図 5　一様に電荷が分布している無限に広い平面のまわりの電場

2.　前問の結果から，面電荷密度 ρ_{s} が分布した平面 A からは外向きの電場 $\boldsymbol{E}_{\mathrm{A}}$ が，$-\rho_{\mathrm{s}}$ が分布した平面 B からは内向きの電場 $\boldsymbol{E}_{\mathrm{B}}$ が生じるので，電場 $\boldsymbol{E}_{\mathrm{A}}$, $\boldsymbol{E}_{\mathrm{B}}$ の様子は図 6 のようになる。平面 A, B で区切られた空間を図のように領域 I, II, III とすると，

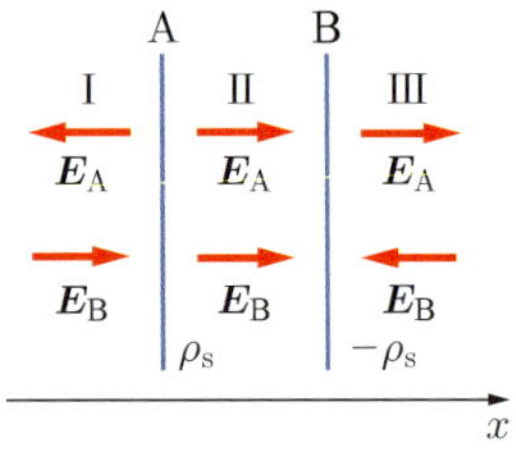

図 6　電荷が一様に分布した無限に広い平行な 2 つの平面のまわりの電場

領域 I での電場 $\boldsymbol{E}_{\mathrm{I}}$ は

$$\boldsymbol{E}_{\mathrm{I}}=\boldsymbol{E}_{\mathrm{A}}+\boldsymbol{E}_{\mathrm{B}}=-\frac{\rho_{\mathrm{s}}}{2\varepsilon_0}\boldsymbol{i}+\frac{\rho_{\mathrm{s}}}{2\varepsilon_0}\boldsymbol{i}=0$$

領域 II での電場 $\boldsymbol{E}_{\mathrm{II}}$ は

$$\boldsymbol{E}_{\mathrm{II}}=\boldsymbol{E}_{\mathrm{A}}+\boldsymbol{E}_{\mathrm{B}}=\frac{\rho_{\mathrm{s}}}{2\varepsilon_0}\boldsymbol{i}+\frac{\rho_{\mathrm{s}}}{2\varepsilon_0}\boldsymbol{i}=\frac{\rho_{\mathrm{s}}}{\varepsilon_0}\boldsymbol{i}$$

領域 III での電場 $\boldsymbol{E}_{\mathrm{III}}$ は

$$\boldsymbol{E}_{\mathrm{III}}=\boldsymbol{E}_{\mathrm{A}}+\boldsymbol{E}_{\mathrm{B}}=\frac{\rho_{\mathrm{s}}}{2\varepsilon_0}\boldsymbol{i}-\frac{\rho_{\mathrm{s}}}{2\varepsilon_0}\boldsymbol{i}=0$$

となる。ここで，$\boldsymbol{i}$ は x 軸の基底ベクトルである。無限に広い平面ではさまれた空間には，平面に対して法線方向に強さが $\rho_{\mathrm{s}}/\varepsilon_0$ の電場が生じるが，外側には電場のないことがわかる。

3.　図 2.11 において，デカルト座標系における y 軸を極座標系での z 軸に置き換えて極座標表示で点 $\mathrm{P}(r,\theta,\varphi)$ の電場を表すと，

$$E_r=-\frac{\partial V}{\partial r}=\frac{p}{2\pi\varepsilon_0}\frac{\cos\theta}{r^3}$$

$$E_\theta=-\frac{1}{r}\frac{\partial V}{\partial\theta}=\frac{p}{4\pi\varepsilon_0}\frac{\sin\theta}{r^3}$$

$$E_\varphi=-\frac{1}{r\sin\theta}\frac{\partial V}{\partial\varphi}=0$$

となる。

第 3 章　導体と誘電体

章末問題

1.　内側の円筒導体に軸方向の単位長さ当たりの電荷 ρ_{L} [C/m]，外側の円筒導体に線電荷密度 $-\rho_{\mathrm{L}}$ [C/m] の電荷を与えると，軸対称性より電気力線が導線に対して垂直方向に放射状に内側から出て，外側で終わっている。したがって，中心軸からの距離 $r\,(a\le r\le b)$ での電場

$\boldsymbol{E}(\boldsymbol{r})$ は式 (2.12) より，

$$\boldsymbol{E}(\boldsymbol{r}) = \frac{\rho_{\mathrm{L}}}{2\pi r\varepsilon_0}\boldsymbol{e}_r \quad [\mathrm{V/m}]$$

なので，円筒内外間の電位差 $V_{\mathrm{AB}}(r)$ は，

$$\begin{aligned} V_{\mathrm{AB}}(r) &= \int_a^b \boldsymbol{E}(\boldsymbol{r})\cdot d\boldsymbol{r} \\ &= \int_a^b \frac{\rho_{\mathrm{L}}}{2\pi r\varepsilon_0}\boldsymbol{e}_r\cdot\boldsymbol{e}_r\,dr \\ &= \frac{\rho_{\mathrm{L}}}{2\pi\varepsilon_0}\ln\frac{b}{a} \quad [\mathrm{V}] \end{aligned}$$

となる。したがって，式 (3.18) より，単位長さ当たりの静電容量 C は，

$$C = \frac{\rho_{\mathrm{L}}}{V_{\mathrm{AB}}} = \frac{2\pi\varepsilon_0}{\ln\frac{b}{a}} \quad [\mathrm{F/m}]$$

となる。

2. 電束密度に関するガウスの法則を用いて

$$2\pi r D = Q$$

なので，

$$D = \frac{Q}{2\pi r}$$

したがって，半径 r での誘電体中の静電エネルギー密度 $u(r)$ は

$$u(r) = \frac{1}{2\varepsilon}D^2 = \frac{Q^2}{8\pi^2\varepsilon r^2}$$

である。半径 r と $r+dr$ ではさまれる単位長さの円筒体積 dv は $dv = 2\pi r\,dr$ なので，その中の静電エネルギー $du(r)$ は

$$du(r) = u(r)\,dv = \frac{Q^2}{4\pi\varepsilon}\frac{dr}{r}$$

である。よって，単位長さ当たりの両導体間に蓄えられる静電エネルギー W は

$$W = \int_a^b du = \frac{Q^2}{4\pi\varepsilon}\int_a^b \frac{dr}{r} = \frac{Q^2}{4\pi\varepsilon}\ln\frac{b}{a}$$

である。

3. 静電エネルギー密度 u は

$$u = \frac{1}{2}\varepsilon_0|\boldsymbol{E}|^2 \qquad (1)$$

で与えられる。例題 3.1 より，導体球のまわりの電場は

$$\boldsymbol{E}(\boldsymbol{r}) = \frac{Q}{4\pi\varepsilon_0 r^2}\boldsymbol{e}_r \qquad (r \geq a) \qquad (2)$$

である。($0 \leq r \leq a$ では $\boldsymbol{E} = 0$ である。) これを式 (1) に代入して $r \geq a$ の空間全体にわたって積分すると，

$$\begin{aligned} U &= \frac{1}{2}\varepsilon_0\int_{r\geq a}\left(\frac{Q}{4\pi\varepsilon_0 r^2}\right)^2 dv \\ &= \frac{1}{2}\frac{Q^2}{4\pi\varepsilon_0}\int_a^\infty \frac{1}{r^2}\,dr \\ &= \frac{1}{2}\frac{Q^2}{4\pi\varepsilon_0 a} \qquad (3) \end{aligned}$$

を得る。導体球の電位は $V = Q/4\pi\varepsilon_0 a$ であるから，

$$U = \frac{1}{2}QV$$

が成立していることがわかる。半径 a の導体球の静電容量が $C = 4\pi\varepsilon_0 a$ で与えられることを用いれば

$$U = \frac{1}{2}\frac{Q^2}{C}$$

とも表せる。

補足　導体に電荷が与えられたときの静電エネルギーの式 $U = Q^2/2C$ などはすでに高校で学んだだろうが，そのエネルギーがどこに蓄えられているのかについてはあまり考えたことがなかったのではないだろうか。この問題は，それがまわりの電場に蓄えられているのだということを明確に示している。また，この導体球の半径 a がゼロになる極限 (点電荷の極限) で，このエネルギーが無限大になることも注意。点電荷がそのまわりにつくる電場のもつエネルギーを自己エネルギーという。もし導体球でなく，一様に電荷が分布した半径 a の球を考えるのならば，式 (3) の代わりに $U_{一様} = \dfrac{3}{5}\dfrac{Q^2}{4\pi\varepsilon_0 a}$ となる。係数が違うが，いずれにせよ，$a \to 0$ の極限で発散する。この自己エネルギーを，荷電粒子の静止質量とみなすと，電子の場合，その質量を m_{e}，光速を c として $m_{\mathrm{e}}c^2 \approx \dfrac{e^2}{4\pi\varepsilon_0 a}$ とおいて，$a \approx \dfrac{e^2}{4\pi\varepsilon_0}\dfrac{1}{m_{\mathrm{e}}c^2}$ を得る。右辺は古典電子半径とよばれ，数値的には 2.818×10^{-15} m である。

4. 左側の境界面における入射角 θ_1 と θ_2 の関係について，誘電体の境界面の条件から

$$\begin{aligned} E_1\sin\theta_1 &= E_2\sin\theta_2 \\ D_1\cos\theta_1 &= D_2\cos\theta_2 \end{aligned}$$

である。また，$\boldsymbol{D} = \varepsilon\boldsymbol{E}$ より，

$$D_1 = \varepsilon_0 E_1, \quad D_2 = \varepsilon E_2$$

となる。この 2 つの式より

$$\theta_2 = \tan^{-1}\left(\frac{\varepsilon}{\varepsilon_0}\tan\theta_1\right)$$

である。

同様に，右側の境界面における角度 θ_2 と θ_3 の関係は

$$\begin{aligned} E_2\sin\theta_2 &= E_3\sin\theta_3 \\ D_2\cos\theta_2 &= D_3\cos\theta_3 \end{aligned}$$

および，

$$D_2 = \varepsilon E_2, \quad D_3 = \varepsilon_0 E_3$$

なので，この 2 つの式より

$$\theta_3 = \tan^{-1}\left(\frac{\varepsilon_0}{\varepsilon}\tan\theta_2\right)$$

である。よって，

$$\theta_3 = \tan^{-1}\left(\frac{\varepsilon_0}{\varepsilon}\frac{\varepsilon}{\varepsilon_0}\tan\theta_1\right) = \theta_1$$

である。

第 4 章　定常電流

章末問題

1.　電流を I としたときに，r における円弧状の面を通過する電流密度 $\boldsymbol{i}$ は

$$\boldsymbol{i} = \frac{I}{r\theta h}\boldsymbol{e}_r$$

である。また電場 $\boldsymbol{E}$ は，$\boldsymbol{i} = \sigma\boldsymbol{E}$ より

$$\boldsymbol{E} = \frac{I}{r\theta h\sigma}\boldsymbol{e}_r$$

である。よって，抵抗 R は式 (4.16) より

$$R = \frac{\int \boldsymbol{E}\cdot d\boldsymbol{r}}{\int \sigma\boldsymbol{E}\cdot d\boldsymbol{S}} = \frac{\int \frac{I}{r\theta h\sigma}\boldsymbol{e}_r\cdot\boldsymbol{e}_r\,dr}{\int \sigma\frac{I}{r\theta h\sigma}\boldsymbol{e}_r\cdot\boldsymbol{e}_r r\,d\phi dz} = \frac{\int_a^b \frac{1}{r}\,dr}{\sigma\int_0^h dz\int_0^\theta d\phi} = \frac{1}{h\theta\sigma}\ln\frac{b}{a}$$

である。

2.　(a) 電極間の導体中において，半径 r，厚さ dr の円筒を考えると，電流が垂直に通過する軸方向の単位長さ当たりの側面の面積は $2\pi r\times 1$ なので，円筒の抵抗 dR は

$$dR = \frac{1}{\sigma}\frac{dr}{2\pi r}$$

となる。この薄い円筒が直列に接続されたと考えればよいので，求める抵抗 R は

$$R = \int_a^b \frac{1}{\sigma}\frac{dr}{2\pi r} = \frac{\ln\frac{b}{a}}{2\pi\sigma}$$

である。

(b) 求めるジュール熱 P は式 (4.25) より

$$P = \frac{V^2}{R}$$

なので，

$$P = \frac{2\pi\sigma V^2}{\ln\frac{b}{a}}$$

である。

第 5 章　磁束密度

章末問題

1.　円柱座標系で，原点から $+h$ だけ離れた z 軸上の点 P に生じる磁場 $\boldsymbol{B}$ について考える。コイル上の電流素片 $I\,d\boldsymbol{s}$ は

$$I\,d\boldsymbol{s} = Ia\,d\phi\,\boldsymbol{e}_\phi$$

と表せる。また，電流素片を始点として点 P を終点とするベクトル $\boldsymbol{R}$ は

$$\boldsymbol{R} = -a\boldsymbol{e}_r + h\boldsymbol{e}_z$$

である。よってビオ–サバールの法則から，

$$d\boldsymbol{B} = \frac{\mu_0(Ia\,d\phi\,\boldsymbol{e}_\phi)\times(-a\boldsymbol{e}_r + h\boldsymbol{e}_z)}{4\pi(a^2+h^2)^{3/2}} = \frac{\mu_0(Ia\,d\phi)\times(a\boldsymbol{e}_z + h\boldsymbol{e}_r)}{4\pi(a^2+h^2)^{3/2}}$$

となる。よって，

$$\boldsymbol{B} = \int_0^{2\pi}\frac{\mu_0(Ia^2\,d\phi)}{4\pi(a^2+h^2)^{3/2}}\boldsymbol{e}_z + \int_0^{2\pi}\frac{\mu_0(Iah\,d\phi)}{4\pi(a^2+h^2)^{3/2}}\boldsymbol{e}_r$$

となる。ここで第 2 項の r 方向成分の積分において，原点をはさんで向かい合う電流素片によって点 P に生じる電束密度は打ち消し合うので，第 2 項はゼロとなる。したがって，

$$\boldsymbol{B} = \frac{\mu_0 Ia^2}{2(a^2+h^2)^{3/2}}\boldsymbol{e}_z$$

となる。また，$h = 0$ のときは $\boldsymbol{B} = (\mu_0 I/2a)\boldsymbol{e}_z$ である。

2.　面 S を貫く磁束 Φ は

$$\Phi = \int_{\mathrm{S}}\boldsymbol{B}\cdot d\boldsymbol{S}$$

なので，ベクトルポテンシャルと磁束密度の関係式 $\boldsymbol{B} = \mathrm{rot}\,\boldsymbol{A}$ を代入すると

$$\Phi = \int_{\mathrm{S}}(\mathrm{rot}\,\boldsymbol{A})\cdot d\boldsymbol{S}$$

となる。ここでストークスの定理を用いれば

$$\Phi = \int_{\mathrm{S}}(\mathrm{rot}\,\boldsymbol{A})\cdot d\boldsymbol{S} = \oint_{\mathrm{C}}\boldsymbol{A}\cdot d\boldsymbol{s}$$

となる。

3.　表面電流を図 7 のように，y 軸方向に流れる無数の線状の電流が xy 面にすきまなく並んでいるとみなし，対称性を考慮すれば，表面電流により生じる磁束密度は

x 成分しかもたないことがわかる。なお図中の $\boldsymbol{i}$ は x 軸方向の単位ベクトルである。

ここで磁束密度が x 成分しかもたないことについてもう少し詳しく説明する。まず x 方向，y 方向の並進対称性から，磁束密度 $\boldsymbol{B}$ は x, y 座標に依存しないので $\boldsymbol{B}=\boldsymbol{B}(z)$ である (実際は z 座標にも依存しない)。また，z 軸についての π 回転のもとで電流の向きが逆転する。このとき，磁束密度の符号も反転する。それゆえ $B_z(z)=-B_z(z)$ となり，磁束密度は z 成分はもたない。さらに yz 面内の (矩形) 閉曲線に沿った磁束密度の線積分は，電流の流れている平面を含む場合であってもアンペールの法則からゼロになる。このことは，($B_z=0$ なので) $B_y=0$ を意味する。以上から磁束密度 $\boldsymbol{B}$ は x 成分しかもたない。

そこで xy 面をはさんで長辺が w の矩形状閉路 L についてアンペールの法則を適用すると

$$\int_{\mathrm{a}}^{\mathrm{b}} B_x\,dx+\int_{\mathrm{c}}^{\mathrm{d}}(-B_x)(-dx)=\mu_0 Kw$$

なので，$B_x=\mu_0K/2$ となる。したがって，磁束密度は $z>0$ において $(\mu_0K/2)\boldsymbol{i}$ であり，また $z<0$ では，$(-\mu_0K/2)\boldsymbol{i}$ である。これは磁束密度の大きさが z の関数でないため，場所によらない一様な磁束密度であることを示している。

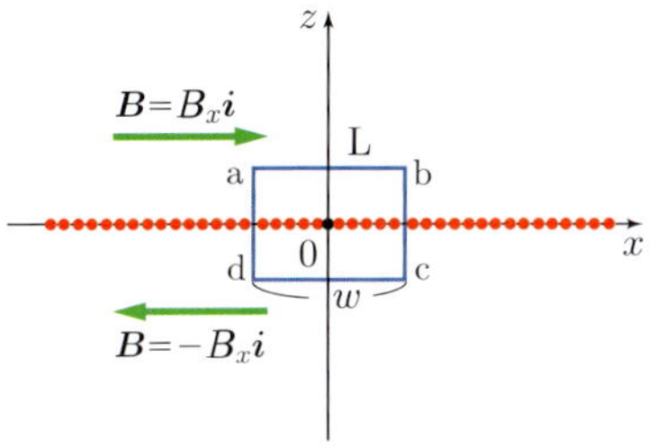

図7　無限に広い平面上を一様に流れる表面電流によって生じる磁束密度

4. 対称性より磁束密度はソレノイドの中心軸に平行であり，またその大きさは中心軸からの距離の関数であるとみなせる。図中の矩形状閉路 L_1 にアンペールの法則を適用すると，

$$\oint_{\mathrm{L}_1}\boldsymbol{B}\cdot d\boldsymbol{s}=\mu_0 nlI \qquad (*)$$

となる。経路 bc と経路 da では経路と磁束密度が直交しているので，その線積分はともにゼロである。ここで経路 ab を固定して経路 bc と経路 da の長さを無限遠まで伸ばしたときの閉路 L_1 を考える。

このときの経路 cd は無限遠にあるから磁束密度はゼロなので，経路 cd での線積分もゼロである。したがって，式 $(*)$ の左辺においてソレノイドの中にある経路 ab での線積分が残る。式 $(*)$ は $Bl=\mu_0 nlI$ となるので，

$$B=\mu_0 nI$$

となる。経路 ab はソレノイドの中であれば，どこでも上式と同じ結果を得るので，ソレノイド内の磁束密度は一様で，$B=\mu_0nI$ の大きさをもち，中心軸に平行で右向きである。

次に，矩形状閉路 L_2 にアンペールの法則を適用する。右辺において閉路を貫く電流はないので，閉路 L_2 についての左辺の周回積分はゼロとなり，経路 ab と経路 cd 上での磁束密度は同じ大きさであることがわかる。さらに経路 cd を無限遠まで伸ばしたとき，経路 cd 上での磁束密度はゼロであるから，結局，ソレノイドの外では磁束密度はどこでもゼロであることがわかる。

5. 点 $(a,-a,0)$ と点 $(a,a,0)$ を結ぶ線分 L からの寄与 $\boldsymbol{B}_{\mathrm{L}}(z)$ を，ビオ–サバールの法則から計算すると，電流素片は $d\boldsymbol{s}=dy\,\boldsymbol{j}$ と表せるので

$$\begin{aligned}\boldsymbol{B}_{\mathrm{L}}(z)&=\frac{\mu_0 I}{4\pi}\int_{-a}^{a}\frac{\boldsymbol{j}\times(-a\boldsymbol{i}-y\boldsymbol{j}+z\boldsymbol{k})}{(a^2+y^2+z^2)^{3/2}}\,dy\\&=\frac{\mu_0 I}{4\pi}(z\boldsymbol{i}+a\boldsymbol{k})\int_{-a}^{a}\frac{1}{(a^2+y^2+z^2)^{3/2}}\,dy\end{aligned}$$

ここで $A=\sqrt{a^2+z^2}$ とおき，$y=A\tan\theta$ と変数変換を行うと，$dy=A\,d\theta/\cos^2\theta$，$1/(a^2+y^2+z^2)^{3/2}=\cos^3\theta/A^3$ となるので

$$\begin{aligned}\boldsymbol{B}_{\mathrm{L}}(z)&=\frac{\mu_0 I}{4\pi}(z\boldsymbol{i}+a\boldsymbol{k})\frac{2}{A^2}\int_0^{\alpha}\cos\theta\,d\theta\\&=\frac{\mu_0 I}{4\pi}(z\boldsymbol{i}+a\boldsymbol{k})\frac{2}{A^2}\sin\alpha\end{aligned}$$

を得る。ただし，角度 α は $\tan\alpha=a/A$ となる角度で，$\sin\alpha=a/\sqrt{A^2+a^2}$ となる。それゆえ

$$\begin{aligned}\boldsymbol{B}_{\mathrm{L}}(z)&=\frac{\mu_0 I}{4\pi}(z\boldsymbol{i}+a\boldsymbol{k})\frac{2}{A^2}\frac{a}{\sqrt{A^2+a^2}}\\&=\frac{\mu_0 I}{2\pi}\frac{a(z\boldsymbol{i}+a\boldsymbol{k})}{(a^2+z^2)\sqrt{2a^2+z^2}}\end{aligned}$$

を得る。

問題の対称性から，平行な線分からの寄与を加えあわせると，$\boldsymbol{k}$ 方向の成分のみが残り，その寄与は等しい。それゆえ，正方形コイル全体からの寄与は $\boldsymbol{B}(z)=B(z)\boldsymbol{k}$ と書くことができ，その大きさは

$$B_z=\frac{\mu_0 I}{2\pi}\frac{4a^2}{(a^2+z^2)\sqrt{2a^2+z^2}}$$

で与えられる。

補足　$z\gg 0$ の極限では $B(z)\approx\dfrac{\mu_0 I}{2\pi}\dfrac{4a^2}{z^3}$ となることに注意。$4a^2$ は正方形の面積である。章末問題 1 では

半径 a の円形コイルを流れる電流による磁束密度が計算されている。この場合も $z \gg a$ のときには $B(z) \approx \frac{\mu_0 I}{2\pi}\frac{\pi a^2}{z^3}$ のように振る舞うことがわかる。πa^2 はもちろん円の面積である。

第6章　磁性体

章末問題

1. 図 6.12 のように，点 P での磁束密度を求める。円柱の表面において，z から $z + dz$ の間に流れる磁化電流によって点 P に生じる磁束密度の強さ dB_P は，第 5 章の章末問題 1 の結果から，

$$dB_\mathrm{P} = \frac{\mu_0 M\,dz\,a^2}{2(a^2 + (z_\mathrm{P} - z)^2)^{3/2}}$$

となる。よって，磁性体全体に流れる磁化電流により点 P に生じる磁束密度の強さは

$$B_\mathrm{P} = \int_0^l \frac{\mu_0 M a^2}{2(a^2 + (z_\mathrm{P} - z)^2)^{3/2}}\,dz$$

図 6.12 のように角度 θ をとって，変数変換を行うと，$\tan(\pi - \theta) = a/(z_P - z)$ より $dz = -a\,d\theta/\sin^2\theta$ なので，

$$B_\mathrm{P} = \int_{\theta_1}^{\theta_2} \frac{\mu_0 M a^2(-a)}{2(\frac{a}{\sin\theta})^3 \sin^2\theta}\,dz = \frac{\mu_0 M}{2}(\cos\theta_2 - \cos\theta_1)$$

となる。ここで θ_1, θ_2 はそれぞれ，$z = 0, l$ における θ の値である。

磁性体の外部での磁場の強さは

$$H_\mathrm{P} = \frac{B_\mathrm{P}}{\mu_0}$$

である。また，磁性体の内部では，

$$H_\mathrm{P} = \frac{B_\mathrm{P}}{\mu_0} - M = \frac{M}{2}(\cos\theta_2 - \cos\theta_1 - 2)$$

である。

2. 磁性体内の磁場を $\boldsymbol{H}$，ギャップでの磁場を $\boldsymbol{H}_0$ として，式 (6.11) の磁場 $\boldsymbol{H}$ で表したアンペールの法則を適用すると，

$$\oint \boldsymbol{H}\cdot d\boldsymbol{s} = H(2\pi r - \delta) + H_0\delta = NI$$

となる。磁性体内を貫く磁束 Φ はギャップでも同じ値をもつので

$$\Phi = BS = \mu HS = \mu_0 H_0 S$$

となる。これを上式に代入すると

$$\left(\frac{2\pi r - \delta}{\mu S} + \frac{\delta}{\mu_0 S}\right)\Phi = NI$$

となる。よって，ギャップでの磁場の強さ H_0 は

$$H_0 = \frac{\Phi}{\mu_0 S} = \frac{\mu NI}{\mu_0(2\pi r - \delta) + \mu\delta}$$

となる。磁性体が鉄のような強磁性体の場合は，$\mu \gg \mu_0$ なので，

$$H_0 \cong \frac{NI}{\delta}$$

となる。この結果から，ギャップでの磁場の強さは電流にほぼ比例して大きくできる。これを応用してギャップ空間に強い磁場を発生する装置を電磁石という。

第7章　電磁誘導

章末問題

1. もし撚り合わされていないとすると，2 本の電線の間を貫通する磁束が時間的に変化した場合，誘導起電力が発生する。これは信号に重畳されノイズとなる。一方，もし撚り合わされているとすると，2 本の電線の間を貫通する磁束は一捻りごとに逆向きになるため，全体としてはほとんどキャンセルされる。したがって，ノイズの影響を受けにくくなる。

2. (a) アンペールの法則より，内側の導体と外側の導体の間に磁束が生じる。中心軸からの距離を r とすると，

$$B = \frac{\mu_0 I}{2\pi r}$$

となる。

(b) 長さ 1 m 当たりの全磁束 Φ は，

$$\Phi = 1 \times \int_a^b B\,dr = \frac{\mu_0 I}{2\pi}\int_a^b \frac{1}{r}\,dr = \frac{\mu_0 I}{2\pi}\ln\frac{b}{a}$$

したがって，長さ 1 m 当たりの自己インダクタンス L は，

$$L = \frac{\Phi}{I} = \frac{\mu_0}{2\pi}\ln\frac{b}{a}$$

となる。

(c) 磁気エネルギーは

$$U_\mathrm{m} = \frac{1}{2}LI^2 = \frac{1}{2}\times\frac{\mu_0}{2\pi}\ln\frac{b}{a}\times I^2 = \frac{\mu_0 I^2}{4\pi}\ln\frac{b}{a}$$

となる。

3. (a) 直線電線からの距離を r とすると，

$$B = \frac{\mu_0 I}{2\pi r}$$

であるから，コイルを貫く全磁束は

$$\Phi = b \times \int_l^{l+a} B\,dr$$

$$= \frac{\mu_0 I b}{2\pi}\int_l^{l+a}\frac{1}{r}\,dr = \frac{\mu_0 I b}{2\pi}\ln\left(\frac{l+a}{l}\right)$$

となる。

(b) コイルには電圧計が挿入されているため電流が流れない。したがって，相互インダクタンスを M とすると，

$$M = \frac{\Phi}{I} = \frac{\mu_0 b}{2\pi}\ln\left(\frac{l+a}{l}\right)$$

となる。

(c) コイルに発生する起電力は，

$$V_i = -\frac{d\Phi}{dt} = -\frac{d}{dt}\left\{\frac{\mu_0 b}{2\pi}\ln\left(\frac{l+a}{l}\right)I_0\sin\omega t\right\}$$
$$= -\frac{\mu_0 b\omega}{2\pi}\ln\left(\frac{l+a}{l}\right)I_0\cos\omega t$$

となる。

4. 基準点 $\boldsymbol{r}_0$ から $\boldsymbol{r}$ に至る任意の 2 つの経路 C_1 と C_2 を考える。スカラー場 $\phi(\boldsymbol{r})$ が経路によらず端点のみで決まるので，

$$0 = \int_{\mathrm{C}_1}\boldsymbol{E}(\boldsymbol{r}')\cdot d\boldsymbol{r}' - \int_{\mathrm{C}_2}\boldsymbol{E}(\boldsymbol{r}')\cdot d\boldsymbol{r}'$$
$$= \oint_{\mathrm{C}_1\overline{\mathrm{C}_2}}\boldsymbol{E}(\boldsymbol{r}')\cdot d\boldsymbol{r}' = \int_{\mathrm{S}}\mathrm{rot}\,\boldsymbol{E}(\boldsymbol{r}')\cdot d\boldsymbol{S}'$$

となる。ただし，$\mathrm{C}_1\overline{\mathrm{C}_2}$ は図 8 における経路 C_1 と，経路 C_2 の矢印を逆向きにたどってできる閉じた経路を表し，S は $\mathrm{C}_1\overline{\mathrm{C}_2}$ を境界とする面を表す。C_1 と C_2 は任意であったので，$\mathrm{C}_1\overline{\mathrm{C}_2}$ は任意であり，それゆえ S も任意である。任意の S に対して，面積分がゼロであるためには，その被積分関数がゼロでなければならない。すなわち，$\mathrm{rot}\,\boldsymbol{E} = 0$ であることが結論される。

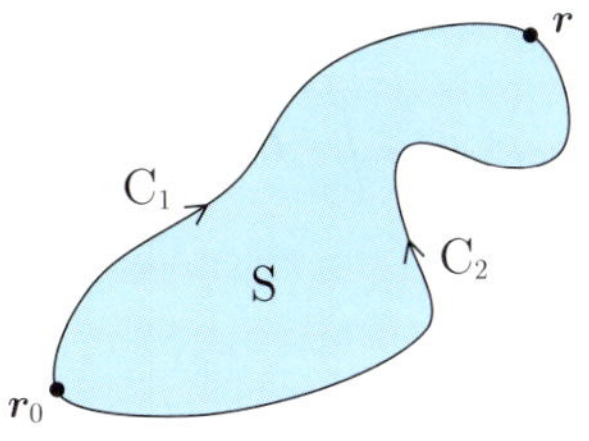

図8　$\boldsymbol{r}_0$ から $\boldsymbol{r}$ に至る 2 つの経路 C_1 と C_2，および $\mathrm{C}_1\overline{\mathrm{C}_2}$ を境界とする曲面 S

逆に $\mathrm{rot}\,\boldsymbol{E} = 0$ であるならば，基準点 $\boldsymbol{r}_0$ から $\boldsymbol{r}$ に至る任意の 2 つの経路 C_1 と C_2 から作られる閉じた経路 $\mathrm{C}_1\overline{\mathrm{C}_2}$ を境界とする面 S 上でこれを積分してもゼロであり，それゆえ，

$$0 = \oint_{\mathrm{C}_1\overline{\mathrm{C}_2}}\boldsymbol{E}(\boldsymbol{r}')\cdot d\boldsymbol{r}'$$
$$= \int_{\mathrm{C}_1}\boldsymbol{E}(\boldsymbol{r}')\cdot d\boldsymbol{r}' - \int_{\mathrm{C}_2}\boldsymbol{E}(\boldsymbol{r}')\cdot d\boldsymbol{r}'$$

が導かれる。すなわち，経路によらずスカラー量 $\phi(\boldsymbol{r})$ は端点のみで定まる。

閉じた経路 C についての線積分 $\oint_{\mathrm{C}}\boldsymbol{E}\cdot d\boldsymbol{r}$ に $\boldsymbol{E} = -\mathrm{grad}\,V$ を代入すると，

$$\oint_{\mathrm{C}}\boldsymbol{E}(\boldsymbol{r})\cdot d\boldsymbol{r} = -\oint_{\mathrm{C}}(\mathrm{grad}\,V)\cdot d\boldsymbol{r}$$
$$= -\int_{\mathrm{S}}\{\mathrm{rot}(\mathrm{grad}\,V)\}\cdot d\boldsymbol{S} = 0$$

を得る。ここで，任意のスカラー場 $\phi(\boldsymbol{r})$ に対して $\mathrm{rot}(\mathrm{grad}\,\phi) = 0$ となることを用いた。電磁誘導の法則の右辺は一般にゼロでないので，このことは誘導電場 $\boldsymbol{E}$ を $\boldsymbol{E} = -\mathrm{grad}\,V$ のようには表すことができないことを示している。

補足　これは，静電場と時間的に変動する電場の違いを端的に示している。静電場のときには，電場は電位の勾配 (の符号を変えたもの) によって表された。しかし，時間的に変動する場の場合，これはもはや不可能である。

それでは，このような一般的な場合にどのような関係が成立するのだろうか。ここで $\mathrm{div}\,\boldsymbol{B} = 0$ (電束線が閉じていること，すなわち磁気単極子が存在しないことを意味する。p.172 参照) から導かれる $\boldsymbol{B} = \mathrm{rot}\,\boldsymbol{A}$ に注意しよう。$\boldsymbol{A}$ はベクトルポテンシャルとよばれる (p.180 参照)。これを電磁誘導の式に代入し，ストークスの定理を用いると，

$$0 = \oint_{\mathrm{C}}\boldsymbol{E}(\boldsymbol{r})\cdot d\boldsymbol{r} + \int_{\mathrm{S}}\frac{\partial\boldsymbol{B}}{\partial t}\cdot d\boldsymbol{S}$$
$$= \int_{\mathrm{S}}(\mathrm{rot}\,\boldsymbol{E})\cdot d\boldsymbol{S} + \int_{\mathrm{S}}\left(\frac{\partial}{\partial t}\mathrm{rot}\,\boldsymbol{A}\right)\cdot d\boldsymbol{S}$$
$$= \int_{\mathrm{S}}\left\{\mathrm{rot}\left(\boldsymbol{E} + \frac{\partial\boldsymbol{A}}{\partial t}\right)\right\}\cdot d\boldsymbol{S}$$

が任意の面 S について成立していることがわかる。それゆえ，

$$\mathrm{rot}\left(\boldsymbol{E} + \frac{\partial\boldsymbol{A}}{\partial t}\right) = 0$$

が成り立つ。よって，$\boldsymbol{E} + \partial\boldsymbol{A}/\partial t$ を $-\mathrm{grad}\,V$ と定義すると

$$\boldsymbol{E} = -\mathrm{grad}\,V - \frac{\partial\boldsymbol{A}}{\partial t}$$

と表される。

第 8 章　マクスウェルの方程式と電磁波

章末問題

1. 荷電粒子が $t=0$ のとき原点にあったとし，x 軸上を正の方向に速さ v で移動しているとする。時刻 t での x 軸上での位置は vt である。xy 平面上の点 $\mathrm{P}(x,y)$ での電場は，

$$E_x = \frac{q}{4\pi\varepsilon_0}\frac{x-vt}{\{(x-vt)^2+y^2\}^{3/2}}$$

$$E_y = \frac{q}{4\pi\varepsilon_0}\frac{y}{\{(x-vt)^2+y^2\}^{3/2}}$$

$$E_z = 0$$

変位電流は，

$$\frac{\partial D_x}{\partial t} = \varepsilon_0\frac{\partial E_x}{\partial t} = \frac{qv}{4\pi}\frac{2(x-vt)^2-y^2}{\{(x-vt)^2+y^2\}^{5/2}}$$

$$\frac{\partial D_y}{\partial t} = \varepsilon_0\frac{\partial E_y}{\partial t} = \frac{3qv}{4\pi}\frac{(x-vt)y}{\{(x-vt)^2+y^2\}^{5/2}}$$

$$\frac{\partial D_z}{\partial t} = 0$$

いま xy 平面上 $(z=0)$ のみを考え，荷電粒子が原点にあるような座標系 $(x',y')=(x-vt,y)$ を導入して $\partial \boldsymbol{D}/\partial t$ を (x',y') で表すと，$\partial D_x/\partial t$ は式 (2.43) の右辺で，$\partial D_y/\partial t$ は式 (2.44) の右辺で，$(x,y)\to(x',y')$, $p/\varepsilon_0 \to qv$, $r \to \sqrt{x'^2+y^2}$ と置き換えたものになっている。それゆえ，変位電流の xy 平面上の図は，図 2.12 の 2 つの電荷の位置を無限に原点に近づけたものと同じ形になる。

2. マクスウェルの方程式中の，ファラデーの電磁誘導の式 (8.47) より，

$$\mathrm{rot}\,\boldsymbol{E} = -\frac{\partial \boldsymbol{B}}{\partial t}$$

この rot をとると，

$$\mathrm{rot}\,\mathrm{rot}\,\boldsymbol{E} = -\frac{\partial}{\partial t}\mathrm{rot}\,\boldsymbol{B}$$

ここで公式

$$\mathrm{rot}\,\mathrm{rot}\,\boldsymbol{E} = \mathrm{grad}\,\mathrm{div}\,\boldsymbol{E} - \nabla^2\boldsymbol{E} = -\nabla^2\boldsymbol{E}$$

とガウスの法則 $\mathrm{div}\,\boldsymbol{E}=0$ を用いると，

$$-\nabla^2\boldsymbol{E} + \frac{\partial}{\partial t}\mathrm{rot}\,\boldsymbol{B} = 0$$

となる。これに，アンペール–マクスウェルの式 (8.48)

$$\mathrm{rot}\,\boldsymbol{H} = \left(\boldsymbol{i} + \frac{\partial \boldsymbol{D}}{\partial t}\right)$$

において μ をかけて $\boldsymbol{i} = \sigma\boldsymbol{E}$ を代入したものを用いると，

$$\nabla^2\boldsymbol{E} - \varepsilon\mu\frac{\partial^2}{\partial t^2}\boldsymbol{E} - \sigma\mu\frac{\partial \boldsymbol{E}}{\partial t} = 0$$

同様にして，$\boldsymbol{B}$ の方程式も導かれる。

3. 電荷の保存則を示す式 (8.2) において，定常電流が流れている状況では閉曲面 S に囲まれた体積 V 中の全電荷 Q は一定なので，右辺は $dQ/dt=0$ となる。電気回路の任意の節点を囲む，微小な閉曲面を考えよう。この閉曲面は十分小さく，閉曲面内には，他の節点は存在しないとする。節点とつながっている導線が N 本あるとし，閉曲面はそのすべてに垂直であるようにとる。そのうちの 1 本の導線 (i 番目) に注目しよう。この導線を流れる電流を I_i とする。導線の断面積 ΔS_i は十分小さく，その導線を通る電流密度は導線内で一様であると考えよう。この導線の電流密度 $\boldsymbol{i}_i$ は

$$I_i\boldsymbol{n}_i = \boldsymbol{i}_i\Delta S_i \qquad (1)$$

を満足する。ただし，$\boldsymbol{n}_i$ はこの導線に沿った，閉曲面に対して外向きの単位ベクトルを表す。そうすると，閉曲面にわたる積分は次のように書くことができる。

$$\int_{\mathrm{S}}\boldsymbol{i}\cdot d\boldsymbol{S} = \sum_{i=1}^{N}\boldsymbol{i}_i\cdot\boldsymbol{n}_i\Delta S_i = \sum_{i=1}^{N}I_i \qquad (2)$$

$dQ/dt=0$ と組み合わせると，

$$\sum_{i=1}^{N}I_i = 0 \qquad (3)$$

を得る。これがキルヒホッフの第 1 法則である。このように，キルヒホッフの第 1 法則は，電荷保存則の式 (8.2) の特別な場合にすぎない。

次に，ファラデーの電磁誘導の法則を示す式 (8.29) において，定常的な場合には，右辺はゼロになるので，

$$\oint_{\mathrm{C}}\boldsymbol{E}\cdot d\boldsymbol{s} = 0 \qquad (4)$$

を得る。閉曲線 C として，回路の任意の閉路をとればよい。その閉路に含まれる回路素子 i の両端を A と B とすると，

$$\int_{\mathrm{A}}^{\mathrm{B}}\boldsymbol{E}\cdot d\boldsymbol{s} = -\int_{\mathrm{O}}^{\mathrm{A}}\boldsymbol{E}\cdot d\boldsymbol{s} + \int_{\mathrm{O}}^{\mathrm{B}}\boldsymbol{E}\cdot d\boldsymbol{s} = V_{\mathrm{A}} - V_{\mathrm{B}} = V_i$$

は回路素子 i の電圧降下を表す。(ただし O は電位の基準点を表す。) それゆえ，式 (4) は

$$\sum_{i=1}^{N}I_i = 0$$

と表すことができる。これがキルヒホッフの第 2 法則である。

第 III 部　熱 力 学

第 1 章　温 度 と 熱

問い (p.220)　断熱された側壁をもつ容器に液体を入れ，下面を温めて一定の温度にし，上面は下面の温度より低い一定の温度の空気にさらしておく場合。この場合，熱量は高温側の下面から低温側の上面に流れてゆき $(J = -\nabla T)$，これに応じた温度分布が容器内に形成される。したがって，場所に応じて温度は異なるが，上下面の温度が一定なので，温度分布は時間に変化しない (定常状態)。

問い (p.229)　力学的仕事 W J と水が得た熱量 Q cal は熱の仕事当量 J を介して，$W = JQ$ という関係がある。ここで，$W = 10mgh$ である。また，水が得た熱量は比熱 C_w，水の質量 M_w と水温の上昇 ΔT を使って $Q = C_\mathrm{w} M_\mathrm{w} \Delta T$ と表される。この関係から，

$$\Delta T = \frac{10mgh}{JC_\mathrm{w}M_\mathrm{w}} = \frac{10 \times 4.2 \times 9.8 \times 10}{4.184 \times 1 \times 1000} = 0.98$$

したがって，水温は 0.98 度上昇する。ただし水の比重 $1\ \mathrm{g\ cm^{-3}}$)，比熱 $1\ \mathrm{cal\ g^{-1}\ K^{-1}}$ を用い，質量はグラム単位で表した。現在，水の比熱は国際単位系で表され，$C_\mathrm{w} = 4.187 \times 10^3\ \mathrm{J\ kg^{-1}\ K^{-1}}$ である。

章 末 問 題

1.　題意より，

$$\frac{d\Delta T(t)}{dt} = -K\Delta T(t)$$

である。これを解いて，

$$\ln \Delta T(t) = -Kt + C$$

したがって，

$$\Delta T(t) = A \exp(-Kt)$$

を得る。ここで，C ならびに A は任意の数定数である。時刻 0 における温度差を ΔT_0 と書くことにすると，$A = \Delta T_0$ となるので，最終的に

$$\Delta T(t) = \Delta T_0 \exp(-Kt)$$

を得る。

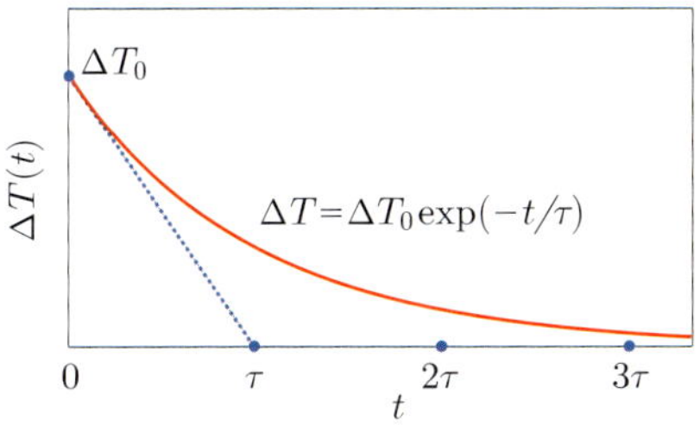

図 9　指数関数と特性時間

熱平衡状態は $\Delta T = T_\mathrm{m} - T_\mathrm{R} = 0$ に対応するが，これに至る時間 t_eq は $\exp(-Kt) \neq 0$ であるため，数学的には $t_\mathrm{eq} = \infty$ である。しかしながら，この平衡時間は物理的には無意味である。類似した状況は放射性元素の自然崩壊，コンデンサーの放電，力学・誘電・核磁気共鳴などの緩和現象などさまざまな物理現象で見いだされる。このような場合には，$\tau = 1/K$ で定義される特性時間を目安とする 。ここで，K は時間の逆数の次元を有する系に特徴的なパラメータである。この定義から明らかなように，時間 t が τ と等しくなるとき，注目している物理量，この問題では ΔT が初期値 ΔT_0 の $1/e$ となる。ここで e は自然対数の底でありネイピア (J. Napier) 数とよばれ $e = 2.71828\ldots$ である。指数関数は急速にゼロに近づく関数なので，この指数関数を $t = 0$ での傾きをもつ直線で近似したときに $\Delta T = 0$ となる時間が τ である。このような場合には，特性時間 τ を目安として熱平衡状態になったとみなす。現象によっては，$2\tau, 3\tau$ などを熱平衡状態に至る時間と考えなければいけない場合もある。この K の逆数である特性時間は，物体がおかれた環境における，(a) 物体や表面の熱伝導物性，(b) 高温の場合の輻射，(c) 周囲の流体の対流，　などによって大きな影響を受ける。

2.　なされた力学的仕事 W は，

$$\begin{aligned} W &= 20\ \mathrm{kg}\ \times 9.8\ \mathrm{m/s^2} \times 300\ \mathrm{m} \\ &= 5.88 \times 10^4\ \mathrm{J} \\ &= 1.4 \times 10^4\ \mathrm{cal} \end{aligned}$$

この値を 0.1 g の水滴に対する値に変更するためには，これを 2×10^5 で割ればよいから 0.07 cal となる。したがって，

$$\begin{aligned} \Delta T &= \frac{0.07\ \mathrm{cal}}{1\ \mathrm{cal\ g^{-1}{}^\circ C^{-1}} \times 0.1\ \mathrm{g}} \\ &= 0.7\ {}^\circ\mathrm{C} \end{aligned}$$

となる。

3.　1.4 kW は 1.4×10^3 J/s で，cal に換算すると 334 cal/s である。20 °C の水 2 L を 100 °C にするための熱量は

$$\begin{aligned} &1\mathrm{cal\ g^{-1}{}^\circ C^{-1}} \times 2 \times 10^3\ \mathrm{g} \times 80\ {}^\circ\mathrm{C} \\ &= 1.6 \times 10^5\ \mathrm{cal} \end{aligned}$$

であるから，要する時間は

$$1.6 \times 10^5\ \mathrm{cal}/334\ \mathrm{cal/s} = 479\ \mathrm{s} \cong 8\ 分。$$

4.

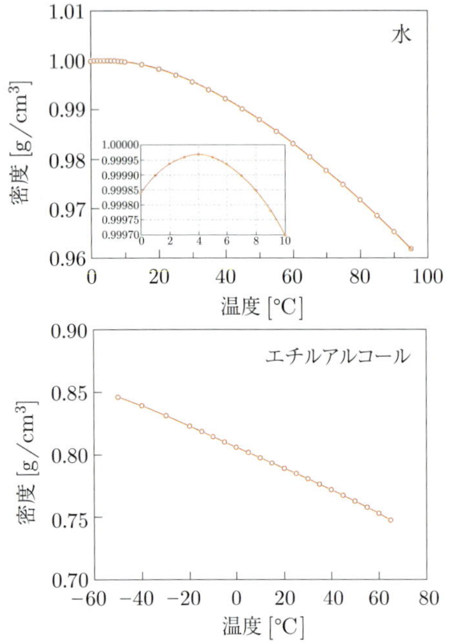

図10　水ならびにエチルアルコールの密度の温度依存性

アルコール温度計や水銀温度計のような流体を使った温度計では，流体の熱膨張を利用して温度を測定する。このため，温度と温度計物質の体積の間には一対一の関係がなければならない。しかし，水は密度が 4 °C で極大を示すため，0～8 °C の温度域においては，2 つの温度に対して同一の体積となる。このため，この温度域では温度と体積の一対一の関係が崩れる。これにより温度を一義的に定めることができない。水のように，測定したい温度領域で密度 (体積) が極値を示すような物質は温度計物質としては好ましくない。これに加えて，水の凝固点がおよそ 0 °C，沸点が 100 °C であるため，温度測定の領域があまり広くないことも温度計物質としての不利な点である。これに対してアルコールは，沸点は水より低いものの凝固点も水より低く，零下でも使用できることが利点である。また，水銀は −38～360 °C で使用可能である。しかしながら，近年は水銀の毒性の問題により，標準温度計のような特殊な温度計を除いてアルコール温度計に代替されている。

5.　有限温度の物体は電磁波を放射する。その赤外線や可視光線の放出エネルギーと温度の関係がシュテファン–ボルツマンの法則などからわかっているので，物体が放出するエネルギーを測定すれば温度がわかる。そのような温度計を放射温度計 (赤外放射温度計，パイロメータ) という。

第 2 章　熱力学第 1 法則

問い (p.233)　仕事 W は，式 (2.4) から $W = -p(V_1 - V_0)$ であり，$V_1 < V_0$ より $W > 0$ となる。

問い (p.241)　式 (2.36) と式 (2.37) から $T = k''p^{(\gamma-1)/\gamma}$ が成り立つ (k'' は定数)。ゆえに，求める温度を T とすると，

$$T = 293.15 \times 0.9^{0.4/1.4} = 284.457 \text{ K} = 11.3 \text{ °C}$$

となる。

章末問題

1.　点 (x, y) から微少量 Δx, Δy 離れた点 $(x + \Delta x, y + \Delta y)$ における関数 $f(x, y)$ の変化量 Δf は次のように書ける。

$$\Delta f = f(x + \Delta x, y + \Delta y) - f(x, y)$$

この右辺に $f(x, y + \Delta y)$ を加えて引くと，次のようになる。

$$\begin{aligned}\Delta f &= f(x + \Delta x, y + \Delta y) - f(x, y)\\ &= f(x + \Delta x, y + \Delta y) - f(x, y + \Delta y)\\ &\quad + f(x, y + \Delta y) - f(x, y)\\ &\cong \frac{\partial f(x, y + \Delta y)}{\partial x}\Delta x + \frac{\partial f(x, y)}{\partial y}\Delta y\end{aligned}$$

ここで，Δx, Δy がゼロの極限をとると，

$$df = \left(\frac{\partial f(x, y)}{\partial x}\right)_y dx + \left(\frac{\partial f(x, y)}{\partial y}\right)_x dy$$

となる。

2.　$p(T, V)$ としたときには，

$$dp = \left(\frac{\partial p}{\partial T}\right)_V dT + \left(\frac{\partial p}{\partial V}\right)_T dV$$

ゆえに，T を一定にしたときは，

$$dp = \left(\frac{\partial p}{\partial V}\right)_T dV$$

となる。したがって，

$$1 = \left(\frac{\partial p}{\partial V}\right)_T \left(\frac{\partial V}{\partial p}\right)_T$$

である。同様に圧力一定であれば ($dp = 0$)，

$$dp = \left(\frac{\partial p}{\partial T}\right)_V dT + \left(\frac{\partial p}{\partial V}\right)_T dV = 0$$

なので，

$$0 = \left(\frac{\partial p}{\partial T}\right)_V + \left(\frac{\partial p}{\partial V}\right)_T \left(\frac{\partial V}{\partial T}\right)_p \qquad (1)$$

が成立する。さらに，V を一定にするときには，

$$1=\left(\frac{\partial p}{\partial T}\right)_V\left(\frac{\partial T}{\partial p}\right)_V$$

であることを考慮して，式 (1) の両辺に $\left(\partial T/\partial p\right)_V$ をかけると，

$$0=1+\left(\frac{\partial p}{\partial V}\right)_T\left(\frac{\partial V}{\partial T}\right)_p\left(\frac{\partial T}{\partial p}\right)_V$$

が得られる。

3. 膨張と圧縮の場合で摩擦力の向きが違うので，膨張過程と圧縮過程を分けて考える。シリンダー内の圧力を p，外部の圧力を p_{ext}，ピストンの断面積を S，ピストンの微小変化を $d\ell$ (膨張の場合は $d\ell>0$，圧縮の場合は $d\ell<0$)，体積変化を dV (膨張の場合は $dV>0$，圧縮の場合は $dV<0$) とする。準静的過程なので，ピストンが移動してもピストンの内と外では力がつりあっている。

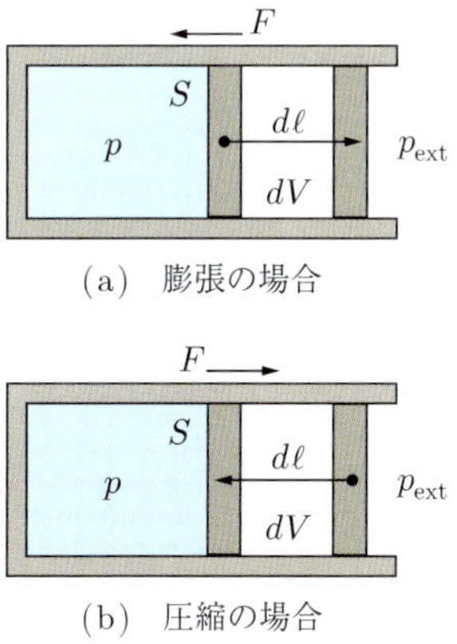

図11　摩擦のある場合

【膨張の場合】 $pS=p_{\mathrm{ext}}S+F$ なので，系が外部からされた仕事 ΔW は，

$$\Delta W=-p_{\mathrm{ext}}S\,d\ell=\left(F-pS\right)d\ell=F\,d\ell-p\,dV$$

である。したがって，熱量の変化量を ΔQ_1 とすると，エネルギー保存則は

$$\Delta U=F\,d\ell-p\,dV+\Delta Q_1$$

となる。

【圧縮の場合】 $pS+F=p_{\mathrm{ext}}S$ なので，系が外部からされた仕事は，

$$\Delta W=-p_{\mathrm{ext}}S\,d\ell=-\left(F+pS\right)d\ell=-F\,d\ell-p\,dV$$

である。したがって，熱量の変化量を ΔQ_2 とすると，エネルギー保存則は

$$\Delta U=-F\,d\ell-p\,dV+\Delta Q_2$$

となる。

ここで，ΔU, $d\ell$, dV の絶対値 (大きさ) が等しいとして，膨張と圧縮のエネルギー保存則の両辺を加えると，

$$0=2F|d\ell|+\Delta Q_1+\Delta Q_2$$

となる。摩擦力がある場合は，不可逆過程なので ($F\neq 0$)，$\Delta Q_1+\Delta Q_2$ は 0 にはならない。もちろん，摩擦がない場合には可逆過程なので ($F=0$)，$\Delta Q_1+\Delta Q_2$ はゼロとなる。

第3章　熱力学第2法則

問い (p.246)　サイクルを時計回りにまわるときの周回積分は，サイクルが囲む面積に等しく，積分値は正になる。ここで，仕事 W の定義は $W=-\int p\,dV$ であるから，作業物質が膨張して外部に仕事をしたときには W が正になる。したがって，時計方向にまわったときは系は外部に対して仕事をしたことになり，反時計回りのときは系は外部から仕事をされたことになる。

問い (p.255)　効率は，

$$\eta=1-(273.15+60)/(273.15+300)=0.419$$

章末問題

1. B→C が等積過程なので，ここでの吸熱 Q_1 は定積比熱を C_V として，$Q_1=C_V(T_{\mathrm{C}}-T_{\mathrm{B}})$ である。同様に，D→A も等積過程なので，このときの放熱を Q_2 とすると，$Q_2=C_V(T_{\mathrm{D}}-T_{\mathrm{A}})$ である。したがって効率 η は，

$$\eta=1-\frac{Q_2}{Q_1}=1-\frac{T_{\mathrm{D}}-T_{\mathrm{A}}}{T_{\mathrm{C}}-T_{\mathrm{B}}}$$

となる。この式を変形して，

$$\eta=1-\frac{T_{\mathrm{A}}}{T_{\mathrm{B}}}\frac{T_{\mathrm{D}}/T_{\mathrm{A}}-1}{T_{\mathrm{C}}/T_{\mathrm{B}}-1}$$

ところで，A→B と C→D は断熱過程であり，また，$V_{\mathrm{C}}=V_{\mathrm{B}}$, $V_{\mathrm{A}}=V_{\mathrm{D}}$ であるから

$$T_{\mathrm{A}}V_{\mathrm{A}}^{\gamma-1}=T_{\mathrm{B}}V_{\mathrm{B}}^{\gamma-1}$$
$$T_{\mathrm{C}}V_{\mathrm{C}}^{\gamma-1}=T_{\mathrm{C}}V_{\mathrm{B}}^{\gamma-1}=T_{\mathrm{D}}V_{\mathrm{D}}^{\gamma-1}=T_{\mathrm{D}}V_{\mathrm{A}}^{\gamma-1}$$

が成り立つ。ゆえに，$T_{\mathrm{D}}/T_{\mathrm{A}}=T_{\mathrm{C}}/T_{\mathrm{B}}$ が成り立つので，

$$\eta=1-\frac{T_{\mathrm{A}}}{T_{\mathrm{B}}}=1-\frac{1}{\left(V_{\mathrm{A}}/V_{\mathrm{B}}\right)^{\gamma-1}}$$

となる。

2. 図 3.2 のカルノーサイクルで，A から B への等温膨張で摩擦力 F がはたらくとする。ピストンの断面積を S としたとき，摩擦に費やされる仕事は $F(V_{\mathrm{C}}-V_{\mathrm{B}})/S$ であり，高温熱源からの吸熱は $Q_1=RT_1\ln(V_{\mathrm{B}}/V_{\mathrm{A}})$ だ

から，効率 η は，摩擦がない場合の $\eta = 1 - T_2/T_1$ から $F(V_C - V_B)/SRT_1 \ln(V_B/V_A)$ を差し引いた値になる。

3.　$pV^\gamma = k'$ (一定) なので，断熱線の傾きは

$$\left(\frac{\partial p}{\partial V}\right)_{\mathrm{ad}} = -k'\gamma V^{-(\gamma+1)} = -\frac{\gamma p V^\gamma}{V^{\gamma+1}} = -\frac{\gamma p}{V}$$

である。ここで括弧に付した下付の添え字 ad は断熱線 (adiabatic curve) を表す。同様にして，$pV = nRT$ なので，

$$\left(\frac{\partial p}{\partial V}\right)_T = -\frac{nRT}{V^2} = -\frac{pV}{V^2} = -\frac{p}{V}$$

したがって，

$$\frac{(\partial p/\partial V)_{\mathrm{ad}}}{(\partial p/\partial V)_T} = -\gamma$$

となる。ここで，γ は 1 より大きいので，断熱曲線のほうが傾きは大きい。この結果は理想気体に限らず一般的に成り立つ。

第 4 章　エントロピー

問い (p.264)　ある抵抗体 (抵抗 R，断面積 S，長さ ℓ) におけるエントロピー生成 P は，電流密度を i，電流の強さを I，抵抗体の両端での電位差を ϕ とすると，

$$\begin{aligned} P &= -\int_V i\frac{d\phi}{dx}\,dV \\ &= -\int_\ell iS\frac{d\phi}{dx}\,dx = \int_V I\,d\phi \\ &= I\phi = I^2R \end{aligned}$$

となるから，結局，P は抵抗体で消費されるジュール熱のことである。図 4.5 のように，電流の強さ I_1, I_2 を導入すると，この回路の P は

$$\begin{aligned} &P(I_1, I_2) \\ &\quad = I_1^2R_1 + I_2^2R_2 + (I_1 - I_2)^2R_3 + (I - I_1)^2R_4 \end{aligned}$$

となる。したがって，$\partial P/\partial I_1 = 0, \partial P/\partial I_2 = 0$ から，

$$I_1R_1 + (I_1 - I_2)R_3 = (I - I_1)R_4$$

と

$$I_2R_2 = (I_1 - I_2)R_3$$

が導かれる。この関係式は，電圧に関するキルヒホッフの法則のことである。

章末問題

1.　等温過程は T が一定だから S 軸に平行，断熱過程は S が一定だから T 軸に平行となり，全体としては長方形になる。熱の出入りは，吸熱が $Q_1 = T_1(S_2 - S_1)$，放熱は $|Q_2| = T_2(S_2 - S_1)$ だから，すでに学んだように，効率は $\eta = 1 - |Q_2|/Q_1 = 1 - T_2/T_1$ である。

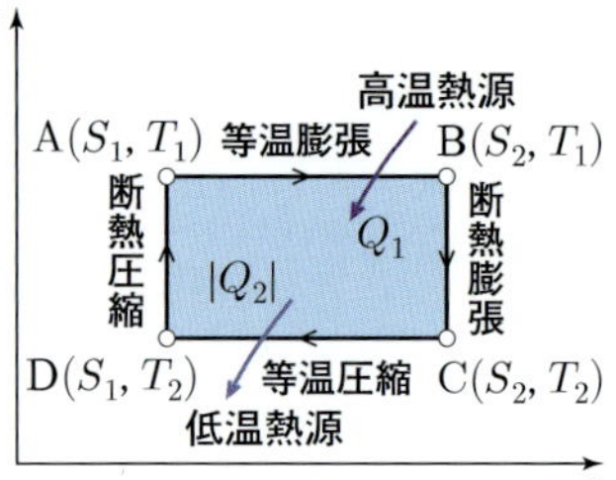

図 12　ST 平面上のカルノーサイクル

2.　(a) $dS = \delta Q/T$ だから，

$$\begin{aligned} S &= \frac{10^3\ \mathrm{g} \times 80\ \mathrm{cal\ g^{-1}}}{273.15\ \mathrm{K}} \\ &= 293\ \mathrm{cal/K} \\ &= 1.23 \times 10^3\ \mathrm{J/K} \end{aligned}$$

(b) 比熱を C cal g^{-1}K^{-1}，質量を m g とすると，$\Delta S = \delta Q/T = Cm\Delta T/T$ だから，

$$\begin{aligned} S &= \int_{273.15}^{373.15} \frac{10^3}{T}\,dT \\ &= 10^3 \ln\left(\frac{373.15}{273.15}\right) \\ &= 312\ \mathrm{cal/K} \\ &= 1.31 \times 10^3\ \mathrm{J/K} \end{aligned}$$

(c) $dS = \delta Q/T$ だから，

$$\begin{aligned} S &= \frac{10^3\ \mathrm{g} \times 539\ \mathrm{cal/g}}{373.15\ \mathrm{K}} \\ &= 1.44 \times 10^3\ \mathrm{cal/K} \\ &= 6.05 \times 10^3\ \mathrm{J/K} \end{aligned}$$

3.　(a) U/V は電磁波の内部エネルギー密度なので，それを $u(T)$ と表す。そうすると，$p = U/3V = u(T)/3$ である。これを式 (4.29) に代入して，

$$u = \frac{T}{3}\frac{du}{dT} - \frac{u}{3}$$

となる。この微分方程式を解くと，$u(T) = AT^4$ となる (A は定数)。ここで，式 (4.29) の $(\partial U/\partial V)_T$ は内部エネルギー U が体積に比例するので，U/V に等しいことに注意すること。詳しい解析によると，係数は，$A = \pi^2 k_B^4 V/15\hbar c^3$ となる。

(b) 単位時間当たりの太陽からの全放出エネルギーは，$\sigma T^4 \times 4\pi R^2$ ($\sigma = 5.67 \times 10^{-8}$ W m^{-2} K^{-4}, $R = 6.96 \times 10^8$ m) で，地球までの距離 L ($= 1.50 \times 10^{11}$ m) に相当する球面が受け取る単位時間当たりの全放出エネルギーは $1.37 \times 10^3 \times 4\pi L^2$ であるから，これらが等しいとおくと，$T = 5760$ K となる。(a) との関係から

$\sigma = cA/V$ となるが，詳しい計算ではこれに 1/4 がかかる。

第 5 章 熱力学関数

問い (p.275) 理想気体 1 モルの内部エネルギー U とエントロピー S は式 (2.30)，式 (4.24) から，

$$U = C_V T + U_0$$
$$S = C_V \ln T + R \ln V + C_1 \quad (U_0, C_1 \text{ は定数})$$

なので，F は

$$F = U - TS$$
$$= C_V T + U_0 - T(C_V \ln T + R \ln V + C_1)$$

である。また，$(\partial S/\partial V)_T = R/V$ であり，$(\partial p/\partial T)_V = R/V$ なので，マクスウェルの関係式が成り立っている。

章末問題

1. (a) 気相と液相は熱力学的平衡状態にあり，全粒子数 N は一定 $(N = N_\mathrm{G} + N_\mathrm{L})$，全ギブス自由エネルギー $G(T,p,N)$ $(G = g_\mathrm{G}(T,p)N_\mathrm{G} + g_\mathrm{L}(T,p)N_\mathrm{L})$ は極小になっている。また，T と p が一定の場合を考えて，N と G の変分はゼロになっているから，

$$\delta N = \delta N_\mathrm{G} + \delta N_\mathrm{L} = 0$$
$$\delta G = g_\mathrm{G}(T,p)\delta N_\mathrm{G} + g_\mathrm{L}(T,p)\delta N_\mathrm{L} = 0$$

である。ゆえに $g_\mathrm{G}(T,p) = g_\mathrm{L}(T,p)$ となっていて，この関係式から $p = p(T)$ という曲線 (共存曲線) が得られることになる。つまり，気相と液相の共存曲線上では $g_\mathrm{G}(T,p) = g_\mathrm{L}(T,p)$ となっている。

同様にして，固相にある 1 粒子当たりのギブスの自由エネルギーを $g_\mathrm{S}(T,p)$ とすると，液相と固相の共存曲線上では $g_\mathrm{L}(T,p) = g_\mathrm{S}(T,p)$，気相と固相の共存曲線上では $g_\mathrm{G}(T,p) = g_\mathrm{S}(T,p)$ となっている。気相，液相，固相の 3 相が共存する点 (三重点) では $g_\mathrm{G}(T,p) = g_\mathrm{L}(T,p) = g_\mathrm{S}(T,p)$ となっている。

(b) 共存曲線上の近接する二点 (T,p) と $(T+\Delta T, p+\Delta p)$ では

$$g_\mathrm{G}(T,p) = g_\mathrm{L}(T,p)$$
$$g_\mathrm{G}(T+\Delta T, p+\Delta p) = g_\mathrm{L}(T+\Delta T, p+\Delta p)$$

が成り立つ。ここで，ΔT, Δp は微小量だから，

$$g_\mathrm{G}(T+\Delta T, p+\Delta p)$$
$$= g_\mathrm{G}(T,p) + \left(\frac{\partial g_\mathrm{G}}{\partial T}\right)_p dT + \left(\frac{\partial g_\mathrm{G}}{\partial p}\right)_T dp$$

であり，$g_\mathrm{L}(T+\Delta T, p+\Delta p)$ も同様なので，

$$\left(\frac{\partial g_\mathrm{G}}{\partial T}\right)_p dT + \left(\frac{\partial g_\mathrm{G}}{\partial p}\right)_T dp$$
$$= \left(\frac{\partial g_\mathrm{L}}{\partial T}\right)_p dT + \left(\frac{\partial g_\mathrm{L}}{\partial p}\right)_T dp$$

となっている。ここで，気相の 1 粒子当たりのエントロピーと体積をそれぞれ s_G, v_G，液相 1 粒子当たりのエントロピーと体積をそれぞれ s_L, v_L とおけば，

$$\left(\frac{\partial g_\mathrm{G}}{\partial T}\right)_p = -s_\mathrm{G}, \qquad \left(\frac{\partial g_\mathrm{G}}{\partial p}\right)_T = v_\mathrm{G}$$
$$\left(\frac{\partial g_\mathrm{L}}{\partial T}\right)_p = -s_\mathrm{L}, \qquad \left(\frac{\partial g_\mathrm{L}}{\partial p}\right)_T = v_\mathrm{L}$$

であるから，$-s_\mathrm{G}\,dT + v_\mathrm{G}\,dp = -s_\mathrm{L}\,dT + v_\mathrm{L}\,dp$ となっている。したがって，

$$\frac{dp}{dT} = \frac{s_\mathrm{G} - s_\mathrm{L}}{v_\mathrm{G} - v_\mathrm{L}} = \frac{Q}{T(v_\mathrm{G} - v_\mathrm{L})}$$

が成り立つ。

(c) 水 (液相) と氷 (固相) の共存曲線上では (b) と同様に，クラウジウス–クラペイロンの式が成り立つ．

$$\frac{dp}{dT} = \frac{Q}{T(v_\mathrm{L} - v_\mathrm{S})}$$

ただし，Q は凝固熱 (融解熱) である。通常の物質は $v_\mathrm{L} > v_\mathrm{S}$ であるが，水が氷になるときには体積が増えるため dp/dT は負となる。

2. 理想気体 1 モルの内部エネルギー U とエントロピー S は式 (2.28)，式 (2.30)，式 (4.26) から U_0, C_2 を定数として，

$$U = (C_p - R)T + U_0$$
$$S = C_p \ln T - R \ln p + C_2$$

と表される。N 個の粒子のギブス自由エネルギー G はアボガドロ数を N_A として，

$$G = \frac{N}{N_\mathrm{A}}(U - TS) + pV$$
$$= \frac{[C_p T(1 - \ln T) + RT \ln p - C_2 T + U_0]N}{N_\mathrm{A}}$$

となる。したがって，化学ポテンシャル μ は

$$\mu = \left(\frac{\partial G}{\partial N}\right)_{T,p}$$
$$= \frac{C_p T(1 - \ln T) + RT \ln p - C_2 T + U_0}{N_\mathrm{A}}$$

となる。

3. はじめに気体が流れ出す低圧側の体積をピストンを細孔でできた栓に密着させてゼロとしておく。高圧側のピストンを適当な位置に設置し，高圧側にある気体の体積を V_1 にする。高圧側のピストンを押すことにより，

細孔栓を通して気体を移動させる。このとき，高圧側の圧力と低圧側の圧力が常に一定 p_1, p_2 となるようにして高圧側の気体をすべて低圧側に移す。高圧側にある気体の温度を T_1，低圧側に移った気体の体積と温度をそれぞれ T_2, V_2 とする。この過程で，気体は高圧側で外部から仕事をされ，低圧側では外部に仕事をする。この過程で，外部から気体にされた仕事は

$$W = -\int_{V_1}^{0} p_1\, dV - \int_{0}^{V_2} p_2\, dV = p_1V_1 - p_2V_2$$

である。熱力学第 1 法則より

$$U(p_2, V_2) - U(p_1, V_1) = p_1V_1 - p_2V_2$$

となるので，

$$H(p_1, V_1) = U(p_1, V_1) + p_1V_1 = U(p_2, V_2) + p_2V_2 = H(p_2, V_2)$$

すなわち，この過程は等エンタルピー過程である。一般に，この過程を経た気体の温度は変化する。p_1, T_1, p_2 が与えられれば，定圧側に移った気体の温度 T_2 を定めることができる。この過程で温度が下がる場合には，この現象を気体の液化に使うことができる (リンデ (K.P.G. von Linde) の液化装置)。ジュール–トムソン効果については付録 G を参照のこと。

4. (a) 伸長による仕事は $\delta W = \tau\, dL$ なので，$dU = \delta Q + \delta W = T\, dS - p\, dV + \tau\, dL$ より近似 $p\, dV = 0$ のもとで，

$$dU = T\, dS + \tau\, dL$$
$$dF = -S\, dT + \tau\, dL$$
$$dG = -S\, dT - L\, d\tau$$

である。

(b) 証明するべき式の左辺がそれぞれ $(\partial U/\partial L)_T$ と $(\partial U/\partial T)_L$ なので $U = U(T, L)$ とみなし，その全微分 dU を求める必要がある。そこで最初に，$S = S(T, L)$ とみなして S の全微分 dS をつくる。

$$dS = \left(\frac{\partial S}{\partial T}\right)_L dT + \left(\frac{\partial S}{\partial L}\right)_T dL$$

ここで，$dU = T\, dS + \tau\, dL$ を上の関係式を使って書き換えて，

$$dU = T\left(\frac{\partial S}{\partial T}\right)_L dT + \left\{T\left(\frac{\partial S}{\partial L}\right)_T + \tau\right\} dL$$

を得る。これに，マクスウェルの関係式を使うと，

$$dU = T\left(\frac{\partial S}{\partial T}\right)_L dT + \left\{-T\left(\frac{\partial \tau}{\partial T}\right)_L + \tau\right\} dL$$

となる。これと T と L による U の全微分

$$dU = \left(\frac{\partial U}{\partial T}\right)_L dT + \left(\frac{\partial U}{\partial L}\right)_T dL$$

を比較して，

$$\left(\frac{\partial U}{\partial T}\right)_L = T\left(\frac{\partial S}{\partial T}\right)_L$$
$$\left(\frac{\partial U}{\partial L}\right)_T = -T\left(\frac{\partial \tau}{\partial T}\right)_L + \tau$$

を得る。

(c) $F = U - TS$ を使って

$$\tau = \left(\frac{\partial U}{\partial L}\right)_T - T\left(\frac{\partial S}{\partial L}\right)_T = a + bT$$

したがって，

$$a = \left(\frac{\partial U}{\partial L}\right)_T, \quad b = -\left(\frac{\partial S}{\partial L}\right)_T$$

このように，弾性体の変形によるヘルムホルツの自由エネルギー変化 (増加) は内部エネルギーの変化 (増加) によっても，エントロピーの変化 (減少) によっても起こりうる。金属やイオン性結晶の場合，ヘルムホルツの自由エネルギーの増加は温度にはほとんど依存せず，$\tau = a$ と表される。このことは金属や結晶の示す弾性力は内部エネルギーの増加に基づくものであることを意味する。この場合，外部から与えられた弾性変形の仕事はすべて内部エネルギーとして蓄えられる。このようなメカニズムによる弾性をエネルギー弾性とよぶ (図 13 (a))。

これに対して，もし弾性力が絶対温度に比例して増加し，かつ温度 0 への直線外挿が温度の原点，すなわち絶対零度を通る場合には $a = 0$ であり $\tau = bT$ となる。このようなエントロピーの減少に基づく弾性のメカニズムをエントロピー弾性とよぶ (図 13 (b))。架橋されたゴムが示す弾性は主にエントロピー弾性によるものである。

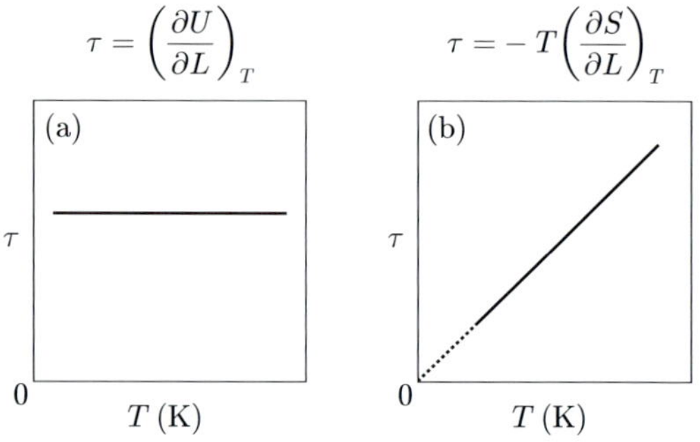

図 13　エネルギー弾性 (a) とエントロピー弾性 (b) の模式図

(d) 熱平衡状態では次の関係が成り立っている。

$$\tau = \left(\frac{\partial F}{\partial L}\right)_T = \left(\frac{\partial U}{\partial L}\right)_T - T\left(\frac{\partial S}{\partial L}\right)_T$$

$$-\left(\frac{\partial S}{\partial L}\right)_T = \left(\frac{\partial \tau}{\partial T}\right)_L$$

断熱伸長では熱の出入りはないので，

$$\delta Q = T\,dS = 0$$

より $dS = 0$.

最初に $S = S(T, L)$ と考え，その全微分をつくり，条件により各項を代入すると次式を得る。

$$\begin{aligned} dS &= \left(\frac{\partial S}{\partial T}\right)_L dT + \left(\frac{\partial S}{\partial L}\right)_T dL \\ &= \frac{C_L}{T} dT - \left(\frac{\partial \tau}{\partial T}\right)_L dL \\ &= 0 \end{aligned}$$

したがって，断熱伸長における弾性体の温度変化 $(dT)_S$ は

$$(dT)_S = \frac{T}{C_L}\left(\frac{\partial \tau}{\partial T}\right)_L dL$$

となる。

ゴムのように弾性力が温度とともに上昇する物質 $(\partial\tau/\partial T)_L > 0$ では伸長により昇温する。500% 程度のゴムの断熱的伸長過程で温度が 10 度以上にもわたって上昇することが観測されている。実際に輪ゴムを急激に引っ張って唇に当てるとゴムの温度が上昇していることがわかる (唇は温度に対して敏感)。これとは逆に，金属やイオン性結晶の弾性力は温度の上昇とともにわずかに減少する。このような物質 $(\partial\tau/\partial T)_L < 0$ では伸長により温度が降下する。ただ，金属やイオン性結晶では歪み (dL/L) が数 % を超えると塑性流動や破壊が生じるため，このような現象を簡単な実験で観測することは難しい (図 13 参照のこと)。

参 考 文 献

全　般

・「ファインマン物理学 I〜V」ファインマン・レイトン・サンズ (坪井忠二他訳) (岩波書店，1986)

・「物理学基礎」［第 4 版］原　康夫 (学術図書出版社，2010)

・「物理概論 上，下」小出昭一郎・兵藤申一・阿部龍蔵 (裳華房，1983)

力　学

・「物理学入門コース 1　力学」戸田盛和 (岩波書店，1982)

・「講談社基礎物理学シリーズ 1　力学」副島雄児・杉山忠雄 (講談社，2009)

・「基礎物理学選書 22　力学演習」野上茂吉郎 (裳華房，1982)

・「古典力学の数学的方法」V.I. アーノルド (安藤韶一他訳) (岩波書店，2003)

・「力学—MIT 物理」A.P. フレンチ (橘高知義訳) (培風館，1983)

・「岩波講座 物理学の世界　摩擦の物理」松川　宏 (岩波書店，2012)

・「流体力学」日野幹雄 (朝倉書店，1992)

電 磁 気 学

・「理論電磁気学」［第 3 版］砂川重信 (紀伊國屋書店，1999)

・「Schaum's Outline of Electromagnetics 4th Edition」(Schaum's Outline Series) Joseph Edminister (McGraw-Hill, 2013)

・「はじめて学ぶ電磁気学」太田昭男 (丸善，1999)

・「大学課程基礎コース　電磁気学の基礎」前田三男 (昭晃堂，1991)

・「岩波基礎シリーズ 4　物質の電磁気学」中山正敏 (岩波書店，1996)

・「物理の考え方 2　電磁気学の考え方」砂川重信 (岩波書店，1993)

・「教養課程 物理学 II」竹田　宏編著 (朝倉書店，1979)

・「電磁気学」西村　久 (森北出版，1992)

・「新・数理科学ライブラリ 物理学　わかる電磁気学」松川　宏 (サイエンス社，2008)

・「物理学総論 2　電磁気・電磁波」大槻義彦 (学術図書出版社，1999)

熱 力 学

・「熱力学の基礎」清水　明 (東京大学出版会，2007)

・「大学演習 熱学・統計力学」久保亮五編 (裳華房，1998)

・「熱物理学」［第 2 版］キッテル (山下次郎・福地　充訳) (丸善，1983)

・「フェルミ 熱力学」フェルミ（加藤正昭訳）（三省堂，1973）
・「新物理学シリーズ 32　熱力学＝現代的な視点から」田崎晴明（培風館，2000）
・「熱力学入門」佐々真一（共立出版，2000）
・「物理学講義 熱力学」松下 貢（裳華房，2009）
・「岩波講座 現代の物理学 4　統計力学」鈴木増雄（岩波書店，1994）

その他

・「大学演習 ベクトル解析」矢野健太郎・石原 繁（裳華房，1964）

索　引

■さ 行

ま　行

や　行

ら　行

著者略歴

栗焼久夫（くりやき ひさお）

1984年　九州大学大学院理学研究科物理学専攻博士課程修了（理学博士）
現　在　元 九州大学准教授

副島雄児（そえじま ゆうじ）

1986年　九州大学大学院理学研究科物理学専攻博士課程修了（理学博士）
現　在　九州大学基幹教育院教授

鴇田昌之（ときた まさゆき）

1983年　北海道大学理学研究科高分子学専攻博士課程修了（理学博士）
現　在　九州大学名誉教授

原田恒司（はらだ こうじ）

1988年　東京工業大学大学院理工学研究科物理学専攻博士課程修了（理学博士）
現　在　九州大学基幹教育院教授

本庄春雄（ほんじょう はるお）

1983年　東北大学大学院工学研究科電子工学専攻博士課程修了（工学博士）
現　在　九州大学名誉教授
　　　　久留米工業高等専門学校校長

矢山英樹（ややま ひでき）

1983年　九州大学大学院工学研究科電子工学専攻博士課程修了（工学博士）
現　在　九州大学名誉教授

© 栗焼久夫・副島雄児・鴇田昌之・原田恒司・本庄春雄・矢山英樹　2019

2014年 5月16日　初 版 発 行
2019年 1月25日　改 訂 版 発 行
2025年 3月10日　改訂第5刷発行

基 幹 物 理 学

著 者　栗 焼 久 夫
　　　　副 島 雄 児
　　　　鴇 田 昌 之
　　　　原 田 恒 司
　　　　本 庄 春 雄
　　　　矢 山 英 樹
発行者　山 本 　 格

発行所　株式会社　培 風 館
東京都千代田区九段南4-3-12・郵便番号 102-8260
電 話(03)3262-5256(代表)・振 替 00140-7-44725

中央印刷・牧 製本

PRINTED IN JAPAN

ISBN 978-4-563-02524-3　C3042